# 北美主要页岩层系油气地质特征

孙　健　易积正　胡德高　编著



中国石化出版社

图书在版编目（CIP）数据

北美主要页岩层系油气地质特征 / 孙健，易积正，胡德高编著.
—北京：中国石化出版社，2018.6
ISBN 978-7-5114-4818-7

Ⅰ.①北… Ⅱ.①孙… ②易… ③胡… Ⅲ.①页岩—石油天然气地质—北美洲 Ⅳ.①P618.130.2

中国版本图书馆CIP数据核字(2018)第105763号



**中国石化出版社出版发行**
地址：北京市朝阳区吉市口路9号
邮编：100020　电话：（010）59964500
发行部电话：（010）59964526
http://www.sinopec.press.com
E-mail:press@sinopec.com
北京富泰印刷有限责任公司印刷
全国各地新华书店经销
*
787×1092毫米16开本22印张505千字
2018年9月第1版　2018年9月第1次印刷
定价：128.00元

# 前 言

随着经济社会的快速发展，我国能源对外依存度不断增加，环保与社会发展矛盾凸显，页岩油气，特别是页岩气作为新型优质清洁能源，在保障能源安全、优化能源结构、促进节能减排中的地位日益突出。加之我国页岩油气资源规模巨大，加快页岩油气勘探开发是我国能源战略的重要选择。

页岩油气是目前全球非常规油气勘探中的热点。北美地区是全球最早发现和勘探开发页岩油气的地区，自1821年美国在阿巴拉契亚盆地成功钻探第一口页岩气井以来，页岩油气的勘探开发已有近200年的历史。但直至20世纪末，页岩油气勘探理论取得长足发展，水平钻井和大型分段水力压裂技术取得重大突破后，页岩油气才真正进入大规模的勘探开发阶段。目前，北美地区的美国和加拿大已经成为页岩油气规模开发的两个主要国家。从EIA（美国能源信息署）2012年公布的《1990~2040年美国天然气产量展望》来看，2000年之前页岩气的产量还不到美国天然气产量的2%，2005年也仅占其天然气总产量的4.5%，而到2011年美国页岩气产量已经占到美国天然气总产量的34%，并预测在2035年前后页岩气的产量将占据美国天然气总产量的半壁江山。

我国真正意义上的页岩油气勘探工作在21世纪初才开始，发展至今也不过十余年，页岩气在涪陵、威远、长宁、彭水等地区取得了一定的突破，特别是在涪陵地区，目前百亿方产能建设已进入收官阶段，页岩油也在少数几个盆地获得工业油流。尽管目前我国页岩油气勘探开发工作取得了一定的发展，但总体而言国内页岩油气勘探开发工作仍处于起步阶段，勘探开发理论体系、高效开发工程工艺技术还需要进一步发展完善。这就要求我们在立足自身独特地质特征的基础上，充分消化吸收全球领先的研究成果，站在巨人肩膀上大踏步前进。为此，我们组织了20余名长期从事页岩油气勘探开发工作的专家，系统收集调研北美20多套页岩油气层系的资料，进行了研究和整理，编著了本书。

本书对北美页岩油气主要勘探开发层系地质特征进行了系统解剖。内容主要包括页岩层系的勘探开发历程、区域构造、地层、沉积、地化、储集、可压性、含气性及潜力分析等内容，基本涵盖了当今页岩油气层系地质特征研究的大部分内容。本书可供科研院所、高校、油公司等从事页岩油气研究的相关科研人员借鉴参考。

本书共分为23章，由孙健进行整体结构设计，并拟定了提纲，由近年来参与涪陵页岩气田开发研究的专业技术人员直接参加编写。其中，第1章由孙健、易积正、胡德高编写；第2章由孙健、张柏桥、包汉勇编写；第3章由易积正、舒志国、钱华编写；第4章由胡德高、包汉勇、孟志勇编写；第 5 章由张柏桥、王进、武加鹤编写；第 6 章由舒志国、王超、汪先珍编写；第 7 章由包汉勇、刘尧文、李大荣编写；第 8 章由王超、马莉、张广英编写；第 9 章由王进、李继庆、程芳编写；第 10 章由孟志勇、舒向伟、李大荣编写；第 11 章由孟志勇、陆亚秋、汪先珍编写；第 12 章由甘玉青、李争、段奕编写；第 13 章由张柏桥、陆亚秋、刘世平编写；第 14 章由包汉勇、甘玉青、程芳编写；第 15 章由张梦吟、李凯、段奕编写；第 16 章由李凯、武加鹤、刘世平编写；第 17 章由武加鹤、刘莉、刘世平编写；第 18 章由张梦吟、刘颉、周文编写；第 19 章由王超、李争、刘强编写；第 20 章由甘玉青、段奕、蔡进编写；第 21 章由李凯、刘超、钱华编写；第 22 章由包汉勇、李凯、刘强编写；第 23 章由王进、吕娟、王郁编写。

本书得到了国家科技重大专项《涪陵页岩气开发示范工程》（编号：2016ZX05060）的资助。此外，书中引用了大量的国内外页岩油气勘探开发方面的研究成果，由于资料众多，难以一一列举，在此一并致谢！

由于本书涉及页岩油气层系众多，资料收集渠道和编者水平有限，书中难免有不足之处，敬请读者批评指正。

# 目　　录

# 1 概　论

页岩是指由粒径小于0.0039mm的碎屑、黏土、有机质等组成的，具有页状层理、容易碎裂的一类细粒沉积岩。页岩气是指以游离态、吸附态和溶解态赋存于富有机质页岩及夹层中的热成因或生物成因的天然气，游离态页岩气主要赋存于有机质孔隙、无机孔隙和微裂隙中，吸附态页岩气主要吸附在黏土矿物颗粒、有机质孔隙及微裂缝等表面，溶解态页岩气赋存于地层水、沥青质和有机质中（Curtis 等，2002；Ross 等，2007）。目前对于页岩油的定义还没完全统一，存在广义和狭义之分，广义上将产自页岩、页岩夹层及毗邻的致密岩系中的石油统称为页岩油（Jarvie，2012），而狭义上仅指产自页岩及页岩夹层中的石油。不同于常规油气，页岩油气主要赋存于页岩地层中，且不受圈闭的控制，其分布范围广、开采时间和生产周期长。页岩储层孔隙结构复杂，多以微纳米级孔隙为主，孔隙度和渗透率都很低，单井无自然产能。因此，页岩油气实现效益开发多需经过后期大规模工程改造。

## 1.1　北美主要页岩层系展布特征概述

### 1.1.1　北美地区构造特征

北美地区主要是指被落基山褶皱冲断带、马拉松—沃希托褶皱冲断带、阿巴拉契亚褶皱冲断带和因努伊特褶皱带所夹持的北美克拉通以及北大西洋被动大陆边缘的一部分（图1-1）。

在现今的构造格局中，北美地区西部由于太平洋板块向北美板块俯冲而处于挤压应力环境，东部和南部由于大西洋的扩张而处于拉张环境，北部由于北冰洋的扩张而呈现拉张环境。

根据地壳性质和典型构造样式，北美地区可大体分为两大构造单元：

（1）克拉通盆地，即板块内部地壳稳定、构造平缓的地区，是北美大陆的主体部分。

（2）褶皱冲断带，即围绕北美克拉

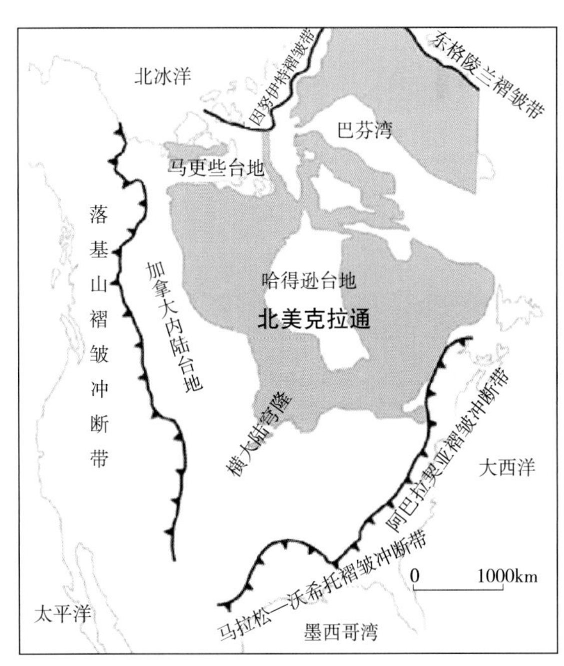


图1-1　北美大地构造单元略图（据高金尉等，2011）

通分布的地壳活动及构造强烈变形的地带，主要为环北美大陆东部、南部和西部的褶皱冲断带。根据不同地质年代的大洋开合和板块碰撞拼合情况，褶皱冲断带又可细分为：①早古生代加里东期纽芬兰褶皱带；②晚古生代海西期褶皱冲断带，包括阿巴拉契亚褶皱冲断带、马拉松—沃希托褶皱冲断带和因努伊特褶皱带；③中、新生代落基山褶皱冲断带（Aitken，1993）。

### 1.1.2 北美主要页岩层系区域展布特征

1. 美国主要页岩层系区域展布特征

美国是全球页岩油气勘探开发最早也是最成功的国家，其页岩层系多、分布范围广、资源规模大。据美国能源信息署（EIA，2013）发布的资源评估报告，仅美国页岩气技术可采储量就达 $18.82\times10^{12}m^3$；美国页岩油技术可采储量为 $65.48\times10^9t$，资源规模仅次于俄罗斯，位居世界第二。另外，从近期美国能源信息署（EIA，2016）公布的数据表明，仅在美国本土 48 个州就针对 40 多套页岩层系开展了页岩油气的勘探开发工作，这些页岩主要分布在两大构造单元的 20 多个盆地中，其中有 30 多套页岩，如 Antrim、Bakken、Barnett、Fayetteville、Woodford、Niobrara、Lewis、New Albany 等分布在落基山褶皱冲断带以东、马拉松—沃希托褶皱冲断带以北、阿巴拉契亚褶皱冲断带以西的多个克拉通盆地内；另外还有少数几套页岩，如 Eagle Ford、Haynesville、Monterey 等分布在三个褶皱冲断带内部的前陆盆地内（图 1–2）。

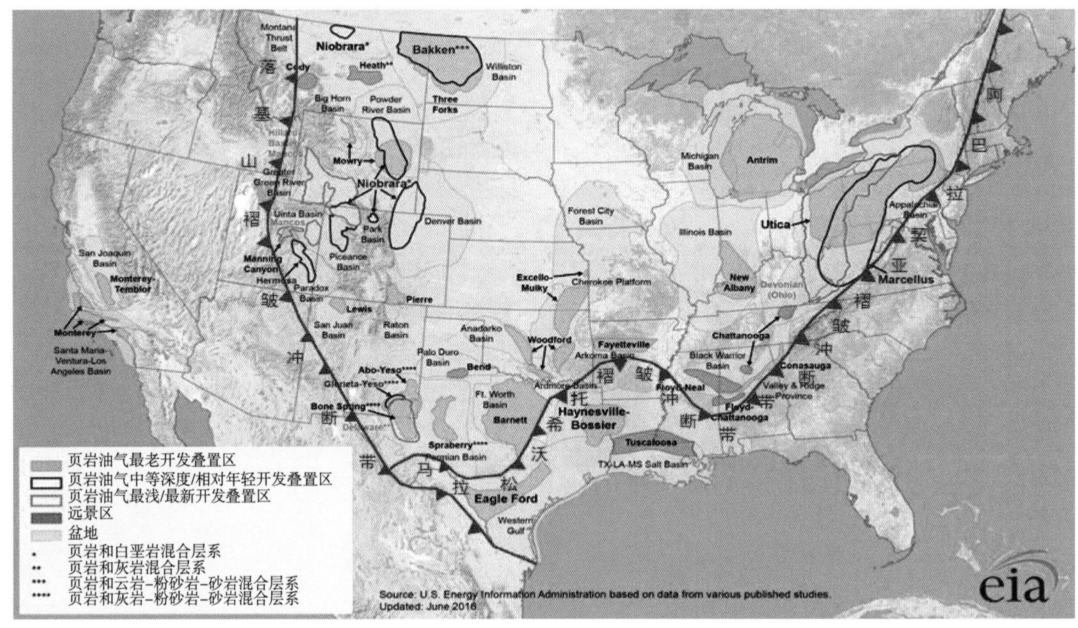


图 1–2 美国南部 48 个州主要页岩油气开发层系分布图（据 EIA，2016 修改）

从美国页岩的发育时期来看，主要在晚古生代—中生代，早古生代及新生代页岩油气勘探层系较少。另外，沉积环境以海相为主，湖相及海陆过渡相则相对较少（表 1–1）。

表 1-1 美国主要页岩层系发育特征

| 序号 | 页岩名称 | 构造位置 | 所属州 | 发育年代 |
|---|---|---|---|---|
| 1 | 安特里姆（Antrim） | 密歇根盆地（Michigan） | 密歇根 | 晚泥盆世 |
| 2 | 巴克斯特（Baxter） | 大绿河盆地（The Great Green River） | 科罗拉多、怀俄明 | 晚白垩世 |
| 3 | 巴肯（Bakken） | 威利斯顿盆地（Williston） | 蒙大拿、北达科他 | 晚泥盆世—早密西西比世 |
| 4 | 巴内特（Barnett） | 福特沃斯盆地 / 二叠盆地（Fort Worth/Permian） | 得克萨斯 | 密西西比纪 |
| 5 | 本德 / 阿托卡（Bend/Atoka） | 帕洛杜罗盆地（Palo DuRo） | 得克萨斯 | 宾夕法尼亚纪 |
| 6 | 博西尔（Bossier） | 得克萨斯盆地（Texas） | 得克萨斯、路易斯安那 | 晚侏罗世 |
| 7 | 凯恩克里克（Cane Creek） | 帕拉朵克斯盆地（Paradox） | 犹他 | 宾夕法尼亚纪 |
| 8 | 凯尼（Caney） | 阿科马盆地（Arkoma） | 俄克拉荷马 | 密西西比纪 |
| 9 | 查塔努加（Chattanooga） | 黑勇士（Black Warrior） | 阿拉巴马、阿肯色、肯塔基、田纳西 | 晚泥盆世 |
| 10 | 烟囱石（Chimney Rock） | 帕拉朵克斯盆地（Paradox） | 科罗拉多、犹他 | 宾夕法尼亚纪 |
| 11 | 克利夫兰（Cleveland） | 阿巴拉契亚盆地（Appalachian） | 俄亥俄、肯塔基 | 泥盆纪 |
| 12 | 克林顿（Clinton） | 阿巴拉契亚盆地（Appalachian） | 纽约、肯塔基等 | 早志留世 |
| 13 | 科迪（Cody） | 蒙大拿冲断带（Montana） | 怀俄明、蒙大拿、爱达荷 | 白垩纪 |
| 14 | 科纳索加（Conasauga） | 黑勇士盆地 / 阿巴拉契亚盆地（Black Warrior/Appalachian） | 阿拉巴马 | 中、晚寒武世 |
| 15 | 敦刻尔克（Dunkirk） | 阿巴拉契亚盆地（Appalachian） | 纽约 | 晚泥盆世 |
| 16 | 鹰滩（Eagle Ford） | 马弗里克（Maverick） | 得克萨斯 | 晚白垩世 |
| 17 | 埃尔斯沃思（Ellsworth） | 密歇根盆地（Michigan） | 密歇根 | 晚泥盆世 |
| 18 | 埃克塞洛（Excello） | 阿科马盆地（Arkoma） | 堪萨斯、俄克拉荷马 | 宾夕法尼亚纪 |
| 19 | 费耶特韦尔（Fayetteville） | 阿科马盆地（Arkoma） | 阿肯色 | 密西西比纪 |
| 20 | 弗洛伊德（Floyd） | 黑勇士盆地（Black Warrior） | 阿拉巴马、密西西比 | 晚密西西比纪 |
| 21 | 嘎门（Gammon） | 威利斯顿盆地（Williston） | 蒙大拿 | 晚白垩世 |
| 22 | 哥特（Gothic） | 帕拉朵克斯盆地（Paradox） | 科罗拉多、得克萨斯 | 宾夕法尼亚纪 |

续表

| 序号 | 页岩名称 | 构造位置 | 所属州 | 发育年代 |
|---|---|---|---|---|
| 23 | 绿河（Green River） | 帕拉朵克斯盆地（Paradox） | 科罗拉多、怀俄明、犹他 | 始新世 |
| 24 | 海因斯韦尔（Haynesville） | 萨宾隆起（Sabine）、路易斯安那盆地（Louisiana） | 路易斯安那、阿肯色、得克萨斯 | 晚侏罗世 |
| 25 | 霍文威普（Hovenweep） | 帕拉朵克斯盆地（Paradox） | 科罗拉多、得克萨斯 | 宾夕法尼亚纪 |
| 26 | 休伦（Huron） | 阿巴拉契亚盆地（Appalachian） | 肯塔基、俄亥俄、弗吉尼亚、西弗吉尼亚 | 泥盆纪 |
| 27 | 路易斯（Lewis） | 圣胡安（San Juan） | 科罗拉多、新墨西哥 | 晚白垩世 |
| 28 | 曼科斯（Mancos） | 圣胡安（San Juan） | 新墨西哥、犹他 | 白垩纪 |
| 29 | 曼宁峡谷（Manning Canyon） | 尤因塔 / 帕拉朵克斯盆地（Uinta /Paradox） | 犹他 | 密西西比纪 |
| 30 | 马塞勒斯（Marcellus） | 阿巴拉契亚盆地（Appalachian） | 纽约、俄亥俄、宾夕法尼亚、西弗吉尼亚 | 泥盆纪 |
| 31 | 麦克卢尔（Mc Clure） | 圣华金盆地（San Joaquin） | 加利福尼亚 | 中新世 |
| 32 | 蒙特利（Monterey） | 圣华金 / 桑塔玛丽亚 / 洛杉矶盆地（San Joaquin/Santa Maria/Los Angles） | 加利福尼亚 | 中新世 |
| 33 | 穆尔菲尔德（Moorefield） | 阿科马盆地（Arkoma） | 阿肯色 | 密西西比纪 |
| 34 | 莫里（Mowry） | 比格霍恩 / 保德河盆地（Bighorn /Powder River） | 怀俄明 | 白垩纪 |
| 35 | 新奥尔巴尼（New Albany） | 伊利诺伊盆地（Illinois） | 伊利诺伊、印第安纳 | 泥盆纪—密西西比纪 |
| 36 | 奈厄布拉勒（Niobrara） | 丹佛盆地（Denver） | 科罗拉多 | 晚白垩世 |
| 37 | 俄亥俄（Ohio） | 阿巴拉契亚盆地（Appalachian） | 肯塔基、俄亥俄、西弗吉尼亚 | 泥盆纪 |
| 38 | 皮尔索尔（Pearsall） | 马弗里克盆地（Maverick） | 得克萨斯 | 白垩纪 |
| 39 | 皮尔（Pierrer） | 拉顿盆地（Raton） | 科罗拉多 | 白垩纪 |
| 40 | 莱茵街（Rhinestreet） | 阿巴拉契亚盆地（Appalachian） | 纽约 | 泥盆纪 |
| 41 | 森伯里（Sunbury） | 阿巴拉契亚盆地（Appalachian） | 俄亥俄 | 密西西比纪 |
| 42 | 尤蒂卡（Utica） | 阿巴拉契亚盆地（Appalachian） | 纽约、俄亥俄、宾夕法尼亚、西弗吉尼亚，加拿大魁北克省 | 奥陶纪 |
| 43 | 伍德福德（Woodford） | 阿纳达科 / 阿德莫 / 阿卡马盆地（Anadarko/ Ardmore/Arkoma） | 俄克拉荷马、得克萨斯 | 泥盆纪—密西西比纪 |

2. 加拿大主要页岩层系区域展布特征

加拿大是继美国后全球第二个实现页岩气商业化开发的国家。加拿大也发育多套页岩层系，页岩气资源规模较大（表 1–2）。据加拿大非常规天然气协会评估的页岩气资源量在 $42.5\times10^{12}m^3$（Dawson，2008）；美国能源信息署（EIA，2011）的报告称，加拿大页岩气可采储量为 $10.99\times10^{12}m^3$，居世界第七位。西加拿大盆地泥盆系 Horn River 页岩、三叠系 Montney 页岩、白垩系 Colorado 页岩、圣劳伦斯盆地奥陶系的 Utica 页岩以及温莎盆地的石炭系 Horton Bluff 页岩资源规模约有 $15.57\times10^{12}$~$24.35\times10^{12}m^3$，是加拿大页岩气开发的主要目标区（图 1–3）。目前，西加拿大盆地的 Montney 页岩已大规模开发，在阿尔伯塔省中东部的 Wildmere 地区 Colorado 页岩也已投入小规模开发，Horn River 和 Utica 页岩油气尚处于开发早期，Horton Bluff 页岩尚处于勘探阶段（Rivard 等，2014）。

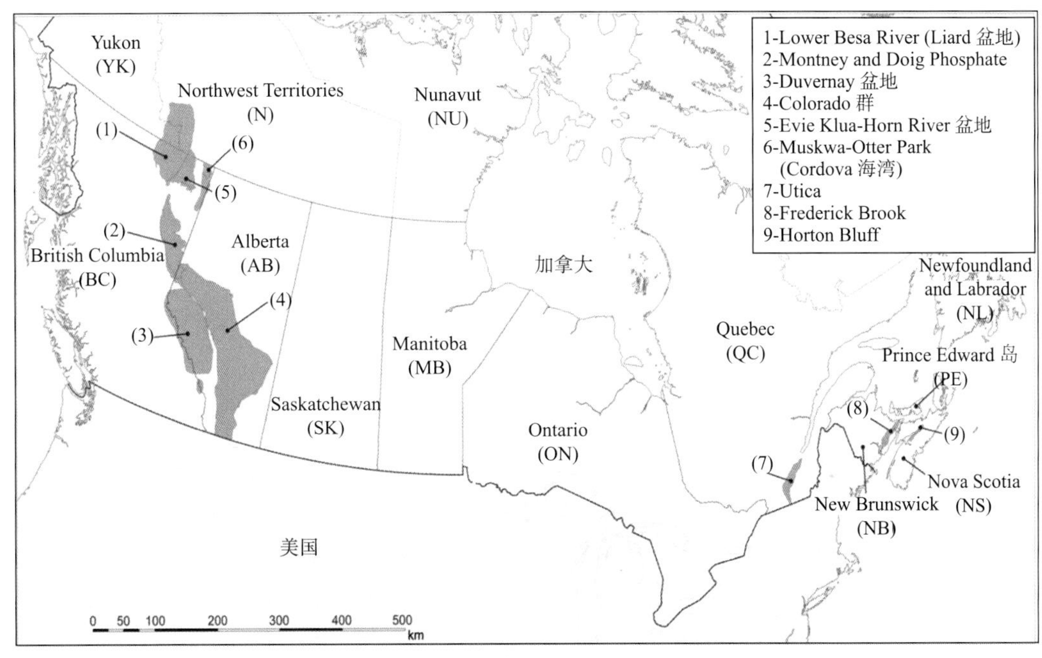


图 1–3 加拿大主要页岩系序分布特征（据 Rivard，2013）

**表 1–2 加拿大主要页岩层系分布特征**

| 序号 | 页岩名称 | 构造位置 | 所属州 | 发育年代 |
|---|---|---|---|---|
| 1 | 科罗拉多（Colorado） | 西加拿大盆地 | 阿尔伯塔、萨斯喀彻温 | 白垩纪 |
| 2 | 迪韦奈（Duvernay） | 西加拿大盆地 | 阿尔伯塔 | 晚泥盆世 |
| 3 | 埃克肖（Exshaw） | 西加拿大盆地 | 阿尔伯塔、不列颠哥伦比亚 | 泥盆纪—密西西比纪 |
| 4 | 弗尼（Fernie） | 西加拿大盆地 | 阿尔伯塔、不列颠哥伦比亚 | 侏罗纪 |
| 5 | 弗雷德里克溪（Frederick Brook） | 魁北克—圣劳伦盆地 | 新不伦瑞克、新斯科舍 | 密西西比纪 |

续表

| 序号 | 页岩名称 | 构造位置 | 所属州 | 发育年代 |
|---|---|---|---|---|
| 6 | 戈登戴尔（Gordondale） | 西加拿大盆地 | 不列颠哥伦比亚 | 早侏罗世 |
| 7 | 霍恩河（Horn River） | 西加拿大盆地 | 不列颠哥伦比亚 | 中泥盆世 |
| 8 | 霍顿布拉夫（Horton Bluff） | 魁北克—圣劳伦盆地 | 新斯科舍 | 密西西比纪 |
| 9 | 蒙特尼（Montney） | 西加拿大盆地 | 阿尔伯塔、不列颠哥伦比亚 | 三叠纪 |
| 10 | 马斯夸（Muskwa） | 西加拿大盆地 | 不列颠哥伦比亚 | 晚泥盆世 |
| 11 | 诺德格（Nordegg） | 西加拿大盆地 | 阿尔伯塔、不列颠哥伦比亚 | 晚侏罗世 |

## 1.2 北美页岩气勘探开发历程

### 1.2.1 美国页岩气勘探开发历程

美国是世界上最早研究和从事页岩气勘探开发的国家，自 1821 年全球第一口页岩气井诞生至今，先后经历了早期探索、后期理论及技术攻关、关键技术突破到近年的快速发展四个阶段。

1. 第一阶段：早期探索阶段（1821~1975 年）

1821 年在美国东部泥盆系页岩中成功钻探全球第一口商业性页岩气井，正式拉开了页岩气勘探开发的序幕。美国早期的页岩气勘探开发，主要集中在东部的阿巴拉契亚、伊利诺伊、密歇根等盆地，以密西西比系和泥盆系黑色页岩为目标；后期美国扩大了页岩气勘探范围，开展了大量钻探工作，仅在局部地区获得工业气流。直到 1914 年，美国在阿巴拉契亚盆地泥盆系 Ohio 页岩中发现高产气流，单井日产气量 $2.83\times10^4m^3$，宣布了全球第一个页岩气田——Big Sandy 气田的诞生。在这 150 多年里，美国页岩气的年产量一直都在 $10\times10^8m^3$ 以下（图 1–4）。

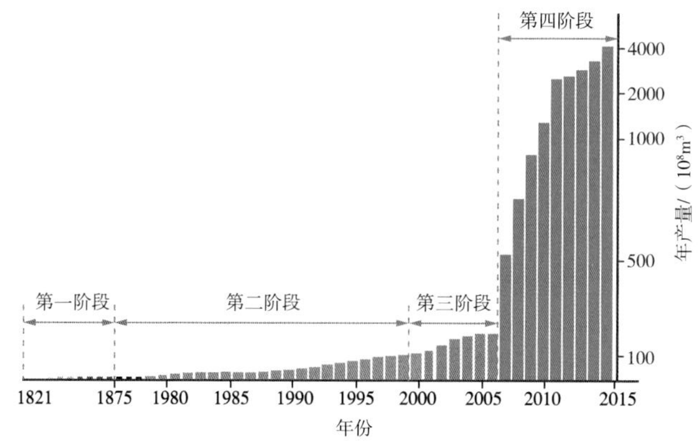


图 1–4 美国页岩气年产量分布图

2. 第二阶段：理论及技术攻关阶段（1976~1999 年）

这一阶段，页岩气地质评价及开发技术相关研究项目竞相设立，初步形成了页岩气勘探评价思路，探索了页岩气开发的核心技术——水平井钻井技术和水力压裂技术，只是这些核心技术尚不完善，也还未被大范围推广应用。这一阶段页岩气的年产量缓慢递增，到 20 世纪末，美国页岩气的年产量达到 $100 \times 10^8 m^3$ 左右。

1976 年，美国能源部及能源研究开发署（ERDA）联合国家地质调查局（USGS）多家科研院所及企业，发起了旨在加强对页岩气地质特征、成因、分布规律、资源评价及开发技术等研究的美国“东部页岩气工程”项目。1980 年，美国天然气研究所（GRI）又实施了包括钻井取样、实验分析、压裂增产技术等 30 多个项目的“东部含气页岩研究计划”。20 世纪 90 年代，美国天然气技术协会（GTI）组织了大批科研力量，针对页岩气勘探开发的页岩岩心实验技术、水平井钻井技术、水力压裂技术等关键技术进行了深入研究。这些工作极大促进了美国页岩气的基础研究，产生了一些新发现，使页岩气勘探研究迅速扩展到美国其他地区。

3. 第三阶段：关键技术突破阶段（2000~2006 年）

2000 年以后，美国页岩气开发技术不断取得进步，加速了页岩气开发进程。2002 年，Devon 能源公司对 Barnett 页岩实施水平钻井，取得了显著效果。此后，水平井得到广泛应用，成为美国页岩气钻井的主要方式。

2002 年以后，水平井压裂工艺取得了突破性进展，页岩气产量成倍增长。2004 年，水平井分段压裂技术和清水压裂技术得到改进，取得了良好效果，在美国得到广泛应用。运用该技术可使单井日产量达到 $6.37 \times 10^4 m^3$，为页岩气的大规模商业开发奠定了坚实基础。2005 年，水力喷射压裂技术在 Barnett 页岩中进行试验，页岩气井的产量显著增加。同年，多井同步压裂技术（又称交叉式压裂技术）试验成功，该技术可增加裂缝条数，形成复杂缝网，显著提高储层改造效果。同步压裂平均产量比单井压裂提高了 21%~55%，开发成本降低一半以上。

随着水平井钻井技术、大型水力压裂技术、多井同步压裂技术和分级压裂技术的不断进步，不但提高了美国页岩气单井产量，延长了开采周期，而且降低了开采成本。同时，在页岩气资源评价、有利区优选等方面持续完善，实现了美国页岩气勘探开发关键技术突破，到 2006 年，美国页岩气井超过 40000 口，页岩气年产量达到 $311 \times 10^8 m^3$。

4. 第四阶段：快速发展阶段（2007 年至今）

2007 年后，随着页岩气勘探开发关键技术的成熟，相关技术在北美多个盆地多套页岩中得以推广应用，标志着整个美国页岩气产业进入快速发展阶段。到 2009 年底，美国页岩气生产井数量增至 98590 口，页岩气年产量超过 $878 \times 10^8 m^3$，美国一举超越俄罗斯成为世界第一大天然气生产国。此后，美国页岩气产量一直保持强劲的增长势头，2011 年，美国新钻页岩气井达 10173 口。2013 年，美国页岩气年产量增至 $3025 \times 10^8 m^3$。截至 2016 年年底，美国页岩气日产量已达 $12 \times 10^8 m^3$（图 1–5）。

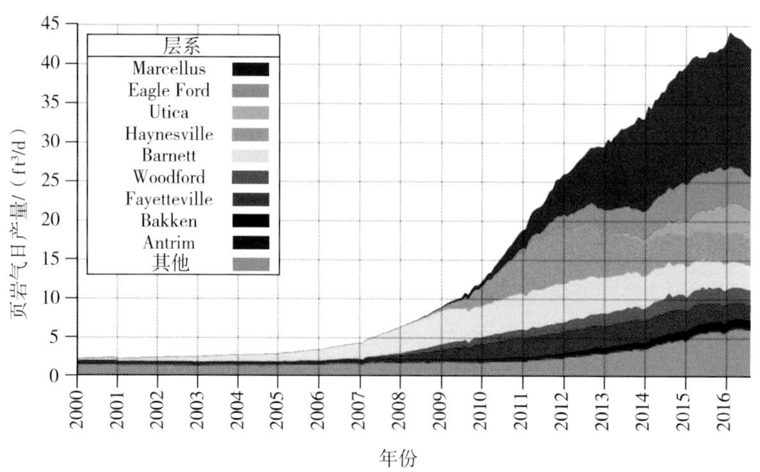


图 1-5　2000~2016 年美国页岩气分层系产量统计图

目前，美国页岩气开发几乎遍布各大盆地。最近十几年，美国页岩气产量增加了近30倍，取得了页岩气革命的辉煌业绩。另据美国能源信息署 2017 年 1 月发布的《年度能源展望（2017）》预测，页岩气在今后一段时间都将保持较快增长趋势，到 2040 年美国天然气产量近三分之二将来自页岩气。

### 1.2.2　加拿大页岩气勘探开发历程

加拿大是继美国之后世界上第二个对页岩气进行勘探开发的国家，尽管源自页岩的天然气生产已有数十年历史，但直至 2007 年才真正实现页岩气大规模商业开发，因而其页岩气勘探开发历程可大体分为两大阶段。

1. 第一阶段：探索阶段（2006 年以前）

数十年前，加拿大石油公司采用常规裂缝性气藏的思路，用直井开采的方式，针对阿尔伯塔省东南部和萨斯喀彻温省西南部白垩系 Colorado 群页岩开采天然气，但产量较低。2000 年前后开始尝试用非常规的思路开展页岩气勘探开发相关研究，2000~2001 年在不列颠哥伦比亚省三叠系 Montney 页岩开始商业性的页岩气生产，2005 年年产量仅有约 $2.7\times10^8m^3$。

2. 第二阶段：快速推进阶段（2007 年至今）

2007 年，随着水平井钻井技术、大型水力压裂技术等多项页岩气开发核心技术的形成及在加拿大的推广应用，页岩气开发层系由过去三叠系 Montney 页岩拓展到中泥盆统 Horn River 页岩，当年产量就达到 $8.3\times10^8m^3$。近年来，加拿大页岩气勘探开发进程快速推进，目标区主要集中在不列颠哥伦比亚省东北部中泥盆统 Horn River 页岩与三叠系 Montney 页岩，开发范围也由早期的阿尔伯塔省和不列颠哥伦比亚省扩展到萨斯喀彻温、安大略、魁北克、新不伦瑞克及新斯科舍等省。页岩气钻井数量及产量也呈现快速增长趋势，到 2012 年页岩气总井数突破 1100 口，仅不列颠哥伦比亚省页岩气的日产量就超过 $8000\times10^4m^3$（图 1-6）。据加拿大国家能源局预测（Oviedo，2012），加拿大页岩气产量将长期保持 9% 的年均增长速度，至 2035 年年产量将达到 $434\times10^8m^3$。

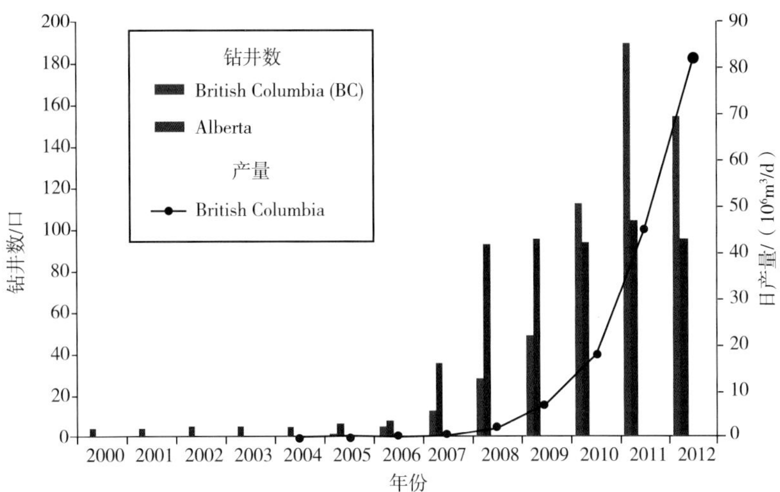


图 1-6　加拿大页岩气钻井数及页岩气日产量分布图（据 Rivard 等，2013）

## 1.3　北美页岩油勘探开发历程

近年来，美国页岩油勘探开发发展迅速，但从其发展历史上看，要略晚于页岩气，至今也才 60 多年。美国页岩油是在 Bakken 组开始突破，并最终实现规模开发的。根据产业化发展过程中的具体特点，并重点考虑 Bakken 组的勘探开发实践，可以将美国页岩油发展划分为早期探索、后期认识突破到近年的快速发展三个阶段。

1. 第一阶段：探索阶段（1953~1999 年）

1953 年在美国的威利斯顿盆地 Antelope 油田发现了第一个页岩油藏，当时的发现者 Stanolind 公司主要采用直井开发技术，开发目的层为 Bakken 组上段，在当时的技术条件下，平均单井产量为 27.4t/d。1987 年 Meridian 公司在 Elkhorn Ranch 油田 Bakken 组上段页岩钻探第一口水平井，日产油 36t，由此成功打开了 Bakken 组上段页岩水平钻井局面，这一做法对其他作业者产生了强烈的示范效应。油公司对 Bakken 页岩的热情一直持续到 20 世纪 90 年代初，当时大约有超过 20 家的油公司在该地区从事油气勘探开发活动。之后因油价持续走低，且认为受天然裂缝控制的 Bakken 组上段油藏的产量难以实现稳产，围绕 Bakken 组页岩的油气勘探开发活动在经历一个高潮期后进入缓慢发展阶段。

2. 第二阶段：认识突破阶段（2000~2006 年）

到了 2000 年，通过地质精细解剖，发现 Bakken 组中段的孔隙度明显优于上段和下段，由此提出了 Bakken 组所生成的油气可能更多地聚集在了中段、之前开发的上段只是其中很少一部分的新认识，并据此成功发现了埃尔姆古力（Elm Coulee）油田。这一发现和认识在页岩油勘探开发进程中具有里程碑式的意义，Bakken 组中段开始成为油气勘探的首要目的层。此后几年，石油公司效仿页岩气开发，将水平井钻井技术与水力压裂技术应用于 Parshall 油田 Bakken 组中段页岩油开发，取得成功。

3. 第三阶段：勘探开发快速发展阶段（2007 年至今）

2007 年以后，随着水平井钻井技术与水力压裂技术的不断成熟，这些技术开始在北美多套页岩层系得到推广应用，使得页岩油产量同页岩气一样进入了快速增长阶段。如 Bakken 页岩油产量逐年增长，到 2010 年产量就达到了 $2800\times10^4$t（图 1–7）。特别是 2014 年以来的三年多时间里，美国三叠盆地等页岩油主产区的原油总产量已达到 $500\times10^4$bbl/d 左右（图 1–8），美国能源信息署 2016 年预测，到 2040 年美国页岩油产量将达 $710\times10^4$bbl/d，展现出良好的开发前景。

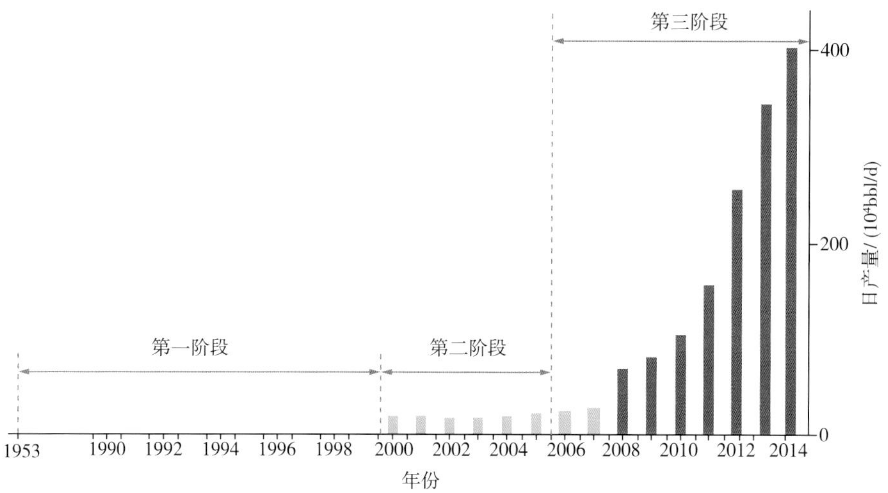


图 1–7　美国页岩油年产量分布图

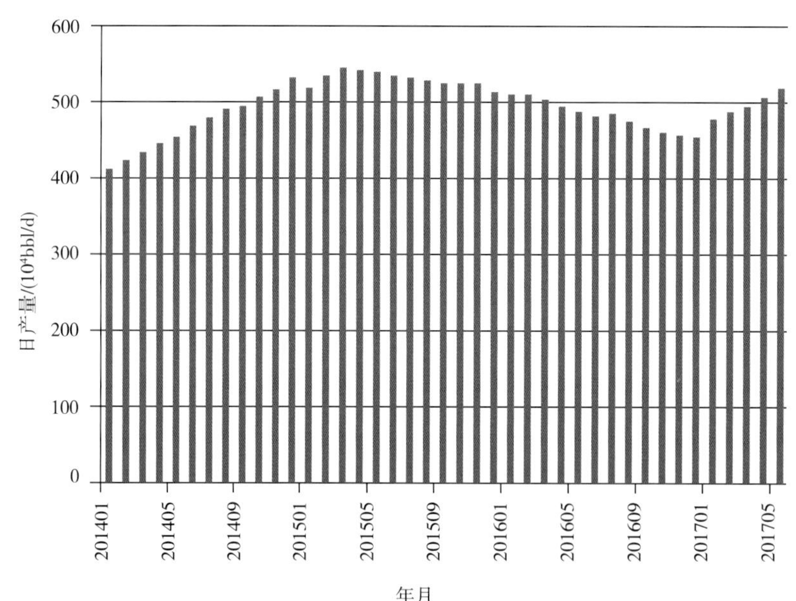


图 1–8　2014~2017 年美国页岩油主产区原油日产量分布图

加拿大的页岩油产业近年来也取得了长足发展，根据加拿大能源部的数据，在 2014 年年底页岩油产量达到 $45\times10^4$bbl/d，尽管受国际低油价的影响，但近几年日产量仍维持在 $30\times10^4$bbl/d 以上。美国能源信息署 2016 年预测，加拿大页岩油在 2040 年将达到 $76\times10^4$bbl/d 的产量。

## 参 考 文 献

[1] Curtis J B. Fractured shale–gas systems [J]. AAPG Bulletin, 2002, 86(11):1921–1938.

[2] Dawson F M. Shale gas resources of Canada: Opportunities and Challenges[R]. Canadian Society for Unconventional Gas Technical Luncheon, 2008.

[3] Jarvie D M. Shale resource systems for oil and gas: Part 2—Shale–oil resource systems [C]//Breyer J. Shale Reservoirs: Giant Resources for the 21st Century. AAPG Memoir, 2012: 89–119.

[4] Oviedo V. What the shale gas revolution means for Canada [R]. Canada: Fraser Institute, 2012.

[5] Rivard C, Lavoie D, Lefebvre R, et al. An overview of Canadian shale gas production and environmental concerns [J]. International Journal of Coal Geology, 2014 (126): 64–76.

[6] Ross D J K, Bustin R M. Shale gas potential of the Lower Jurassic Gordondale Member, northeastern British Columbia [J]. Bulletin of Canadian Petroleum Geology, 2007, 55(1): 51–57.

[7] Stott D F, Aitken J D. Sedimentary cover of the craton in Canada. Boulder, Colorado, Geological Society of America[J]. The Geology of North America, 1993, D–1: 483–502.

[8] U.S. Energy Information Administration. World shale gas resources: An initial assessment of 14 region outside the United States[R]. 2011.

[9] U.S. Energy Information Administration. International Energy Outlook 2013[R]. 2013.

[10] U.S. Energy Information Administration. Technically Recoverable Shale Gas and Shale oil Resources：An Assessment of 137 Shale Formations in 41 Countries Outside the United States [R]. 2013(6): 9–10.

[11] U.S. Energy Information Administration. Shale gas and oil plays, Lower 48 States[R]. 2016.

[12] U.S. Energy Information Administration. International Energy Outlook 2016[R]. 2016.

[13] U.S. Energy Information Administration. International Energy Outlook 2017[R]. 2017.

# 2 Antrim 页岩油气地质特征

## 2.1 勘探开发历程

Antrim（安特里姆）页岩主要分布于美国东北部的密歇根盆地，目前页岩气主要开发区位于盆地西北部的密歇根州 Antrim 郡至东北部的 Alcona（阿尔克纳）郡一带，总面积 $10117km^2$（图 2-1）。Antrim 页岩目的层埋深较浅，多在 150~730m 之间，热成熟度普遍较低，所产气体以生物成因气为主，同时还含有少量的热成因气。

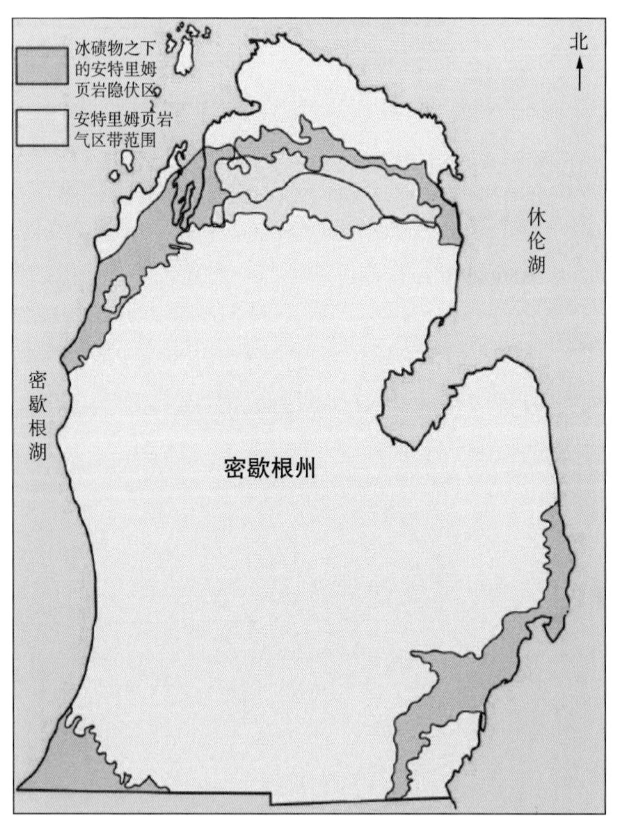


图 2-1 Antrim 页岩气开发区带及隐伏区分布

Antrim 页岩的勘探开发历史悠久，早在 1935 年，就已经在密歇根州北部 Otsego（奥齐戈）郡的 Antrim 页岩中偶获产量，证明了 Antrim 页岩具备较好的开发潜力，但直到 20 世纪 80 年代末，Antrim 页岩才真正意义上进入商业开发阶段。

20 世纪 90 年代早期，Antrim 页岩分布区内约有 1000 口钻井，到 90 年代中期，钻井数超过 5000 口（Goodman 等，2008）。近年来，伴随着页岩气勘探开发关键技术的逐步完善，美国页岩气开发财税政策的扶持以及所在地区油气管网能力扩容后对新气源需求的增加，使得 Antrim 页岩气钻井数量在过去 20 年大幅增长，在密歇根州 Antrim 页岩气富集带的 12 个县中，完钻井数已经超过 9000 口，至 2007 年早期，Antrim 页岩气销量就已超过 2.5tcf，也让 Antrim 页岩进入美国十大页岩气开发层系行列。

## 2.2 构造特征

Antrim 页岩所处的密歇根盆地为一个椭圆形巨型内克拉通盆地，北侧和东南侧地层向盆地中心陡倾，西侧和西南侧较缓，盆地中部平坦开阔，盆地边缘发育一系列密集分布的北西—南东走向的褶皱，并伴生了少量走向相同的断裂，元古宙基维诺期的基底裂谷呈北西—南东向贯穿整个盆地，盆地边缘大体与密歇根湖和休伦湖的滨线一致（图 2-2），面积约 $20.73\times10^4$km$^2$。

密歇根盆地的形成及演化过程比较简单，为典型的克拉通盆地（Catacosinos 等，1991）。晚寒武世，盆地主要受伸展作用影响，并伴随着与超级大陆裂解相关的热事件，早奥陶世盆地开始沉降并逐渐形成现今的构造格局（图 2-3）。与美国许多其他克拉通盆地一样，密歇根盆地发育了一套巨厚的上泥盆统沉积地层。

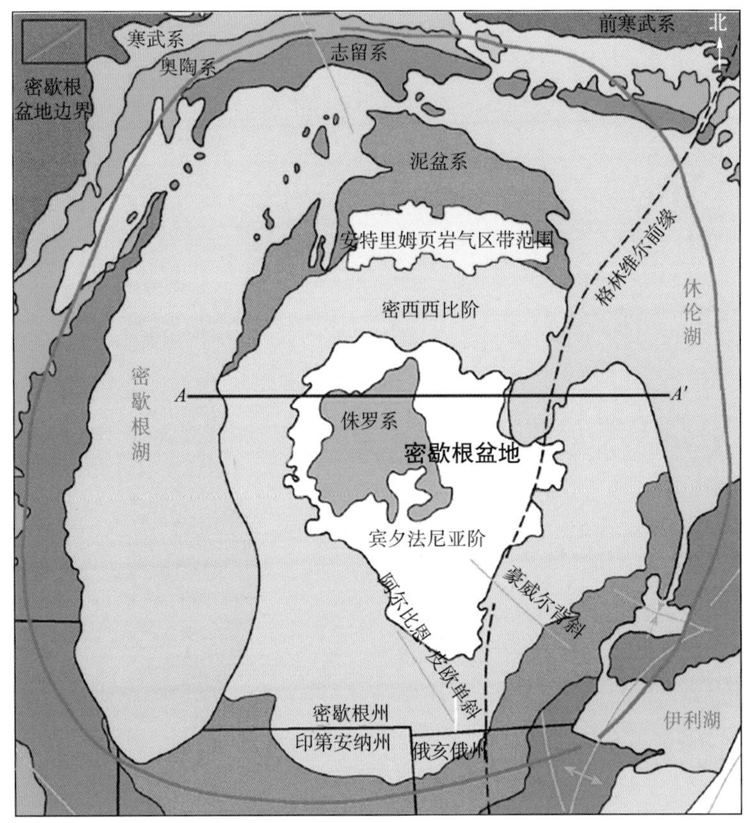


图 2-2 密歇根盆地 Antrim 页岩分布图

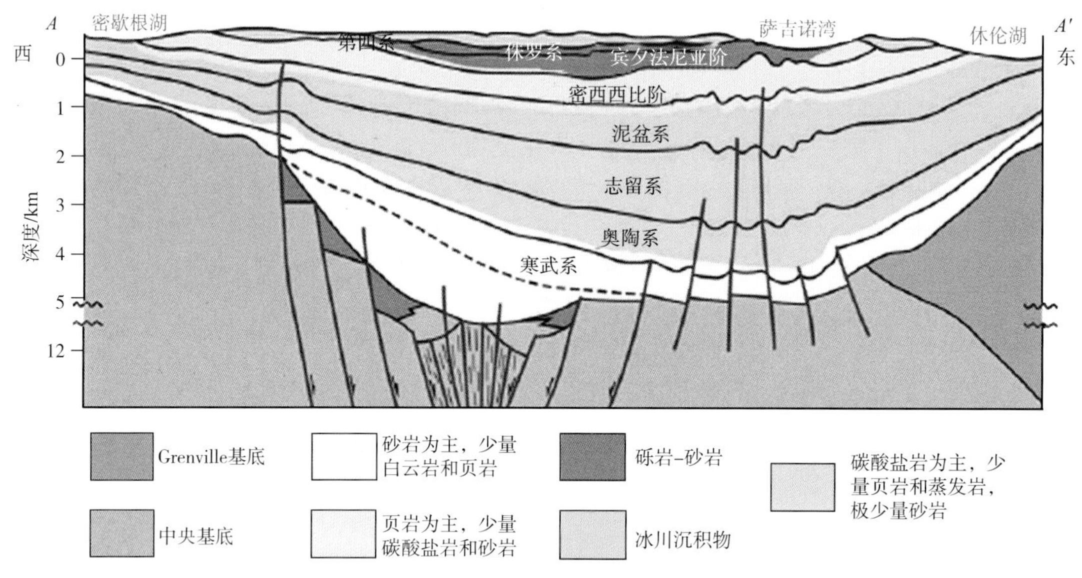


图 2-3 密歇根盆地东西向地质剖面

从目前的钻探情况来看，Antrim 页岩埋深较浅，密歇根盆地大部分地区 Antrim 页岩埋深在 600~1000ft（图 2-4），中部最深也仅有 2200ft 左右。

图 2-4 Antrim 页岩底部构造图（据 Dolton 等，1996）

A—Antrim；C—Crawford；K—Kalkaska；M—Montmorency；Mi—Missaukee；O—Otsego；Os—Oscoda

## 2.3 地层特征

Antrim 页岩是广泛分布于中、晚泥盆世古北美大陆的富含有机质页岩沉积体系的一部分，这一时期北美大陆发育了多套页岩，如伊利诺盆地的 New Albany 页岩，俄亥俄州的 Ohio 页岩，阿巴拉契亚盆地的 Chattanooga 页岩，得克萨斯州和俄克拉荷马州的 Woodford 页岩，以及威利斯顿盆地的 Bakken 页岩和安大略南部的 Kettle Point 页岩等。Antrim 页岩及其共生的泥盆纪—密西西比纪岩层的厚度约为 900ft。

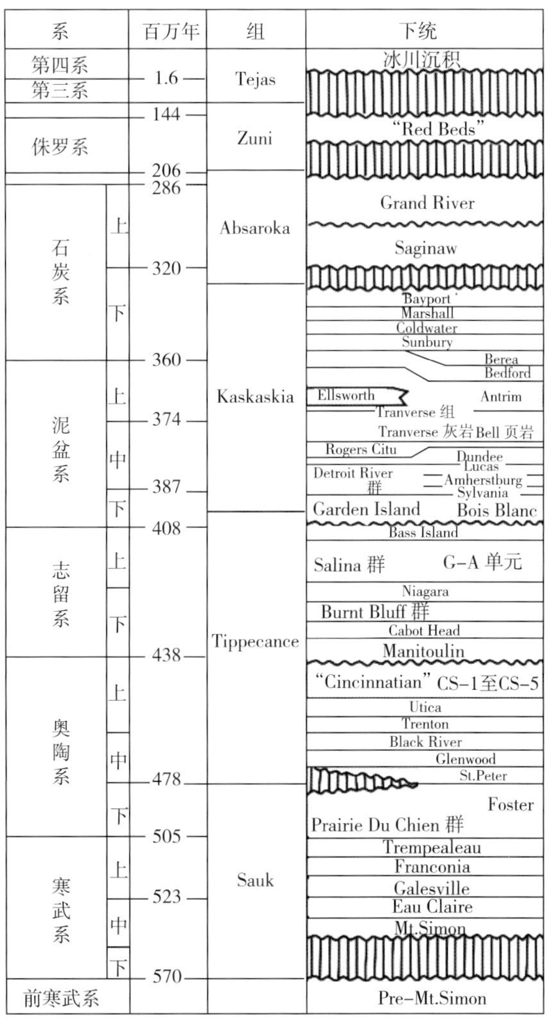


图 2–5 密歇根盆地地层发育特征

Antrim 页岩为一套富有机质的黑色页岩，夹灰色和绿色页岩以及碳酸盐岩（图 2–5）。对其顶底界面及内部层段的划分，目前学界还存在争议。对于其顶界，Dellapenna（1991）认为 Antrim 页岩不应包括上覆的 Ellsworth（埃尔斯沃斯）组，顶界应为两套页岩之间的界面；而 Dolton 等（1996）则认为 Antrim 页岩应包括上覆的 Ellsworth 组，因而顶界应和

Ellsworth 组顶界一致。对于内部层段的划分也存在两种不同的方案。

1.Antrim 页岩层内划分方案一

Dellapenna（1991）认为依据岩性和电性特征，Antrim 页岩地层包括黑色页岩和灰色页岩两种岩相类型，前者由 Chester 和 Charlton 黑色页岩段组成，表现为高 GR 值；后者由 Crapo Creek 和 Mud Lake 灰色页岩段组成，表现为中 GR 值（图 2-6）。自下而上可分为四个页岩段：

（1）Mud Lake 灰色页岩段：该页岩段生物扰动中等至强烈，底部为 Traverse 灰岩过渡层，中部为灰色页岩，海百合、腕足动物碎屑常见；上部为灰色页岩和黑色页岩薄互层。

（2）Charlton 黑色页岩段：底部为黑色厚层—块状页岩，中部主要由薄层状页岩组成，纹层发育，偶见黄铁矿和碳酸盐结核，顶部页岩颜色逐渐变浅。

（3）Crapo Creek 灰色页岩段：底部为多套黑色薄层状页岩，单层厚度为 3~15cm；中部由中等至强烈生物扰动的灰色页岩组成，腕足动物碎屑常见；顶部灰色页岩厚度较大。与 Mud Lake 段相比，该段页岩中部石英含量较低，方解石含量略高，海百合碎屑相对少。

（4）Chester 黑色页岩段：主要由黑色薄层状页岩组成，偶见结核构造。该页岩段上覆地层 Ellsworth 组为极薄的灰绿色页岩和黑色页岩互层。

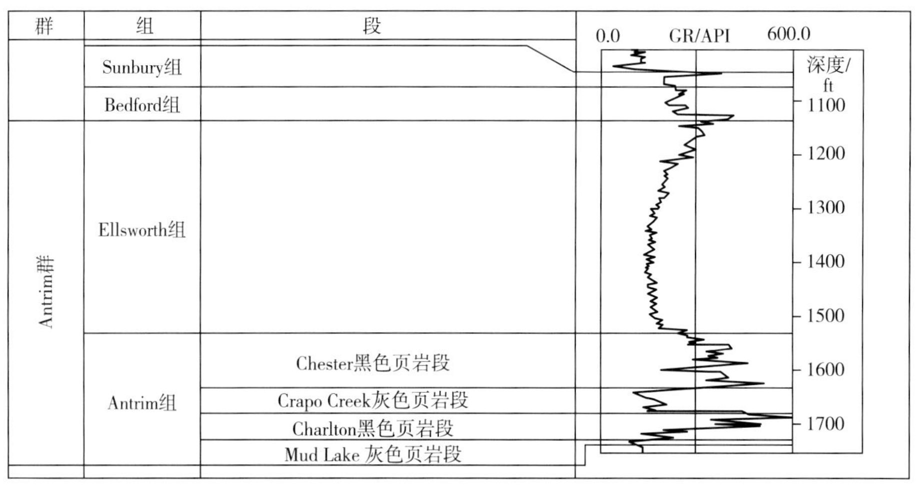


图 2-6　Antrim 页岩层段划分方案（Latuszek B1-32 井）

2. Antrim 页岩层内划分方案二

Dolton 等（1996）将 Antrim 页岩划分为四个层段，即已经命名的下部三个段：Norwood（诺伍德）段、Paxton（帕克斯顿）段、Lachine（拉钦）段，和尚未命名的上部第四层段（Upper Member）（图 2-7）。

从两套方案的对比来看，Dellapenna（1991）提出的最下部 Mud Lake 段大致相当于 Dolton 等（1996）提出的 Norwood 段，Crapo Creek 段相当于 Lachine 段，Charlton 黑色页岩段则相当于 Paxton 段。高 GR 富有机质的第一段（Norwood 段）和第三段（Lachine 段）是页岩气勘探开发的主要目的层段。

Dolton 等（1996）指出 Antrim 页岩在区域上厚度变化较大，区带北部边缘沉积减薄尖灭，在沉积厚度最大的西南部，该套页岩厚达 180m，平均厚度约为 90m。区带 Norwood

段厚度在西部为 3m，到东南部厚度增大到 9.1m；而 Lachine 段厚度在区带内分布相对均匀，厚度为 21~30m，平均约为 24m；介于之间的 Paxton 段在区带的南部和中部厚度为 15m，向区带北部、西部和东部逐渐减薄。

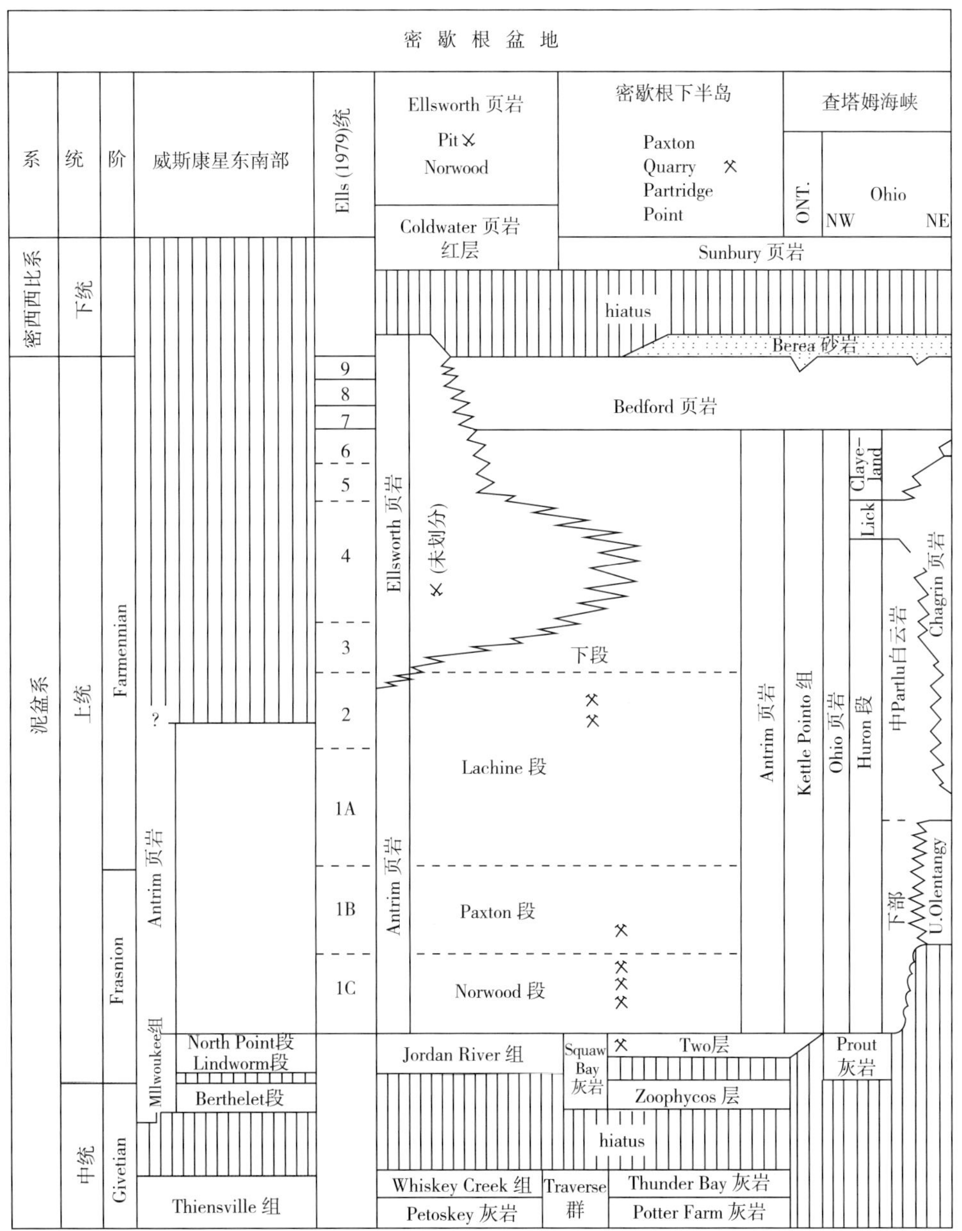


图 2-7　密歇根盆地中上泥盆统—密西西比系地层发育特征（据 Dolton 等 ,1996）

Upper Member（上部层段）在区带北部缺失，向东部增厚，厚度为 12~30m；Ellsworth 段页岩中包含一系列的绿灰色前三角洲氧化的黏土岩，楔入 Antrim 页岩上部的黑色富有机质页岩地层，但仅局限分布在密歇根盆地的西部，厚度大于 270m，在区带东部 Ellsworth 段页岩地层缺失。

## 2.4 沉积特征

Antrim 页岩沉积的晚泥盆世，密歇根盆地大致在 30° 纬度附近（Witzke 和 Heckel，1988），主要发育于局限海环境（图 2–8），此环境浮游藻类发育，可见少量陆源有机质的输入。

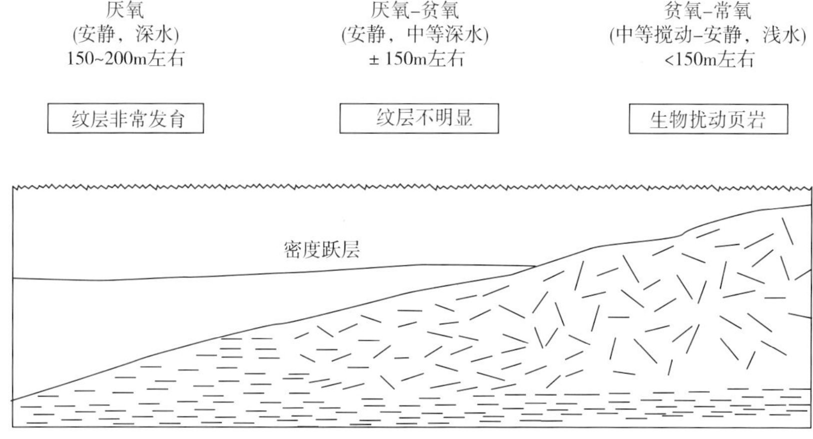


图 2–8 氧气分层对富黏土沉积物发育的环境指示意义（据 Brien，1990）

1. Mud Lake 灰色页岩沉积环境

该页岩段的中下部泥质含量随化石碎屑含量的减少而增加，强烈的生物扰动和丰富的大尺度洞穴反映出该套页岩沉积时主要为常氧环境 Mud Lake 灰色页岩；顶部发育有黑色和灰色互层状薄互层。在这个旋回的底部，黑色薄层之上的灰色薄层中均可见生物扰动现象。每个旋回顶部黑色薄层同灰色薄层的接触关系反映出沉积环境从富氧到厌氧的快速转变，这种沉积环境的突然变化消除了厌氧生物和富氧生物的生物活跃性。

2. Charlton 黑色页岩至 Crapo Creek 灰色页岩沉积环境

该页岩段的沉积环境整体表现为厌氧—贫氧环境，沉积相带的变化可以通过海洋密度跃层下降模型解释。相互交替的灰色和黑色沉积物，尤其是上部以灰色沉积物为主导的情况，可能是由于密度跃层深度下降所致。

3. Chester 黑色页岩沉积环境

该页岩段缺乏宏体化石，生物扰动少见，同时保存有大量有机物质，表明其形成于缺氧环境。上升洋流导致海洋表层生产率较高，并在底部沉积物表面形成缺氧环境，可用来解释黑色页岩的成因，但是上升流持续时间是否同黑色页岩沉积时间相匹配，仍需进一步探讨。

## 2.5 地化特征

从氢指数和氧指数划分干酪根类型的图版上可以看出，Antrim 页岩中黑色页岩相主要以Ⅰ型—Ⅱ型干酪根为主，其母质类型应为局限海内的浮游藻类；而灰色页岩相则以Ⅱ型—Ⅲ型干酪根为主，可能为少量的陆源有机质输入所致，研究发现灰色页岩相中已发现了一些Ⅲ型干酪根以分散的镜质组和镜质组薄层的形式出现（图 2-9）。

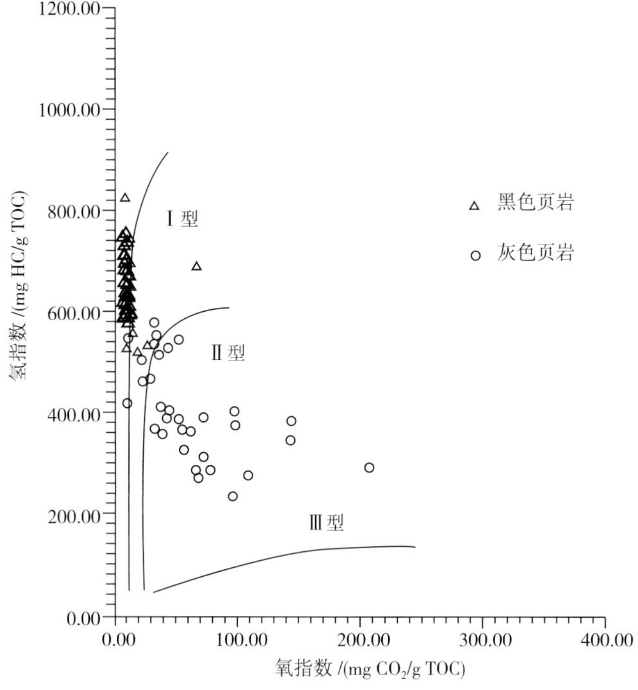


图 2-9　Antrim 页岩氢指数和氧指数分布图（资料来源于 Latuszek B1-32、Club 4-40 等钻井）

Antrim 页岩的总有机碳含量同 GR 曲线具有较高的一致性。其中黑色页岩 TOC 含量较高，在 5%~14% 之间，灰色页岩 TOC 含量较低，在 0.2%~1% 之间。

Antrim 页岩 Rock-Eval 热解和镜质体反射率（$R_o$）结果显示：镜质体反射率在 0.4%~0.6% 之间，表明 Antrim 页岩热成熟度较低，尚未达到生烃高峰（图 2-10、图 2-11）。与此同时，Antrim 页岩的 $T_{max}$ 和 HI 测试数据也反映出其仅生成了极少量的烃类。

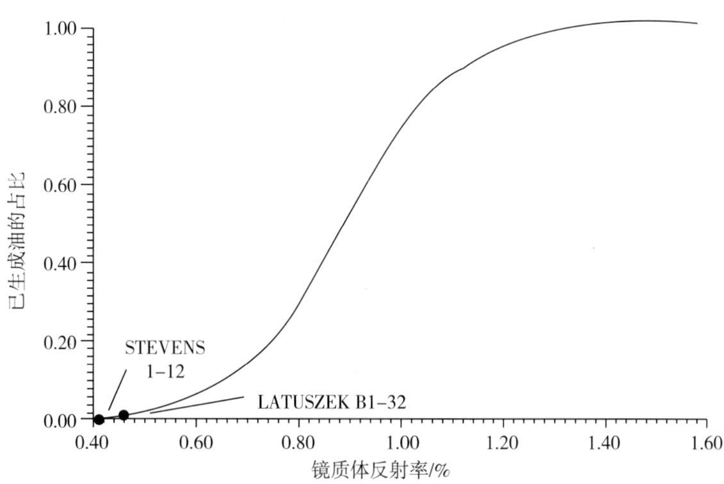


图 2-10　已生成油的占比与镜质体反射率的关系图（Stevens 1-12 井和 Latuszek B1-32 井）

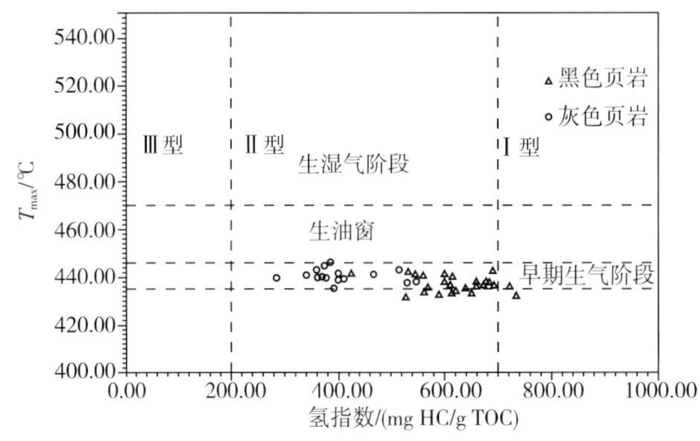


图 2-11　$T_{max}$ 与氢指数关系图（Latuszek B1-32 井、Chester 18 井、Club 4-40 井等）

## 2.6　储集特征

Antrim 页岩层基质孔隙度为 2%~5%，基质平均渗透率 0.001~0.01mD，含水饱和度 40%~50%，Antrim 页岩中 20%~25% 的产出气赋存于页岩内的裂缝和孔隙中。Antrim 页岩气区带 Norwood 段和 Lachine 段两套主要产层中见大量高角度（50° ~ 80°）构造缝，由于裂缝开启或充填程度的差异，渗透率变化较大，总渗透率约为 1~50mD。顶板主要为夹少量硅质的薄层页岩和碳酸盐岩，顶板中裂缝不发育，封盖性较好。

Antrim 页岩中发育区域性的天然裂缝，可能形成于深埋期间。整体来说研究区主要存在两组共轭裂缝，北东向裂缝密度大，北西向裂缝密度相对较小，两组裂缝在盆地北缘泥盆系中普遍发育。此外，南北向和东西向还发育一些次要的裂缝体系。主要裂缝体系中，北西向的裂缝体系平行于密歇根盆地中央的古生代背斜的轴线，而北东向断裂体系则平行于现今最大水平应力方向（Frantz 等，1994、1996）。

裂缝为大气淡水的淋滤渗透提供了通道，雨水下渗又有利于生物成因气的生成，因此裂缝是水和气的良好通道，在页岩气勘探中，地质条件相似的情况下，裂缝发育的区域往往是此类型页岩气勘探的首选区域（Hopkins 等，1998）。

## 2.7　可压性特征

Antrim 页岩主要由石英、伊利石、高岭石、绿泥石、黄铁矿和碳酸盐岩矿物组成，平均石英含量为 30%~60%，伊利石含量为 20%~35%，高岭石含量为 5%~10%，绿泥石含量小于 5%，黄铁矿含量最高在 5% 左右，此外，在灰色页岩相中，还发育灰岩结核，其碳酸盐的含量也较高，因岩相的不同，矿物组成也存在较大差异。

最好的两套产层 Norwood 段和 Lachine 段页岩，适合采取增产措施的最佳产层厚度为 5~7m。由于储集层内含有硅质夹层，使得储集层脆性较大，可压性较好。Norwood 段和 Lachine 段均拥有独立的裂缝体系，裂缝均未穿层。Norwood 段内的裂缝相对更发育，因此该层的渗透率较高。天然裂缝多为近垂直方向，裂缝间距一般为 0.3~1.5m，在垂向和水平两个方向上表现为弱各向异性。介于 Norwood 段和 Lachine 段两层之间的 Paxton 段，裂缝相对不发育，可以很好地起到封隔流体流动的作用。Antrim 页岩的上部页岩段，较下部的 Norwood 段和 Lachine 段来说，裂缝发育较少，裂缝间距一般在 2.4~6.1m，不是首要的目的层。

## 2.8 含气性特征

Antrim 页岩不同钻井天然气成分差异较大，但气体组分主要包括三类，即 $CH_4$、$CO_2$ 和 $N_2$，其中 $CH_4$ 含量介于 80%~93%，$CO_2$ 含量介于 5%~30%，还含有少量的 $N_2$，但多小于 5%（表 2–1）。

表 2–1 Antrim 页岩典型井气体组分统计表

单位：%

| 气体组分 | A 井 | B 井 | C 井 |
|---|---|---|---|
| $CO_2$ | 4.89 | 19.9 | 4.37 |
| $N_2$ | 2.53 | 0.17 | 0.57 |
| 甲烷 | 92.58 | 79.84 | 83.54 |
| 丙烷 | 0 | 0.09 | 7.65 |
| 丁烷 | 0 | 0 | 3.04 |
| 异丁烷 | 0 | 0 | 0.13 |
| 正丁烷 | 0 | 0 | 0.57 |
| 异戊烷 | 0 | 0 | 0.07 |
| 正戊烷 | 0 | 0 | 0.04 |
| 正己烷 | 0 | 0 | 0.02 |

关于 Antrim 页岩气的成因，大部分学者认为是生物成因气，也有研究认为可能存在双重成因，即甲烷菌代谢活动形成的微生物成因气和干酪根热解成因气。根据 Martini 等（1998）对地层水化学、采出气和地质历史的综合研究，北部生产区的采出气以微生物气为主；极为发育的裂缝网络不仅使 Antrim 页岩内的天然气和原生水发生运移，而且使其上覆更新统冰碛物含水层中的含菌雨水侵入。甲烷和共生地层水的氘（重氢）同位素组成为天然气的微生物成因提供了强有力的证据。这与 Antrim 黑色页岩热成熟度较低（$R_o$ 介于 0.4%~0.6%），埋深较浅（180~230m）、高角度裂缝发育相一致。Martini 等（1998）认为裂缝发育和冰川作用之间存在动态关系，即多期冰席载荷形成的压力释放加速了先存天然裂缝的膨胀，并增加了雨水补给，从而有利于甲烷成因气的生成。根据甲烷 /（乙烷 + 丙烷）比值以及采出乙烷的碳同位素组成表明，Antrim 页岩中也有少量（<20%）的热成因气。热成因气组分在向盆地方向（即向干酪根热成熟度增加的方向）不断增加。

## 2.9 潜力分析

Antrim 页岩分布区构造相对简单，页岩埋藏深度为 600~2400ft，页岩有效厚度约为 70~120ft，井底温度 24℃，储层压力 400psi（2.76MPa），压力梯度 0.35psi/ft，气井产量为 40~500mcf。据估算 Antrim 页岩气资源丰度为 $0.85 \times 10^8$~$2.27 \times 10^8 m^3/km^2$，总资源量为

$0.99\times10^{12}$~$2.15\times10^{12}m^3$，估算最终可采储量约 $1982\times10^8m^3$（USGS，2005）。

在 Antrim 页岩分布区北部的上倾区，发育北东向和北西向两组共轭裂缝，是水和气的良好通道，是页岩气勘探开发的首选区域。在北部上倾区，Antrim 页岩隐伏于更新世冰碛物之下，上覆冰碛物的淡水进入 Antrim 页岩高部位的裂缝和孔隙，向南部下倾区流动。尽管上倾边缘的储集层绝对渗透率明显高于下倾区的渗透率，但上倾区裂缝里的高含水饱和度降低了气体的相对渗透率，抑制了气体流动，形成水堵，有利于裂缝中气体的保存，隐伏区的水动力和水堵是气体聚集的首要条件。因此，区带北部隐伏区为勘探的最有利区域（图 2-12）。在区带南部边界的下倾区，地层水的盐度逐渐增大，抑制了微生物活动，且裂缝密度逐渐减小，勘探开发潜力略差。

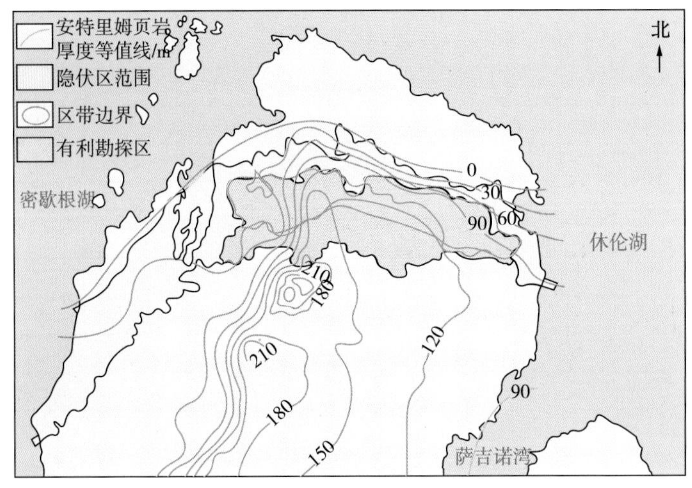


图 2-12　Antrim 页岩气区带勘探有利区（据李茗等，2014）

此外，从最近二十年 Antrim 页岩气的开发来看，主产区产量呈逐年下降趋势，由最初 2000 年日产量 0.482bcf/d，下降到 2017 年日产量 0.216bcf/d。如图 2-13 所示，主要是由于这一区域页岩气以生物成因气为主，单井日产量相对较低，投资回报率较低，而同期北美有更多的高产区块的新井不断投入，导致近年投入到该区块的新井数量相对要少，加之老井生产时间长，产量不断递减，从而也就导致了 Antrim 页岩气产量的持续递减。

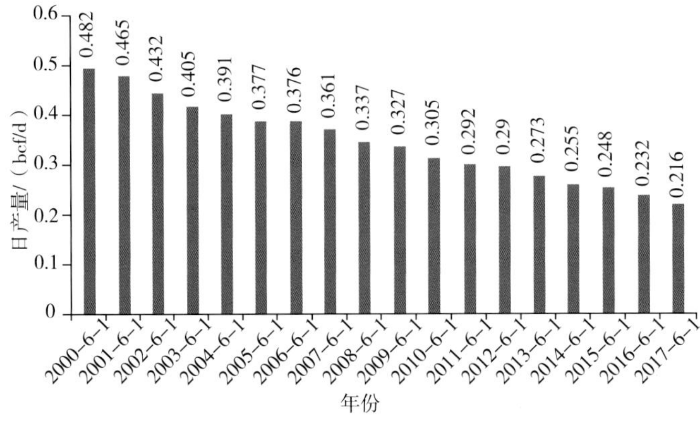


图 2-13　Antrim（MI，IN&OH）页岩气 2000~2017 年平均日产量（据 EIA，2017）

## 参 考 文 献

[1] Catacosinos P A, Daniels P A J, Harrison W B. Structure, stratigraphy and petroleum geology of the Michigan basin[J]. AAPG Memoir, 1991, 51: 561–601.

[2] Dellapenn T M. Sedimentological, structural, and organic geochemical controls on natural gas occurrence in the Antrim Formation in Otsego County, Michigan[R]. UMI 48106, 1991.

[3] Dolton G L, Quinn J C. An Initial Resource Assessment of the Upper Devonian Antrim Shale in the Michigan basin[R]. USGS Open–File Report 95–75K, 1996, 1–10.

[4] Frantz J J H, Tatum C L, Bezilla M, et al. Evaluating the optimal Norwood deepening method in the Antrim shale[R]. SPE 29171, 1994.

[5] Goodman W R, Maness T R. Michigan's Antrim gas shale play: A two –decade template for successful Devonian gas shale development: search and discovery article[C]. AAPG Annual Convention, Sun Antonio, Texas, 20–23, 2008.

[6] Hopkins C W, Rosen R L, Hill D G. Characterization of an induced hydraulic fracture completion in a naturally fractured Antrim shale reservoir[R]. SPE 51068, 1998.

[7] USGS, National Assessment of Oil and Gas Fact Sheet. Assessment of undiscovered oil and gas resources of the U.S. portion of the Michigan basin[EB/OL]. 2005.

[8] 李茗, 吴洁. 美国密歇根盆地 Antrim 页岩气区带成藏特征 [J]. 新疆石油地质 , 2014, 35(4): 491– 494.

# 3 Baxter 页岩油气地质特征

## 3.1 勘探开发历程

Baxter（巴克斯特）页岩主要分布于美国西部落基山前怀俄明州的 The Great Green River（大绿河）盆地，埋深超过 11000ft，页岩厚度较大，局部大于 2500ft。该套页岩开发潜力较大，1998 年日产气量就达到 8MMcf，2008 年日产气量增至 11.9MMcf（图 3–1），并呈现逐年增长的趋势，在落基山附近的四套页岩中 Baxter 页岩产量低于 Bakken 和 Mancos 页岩，明显高于 Pierre 页岩。

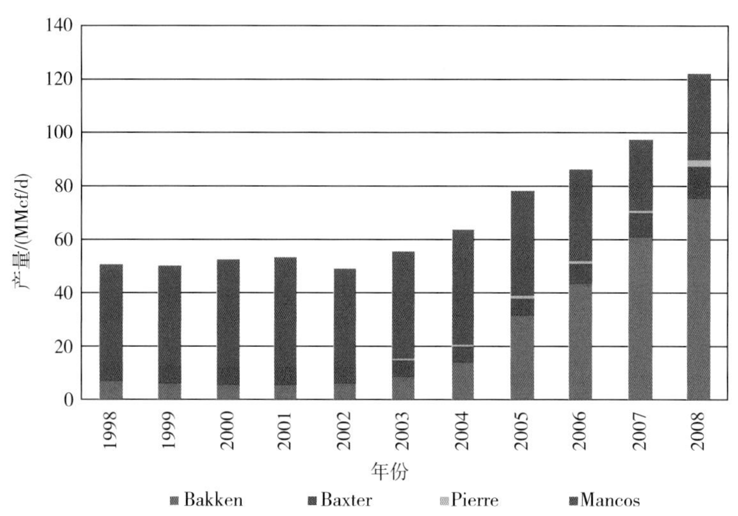


图 3–1 落基山附近四套主要页岩 1998~2008 年页岩气产量分布图

以大绿河盆地典型的气田——Canyon Creek 气田为例，来介绍该区域油气勘探开发历程。Canyon Creek 气田位于大绿河盆地的南部（图 3–2），该气田勘探开发历史悠久，经历了多个勘探开发阶段。

早期以常规天然气勘探为主，并在 Baxter 页岩见到良好的气测显示。早在 1941 年，在背斜构造上钻探了一口探井，井深 2680ft，在古新世 Fort Union 组获得工业气流。并在 20 世纪 40 年代的后几年，在深度小于 1219m 的 Fort Union 组和 Wasatch 段均实现了天然气商业开发。之后的 50 年代，又在深度达 5000~7500ft 的上白垩统 Lance 和 Mesa Verde 砂岩中获得工业突破，并证实存在一个大的构造气藏。80 年代继续向深层拓展，在井深超过 4267m 处，钻遇了另一个气藏，即侏罗系 Nugget 砂岩气藏。90 年代开始对 Dakota 组和更深的地层钻了少量探井，每口井都钻遇 Baxter 页岩。尽管 Baxter 页岩为超压，且在泥浆录井时均见到了良好的气测显示，但在这一时期 Baxter 地层被认为是一个“可疑层”，因其渗透率太低，而被认为无法实现商业开发。

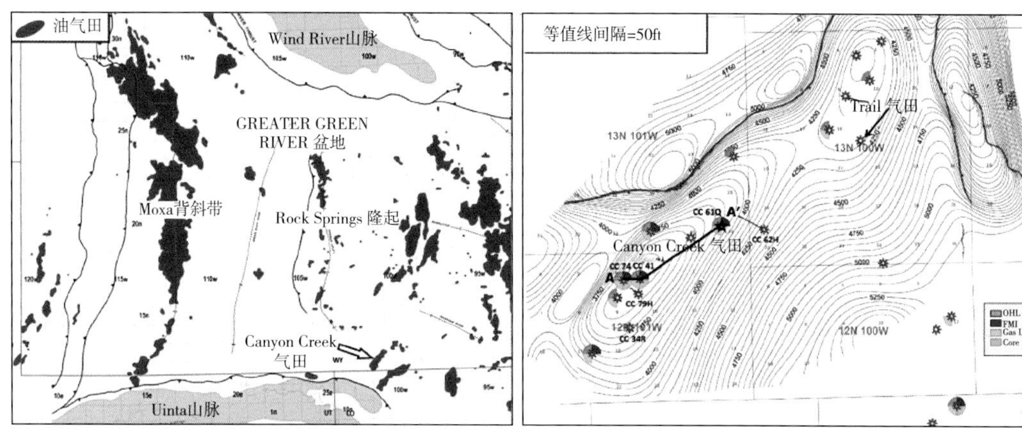


(a)大绿河盆地油气田分布　　(b)Canyon Creek气田Baxter页岩“S”旋回顶构造图

图 3-2　Canyon Creek 气田区域位置图

之后对 Baxter 页岩地层是一个油气勘探开发“可疑层”的认识在 2004 年发生了改变。那时 Questar 公司对 Exxon 公司钻探的一口深度为 18000ft 的井（Canyon Creek 34R）进行了重新测试。在 12838~13330ft 的 Frontier 和 Dakota 砂岩段测试产量为 1.35MMcf/d。几个月之后，于 2005 年 6 月对 10800~11600ft 深度的 Baxter 页岩增加射孔，得到的产量是 Frontier 和 Dakota 组的两倍多。接下来的 2 年时间里，Questar 公司又在 Canyon Creek 气田内及其附近钻探了 15 口直井，并对 Baxter 页岩进行了测试，但产量较低，之后的 8 年间，从 Baxter 层所获得的单井累积产量不到 1bcf。

Baxter 页岩气于 2007 年 2 月实现了一个大的突破，那时 Questar 公司在 Canyon Creek 气田东北约 2mile 的 Trail 气田钻探了 Trail Unit 13C-15J 井，在主要目的层 Baxter 页岩 13463ft 的井段内测试求产，产量达 5.5MMcf/d，在其投产的前 6 年时间里，该井累积产量达 5.3bcf，证实了大绿河盆地局部 Baxter 页岩具备良好的页岩气勘探开发潜力。

## 3.2　构造特征

Baxter 页岩所在的大绿河盆地西部为怀俄明冲断带，东部为 Rawlins 隆起和 Madre 山脉，北部为 Wind River 山脉和 Sweet Water 背斜，南部为犹他山脉。盆内 Rock Springs 隆起又将大绿河盆地分为四个次盆，即隆起以西的绿河盆地，以东的 Great Divide 盆地、Washakie 盆地和 Sand Wash 盆地（图 3-3）。

大绿河盆地形成时间较晚，盆地形成于白垩纪到始新世的拉腊米造山运动时期，盆地形成期间，周缘山脉发生了间歇性的隆升，盆缘发生了侧向逆冲，并伴生了局部断裂及褶皱的形成，而在中间向斜区则以快速沉降为主。沉积中心主要沿犹他山脉呈东—西向展布，接受了 10000ft 左右的湖相、河流相、沼泽相和火山沉积。在始新世末，大绿河盆地沉降结束。此后，该盆地仅发生了轻微的区域隆升、断裂和火山活动。

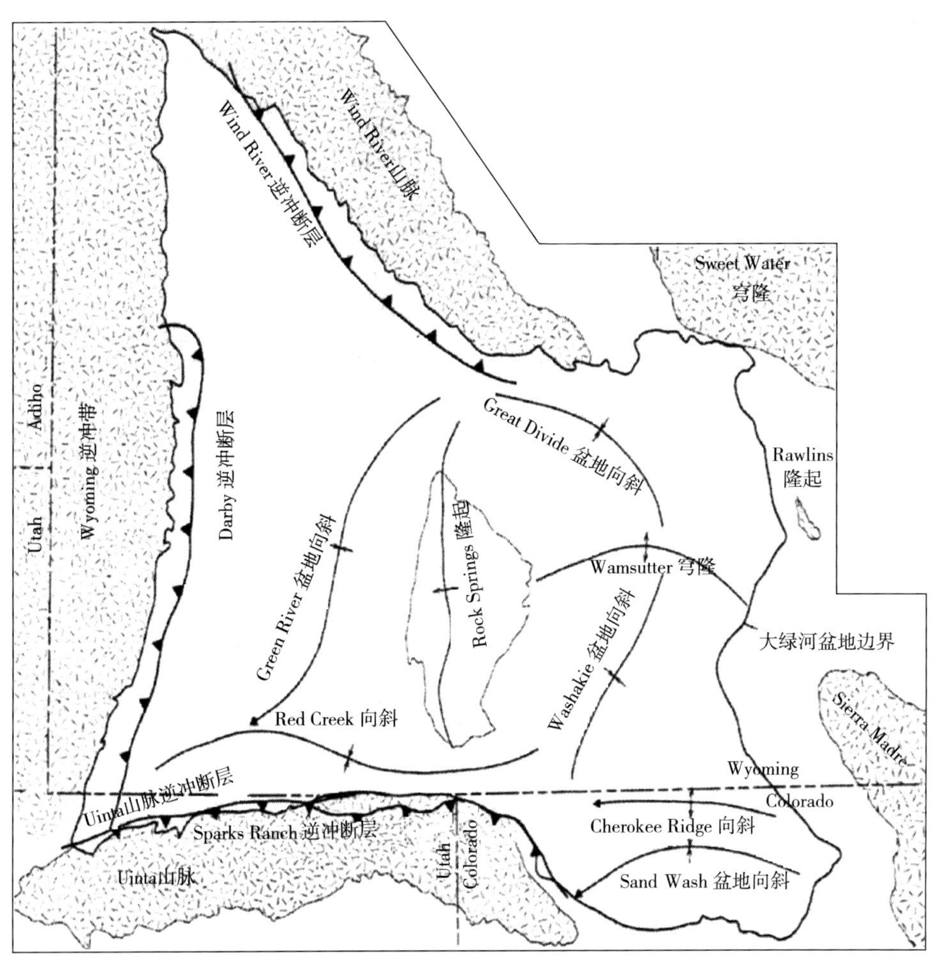


图 3-3　大绿河盆地构造单元划分略图（据 Roehler，1992）

## 3.3　地层特征

Baxter 页岩是上白垩统（主要是科尼亚克和桑通阶）黑色—灰色海相页岩层系的一部分，沉积年代大约在 90~85Ma 之间。Canyon Creek 气田中该套页岩厚度为 2500~2800ft，下伏地层为 Frontier 组砂岩，上覆地层为 Mesa Verde 群的 Blair 组细粒砂岩（图 3-4）。

Baxter 页岩可分为 7 个可广泛对比、向上变粗的沉积旋回。底部为粉砂质页岩，顶部为富含碳酸盐的粉砂岩与粉砂质页岩互层。Longman（2016）将 Baxter 页岩最底部向上变粗的沉积旋回命名为 O 旋回，靠近顶部的为 U 旋回，这些旋回厚度从约 130ft（Q）到 800ft（P）不等，下部 O、P 等旋回较厚，粒序呈向上变粗的趋势，以粉砂质页岩为主，上部的 R、S、T 旋回则以粉砂岩为主，与粉砂质页岩呈夹 / 互层出现（图 3-5、图 3-6）。

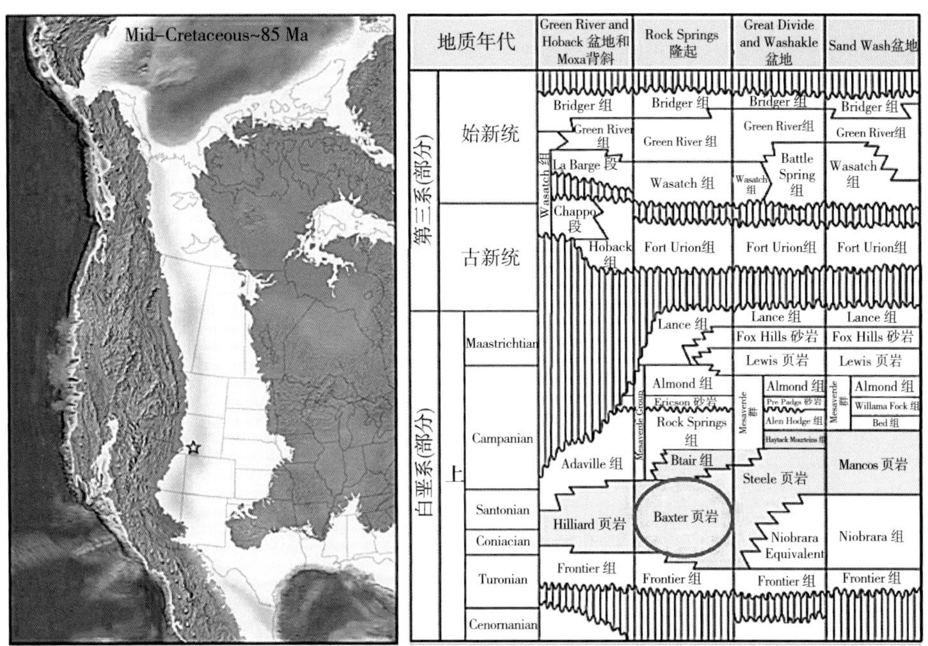


图 3-4　晚白垩世 Canyon Creek 气田（黄色星形处）所处的古地理环境及地层系统

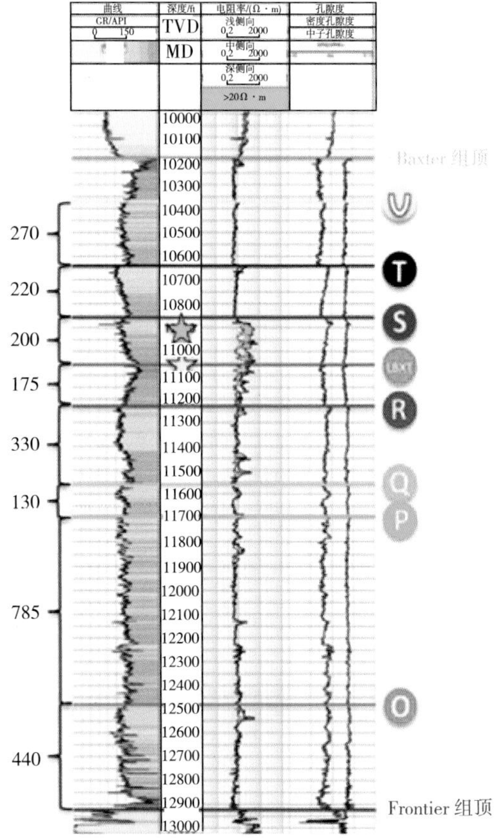


图 3-5　Canyon Creek 61 井 Baxter 页岩 O—U 测井曲线特征

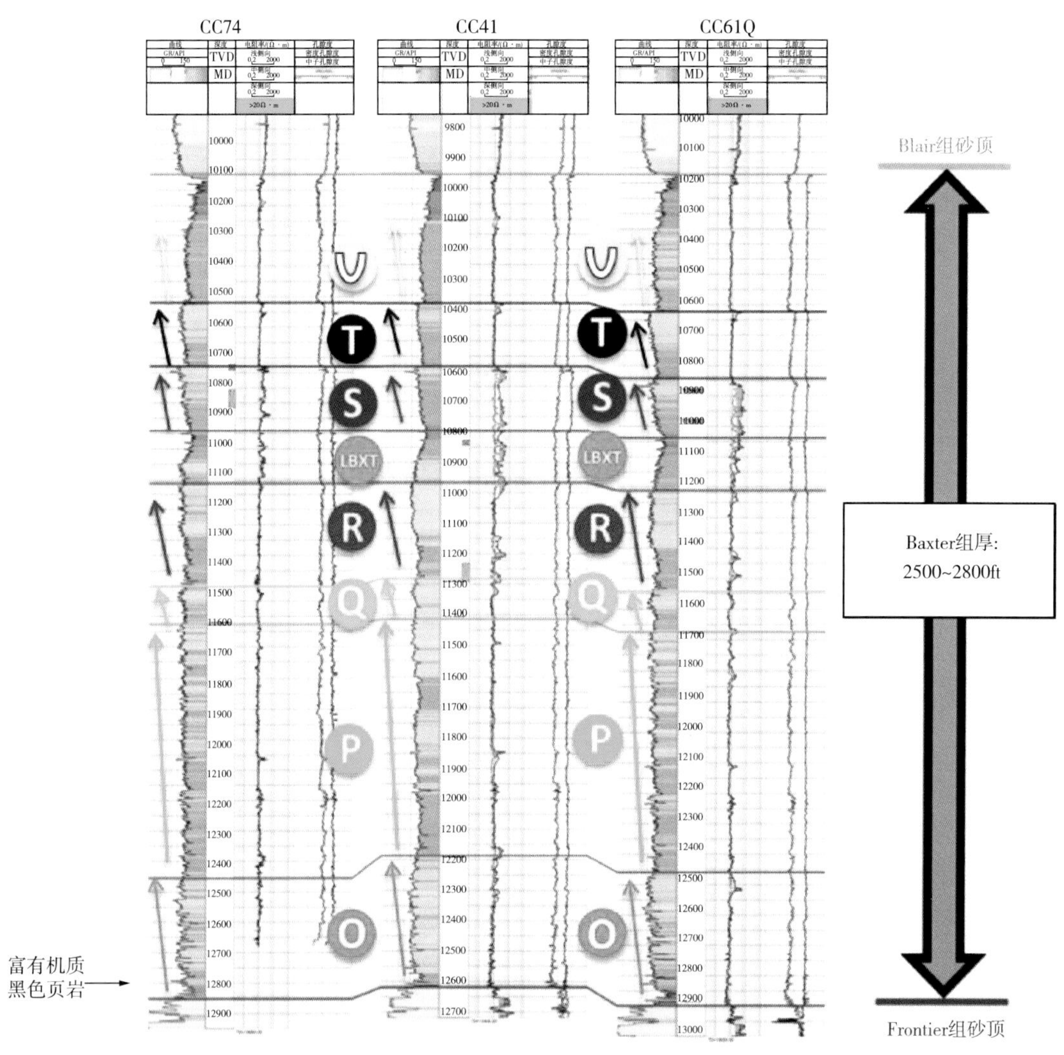


图 3-6　Canyon Creek 气田南西向三口井 Baxter 页岩 O—U 段连井对比图

页岩中部的 R 和 S 旋回之间存在一个与上下岩电特征明显差异的标志层，被称为下 Baxter 标志层（LBXT），其 GR 值明显高于上下岩层。该标志层被认为是最大洪泛期发育的产物。从 GR 能谱测井曲线上来看，下 Baxter 标志层铀的含量从约 3ppm 增加到 5~8ppm（图 3-7），有机质含量最高，实测 TOC 值可达 2.3%。该层中黏土含量较低，黏土含量的平均值仅为 21.6%（图 3-8），接近于上部 S 旋回纯粉砂岩中的平均黏土含量（20%），且要明显低于下部页岩旋回。

此外，在整套 Baxter 页岩中，下 Baxter 标志层方解石含量最高，平均值达 29%，并且还含有约 9% 的白云石，碳酸盐岩矿物的总含量高达 38%。其下部页岩中碳酸盐岩矿物通常只有 22%，上部的粉砂质页岩中碳酸盐岩的含量也只有 20% 左右。

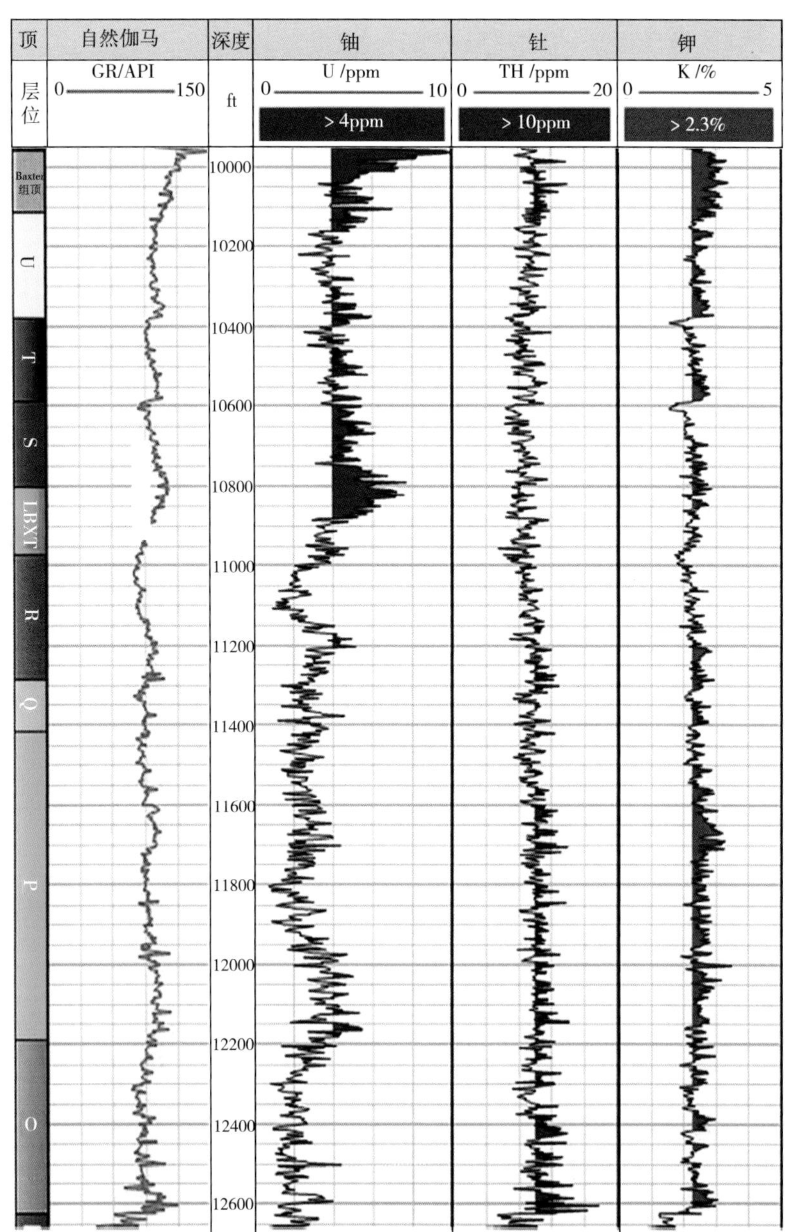


图 3-7 Baxter 页岩中 GR 能谱测井曲线（Canyon Creek 41 井）

Baxter 页岩岩性为纹层状粉砂岩与粉砂质页岩互层（图 3-8）。生物潜穴在砂质层段少见，偶见于较粗的粉砂岩层中。在 Canyon Creek 气田 Baxter 组页岩黏土矿物组分主要为伊利石，含少量绿泥石，自生黏土矿物稀少。粉砂岩以石英为主，含一定数量的碎屑白云石、方解石、长石和燧石。主要胶结物为石英加大边、方解石和白云石。自生黄铁矿局部富集，页岩层中居多。

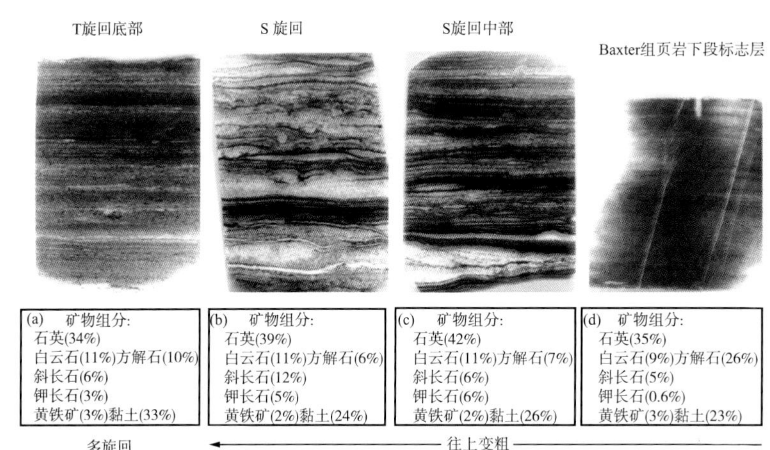


图 3-8　Baxter 页岩 T 旋回底部、S 旋回、S 旋回中部和 LBXT 标识层薄片特征及 X 射线衍射分析结果

## 3.4　沉积特征

Baxter 页岩发育于浪基面之下平坦的海底斜坡上（倾角不到 0.1°）（图 3-9）。Baxter 页岩富含粉砂质的纹层物质来源有两类。第一种类是低密度流。这些低密度流形成了水平状粉砂质薄层，其物质来源可能为三角洲悬浮沉积或为风成黏土，这些低密度沉积物通常以 1~2 层薄粉砂层出现。第二类是沿海底横向流动的高密度浊流和牵引流。这些高密度沉积物通常含有低幅波痕，且具有递变层理。厚度从几毫米至几厘米，且通常含有碎屑碳酸盐颗粒、石英和长石。低密度流和高密度流粉砂岩沉积期，以絮凝形式的黏土颗粒与植物碎屑和无定形的藻类随雨水沉降到海底形成页岩纹层。

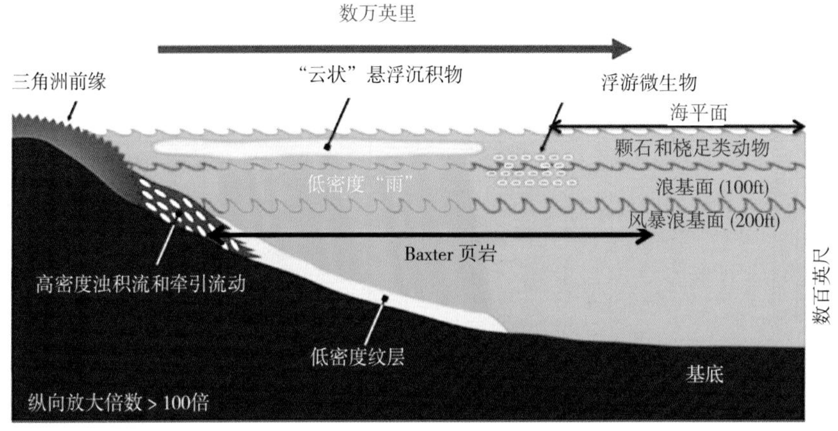


图 3-9　Baxter 页岩沉积模式图

S-T 旋回界面的剖心照片（图 3-10）显示，在 S 旋回的上部明显可见粉砂岩（浅灰）和页岩（暗灰）薄互层发育。此外，S 旋回中存在两个倾斜—近乎垂直的雁列式天然裂缝。在 10756.7ft 以浅是 T 旋回的页岩底部，它可能为 S 旋回的粉砂质储层提供了一部分顶板封盖条件。

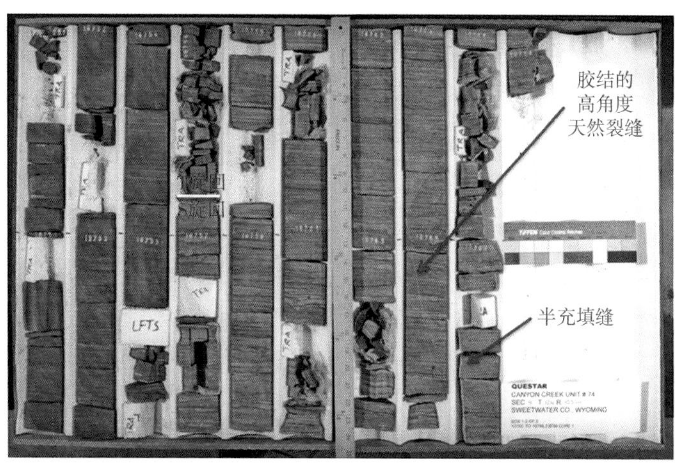


图 3-10 T 旋回底部和 S 旋回的上部岩心照片（10750~10756.7ft，Canyon Creek 74 井）

## 3.5 地化特征

Baxter 页岩有机质类型以海相Ⅱ型无定形为主，含少量的Ⅲ型陆源植物碎屑。在下 Baxter 标志层及其下部页岩高 GR 值的层段，TOC 含量通常为 1%~2%；而在标志层上部的以粉砂质为主的层段中 TOC 含量通常较低，只有 0.25%~0.75%。依据 Canyon Creek 气田实测数据，Baxter 页岩热演化程度较高，$R_o$ 介于 1.4%~1.8%，处于有机质热裂解生气阶段。

## 3.6 储集特征

从 Baxter 页岩孔隙度 - 渗透率交会图（图 3-11）可知，该套页岩的实测孔隙度通常为 4.5%~7.5%，基质渗透率较低，为 80~700nD。每个旋回的页岩相以及下 Baxter 标志层孔隙度通常较粉砂岩相略高，而渗透率则相反，靠近旋回底部的页岩层比富含粉砂质层段的渗透率低，前者为几十 nD，后者为几百 nD，局部可上升至 μD。但是，所有岩相都具有基质渗透率低的特征。

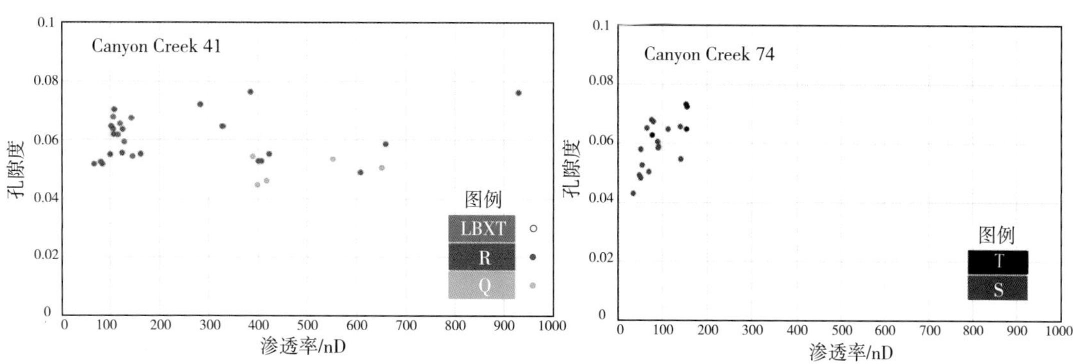


图 3-11 Baxter 页岩孔隙度 - 渗透率交会图

此外，学者们也对 Baxter 标志层页岩储集性能开展了测井解释和评价。Longman 等（2016）认为，因 Baxter 页岩具有纹层—薄层发育特征，且多数电测曲线，如 GR、密度和电阻率等采样间隔在 1~2ft 之间，难以用常规方法开展储层物性解释，对此，他们采用了另一种致密薄层储层评价方法，即 Buckles 的孔隙度 – 含水饱和度关系曲线法，总的水体积等值线（BVW）与孔隙形态有关，而与渗透率无相关性（Holmes 等，2009），反映 BVW 值越低，含水饱和度越低，说明储层品质越好。

下 Baxter 标志层、R 和 S 旋回显示出相似的 BVW 值，但孔隙度和含水饱和度存在较大差异，下 Baxter 标志层的 Buckles 曲线显示其具有较高的孔隙度和较低的含水饱和度（图 3–12）。这可能主要是因为下 Baxter 标志层有机质含量较高，有机质孔隙比较发育，导致总孔隙度较大；另外，该层具有较高的碳酸盐岩含量，且碳酸盐岩又具有非亲水性，使得吸附在孔隙表面的水较少，因此含水饱和度较低。Canyon Creek 气田的 Baxter 页岩中，下 Baxter 标志层的含水饱和度计算值是所有层段中最低的，R 和 S 旋回上部富含粉砂质页岩次之，其他层段具有较高的含水饱和度和较低的孔隙度，其储层品质相对较差。

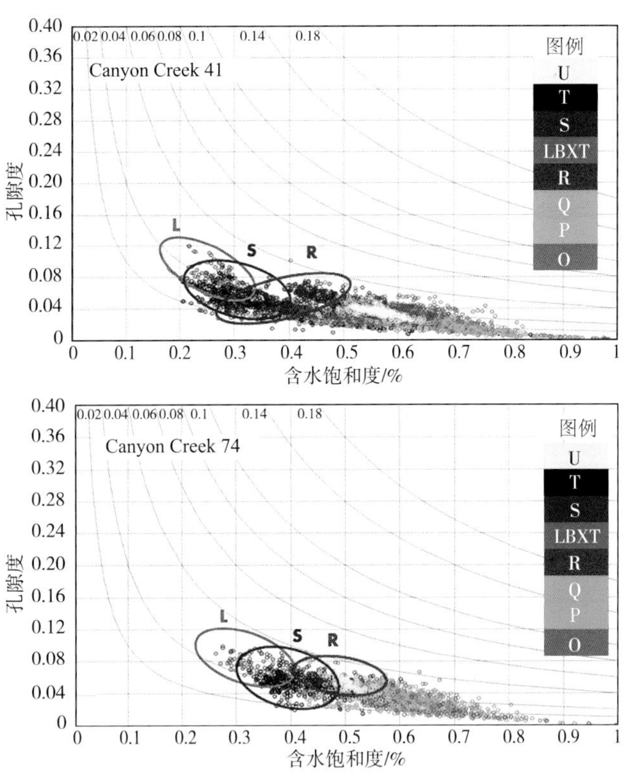


图 3–12　Baxter 页岩 Buckles 曲线分布图

## 3.7　岩矿特征

关于 Baxter 页岩的岩矿资料目前公开发表的较少，仅 Longman 于 2016 年对其进行了初步分析，指出 Baxter 页岩主要由富含碳酸盐的硅质页岩和富含伊利石的粉砂岩、页岩组成，为此，重点研究了不同旋回中硅质和钙质的含量。

在七个旋回中（O–U），不同旋回的矿物含量相差较大（图 3–13），分别对 O 旋回底部、R 旋回及其中的斑脱岩、S 旋回的中部和上部、T 旋回的底部、下 Baxter 标志层及所夹杂的硅质结核和钙质结核开展了 X 射线衍射测试，研究结果表明：O 旋回层底部富含有机质的黑色页岩，同样也富含硅质（38%~50%），而钙质含量较低（仅 3% 左右）；R 旋回中斑脱岩层的硅质（低于 38%）和钙质（低于 6%）含量都低；下 Baxter 标志层富含钙质（8%~18%），且硅质（22%~35%）含量比其他层段低。而其他层段的硅质和钙质含量几乎相同，其中硅质含量在 30%~40% 之间，钙质含量在 4%~12% 之间。

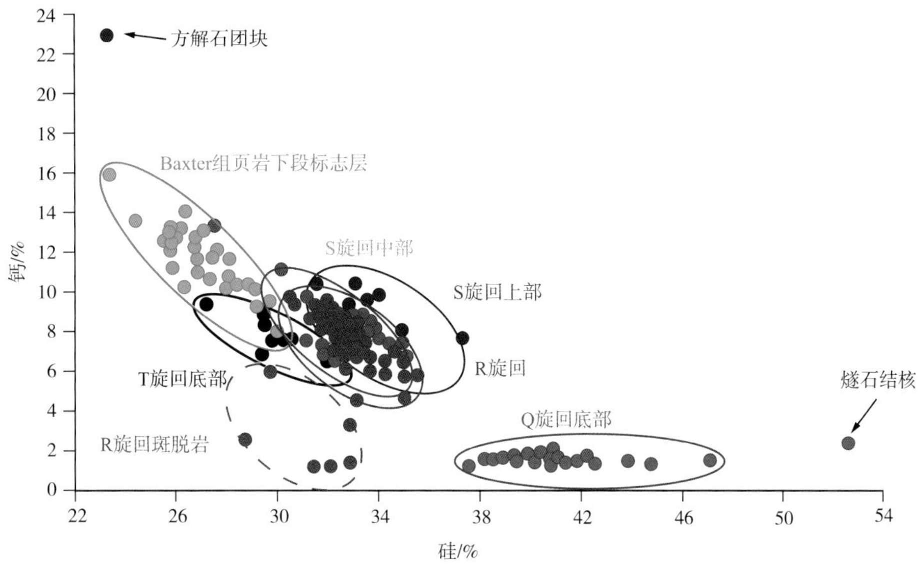


图 3–13　Canyon Creek 气田 Baxter 页岩硅质和钙质含量分布图

## 3.8　含气性特征

Canyon Creek 气田中的 Baxter 页岩层为超压环境，压力梯度达 0.72~0.88psi/ft，大量钻井揭示，在泥浆密度达 13~17lb/gal 时，均见到中等—高的气测显示，表明 Baxter 页岩含气性较好。对该层和下伏的 Dakota 和 Frontier 砂岩一起进行了直井分段水力压裂改造，初始气产量为 1~5MMcf/d。

研究表明，天然裂缝可能对 Canyon Creek 气田产量起到了重要作用。基于 3 口钻井的成像测井数据（图 3–14），Baxter 页岩中只存在少量开启的天然裂缝；而在 Baxter 层下方的 Frontier 组的石英胶结砂岩中常见天然裂缝。另一方面，Baxter 页岩已充填裂缝发育，常见于下 Baxter 标志层和 S 层，它们的数量大大超过开启裂缝，两者比例为 50 : 1。基于声波测井的资料分析也证实 Baxter 页岩中的高脆性层是已充填裂缝发育程度最高的层段。但迄今为止，多数 Baxter 页岩的直井和水平井生产情况均较差，说明闭合的裂缝对生产效果影响较小，而开启裂缝极有可能是 Baxter 页岩产量增加的关键。

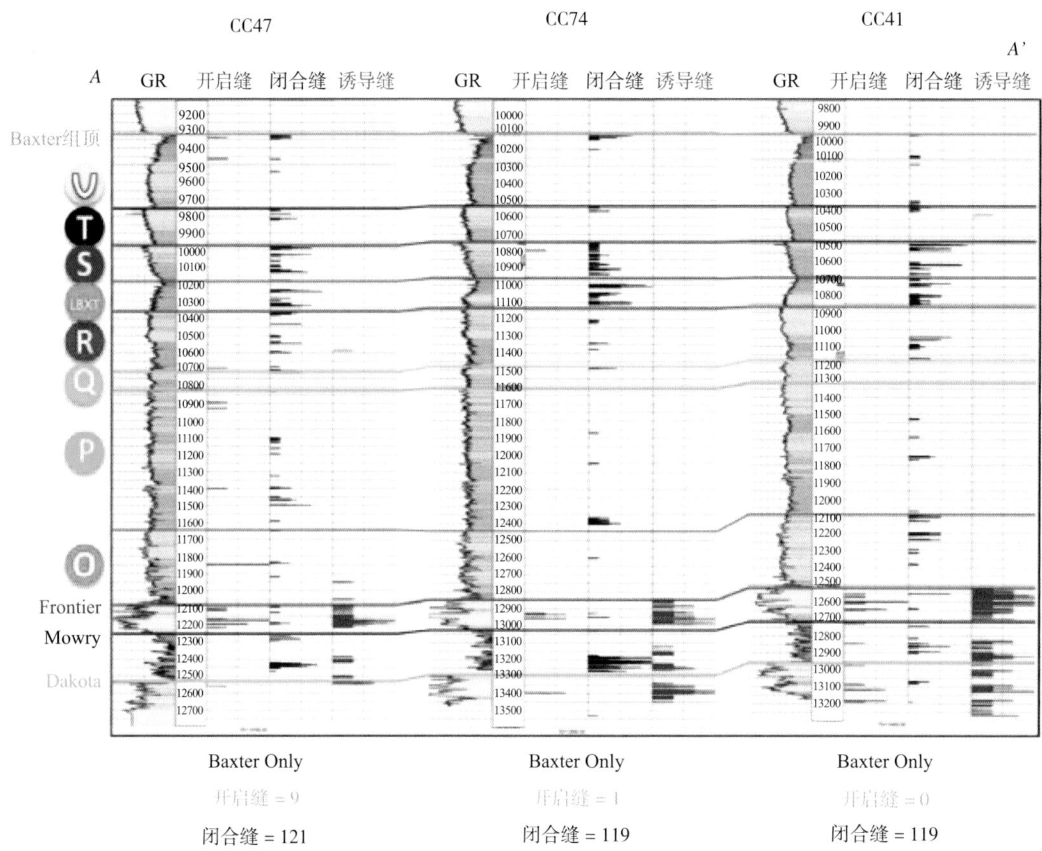


图 3-14 Canyon Creek 气田 Baxter 页岩和下伏 Frontier 组成像测井解释的裂缝发育特征

## 3.9 潜力分析

Baxter 页岩前期压裂改造效果较差，加之针对性的开发技术政策及压裂改造工艺等尚未有效建立，目前还不具备整体商业开发的能力。前期钻探表明 Baxter 页岩具有良好的气测显示和较高的地层压力，特别是最近相关企业对 Baxter 页岩开发层系及开发方式作了新评价，一改过去聚焦于其下部页岩段，而忽视上部粉砂质页岩段的现状，通过岩石物理和地质力学的综合分析后指出，将下 Baxter 标志层作为水平段的穿行层段，并且向上和向下进行压裂，使裂缝延伸到 R 和 S 旋回，可能会有效提高页岩气产量。

另外，Canyon Creek 气田气田也在积极推进增大缝网改造体积和加密水平井井距的相关技术适应性研究。并且也注意到现有水平井减产的一个很重要原因是控制储层中的高压气的泥浆密度过高，这种高密度泥浆会导致钻井期间泥浆侵入和地层伤害，尤其是在高渗透率天然裂缝层，为此，正在研究一些降低高密度泥浆对储层伤害的技术。以期通过这些新思路的转变、新技术的研发与推广，让 Baxter 这套高压页岩气层真正转变成一个具备较大商业价值的页岩气层。

## 参 考 文 献

[1] Brathwaite L D. Shale-Deposited Natural Gas-A Review of Potential[R]. California Energy Commission Sacramento, 2009, CEC-200-2009-005-SD.

[2] Buckles M, Holmes D, Holmes D A. Relationship between porosity and water saturation: Methodology to distinguish mobile from capillary bound water[C]. American Association of Petroleum geologists Annual Convention & Exhibition, Dever, CO(Available as AAPG Search and Discovery Article#110108) , 2009.

[3] Longman M, Dahlberg K, Yared K. Lithologies and petrophysical characteristic of the upper cretaceous Baxter shale gas reservoir, Canyon creek field, Sweetwater country, Wyoming[J]. SPE-180218-MS , 2016.

[4] Roehler H W. Introduction to Greater Green River Basin geology, physiography and history of investigations[M]. Bibliogov, 2013.

[5] Teerman S C. Characterization of geochemical and lithologic variations in Milankovitch cycles, Green river formation, Wyoming [D]. University of Southern California, 2005.

# 4 Bakken 页岩油气地质特征

## 4.1 勘探开发历程

Bakken（巴肯）页岩发育于晚泥盆世—早密西西比世，其沉积厚度不大，但分布范围广泛，横跨美国和加拿大，主要分布于美国蒙大拿州东北部、北达科他州的西北部和加拿大萨斯喀彻温省东南部及马尼托巴省西南部，构造上位于 Williston（威利斯顿）盆地的沉积中心（图 4-1），该盆地面积约为 $34\times10^4km^2$。

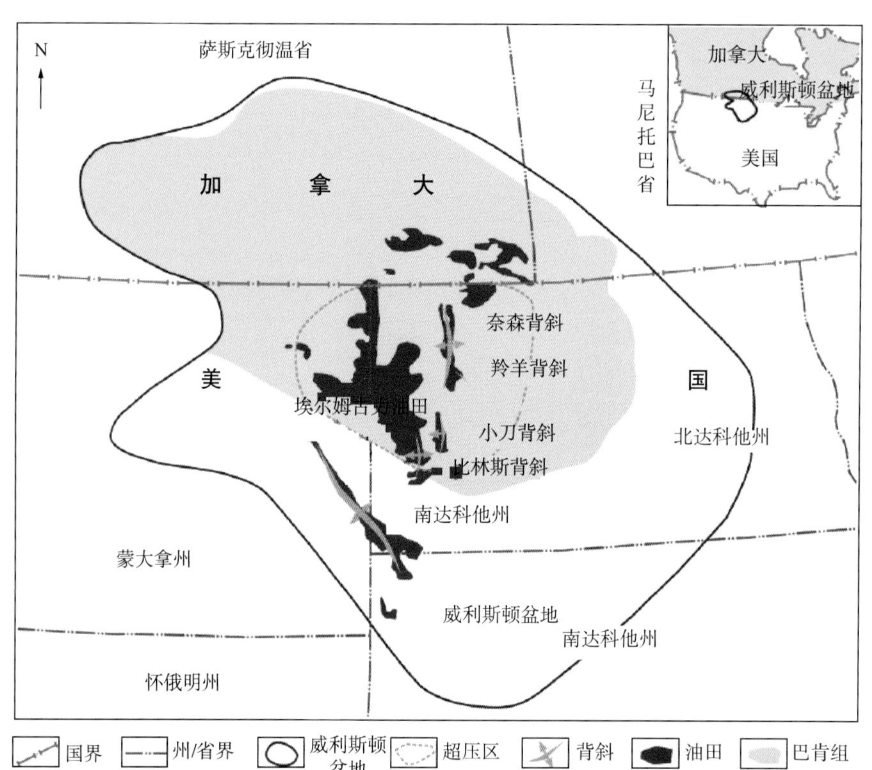


图 4-1　威利斯顿盆地 Bakken 页岩分布范围图

### 4.1.1　勘探历程

自 1950 年以来，针对威利斯顿盆地 Bakken 组已开展了多轮勘探开发攻关（表 4-1）。1953 年在北达科他州发现第一个油田，即安蒂洛普油田，该油田以 Bakken 组及斯里福克斯组上段为主要的产油气层。早期针对直井采用油基压裂液进行加砂压裂增产处理后，产量平均为 28.63t/d。1961 年，壳牌公司在 Bakken 组上部页岩段中完井作业获得成功，发现了埃尔克霍恩兰奇油田，从而证实了 Bakken 组上部页岩段的勘探潜力。此后，在该油田所钻的井都以 Bakken 组上部页岩段及古生界为目的层。该层系有利勘探区沿比林斯背斜的西南缘展布（图 4–2），钻井都进行了油基压裂液加砂压裂增产处理。

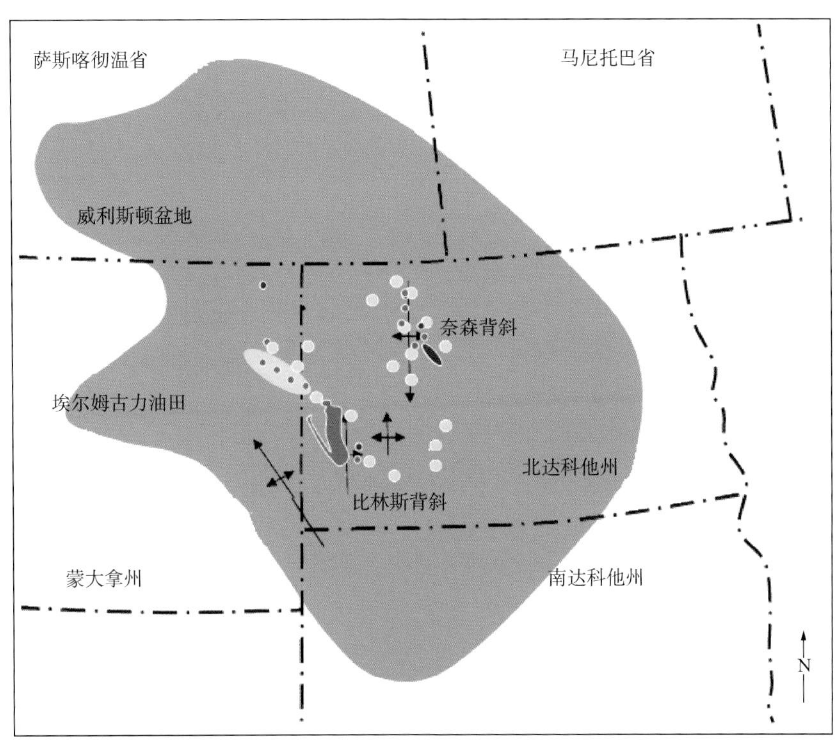


图 4–2 威利斯顿盆地地理位置及 Bakken 组页岩不同开发阶段油田分布略图

红色—第一阶段开发的油田；绿色—第二阶段开发的油田；黄色—第三阶段开发的油田

**表 4–1 威利斯顿盆地油气勘探开发进展**

| 时间 | 油气勘探开发成果和新进展 |
|---|---|
| 1953 年 | 发现安蒂洛普油田，开始从 Bakken 组和斯里福克斯组开采油气 |
| 1961 年 | 壳牌公司在埃尔克霍恩兰奇部署的 41X–5–1 井获得工业油流，圈定了比林斯鼻状构造成藏带的分布范围，证实了 Bakken 组上部页岩段的油气潜力 |
| 1970 年 | 开始在比林斯鼻状构造 Bakken 组上部页岩段中钻直井 |
| 1987 年 | 在比林斯 Bakken 组上部页岩段中钻第一口水平井 |
| 1996 年 | Alvin 油井在 Bakken 组中段完井，发现了一个大型成藏带 |
| 2000 年 | 在 Bakken 组中段钻第一口水平井，发现了埃尔姆古力油田 |
| 2006 年 | 发现了帕歇尔油田 |
| 2008 年 | 可采储量可达 $5800 \times 10^4$t 石油当量的原油，比 1995 年预测的可采储量增长了 25 倍 |

1987 年开始在 Bakken 组上部页岩段实施水平井（LeFever，2006）。第一口水平井是由 Meridian 公司所钻的 33-11MOI 井（位于埃尔克霍恩兰奇油田），该井 Bakken 组水平段长 794m，日产油 33.2t，日产气 8461m$^3$，在投产后的前两年产量稳定，该井的成功使 Bakken 组上部页岩段油气进入了水平井开发阶段。这个区带的勘探开发一直持续到了 1990 年，在这里经营的油气公司多达 20 多家。1990 年后，由于石油价格大幅下降，再加上 Bakken 组上部页岩段的油气产量具有一定的不可预测性，致使这一轮勘探开发阶段结束。

2000 年以后，在 Bakken 组中段钻探了第一口水平井，发现了埃尔姆古力油田。2006 年发现了帕歇尔油田。2008 年，探明的 Bakken 组原油可采储量达 $5800\times10^4$t，比 1995 年预测的可采储量增长了 25 倍。

### 4.1.2 开发历程

威利斯顿盆地 Bakken 组油气层的开发大致可以分为三个阶段：

1. 第一阶段（1953~1987 年）

在这个阶段，油田主要分布在奈森背斜上，目的是利用直井开发裂缝内所含油气（图 4-2）。

1953 年，在羚羊背斜的 Bakken 组页岩裂缝中发现了油流。1986 年，在另一个构造带——比林斯鼻状构造上获得油流。该阶段，Bakken 组页岩日产油达 270t，其中 60% 来自比林斯鼻状构造的埃尔克霍恩兰奇油田等三个油田。

截至 1987 年，在美国境内，Bakken 组页岩共有开发井 194 口，但从 1953 年起，累积产量只有 $245\times10^4$t（Breit 等，1992）。所以 Bakken 组页岩一直作为次要目的层。在埃尔克霍恩兰奇油田的 Bakken 组页岩层钻井 43 口，只有 22 口井产油，平均初始产量为 8.4t/d（Carlson，1990）。

2. 第二阶段（1988~1999 年）

在这个阶段，投入开发的油田主要分布在比林斯背斜的西翼，目的是利用水平井加直井开发裂缝内所含油气（图 4-2）。

1987 年 9 月在埃尔克霍恩兰奇油田钻探了第一口水平井，钻井费用是直井的 1.5~2 倍，采收率是直井的 2.5~3 倍，从而显示了其经济上的优越性（Reisz，1992；Breit 等，1992）。从 1987 年开始，钻探水平井约 135 口，其中大多数新钻井位于长 160km、宽 48km 的北西—南东向的一个相当狭窄的地带。

Reisz（1992）根据对 Bakken 组 7 个油田的 21 口水平井的评价，得出如下结论：①典型水平井水平段长 600m，控制原油储量 $2.58\times10^6$~$3.47\times10^6$t，其中只有 10% 储存于裂缝中；②水平井的可采储量一般为 $2.59\times10^4$~$3.24\times10^4$t，效果更好的可达 $5.18\times10^4$~$6.48\times10^4$t，而 Bakken 组页岩中直井平均单井可采储量只有 $1.38\times10^4$t（统计 119 口直井）。

这一时期，在 Reisz 研究的 21 口水平井中，第一年开采其可采地质储量的 20%~25%，在接下来的两年里，产量递减速度达到 40%~45%，在此后更长的时期里，递减速率为 25%~35%[图 4-3(a)]。超过三分之二的水平井初始产量（最初一个月的平均日产量）达到 25.76t/d，其中五分之一以上的油井初始产量超过 51.52t/d[图 4-3(b)]，与一般的直井相比，产量有明显提高 [图 4-3(c)]。

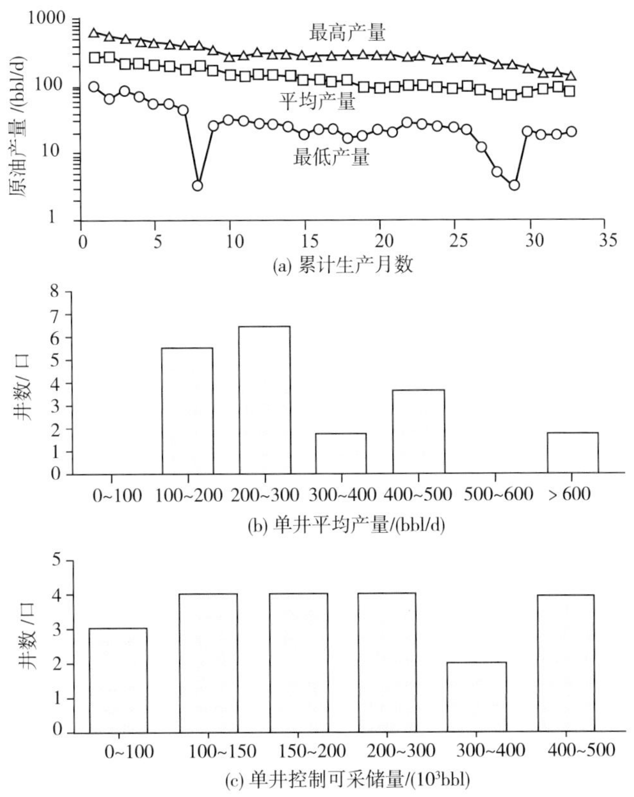


图 4-3 Bakken 组页岩中水平井产量特征（据 Reisz，1992）

3. 第三阶段（2000 年至今）

在这个阶段，投产油田主要分布在美国境内的 Bakken 组页岩分布区，主要利用水平井开发基质和裂缝内所含的油气（图 4-2）。

2001 年以后，由于新的钻完井技术的应用，该区的原油产量迅速增长，到 2005 年原油月产量超过 $5.4 \times 10^4$t。之后由于水平井钻井及大型水力压裂技术的广泛应用，Bakken 页岩的原油日产量近年来一直维持在 1~1.5MMbbl（图 4-4），使得 Bakken 页岩成为美国历史上原油产量最高的层位之一。

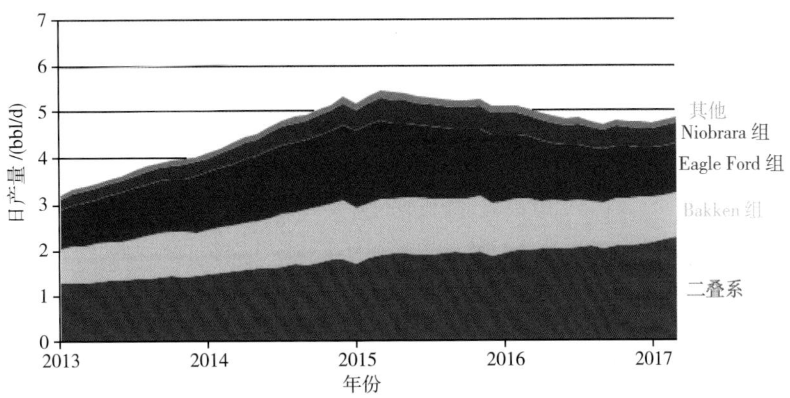


图 4-4 2013~2017 年 Bakken 页岩及美国其他主要页岩原油日产量分布图（据 EIA，2017）

## 4.2 构造特征

Williston（威利斯顿）盆地位于北美板块内部，靠近北美克拉通西部边缘，是一个大型克拉通内沉积盆地，横跨美国北达科他州、蒙大拿州、南达科他州以及加拿大的萨斯喀彻温省和马尼托巴省。

威利斯顿盆地近似于圆形，盆内结构较为简单，地层剖面完整，大多数地层都从盆地中心向盆地边缘减薄，地层倾角通常 $<0.5°$，断层规模较小。该盆地主要包括南北走向的Nesson（奈森）背斜、Billings（比林斯）背斜、Little Knife（小刀）背斜，北西—南东走向的Cedar Creek（雪松河）背斜、Antelope（羚羊）背斜（图4-5）。

受下伏基底的构造变形及两大边界断裂体系影响，威利斯顿盆地的构造演化史较为复杂。针对盆地基底的研究较多，Meek（1958）首次将威利斯顿盆地下伏的前寒武系基底岩石解释为三类构造亚区的复合体。Green等（1985）明确识别了三个太古宇亚区：东部的Superior克拉通地区，西部的Wyoming和Churchill（Hearne）克拉通地区，以及中间的古元古界陆陆碰撞处的缝合带，即通常所说的Trans-Hudson造山带。这套下伏加积地层的性质以及随后发生的自奥陶纪以来的构造活动，决定了威利斯顿盆地现今主要构造大多数呈南北向展布的特点（Green等，1985）（图4-6）。

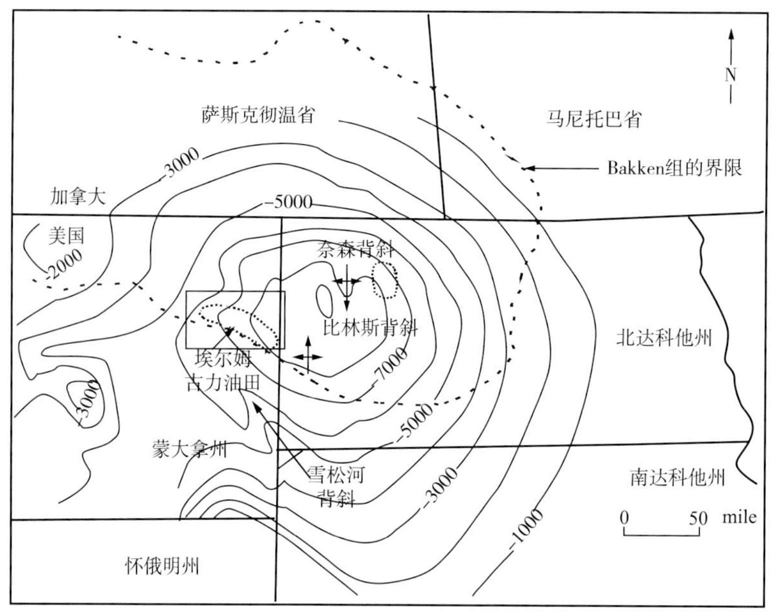


图4-5　威利斯顿盆地构造略图

威利斯顿盆地的发育大约从495Ma以前的奥陶系早期沉降开始，一直到现今的阶段性沉降。Brockton-Froid-Fromberg断裂带和Colorado-Wyoming线性构造的相互作用，被认为是盆地形成的主要原因。无论是大型构造还是小型构造，包括背斜、断层、线性构造和裂缝，都显示出它们与区域平移断层构造以及两大剪切系统产生的大规模走滑作用有关。

Sweetgrass 穹隆和 Bow Island 穹隆将威利斯顿盆地与其西北的加拿大西部沉积盆地分隔开来，威利斯顿盆地西部和西南部以一系列小型正向构造为界，包括 Bowdoin 和 Porcupine 穹隆以及 Miles City 穹隆，其南部以 Black Hills 隆起和 Sioux 隆起以及横大陆穹隆为界，北部和东部与加拿大地盾接壤（图 4–6）。

威利斯顿盆地油气分布与构造关系密切，油气生产集中在南北走向的 Nesson 背斜、北西走向的 Cedar Creek 背斜，已经产出了大量的油气；Little Knife 背斜、Billings 背斜和 Poplar 穹隆的产量略差（图 4–6）。

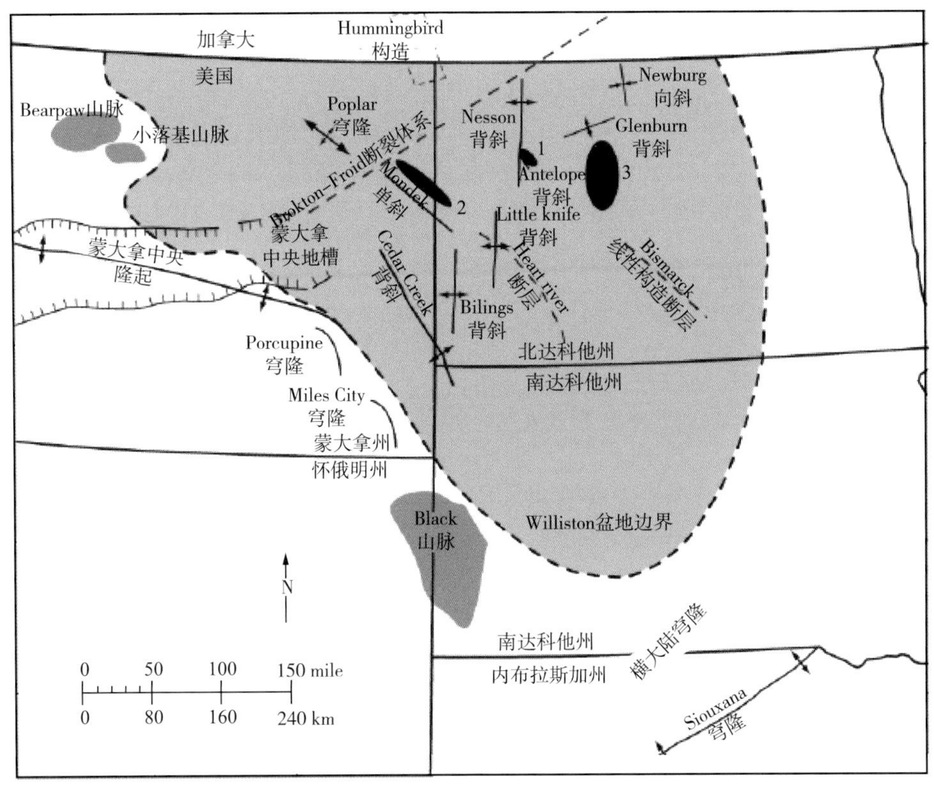


图 4–6 威利斯顿盆地美国境内部分构造单元划分（据 Gerhard，1991 修改）

黑色椭圆—Bakken 组主要位置；1—Antelope 油田；2—Elm Coulee 油田；3—Parshall 油田和 Sanish 油田

## 4.3 地层特征

巴肯致密油藏位于美国中北部与加拿大接壤的威利斯顿盆地，地质学家金威于 1953 年发现这一地层并将其命名为 Bakken（巴肯）组。

威利斯顿盆地发育了厚约 4900m 的寒武系—新近系地层，盆地沉积作用以周期性的海侵和海退为特征，因此盆地内沉积了多套碳酸盐岩和碎屑岩地层。其中，古生代地层以碳酸盐岩为主，而中、新生代地层主要为碎屑岩。

Bakken 组地层属上泥盆统—下密西西比统，是一套有机质含量非常丰富的硅质碎屑岩地层，发育在盆地的中心。Bakken 组的下伏地层为上泥盆统 Three Forks 组，呈不整合接触；上覆地层为下密西西比统 Lodgepole 组，呈整合接触（图 4–7）。

Bakken 组延伸范围遍及威利斯顿盆地，在加拿大境内的部分，即萨斯喀彻温省和马尼托巴省，在阿尔伯塔省与 Exshaw 组的黑色页岩段和灰色粉砂岩段相连；在美国境内的最大沉积厚度约为 49m（LeFever，2008）。虽然这个厚度与盆地总沉积厚度（4900m）相比看起来微不足道，但它却是一个世界级的非常规油气勘探开发层系，生烃潜力巨大（Anna 等，2008；Pollastro 等，2008）。

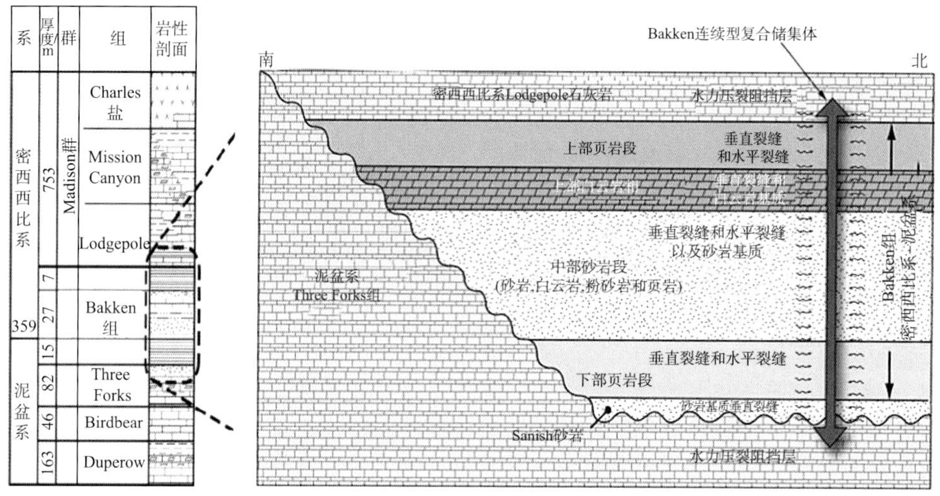


图 4–7　北达科他州和蒙大拿州威利斯顿盆地地层综合柱状图（据 Kuhn 等，2012；Pollastro 等，2010 修改）

根据美国地质调查局的地质单元命名，Bakken 组可划分为三段：下部页岩段、中部砂岩段以及上部页岩段（图 4–8）。

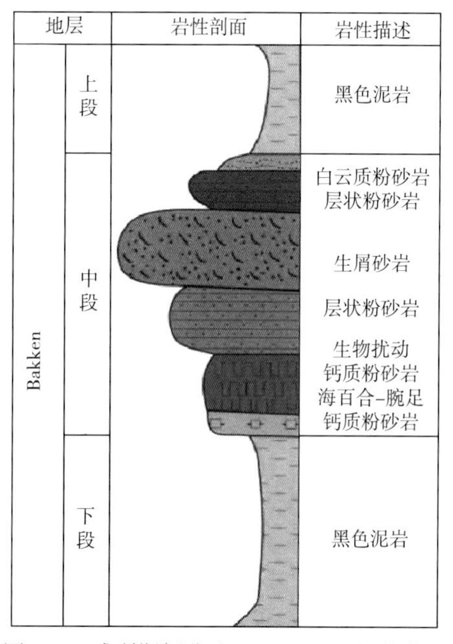


图 4–8　威利斯顿盆地 Bakken 组地层柱状图

上部页岩段和下部页岩段均为富有机质的黑色海相页岩，其岩性特征相似。中部砂岩段岩性包括砂岩、粉砂岩、白云岩和泥岩，在盆地的不同部位其厚度、岩性和岩石物理性质存在差异（LeFever，2007）。

这三个段在整个威利斯顿盆地连续分布，最大沉积厚度位于 Nesson 背斜东翼靠近北达科他州的盆地中心处（LeFever，2008）。受上超和侵蚀的影响，地层单元向北部、南部和东部边缘逐渐减薄。每个单元在测井曲线上都很容易识别，尤其是在自然伽马测井曲线和电阻率曲线上。

三个段的界面均表现为上超接触关系，上覆的年轻地层单元比直接接触的下伏单元延伸范围更广。因此，将上部页岩段的边界解释为 Bakken 组的最大沉积界线，它与上覆 Lodgepole 灰岩之间为整合接触关系，最大厚度（约 49m）分布在 Nesson

背斜和 Antelope 背斜的东侧（图 4–9）。

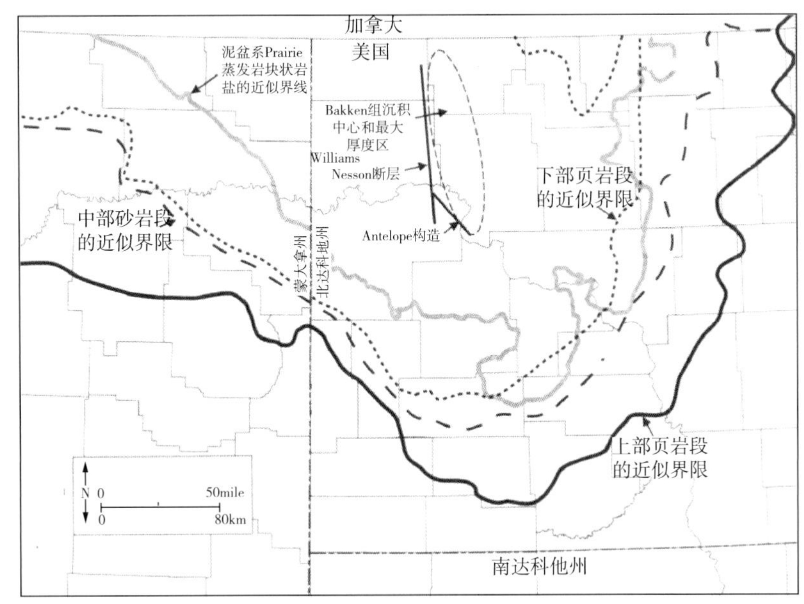


图 4–9 Bakken 组沉积中心及三个地层段的沉积范围

上部页岩段由深灰色、棕黑色至黑色片状钙质页岩组成，富有机质，呈层状—块状，含粉砂岩夹层。该页岩段底部通常发育一个含有牙形石、鱼类化石和磷酸盐颗粒的滞留沉积单元。如图 4–10 所示，该页岩段的厚度变化不大，通常小于 9m，含有一些厚度较大（可达 18m）的页岩透镜体，这些页岩透镜体往往沿沉积边缘，尤其是沿着北达科他州威利斯顿县和 Mckenzie 县之间的分界线分布。上部页岩段的这些厚度异常、多为圆形的孤立透镜体，可能与盐构造以及下伏中泥盆统 Prairie 蒸发岩的多期溶解作用有关。

中部砂岩段岩性变化显著，由浅灰色、灰色至深灰色互层粉砂岩、砂岩及少量富含粉砂和鲕粒的页岩、白云岩、灰岩组成，是 Bakken 组厚度最大（可达 27m）的层段。该层段也被称为 Bakken 组中段（近来已经成为 Bakken 组重点勘探层段）。自 2001 年以来，在 Bakken 组发现的高产原油都被认为与中部砂岩段的局部高基质孔隙度有关，特别是在 Elm Coulee 油田、Parshall 油田以及 Sanish 油田识别出了孔隙度较高的砂岩和白云岩（Walker 等，2006；Canter 等，2008；Sonnenberg 和 Pramudito，2009）。

不同研究者针对中部砂岩段的各种岩相进行了识别，绘制出了各种岩相分布图：① Smith 和 Bustin（2000）识别出了 6 种岩相；② LeFever（2007）利用测井 – 岩心对比，识别了 7 种岩相；③ Canter 等（2008）为了预测基质孔隙度和裂缝孔隙度，识别出了 5 种岩相，其中一些还进一步划分出次级岩相单元。

研究认为，中部砂岩段基质孔隙中产油的主要原因和其岩性（细粒纯砂岩、砂质骨架的粒状灰岩或微晶白云岩）密切相关。在蒙大拿州埃尔姆古力油田油田的碳酸盐岩滩坝相（Walker 等，2006；Sonnenberg 等，2009）以及 Parshall 油田的纹层状藻相（LeFever，2007；Canter 等，2008）中，中部砂岩段中的白云岩孔隙尤为发育。

下部页岩段与上部页岩段类似，为深褐色—黑色页岩，石英含量较高，厚度通常大于上部页岩段，最大可达 17m，TOC 平均含量约为 10%（Smith 等，1998）。该页岩段底部常见薄的粉砂岩、石灰岩和砂岩纹层，局部可见滞留沉积（Smith 等，1995）。下部页岩段在区域上的延伸范围最小，其沉积中心边界清晰，沿 Nesson 背斜的东翼分布。受断层和盐构造的影响，在沉积边缘发育圆形厚度异常区（LeFever，2008）。

## 4.4 沉积特征

Bakken 组沉积环境自下而上分别为低氧（下段）、常氧（中段）和缺氧（上段）的半深海环境。缺氧条件是由海水分层流动所造成的，证据包括缺乏底栖生物群、掘穴生物遗迹以及高 TOC 含量（Pitman 等，2001）。

泥盆纪时期沿横大陆穹隆的大规模隆起和威利斯顿盆地的向北倾斜，开辟了从 Cordilleran 大陆架（落基山脉中心坳陷 /Montana 地槽）到海洋的一条新通道，取道于加拿大西部 Elk Point 盆地（图 4-10）。这种构造转变造成盆地的水体更加闭塞，沉积了 Bakken 组富有机质页岩。威利斯顿盆地东、西均被介于其间的前陆盆地和海相克拉通盆地与邻近的陆块隔离开。在晚泥盆世，盆地内部沿基底构造的断块活动伴随着沿 Sweetgrass 穹隆的隆升，形成了一条封隔性更强的海上通道。盆地东部 Acadian 造山运动和西部 Antler 造山运动产生的构造作用力都影响了晚泥盆世的构造变形。

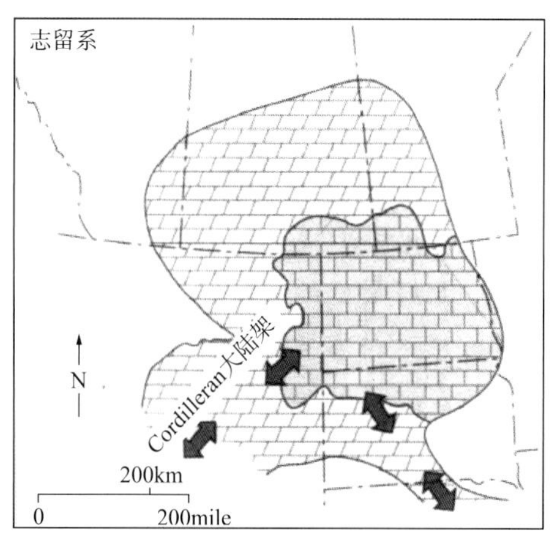


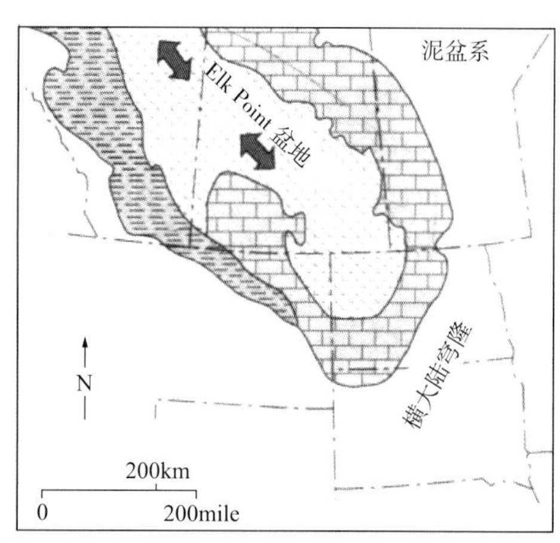


岩石类型

蒸发岩　白云岩　石灰岩　页岩

图 4-10　威利斯顿盆地范围内海上运移通道和沉积模式从志留纪到泥盆纪的变化（据 Gerhard 等，1991，修改）

在晚泥盆世和早密西西比世（约 360Ma），Elk Point 盆地的 Bakken 组地层沉积（图 4-10）集中在两个沉积中心。一个靠近 Nesson 背斜，以北达科他州西部为中心，下部页岩段和上部页岩段等厚图都非常清楚地显示出这里的沉积厚度最大（Flannery，2006；LeFever，2008），该沉积中心是威利斯顿盆地埋深最大的地方。另一个沉积中心位于萨斯喀彻温省，Bakken 组沉积厚度同样较大（图 4-11）。Bakken 组沉积末期海上运移通道范围达到最大。

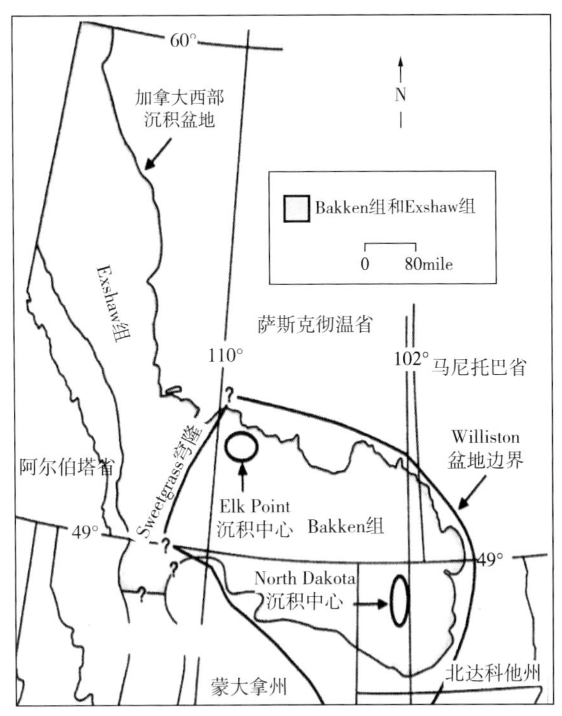


图 4-11 威利斯顿盆地 Bakken 组和加拿大西部沉积盆地 Exshaw 组分布范围（据 Smith 和 Bustin，2000，修改）

在威利斯顿盆地的美国境内，上泥盆统 Three Forks 组与 Bakken 组表现为不整合接触。该界面的起伏变化主要是由沿原有基底断层和裂缝的构造变形以及中泥盆统 Prairie 蒸发岩块状岩盐的差异溶解引起的，这些构造变形和岩盐溶解作用导致了从晚泥盆世开始的上覆地层塌陷。

在晚泥盆世海平面上升期间，海洋藻类的有机残余物和细粒碎屑物堆积在一起，形成 Bakken 组下黑色页岩段。下部页岩段为海侵沉积物，最初以很低的沉积速率（1~3m/Ma）堆积在 North Dakota 次盆的深部，然后随着海平面的相对上升，逐渐向外、朝着盆地边缘扩展；同样地，上部页岩段的黑色页岩也沉积于早密西西比世海平面上升期。Smith 等（1995）认为，上部页岩段和下部页岩段的纹层状、富有机质的黑色页岩反映了一种水深超过 650ft 的海洋环境；在这种环境下，沉积物堆积在风暴浪基面之下的静止缺氧的古海盆底部。

与上、下部页岩段相比，中部砂岩段的沉积环境复杂而多变，为一个多相发育的层序。Walker 等（2006）、Canter 等（2008）以及 Angulo 等（2008）分别对中部砂岩段岩相的多样性、复杂性进行了描述。这个地层单元的岩性、构造和沉积模式变化非常大。砂岩相从波状层理和脉状层理的粉砂岩，变化到以交错层理和板状层理为主的临滨粗粒砂岩。与这些沉积相描述完全不同的是，中部砂岩段在 Elm Coulee 油田还被描述为陆棚斜坡的海相碳酸盐浅滩沉积（Walker 等，2006；Sonnenberg 等，2009），在 Sanish 和 Parshall 油田被描述为暴露于超盐度环境的内碎屑 - 灰岩骨架的粒泥状灰岩。因此，在建立 Bakken 组连续型油气聚集评价模型的过程中，必须考虑 Bakken 组中段岩性和岩相分布的复杂性和多变性，以及由此产生的岩石物理性质的变化。

## 4.5 地化特征

Bakken 组的上、下部页岩段为优质的烃源层，干酪根类型以Ⅰ、Ⅱ型为主，TOC 含量为 10%~15%，$R_o$ 为 0.4%~1.2%，以生油为主。

上部页岩段：页岩由石英、正长石、白云石、伊利石和黄铁矿组成，TOC 含量平均为 10.0%，最大值为 35%；Parshall 油田 1-05H-N&D 井揭示上段 TOC 含量为 5.36%~21.40%，平均为 14.30%（图 4-12）。上部页岩段成熟度——等效的镜质体反射率主要为 0.4%~1.07%。

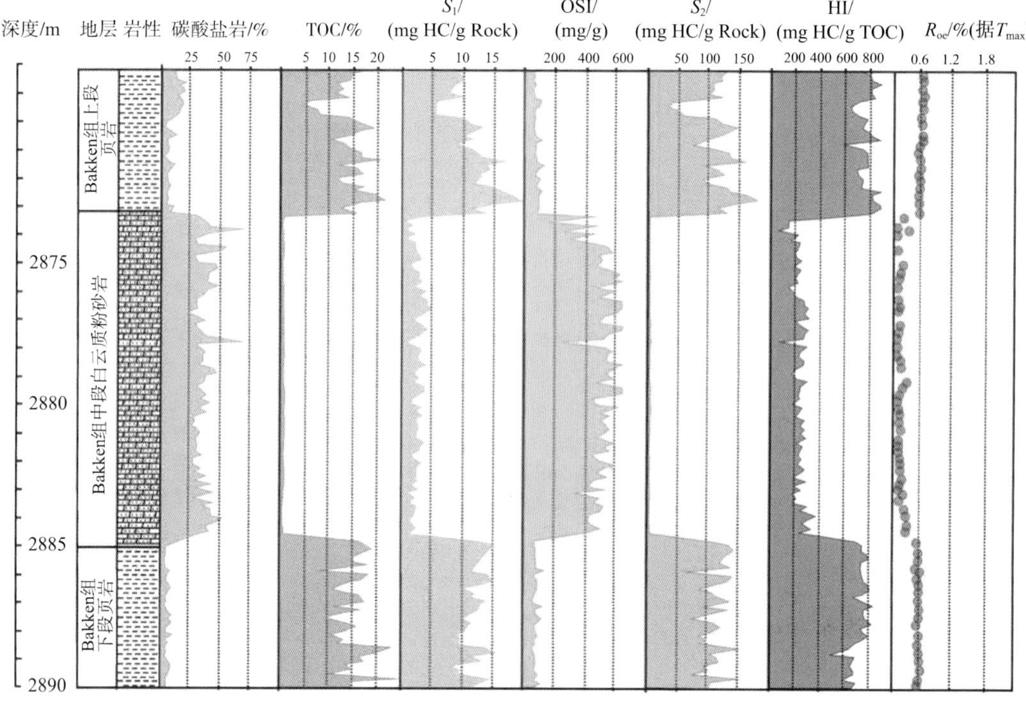


图 4-12 威利斯顿盆地 Parshall 油田 1-05H-N&D 井 Bakken 组地球化学柱状图

下部页岩段：与上部页岩段类似，为深褐色—黑色页岩，石英含量较高，在盆地较深处，页岩 TOC 平均值为 8%，最大值为 20%，有机母质几乎全为海藻，在整个层段有机组分呈不连续无定形分布。Parshall 油田 1-05H-N&D 井揭示下部页岩段 TOC 含量介于 8.87%~24.70% 之间，平均为 15.17%。下部页岩段成熟度——等效的镜质体反射率主要为 0.5%~1.18%。

Richard 等（2012）绘制了威利斯顿盆地美国部分的氢指数（HI）和总有机碳含量（TOC）等值线图（图 4-13），认为 Bakken 组上部页岩段的 HI、TOC 含量在平面上的总趋势是由东向西减少。在东部地区，上部页岩段的残余有机碳含量通常在氢指数高的地方高，在氢指数低的地方低 [ 图 4-13(a)、(b)]，这表明由东向西随着有机质成熟度的增加，有机碳的损耗也会相对增加。举例来说，在威利斯顿盆地的沉积中心和最深处，Bakken 组的有机质成熟度最高而氢指数最低，则残余有机碳含量也是最低的。同样地，在 Parshall 油田以东地区，Bakken 组页岩的有机质成熟度最低而氢指数很高 [>650mg/g，图 4–13(a)]，那么残余 TOC 含量同样也是最高的 [ 图 4–13(b)]。

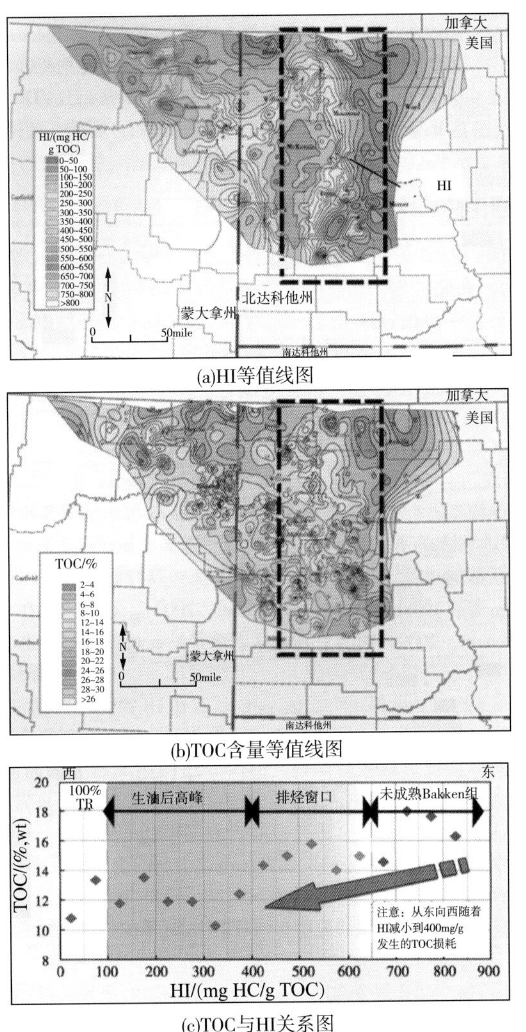


(a)HI等值线图

(b)TOC含量等值线图

(c)TOC与HI关系图

图 4–13 Bakken 组上部页岩段的 HI 和 TOC 等值线图以及两者的关系图

## 4.6 储集特征

### 4.6.1 物性特征

Bakken 组上、下页岩段富有机质页岩的孔隙度分别为 3.0%~9.0% 和 2.5%~5.0%，Almanza 的研究结果揭示下段页岩孔隙度平均为 3.1%。Bakken 组下段和上段的基质渗透率平均为 0.001nD（Hill，2012）。

Bakken 组中段白云质粉砂岩与粉砂岩岩心孔隙度总体较低，主要为 1.0%~10.0%，平均为 5.0%；渗透率相对略高，为 0.001~0.1mD，平均约为 0.04mD（Pitman，2001）。当渗透率高于 0.01mD，一般具有天然裂缝，所以整个 Bakken 组在裂缝发育段，且富含残余油的砂岩和粉砂岩的中段页岩渗透率最高。

Bakken 组中段孔隙度与渗透率的交会图显示，二者无明显相关性（图 4–14）。图 4–14(a) 为整个威利斯顿盆地 Bakken 组中段白云质砂岩与粉砂岩岩心孔隙度与渗透率关系图，图 4–14(b) 则为威利斯顿盆地 Elm Coulee 页岩油田区 Bakken 组中段白云质砂岩与粉砂岩岩心孔隙度与渗透率关系图。另外，研究表明，在埋深小于 3000m 的 Bakken 组中段，其白云质砂岩与粉砂岩孔隙度位于一个相对较窄的范围（5.0%~7.0%），埋深大于 3000m 的 Bakken 组中段，其白云质砂岩与粉砂岩岩心孔隙度呈现稍宽的范围（3.0%~6.0%）；而渗透率则在任何深度范围变化显著，岩心研究表明，Bakken 组中段渗透率大于 0.01mD 的岩心，通常含有未被充填的天然裂缝。

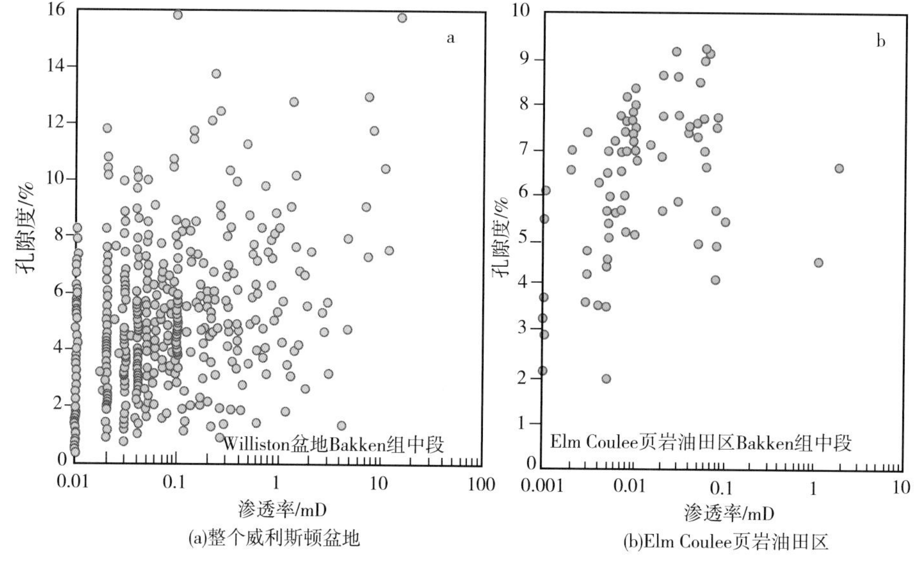


图 4–14　Bakken 组中段白云质砂岩和粉砂岩孔隙度与渗透率关系图

## 4.6.2　孔隙类型

Bakken组储集空间类型多样，主要有晶间孔、溶蚀孔、粒间孔、晶内孔、有机孔和微裂缝。Bakken 组中段主要发育晶间孔、溶蚀孔、粒间孔和微裂缝，其中晶间孔和溶蚀孔主要在白云石化和后期成岩作用期间形成，为 Bakken 组中段发育最普遍的孔隙类型，粒间孔主要发育在石英颗粒和碳酸盐晶体之间，孔喉半径较大、连通性好，为较好的孔隙类型 [ 图 4–15(a)、(b)]。而 Bakken 组上、下页岩段以有机孔和微裂缝为主，其中有机孔存在于泥页岩有机质中，在扫描电镜下可以清楚地观察到有机孔呈分散状，相互孤立存在，多为纳米级，对 Bakken 组储集空间贡献较小，微裂缝主要是由于泥页岩生烃作用引起的超压产生的，可作为油气运移的通道 [ 图 4–15(c)]。

Bakken 组的原油主要赋存在孔喉大于 40nm 的孔隙中，其中 Bakken 组中段孔喉大于 40nm 的孔隙多于上、下段。由此可知，Bakken 组中段不仅物性优于上、下段，而且连通孔隙更发育，孔喉更大，为油气的主要富集层段。

(a)粒间孔　　(b)粒间孔　　(c)微裂缝

图 4–15　Bakken 组致密油储集空间类型

### 4.6.3　裂缝发育特征

1. 裂缝发育特点

Bakken组页岩中构造应力造成的张性裂缝一般是垂向的，通常间隔数十厘米（图4–16），但是这类裂缝的第一手观测资料较少。在薄片中可见大量水平的、垂直的、斜交的微裂缝，部分充填。此外，通过在埃尔克霍思兰奇油田的水平井模拟实验发现，Bakken组页岩中微裂缝的间距只有2cm左右，这些微裂缝的宽度随着页岩中流体压力的增大而减小。

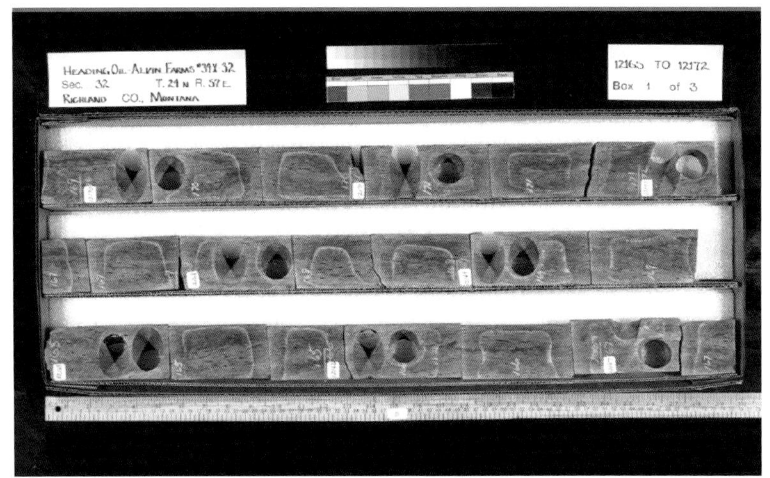


图 4–16　Bakken 组中段砂岩、灰岩互层段裂缝发育特征（水平井取心）

2. 裂缝分布特点

Bakken 组页岩中的裂缝组构较简单，在埃尔克霍思兰奇油田，对水平井进行的生产和干扰测试发现渗透率各向异性为 4∶1，裂缝走向主要是东西向。人造裂缝走向一般与天然裂缝平行。就目前资料而言，天然裂缝在 Bakken 组页岩西南部最为密集。该油田的 Bakken 组上段裂缝更发育，因为上段岩性更脆、更易破裂。

3. 裂缝成因分析

大多数观点认为威利斯顿盆地 Bakken 组页岩中天然裂缝的形成是由于大量生成的石油无法运移出去而产生异常高压的结果。Burrus 等（1996）通过模拟实验发现，Bakken 组在中始新世已经具有足够的地层压力，可以在短时间内产生裂缝，这与主要的生油期相匹配。因此很有可能在这个时期产生了密集的裂缝网络。

研究认为，与Bakken组有机质热成熟度有关的生烃作用是储层发育的一个重要因素，因为生烃会产生超压和微裂缝（Pitman等，2001；Leonard等，2008；Pollastro等，2008；Cosker和Leonard，2009）。无论是垂直微裂缝还是水平微裂缝，在上、下Bakken页岩段的岩心中都很容易观察到（图4-17）。Meissner（1991）发现储层裂缝与成熟的生油岩和异常高的储层流体压力关系密切，即生烃导致流体压力升高，而这种异常高压又会导致储层和一些相邻的封闭地层中产生垂直裂缝。

Carlisle等（1992）利用扫描电镜首次对Bakken组中与富含干酪根的纹层有关的微裂缝进行了描述。微裂缝一般为水平裂缝，宽为10~20μm，长为1cm或更长；微裂缝在上部页岩段中最常见，该段的有机质含量最高。尽管很难区分小规模的区域性裂缝、小构造缝和可能的层理破裂面，但认为水平微裂缝是在干酪根向油的转化过程中产生的。LeFever（2007）和Pitman等（2001）描述了Bakken组岩心的水平微裂缝，认为在生烃过程中，富有机质生油层中的流体体积不断增加，形成超压环境，产生了微裂缝。

另外，Bakken组页岩中的张性裂缝也可能是构造作用造成的，或是深层基底断层复活的结果，这在威利斯顿盆地有大量的证据。某些情况下，页岩出现褶皱，比如羚羊背斜，其裂缝就是由张性应力引起的，而在岩石没有明显变形的区域，裂缝的形成被认为与局部构造应力有关。

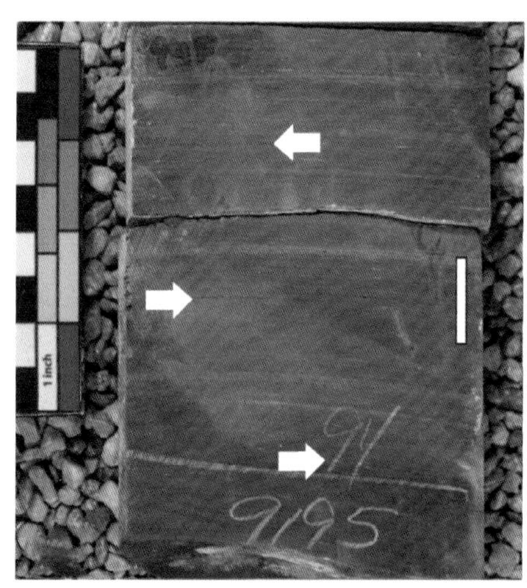


(a)下部页岩的的水平微裂缝（实线箭头），岩心取自Long1-01H井，EOG能源公司

(b)上部页岩段的垂直微裂缝，岩心取自Fertile1-12H井，EOG能源公司

图4-17　北达科他州Mountrail县Parshall油田Bakken组的岩心微裂缝照片

## 4.7　可压性特征

### 4.7.1　岩石矿物特征

Jesse Havens（2012）对威利斯顿盆地Bakken组岩心开展了岩石矿物组分分析，结果

见表 4–2。Bakken 上部、下部页岩段主要矿物为石英、黏土矿物，中部砂岩段石英、白云石、长石等矿物含量高，黏土矿物含量明显低于上、下页岩层段。

表 4–2 Bakken 组 X 衍射和 QEMSCAN 测定平均矿物含量统计表（据 Jesse Havens，2012）

单位：%

| 层位 | 石英 | 方解石 | 白云石 | 长石 | 黄铁矿 | 黏土矿物 | 总计 |
|---|---|---|---|---|---|---|---|
| 上部页岩段 | 35 | 2 | 9 | 4 | 3 | 46 | 99 |
| 下部页岩段 | 52 | 1 | 5 | 5 | 2 | 35 | 100 |
| 中部砂岩段 | 42 | 10 | 25 | 10 | 1 | 9 | 97 |

## 4.7.2 岩石力学特征

对 Bakken 组岩石力学特征的研究主要集中在中部砂岩段。Jesse Havens（2012）对威利斯顿盆地 Bakken 组中部砂岩段岩心开展了岩石力学参数的测量（图 4–18），中部砂岩段杨氏模量总体为 30~40GPa，泊松比分布范围为 0.2~0.4。

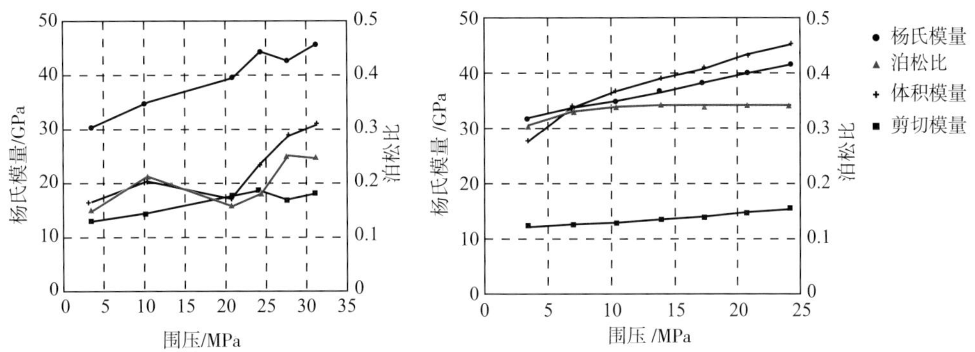


图 4–18 Bakken 组中部砂岩段岩石弹性参数图（据 Jesse Havens，2012）

Liu（2016）测量了 Bakken 中部砂岩段不同深度的岩石弹性参数，杨氏模量分布在 20~80GPa，集中在 50~70GPa，并绘制了 Bakken 组岩石杨氏模量、硬度与深度的关系图，结果发现二者相关性不明显（图 4–19）。

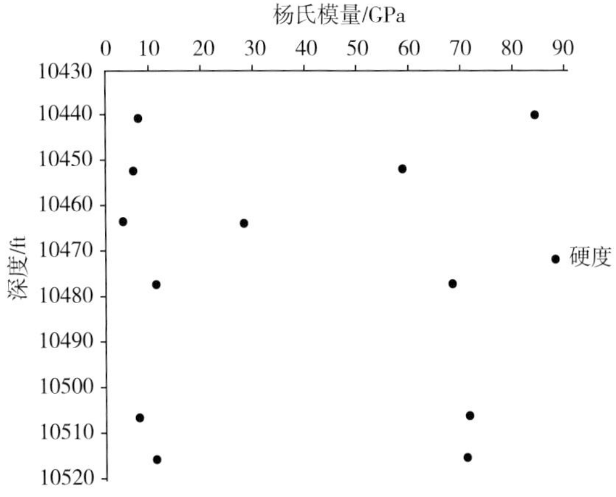


图 4–19 Bakken 组中部砂岩段杨氏模量、硬度与深度相关关系图（据 Liu，2016）

## 4.8 含油气性特征

Bakken 组以含油为主，储层没有明显的边底水。目前投入生产的油藏主要受裂缝发育程度的控制。因此，对于 Bakken 组储层，只要储集性能好，就可以形成具有工业价值的油气聚集。

据 Balcron 44-24 Varia 井的压力恢复中途测试（DST）资料可知，Bakken 组具有轻微的超压，压力梯度为 0.02kPa/m，井底温度平均为 115℃左右。采出的原油在 15.5℃条件下的比重为 $0.82g/cm^3$，气油比为 $1.4\times10^4m^3/bbl$，在西部上倾方向，气油比增加到 $2.0\times10^4$~$2.2\times10^4m^3/bbl$。

对于泥页岩中含油量的表征通常采用热解残留烃（$S_1$）和氯仿沥青“A”两个指标。由于泥页岩储层的低渗透性，目前开采的致密油主要以轻质或凝析油为主，多采用 $S_1$ 作为泥页岩含油性的评价指标，特别是 Jarvie（2008）研究认为，地层中烃指数（$S_1$/TOC×100）一方面可用来判断烃源岩的成熟度，另一方面可用来评价储层含油性。储层含油性高，$S_1$/TOC×100 通常大于 100mg HC/g TOC，对于页岩油储层的判断这一标准同样适用。另外，由于干酪根对页岩油具有较强的吸附、溶解作用，影响页岩油的可采性，说明还应结合相对含油量来评价泥页岩的含油性，因此这个指标可以同时用来判断 Bakken 组中的页岩油和致密砂（灰）岩油的含油性。从相对含油量来看，Bakken 组上段和下段的绝大部分泥页岩 $S_1$/TOC×100 小于 100mg HC/g TOC，含油性较低；而 Bakken 组中段的致密砂（灰）岩 $S_1$/TOC×100 通常大于 100mg HC/g TOC，含油性高。

一般认为 Bakken 组页岩在晚白垩世到早始新世已经开始生油，并且在晚始新世达到生油高峰。生成的石油比从页岩中运移出去的要多，这导致页岩层中含油饱和度高、剩余压力高，微裂缝发育。

排烃效率分析包括以下几方面内容。

1. 强排烃的地球化学证据

岩石热解分析结果显示，Bakken 组黑色泥页岩整体上产率指数 $S_1/(S_1+S_2)$ 较低，与其有机碳含量明显不匹配，当 TOC < 15%时，产率指数主要介于 0.15~0.30，最高可达到 0.48；而当 TOC > 15%时，产率指数小于 0.15（图 4-20）。

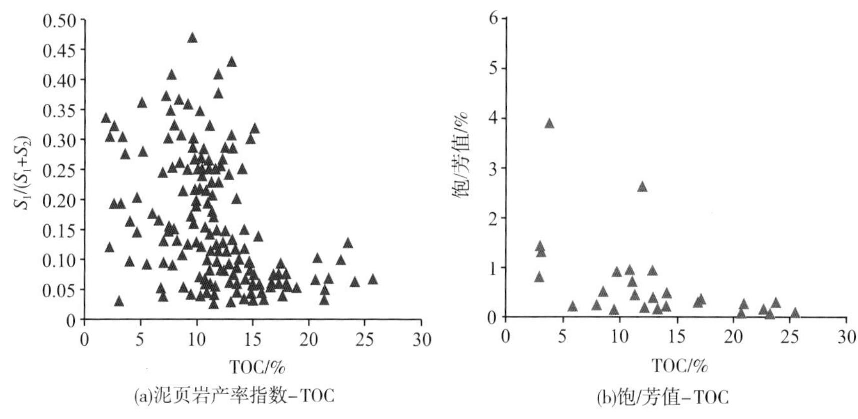


图 4-20　Bakken 泥页岩产率指数-TOC 关系图和饱 / 芳值-TOC 关系图（据胡莹等，2016）

Bakken组中段粉砂质白云岩的显微照片荧光观察证实白云石内的晶间孔和石英颗粒、碳酸盐晶体之间的粒间孔中富含油。以上证据说明 Bakken 组泥页岩发生过大量的排烃。

2. 排烃率的定量研究

排烃效率可用排烃量与生烃量的比值定量计算，它是衡量传统烃源岩有效性的重要指标，泥页岩排烃过程中，排烃效率越高，与泥页岩互层、紧邻的致密砂岩、致密碳酸盐岩等储集岩中聚集的油气就越多，因此人们希望泥页岩排出的油气尽可能多地在致密砂岩（碳酸盐岩）中运移成藏，而在排烃过程中不可避免的会有一定量的烃类残留在泥页岩内部，这部分烃类即是页岩油气，残留的烃类越多意味着页岩里含油气越多，因此致密油气的勘探开发同样需要考虑排烃效率的问题。在排烃效率的计算过程中，排烃量可通过生烃潜力达到最高值后的减小幅度确定，残烃量可通过烃指数获得，根据物质平衡原理二者相加即为生烃量。

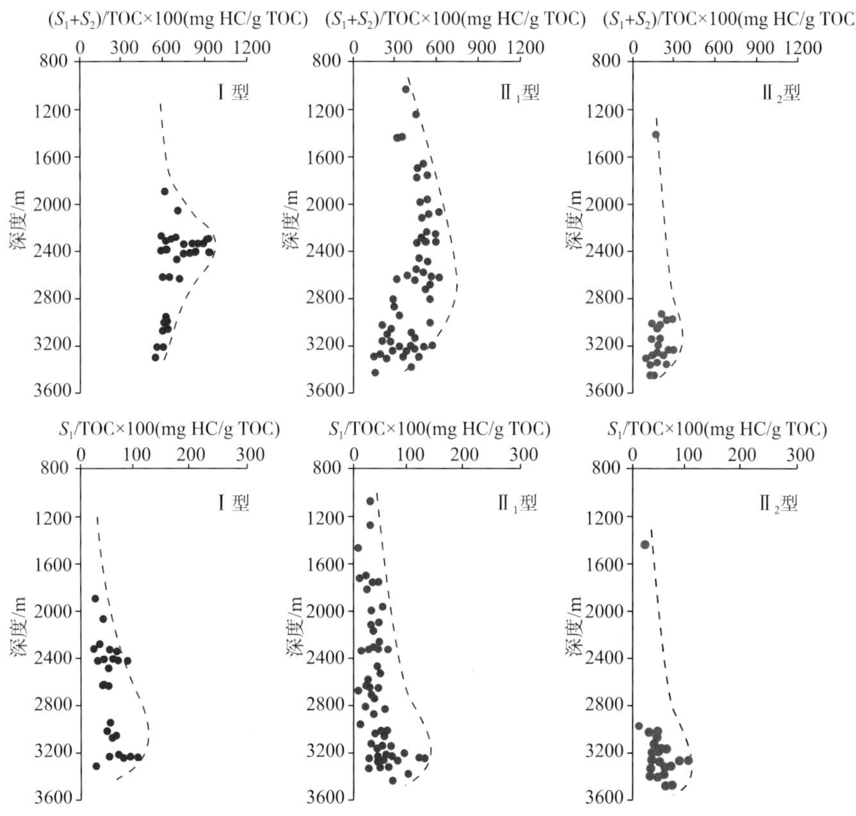


图 4–21 威利斯顿盆地 Bakken 组不同类型干酪根烃指数和生烃潜力指数

由图 4–21 可以看出，随着有机质类型由Ⅰ型变为Ⅱ$_1$、Ⅱ$_2$型，相应泥页岩的生、排烃门限对应的埋深加深，反映生、排烃过程依次滞后。同时，Ⅰ型有机质泥页岩排烃量远高于其他类型，而残烃量相差不大，由此可以计算出Ⅰ型有机质泥页岩排烃效率远高于其他类型。比如，在井深 3200m 处，Ⅰ型、Ⅱ$_1$型和Ⅱ$_2$型烃源岩的排烃效率分别为 55%、45% 和 30%。因此 Bakken 组泥页岩高排烃效率是造成 Bakken 组中段致密层段相对含油量高，上、下段泥页岩相对含油量较低的根本原因。

3. 排烃机制分析

致密油成藏特征表明，致密油从烃源岩排出后在储集层中聚集的主要动力为生烃增压，即源储压差。而生烃增压引起的超压将会诱导泥页岩产生微裂缝。当微裂缝形成后，泥页岩产生的烃类将会排出并释放压力。当泥页岩内的压力小于围压时，这些微裂缝将重新闭合，开始下一循环。页理缝和微裂缝相互交叉形成裂缝网络，作为泥页岩油气排出的输导系统，因此排烃效率会在很大程度上提高。

威利斯顿盆地 Bakken 组存在异常高压，压力梯度为 0.73psi/ft，异常高压分布范围与生烃中心一致，因此推测其异常压力与深部有机质生烃作用有关。从不同成熟度有机显微组分图像的观测可知，随着成熟度增加，Bakken 组泥页岩生成大量的烃类，形成高压流体，产生微裂缝。另一方面，由于 Bakken 组泥页岩有机质丰度高，因而干酪根在岩石体积中所占的比例高（约为 15%~35%），具备形成“干酪根网络”的物质条件。干酪根具有亲油性，因此石油通过干酪根网络运移所需克服的阻力大大降低，有利于石油的初次运移（排烃）。因此，有机质类型越好，丰度越高，成熟度越高，泥页岩产生大量的烃类并发育大量的微裂缝，有利于泥页岩排烃。

## 4.9 潜力分析

2000 年以后，由于页岩油气逐渐受到石油部门的重视，从 Bakken 组页岩获得的油气储量不断增加。2008 年，美国地质调查局对蒙大拿州和北达科他州 Bakken 组 5 个连续型（非常规）评价单元和 1 个常规评价单元（表 4–3）的可采储量进行了评估，具备较好的资源潜力。

表 4–3　蒙大拿州和北达科他州 Bakken 组待发现石油、天然气和凝析油技术可采储量评估

| 总油气系统和评价单元 | | | 石油或天然气 | 石油 /MMbbl | 天然气 /bcf | 凝析油 /MMbbl |
|---|---|---|---|---|---|---|
| Bakken—Lodgepole 总油气系统 | 连续型油气资源 | Elm Coulee—Billings 鼻状构造评价单元 | 石油 | 410 | 208 | 17 |
| | | 盆地中心—Poplar 穹隆评价单元 | 石油 | 485 | 246 | 20 |
| | | Nesson—Little Knife 构造评价单元 | 石油 | 909 | 461 | 37 |
| | | 东部排烃门限评价单元 | 石油 | 973 | 493 | 39 |
| | | 西北部排烃门限评价单元 | 石油 | 868 | 440 | 35 |
| | | Bakken 组连续性资源总量 | — | 3645 | 1848 | 148 |
| | 常规油气资源 | 中部砂岩评价单元 | 石油 | 4 | 2 | 0 |
| | | Bakken 组常规资源总量 | — | 4 | 2 | 0 |

对于连续型石油资源，美国地质调查局估算的总平均资源量为 $36.5 \times 10^8$bbl 石油，其中 Elm Coulee—Billings 鼻状构造评价单元的平均资源量为 $4.1 \times 10^8$bbl 石油，盆地中心—Poplar 穹隆评价单元的平均资源量为 $4.85 \times 10^8$bbl 石油，Nesson—Little Knife 构造评价单元的平均资源量为 $9.09 \times 10^8$bbl 石油，东部排烃门限评价单元的平均资源量为 $9.73 \times 10^8$bbl 石油，西北部排烃门限评价单元的平均资源量为 $8.68 \times 10^8$bbl 石油。中部砂岩段常规评价单元的平均资源量估计为 $4 \times 10^8$bbl 石油。

东部排烃门限评价单元和 Nesson—Little Knife 构造评价单元的 EUR 预测结果表明，这两个单元为美国境内部分威利斯顿盆地 Bakken 组勘探和油气生产最成功的地区（表 4–3）。

从近二十年的开发历程来看，Bakken 页岩的原油日产量呈逐年上升趋势，由最初 2000 年日产量 0.013bcf/d，上升到 2017 年日产量 1.212bcf/d，主要原因在于 2007 年以后，水平井钻完井技术及大型水力压裂技术的广泛应用，有效提高了原油产量。近年来 Bakken 页岩原油日产量保持在 1~1.5MMbbl/d（图 4–22）。

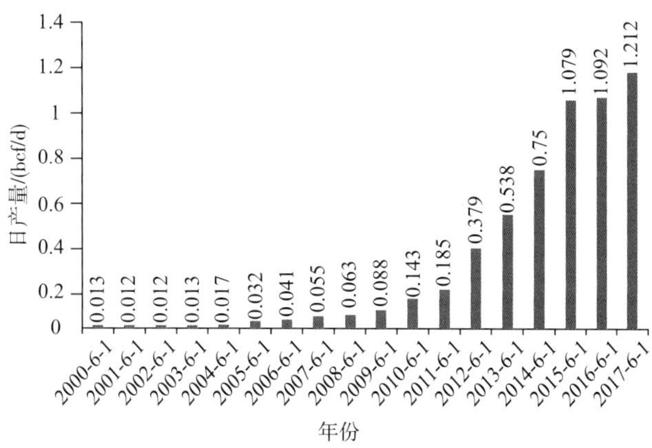


图 4–22　Bakken（ND&MT）页岩油 2000~2017 年平均日产量（据 EIA，2017）

## 参考文献

[1] Beecher M E. Predicting brittle zones in the Bakken Formation using well logs and seismic data[D]. Montana: Montana Tech of the University of Montana, 2013.

[2] Carlson C G, Anderson S B. Sedimentary and tectonic history of North Dakota part of the Williston Basin[J]. American Association of Petroleum Geologists Bulletin, 1965, 49: 1833–1846.

[3] Coskey R J, Leonard J L. Bakken Oil Accumulations: What's the Trap? [EB/OL], 2012.

[4] Gerhard L C, Anderson S B. Geology of the Williston Basin (United States portion), in Sloss L L, ed, Sedimentary cover—North American craton; U.S.: Boulder, Colo, Geological Society of America[J]. The Geology of North America, 1988, D2: 221–241.

[5] Hester T C, Schmoker J W. Selected physical properties of the Bakken Formation, North Dakota and Montana part of the Williston Basin[J]. U.S. Geological Survey Oil and Gas Investigations, 1985.

[6] Jarvie D M. Unvonventional shale resource plays: shale–gas and shale–oil opportunities[C]. Fort Worth Business Press Meeting, 2008.

[7] Jesse H.Mechanical properties of the Bakken Formation [D]. Colorado: Colorado School of Mines, 2012.

[8] Liu K.Bakken Formation shales Nano–Scale Analysis to Understand Mechanical Parameters[C]. The 50th US Rock Mechanics / Geomechanics Symposium, 2016.

[9] Lash G G, Engelder T. An analysis of horizontal microcracking during catagenesis: Example from the Catskill delta complex[J]. American Association of Petroleum Geologists Bulletin,2005, 89: 1433–1449.

[10] LeFever J A. Lithofacies of the middle Bakkenmember, North Dakota[J]. North Dakota Geological Survey Geologic Investigations, 2007: 45.

[11] LeFever J. AStructural contour and isopach maps ofthe Bakken Formation in North Dakota[J]. North Dakota Geological Survey Geologic Investigations, 2008: 59.

[12] LeFever J A, Martinuik C D, Dancsook D F R, et al.Petroleum potential of the middle member, Bakken Formation, Williston Basin[C]// Christopher, JE and Haidl FM. Sixth international Williston Basin symposium. Regina, Saskatchewan Geological Society Special Publication ,1991,11: 74–94.

[13] Lewan M D, Ruble T E. Comparison of petroleum generation kinetics by isothermal and nonisothermal open–system pyrolysis[J]. Organic Geochemistry, 2002, 33: 303–327.

[14] Meissner F F. Petroleum geology of the Bakken Formation, Williston Basin, North Dakota and Montana[J]// Demaison G, Murris R J. Petroleum geochemistry and basin evaluation. American Association of Petroleum Geologists Memoir, 1984, 35: 159–179.

[15] Murray G H. Quantitative fracture study—Sanish pool, McKenzie County, North Dakota[J]. American Association of Petroleum Geologists Bulletin, 1968, 52: 57–65.

[16] Pitman J K, Price L C, LeFever J A. Diagenesis and fracture development in the Bakken Formation, Williston Basin: Implications for reservoir quality in the middle member[M]. Denver, U.S. Geological Survey,2001.

[17] Pollastro R M, Roberts L N R, Cook T M,et al. Assessment of undiscovered technically recoverable oil resources of the Bakken Formation, Williston Basin, Montana and North Dakota[R]. U.S. Geological Survey Open–File Report, 2008.

[18] Richard M P, Laura N R, Roberts T A. Geologic Assessment of Technically Recoverable Oil in the Devonian and Mississippian Bakken Formation[J]. U.S. Geological Survey, 2013: 1–34.

[19] Schmoker J W, Hester T R. Organic carbon in Bakken Formation, United States portion of the Williston Basin[J]. American Association of Petroleum Geologists Bulletin, 1983, 67: 2165–2174.

[20] Smith M G,Bustin R M. Late Devonian and Early Mississippian Bakken and Exshaw black shale source rocks, Western Canada sedimentary basin: A sequence stratigraphy interpretation[J]. American Association of Petroleum Geologists Bulletin, 2000, 84: 940–960.

[21] Webster R L. Petroleum source Rocks and stratigraphy of the Bakken Formation in North Dakota[J]//Woodward J, Meissner F F,Clayton J L. Hydrocarbon source rocks of the greater rocky Mountain region Denver, Colo. Rocky Mountain Association of Geologists, 1984: 57–81.

[22] 董大忠，黄金亮，王玉满，等 . 页岩油气藏——21 世纪的巨大资源 [M]. 北京：石油工业出版社，2015.

[23] 胡莹 , 卢双舫 , 李文浩 , 等 . 威利斯顿盆地 Bakken 组泥页岩排烃效率地质研究 [J]. 中国矿业 , 2016, 25(10): 163–167.

# 5 Barnett 页岩油气地质特征

## 5.1 勘探开发历程

Barnett（巴内特）页岩是一套发育在美国得克萨斯州福特沃斯盆地、二叠盆地的密西西比系黑色页岩，展布面积约 13000km$^2$，覆盖 23 个县，是福特沃斯盆地的常规油气主力烃源岩层系和页岩气的主要勘探开发层系，核心区主要分布在 Denton、Johnson、Tarrant、Wise 四个县（RRC，2011）（图 5–1）。

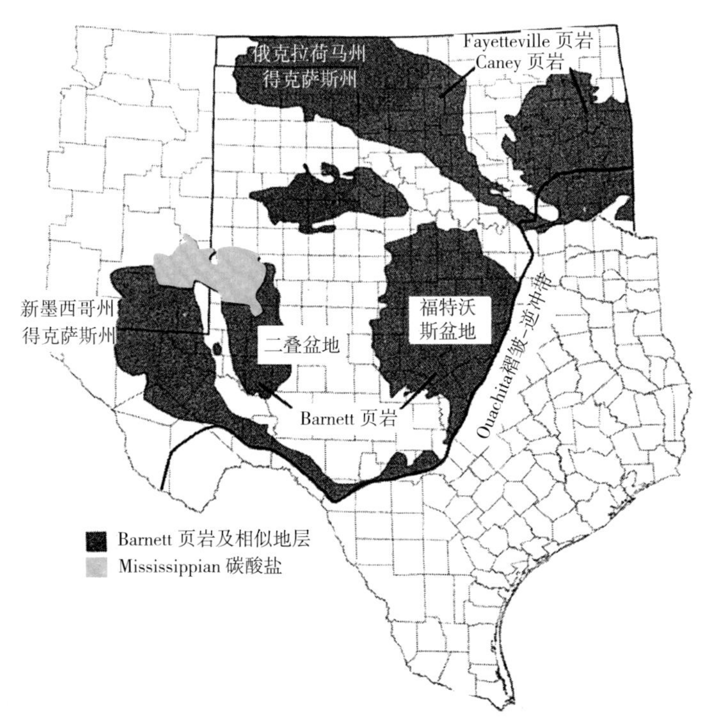


图 5–1　Barnett 页岩平面分布图

福特沃斯盆地页岩气开发始于 1981 年，Mitchell 能源公司在盆地东北部钻探的 C.W.Slay 1 井，在 Barnett 页岩中发现了 Newark East 气田。1981~1990 年，该气田开发进程缓慢，只钻了 100 余口井。1998 年，水力压裂取代凝胶压裂，完井技术取得巨大突破，钻井数量迅速增加。到 2010 年，Barnett 页岩气井数达到 14886 口，比 1982 年增加了 98 倍，年产量达 $517.63\times10^8m^3$，增加了 165 倍。目前 Barnett 页岩 Newark East 气田已成为美国最大的页岩气田，年产气量在美国所有气田中排在第二位。

Barnett 页岩在美国页岩气商业开发过程中具有代表性的意义，Barnett 页岩的开发是美国现代页岩气开发技术进步及产量急剧提升这一历程的缩影，其开发历程可划分为五个基本阶段（David，2007）。

（1）第一阶段为现代页岩气开发的最初阶段（1981~1985 年）。采用直井方式生产，通过泡沫压裂在页岩中产生人造裂缝，从而获得页岩气产量。对于 Barnett 页岩主要选择其底部进行压裂，压裂深度一般小于 1500m，压裂液为含氮气的辅助泡沫压裂液，压裂液体积为 167.8~1135.6m$^3$，支撑剂为 20/40 目的石英砂，用量为 136~226.8t。

（2）第二阶段为大型水力压裂阶段（1986~1997 年）。采用直井方式对 Barnett 页岩底部层系进行压裂，压裂液为交联冻胶液，压裂液体积增加到 1514.1~2271.2m$^3$，作为支撑剂的石英砂的用量增加到了 453.6~680.3t。氮气、降失水剂、表面活性剂以及黏土稳定剂也是压裂液的重要配方。

（3）第三阶段为清水压裂阶段（1998 年至今）。采用直井方式分别对 Barnett 页岩的底部和上部层系进行压裂，使用的压裂液量分别为 3406.8m$^3$ 和 1892.7m$^3$，以 20/40 目石英砂作为支撑剂，其用量为 90.7t，排量为 7.95~11.13m$^3$/min，在这一阶段中，黏土稳定剂和表面活性剂的使用量逐渐减少，甚至不再使用。采用上述压裂方法比采用冻胶压裂减少了 50%~60% 的资金投入。

（4）第四阶段为重复压裂阶段（1999 年至今）。对于最初使用冻胶压裂的生产井，在经历了比较大的产量递减后，可使用水力压裂进行重新改造，这不但能够重新达到初始的生产速率，而且还可以提高 60% 的产量。另外，对最初使用冻胶压裂的生产井重新进行清水压裂，其用液量和用砂量与新钻井时基本持平。

（5）第五阶段为同步压裂阶段（2006 年至今）。2002 年，Devon 能源公司收购 Mitchell 能源公司后，开始在 Barnett 页岩气开采中大规模地使用水平井。对于 Barnett 页岩底部层系，水平段长一般位于 305~1067m 之间，压裂过程共使用了 7570.18~22712.4m$^3$ 的清水和 181.4~453.6t 的石英砂，压裂排量为 7.95~15.9m$^3$/min。2006 年，作业者在井距 152~305m 的两口大致平行的水平井之间进行了同步压裂，依靠应力传递及裂缝延伸效应产生了最大的压裂效果。

Barnett 页岩的开发是美国天然气工业史上伟大的革命，美国的页岩气工业从 Barnett 页岩开始向其他页岩或盆地扩展，也掀起了世界范围内页岩气开发的热潮。

此外，Barnett 页岩除了是页岩气开发的主要层系外，也是美国页岩油的重要勘探开发层系之一，其页岩油的开采活动始于 20 世纪 80 年代，多以直井方式进行生产，早期产量一直不高，单井日产油量多小于 32.4t。2008 年 Four Sevens Oil 公司在福特沃斯盆地西北部的 Clay 县完钻了一口直井，初期日产量达 25.92t，但产量下降较快。2010 年 EOG 资源公司在福特沃斯盆地的 Cooke 县和 Montague 县完钻了一系列直井，初期产量最高达 128.79t。

## 5.2 构造特征

福特沃斯盆地是晚古生代 Quachita（沃希托）造山运动形成的几个弧后前陆盆地之一，

盆地东部边界为沃希托逆冲褶皱带，北部边界是基底边界断层控制的 Red River（红河）背斜和 Muenster（曼斯特）背斜，西部边界为 Bend（本德）背斜、东部为陆棚等一系列坡度较缓的正向构造，南部边界为 Llano 隆起（图 5-2）。

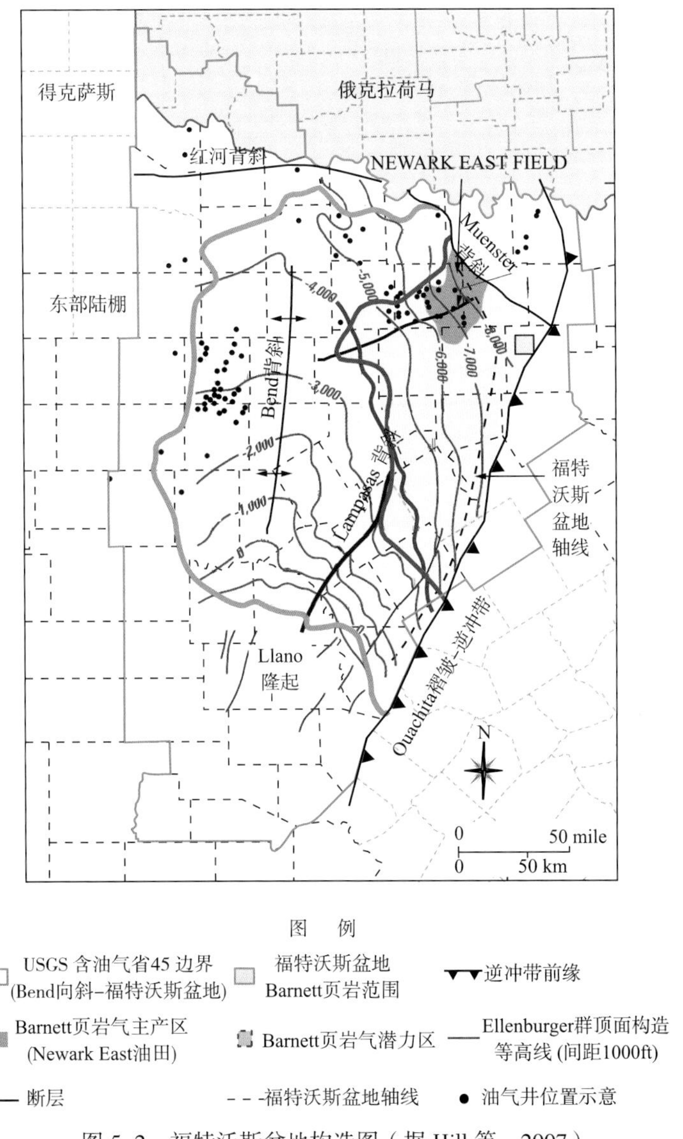


图 5-2 福特沃斯盆地构造图（据 Hill 等，2007）

福特沃斯盆地是一个楔状坳陷盆地，向北逐渐变深（图 5-3）。盆地的轴线大致与组成盆地北部—东北部边界的 Muenster 穹隆平行，然后向南弯曲，与 Quachita 构造带前缘平行。在宾夕法尼亚早期和中期，Quachita 褶皱带向东隆升造成构造脊线及由此形成的盆地边界反向向西和西北方向偏移（Tai，1979）。红河和曼斯特背斜形成了盆地的北部边界。这些构造是北西走向的 Amarillo-Wichita 隆起的延伸部分，是 Quachita 挤压过程中基底断层伴随 Oklahoma（俄克拉荷马）造山运动而重新复活造成的（Walper，1977、1982）。

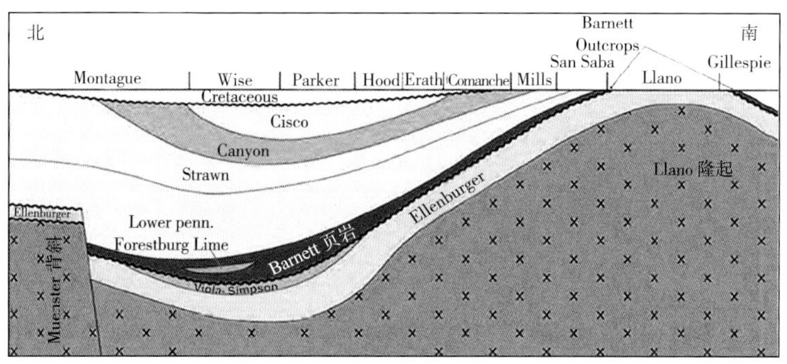


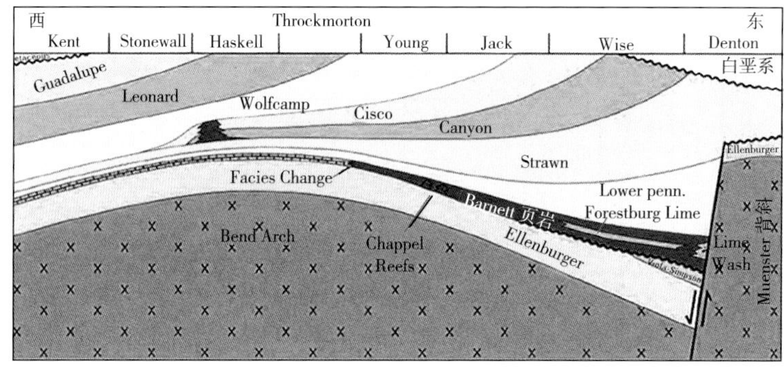


图 5-3　福特沃斯盆地 N—S 向及 E—W 向地层剖面示意图

福特沃斯盆地向西变浅，与一系列平缓正向构造相接，包括 Bend 背斜，东部陆架和 Concho 背斜。Bend 背斜是一个大型向北倾伏的构造，从得克萨斯中部的 Llano 隆起向北延伸。估计该背斜在晚密西西比世形成，在晚古生代向西倾斜，西面形成了 Midland 盆地（Walper，1977、1982；Tai，1979）。因此，Bend 背斜是一个褶皱和构造高点，没有经历过活跃的抬升。Llano 隆起是一个穹隆状构造，出露的地层是前寒武系和古生界（寒武—宾夕法尼亚系），形成了福特沃斯盆地南界的一部分。Llano 隆起从前寒武纪开始就断断续续地出现构造抬升（Flawn 等，1961）。沿 Lampasas 和 San Saba 县的隆起，Barnett 页岩出露地表（Grayson 等，1991）。盆地南部的次级构造是 Lampasas 背斜，它从 Llano 隆起向东北方向延伸，并与 Ouachita 构造前缘连为一体。

此外，Mineral Wells 断层的发育也对 Barnett 页岩区构造变形产生了深远影响（图 5-2）。Mineral Wells 断层呈北东—南西走向，东北部穿过 Newark East 气田，有的资料还将该断层俗称为 Mineral Wells—Newark East 断层系统（Pollastro 等，2003、2004）。对于 Mineral Wells 断层的起因尚不完全清楚，因为看起来它与 Muenster 和红河背斜断块或 Ouachita 冲断没有直接关系。然而，相应的地震资料表明，这是一个周期性复活的基底断层，尤其是晚古生代（Montgomery 等，2005），在密西西比纪可能重新活动（Pollastro，2003）。研究结果表明，Mineral Wells 断层对下列特征具有重要影响：① Bend 群砾石层的沉积（Thompson，1982）；②影响 Barnett 页岩沉积模式和热演化史（Bowker，2003；Pollastro，2003；Pollastro 等，2004；Montgomery 等，2006）；③控制福特沃斯盆地北部 Boonsville 气田的油气运移和分布（Jarvie 等，2003、2004、2005；Pollastro 等，2004）；④ Newark East 气田内的 Mineral Wells 断层区域以及与其相连裂缝贯穿的区域影响 Barnett 页岩的气体产量（Bowker，2003；Pollastro，2003）。

盆地内和盆地周缘大型构造的形成与 Ouachita 冲断有关。Muenster 及 Red River 背斜（前寒武纪—寒武纪）在 Ouachita 造山运动时期重新活动。基底断层控制了两个背斜的南部边界（Flawn 等，1961；Montgomery 等，2005）。Muenster 背斜翼部断层呈南西走向，断距为 1520m。Bend 背斜南北向展布，西部为盆地边界。从中奥陶纪至早宾夕法尼亚纪，该背斜周期性升降形成几个不整合面（Flippen，1982；Pollastro 等，2003）（图 5-3）。

盆地发育不同方位的高角度地堑（与 Ouachita 冲断前缘、Llano 抬升及 Mineral Wells 断层有关）及沿盆地东部边缘发育的规模较小冲断褶皱（Walper，1982；Montgomery 等，2005）。断层及局部下沉与 Ellenburger 组顶部的喀斯特及溶蚀垮塌现象有关（Gale 等，2007）。

福特沃斯盆地古生界根据构造演化历史可大致分为 3 段：①寒武系—上奥陶统，为被动大陆边缘的地台沉积，包括 Riley-Wilberns 组、Ellenburger 组、Viola 组和 Simpson 组；②中上密西西比统，为沿俄克拉荷马拗拉槽构造运动产生沉降过程的早期沉积，包括 Chappel 组、Barnett 页岩组和 Marble Falls 组下段；③宾夕法尼亚系，代表了与沃希托逆冲褶皱带前缘推进有关的主要沉降过程和盆地充填（主要是陆源碎屑充填），包括 Marble Falls 组上段和 Atoka 组等。

## 5.3 地层特征

福特沃斯盆地发育的地层主要有寒武系、奥陶系、密西西比系、宾夕法尼亚系、二叠系和白垩系，福特沃斯盆地缺失志留系和泥盆系（图 5-4）。

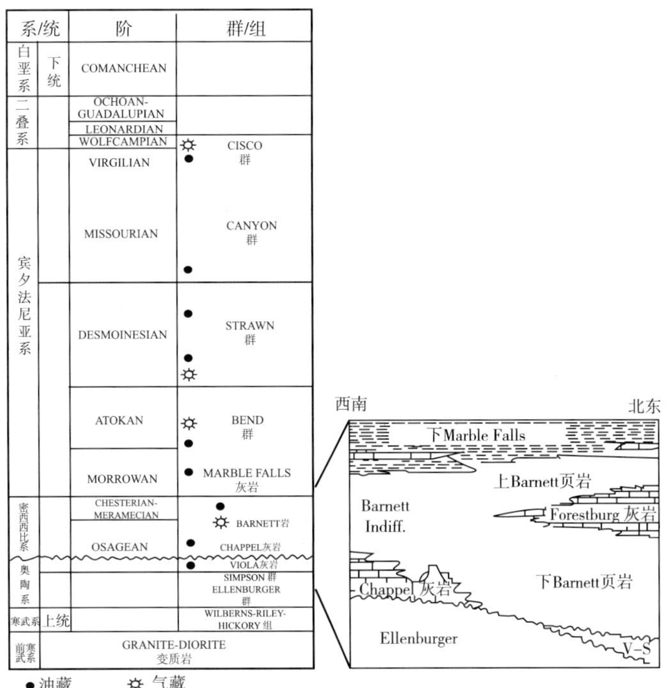


图 5-4 福特沃斯盆地地层层序

盆地地层中，下古生界厚 1220~1520m，主要包括奥陶系 Ellenburger 群碳酸盐岩；宾夕法尼亚系厚 1830~2130m，主要为碎屑岩和碳酸盐岩。盆地南部和东部的绝大部分被薄层的白垩系所覆盖。在 Llano 隆起的侧翼露头上可见 Ellenburger 群顶部，其在盆地的东北部埋深大于 2750m。

Barnett 页岩及近岸对应的 Chappel 石灰岩沉积于 Laurussian 大陆，经历了中古生代长期的暴露和岩溶作用（Kier 等，1980）。Barnett 页岩地层与下伏的下古生界 Ellenburger 群、Simpson 群、Viola 石灰岩，呈不整合接触。下古生界 Ellenburger 群和 Simpson 群以及 Viola 石灰岩目前仅在盆地东北部可见（Bowker，2002、2003）。Barnett 页岩底部的不整合面在地质年代上持续了 1 亿年（Loucks 和 Ruppel，2007）。Barnett 页岩之上为下宾夕法尼亚统（Morrowan 阶）Marble Falls 组（Kier 等，1980；Henry，1982），两者呈整合接触关系。

福特沃斯盆地形成于晚密西西比世早期，在早古生代形成的拗拉槽南部残余区域的得克萨斯州中北部沉积了一套富含有机质的黑色页岩，由石灰质页岩、黏土页岩、石英质页岩和含白云石页岩组成。详细的生物标志化合物和轻烃地球化学研究表明密西西比系 Barnett 页岩是福特沃斯盆地得克萨斯州中北部的主要烃源岩。

在 Wise 县及周边地区，Barnett 页岩被划分为三个地层单元：上部页岩段、中部石灰岩段、下部页岩段（Bowker，2003）。Henry（1982）将中部石灰岩段命名为 Forestburg 石灰岩，并认为这段石灰岩是上覆于 Barnett 页岩的一个独立的地层单元。然而，后来的研究者却认为，下部紧接 Forestburg 石灰岩、上部为典型 Marble Falls 组碳酸盐岩和低放射性页岩的深色高度放射性页岩是 Barnett 页岩的一部分。Bowker（2003）、Montgomery 等（2005）以及 Pollastro（2007）指出，在东部 Jack 县和南部 Wise 县以及 Denton 县，Forestburg 石灰岩向西部和南部迅速减薄并尖灭。Loucks 和 Ruppel（2007）表示 Forestburg 石灰岩在分布上要广泛得多。

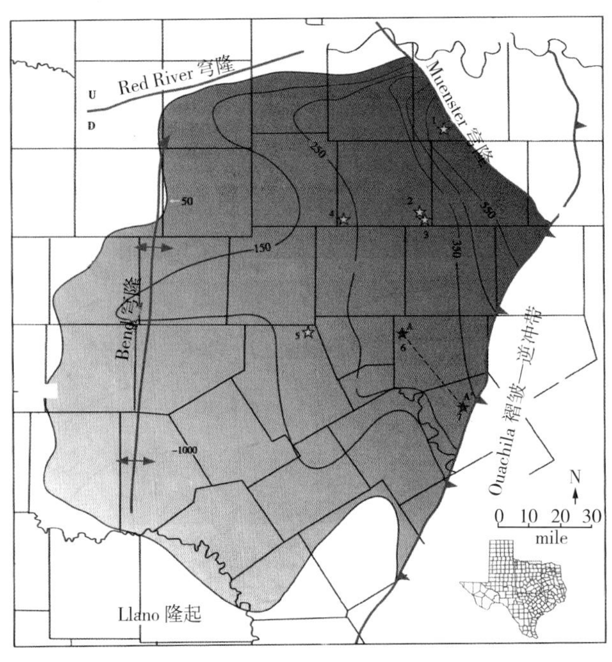

图 5-5　福特沃斯盆地 Barnett 页岩等厚图（单位：ft）

在盆地范围内，Barnett 页岩从北东向南西减薄（图 5-5）。在 Newark East 气田，上部 Barnett 页岩厚 150ft，Forestburg 石灰岩厚 200ft，下部 Barnett 页岩厚 300ft（Bowker，2003）。紧靠 Muenster 穹隆的 Barnett 页岩厚度最大（>1000ft），含有更多的石灰岩（Bowker，2003；Pollastro，2007）。Barnett 页岩向 Bend 背斜方向减薄，其顶部可能因侵蚀而局部缺失（Henn，1982）。

## 5.4 沉积特征

### 5.4.1 沉积环境

绝大多数研究者认为，黑色页岩为深水沉积（Wignall，1994）。不过，关于某些特殊黑色页岩的沉积背景仍然存有争议。随着时间的推移，人们对于 Barnett 页岩沉积背景的解释也在变化，直到今天仍有争论。

Mapel 等（1979）认为，Barnett 页岩缺乏浊流沉积的证据，页岩是在还原条件下在陆架上缓慢沉积形成的。Kier 等（1980）的解释是，Barnett 页岩在缺乏沉积物供给的快速下陷的安静海相盆地中形成，位于浪基面以下，但水体相对较浅。Henry（1982）也认为 Barnett 页岩是在浅水环境中沉积的结果。他认为，沉积背景是一个与南部 Oklahoma 拗拉槽相连的低能量陆架，南部和西部方向的低洼克拉通地块作为页岩的烃源岩。Papazis(2005）认为，Barnett 页岩在陆缘海的浅水环境，原因是 Barnett 页岩中含有高能量的沉积物和大量、多样的海洋动物群。这一论断是在采用各种分析技术对页岩进行全面详尽的岩相学描述的基础上得到的。

Blakey（2005）的全球板块重建图表明，密西西比纪福特沃斯盆地是 Laumssian 大陆和 Gondwana 大陆之间快速接近时的一个狭窄内陆海槽（图 5-6）。该海槽西部以宽阔的浅水碳酸盐岩陆棚为界，东部以岛弧链为界。Gutschick 和 Sandberg（1983）通过研究内华达州的密西西比系重建了 Laumssian 古大陆密西西比纪的古地理图，从而描述了大陆架和盆地区域的分布以及推测水深（图 5-6）。以上研究表明，福特沃斯盆地是 Laumssian 古大陆前缘（南部）的前陆盆地。Arbenz（1989）的研究也得出了类似结论。密西西比纪内陆海槽沿 Laumssian 古大陆的南部和东南边缘延伸，并穿过美国当前的整个南部区域（图 5-7）。由于海槽内部海洋环流受限，造成 Barnett 地层出现缺氧环境。

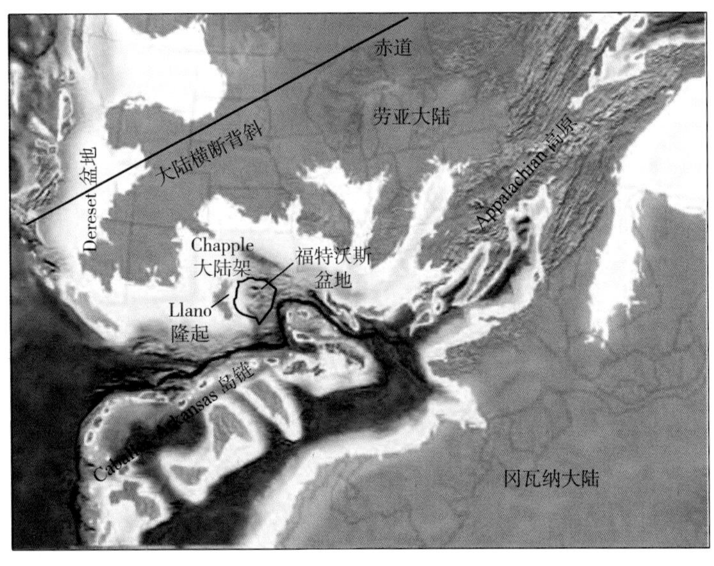


图 5-6 福特沃斯盆地在密西西比纪晚期（3.25 亿年前）古地理图（据 Blakey 等，2005）

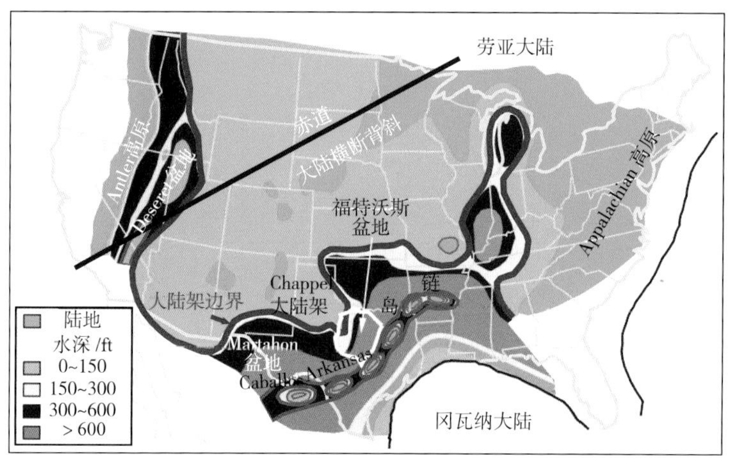


图 5-7　美国密西西比纪中期古地理图（据 Gutschick 和 Sandberg，1983，修改）

密西西比纪福特沃斯盆地沉积物的主要物源区为西部的 Chappel 大陆架碳酸盐岩以及南部的 Caballos Arkansas 列岛碎屑岩。除生屑岩层外，福特沃斯盆地北部的沉积物主要为粉砂或更细的物质。

福特沃斯盆地的水深难以准确确定。Gutschick 和 Sandberg（1983）根据类似地层序列的数据整理分析，认为沿古陆核西部边缘类似沉积物的水深为 180~300m。与这些岩石类似，福特沃斯盆地的 Barnett 页岩为氧化还原界面附近的沉积物。Yurewicz（1977）认为新墨西哥州同期 Rancheria 地层类似富含有机质的页岩水深为 90~230m（图 5-8）。

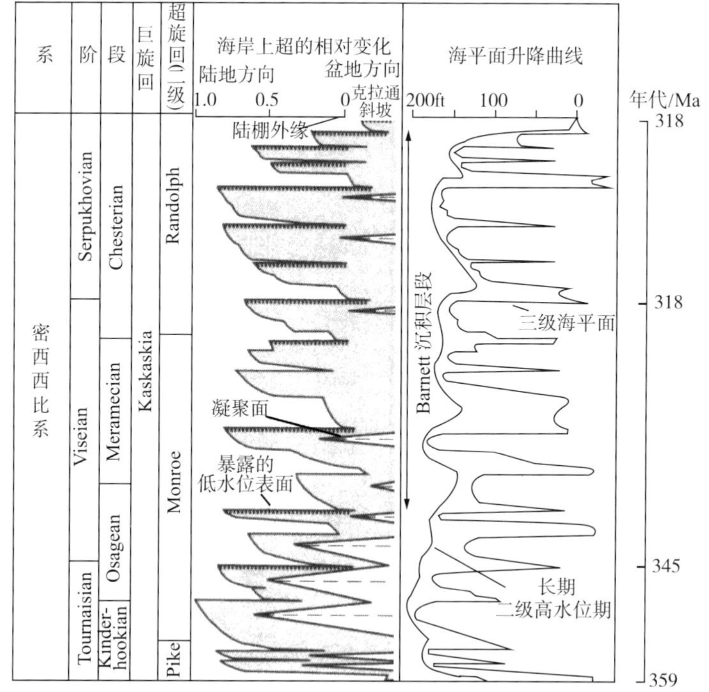


图 5-8　密西西比纪海岸上超和海平面升降的相对变化图

Ross 等（1987）通过修正下石炭统海平面图后分析认为，Barnett 地层沉积物发育于一次大的海平面高位期（欧塞季群—契斯特群，3.2 亿 ~3.45 亿年）。按照 Ross 等（1987）假设的相对海平面下降（高达 45m），当地层底部不受低水位期风暴浪的影响时，水深必须超过 140m，这与 Byers（1977）的研究结果相一致。Byers 认为盆地厌氧环境的水深必须大于 140m，此时由于盆地缺乏底栖生物群和生物扰动现象，从而形成分层沉积。因此，Barnett 沉积物的水深估计在 120~215m。福特沃斯盆地的水深变化可能是海平面上升、地壳陷落以及造山运动联合作用的结果。

### 5.4.2 沉积模型

Loucks 和 Ruppel 根据沉积构造、岩相、有机地球化学、植物群以及动物群，并通过比较区域沉积学和构造特征，建立了一个解释 Barnett 地层沉积与生物群分布模型（图 5-9）。

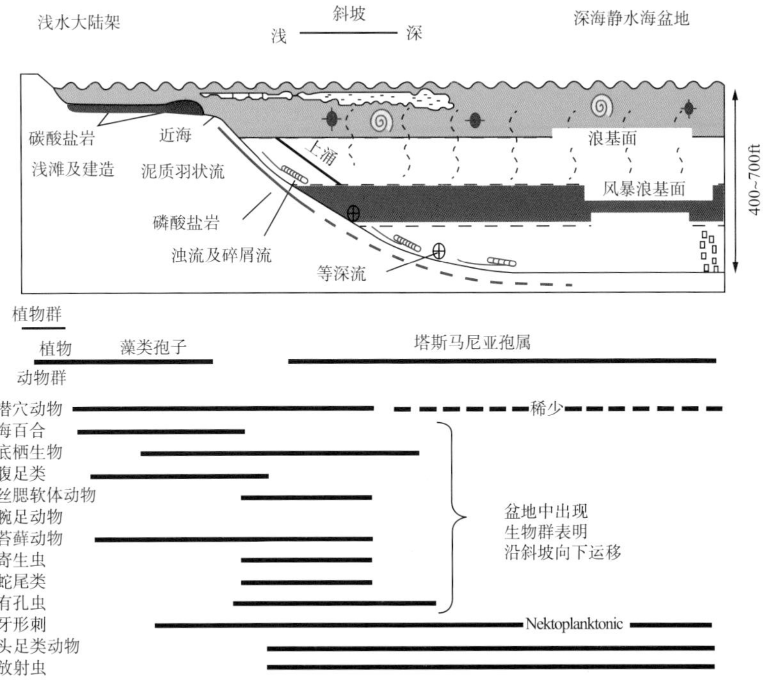


图 5-9　Barnett 地层沉积剖面、沉积过程以及生物群分布模式

福特沃斯盆地中部的 Barnett 页岩形成于深水斜坡 - 盆地的贫氧—厌氧环境。该盆地的沉积方式主要有两种——悬浮沉积和密度流。这种解释与其他研究人员提出的类似环境证据和模型一致（Byers，1977；Yurewicz，1977；Gutschick 和 Sandberg，1983）。此外，其他证据还表明沉积物有时局部遭受等深流作用。虽然植物群和动物群化石在 Barnett 地层较为常见，但这些化石主要来自附近的大陆架和上倾方向。

### 5.4.3 岩相特征

岩心及露头分析认为 Barnett 页岩岩性主要为黑色硅质页岩、灰岩及少量白云岩，目前针对福特沃斯盆地 Barnett 页岩岩相的研究较多，以时间顺序介绍如下。

Bowker（2002、2003）对 Newark 气田的 Barnett 页岩给出了简要的岩性描述。主要岩相为硅质黑色页岩相，含有 27%的泥质（主要是伊利石）、少量方解石和白云石（8%）、长石（7%）、有机质（5%）、黄铁矿（5%）和菱铁矿（3%）以及微量磷酸盐矿物。岩石中的硅质可能来源于以隐晶质二氧化硅形式存在的放射虫背壳的溶解和再沉淀。

Papazis(2005)经过野外踏勘、岩心描述、薄片观察以及背散射电子图像、阴极发光图像，对福特沃斯盆地 Barnett 页岩的岩相学特征进行了详细的描述。他考察了 Llano 地区的 4 个气田位置，对 4 口井的岩心进行了观察。他在 Barnett 页岩的岩心中识别出了 5 种岩石类型：黑色页岩、富粉砂质黑色页岩、粗粒堆积体、富方解石泥岩渐变为石灰岩以及结核体（表 5-1）。结核体属成岩相，但其他岩石类型主要是沉积相，可通过岩石成分、化石含量、沉积构造及结构来描述。粗粒堆积体包括以介壳类为主的亚相、以磷酸盐为主的亚相，以及富方解石 - 富粉砂 - 波纹交错层理亚相。

表 5-1　福特沃斯盆地 Barnett 页岩岩相统计表

<table>
<tr><th colspan="2">Papazis（2005）</th><th>Loucks 和 Ruppel（2007）</th><th>Hickey 和 Henk（2007）</th><th>Singh 等（2008）</th><th>Bunting 和 Breyer（2012）</th><th colspan="2">Monroe 和 Breyer（2012）</th></tr>
<tr><td colspan="2" rowspan="2">黑色页岩</td><td rowspan="9">薄层硅质泥岩</td><td rowspan="2">富有机质黑色页岩</td><td>硅质不含钙泥岩</td><td rowspan="4">深色黏土岩—泥岩</td><td rowspan="4">深色泥岩或黏土岩</td><td rowspan="2">富骨针页岩</td></tr>
<tr><td>硅质钙质泥岩</td></tr>
<tr><td colspan="2">富粉砂质黑色页岩</td><td>白云石菱面体页岩</td><td rowspan="2">白云质泥岩</td><td>含黄铁矿 / 磷质页岩</td></tr>
<tr><td rowspan="7">粗粒堆积体</td><td rowspan="2">以磷酸盐为主</td><td>白云质页岩</td><td>白云质页岩</td></tr>
<tr><td rowspan="2">磷酸盐页岩 / 磷灰岩</td><td rowspan="2">磷酸盐沉积</td><td rowspan="2">薄层磷质粉砂岩—泥岩</td><td rowspan="2">磷酸盐岩</td><td>毫米级连续条纹</td></tr>
<tr><td rowspan="4">富方解石—富粉砂—波纹交错层理</td><td>砂粒</td></tr>
<tr><td rowspan="3">—</td><td>底流钙质薄层沉积</td><td rowspan="3">—</td><td rowspan="2">粉砂质黏土岩 / 泥岩</td><td>富骨针连续水平薄层</td></tr>
<tr><td rowspan="2">粉砂质—页岩质（波状）夹层</td><td>富骨针不连续波纹状薄层</td></tr>
<tr><td colspan="2">富士英黏土岩—泥岩</td></tr>
<tr><td>以介壳为主</td><td>骸晶泥质灰质泥粒灰岩</td><td>含化石页岩</td><td>含化石沉积</td><td>介壳层</td><td colspan="2">介壳层</td></tr>
<tr><td colspan="2">富方解石泥岩或石灰岩</td><td>薄层泥质灰质泥岩</td><td>—</td><td>微晶灰岩 / 灰质泥岩</td><td>灰质层</td><td colspan="2">—</td></tr>
<tr><td colspan="2">结核体</td><td>结核体</td><td>结核状碳酸盐</td><td>结核体</td><td>结核体</td><td>结核体</td><td>结核体</td></tr>
</table>

注：蓝色部分为成岩相。

Hickey 和 Henk（2007）对得克萨斯州 Wise 县 Mitchell 能源公司 2T.P.Sims 井的常规岩心进行了岩相学研究，在 Barnett 页岩的下部识别出了 6 种岩相（表 5-1）。岩相反映出悬浮沉积、重力流沉积及生烃母质的变化。具有微球粒结构、平面组构发育欠佳的富有机质黑色页岩是岩心中的基本岩石类型（图 5-10）。含有 10% ~40%碳酸盐骸晶碎屑的相似深色页岩被确定为含化石的页岩岩相。碎屑包括微体化石和宏体化石，它们通常为基质支撑，具有毫米级纹层。具有大量骸晶残骸的层位被解释为事件层；代表风暴沉积或浊流沉积。

这两种岩相构成了 Mitchell 能源公司 2T.P.Sims 井 Barnett 页岩下段岩心中的主要沉积类型。

Hickey 和 Henk（2007）也识别出了 3 种岩相：平均分布于整个页岩基质中、具有大型含铁白云石自形晶（约 100 μm）的白云石页岩，大部分基质为微晶含铁白云石交代的白云质页岩以及结核状碳酸盐岩。结核状碳酸盐可能是方解石或白云石，呈层状或粒状。对这些岩相与厌氧细菌的活动密切相关。第 3 种岩相的特征是含有磷酸盐矿物。这些沉积包括有机质页岩层中的磷酸盐条纹和含有各种磷化颗粒的分选良好的滞留沉积。滞留沉积中含有包壳颗粒，这可能受上升流事件的影响，盆地高位斜坡或陆架处的沉积物搬运至盆地底部再沉积形成。滞留沉积可能代表了重要的地层表面，可作为有效的标志层（Hicky 和 Henk，2007），Mitchell 能源公司 2T.P.Sims 井 Barnett 页岩下段的岩心中罕见硅质海绵骨针（Hicky 和 Henk，2007），磷酸盐岩滞留沉积中不含海绿石。岩心上部主要是含化石页岩相，岩心下部主要是有机质页岩相。整个岩心中都存在磷酸盐层。

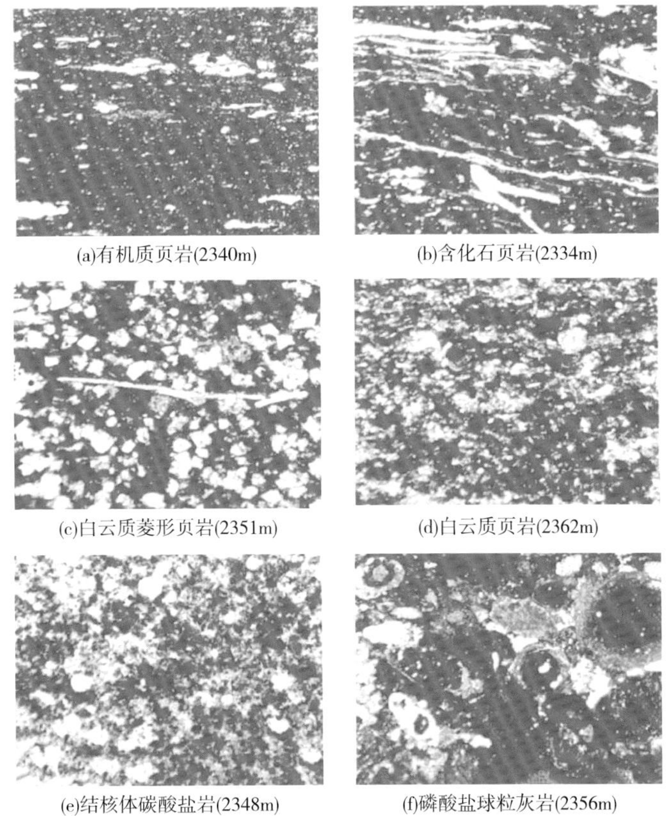
(a)有机质页岩(2340m)　(b)含化石页岩(2334m)
(c)白云质菱形页岩(2351m)　(d)白云质页岩(2362m)
(e)结核体碳酸盐岩(2348m)　(f)磷酸盐球粒灰岩(2356m)

图 5-10　Mitchell 2T.M.Siras 井 Barnett 页岩层主要岩相显微照片

Loucks 和 Ruppel（2007）基于福特沃斯盆地北部 3 口井和盆地西部 1 口井的岩心观察，在 Barnett 页岩中识别出了 3 种岩相（表 5-1）：硅质页岩、灰质页岩和泥粒灰岩。Barnett 页岩的上段和下段主要为含硅质页岩，夹少量灰质页岩和骸晶泥粒灰岩。Forestburg 段全部是层状泥质灰质页岩。

硅质页岩是 Barnett 页岩层段最为重要的岩相，但是其特征存在变化（Loucks 和 Ruppel，2007）。可能为层状，也可能为非层状。层状岩段和非层状岩段之间的转变可能是突变，也可能是渐变。生物扰动非常少见。该岩相中的主要组成部分是粉砂粒和骸晶颗粒。骸晶颗粒可能是生活在沉积面之上水柱中的有机体遗骸，也可能是被半远洋软泥热柱、稀释浊流和泥石流从陆架处搬运到盆地底部的有机体遗骸（图 5–11）。

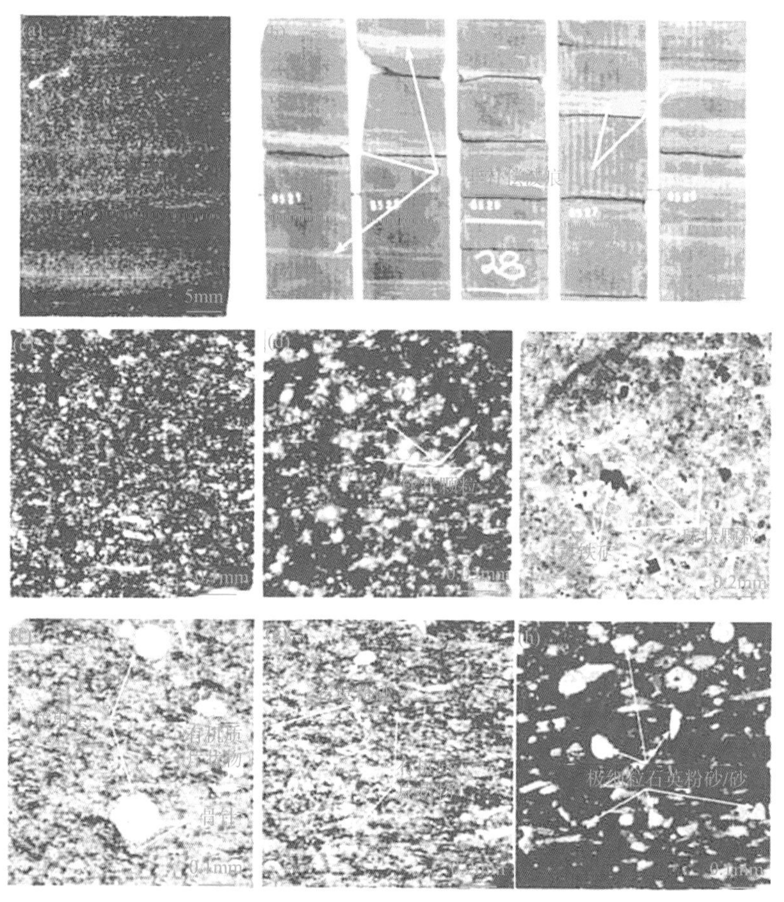

图 5–11　偏光显微镜下 Barnett 硅质泥岩相典型特征

（a）硅质泥岩薄片显示的模糊薄层，上部 Barnett 地层；（b）解释为底流形成的非补偿波纹，下部 Barnett 地层；（c）含有化石碎屑和粉砂颗粒的点状球粒结构，下部 Barnett 地层；（d）含有碎屑粉砂颗粒的点状球粒结构，下部 Barnett 地层；（e）硅质泥岩岩相中碳酸盐结核显示的未变形球粒，下部 Barnett 地层；（f）有机质片状物，下部 Barnett 地层；（g）与层理平行排列的有机质片状物，同时存在石英粉砂，下部 Barnett 地层；（h）硅质泥岩薄层中的极细粒石英和骨架碎屑，下部 Barnett 地层

层状泥质灰质页岩（泥灰岩）相主要构成了 Forestburg 段的绝大部分，其中上段和下段中也发现夹有硅质页岩。该岩相主要包括灰泥和钙质有机体的粉砂级碎片。泥质和其他非碳酸盐成分可能分别占该岩相的 30% 和 28%。Barnett 页岩中的骸晶灰质泥粒灰岩是粗粒介壳层，含有瓣鳃软体动物类、头足类、腕足类壳体以及海绵骨针、放射虫壳体。Loucks 和 Ruppel（2007）认为，该岩相的磷质层段中含有包壳颗粒、内碎屑和球粒。

Loucks 和 Ruppel（2007）识别的成岩相包括结核体和硬底构造。Barnett 页岩上段和下段的岩心和露头中都发现了钙质结核体，但 Forestburg 石灰岩中没有发现钙质结核体。结核体中保存了未压实的层理，表明结核体是在主要埋藏事件发生前的早期成岩过程中形成的。Barnett 页岩中也存在少量磷酸盐和黄铁矿结核体。Barnett 页岩下段含有薄层的磷酸盐和黄铁矿硬底构造。某些硬底构造中也发现了磷酸盐包壳颗粒和磷酸盐球粒。

Singh 等（2008）在福特沃斯盆地北部的 3 口井中识别出了 9 种岩相（表 5-1）。硅质泥岩相可分为硅质不含钙页岩相和硅质钙质页岩相。二氧化硅主要以碎屑状的石英粉砂形式存在，有时存在于胶结有孔虫和硅质海绵骨针中。这些大块的黑色页岩可能是钙质的或非钙质的。方解石以亮晶的形式存在，或者以骸晶碎屑粉砂级碎片的形式存在。两种硅质泥岩相都可能含有少量黄铁矿和磷酸盐。另外识别出了 3 种主要的钙质相。微晶泥岩 / 灰泥岩相主要含有方解石泥晶，形成于沉积位置。与硅质泥岩相比，这些沉积物的沉积背景解释为温暖、平静、相对浅水的环境。含有已破碎大型化石（包括薄壁腕足类和双壳类介壳以及棘皮动物碎片）的薄层被命名为含化石沉积。这些沉积也包括内碎屑和磷酸盐包壳颗粒，可解释为形成于相对高能的环境。结合岩相的成因和描述，第 3 种主要的钙质岩相命名为底流钙质薄层沉积。该岩相具有水平层理、波纹层理和交错层理，并未详细说明方解石的存在形式。

Singh 等（2008）在 Barnett 页岩中识别出了另外 2 种沉积相。Barnett 页岩上段和 Barnett 页岩下段上部发现了粉砂层—页岩层（波状）互层沉积，在这些沉积中，粉砂层和页岩层交替出现。粉砂质颗粒包括碎屑石英、海绿石和破碎的介壳碎片。此种沉积相形成于近源处或盆地边缘处的相对浅水环境。另外一种沉积相为磷酸盐薄层（< 51mm），主要由球粒和鲕粒组成。Singh 等（2008）也识别出了 2 种岩相：白云质泥岩（主要由粉砂级白云石晶体组成）和钙质结核体。

Bunting 和 Breyer（2012）在福特沃斯盆地东南部 Johnson 县西北部 EOG 资源公司 Two-O-Five 2H 井取出的 Barnett 页岩岩心中识别出了 5 种岩相（表 5-1），分别为暗色黏土岩—泥岩、纹层状粉砂岩—泥岩、灰质层、结核体和介壳层。

岩心中的主要岩性是深色富有机质黏土岩—泥岩，占取心层段的 86%。岩性中也存在少量或各种不同含量的海绵骨针、石英颗粒、磷质、海绿石、粉砂级白云石以及钙质骸晶碎屑。其次，岩心中也具有含大量海绵骨针的层状粉砂岩—泥岩，占取心层段的 7%。这一岩性仅存在于取心层段的顶部。薄片观察中可明显见到海绿石、磷酸盐和页岩碎屑，但含量相对较低的磷酸盐包壳颗粒是值得注意的。

EOG 资源公司 Two-O-Five 2H 井取心中还存在 3 种钙质岩性：灰质层、介壳层和结核体。灰质层完全或主要由微晶灰岩组成。化石碎片和白云石构成了大部分岩石。结核体也几乎完全由微晶灰岩组成。在整个取心层段，由砾石级破碎介壳碎片组成的薄层（大约 2.5cm）通常与深色黏土岩—泥岩互层产出。介壳主要是腕足类、双壳类、头足类碎片。同时，取心层段中含有 7% 的钙质相。这些岩相分别对应于 Singh 等（2008）提出的灰质泥岩相、含化石岩相和结核体岩相以及 Papazis（2005）提出的岩相 5（结核体）、岩相 4（以介壳为主）和岩相 2（富方解石泥岩）。整个岩心中发现的钙质相都是薄层，分布上不存在明显的规律变化。

Monroe 和 Breyer（2012）在福特沃斯盆地东南部靠近 Ouachita 构造前缘的 Hill 县 EOG 资源公司 Gordon SWD 井中取出的岩心中发现了 6 种岩相（表 5-1）。宾夕法尼亚系页岩下段岩性以层状粉砂质黏土岩—泥岩为主，Barnett 页岩最常见的岩性为暗色黏土岩，在岩心中暗色黏土岩含量呈现向上递减的趋势。暗色黏土岩颜色较深，TOC 含量高，具弱面状组构或呈块状，不具内部结构。粉砂级或砂级颗粒以海绵骨针为主，其次为有孔虫、藻类孢囊、放射虫。

## 5.5 地化特征

### 5.5.1 有机碳含量

Barnett 页岩的油气分布、含气饱和度以及生产能力等都非常复杂，并且强烈地依赖有机质丰度、有机质成熟度和埋藏史等。

Barnett 页岩有机碳含量为4.0%~8.0%，平均4.5%。随岩性的不同，有机质丰度发生变化，在富含黏土的层段有机质丰度最高，而且岩心样品和露头样品有很大的差别。对不同深度钻井岩屑的分析表明，其有机碳的含量在 1%~5% 之间，平均为 2.5%~3.5%，岩心分析数据值通常比钻井岩屑分析的要高，为 4%~5%（Jarvie 等，2005）。露头区有机碳含量最高。根据 Henk 等（2000）和 Jarvie 等（2005）的研究，取自 San Saba 和 Lampasas 县境内岩层露头的 Barnett 页岩样品，其总有机碳含量高达 12%。

虽然 Barnett 页岩的有机碳含量变化较大，但总体来说其有机碳含量很高，平均大于 2%，表明高有机质丰度是 Barnett 页岩气藏被成功勘探开发的重要因素。Barnett 组富有机质黑色页岩主要由含钙硅质页岩和含黏土灰质泥岩构成，夹薄层生物骨架残骸，具有低于风暴浪基面和低氧带（OMZ）的缺氧—厌氧特征，与开放海连通有限。沉积物主要为半远洋软泥和生物骨架残骸，基本上通过浊流、密度流等悬浮机制完成，属于静水深斜坡 – 盆地相（Robert 等，2007）。

### 5.5.2 有机质类型

Hill 等研究 Barnett 页岩样品的煤岩组份：无定形干酪根（由藻类生成）91%~93%，镜质体（由陆地植物细胞壁及腐殖草煤里木质素及纤维素分离出来）3%~5%，惰质体（由碳化木形成）1%~5% 及壳质体（由花粉和孢子形成）1%。干酪根类型为Ⅱ型，有利于油气的生成。

### 5.5.3 有机质成熟度

福特沃斯盆地 Barnett 页岩镜质体反射率数据显示：往北东方向有机质成熟度逐渐变高（Montgomery 等，2005），近 Llano 隆起及红河背斜的值最小（$R_o$<0.7%），沿 Ouachita 冲断带最大（$R_o$>1.7%）（图 5-12）。

干气区主要分布在盆地东北部和冲断带前缘，这些地区埋藏较深，成熟度较高；$R_o$ 为 1.1%~1.4% 时，处在生气窗内，例如 Wise 县生产的伴生湿气的 $R_o$ 为 1.1%，干气的 $R_o$ 在 1.4% 以上；页岩油区主要分布在盆地北部和西部成熟度较低的区域；$R_o$ 为 0.6%~0.7% 时，气区和油区之间是过渡带，既产油又产湿气，过渡带的 $R_o$ 在 0.6%~1.1% 之间。

福特沃斯盆地 Barnett 的 $R_o$ 变化不一致，分析局部增大或减小由盆地内构造活动导致。Ouachita 冲断层前缘 $R_o$ 相对高，Bend 背斜、Mineral Wells–Newark East 断裂体系、Lampasas 背斜 $R_o$ 相对低。

Jarvie 等（2004）讨论了有机质成熟度对 Barnett 页岩气体生成和聚集的重要性。在

Barnett 页岩气体系统中，$R_o$=1.1% 是一个关键值。当 $R_o$ 超过 1.1% 时，封闭滞留在烃源岩孔隙内的石油开始裂解成气体和凝析油，可以开采 Barnett 气体，在 $R_o$ 小于 1.1% 时，以生油为主，生气为辅。

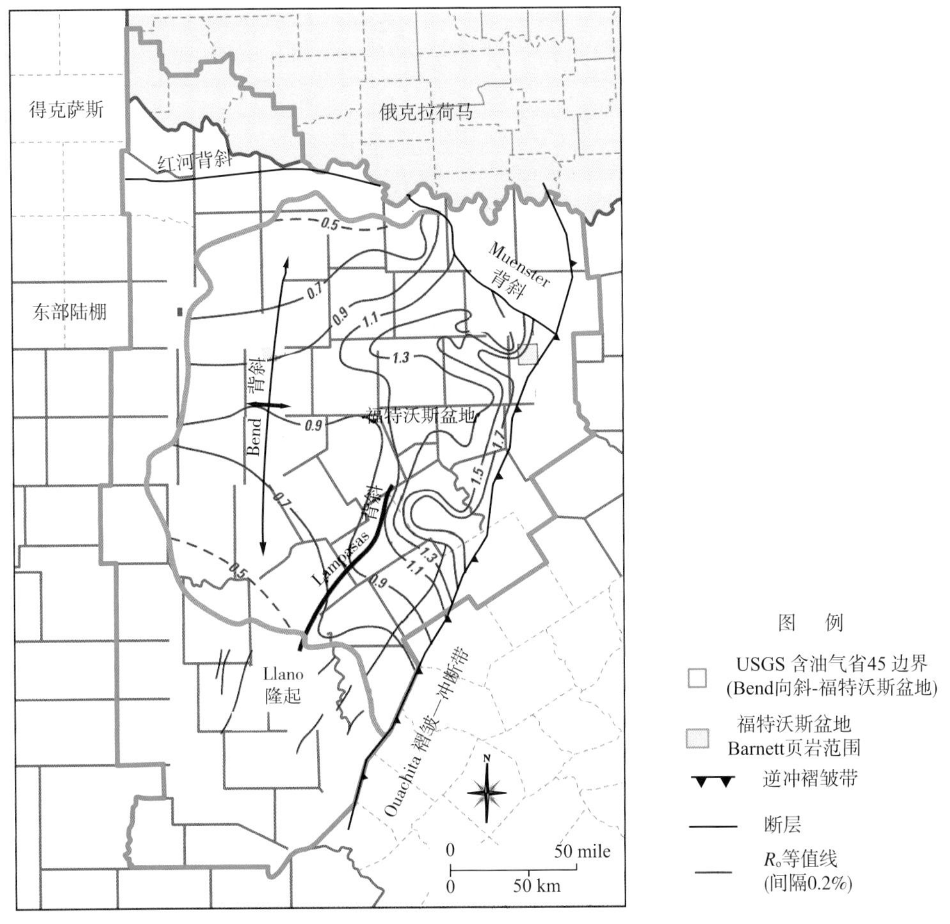


图 5-12　根据 Barnett 页岩平均镜质组反射率（$R_o$）确定的有机质成熟度等值线图（Montgomery 等，2005）

### 5.5.4　热史分析

Jarvie 等（2003）重建了福特沃斯盆地的埋藏史，认为该盆地在泥盆纪、侏罗纪和古近纪发生过明显的隆起和剥蚀。Ewing（2006）进一步研究了福特沃斯盆地的埋藏史，他认为该盆地的埋藏、热液作用和生烃主要发生在二叠纪和古近纪。有机质成熟度（镜质体反射率 $R_o$ 烃类以及气体湿度）结果也表明，Barnett 页岩经历了多次热事件改造，包括 Ouachita 构造前缘和 Mineral Wells–Newark East 断层系的热液作用（Bowker，2003；Pollastro，2003；Pollastro 等，2004；Montgometry 等，2005）。根据图 5-13 所示的石油系统事件表，Barnett 页岩烃源岩的油气生成可能开始于宾夕法尼亚纪后期，在二叠纪和古近纪达到顶峰，并持续到现在（Montgomery 等，2005；Ewing，2006）。Barnett 页岩还可能经历过沥青一次裂解和石油二次裂解引起的排烃（Jarvie 等，2007）。

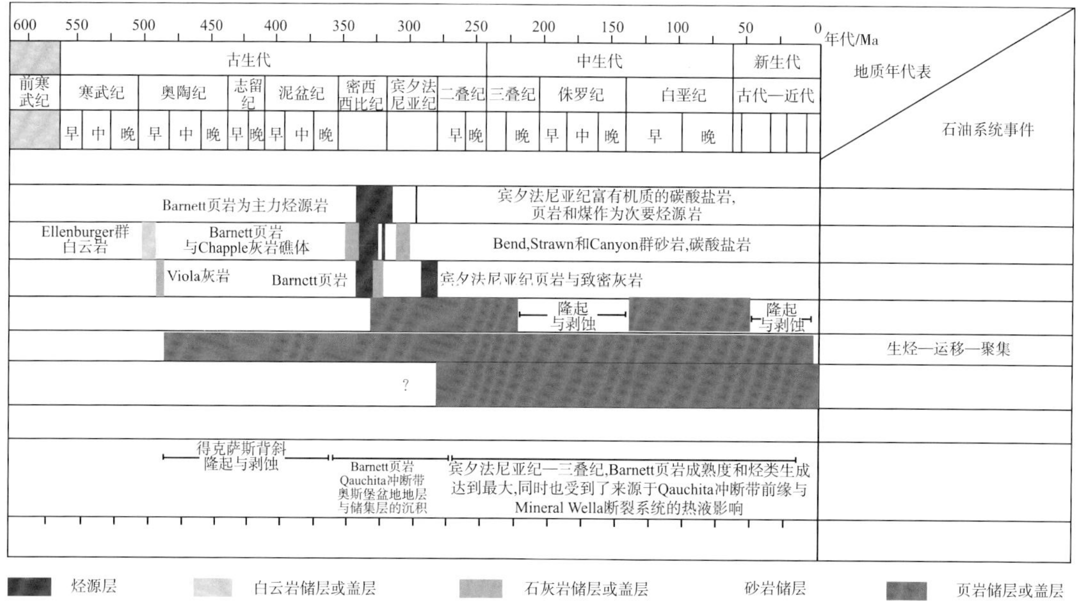


图 5-13　福特沃斯盆地 Barnett 古生代石油系统事件表

通过对 Barnett 页岩的取样分析，福特沃斯盆地的有机质成熟度与盆地当前的埋藏深度关联性较差。特别是 Tarrant 和 Bosque 县地层具有相对较高的镜质体反射率，但 Montague 县地层的镜质体反射率较低（图 5-14）。沿 Llano 隆起地表露头样品的镜质体反射率为 0.5%~0.7%。Pollastro 等（2003）以及后来的 Montgomery 等（2005、2006）研究得到的 Barnett 页岩类似镜质体反射率 $R_o$ 数据的等高线以及油气生成类型说明了可能由沿 Ouachita 逆断层前缘和 Mineral Wells-Newark East 断层系热流的加热作用引起的局部异常过高古温度的模式。在这些区域，镜质体反射率等值线向西弯曲，并部分平行于 Mineral Wells-Newark East 断层系

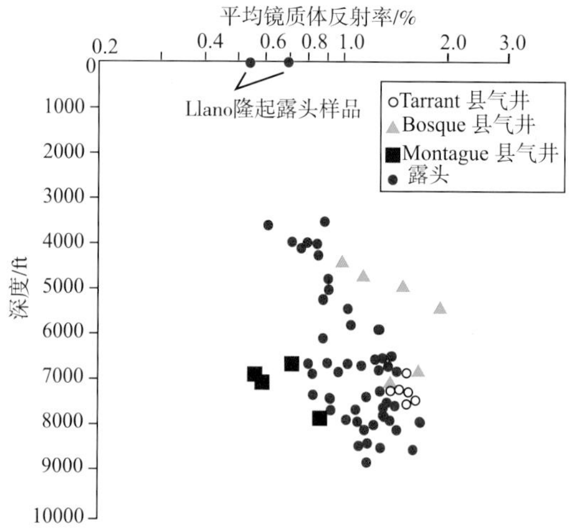


图 5-14　福特沃斯盆地 Barnett 页岩平均镜质组反射率与深度的关系

此外，Barnett 页岩 $R_o$ 值的区域分布无法通过当前的地层埋深解释。当前页岩埋深似乎表明有机质成熟度会向南、向西下降，但实际上并非如此。镜质体反射率等值线图

（图 5-12）表明：①从 Palo Pinto 县到 Jones 县正交于 Bend 背斜的东西走向有机质成熟度较高（$R_o$=1.1%）；②该走向的北部和南部有机质成熟度下降；③ Ouachita 构造走向前缘附近的有机质成熟度上升；④盆地内不同方位构造的有机质成熟度出现局部上升或下降。根据北美最近的地球化学调查结果，Blackwell 和 Richards（2004）认为沿 Ouachita 构造前缘福特沃斯盆地区域的热流较高，与该区的高有机质成熟度极为一致（图 5-12）。此外，其他研究也从地球化学和磁学方面证实了热流运移来自 Ouachita 逆断层前缘（Van Alstine 等，1997；Appold 和 Nunn，2005）。

### 5.5.5 天然气成因分析

针对福特沃斯盆地部分生产井开展气体组分分析，结果见表 5-2。气体成份以甲烷为主，占比 77.82%~93.05%，气体的湿度数值范围为 3.17%~20.30%，除了两个样品的非烃含量为 11% 和 21% 外，所有样品的非烃含量均小于 7%，非烃气体含量较低。甲烷的碳同位素范围在 −47.6‰ ~−41.1‰，乙烷的碳同位素范围在 −32.7‰ ~−29.5‰，丙烷的碳同位素为 −29.2‰（图 5-15）。福特沃斯盆地的页岩气为源自腐泥型母质的油型气，页岩气组分偏干，甲烷碳同位素明显偏轻，揭示该区页岩气以热成因气为主，并有生物成因气的混入。

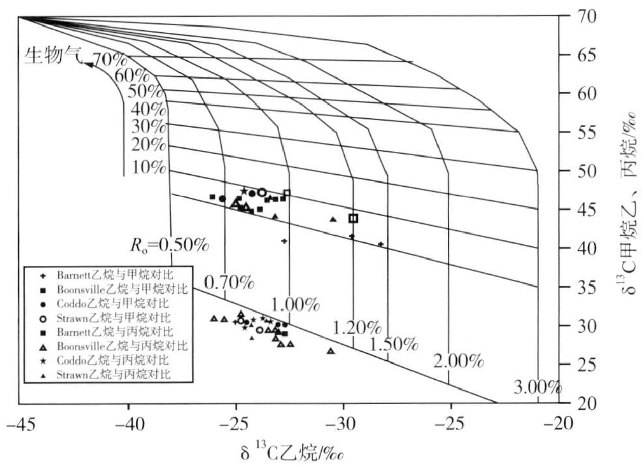


(a) 乙烷的碳同位素与甲烷碳同位素和丙烷碳同位素的关系图

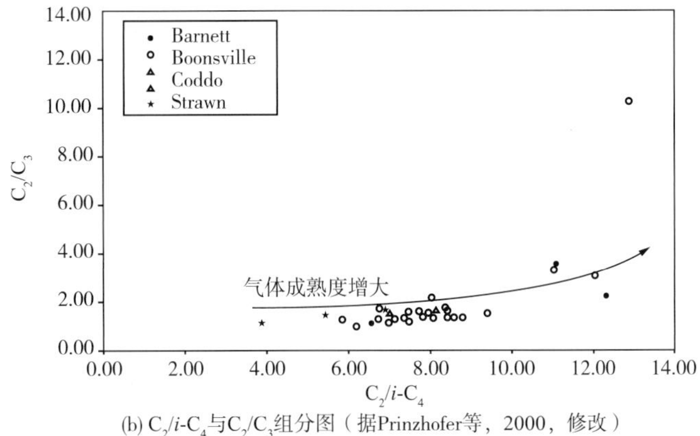


(b) $C_2/i\text{-}C_4$与$C_2/C_3$组分图（据Prinzhofer等，2000，修改）

图 5-15 福特沃斯盆地 Barnett 页岩气同位素关系图

表 5-2　福特沃斯盆地 Barnett 页岩气部分生产井气体组分分析表

| 井号 | 地层 | 气田名称 | $N_2$ | $O_2$/Ar | $CO_2$ | $H_2S$ | 氢气 | 甲烷 | 乙烷 | 丙烷 | 正丁烷 | 异丁烷 | 正戊烷 | 异戊烷 | 新戊烷 | 湿度 /% | 异丁烷 / 正丁烷 | 甲烷 $\delta^{13}C$/‰ | 乙烷 $\delta^{13}C$/‰ | 丙烷 $\delta^{13}C$/‰ |
|---|---|---|---|---|---|---|---|---|---|---|---|---|---|---|---|---|---|---|---|---|
| Caswell 1 | Barnett 页岩 | Newark East | 1.39 | 0.20 | 0.31 | 0.00 | 0.73 | 77.82 | 11.34 | 4.96 | 1.56 | 0.92 | 0.29 | 0.37 | 0.00 | 20.30 | 0.59 | −47.59 | 32.71 | −29.19 |
| Cole Trusi C1 | Barnett 页岩 | Newark East | 0.98 | 0.15 | 2.68 | 0.00 | 0.00 | 93.05 | 2.56 | 0.02 | 0.25 | 0.26 | 0.02 | 0.03 | 0.00 | 3.17 | 1.04 | −41.13 | −32.7 | — |
| Jerry North1 | Barnett 页岩 | Newark East | 7.56 | 1.97 | 1.35 | 0.00 | 0.00 | 77.02 | 7.77 | 2.20 | 0.86 | 0.70 | 0.20 | 0.23 | 0.00 | 13.52 | 0.81 | −44.18 | −29.52 | — |
| Peterson 1 | Barnett 页岩 | Newark East | 1.05 | 0.21 | 2.25 | 0.00 | 0.00 | 90.90 | 4.40 | 0.42 | 0.32 | 0.34 | 0.04 | 0.05 | 0.00 | 5.75 | 1.06 | −41.82 | 29.63 | — |
| Beamon 2 | Boonsville 砾岩 | Morris | 3.19 | 0.17 | 0.79 | 0.00 | 0.00 | 79.05 | 7.53 | 5.39 | 1.83 | 0.95 | 0.42 | 0.39 | 0.00 | 17.28 | 0.52 | −46.61 | 33.54 | −31.01 |
| Beamon 3 | Boonsville 砾岩 | Boonsville | 4.86 | 0.32 | 0.60 | 0.00 | 0.00 | 79.48 | 6.63 | 4.76 | 1.65 | 0.85 | 0.33 | 0.33 | 0.00 | 15.60 | 0.52 | −46.93 | −33.42 | −30.87 |
| Casey 1 | Boonsville 砾岩 | Boonsville | 2.47 | 0.16 | 0.61 | 0.00 | 0.00 | 78.86 | 8.36 | 5.13 | 2.16 | 1.21 | 0.38 | 0.41 | 0.02 | 18.38 | 0.56 | −45.99 | −33.11 | −29.80 |
| Collins 3 | Boonsville 砾岩 | Boonsville | 3.16 | 0.28 | 0.68 | 0.00 | 0.00 | 77.08 | 8.79 | 5.67 | 2.00 | 1.08 | 0.46 | 0.49 | 0.02 | 19.53 | 0.54 | −45.73 | −32.71 | 30.23 |
| Crafl TWB 2 | Boonsville 砾岩 | Cap Yates | 2.56 | 0.48 | 0.78 | 0.00 | 0.00 | 54.14 | 15.50 | 15.43 | 4.77 | 2.52 | 1.54 | 1.38 | 0.04 | 43.48 | 0.53 | −45.69 | 34.55 | −30.03 |
| Crawford 2 | Boonsville 砾岩 | Risch East | 2.21 | 0.26 | 0.48 | 0.00 | 0.00 | 75.66 | 9.16 | 7.06 | 2.58 | 1.24 | 0.58 | 0.52 | 0.00 | 21.95 | 0.48 | −46.13 | −34.77 | −31.73 |
| D.O.Lawson 3 | Boonsville 砾岩 | Boonscille | 2.42 | 0.21 | 0.66 | 0.00 | 0.00 | 72.07 | 11.46 | 7.61 | 2.56 | 1.49 | 0.53 | 0.61 | 0.03 | 25.49 | 0.58 | 46.77 | −32.89 | −27.91 |
| Della Christian WB 3 | Boonsville 砾岩 | Morris | 2.73 | 0.30 | 0.54 | 0.00 | 0.00 | 69.41 | 11.14 | 9.26 | 3.04 | 1.55 | 0.79 | 0.73 | 0.02 | 27.78 | 0.51 | 47.61 | −34.51 | −30.17 |
| E.L.Scagraves 3 | Boonsville 砾岩 | Risch East | 1.27 | 0.17 | 0.34 | 0.00 | 0.00 | 65.05 | 16.11 | 10.85 | 2.93 | 1.72 | 0.60 | 0.62 | 0.03 | 34.04 | 0.59 | 45.03 | −33.97 | −29.88 |
| E.L.Scagraves 4 | Boonsville 砾岩 | Boonsville | 2.05 | 0.06 | 0.56 | 0.00 | 0.00 | 78.30 | 9.33 | 5.44 | 2.18 | 1.12 | 0.37 | 0.37 | 0.00 | 19.75 | 0.51 | −45.27 | −34.23 | 29.99 |
| Genn George2 | Boonsville 砾岩 | Morris | 2.73 | 0.40 | 0.69 | 0.00 | 0.00 | 67.32 | 12.28 | 9.42 | 3.35 | 1.54 | 0.83 | 0.80 | 0.02 | 29.90 | 0.46 | −47.2 | 33.46 | −29.55 |
| Genn George3 | Boonsville 砾岩 | Boonsville | 2.21 | 0.08 | 0.71 | 0.00 | 0.00 | 74.41 | 9.90 | 7.10 | 2.67 | 1.17 | 0.65 | 0.60 | 0.02 | 23.25 | 0.44 | −47.13 | −33.84 | −29.49 |
| Graoe 1 | Boonsville 砾岩 | Weiler | 2.85 | 0.18 | 0.51 | 0.00 | 0.00 | 77.74 | 8.88 | 5.25 | 2.23 | 1.06 | 0.41 | 0.36 | 0.00 | 19.45 | 0.48 | 46.93 | −36.02 | 31.13 |
| Hatchel2 | Boonsville 砾岩 | Boonsville | 2.13 | 0.17 | 1.01 | 0.00 | 0.00 | 67.43 | 10.69 | 8.62 | 4.15 | 1.83 | 1.36 | 1.33 | 0.04 | 29.55 | 0.44 | −46.62 | 32.99 | 29.52 |
| J.D.Parr 2 | Boonsville 砾岩 | Morris | 1.79 | 0.00 | 0.65 | 0.00 | 0.00 | 66.88 | 11.65 | 10.79 | 3.45 | 1.77 | 0.90 | 0.81 | 0.02 | 30.72 | 0.51 | −46.97 | −35.55 | −31.00 |
| McConnell 2A | Boonsville 砾岩 | McConnell | 2.37 | 0.25 | 0.57 | 0.00 | 0.00 | 66.88 | 11.65 | 10.79 | 3.45 | 1.77 | 0.90 | 0.81 | 0.02 | 30.72 | 0.51 | −46.97 | −35.55 | −31.00 |
| McConnell 6 | Boonsville 砾岩 | Morris | 16.41 | 4.39 | 0.65 | 0.00 | 0.00 | 52.38 | 11.04 | 9.26 | 2.87 | 1.49 | 0.61 | 0.57 | 0.02 | 33.60 | 0.52 | 46.31 | −34.74 | 30.38 |
| Midred A Durham 14 | Boonsville 砾岩 | Boonsville | 2.35 | 0.14 | 0.64 | 0.00 | 0.00 | 69.88 | 10.59 | 9.59 | 3.13 | 1.58 | 0.82 | 0.74 | 0.02 | 27.81 | 0.50 | −46.14 | 34.97 | −30.68 |

## 5.6 储集特征

### 5.6.1 物性特征

Barnett 页岩平均孔隙度为 3%~6%（Johnston 等，2004）。压汞分析显示孔喉半径均小于 5nm，约为甲烷分子半径的 20 多倍（Bowker，2007），最小至 0.1nm。粒间孔多数是由干酪根热降解产生。Jarvie 等（2007）计算出页岩中有机质（TOC=6.41%）在干气窗（$R_o$=1.4）热降解可以增加 4.3% 的孔隙度。

Loucks 等（2009）对福特沃斯盆地 Blakely #1 井中的 5 个岩心样品进行了孔隙度、渗透性、核磁共振（NMR）和毛细管压力的分析，表 5–3 详细列出了样品的孔隙度和渗透率。

表 5–3 Blakely #1 井岩心样品的孔隙度和渗透率的分析表

| 深度 /m | 封闭压力 /psi | 孔隙度 /% | 岩心柱 Klinkenberg 渗透率 /μD | 毛细管压力 Klinkenberg 渗透率 /μD |
|---|---|---|---|---|
| 2167.4 | 800 | 7.6 | | 4.0 |
| | 2500 | 6.5 | 1.23 | |
| 2175.7 | 800 | 0.1 | | 1.0 |
| 2184.8 | 800 | 0.7 | | 6.0 |
| | 2500 | | 不适合 | |
| 2187.6 | 800 | 2.5 | | 5.0 |
| | 2500 | 1.3 | 0.37 | |
| 2196.4 | 800 | 3.2 | | |
| | 2500 | 3.2 | | |

注：表中两个样品没有可信赖的渗透率分析，Klinkenberg 渗透率与毛细管压力之间一般是正相关，这是因为只有岩心柱的薄片用于分析，且没有在较高围压条件下进行。已经发表的渗透率数据有 0.02~0.1mD（Jarvie 等，2004），小于 0.01mD（Montgomery 等，2005），0.0005~0.00007mD（Ketter 等，2008），或者是毫达西至毫微达西。渗透率的地理差异性由区域的裂缝、断层及压力决定。

### 5.6.2 孔隙特征

通过对福特沃斯盆地北部 Barnett 页岩中硅质泥岩相的 33 个岩心样品进行详细的岩相学和 SEM 研究，识别出页岩中孔隙的几个类型，根据其大小分为两大类：微米级孔隙（孔径 >0.75 μm，图 5–16）和纳米级孔隙（孔径 <0.75 μm，图 5–16~ 图 5–18）。

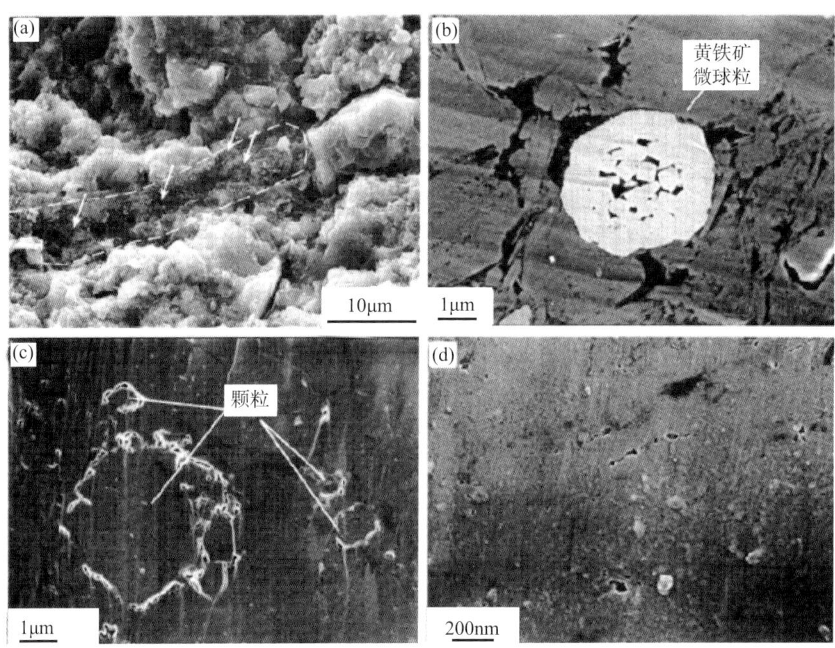


图 5-16　非有机质孔隙的二次电子图像

（a）硅化的化石碎片（虚线）包含大量的粒内微孔隙，箭头指向的是微孔隙的发育区域；（b）黄铁矿微球粒中包含粒内微孔和纳米孔；（c）非有机质的纳米级孔隙结晶；（d）非有机质基质中的纳米级孔隙，孔隙的排列可能是某些颗粒边缘的限制

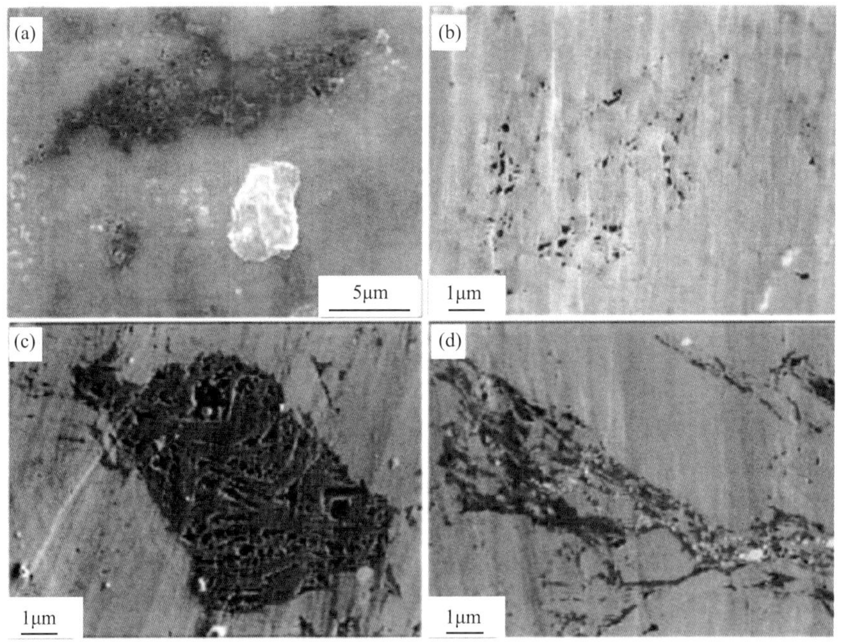


图 5-17　Barnett 页岩中有机质与纳米级孔隙的关系

（a）有机质颗粒中纳米级孔隙是从椭圆到复杂的圆形，图中比较暗的物质为有机质，BSE 图像；（b）有机质颗粒中的菱角状纳米级孔隙，SEM 图像；（c）矩形的纳米级孔隙出现线状缠绕结构，SEM 图像；（d）纳米级孔隙与分散有机质之间的关系，富碳颗粒是深灰色；纳米级孔隙为黑色，SEM 图像

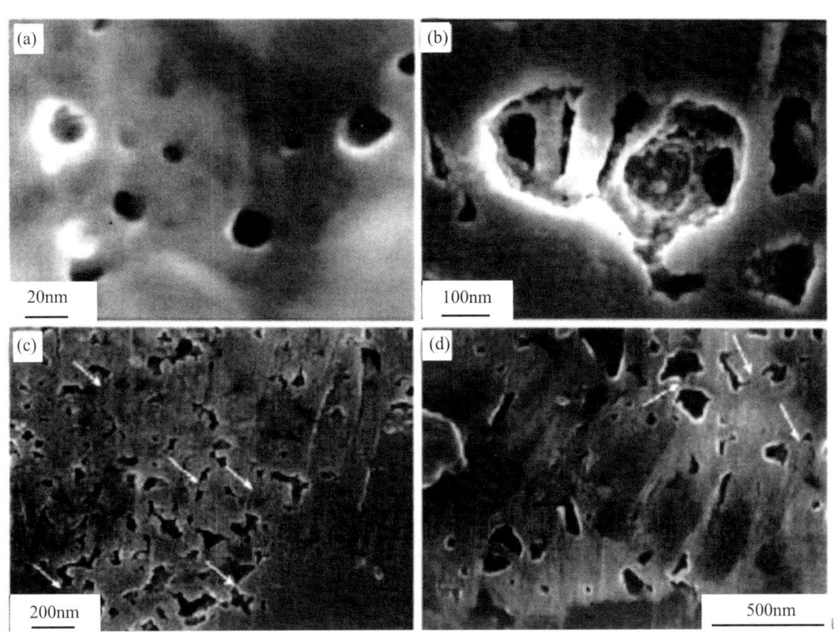


图 5-18　有机质中不同形态的纳米级孔隙的二次电子图像

（a）非常小（直径为 18~46nm），差不多为球状的纳米级孔隙，这个视野范围内的总孔隙度为 5.2%；（b）较大纳米级孔隙（直径为 550nm）展示复杂的类似柱状物的内部结构；（c）管状孔隙喉道连通椭圆状孔隙（白色箭头），孔隙喉径小于 20nm；（d）额外的管状孔隙喉道连接椭圆状孔隙（内色箭头），孔隙喉径 <20nm

1. 微米级孔隙

大部分微米级孔隙与完整的微化石、化石碎片或者黄铁矿微球粒有关，一些主要的粒内孔隙与有孔虫类等的化石体腔有关。然而，大多数与化石有关的主要粒内孔隙都被碳酸盐岩、二氧化硅和（或）黄铁矿胶结物充填，在 Barnett 泥岩的一些富含壳体的岩层内，二氧化硅交代的化石中有大量粒内孔隙 [ 图 5-16(a)]。微米级孔隙都与成岩作用形成的矿物有关，例如黄铁矿 [ 图 5-16(b)] 或者石英，这些矿物没有完全充填藻类孢子留下的空隙( 例如 *Tasmanites* )。在粉砂级粒径的长石里面也观察到了沿着解理溶解产生的次生孔隙。黄铁矿微球粒中的纳米级微晶粒间孔隙的大小是随着微球粒大小的变化而变化的，较小的微球粒（2~10 μm）具有代表性的孔隙大小范围在 0.05~1 μm 之间 [ 图 5-16(b)]，而较大微球粒的孔隙直径范围在 1~5 μm 之间，孔隙形状一般为直边的多边形。总体来说，微米级孔隙除了在黄铁矿微球粒中存在之外，在 Barnett 泥岩中比较少见。

2. 纳米级孔隙

1）类型及分布

纳米级孔隙可分为粒间和粒内两种类型：粒间纳米级孔隙（孔隙位于颗粒之间）是非常少见的，这些观察到的孔隙发育于较大的颗粒边缘 [ 图 5-16(c)] 和极细粒的基质中 [ 图 5-16(d)]。粒间纳米级孔隙与颗粒边界的趋势有很大的联系（几百个纳米级孔隙的长直径），而且在含粉砂质薄层中常见。纳米级孔隙主要发育在有机质的分散颗粒中 [ 图 5-17(b)、(c)]。少量分布在富含有机质的平行微层理之中 [ 图 5-17(d)]，其与极细颗粒的基质有关，但是与有机质颗粒没有直接的关系。

2）形态学

粒内有机纳米级孔隙一般大多数是呈不规则、椭圆状，也存在其他形态，椭圆状截面大多数是普通孔隙的轮廓 [ 图 5-17(a)]，但是在增加分辨率和较大的放大倍数下，很多孔隙趋于非椭圆形，而且显现出更多的回旋状边缘（褶皱增加）。在某些有机质颗粒中，孔隙的形状是圆形的而不是纯粹的椭圆形 [ 图 5-17(c)]，这些复杂的孔隙可能是大量椭圆状孔隙合并的结果，有时出现葡萄状的胶粒结构。多面角状的孔隙在其他有机颗粒中占主导地位，某些孔隙横截面为三角形。

纳米级孔隙在某种程度上一般是非等分的，在不同的有机质颗粒中，纳米级孔隙的平均纵横比的变化范围为（1.8 : 1）~（4.1 : 1），平均为 2.8 : 1。绝大部分粒内有机纳米级孔隙没有三角形的横截面，碎屑岩中的粒间孔隙也是如此，大多数纳米级孔隙没有类似于溶解形成的平行延伸的次生孔隙，例如长石。

总的来说，与其他样品相比 Sims #2 岩心样品中有机质内的纳米级孔隙具有更有序、低圆度和更近乎等径的孔隙形状 [ 图 5-18(c)]。这些样品中有些纳米级孔隙呈直线排列，似乎与颗粒中的基底结构或不均匀性有关。虽然简单的内部结构具有代表性 [ 图 5-18(a)]，但是有些孔隙可能很复杂，许多较大的孔隙具有内部结构，例如柱状结构 [ 图 5-18(b)]。

孔隙之间的连通性控制着岩石的渗透性，而且这是流体和气体在硅质泥岩中运移的关键因素。在一些例子中 [ 图 5-18(c)、(d)]，观察到长且窄的喉道连通着较大的纳米级孔隙，在图像中很难分辨狭窄的和浅的通道，喉道的轨迹一般是沿着光滑的曲线出现。观测到喉道的宽度小于 20nm，长度大于 200nm，这些极小的孔隙喉道的大小与毛细管压力分析计算的孔隙喉道的大小一致，表明大部分孔隙喉道的最大直径在 10~15nm 之间，直径的变化范围在 5~100nm 之间（图 5-20）。Barnett 页岩纳米级孔隙的孔隙喉道大小数据与 Nel Son（2009）给出的页岩中孔隙喉道大小数据相符合。

3）孔隙大小

通过有些非球形的孔隙来确定粒间有机纳米孔隙的平均直径是很复杂的。许多较大的、更复杂的纳米级孔隙似乎具有混合形状，是在孔隙生成期间由较小的孔隙合并而成的，大多数这种复杂的孔隙形状都被当作单独的孔隙来测量，而且在二维平面中测量孔隙的大小不是完全精确的，这是因为最大直径的孔隙不会总被切割。

测量值是由各种各样的图像的孔隙直径平均值和中值组成，不管是平均值还是中值都因颗粒不同而有很大的不同。纳米级孔隙群的孔径中值比孔径平均值要小，直径柱状图上的最高点比中值要稍微小一点（图 5-19），这些数值之间的关系几乎都表现在柱状图上，即使是在很小的测量地区，由于分辨率的局限性，在数据中未能将很小的孔隙表现出来。

虽然在很小的有机质颗粒中缺乏较大的纳米级孔隙（>30nm），但是这些缺少的孔隙空间可能会限制较小颗粒的表面积或绝对容积。大的有机质颗粒中的孔径的变化范围通常很大，而且常存在极小的纳米级孔隙（<30nm）。

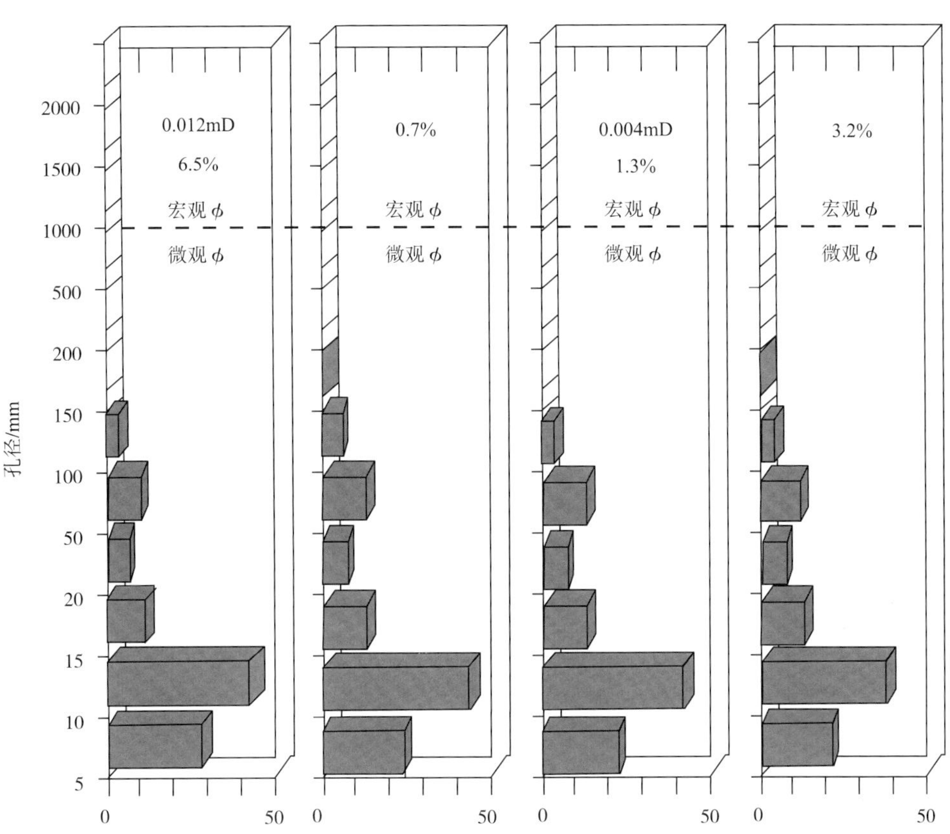


图 5-19 Blakely #1 井 Barnett 硅质泥岩中 4 个样品毛细管压力分析计算的孔径直方图

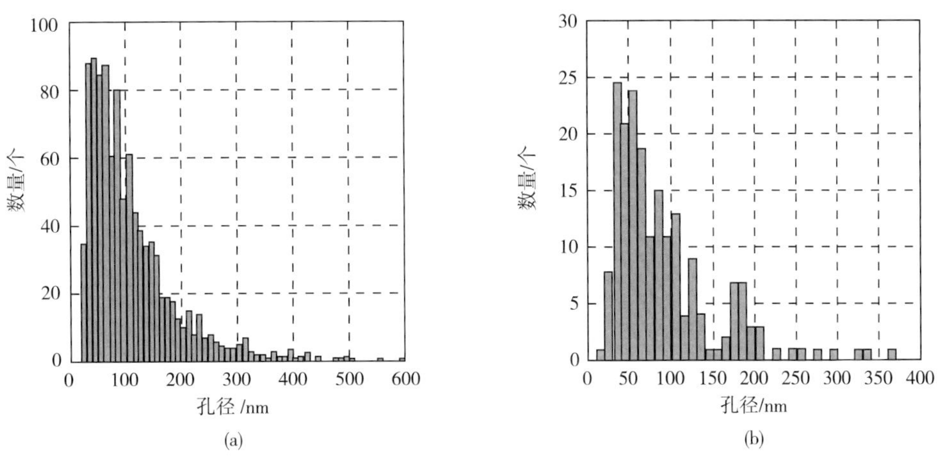


图 5-20 单一有机质颗粒中纳米级孔径柱状图

（a）较大有机质颗粒中所有孔径的柱状图，Blakely #1，2167.4m；（b）有机质颗粒中所有孔隙的直径柱状图显示纳米级孔隙大小的双峰分布，Sims #2，2324m

Barnett 硅质泥岩中有机质颗粒内的纳米级孔隙的近似中值为 100nm，大小范围为低于 5nm 到高于 800nm[ 图 5-20(a)]。复合的粒内有机纳米级孔隙的直径很少能达到 1μm，单个颗粒中纳米级孔隙的平均直径范围为 20~185nm，其粒度中值的范围为 15~160nm，柱状图最高点的范围近似与直径中值的范围相同，很少有机质颗粒的孔隙会表现为双峰粒径分布[图5-20(b)]。

4）低成熟度岩石中的孔隙

分析福特沃斯盆地南部Barnett页岩的低热成熟区域的8口井中的11个硅质泥岩样品，图5-22为其中的两个样品的图像。这个区域泥岩的$R_o$值低于0.7%（Pollastro等，2007），表明还没有达到生气窗。这些样品中的孔隙系统与福特沃斯盆地南部区域的高成熟样品（$R_o$ > 0.8%）中的孔隙系统形成强烈的对比，最主要的区别是这些低成熟样品中的有机质颗粒发育极少或者没有孔隙，而且没有显示出颗粒内部的不均匀性。这些泥岩中的纳米级孔隙平行于有机质颗粒边界延伸[图5-21(a)]。

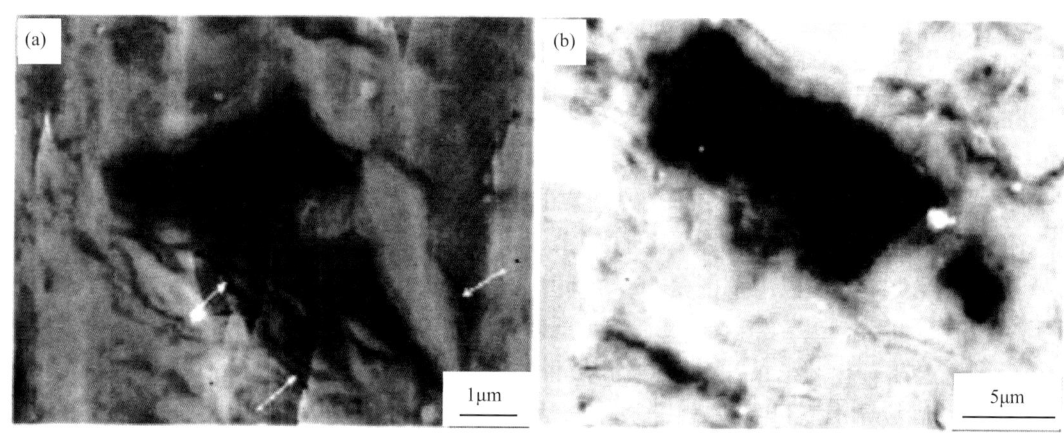


图5-21 低成熟度样品中有机质颗粒中的孔隙背射电子成像（Pollastro等，2007）

（a）有机质中除了少数沿着颗粒边缘的粒间微孔隙（白色箭头）外不含纳米级孔隙，这个区域中有机质的$R_o$<0.50%；（b）较大的有机质颗粒显示没有纳米级孔隙发育，这个区域中有机质的$R_o$近似为0.52%

### 5.6.3 裂缝特征

总体来说，Barnett页岩肉眼可识别的裂缝数量有限，宏观裂缝均被方解石和石英等矿物充填，且宏观裂缝越发育，产气量越低，这说明宏观裂缝不利于页岩气的保存。真正对储层起改善作用的是微裂缝。Barnett页岩石英含量很高，储层脆性大，微裂缝较为发育，它们是天然气运聚的主要通道。

天然裂缝及微裂缝可通过岩心及成像测井（FMI）观测到，宽度范围0.02~0.2mm，走向范围100°~120°（平均114°），倾角范围74°~80° SW（Lancaster等，1993；Kuuskraa等，1998；Johnston，2004）。碳酸盐岩中的裂缝较宽（达2mm），在层间灰岩中裂缝也较常见。盆地北部的天然裂缝与Muenster背斜轴线平行（Montgomery等，2005）。压裂缝受应力场影响，走向45°~80°（平均60°）、倾向81° NW。天然裂缝通常被方解石充填，部分被石英、钠长石、黄铁矿、重晶石及白云岩充填（Gale等，2007）。Barnett页岩中发育微裂缝，Gale等推测在Barnett页岩中裂缝开启，但Bowker认为在超压地层中裂缝不可能开启。

Bowker（2007）针对福特沃斯盆地Barnett页岩开启天然裂缝、断层和构造褶皱与产量的关系展开研究，认为开启天然裂缝对 Barnett 的产能并不重要，这是因为 Barnett 不存在开启天然裂缝（除了非常少见和个别的例子以外），在分析的几百英尺岩心上 Bowker 仅观察到三条开启天然裂缝，每条长约 1cm。这并不意味着 Barnett 岩心中天然裂缝不发育，而是它们大多为胶结物（通常是方解石）所充填。开启天然裂缝的存在实际上可能会抑制诱导裂缝的增长，对页岩气的开采不利。

Gale 等开展了"福特沃斯盆地 Barnett 页岩中的天然裂缝及其对水力压裂处理的重要意义"研究，认为尽管在 Barnett 页岩中观察到的绝大多数天然裂缝都是闭合的，但它们很可能都遵循指数规律的开度分布，因此有一些较宽的裂缝可能是开启的。Barnett 页岩的亚临界裂缝指数很高，说明其裂缝具有高度的集群性。在福特沃斯盆地中，至少存在两组天然裂缝，其中一组是较老的南—北走向天然裂缝，而另一组是更年轻，也是更主要的一组，为北西西—南东东走向裂缝组。裂缝中的胶结物通常没有与岩壁中的颗粒结合，因此裂缝成为地质脆弱面。福特沃斯盆地中的最大水平主应力走向为北东—南西。Gale 等针对天然裂缝的分析是通过来自于福特沃斯盆地中怀斯县的两口 Barnett 页岩岩心井完成的（Mitchell Energy 2T.P.Sims 和 United Texas 1 Blakely）。

1. 2T.P.Sims 岩心

1）裂缝特征描述

该岩心中的所有天然裂缝均被方解石充填，并且它们通常按雁列式排列。按雁列式排列的相邻裂缝之间的偏移量一般不足 5mm，并且在同一组中，偏移的情况也不尽相同。裂缝在泥岩中的宽度范围从不足 50μm 到 0.265mm，而在结核中的宽度范围则可能高达 2.15mm[ 图 5-22(a)]。其中最大的裂缝延伸高度达到 81cm，并且继续延伸到岩心以外，因此这个高度值是被截断的高度 [ 图 5-22(b)]。最高的裂缝高度情况不得而知。对于每个具体的裂缝而言，其上部和下部的终结情况分为几类：逐渐萎缩、在层理处突然消失、在结核中突然消失，或者是超出岩心之外。在长度为 34m 的岩心中测量到的 84 个裂缝中有 40% 为逐渐萎缩消失，4% 在层理处或者在结核中突然消失，而另外 56% 则超出岩心范围。页岩中机械边界通常与碳酸盐含量的变化有关，但碳酸盐岩层不总是裂缝的障碍。将所有裂缝的开度尺寸与高度关系通过作图表现出来，其中使用的是真实的测量高度，但要根据其是否终止于机械边界或者逐渐萎缩消失对其进行区分 [ 图 5-22(c)]。研究中没有发现对应关系，已知开度的裂缝高度范围很大。其中，包括压裂裂缝的实例，但可以通过方解石胶结物的缺失使其区别于天然裂缝，而对于钻井作业造成花瓣型中心线裂缝则可以通过其几何造型加以区分。裂缝的主导走向为北东—南西向（Hill，1992）[ 图 5-23(a)]。在 2T.P.Sims 中发现了一个走向为 109°/55° SSW 的断层（Hill，1992）。而在其他 Barnett 页岩岩心中还发现了其他无定向的断层，其中有擦痕面和方解石胶结的角砾岩（Papazis，2005）。

2）2T.P.Sims 岩心微裂缝分析

选择宽度为 50μm 到 0.2mm 的矿化裂缝样品进行详细研究。在宏观上没有受到矿化作用的压裂裂缝在两个样品中也都有体现。Bowker（2003）在尝试解释为什么低渗透率的 Barnett 页岩中富含天然气的问题时认为由于自然微裂缝的存在导致了渗透率的提高。研究过程中没有发现广泛存在的开启型天然微裂缝，出现的裂缝都是闭合的。与此相反，通过 SEM 技术对两个样品中的开启型、北东走向裂缝的广泛研究没有发现矿化的证据。岩心样品中的开启型微裂缝通常是由钻井或者岩心切割和处理过程中造成的。

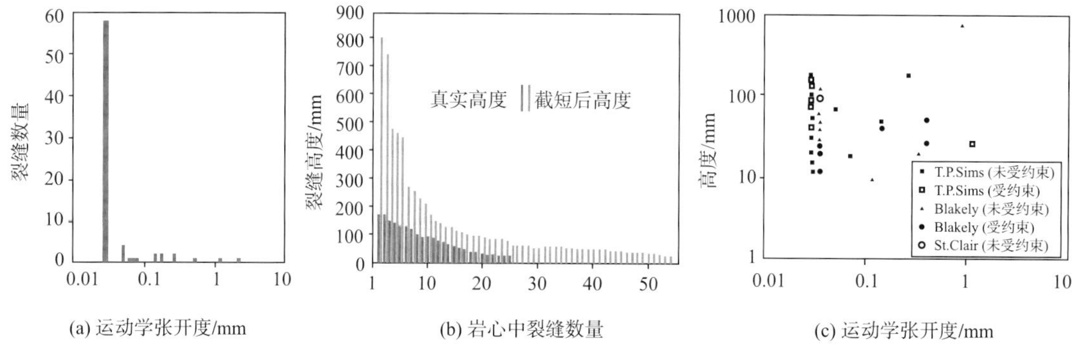


图 5-22　T.P.Sims 岩心中的裂缝尺寸数据

（a）所有裂缝的裂缝开度分布，岩心样品测量的下限定为 0.05mm，宽度小于该尺寸的裂缝通常其开度为 0.03mm；（b）裂缝高度从大到小排列，其中包括被截断的数据和真实高度数据；（c）针对真实裂缝高度的长度和宽度对比图，其中对高度的区分标准是看该高度是否受到机械边界的制约。Blakely 和 St Clair 岩心中的裂缝数据也包括在本图中，测量极限以下的开度尺寸标称值为 0.035mm，这样就可以将其与 T.P.Sims 数据区分开来

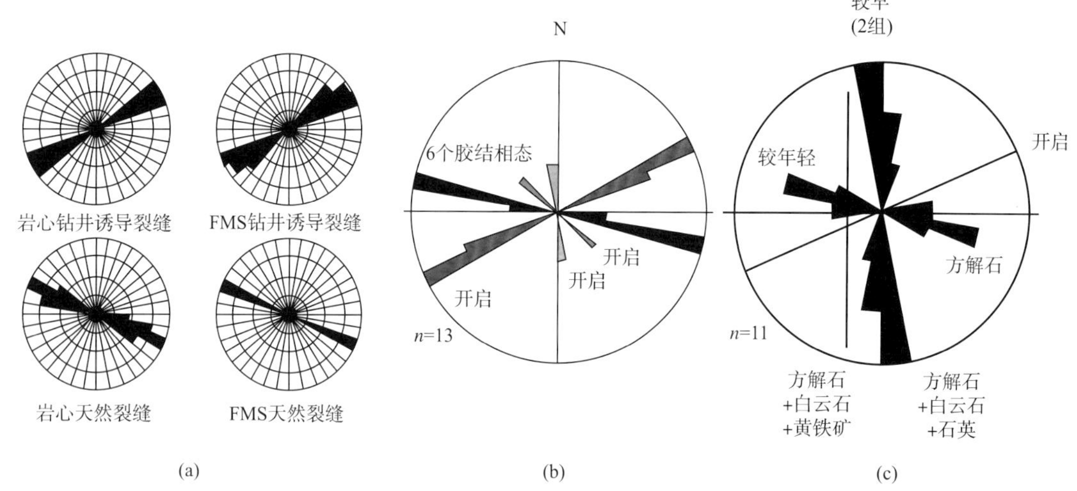


图 5-23　玫瑰图显示 T.P.Sims 岩心中的裂缝走向

（a）据 Hill（1992）；（b）泥岩样品；（c）含白云石样品

2. Blakely 岩心裂缝特征描述

Blakely 岩心中包括上部和下部 Barnett 页岩，中间由 Forestburg 灰岩分隔。本段岩心中观察到大多数天然裂缝都位于 Forestburg 段，例如 2173~2174.51m[ 图 5-24(a)、(b)] 或者与结核体有关 [ 图 5-24(c)]。在页岩中仅观察到一条天然裂缝。Forestburg 层系中的裂缝在接近垂直的集群中排列，并终止于灰岩中。这些裂缝可能与 2T.P.Sims 岩心 [ 图 5-23(c)] 中含白云岩的地层的两个南—北裂缝组有关。Forestburg 灰岩中的裂缝开度大小和长度数据与 2T.P.Sims 中的数据一同被列举出来用于比较。两个岩心中的多个裂缝都具有类似的尺寸，但 2T.P.Sims 岩心中 Forestburg 段的裂缝数量、长度、宽度要大于 Barnett 页岩段。在泥岩段中很可能存在更多的裂缝，这是因为本垂直井段中提供的样品非常有限。另外，裂

缝很可能更容易出现在 Forestburg 灰岩段中，这是因为该段比周围的泥岩段更松脆。尽管 Barnett 页岩中的黏土含量较低，但其松脆程度与 Forestburg 灰岩相比仍然较低。

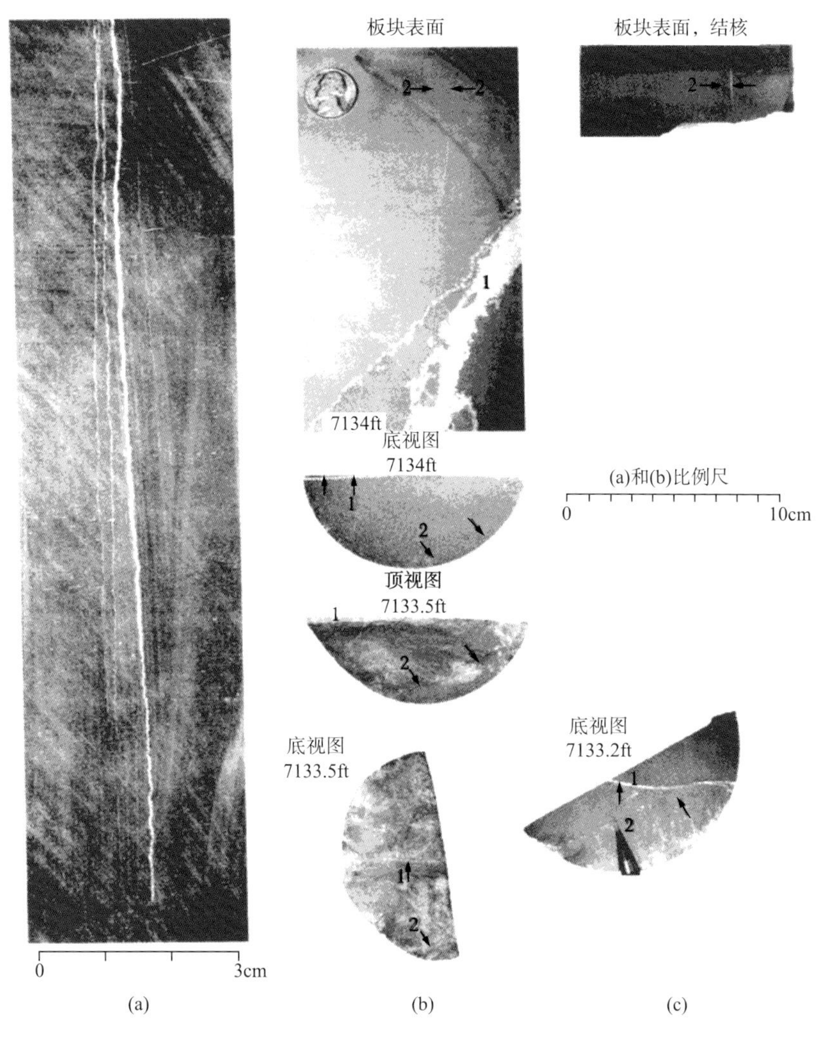


图 5-24　Blakely 岩心中的裂缝

（a）在 Forestburg 页岩中以斜削方式终结的裂缝；（b）Forestburg 页岩中的两个非平行天然裂缝组，这两组裂缝分别标记为 1 和 2，根据 2174m 处的切片图像显示，第 2 组裂缝很显然是二者中较为年轻的，在其他显示中没有横切的关系；（c）与富含碳酸盐的结核伴生的裂缝

## 5.7　可压性特征

对取自福特沃斯盆地北部 Wise 县的 3 段岩心，开展薄片鉴定与 X 射线衍射（XRD）分析，结果表明（图 5-25），Barnett 岩层通常含有不超过 1/3 的黏土矿物。根据 Bowker（2002）的研究，这些黏土主要为含微量蒙皂石的伊利石。到目前为止，二氧化硅（黏土—粉砂结

晶石英）是 Barnett 岩层的主要矿物，局部常见碳酸盐岩（黏土—粉砂结晶方解石和白云石）和少量黄铁矿和磷酸盐（磷灰石）。Barnett 地层的碳酸盐岩主要以化石层的形式存在。在整个岩层剖面上，这种以方解石为主的骨架岩屑局部较为常见。

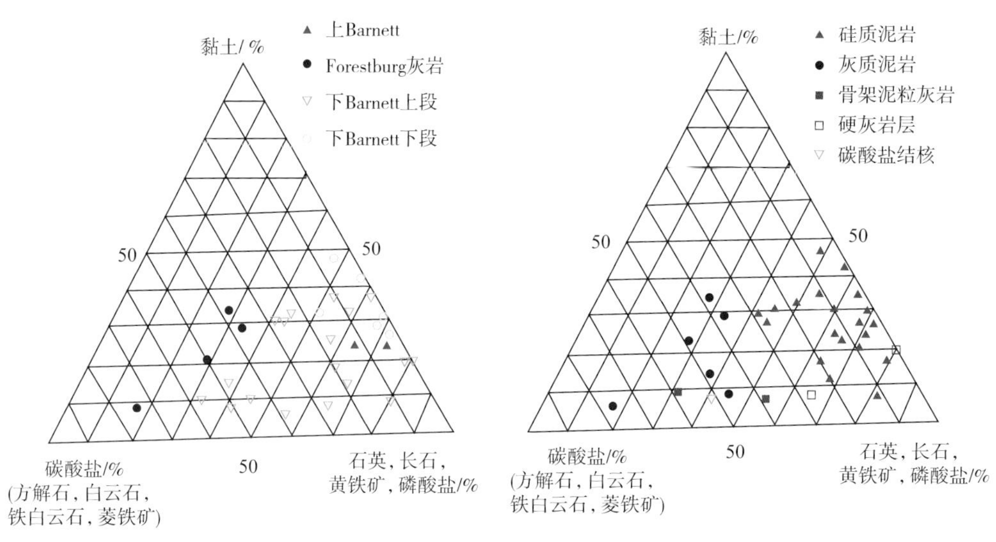


图 5-25　Barnett 地层的矿物学三元图解（据 Loucks 和 Ruppel，2007，修改）

Papazis（2005）采用 X 射线衍射（XRD）、扫描电镜（SEM）和微探针分析方法详细研究了 Barnett 地层的矿物学特征。Papazis（2005）认为，Barnett 页岩内的黏土级石英来源于因硅质微化石溶解形成的二氧化硅，二氧化硅可能来源于海绵溶解（薄片中常见此种现象）或放射虫溶解（薄片中极少见此种现象）。薄片中几乎缺失放射虫的原因可能在于放射虫的蛋白石壳体相对不稳定，溶解的二氧化硅在页岩基质中发生再沉淀形成隐晶。在上述两种情况下，丰富的二氧化硅含量均导致岩石坚硬致密、岩心上可见贝壳状断口。福特沃斯盆地 Barnett 页岩在压裂增产作业时所表现出的脆性特征也可能部分受控于基质中较高的二氧化硅含量。

Barnett 地层的矿物组成三元图解给出了黏土、碳酸盐以及其他矿物的相对比例。Forestburg 灰岩包含几乎等量的碳酸盐、黏土、石英、黄铁矿以及磷酸盐。Barnett 岩石所含的方解石少于 Forestburg 岩石，主要为各种石英混合物、长石以及其他矿物。最下部的 Barnett 岩层中碳酸盐含量最少，黏土含量最高。

从 Wise 和 Denton 县 3 口井中获得 35 个岩屑样品，对其进行了 X 射线粉末衍射分析，得到了下列页岩组成（按重量百分比计）：45%~55% 粉砂（主要为石英，包括某些斜长石），15%~25% 碳酸盐（主要为方解石，包括某些白云石和菱铁矿）；20%~35% 黏土矿物以及 2%~6% 黄铁矿。

Loucks 等（2009）整理福特沃斯盆地 Barnett 页岩的 57 个 X 射线衍射分析结果后认为，福特沃斯盆地北部和南部地区的矿物成分存在差异（表 5-4），一般南部地区更加富集黏土，缺乏二氧化硅。

表 5-4 福特沃斯盆地中页岩的平均组成 X 射线衍射分析表

单位：%

| 矿物 | 南部地区（22 样品） | 北部地区（35 样品） |
| --- | --- | --- |
| 石英 | 25 | 35 |
| 碳酸盐 | 8 | 17 |
| 黄铁矿 | 5 | 12 |
| 混合层（I/S） | 18 | 20 |
| 蒙脱石 | 0 | 1 |
| 高岭石 | 3 | 1 |
| 绿泥石 | 8 | 1 |
| 伊利石 / 云母 | 31 | 13 |
| 其他 | 2 | 0 |

注：其他种类包括钾长石、磷灰石、斜长石和钾长石；“碳酸盐”包括方解石、白云石和菱铁矿。

## 5.8 含油气性特征

### 5.8.1 含气性特征

目前关于福特沃斯盆地 Barnett 页岩含气量的公开报道较少。据 Curtis（2002）统计的美国五套典型页岩气系统的地质、地球化学和工程参数统计表中，Barnett 页岩含气量达到 8.5~9.91m$^3$/t，储层压力为 20.68~27.58MPa。

在 Newark East 气田，Barnett 页岩的埋藏深度为 1981~2591m，厚度为 92~152m，页岩的有效厚度为 15~61m，且 Newark East 气田具有轻微的超压，含气饱和度达 75%。

Bowker 利用 Newark East 气田南部 Johnson 县 Chevron 地区 Mildred Atlas 1 井的岩心样品分析了罐装解析气量，并绘制了真实的反映总吸附气量随压力变化的吸附等值线，表明在气田常规气藏条件下（20.70~27.58MPa），Barnett 页岩中吸附气的体积含量为 2.97~3.26m$^3$/t，比早期分析的数据（约 1.13m$^3$/t）高很多。Humble Geochemical 公司近期研究 Sims 2 井的资料后指出，计算的气体体积含量实际上超过 Mildred Atlas 1 井，而这两口井的总有机碳含量相近，Sims 2 井为 4.79%，Mildred Atlas 1 井为 4.77%。在 Denton 县的 Mitchell Energy Kathy Keel 3 井（后被称为 K.P.Lipscomb 3 井），现今的有机碳含量为 5.2%，吸附气含量为 3.40m$^3$/t，占总含气量（5.57m$^3$/t）的 61%。

Hill 等（2007）通过密封合金试管热解实验来定量评价福特沃斯盆地 Barnett 页岩的生气潜力。生气的动力学参数以及镜质体反射率的变化是根据热解数据计算出来的，而生气量估计为镜质体反射率的函数。取 TOC 值为 5.5%，初始 $R_o$ 为 0.44% 的样品进行试验，当 $R_o$ 升至 2.0% 时，生成的烃类气体剧增至 5.8m$^3$/t。

Jarvie 等 2005 年开展 Barnett 页岩生烃潜力与产量评价研究，将页岩岩屑样品分别放到不透气的密封罐中进行分析，得到不同样品中的气体含气量数据（图 5-26）。检测从泥岩中释放出的游离气体（逸散气）来获得实验数据，将其分别与岩屑粉碎前和粉碎后所解吸出的气体产量进行对比。从一口井样品来看，逸散的气体占总天然气量的43%，解吸的气体大约占总天然气量的18%，剩下为从粉碎的岩屑样品中释放出的气体，占到了总量的39%。这表明约有43%的气体为游离态气体，18%为吸附态气体，还有39%的气体为游离－吸附混合态的，只有在地层受到进一步压裂作用时才释放出来。

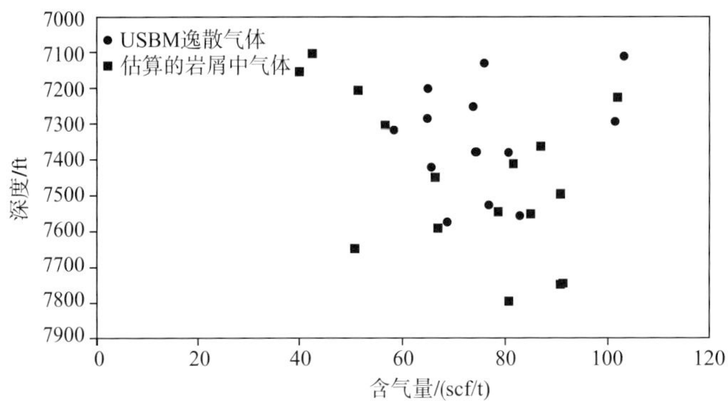


图5-26 由岩屑样品分析确定的USBM中解吸气量与总含气量关系图（据Jarvie等，2005）

由GRI发表的气体吸附数据（GRI，1991年5月）经修改，主观地去除了一些吸附气产量随压力增加反而降低的异常数据。在储层压力下，这些数据为评估天然气产量提供了充分的信息，而Barnett页岩地层的压力大约为26.2MPa。从图5-27所示的两组数据来看，Barnett页岩中的吸附气与气体总含量之间有内在的动态关系。根据9组不同的再次试验数据分析，含气量范围为4.81~7.08m³/t，其吸附气量范围为1.70~3.54m³/t和3.11~3.54m³/t不等。气体储量似乎与层段的矿物组分有关系，例如高成熟度的Barnett页岩样品中TOC数值除一个样品外都很高，大约为4.50%。2T.P.Sims井的岩心录井表明黏土与硅质富集区域的变化范围很大。类似地，GRI于1991年发表的W.C.Young #2井的有效矿物组分数据，表明各矿物组分含量为：黏土含量为0~54%，石英含量为4%~44%，方解石为0~78%，以及少量的如黄铁矿、磷灰石、白云石等其他矿物成分。该层段TOC含量稳定，因此含气量的差异性可能是矿物成分的差异性引起的。虽然很多研究报告中提出页岩气产量与TOC含量之间有几乎完美的相关性（Dougherty，2004），但样品测试则未表现出相关性。

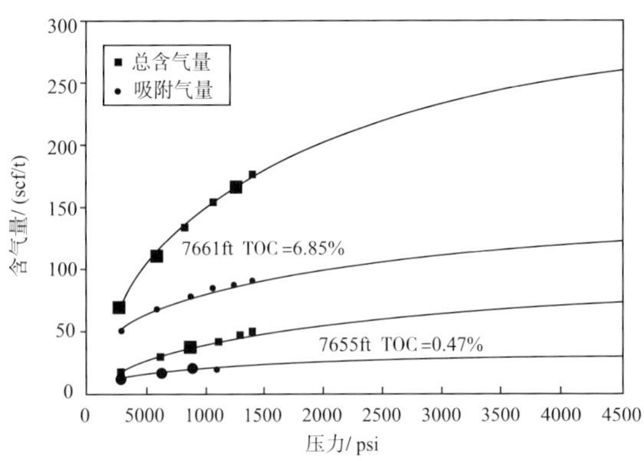


图5-27 2T.P.Sims井页岩中吸附气与含气量动态关系图

## 5.8.2 含油性特征

从福特沃斯盆地西北部Clay县针对Barnett页岩钻探的这口井来看（图5-28），页岩下部（4750~4850ft），碳酸盐岩含量较低，其可溶烃含量（$S_1$）约在6~8mg HC/g Rock之间，而TOC的含量则多小于6%，烃指数（$S_1$/TOC×100）普遍大于经验值（100mg HC/g

Rock），证实可动油的存在，含油性较好，但上部烃指数普遍低于 100mg HC/g Rock，含油性相对较差。

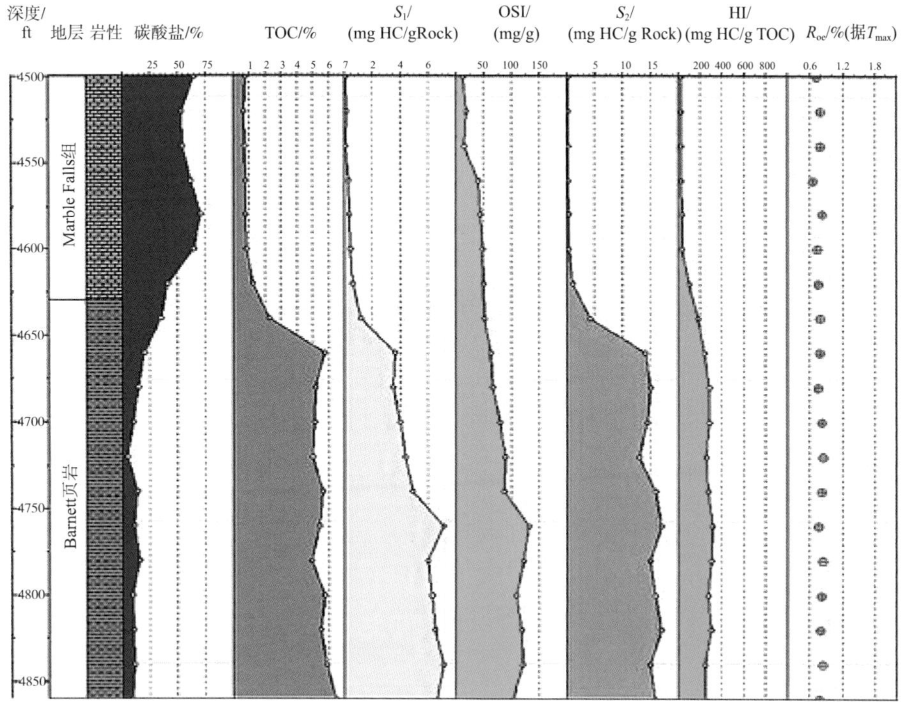


图 5-28 Forth Worth 盆地得克萨斯州 Clay 县 Four Sevens 1-Scaling Ranch A 地球化学特征曲线

## 5.9 潜力分析

Barnett 页岩气资源规模较大，Jarvie 等（2001）评估 Barnett 页岩拥有的页岩气地质储量为 $1.53 \times 10^{12}$~$5.72 \times 10^{12}m^3$，技术可采储量为 $962.78 \times 10^8$~$2831.70 \times 10^8m^3$。

福特沃斯盆地内在有机质富集并达到生气窗（$R_o > 1.1\%$），厚度大于 20m 的 Barnett 页岩中，已经对其中的非伴生气形成了工业性产量的开采。当厚度超过 60m 时为最有利的勘探区域，此时的含气资源丰度达到约 $10.93 \times 10^8m^3/km^2$。通过对 Barnett 页岩（包含有其上覆和下伏致密、水力压裂困难的 Marble Falls 组和 Viola-Simpson 组石灰岩）的进一步细分（Pollastro，2003、2007；Pollastro 等，2004），确定了 Barnett 页岩连续型天然气聚集的两组有利的评价单元。第一组为 Newark East 区域大面积的 Barnett 页岩连续产气评价单元，厚度大（普遍 90~122m），达到生气窗（$R_o$>1.1%），上覆 Marble Falls 组石灰岩，下伏 Viola-Simpson 组石灰岩。第二组为延伸的 Barnett 页岩连续产气评价单元，该区域 Barnett 页岩同样达到生气窗，厚度至少 30m，区域中一组或多组存在压裂困难的石灰岩地层缺失。另外，区域 Barnett 页岩厚度大于 30m，达到生油窗的层段为第三组评价单元即 Barnett 页岩的连续型产油评价单元（Pollastro 等，2004；Pollastro，2007）。

美国地质调查局 2003 年对 Barnett 页岩的评价总结于表 5-5，Pollastro（2007）对其进行了详细的讨论。第一组 Newark East 区域大面积的 Barnett 页岩连续产气评价单元中平均

资源量达到 $4134 \times 10^8 m^3$，而第二组延伸的 Barnett 页岩连续产气评价单元中平均资源量达到 $3228 \times 10^8 m^3$。Barnett 页岩区域未勘探的连续型非伴生气资源量达到 $7418 \times 10^8 m^3$，加上现在登记的天然气储集量为 $1132 \times 10^8 m^3$，Barnett 页岩潜在的可开采量达到 $8550 \times 10^8 m^3$。

**表 5-5 福特沃斯盆地 Barnett 页岩的油气资源评价（美国地质调查局）**

| TPS 和评价地层单元 | 油或气 | 总未探明资源量 | | | | | | | |
|---|---|---|---|---|---|---|---|---|---|
| | | 天然气 / （$10^9 ft^3$） | | | | 液化天然气（NGL）/MMbbl | | | |
| | | F95 | F50 | F5 | 平均值 | F95 | F50 | F5 | 平均值 |
| Barnett-dghgtg wa TPS Greater Newark East 气田区域裂缝阻隔的连续型 Barnett 页岩气评价单元 | 气 | 13410.69 | 14638.36 | 15978.42 | 14659.13 | 406.84 | 573.70 | 809.00 | 586.37 |
| 延伸的 Barnett 页岩气评价单元 | 气 | 8305.14 | 11361.66 | 15543.04 | 11569.73 | 282.01 | 445.28 | 703.09 | 462.79 |
| 假设的盆地—背斜 Barnett 页岩评价单元 | 油 | 未定量评价 | | | | | | | |
| Barnett 页岩未探明资源总量 | | 21715.83 | 26000.02 | 31521.46 | 26228.86 | 688.85 | 1018.98 | 1512.09 | 1049.16 |

此外，在福特沃斯盆地的西部和北部 $R_o$ 多小于 1%，以生油为主，生气为辅，据 EOG 资源公司估算，以该盆地 Cooke 县为例，Barnett 页岩的页岩油地质储量为 $4 \times 10^6 t/km^2$，证实 Barnett 页岩也具备良好的页岩油勘探开发潜力。

从近二十年的开发来看，Barnett 页岩油气的主产区产量在 2000~2012 年呈逐年上升趋势。2012 年达到一个生产高峰，日产油气量 5.086bcf/d。随后从 2013 年开始产量呈缓慢递减趋势，2017 年日产量为 2.788bcf/d（图 5-29）。2002 年以来水平井的大规模使用和压裂工艺的不断进步是使 Barnett 页岩日产气量在美国所有气田位居第二的关键因素。除了大量产气外，Barnett 页岩也产油，但主要以直井的方式开采。

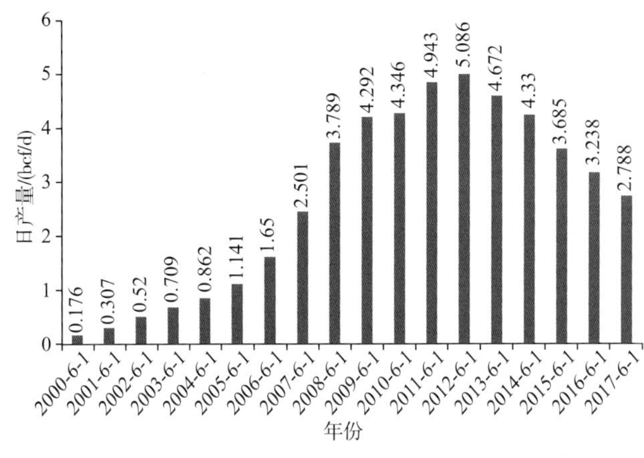


图 5-29 Barnett（TX）页岩油气 2000~2017 年平均日产量（据 EIA，2017）

## 参考文献

[1] Blakey. Paleogeography and geologic evolution of North America-Images that track the ancient landscapes of

North America[J]. 2005.

[2] Breyer J A, Bunting P J, Monroe R M, et al. Lithologic stratigraphic variation in a continuous shale-gas reservoir: The Barnett Shale (Mississippian), Fort Worth Basin, Texas[J]. AAPG Memoir, 2012, 97: 368–381.

[3] Bowker K A. Recent development of the Barnett Shale play, Fort Worth Basin[J]. West Texas Geological Society Bulletin, 2003,42(6): 4–11.

[4] Flippin J W. The stratigraphy, structure, and economic aspects of the Paleozoic strata in Erath County, north central Texas[J]// MartinC A. Petroleum geology of the Fort Worth Basin and Bend arch area. Dallas Geological Society, 1982: 129–155.

[5] James J H, Henk B.Lithofacies summary of the Mississippian Barnett Shale, Mitchell 2 T.P. Sims well, Wise County, Texas[J]. AAPG Bulletin, 2007, 91: 437–443.

[6] Jarvie D M, Hill R J, Pollastro R M. Evaluation of unconventional natural gas prospects: The Barnett Shale fractured shale gas model[J]. Krakow: 21st International Meeting on Organic Geochemistry,September 8–12, 2003.

[7] Jarvie D M, Hill R J, Ruble T E ,et al.Unconventional shale-gas systems: The Mississippian Barnett Shale of north-central Texas as one model for thermogenic shale-gas assessment[J]. AAPG Bulletin, 2007, 91: 475–499.

[8] Monroe R M, Breyer J A. Shale wedges and stratal architecture, Barnett Shale (Mississippian), southern Fort Worth Basin, Texas: Shale reservoirs: Giant resources for the 21st century[J]. AAPG Memoir, 2012, 97: 344–367.

[9] Montgomery S L, Jarvie D M, Bowker K. A, et al. Mississippian Barnett Shale, Fort Worth Basin: Northcentral Texas: Gas-shale play with multitcf potential[J]. AAPG Bulletin, 2005, 89: 155–175.

[10] Papazis K P. Petrographic characterization of the Barnett Shale, Fort Worth Basin, Texas[D]. Austin: University of Texas, 2005.

[11] Pollastro R M. Geologic and production characteristics utilized in assessing the Barnett Shale continuous (unconventional) gas accumulation, Barnett-Paleozoic total petroleum system, Fort Worth Basin, Texas[C]. Barnett Shale Symposium, November 12–13, 2003, Ellison Miles Geotechnology Institute at Brookhaven College, Dallas.

[12] Pollastro R M. Assessing the giant natural gas resources of the Barnett Shale continuous (unconventional) accumulation, Barnett-Paleozoic total petroleum system, Bend arch - fort Worth Basin, Texas(abs.) [J]. AAPG Annual Meeting Program, 2004, 13: A112.

[13] Robert G L, Stephen C R. Mississippian Barnett Shale: Lithofacies and depositional setting of a deep-water shale-gas succession in the Fort Worth Basin, Texas[J]. AAPG Bulletin, 2007, 91(4):579–601.

[14] Singh P, Slatt R, Coffey W. Barnett Shale-Unfolded: Sedimentology, sequence stratigraphy, and regional mapping[J]. Gcags Transactions, 2008, 58: 777–795.

[15] Walper J L. Paleozoic Tectonics of the Southern Margin of North America[J]. Gulf Coast Association of Geological Societies Transactions, 1977, 27: 230–239.

[16] Walper G L. Plate tectonic evolution of the Fort Worth basin[J]. Dallas Geological Society, 1982: 237–251.

[17] 董大忠，黄金亮，王玉满，等 . 页岩油气藏——21 世纪的巨大资源 [M]. 北京：石油工业出版社，2015.

# 6 Bossier 页岩油气地质特征

## 6.1 勘探开发历程

Bossier（博西尔）页岩分布在美国东得克萨斯州和西路易斯安那州，是北美地区最高产的页岩层系之一，初步估计，页岩气可采资源量在 $3\times10^{12}$~$28\times10^{12}m^3$（图 6-1）。页岩气井初始产量高（最高可达 $84.95\times10^4m^3/d$），该套页岩气层已引起油气行业的极大兴趣。

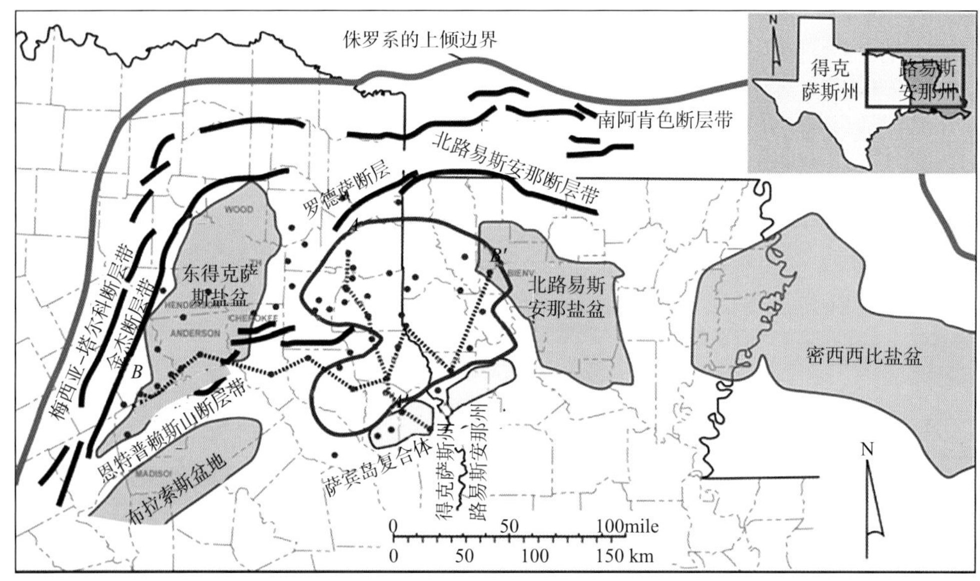


图 6-1　Bossier 页岩分布区构造略图

## 6.2 构造特征

构造上，Bossier 页岩主要分布于美国南部的东得克萨斯盆地（图 6-1）。东得克萨斯盆地被认为是墨西哥湾盆地的次级盆地。影响盆地内 Bossier 页岩沉积的因素很多，包括基底构造、局部碳酸盐岩台地的形成演化以及伴随墨西哥湾盆地开启的盐体活动。墨西哥湾开启的时间大约是晚侏罗世牛津期，裂谷初期的盐沉积导致了区域构造差异性沉降，使岩相和地层厚度发生了急剧变化，中生代晚白垩世和新生代的构造运动直接影响到了盆地的热史和埋藏史，进而影响到了 Bossier 页岩的热演化史。

就古地理而言，在晚侏罗世启莫里支期，海槽将特提斯海西部同泛大洋分隔，形成孤立的热带性海洋。东得克萨斯盆地北面和东面发育碳酸盐岩陆架，盆地内部局部发育由基底隆起和盐核隆升形成的台地(图6-2)。盆地周期性地表现出局限环境和还原性缺氧条件。在 Haynesville 和 Bossier 沉积期内，富有机质层段集中分布在具备局限缺氧条件的台地和岛屿及其间的区域。富有机质来自周边的碳酸盐岩台地，周期性沉积的黏土和粉砂来自硅质碎屑陆架。由于海平面上升的速度总体上比较快，而且原始有机质产率很高，使有机质得以较好地保存。

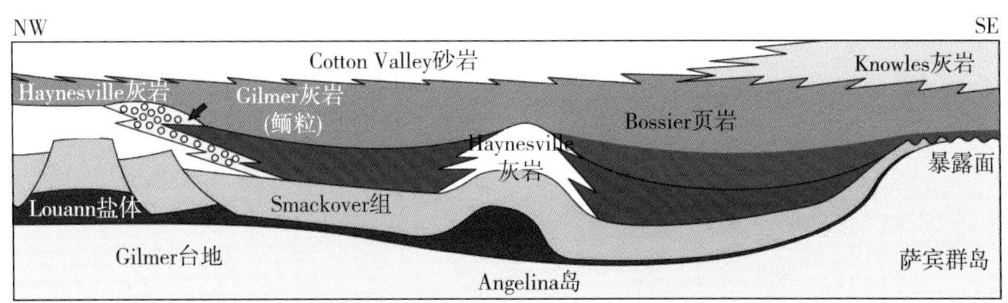


图 6-2　东得克萨斯盆地上侏罗统岩相分布剖面图

## 6.3　地层特征

Bossier 页岩代表了墨西哥湾晚侏罗世提通期的海侵事件。Bossier 页岩是 Cotton Valley 群（提通阶卡顿瓦利群）的一部分，下伏为 Haynesville 页岩，上覆为 Cotton Valley 砂岩和 Knowles 灰岩。

提通阶 Bossier 三角洲沉积体系的沉积物来自于东得克萨斯州境内的主要河流，在东得克萨斯盆地发育了页岩和盆底扇沉积。Cotton Valley 群三角洲碎屑岩是白垩纪三角洲进积作用的产物（图 6-3）。

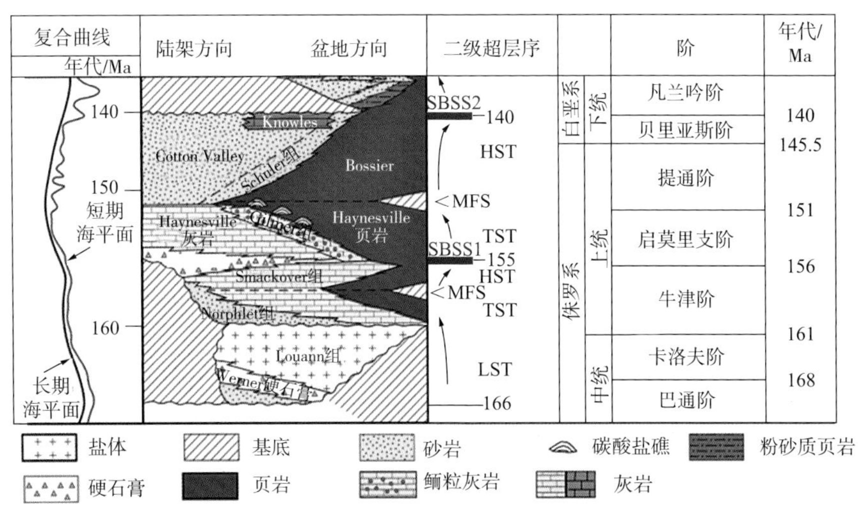


图 6-3　东得克萨斯盆地上侏罗统地层综合柱状图

Bossier 组可划分为上下两段，下段主要是富含泥质的页岩和薄层碳酸盐岩，随海平面的上升，碎屑含量增多；上段以砂质页岩为主，自下而上黏土含量逐渐减少，砂质含量增加。

Bossier 页岩岩性的变化在中子－密度测井曲线上响应明显，硅质碎屑含量的增加和有机质含量的减少导致密度增大和中子减小。Bossier 页岩下段具有高 GR 特征，测井曲线呈箱状；上段曲线表现为低 GR 特征，局部呈指状（图 6–4、图 6–5）。

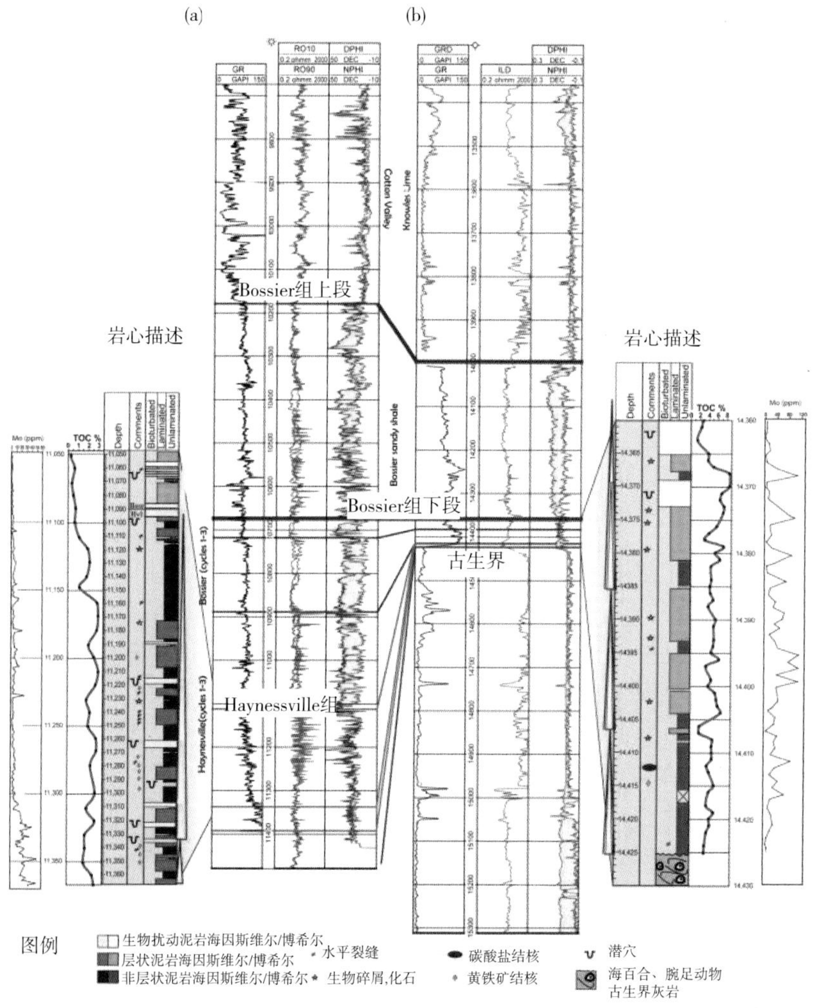


图 6–4　Bossier 页岩连井剖面对比图

Bossier 页岩沿上倾方向渐变为 Cotton Valley 群河流 – 三角洲相砂岩。Bossier 页岩及上覆 Cotton Valley 砂岩的厚度变化很大，说明 Bossier 页岩沉积期同沉积期构造活动增强。

## 6.4　沉积特征

### 6.4.1　岩相特征

综合矿物学、岩石组构、古生物及结构等特征，可将 Bossier 页岩划分为多种岩相类型，其中富有机质岩相中钙质含量较高。

1. 无纹层的球粒状泥岩相

无纹层的球粒状泥岩相有机质含量高。这种岩相在泥质含量比较高的情况下表现出易于剥落的特征，而在富含方解石时则表现为块状。虽然在岩心中这种岩相表现出均质性，但薄片观察发现该岩相含有粉砂级的硅质颗粒、球粒、粪粒、钙质超微化石、菊石化石、纸状海扇属双壳类化石等 [ 图 6–5(e)]。压实作用使软的球粒发生变形，产生了凝块组构（clotted fabric）。大多数基质都是由球粒构成的，这些球粒形态各异，大小 2~50 μm 不等。

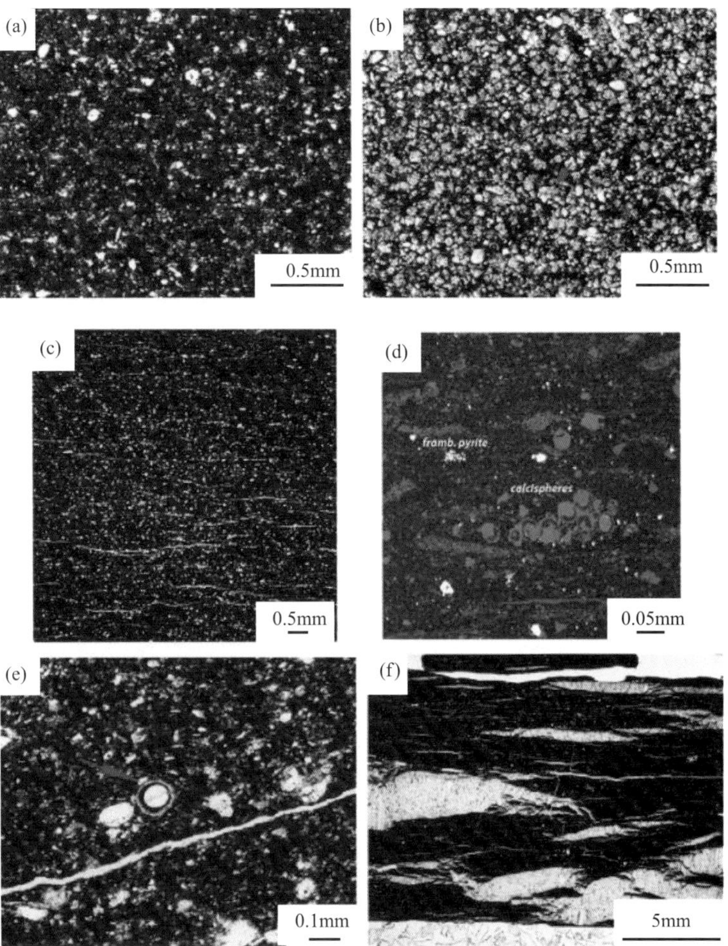


图 6–5　Bossier 页岩无纹层的球粒状泥岩相镜下特征

黏土矿物包括伊利石、云母、高岭石和绿泥石，硅质碎屑主要包括石英、斜长石和钾长石，碳酸盐矿物主要有方解石、少量白云石和铁白云石 [ 图 6–5(a)、(b)、(c)、(d)、(f)]。有机质分散在基质中的硅质碎屑和碳酸盐颗粒之间。该岩相的黏土和硅质含量一般较高，分别介于 30%~40% 和 20%~30% 之间，有机碳含量（TOC）也较高，介于 3%~5% 之间，在黏土含量比较高的情况下岩石易剥落。在界面处，这种岩相表现为大量的不连续纤维状方解石胶结层，厚度最大可达 2cm。

2. 纹层状泥岩相

1）纹层状球粒硅质泥岩相

该岩相在受硅质碎屑影响较强烈的区域占主导地位，在各种尺寸的球粒、碳酸盐壳体、浮游生物的介壳、有机质和黏土等颗粒中，粉砂级硅质碎屑颗粒的含量较多。厘米级到毫米级以下规模的纹层由交互的泥质、富含有机质和球粒的薄层构成[图6-6(a)、(b)、(c)]。在西路易斯安那州，纹层状岩相的特征是富含黏土的泥岩与下伏的富有机质纹层状泥岩呈突变接触。这些黏土岩具有均质性，形成了5~10mm厚的纹层。下伏的泥岩通常可见潜穴，被上覆的富黏土纹层的冲刷底面侵蚀。富含颗石藻的粪粒平行层面排列，但很少形成连续的纹层。像无纹层的泥岩相一样，纹层状泥岩相也包含黏土絮凝体以及直径可达0.5mm的比较大的球粒。这些比较大的球粒主要由圆锥形灰岩颗粒、极细的壳体碎片及其他碳酸盐颗粒构成，而且一般被压平。扫描电镜分析（SEM）揭示了这些球粒的微孔隙。该岩相中黏土含量比较高，以絮凝体和球粒的形式出现，有机质分布在整个黏土颗粒中，通常顺纹层排列，TOC值介于2%~4%之间，岩相中可见石英、钾长石和绿泥石颗粒。

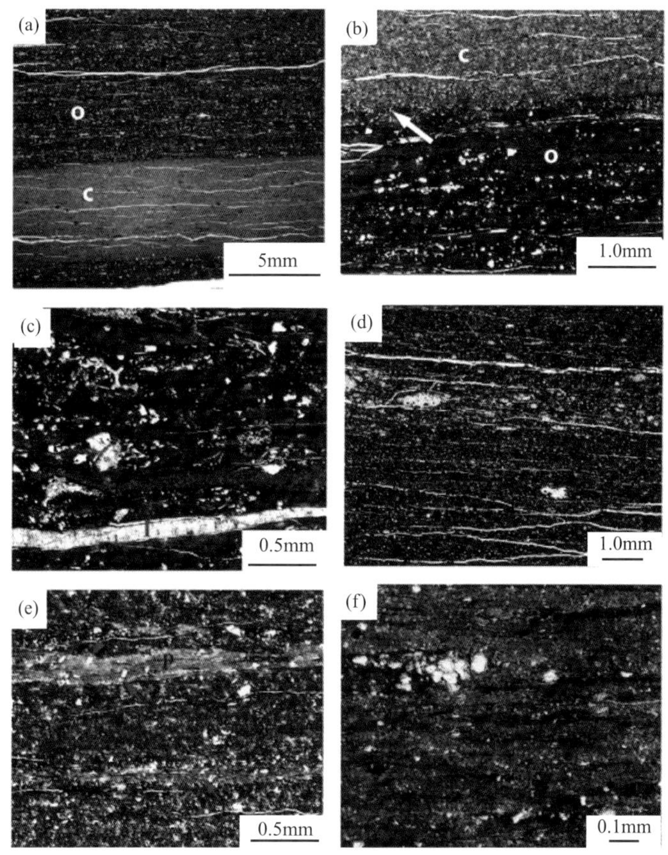


图6-6 Bossier组纹层状泥岩相镜下特征

2）纹层状球粒钙质泥岩相

该岩相在以碳酸盐岩为主的地区和富有机质的Bossier组中最为发育，具有毫米级到厘米级的纹层，这些纹层的构成包括定向排列的生物碎屑、有机质层、球粒、黏土和碎屑方解石[图6-6(d)]。生物碎屑的构成主要包括双壳类破碎的壳体（未分异的纸状海扇属）、双壳类和叠瓦蛤属、棘皮类、海绵骨针、介形类和海百合。这些壳层沿着层面排列，并与黏土层和有机质层交互出现。在缺乏壳体的样品中，部分纹层以碎屑方解石层的形式出现。

微米级的方解石晶体呈圆形—棱角状[图6-6(e)]，积聚成簇、沿层面排列或分布在黏土质基质中。在晶体生长终止部位，圆形方解石颗粒上可见方解石加大边，它们生长成为黏土质基质或交代黄铁矿。原始沉积物大多呈球粒状，少量介于 10~50 μm 之间，规模更大的毫米级的球粒能够显示出沉积构造，例如交错层理、波状纹层 [ 图 6-6(f)]。大多数球粒都因压实作用而成扁平状。双壳类的壳体通常受新生变形作用，为方解石胶结物的形成提供场所。该岩相的 TOC 介于 2%~5%之间。

3. 生物扰动泥岩相

1）生物扰动硅质泥岩相

这种岩相主要分布在路易斯安那州西北部和东得克萨斯州北部 Haynesville 泥岩中。其基质构成为黏土、有机质及细粒硅质碎屑和碳酸盐颗粒 [ 图 6-7(a)、(b)]。这种岩相可见大量的潜穴和生物扰动现象，从而使原来的纹层状岩相变得模糊。潜穴以扁平透镜状出现在球粒基质中，含有粪粒状颗粒、壳体、粉砂级硅质颗粒和有机质。周围的基质由非常细粒的硅质颗粒、有机质、碳酸盐和黏土构成 [ 图 6-7(c)、(d)]。这种岩相一般出现在向上变浅旋回的顶部，在远源方向上其数量逐渐减少。

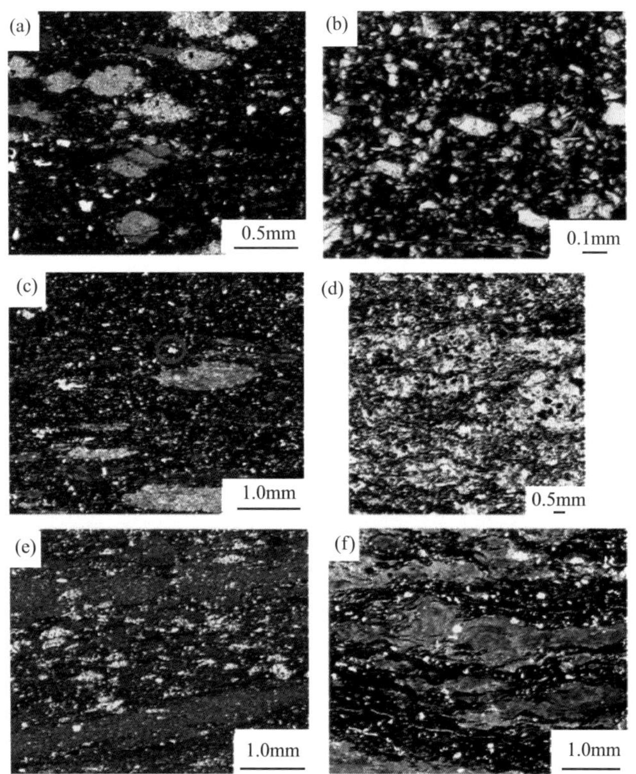


图 6-7　Bossier 组生物扰动泥岩相镜下观察

2）生物扰动钙质泥岩相

生物扰动钙质泥岩相分布在被碳酸盐岩陆架和岛屿包围区域的旋回顶部，在远源方向上其数量逐渐减少。该岩相生物扰动强烈，骨架碳酸盐碎屑含量可高达58%，包括软体动物、棘皮动物、珊瑚、海绵骨针和介形类，它们与黏土质基质和有机质混合在一起。还可以见到破碎的未定名的生物碎屑和纸状海扇属、叠瓦蛤属以及未定名的双壳类壳体化石，它们通常沿着层面排列［图 6-7(e)、(f)］。TOC 含量介于 2%~5% 之间，但在富有机质的 Bossier 页岩中 TOC 可能更高一些。这种岩相主要呈块状，在岩心中未表现出易剥裂性。硅质碎屑颗粒由石英构成，斜长石少见，大都低于 35%。方解石占主导地位，但也可以见到其他矿物，例如白云石、硬石膏和黄铁矿等。

4. 贫有机质的 Bossier 页岩相

薄片分析结果表明，该岩相生物扰动和粘土含量增多。潜穴在 Bossier 层段普遍存在，但在 Haynesville 中常见的其他化石在这里则很少见。除了黏土和有机质外，粉砂级石英和长石颗粒以及压实的球粒也是这个岩相的主要组成部分。该岩相分布较广泛，TOC 在 0.5% 以下。

### 6.4.2 沉积环境

Bossier 页岩沉积时期，受北西方向陆源碎屑物质大量输入及海平面周期性下降的共同影响，使得该套页岩具备强生物扰动、高沉积速率、高黏土含量的特征（图 6-8）。

尽管 Bossier 页岩中黏土和碎屑的含量较多，但该套页岩中仍存在一个富有机质的产气层段（Cicero 等，2010）。该产气层在平面上分布于路易斯安那州的 De Soto Parish 县，延伸至得克萨斯州的 Nacogdoches 县（图 6-8）。该富有机质页岩段沉积于远离三角洲及由古生代隆起和碳酸盐岩台地形成的局限环境中。上升洋流作用有利于该沉积环境中的有机质富集，与此同时，陆源碎屑供给量少，有利于有机质保存。上升洋流和沿岸流向沉积体系提供了大量的营养物质（DeMaster 等，1996；Aller，1998；McKee 等，2004），提高了古生产力（图 6-8）。

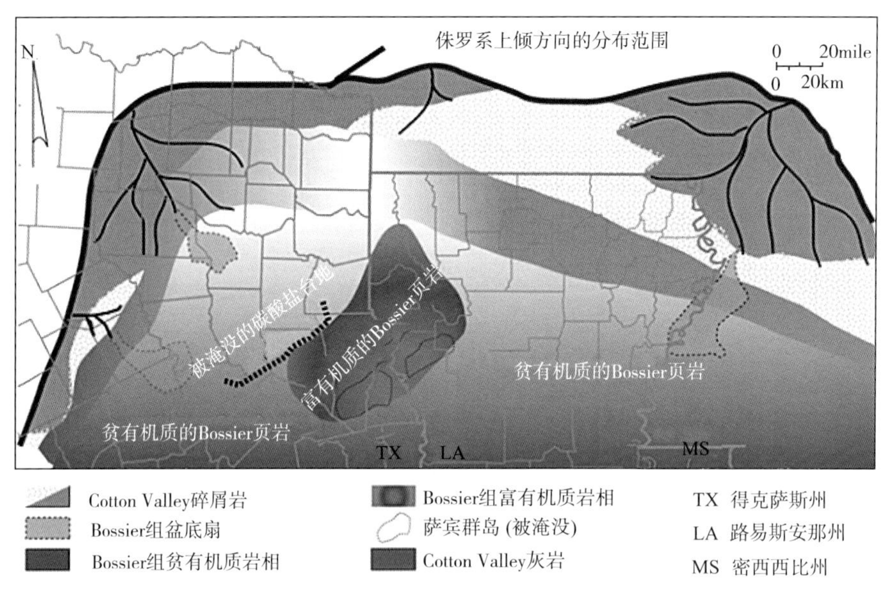


图 6-8 Bossier 页岩沉积模式图

贫有机质 Bossier 页岩发育段在平面上位于东得克萨斯州至路易斯安那州西北部（图 6-8）。岩心观察揭示：在浊流作用下，硅质碎屑和黏土的输入在一定程度上稀释了有机质，从而发育了 Bossier 页岩贫有机质段。此外，在盆地边缘已经发现的盆底扇和斜坡扇，可作为未来潜在勘探目标（Klein 和 Chaivre，2002）。

## 6.5 地化特征

### 6.5.1 有机质丰度

Bossier 页岩有机碳含量在东得克萨斯盆地平面上自北西向南东方向逐渐增大，纵向上自下而上整体呈降低趋势，底部 TOC 含量最高，可达 5%以上，顶部 TOC 含量最低，在 1%以下（图 6-9）。

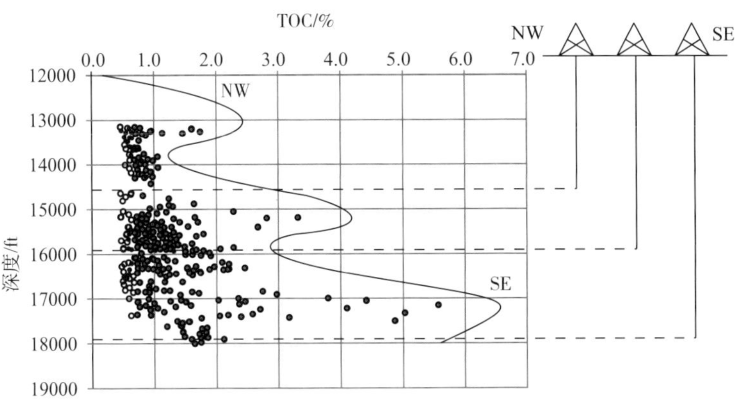


图 6-9 东得克萨斯盆地西北部、中部和东南部的 Bossier 页岩 TOC 纵向特征分布图

### 6.5.2 干酪根类型和成熟度

Bossier 页岩岩石热解分析结果显示：平均 HI 值约为 90mg HC/g TOC，表明 Bossier 页岩具有一定生烃潜力。东得克萨斯盆地西北部的 Bossier 页岩有机质类型为Ⅱ-Ⅲ混合型干酪根，盆地东部为Ⅱ型干酪根。从图 6-10 可以看出，由于大多数 HI 值小于 150~200mg HC/g TOC，证实了源岩仍处在生气窗内。Westcott 和 Hood（1994）通过对东得克萨斯盆地的区域源岩成熟度研究表明：该地区 Bossier 页岩热成熟度范围介于 1.2%~1.6%之间。

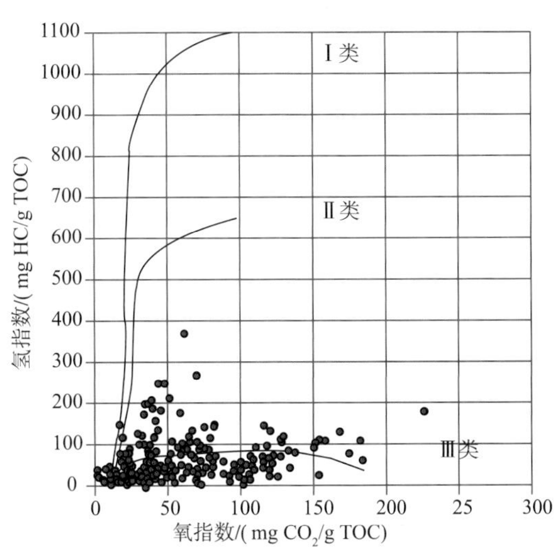


图 6-10 基于 Rock-Eval 的 Bossier 页岩范氏图

### 6.5.3 生烃演化

镜质体反射率校正的埋藏史曲线表明，Bossier 页岩在白垩纪中期（95Ma）达到生油窗（图 6-11）。随着埋深的增加，地层温度升高，成岩过程中由于大量液态烃裂解为气态，导致储层压力增加。在古新世期间达到生气窗，生成了大量的天然气。

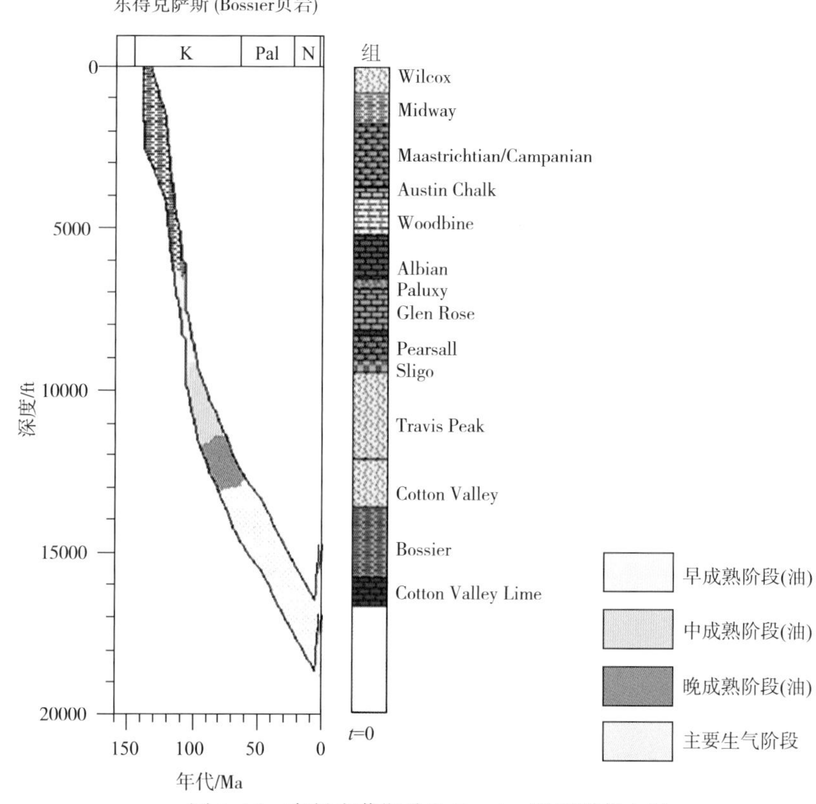


图 6-11 东得克萨斯盆地 Bossier 页岩埋藏史图

## 6.6 储集特征

Bossier 页岩有机质存在多种赋存形式：①与细粒矿物和黏土混合分布的有机质（A 型），其有机质内孔隙形态表现为边缘锯齿状—圆形。圆形孔径多低于 500nm，而大孔隙多为锯齿状边缘孔隙；②成层分布的有机质（B 型），其有机质孔隙尺度从 100nm 至几个微米；③分散状有机质（C 型），其内部结构中有机质孔隙发育程度较低（图 6-12）。

Bossier 页岩的有机质赋存形式以 A 型和 C 型为主，其中前者有机质内可见大量有机质孔隙，后者有机质孔隙发育较少。而页岩孔隙类型中，除有机质孔隙外，还发育一定程度的无机质孔隙，薄片观察 Bossier 页岩无机质孔隙类型可分为粒间孔隙和粒内孔隙两类。

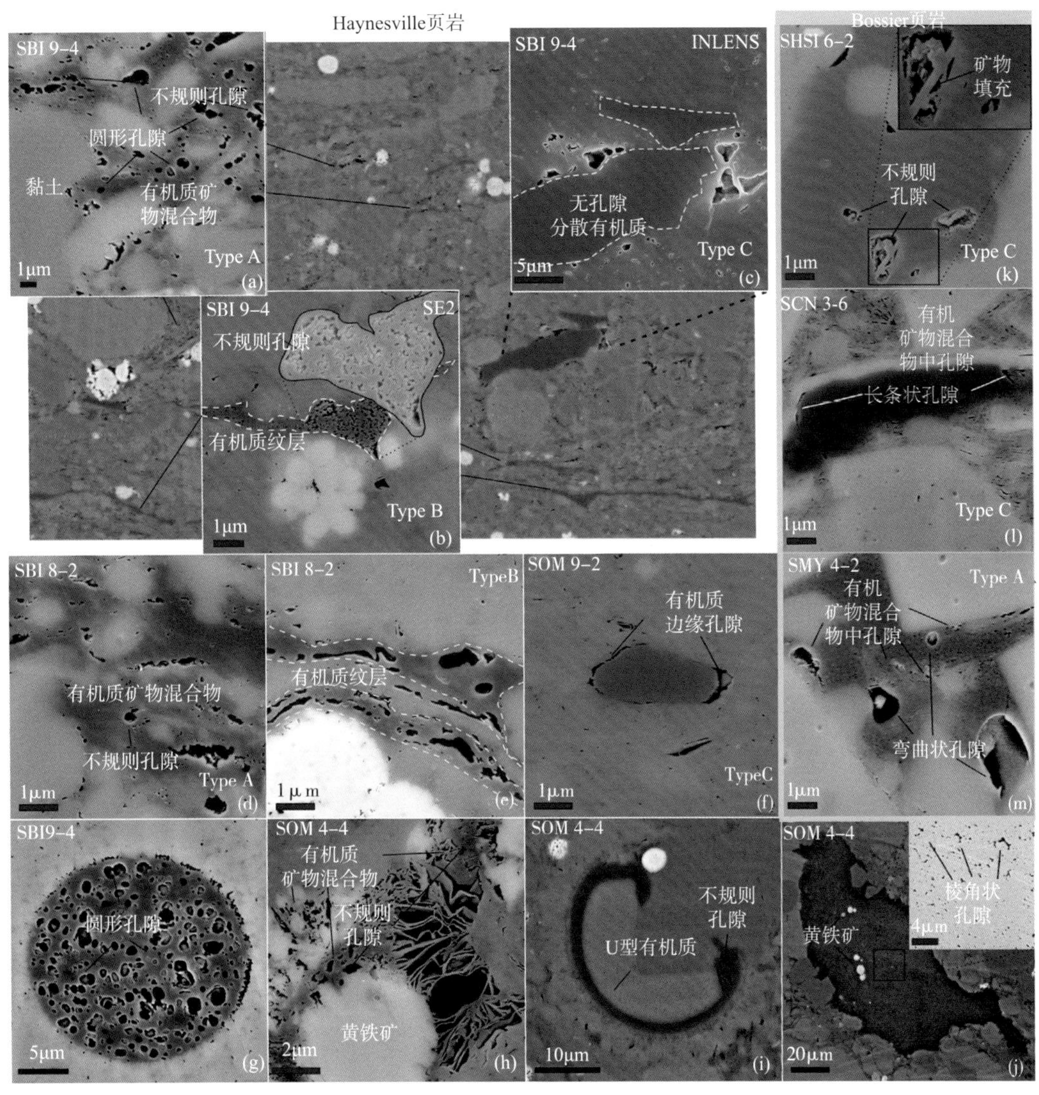


图 6-12 Bossier 页岩有机质孔隙和有机质类型

（a）、（d）和（m）为与细粒矿物和黏土混合分布的有机质；（b）和（e）为成层分布的有机质；（c）、（f）、（k）和（l）为分散状有机质；（g）、（h）、（i）和（j）为外来有机质

## 6.7 可压性特征

### 6.7.1 Bossier 富有机质段

Bossier 富有机质泥岩段呈黑色至灰黑色，可分为页理发育段和块状构造段。其中页理发育段呈黑色，少见宏体化石，断面可见炭质镜面，该段黏土矿物含量平均为 45%。块状构造段下伏细粒粉砂岩厚度接近 1cm。该段常见平行于层面的壳体或海百合茎化石碎片的堆积层，该段黄铁矿多呈星散状分布。相较于页理发育段，该段黏土矿物含量较低，平均

值为 35% 左右。

在靠近盆地边缘井中所取岩心的下段可见特征明显的富钙质层，这些层呈块状，一般厚 30~60cm，具有侵蚀底面，常见生屑，主要类型为海百合茎及其他生物碎屑（图 6-13）。这些富钙质层自下而上粒度变细，厚度变薄。随着粒度向上变细，它们开始与深色块状页岩交互出现，最终消失。这些地层的伽马响应值呈现由低变高的渐变特征。X 衍射分析证实泥质含量低，TOC 降至 0.5%以下。

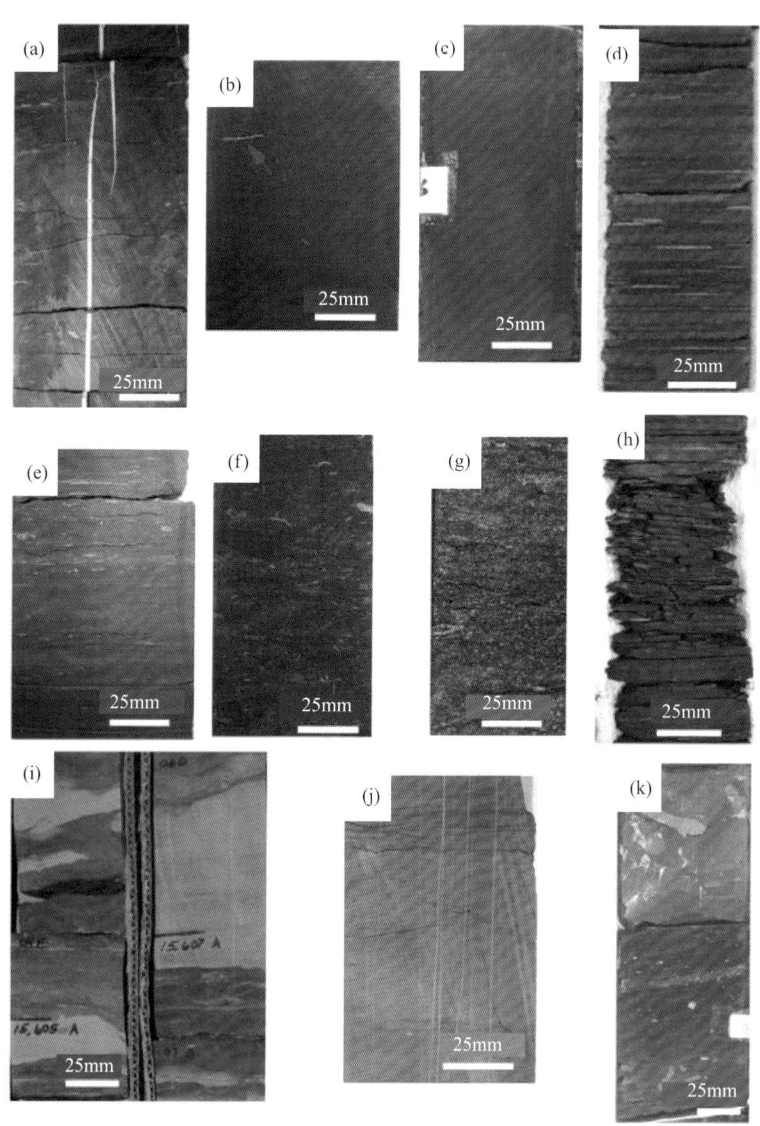


图 6-13 Haynesville 和 Bossier 页岩岩心照片

## 6.7.2 Bossier 贫有机质段

贫有机质 Bossier 泥岩段具有强烈的生物扰动。潜穴大都被较粗的粉砂质颗粒充填，且可见被截削的现象，反映出曾发生侵蚀作用。同富有机质的 Bossier 段相比，该段泥岩粒度较粗，颜色较浅，黏土矿物含量增多，平均为55%，二氧化硅含量增高，碳酸盐含量降低。

## 6.8 含气性及潜力分析

东得克萨斯和西路易斯安那州的 Haynesville 和 Bossier 页岩已成为北美最优质页岩气勘探开发层系之一。生产井常具有较高的初期产量（30MMcf/d）、较高的压力梯度（0.9psi/ft）。这些具有经济可采价值的页岩层段已引起了工业界和学术界的广泛重视，并促进了诸如地球化学、沉积学、页岩成岩作用和孔隙定量表征等方面的研究。

## 参考文献


[1] Cicero A D, Steinhoff I, Mcclain T, et al. Sequence Stratigraphy of the Upper Jurassic Mixed Carbonate/Siliciclastic Haynesville and Bossier Shale Depositional Systems in East Texas and North Louisiana[J]. Gulf Coast Association of Geological Societies, 2010, 60: 133–148.

[2] Dobson L M, Buffler R T. Seismic stratigraphy and geologic history of Jurassic rocks, Northeastern Gulf of Mexico[J]. AAPG Bulletin, 1997, 81(1): 100–120.

[3] Hammes U, Frebourg G. Haynesville and Bossier mudrocks: A facies and sequence stratigraphic investigation, East Texas and Louisiana, USA[J]. Marine and Petroleum Geology, 2012, 31: 8–26.

[4] Jackson M P A. Atlas of salt domes in the East Texas basin[J]. University of Texas Bureau of Economic Geology, 1984.

[5] Klaver J, Desbois G, Littke R, et al. BIB-SEM characterization of pore space morphology and distribution in postmature to overmature samples from the Haynesville and Bossier Shales[J]. Marine & Petroleum Geology, 2015, 59: 451–466.

[6] Klein G D, Chaivre K R. Sequence and Seismic Stratigraphy of the Bossier Formation (Tithonian; Uppermost Jurassic), Western East Texas Basin[M]. Sequence Stratigraphic Models for Exploration and Production: Evolving Methodology, Emerging Models, and Application Histories: 22nd Annual, 2002: 487–501.

[7] Moore G T, Barron E J, Hayashida D N. Kimmeridgian (Late Jurassic) General Lithostratigraphy and Source Rock Quality for the Western Tethys Sea Inferred from Paleoclimate Results Using a General Circulation Model[J]. Tijdschrift Voor Gerontologie En Geriatrie, 1995, 34(2): 50–1.

[8] Pindell J L. Alleghenian reconstruction and subsequent evolution of the Gulf of Mexico, Bahamas, and Proto-Caribbean[J]. 1985, 4(1): 1–39.

[9] Presly M W, Reed C H. Jurassic exploration trends of East Texas[J]. Am. Assoc. Pet. Geol. Bull. (United States), 1984, 68: 9.

[10] Williams P. East Texas and North Louisiana have served another tantalizing reservoir: The superb Haynesville shale[J]. Oil and Gas Investor ,2009,29(1): 50–61.

[11] Wang F P, Hammes U. Effects of petrophysical factors on Haynesville fluid flow and production[J]. World Oil, 2010: 79–82.

# 7 Conasauga 页岩油气地质特征

## 7.1 勘探开发历程

Conasauga（科纳索加）页岩是一套发育在美国东部阿拉巴马州的寒武系黑色页岩（图 7-1），构造上隶属于阿巴拉契亚逆冲带。Conasauga 页岩地层年代老、构造复杂，是阿拉巴马州页岩气开发以来最复杂的一套页岩层系。针对 Conasauga 地层的油气勘探工作可追溯至 20 世纪，早期的油气勘探开发主要基于裂缝性气藏的思路，后期随着钻完井工程工艺的进步，非常规油气勘探开发的思路才逐渐形成。

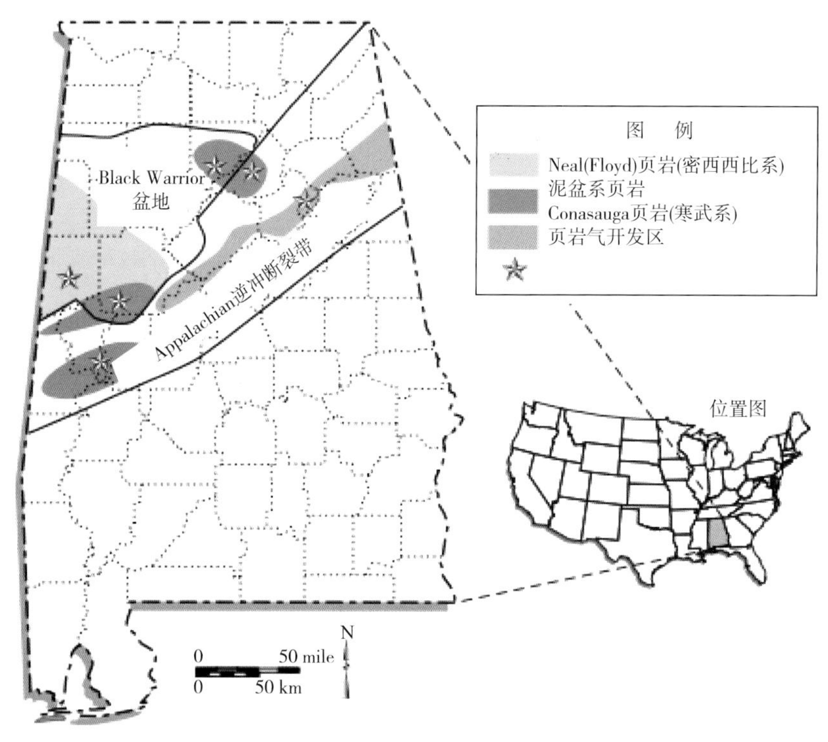


图 7-1 阿拉巴马州页岩气开发区位置图

1984 年 11 月，Amoco 开发公司在阿拉巴马州 St. Clair 县钻探了 J.J.Young 34-2 #1 井，该井主要目的层为寒武系—奥陶系，是首次被记载的钻遇 Conasauga 地层的井，该井 Conasauga 地层深度超过 9000ft，完钻井深达到了 9915ft（Raymond，1991）。

2005 年，Dominion 勘探开发有限公司在 J.J.Young 井区从事页岩气勘探开发工作，2007 年 2 月钻探的 Dawson 34-03-01 井在 Conasauga 页岩地层中获得工业气流，标志着

Big Canoe Creek 气田的发现。该气田页岩气资源丰富，地层中局部存在异常高压（Pashin 等，2011；Williams，2007），2012 年 Conasauga 页岩气日产量达到 187047 × $10^3$scf/d。

为了在 Big Canoe Cree 气田的外围地区寻求突破性发现，Energen Resources 和 Chesapeake Energy 公司在 Conasauga 远景区的西南部钻探了一口页岩气探井 Marchant 22–16#1，完钻井深 12406ft。该井钻遇埋深超过 10600ft 的 Conasauga 页岩，在井深 6900~11720ft 之间发现几个气测显示异常的井段。此外，在 Big Canoe Creek 气田东北部的阿拉巴马州和乔治亚州西北部，针对 Conasauga 页岩地层也开展了一系列的勘探评价工作。

## 7.2 构造特征

在元古代晚期—早古生代早寒武世，随着罗迪尼亚超级大陆的瓦解，处于被动大陆边缘的劳伦古陆开始逐渐形成，根据 Glumac 和 Walker（1998、2002）的研究，在早古生代，该被动大陆边缘处于现今美国的东北部，当时发育一个广阔的碳酸盐岩海槽，海槽的西部形成了北美大型的克拉通盆地。

Conasauga 页岩厚度较大，沉积于 Birmingham 地堑，寒武纪早期发生 Iapetan 裂谷作用，地堑原始页岩厚度超过 6500ft。Birmingham 地堑在奥陶纪 Taconian 造山过程中发生了地层倒转现象，在后期的密西西比纪和宾夕法尼亚纪期间该地堑又开始活跃，受 Taconian 造山带隆升和 Birmingham 地堑活动的影响，Conasauga 页岩地层中产生了更多的滑脱变形构造。实际上，Conasauga 页岩在阿巴拉契亚古生代晚期逆冲推覆期间变形成一个巨大的软泥层变形叠积体（图 7–2、图 7–3）。

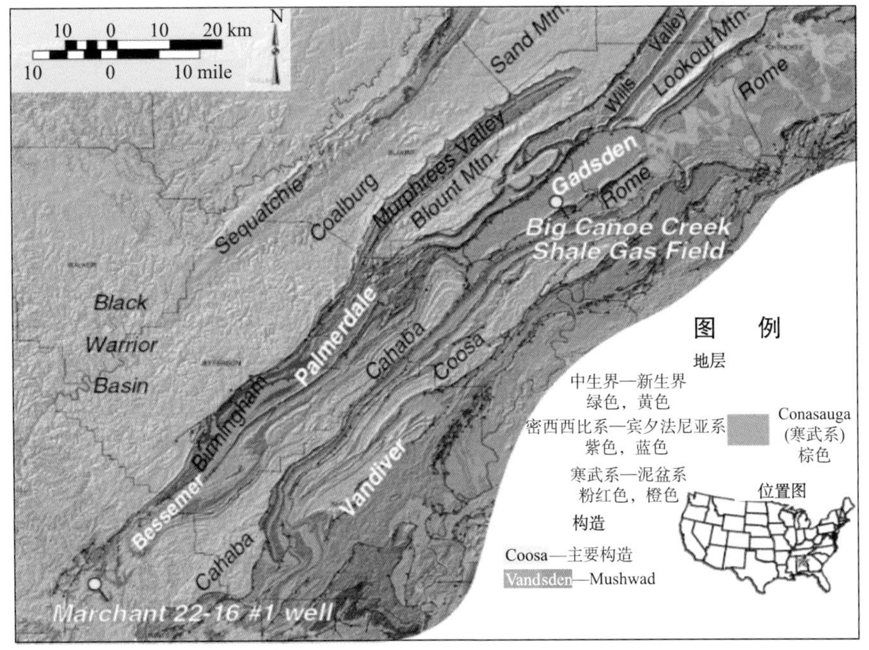


图 7–2 阿巴拉契亚逆冲带地质略图（据 Pashin，2008、2009；Osborne，1988）

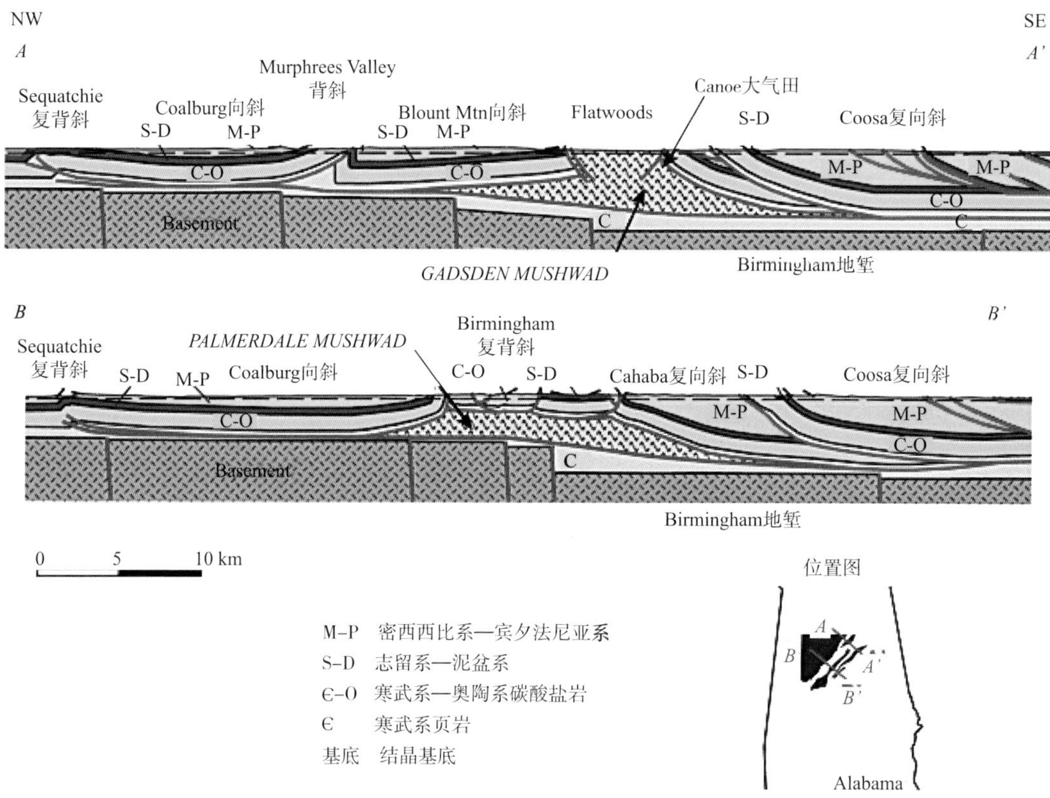


图 7–3 阿拉巴马州南部阿巴拉契亚逆冲带的平衡构造剖面图（据 Thomas 和 Bayona，2005）

阿巴拉契亚逆冲带主要包含碳酸盐岩和硅质岩，其中硅质岩主要形成于寒武纪至宾夕法尼亚纪时期（图 7–2、图 7–3）（Thomas，1985；Thomas 和 Bayona，2005 等）。逆冲带以薄皮变形构造为主，受基底剥离作用的影响，下寒武统地层向西北部延伸，在 Conasauga 组在内的寒武纪页岩原地堆积成一个巨大的软泥体局部沉积厚度超过 4000m（Thomas，2001、2007）。该软泥体表现为一个巨大的缓坡，沿 Birmingham 地堑西北边缘分布。

## 7.3 地层特征

Conasauga 群地层属于寒武系，下伏地层为 Rome 组，上覆地层为 Knox 群。以 ORNL–Joy 2 井为例，Conasauga 群岩性主要为一套薄层页岩与灰岩 / 白云岩互层；下伏的 Rome 组则主要为页岩、粉砂岩、砂岩和石灰岩夹层，含红层；上覆的 Knox 群 Copper Ridge 组地层主要由白云岩、燧石和砂岩夹层组成，地层呈整合接触。

Conasauga 群内部可细分为 Pumpkin Valley、Rutledge、Rogersville、Maryville、Nolichucky 及 Maynardville 六个组（图 7–4）。其中：Pumpkin Valley、Rogersville、Nolichucky 组以页岩为主，而 Rutledge、Maryville 及 Maynardville 组则以灰岩为主。

| 地层 | | 三叶虫带 | 岩性 | 地层 | 厚度/m |
|---|---|---|---|---|---|
| Knox | 上寒武统 | Taenicephalus | | Copper Ridge 白云岩 | 43 |
| Conasauga 群 | 上寒武统 | Elvinia<br>Dunderbergia<br>Prehousia<br>Dicanthopyge<br>Aphelaspis | | Maynardville 灰岩 | 98 |
| Conasauga 群 | 上寒武统 | Crepicephalus<br>Cedaria | | Nolichucky页岩 | 167 |
| Conasauga 群 | 中寒武统 | Bolaspidella | | Maryville灰岩 | 141 |
| Conasauga 群 | 中寒武统 | Ehmaniella | | Rogersville页岩 | 39 |
| Conasauga 群 | 中寒武统 | Glossopleura | | Rutledge灰岩 | 30 |
| Conasauga 群 | 中寒武统 | Glossopleura | | Pumpkin Valley页岩 | 94 |
| Rome | | | | Rome | 188 |

图 7-4　ORNL-Joy2 井 Conasauga 群地层综合柱状图（据 Campell，2008）

Pumpkin Valley 组：该组位于 Conasauga 群的底部，整体为页岩，ORNL-Joy 2 井钻探厚度为 94m。可分为上、下两段，下段主要以泥岩和粉砂岩互层或夹层出现，这些粉砂岩夹层多见生物扰动的痕迹，并富含大量的海绿石颗粒。上段和下段岩性相似，生物扰动程度没有下段强烈，并且无论是在上段的泥岩或是粉砂岩中海绿石均较发育。

Rutledge 组：该组位于 Pumpkin Valley 组之上，ORNL-Joy 2 井钻探厚度约为 30m，以较厚的条带状碳酸盐岩为主，常含一些碎屑岩夹层。依据碎屑岩夹层的差异，可大体分为三段，下段约 6m 厚，由三个灰岩层夹两个泥岩层组成；中段的灰岩夹层包括泥岩、页岩和粉砂岩透镜体；上段的灰岩夹层则主要为透镜状—层状微晶含生屑的颗粒泥质灰岩和灰泥质颗粒灰岩。

Rogersville 组：该组与下伏的 Rutledge 组之间存在岩性的突变面。该组厚约 39m。岩性主要为块状—纹层状的泥页岩、层状—波状的灰岩和长英质粉砂岩，粉砂岩中可见生物扰动。

Maryville 组：该组以灰岩为主，厚度较大，140m 左右。可以分为上、下两段，下段为层状—纹层状的灰岩；上段为夹杂大量扁平状碎屑的灰岩，这些碎屑多为内碎屑和原地的鲕粒灰岩。

Nolichucky 组：该组以页岩为主，自下而上可分为三段，即下部页岩段、中部 Bradly Creek 段和上部页岩段。下部页岩段厚约 140m，由褐红色—红棕色灰岩、泥页岩与向上变细的灰质粉砂岩和灰岩夹层组成，其中灰岩夹层多为砂屑灰岩、鲕粒灰岩和波状含藻泥灰岩；Bradly Creek 段为 9m 厚的灰色—深灰色层状—波状藻灰岩、微晶灰岩和鲕粒灰岩互层；上部页岩段厚约 18m，为波状—层状深灰色钙质泥岩和向上变细的粉砂岩及灰—浅灰色灰岩和泥灰岩互层。

Maynardville 组：该组为 Conasauga 群的最上部的一个组，厚度为 98m，可划分为两段：下段为 Low Hollow 段，主要表现为波状—层状的微晶灰岩与鲕粒灰岩互层；上段为 Chances Branch 段为中—薄层浅黄色至浅灰色白云岩，并含有一些层状的微晶灰岩、鲕粒灰岩等。

## 7.4 沉积特征

Astini 等（2000）将碳酸盐岩缓坡和台地模式应用于阿拉巴马州的 Conasauga 地层（图 7–5），Astini 等（2000）认为 Conasauga 页岩相为缺氧内陆棚盆地外斜坡沉积。Conasauga 地层厚约 885m，代表着一个巨大的浅滩相沉积序列，沿寒武纪 Iapetus 海洋的 Laurentian 边缘形成了内陆棚和陆棚边缘盆地，这些古环境包括浅海、潮缘碎屑楔形带、外陆棚碳酸盐岩和页岩的混合带和沿陆棚—陆坡边界分布的碳酸盐岩滩。自下而上由陆棚缓坡相往碳酸盐岩台地相转变，依次为内陆棚盆地、缓坡、浅滩、台地沉积环境（Astini 等，2000；Pashin，2008；Thomas 等，2000）。

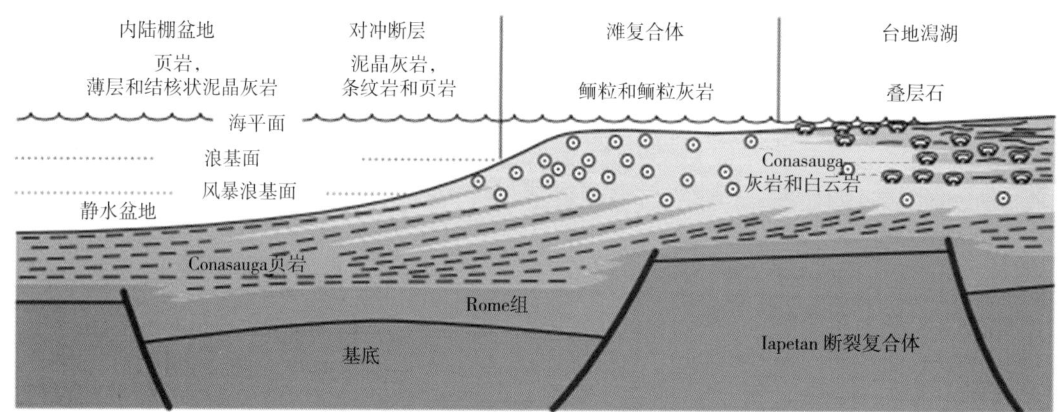


图 7–5　阿拉巴马州 Conasauga 组沉积模式图（据 Astini 等，2000；Markello 和 Read，1982）

Big Canoe Creek 气田页岩气井 Dawson 33–09 #2A 井段 7540~7577ft 的岩心资料显示（图 7–6），Conasauga 页岩一般为深灰至黑灰色薄层—厚层的钙质、云质页岩，页岩中纹层较发育，可见薄层的黏土、有机质、碳酸盐岩和石英质粉砂岩，局部可见小波痕纹层、砂级—细砾级的黄铁矿团块。球状泥晶占主导，大部分灰岩经历了重结晶作用。泥质灰岩最厚，含小型虫孔和交错纹层。大多数灰岩纹层和黄铁矿都是顺层分布，但是也有一些黄铁矿发生反转，局部发育叠瓦状的泥晶砾岩层（图 7–6）。

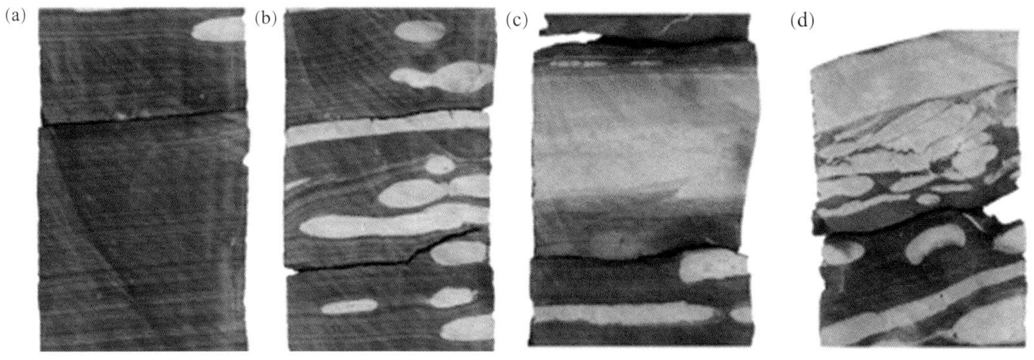


图 7-6　Big Canoe Creek 气田 Dawson 33-09 #2 井 Conasauga 页岩的岩心照片

（a）层状页岩；（b）带有微结核的层状页岩；（c）具有火焰结构的泥晶灰岩层；（d）在页岩中沉积的泥晶碎屑

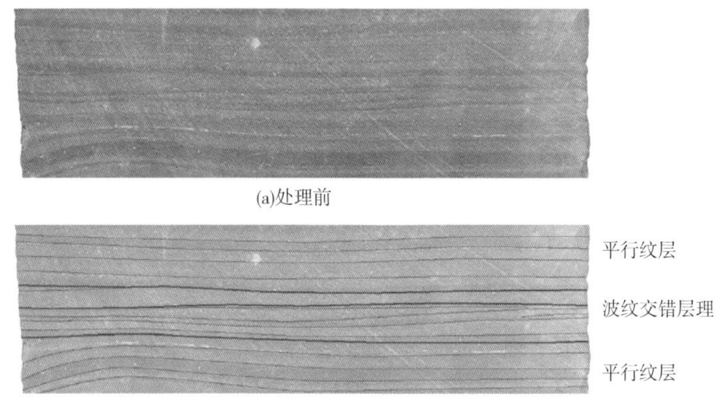


图 7-7　Big Canoe Creek 气田 Dawson 33-09 #2A 井 Conasauga 页岩亚平行和波纹交错层理（2302.6m）

Dawson 33-09 #2A 岩心下部页岩平行层理和波纹交错层理发育，少见生物扰动现象（图 7-6、图 7-7），反映该时期为静水环境。

Dawson 34-03-01 探井岩心揭示，Conasauga 群上部以灰岩和页岩互层为主，灰岩含量自下而上增高。岩心下部 500ft 井段处灰泥岩常见，顶部主要为富含球粒的砂屑灰岩。全岩心段均可见角砾灰岩。Dawson 34-03-01 探井的 Conasauga 页岩为深灰至黑灰色，脆性较强。页岩中的沉积构造包括泥质纹层；可见页岩和石灰石层叠形成的细条纹层（图 7-9）。生物构造包括水平洞穴、三叶虫遗迹化石等（图 7-10），化石包括舌状腕足类，球接子属和褶颊虫亚目三叶虫。球接子属保存最好的印痕是一个明显的蜕皮壳（图 7-11）。

Dawson 34-03-01 探井岩心的上部地层沉积于浅滩和潟湖环境（图 7-5、图 7-8）。一些已经形成的波状、透镜状和结核状石灰岩层（图 7-12）可能与潮汐作用相关，发育一系列角砾灰岩（图 7-13）。胶结的石灰岩很可能是潟湖沉积，而白云岩则指示较深的水体环境。

结合 Dawson 33-09 #2A 井和 Dawson 34-03-01 井两口井的 Conasauga 组岩心，表明从陆棚、盆地、缓坡、浅滩到台地的整体变化的沉积背景。

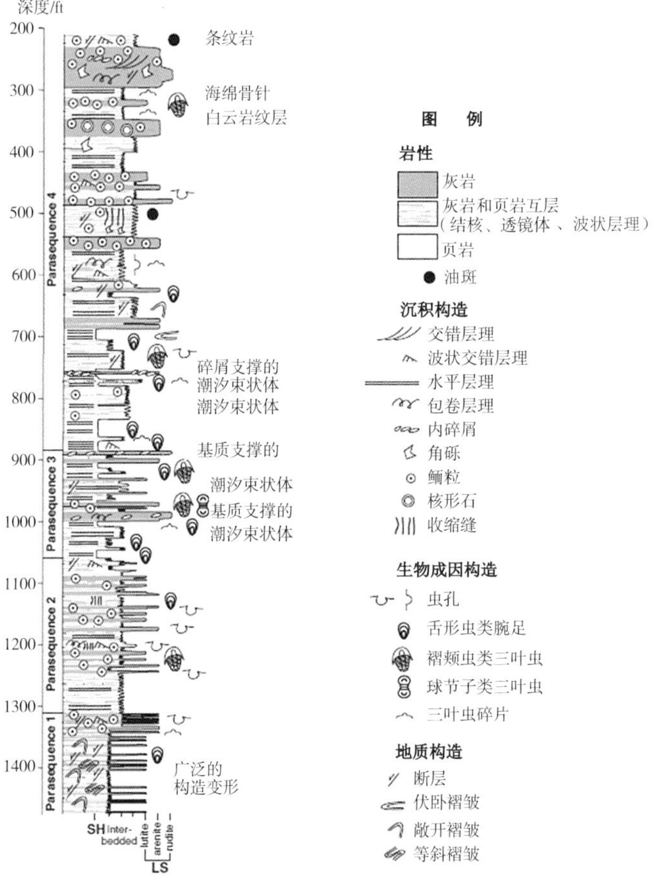


图 7-8 Big Canoe Creek 气田 Dawson 34-03-01 岩心描述柱状图

图 7-9 Dawson 34-03-01 井 Conasauga 地层中的细条纹层状页岩和灰石层（316.10m）

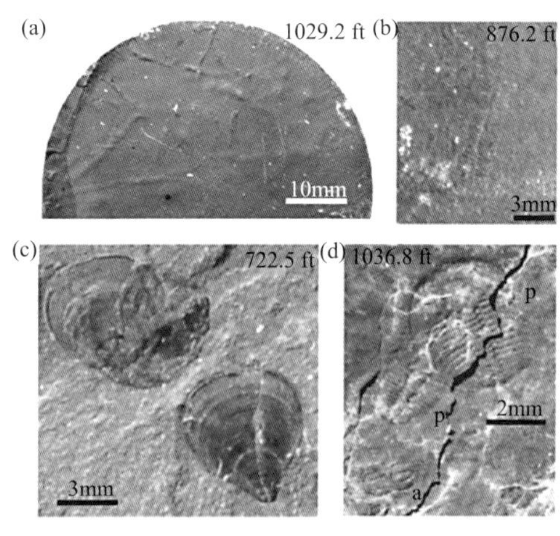


图 7-10 Dawson 34-03-01 井岩心观察到的遗迹化石和生物化石

（a）Planolites 虫孔；（b）Cruziana 爬迹；（c）舌状腕足类动物；（d）褶颊虫亚目和球接子属三叶虫

图 7-11　Dawson 34-03-01 井岩心观察到的球接子属三叶虫（箭头处）（标本长 1.2mm）

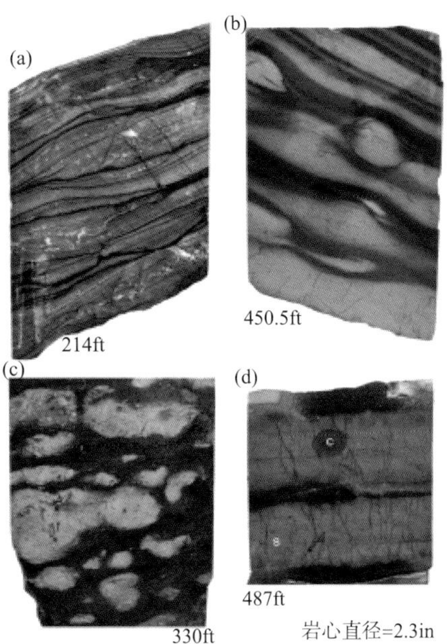


图 7-12　Dawson 34-03-01 井岩心观察到的结核状和浪层状的灰岩和页岩

（a）纹层状灰岩；（b）波痕层状灰岩；（c）结核状灰岩；（d）富裂缝和裂隙灰岩

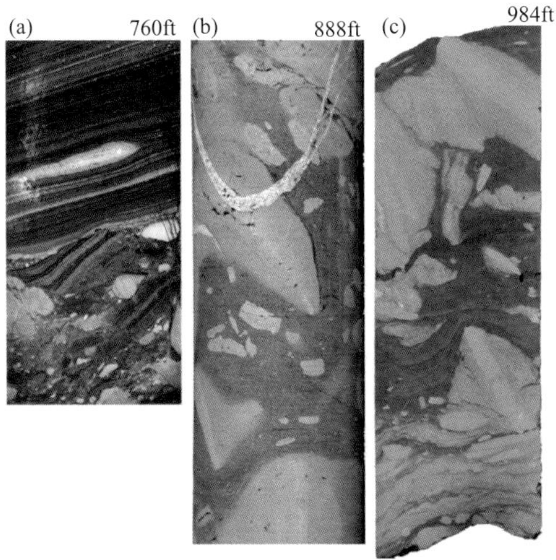


图 7-13　Dawson 34-03-01 井岩心中的角砾状灰石

（a）下伏层状页岩的碎屑支撑砾岩；（b）分布在泥质中的分选性差的碎屑基质；（c）变形页岩层和边缘石灰岩碎屑

## 7.5　地化特征

Conasauga 群沉积时期，陆生植物还未出现，所以有机质的干酪根类型和年代较新的

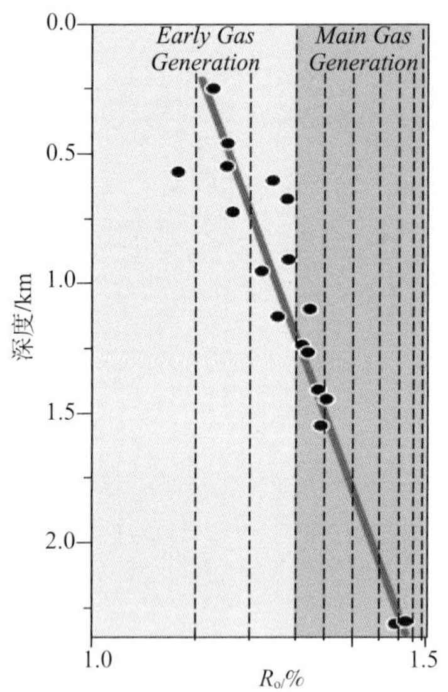


图 7-14　阿拉巴马州圣克莱尔县 Big Canoe Creek 气田 Conasauga 页岩中的干酪根镜质体反射率与深度的关系曲线

黑色页岩的干酪根类型不同。可识别的干酪根类型为Ⅱ型至Ⅳ型。Ⅱ型干酪根易生油，包括孢粉、孢子体，主要由寒武纪时期的疑源类组成。此外，存在少量的惰性物质，主要为氧化和真菌有机质的Ⅳ型干酪根来源；后者直到寒武纪之后才演变。

虽然现今 Conasauga 地层温度较低不足以产生热成因气，但镜质体反射率数据表明之前已生成大量的天然气。与镜质体有关的最常见的木本植物在寒武纪时期不存在，草本植物干酪根可以用作寒武纪地层镜质体反射率研究的替代物（Burchard 和 Lewan，1990）。Conasauga 页岩镜质体反射率的范围为 1.1%~1.9%（图 7-14），并且随着深度的增加而增大，表明页岩处在热成因生气窗中（图 7-15）。在深度 3500ft 以下，页岩位于主要生气窗中。

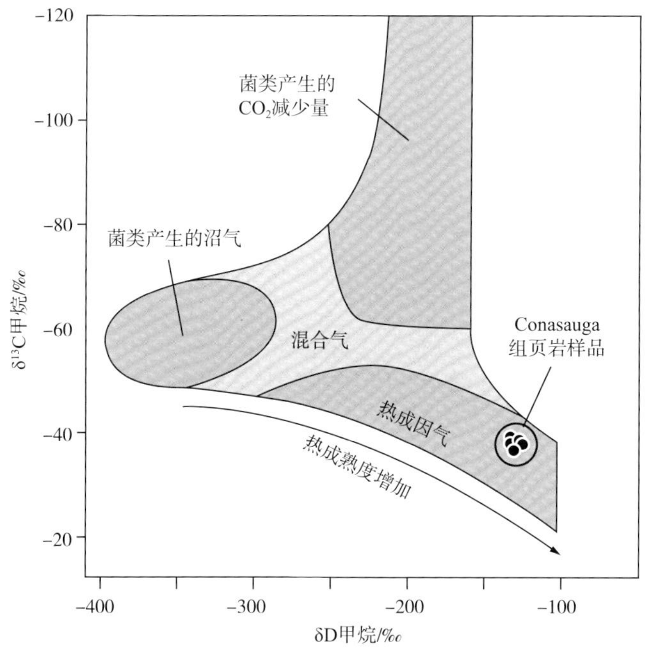


图 7-15　Big Canoe Creek 气田 Conasauga 热成因天然气稳定同位素图

Conasauga 页岩的地球化学分析表明在一些样品中 TOC 含量平均为 0.4%，最高可达 1.7%以上 [ 图 7-16(a)]。

地化测试数据表明 Conasauga 页岩气为热成因气（表 7-1）。$\delta^{13}C_1$ 和 $\delta D_{CH_4}$ 的同位素比值交会图进一步证实了热成因观点（图 7-15），干燥指数（$100 \times C_1/C_{1-5}$）为 95~97，反映有机质为腐泥型。$C_2/C_3$ 比值为 7~10，$\delta^{13}C_2$ 和 $\delta^{13}C_3$ 之间的差异为 -5~0，这与油气

二次裂解相吻合（Lorant 等，1998）。镜质体反射率与深度呈对数线性关系（图 7–14），有机质成熟度变化较小，表明热成因气的生成实际上在构造运动之后。研究认为，阿巴拉契亚逆冲带的埋藏和热史模型表明主要的有机质成熟阶段发生在二叠纪最大埋藏深度附近（Carroll 等，1995；Telle 等，1987）。

表 7–1　Big Canoe Creek 气田 Conasauga 组产出的天然气地球化学分析结果

| 井名 | 气组分 /% | | | | | | | | | 同位素 /‰ | | | | | | |
|---|---|---|---|---|---|---|---|---|---|---|---|---|---|---|---|---|
| | $CH_4$ | $C_2H_6$ | $C_3H_8$ | $iC_4$ | $nC_4$ | $iC_3$ | $nC_3$ | $C_6$+ | $CO_2$ | $\delta^{13}C_1$ | $\delta^{13}C_2$ | $\delta^{13}C_3$ | $\delta^{13}iC_4$ | $\delta^{13}nC_4$ | $\delta^{13}C_{CO_2}$ | $\delta D_{CH_4}$ |
| Beason E33–06–14 | 94.94 | 3.36 | 0.40 | 0.03 | 0.03 | 0.01 | 0.00 | 0.01 | 1.22 | −39 | −36 | −31 | −23 | −30 | −11 | −130 |
| Dawson 33–09 #2A | 96.56 | 3.05 | 0.30 | 0.02 | 0.02 | 0.00 | 0.00 | 0.01 | 0.04 | −39 | −37 | −33 | | | | −129 |
| Dawson 34–03–01 | 96.06 | 3.39 | 0.43 | 0.03 | 0.03 | 0.01 | 0.00 | 0.00 | 0.02 | −40 | −36 | −32 | | | | −130 |
| Beason E26–11–29 | 96.27 | 3.23 | 0.38 | 0.03 | 0.02 | 0.00 | 0.00 | 0.00 | 0.06 | −39 | −35 | −31 | | | | −130 |
| Oakes E23–11–26 | 94.24 | 4.13 | 0.54 | 0.02 | 0.04 | 0.00 | 0.00 | 0.00 | 1.03 | −38 | −39 | −39 | −35 | | −12 | −136 |

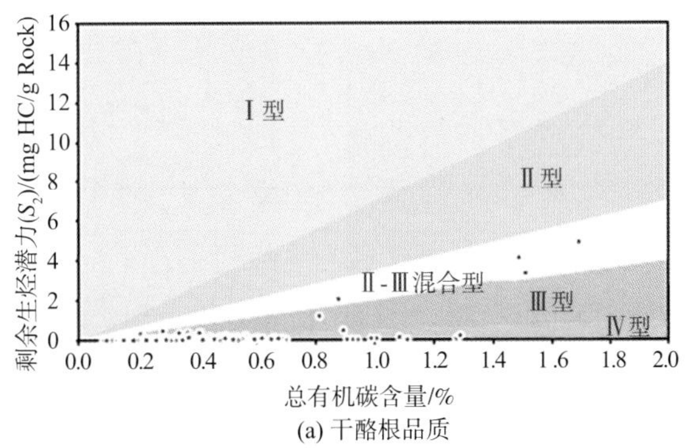


(a) 干酪根品质

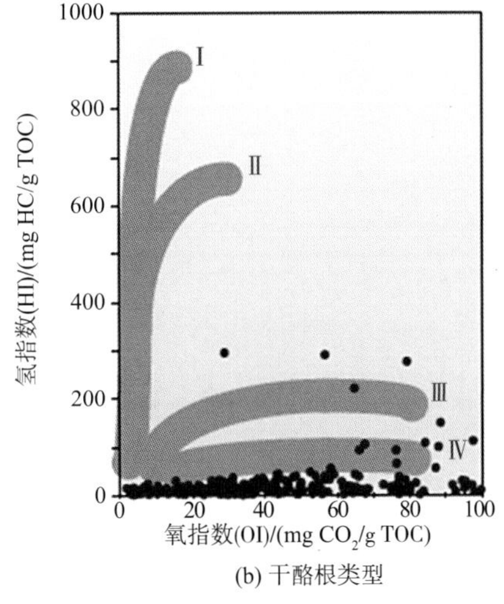


(b) 干酪根类型

图 7–16　Big Canoe Creek 气田 Conasauga 页岩范氏图

## 7.6 储集特征

在阿巴拉契亚逆冲带，Conasauga 群和 Knox 群页岩孔隙度为 1%~6%，基质渗透率约为 0.1μD。Conasauga 群和 Knox 群的灰岩和白云岩孔隙度从可忽略不计到超过 20%，渗透率范围从微达西到超过 100mD（Ortiz 等，1993）。

Dawson 34-03-01 井岩心测试结果表明，Conasauga 页岩孔隙度在 1.4%~5.4%之间。压力脉冲衰减法得出的水平渗透率介于 0.105~0.180μD 之间，平均为 0.133μD（Ross 和 Bustin，2008；Soeder，1988）。

Conasauga 页岩中微孔隙普遍发育，但使用扫描电镜无法区分碎屑孔和溶蚀孔，只能作为定性分析。

## 7.7 可压性特征

Conasauga 页岩是黏土矿物、二氧化硅、碳酸盐、黄铁矿和有机质的混合物（图 7-17、表 7-2、表 7-3）。

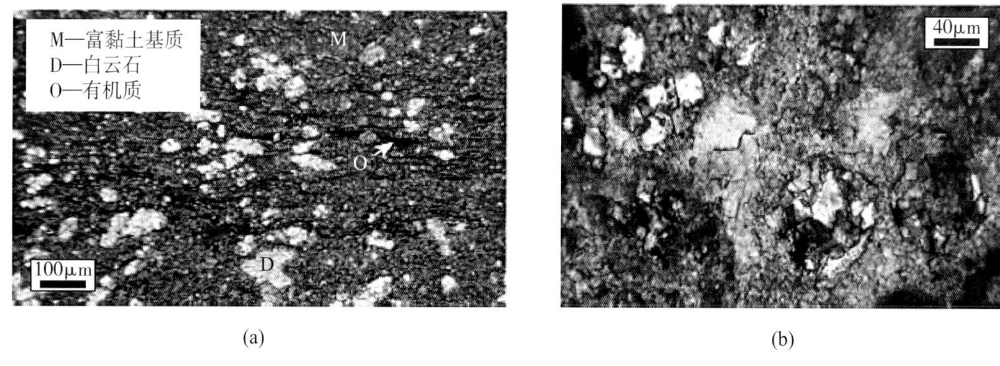


(a) (b)

图 7-17 Dawson 33-09 #2A 井 Conasauga 组典型矿物特征

（a）Conasauga 页岩中白云岩的碎屑有机质显微照片；（b）Conasauga 碳酸盐岩中的硅质球粒的显微照片

表 7-2 Conasauga 页岩非黏土矿物百分含量

单位：%

| 井名 | 井深 /m | 石英 | 钾长石 | 斜长石 | 方解石 | 铁白云石 | 白云石 | 黄铁矿 | 磷灰石 | 重晶石 | 非黏土类 |
|---|---|---|---|---|---|---|---|---|---|---|---|
| Dawson 34-3-1 | 176 | 7 | 5 | 3 | 40 | 5 | 4 | 1 | 0 | 0 | 66 |
| Dawson 34-3-1 | 257 | 19 | 8 | 7 | 13 | 7 | 0 | 1 | 0 | 0 | 54 |
| Dawson 34-3-1 | 260 | 20 | 8 | 7 | 11 | 3 | 0 | 1 | 0 | 0 | 50 |
| Dawson 34-3-1 | 266 | 21 | 6 | 8 | 12 | 3 | 0 | 1 | 1 | 0 | 52 |
| Dawson 34-3-1 | 276 | 22 | 13 | 6 | 8 | 2 | 1 | 1 | 0 | 2 | 54 |

续表

| 井名 | 井深 /m | 石英 | 钾长石 | 斜长石 | 方解石 | 铁白云石 | 白云石 | 黄铁矿 | 磷灰石 | 重晶石 | 非黏土类 |
|---|---|---|---|---|---|---|---|---|---|---|---|
| Dawson 34-3-1 | 277 | 17 | 2 | 6 | 55 | 1 | 0 | 0 | 0 | 0 | 81 |
| Dawson 34-3-1 | 289 | 14 | 1 | 1 | 41 | 6 | 25 | 0 | 1 | 0 | 88 |
| Dawson 34-3-1 | 289 | 13 | 6 | 5 | 49 | 1 | 1 | 1 | 0 | 0 | 75 |
| Dawson 34-3-1 | 359 | 16 | 2 | 6 | 20 | 6 | 23 | 1 | 0 | 0 | 74 |
| Dawson 34-3-1 | 367 | 17 | 1 | 6 | 30 | 7 | 11 | 1 | 0 | 0 | 72 |
| Dawson 34-3-1 | 372 | 17 | 1 | 5 | 17 | 10 | 17 | 1 | 0 | 0 | 67 |
| Dawson 34-3-1 | 398 | 15 | 0 | 3 | 43 | 6 | 20 | 1 | 1 | 0 | 88 |
| 样品数 | | 12 | 12 | 12 | 12 | 12 | 12 | 12 | 12 | 12 | 12 |
| 平均值 | | 16 | 4 | 5 | 28 | 5 | 8 | 1 | 0 | 0 | 68 |
| 最小值 | | 7 | 0 | 1 | 8 | 1 | 0 | 0 | 0 | 0 | 50 |
| 最大值 | | 22 | 13 | 8 | 55 | 10 | 25 | 1 | 1 | 2 | 88 |
| 标准偏差 | | 4 | 4 | 2 | 16 | 3 | 10 | 0 | 0 | 0 | 13 |

表 7-3 Conasauga 页岩黏土矿物含量数据表

单位：%

| 井名 | 井深 /m | 蒙脱石 | 伊蒙混层 | 伊利石 | 高岭石 | 绿泥石 | 黏土总量 |
|---|---|---|---|---|---|---|---|
| Dawson 34-3-1 | 176 | 12 | 5 | 15 | 0 | 1 | 34 |
| Dawson 34-3-1 | 257 | 1 | 17 | 15 | 1 | 13 | 46 |
| Dawson 34-3-1 | 260 | 2 | 26 | 9 | 0 | 14 | 50 |
| Dawson 34-3-1 | 266 | 0 | 20 | 14 | 0 | 14 | 48 |
| Dawson 34-3-1 | 276 | 1 | 15 | 15 | 2 | 14 | 47 |
| Dawson 34-3-1 | 277 | 0 | 0 | 15 | 0 | 4 | 19 |
| Dawson 34-3-1 | 289 | 0 | 0 | 11 | 0 | 2 | 12 |
| Dawson 34-3-1 | 289 | 0 | 7 | 12 | 0 | 7 | 25 |
| Dawson 34-3-1 | 359 | 1 | 10 | 12 | 1 | 3 | 26 |
| Dawson 34-3-1 | 367 | 1 | 7 | 15 | 1 | 4 | 28 |
| Dawson 34-3-1 | 372 | 1 | 11 | 13 | 1 | 7 | 32 |
| Dawson 34-3-1 | 398 | 0 | 0 | 9 | 1 | 2 | 12 |
| 样品数 | | 12 | 12 | 12 | 12 | 12 | 12 |
| 平均值 | | 1 | 10 | 13 | 1 | 7 | 31 |

续表

| 井名 | 井深 /m | 蒙脱石 | 伊蒙混层 | 伊利石 | 高岭石 | 绿泥石 | 黏土总量 |
|---|---|---|---|---|---|---|---|
| 最小值 | | 0 | 0 | 9 | 0 | 1 | 12 |
| 最大值 | | 12 | 26 | 15 | 2 | 14 | 50 |
| 标准偏差 | | 3 | 8 | 2 | 1 | 5 | 13 |

X 射线衍射实验结果表明，Conasauga 页岩包含不同的矿物组合（表 7–2），非黏土矿物以方解石、白云石和石英为主。方解石含量变化范围很大，介于 8%~55% 之间。白云石含量随深度增加至 25%。石英含量介于 12%~20% 之间，大多数石英是生物成因或自生成因。有些页岩长石含量达 19%，黏土矿物含量为 12%~50%，主要是伊利石、蒙脱石和云母（表 7–3）。

Conasauga 页岩中的硅质来源尚不清楚。受广泛的成岩重结晶和碳酸盐矿物交代作用的影响，Conasauga 页岩的原始碎屑成分难以识别。镜下观察，除了黏土、石英质粉砂、碳酸盐和有机质，主要的碎屑成分是化石碎片和硅质球粒（图 7–17）。

扫描电镜是探索细粒岩石结构的一种较好方法。Conasauga 页岩中伊利石和磷灰石 [ 图 7–18(a)、(b)] 因经历了后期成岩改造形成了外缘板条状结构，并在后期压实作用的影响下这些板条状结构没有发生变形或破裂。石英、长石和碳酸盐矿物广布于整个页岩中。石英和长石颗粒在镜下通常呈圆柱状，但由于表面被黏土包裹，难以识别 [ 图 7–18(b)]。碳酸盐矿物呈菱形，相对容易识别 [ 图 7–18(c)、(d)]。

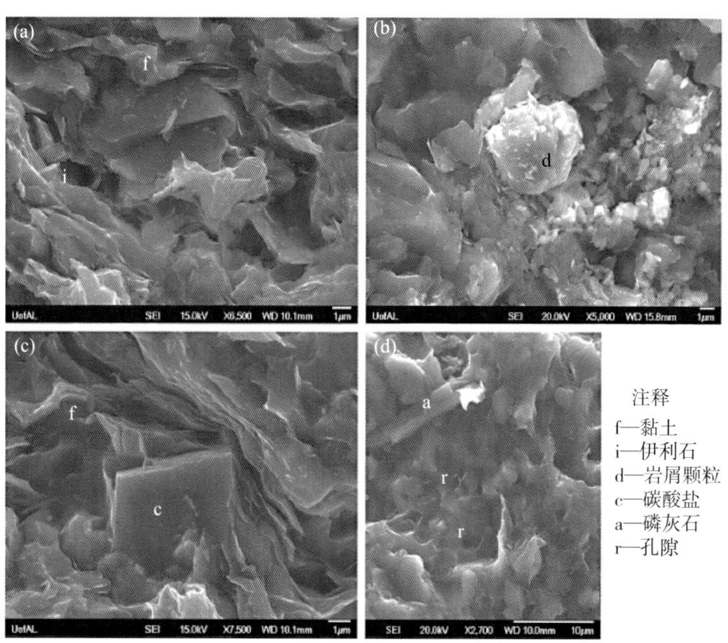


图 7–18 Big Canoe Creek 气田 Dawson 33–09 #2A 岩心 Conasauga 页岩的 SEM 二次电子图像

（a）皱折的黏土薄层；（b）包裹伊利石的碎屑颗粒（石英或长石）；（c）板状伊利石基质中的菱形碳酸盐矿物；（d）板状黏土基质中的磷灰石条带

黄铁矿多呈不规则状 [ 图 7-19(a)]。团块状黄铁矿局部富集，大多数团块状黄铁矿直径 <10 μm。草莓状黄铁矿晶体间伊利石发育 [ 图 7-19(b)]。在扫描电镜下观察，Conasauga 页岩的有机质种类多样。因为干酪根密度低于矿物质，离散的干酪根颗粒看起来很黑，在黑色有机质表面覆盖基质烟煤，非常薄，因此在 SEM 显微照片中不易识别。

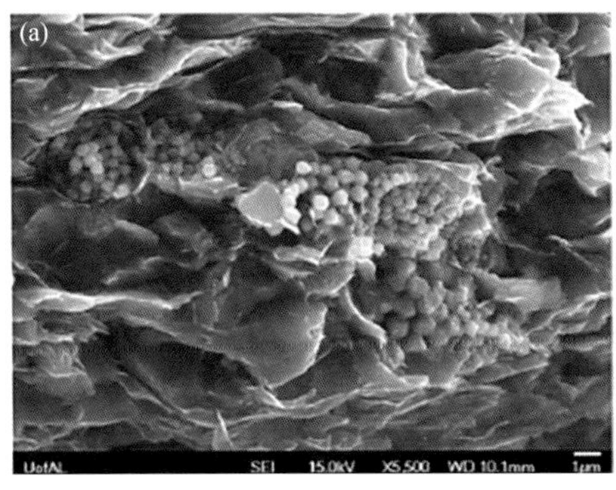

图 7-19　Canoe Creek 气田 Dawson 33-09 #2A 井岩心中黄铁矿的 SEM 二次电子图像

（a）球形至扁骨架群；（b）黄铁矿框架的细节显示黄铁矿晶体上的伊利石非常发育

## 7.8　含气性特征

Conasauga 页岩具有较好的含气性，甲烷含量高，为 94.24%~96.56%。Dawson 34-03-01 井岩心测试结果表明，含气饱和度介于 32.7%~93.5% 之间，平均为 66.5%；含油饱和度介于 1.0%~4.9% 之间，平均为 2.5%。含气饱和度随深度增加而增大，含油饱和度和深度相关性不明显（表 7-4）。

表 7-4　基于岩心分析的 Conasauga 页岩储层参数

| 井名 | 井深 /m | 有效孔隙度 /% | 人工气体孔隙度 /% | 含气饱和度 /% | 含水饱和度 /% | 含油饱和度 /% | 渗透率 / μD |
|---|---|---|---|---|---|---|---|
| Dawson 34-3-1 | 176 | 5.4 | 2.5 | 45.8 | 52.6 | 1.6 | 0.180 |
| Dawson 34-3-1 | 257 | 3.5 | 1.5 | 43.7 | 53.8 | 2.5 | 0.147 |
| Dawson 34-3-1 | 260 | 3.5 | 1.2 | 33.5 | 64.0 | 2.5 | 0.107 |
| Dawson 34-3-1 | 266 | 3.1 | 1.1 | 34.1 | 63.1 | 2.8 | 0.125 |
| Dawson 34-3-1 | 276 | 4.4 | 1.5 | 32.7 | 65.3 | 2.0 | 0.133 |
| Dawson 34-3-1 | 277 | 1.4 | 1.1 | 78.9 | 17.7 | 3.4 | 0.137 |
| Dawson 34-3-1 | 289 | 1.8 | 1.7 | 92.9 | 2.2 | 4.9 | 0.134 |
| Dawson 34-3-1 | 289 | 2.6 | 1.8 | 72.3 | 24.3 | 3.4 | 0.152 |
| Dawson 34-3-1 | 359 | 4.1 | 3.8 | 92.0 | 5.9 | 2.1 | 0.158 |

续表

| 井名 | 井深 /m | 有效孔隙度 /% | 人工气体孔隙度 /% | 含气饱和度 /% | 含水饱和度 /% | 含油饱和度 /% | 渗透率 / μD |
|---|---|---|---|---|---|---|---|
| Dawson 34-3-1 | 367 | 4.3 | 3.7 | 86.4 | 11.6 | 2.0 | 0.112 |
| Dawson 34-3-1 | 372 | 4.6 | 4.3 | 91.8 | 7.1 | 1.0 | 0.105 |
| Dawson 34-3-1 | 398 | 4.0 | 3.7 | 93.5 | 4.2 | 2.2 | 0.110 |
| 样品数 | | 12 | 12 | 12 | 12 | 12 | 12 |
| 平均值 | | 3.6 | 2.3 | 66.5 | 31.0 | 2.5 | 0.133 |
| 最小值 | | 1.4 | 1.1 | 32.7 | 2.2 | 1.0 | 0.105 |
| 最大值 | | 5.4 | 4.3 | 93.5 | 65.3 | 4.9 | 0.180 |
| 标准偏差 | | 1.1 | 1.2 | 25.0 | 25.2 | 1.0 | 0.022 |

几口钻遇 Conasauga 页岩的探井气测显示好，地层中存在异常高压。此外，Big Canoe Creek 气田 Andrews 27-14 井发生井喷（Williams，2007），进一步证实了地层超压现象。

Conasauga 页岩吸附能力同压力密切相关，且吸附气含量在早期压力较低时响应敏感（图 7-20）。Dawson 34-03-01 井 Conasauga 页岩测试数据表明：$CH_4$ 吸附容量一般较低（表 7-5）。Conasauga 页岩 Langmuir 体积非常低，为 0.29~0.89g/cm$^3$（表 7-5）。Langmuir 体积与 TOC 含量密切相关（图 7-21）。回归线的 $y$ 截距为 0.28g/cm$^3$，表明有 31%~96% 的气体吸附在黏土和其他无机质表面上。另外，Conasauga 页岩中无机质吸附值为阿拉巴马州泥盆纪页岩的 3.95 倍（Pashin 等，2010），表明 Conasauga 页岩矿物比表面积远高于大多数黑色页岩。

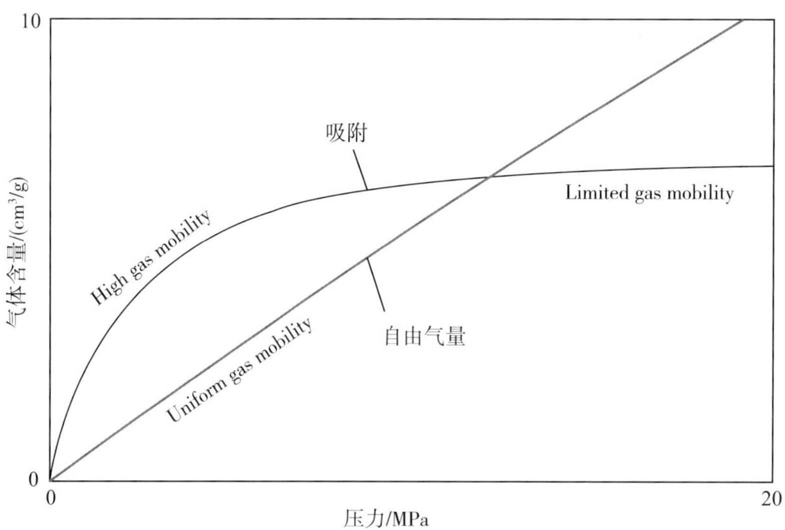


图 7-20　页岩中天然气的赋存方式示意图

表 7-5 Conasauga 地层等温吸附测试结果表

| 井名 | 井深 /m | TOC/% | $V_L$/（g/cm$^3$） | $V_P$/MPa |
|---|---|---|---|---|
| Dawson 34-3-1 | 176 | 0.3 | 0.37 | 3.83 |
| Dawson 34-3-1 | 257 | 0.3 | 0.35 | 3.69 |
| Dawson 34-3-1 | 260 | 0.2 | 0.29 | 3.95 |
| Dawson 34-3-1 | 266 | 0.2 | 0.32 | 4.24 |
| Dawson 34-3-1 | 276 | 0.2 | 0.37 | 4.07 |
| Dawson 34-3-1 | 277 | 1.8 | 0.89 | 4.58 |
| Dawson 34-3-1 | 289 | 0.6 | 0.58 | 4.62 |
| Dawson 34-3-1 | 289 | 0.6 | 0.58 | 4.42 |
| Dawson 34-3-1 | 359 | 0.4 | 0.49 | 4.11 |
| Dawson 34-3-1 | 367 | 0.2 | 0.33 | 3.63 |
| Dawson 34-3-1 | 372 | 0.4 | 0.48 | 3.79 |
| Dawson 34-3-1 | 398 | 0.3 | 0.35 | 4.31 |
| 样品数 | | 12 | 12 | 12 |
| 平均值 | | 0.5 | 0.45 | 4.10 |
| 最小值 | | 0.2 | 0.29 | 3.63 |
| 最大值 | | 1.8 | 0.89 | 4.62 |
| 标准偏差 | | 0.4 | 0.16 | 0.32 |

注：$V_L$—兰氏体积；$V_P$—兰氏压力。

Conasauga 页岩的 Langmuir 压力适中，范围为 3.63~4.62MPa（表 7-5），Langmuir 压力值的波动范围较小，与 Black Warrior 盆地煤层气储层的 Langmuir 压力（1.8~6.1MPa）形成鲜明对比，表明煤层气吸附气体的流动性比页岩气藏变化更大（Pashin，2010）。Conasauga 页岩中 Langmuir 压力值波动范围小，有利于预测吸附气体的流动系数。此外，页岩的 Langmuir 压力比较高，有助于吸附气体在储层压力升高的条件下保持流动性。

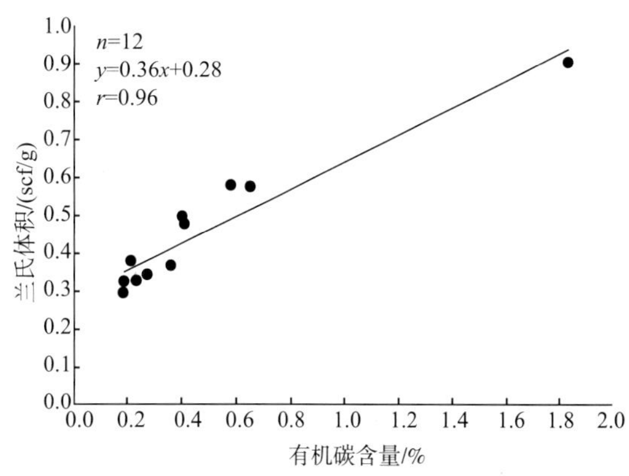

图 7-21 Dawson 34-03-01 井岩心 Conasauga 页岩 Langmuir 体积与 TOC 含量的关系曲线

## 7.9 潜力分析

Gadsden、Palmerdale 和 Bessemer 软泥层中的 Conasauga 群潜力分析表明，在阿巴拉契亚断层带页岩气资源丰富（表 7-6、图 7-22），预测总含气资源量可能超过 625tcf，其中游离气资源量估计将超过523800bcf，吸附气资源量估计近101200bcf。但考虑到灰岩占50%，这些预测值要大打折扣。Conasauga页岩气评估结果表明，该套页岩资源丰度比较高（图7-22）。此外，在阿拉巴马州东北和格鲁吉亚西北部的阿巴拉契亚逆冲带内的资源潜力比较大（Cook，2010）。因此，Conasauga页岩会是一个巨大的勘探目标。

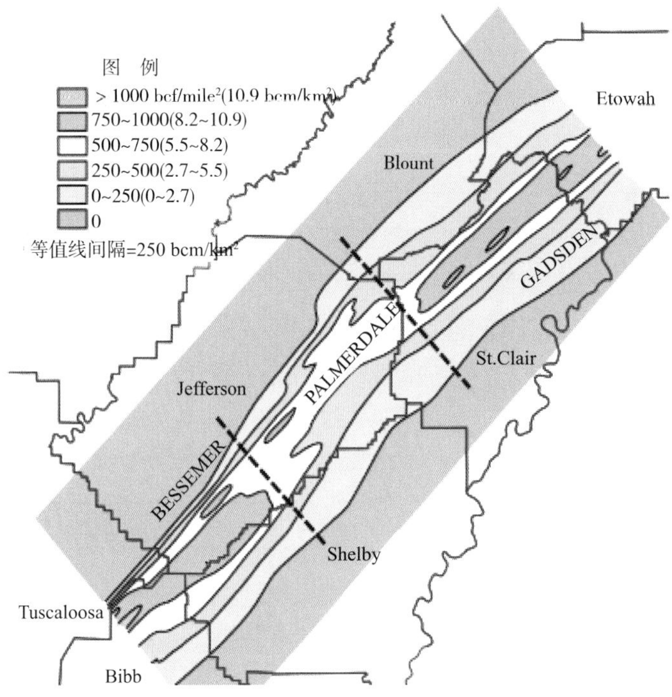


图7-22 阿拉巴马州阿巴拉契亚逆冲带南部Conasauga页岩气评估（OGIP）

表7-6 阿拉巴马州阿巴拉契亚逆冲带南部Conasauga页岩气预测储量数据

| 单元 | 公制 | | 英制 | |
|---|---|---|---|---|
| 面积 | 4411 | $km^2$ | 1703 | $mile^2$ |
| 游离气 | 14831 | bcm | 523827 | bcf |
| 吸附气 | 2864 | bcm | 101165 | bcf |
| 总含气量 | 17695 | bcm | 624992 | bcf |
| 总含气量 | 17.7 | tcm | 625.0 | tcf |
| 10%采收率 | 1.8 | tcm | 62.5 | tcf |
| 20%采收率 | 3.5 | tcm | 125.0 | tcf |

在Gadsden、Palmerdale和Bessemer软泥层的页岩气技术可采储量估计为62~125tcf（表7-6）。储量分析表明，受低TOC含量限制，吸附气含量低，游离气含量超过80%。因此，针对Conasauga页岩的开发工作应该集中于深层油气藏中的游离气。

## 参考文献

[1] Aigner T. Storm Depositional Systems[R]. Lecture Notes in Earth Sciences, 3. Springer-Verlag, Berlin, 1985.

[2] Astini R A, Thomas W A, Osborne W E. Sedimentology of the Conasauga Formation and equivalent units, Appalachian thrust belt in Alabama[J]. In: Osborne, 2000.

[3] Burchard B, Lewan M D. Reflectance of vitrinite-like macerals as a thermal maturity index for Cambrian-Ordovician Alum Shale, southern Scandinavia[J]. AAPG Bulletin 1990,74: 394–406.

[4] Bowker K A. Barnett Shale gas production, Fort Worth basin: issues and discussion[J]. AAPG Bulletin ,2007,91: 525–533.

[5] Carroll R E, Pashin J C, Kugler R L. Burial history and source-rock characteristics of Upper Devonian through Pennsylvanian strata, BlackWarrior Basin, Alabama[J]. Alabama Geol. Surv. Circ, 1995.

[6] Cook B S, Thomas W A. Ductile duplexes as potential natural gas plays: an example from the Appalachian thrust belt in Georgia, USA [J]. Geological Society, London, Special Publications, 2010,348: 57–70.

[7] Debajyoti P, Skrzypek G. Assessment of carbonate-phosphoric acid analytical technique performed using GasBench II in continuous flow isotope ratio mass spectrometry[J]. International Journal of Mass Spectrometry, 2007, 262: 180–186.

[8] Terry E,Gary G L, Redescal S. Uzcategui. Joint sets that enhance production from Middle and Upper Devonian gas shales of the Appalachian Basin[J]. AAPG Bulletin, 2009, 93(7):857–889.

[9] Fortey R A, Theron J. A new Ordovician arthropod Soomaspis and the agnostid problem[J]. Palaeontology,1994, 37: 841–861.

[10] Thomas W A, Astini R A. The Conasauga Formation and equivalent units in the Appalachian thrust belt in Alabama[J]. Field Trip Guidebook, 41–71.

# 8 Duvernay 页岩油气地质特征

## 8.1 勘探开发历程

Duvernay（迪玮奈）页岩形成于晚泥盆世 Frasnian（弗拉）期，是一套富含油气资源的烃源岩，主要分布于西加拿大盆地的 Alberta（阿尔伯塔）省中部地区，页岩最大沉积厚度可达 250m。1950 年，加拿大帝国石油公司首次对其进行了地质描述，1954 年 Andrichuk 和 Wonfor 将 Alberta 地区的这套地层命名为 Duvernay 页岩地层。

20 世纪 70 年代开始，大规模水力压裂广泛应用于 Alberta 地区的油气开发。现阶段，对于 Alberta 地区的 Cardium、Duvernay、Montney 和 Viking 地层及 British Columbia 地区的 Saskatchewan、Montney 和 Horn River 地层的油气开发均采用该项技术。利用水平钻井和多级水力压裂技术已成功在 Alberta 中部地区的 Duvernay 页岩中开采出大量页岩气和凝析油。

## 8.2 构造特征

西加拿大沉积盆地（WCSB）面积巨大，包含了曼尼托巴西南部、萨斯喀彻温南部、阿尔伯塔、不列颠哥伦比亚东北部和西北行政区西南角，盆地面积达到 $1.4 \times 10^6 km^2$。整个盆地呈一个巨大的楔状体，向西延伸至落基山，厚度达到 6000m，向东延伸至加拿大地盾，靠近东部边缘地区尖灭（图 8-1）。

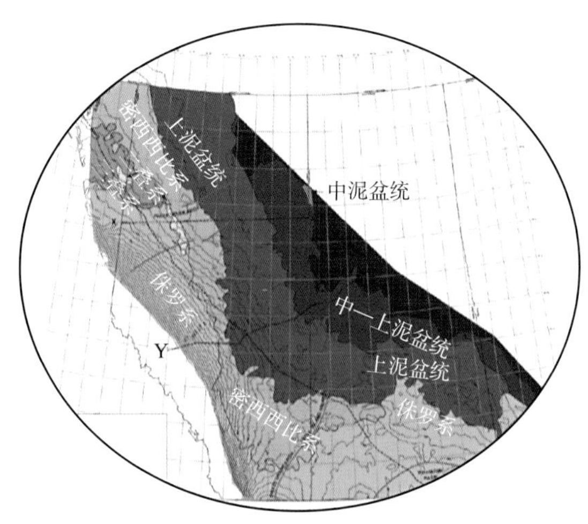

图 8-1　西加拿大沉积盆地地质图（据 Wright 等，1994）

西加拿大盆地由两个沉积盆地组成：一个是阿尔伯塔盆地，位于科迪勒拉褶皱挤压带之前的北西走向；另一个是威利斯顿克拉通盆地，位于 Dakota 北部中心并延伸至萨斯喀彻温南部和曼尼托巴西南部。这两个盆地被一个宽广正向构造分隔，该正向构造的东北端为 Bow Island 隆起，它形成于晚古生代，幅度较小，在中生代和新生代幅度逐渐增大；西南端为 Kevin-Sunburst 丘形隆起，第三纪时有侵入体（Wright 等，1994）。中元古界至新生代地层的厚度从东北边缘的剥蚀零点变化到科迪勒拉中的 20km。在该楔状岩层中，在寒武纪至晚泥盆世，Peace River 隆起是东—北东走向的构造，在密西西比纪至二叠纪时期变成了断层控制的盆地，中侏罗世至始新世西加拿大沉积盆地西边缘发生挤压变形，形成了科迪勒拉构造。北美克拉通负荷的加大及在科迪勒拉前陆褶皱挤压带中产生的西部物源供给极大地影响了整个西加拿大沉积盆地在中生代和新生代的演化。

中侏罗世之后，在不列颠哥伦比亚南部和阿尔伯塔地区的落基山前陆褶皱带从中白垩世到现在的地层约缩短了 170km。构造类型和规模，挤压层厚度和下伏地层性质都受到以下因素的影响：沉积变形带岩性的变化，山间带 Bowser 和 Sustut 盆地基岩大大缩短，以及沿着落基山断裂系统北部侧向走滑作用的增强。然而构造作用并不仅局限于山区，在阿尔伯塔南部的 Fort Macleod 地区还发育了一系列地垒和地堑。在阿尔伯塔盆地北端，Liard 盆地就是不列颠哥伦比亚东北部和西北行政区的一个断陷，它与 Bovie Lake 断褶复合带相接。此外，在北部地区，即 Peace River 隆起和 Tathlina 隆起之间，还有北东走向的 Hay River 断层和 Great Slave Lake 剪切带，其下元古界基岩的右旋滑移达 700km。

西加拿大沉积盆地的构造演化可划分为三个阶段：①克拉通地台（前寒武纪至中侏罗世）：在前寒武纪至中侏罗世西加拿大沉积盆地为北美大陆西侧克拉通地台的一部分。尽管与现在的被动大陆边缘极为类似，西加拿大沉积盆地古生界下部仍受到了大量断层运动和火山活动的影响，这可能是与大洋火山拱形带俯冲到大陆板块边缘之下有关。在晚泥盆世至早密西西比世，盆地经历了大幅度的快速沉降，与美国南部的 Antler 造山运动有关，造山运动同样引起了石炭系的大规模剥蚀和泥盆系小一级范围的剥蚀。②拱形前陆盆地（中侏罗世至始新世）。③克拉通内部盆地（始新世至今）。

## 8.3 地层特征

Duvernay 地层主要由黑色硅质钙质页岩和泥质灰岩组成。页岩中可见星散状黄铁矿，TOC 含量约为 11%。Duvernay 地层与下伏的 Majeau Lake 地层呈整合接触，但在西加拿大盆地南部和西部边缘，Majeau Lake 组地层缺失，Duvernay 组上覆于更老的泥盆系地层。Duvernay 地层与上覆的 Ireton 组地层呈整合接触，但在盆地边缘，上覆地层变为 Leduc 组和 Grosmont 组的碳酸盐岩台地和礁滩复合体（图 8-2、图 8-3）。

Duvernay 组地层可划分为上、中、下三段。自下而上依次为：①黑色泥质灰岩；②含碳酸盐岩碎屑层的黑色页岩；③含泥质灰岩的灰色—黑色页岩。在西加拿大盆地东部，较厚的 Duvernay 组以富含有机质的灰泥岩为主，盆地西部钙质含量显著降低，泥质含量增加。

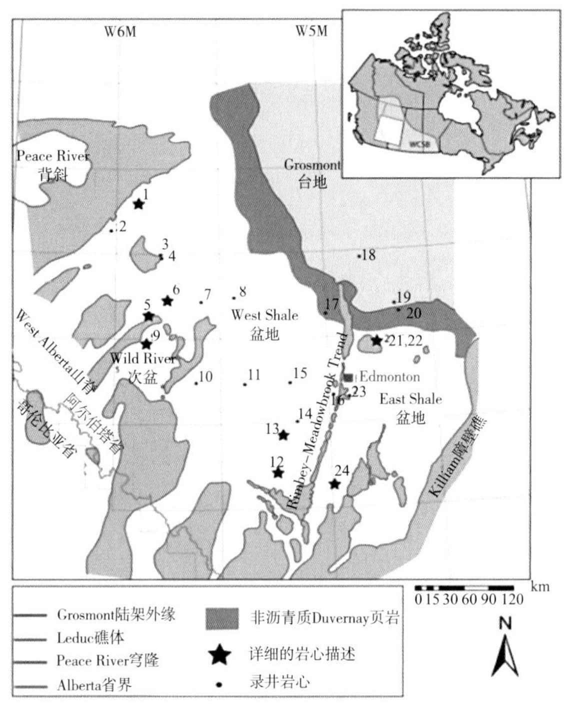


图 8-2　Duvernay 地层区域分布图（据 Switzer 等，1994）

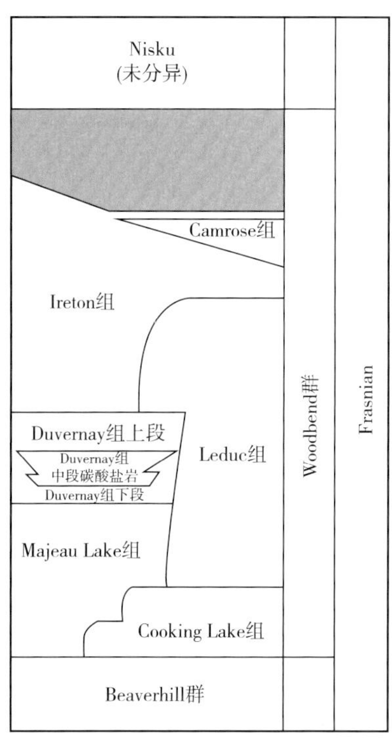


图 8-3　Duvernay 地层划分图

## 8.4　沉积特征

晚泥盆世弗拉期，西加拿大沉积盆地位于北美地块西部的被动大陆边缘，其西北部的 British Columbia 地区广泛发育开阔海的泥质沉积，Alberta 地区发育碳酸盐岩浅水台地沉积，而在东南部的 Saskatchewan 和 Manitoba 地区可见局限台地和蒸发台地沉积。构造运动对 Peace River Arch、West Alberta 等地区的 Duvernay 地层沉积有重要影响。

Duvernay 地层沉积模式可划分为两个阶段：初期台地形成阶段，主要沉积了 Duvernay 地层下段和中段；后期台地淹没阶段，主要沉积了 Duvernay 地层上段（图 8-4）。

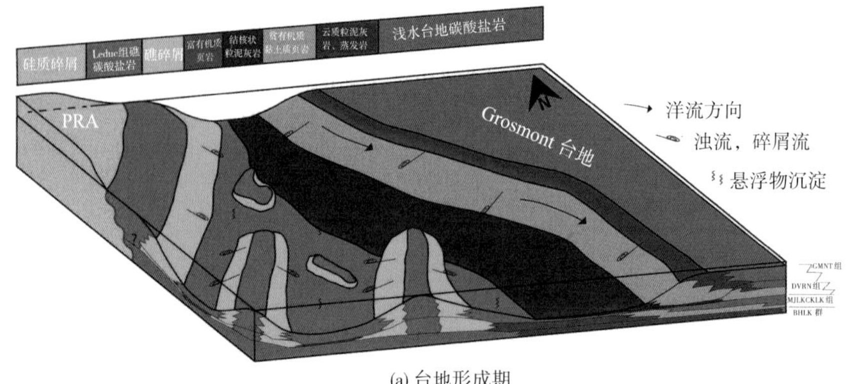


图 8-4　Duvernay 地层沉积模式图

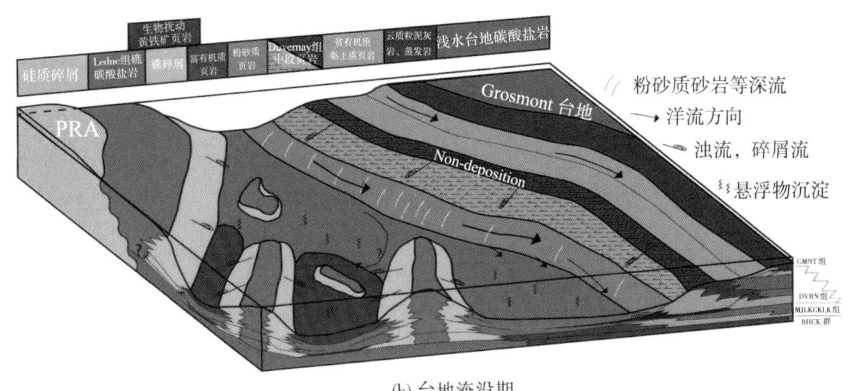


(b) 台地淹没期

图 8-4 Duvernay 地层沉积模式图（续）

### 8.4.1 台地形成阶段

在西加拿大沉积盆地东北部，Duvernay 地层中、下段以含泥质灰岩的页岩和蒸发岩为主，反映出了富氧的台地环境和富氧—厌氧的斜坡环境。碳酸盐岩台地的加积作用使得中、下段的地层加厚。同时在底流作用下陆源碎屑物质被携带至 Grosmont 台地边缘，使得含泥质灰岩的页岩中含有大量的陆源碎屑黏土矿物，反映出斜坡沉积特征。

在西加拿大沉积盆地西南部，水体底部缺氧，沉积物富含有机质。该盆地中细粒沉积物通过悬浮作用沉积，而粒度较大的沉积物则通过底流作用沉积而成。有机质在上部水体的富集形成了缺氧沉积界面，从而抑制了有机质分解。

在西加拿大沉积盆地东部，Duvernay 地层中、下段以生物扰动岩相为主，反映出该时期水体较浅且富氧。浅水的沉积环境与碳酸盐岩的供给稀释作用共同控制了该盆地有机质的富集程度。

### 8.4.2 台地淹没阶段

该时期，西加拿大盆地东北部仍以含泥质灰岩的页岩和白云质泥灰岩为主，但其沉积厚度大幅减薄。台地淹没阶段早期发生退积作用，在台地边缘和台地斜坡之间，可能受北西—南东向底流作用影响，为非沉积区。

在台地淹没阶段，富有机质的硅质页岩沉积范围显著扩大。该时期，碳酸盐岩沉积对有机质富集的稀释作用仅局限于 Grosmont 台地底部的 Leduc 组礁滩复合体。等深流携碎屑沿 Grosmont 台地边缘沉积形成纹层状硅质页岩。在 West Shale 盆地西部，生物扰动痕迹明显的硅质页岩广泛发育于 Wild River 次级盆地中。

## 8.5 地化特征

Duvernay 页岩 TOC 含量普遍大于 2%，为优质黑色页岩。氢指数和氧指数划分干酪根类型的图版上显示，该页岩以Ⅱ型干酪根为主，其 HI 平均值为 198mg HC/g TOC，具有生成混合油气的潜力。根据生烃指数同 $T_{max}$ 交会图可知，Duvernay 页岩整体处于湿气窗和干气窗内，部分处于过成熟阶段（图 8-5）。

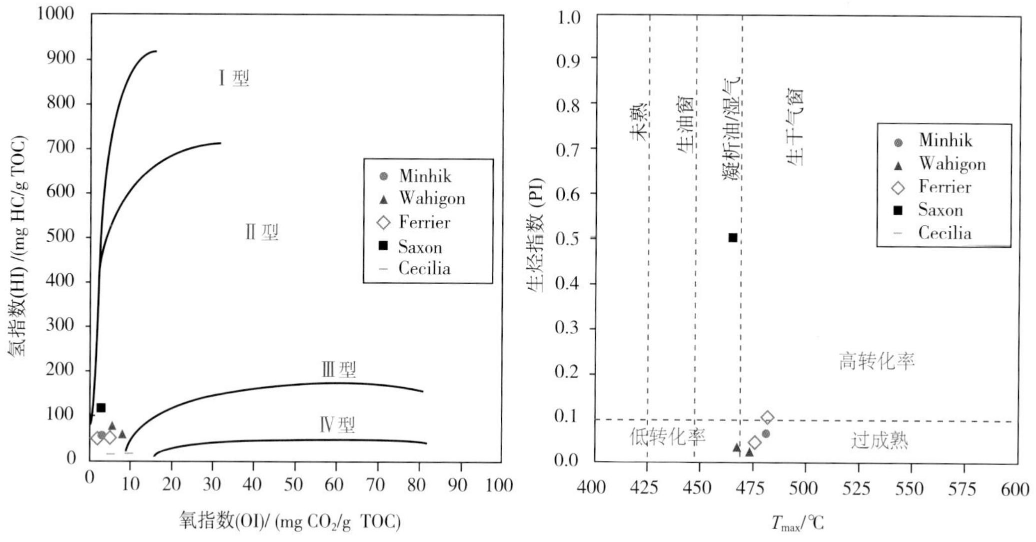


图 8-5　Duvernay 页岩干酪根类型及成熟度

## 8.6　储集特征

根据氮气吸附的实验结果，Duvernay 页岩 BET 比表面积范围在 15.1~35.4m$^2$/g，平均值为 21.7m$^2$/g。BET 比表面积随 TOC 含量的增加而增大，反映出有机质孔隙对页岩孔隙贡献率较高，但 BET 比表面积同黏土矿物含量之间没有明显的线性关系。液氮等温吸附测试数据表明：Duvernay 页岩最大孔径介于 1~25nm。根据渗透率测试的结果，Duvernay 页岩渗透率范围为 $3.7\times10^{-7}$~$1.1\times10^{-3}$mD，随孔隙度（2.5%~6.5%）的增加而增大（图 8-6~图 8-8）。

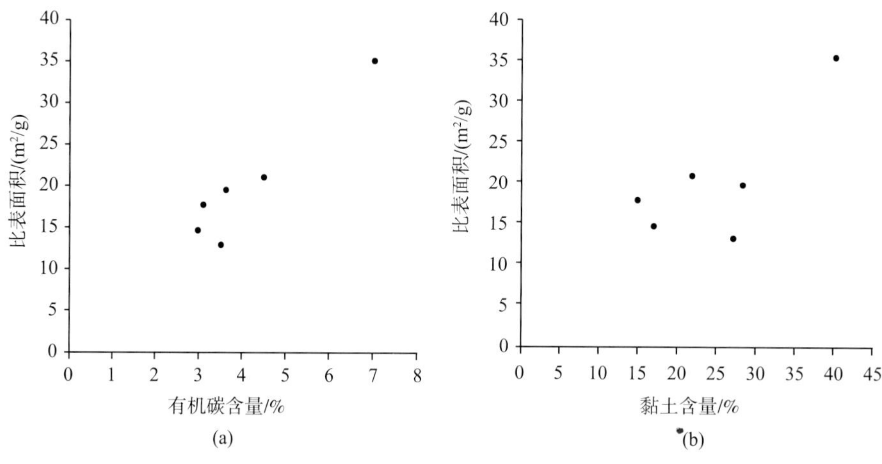


图 8-6　Duvernay 页岩 TOC 比表面积统计图

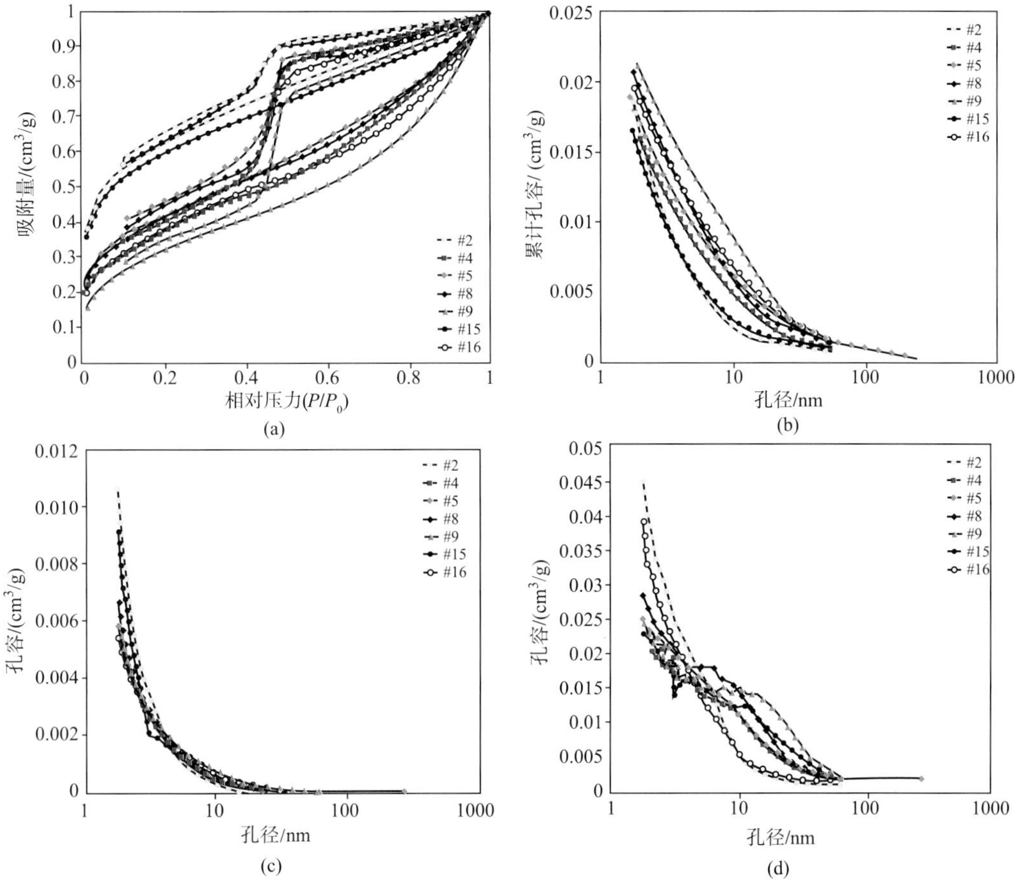

图 8-7 Duvernay 页岩低温压汞数据图

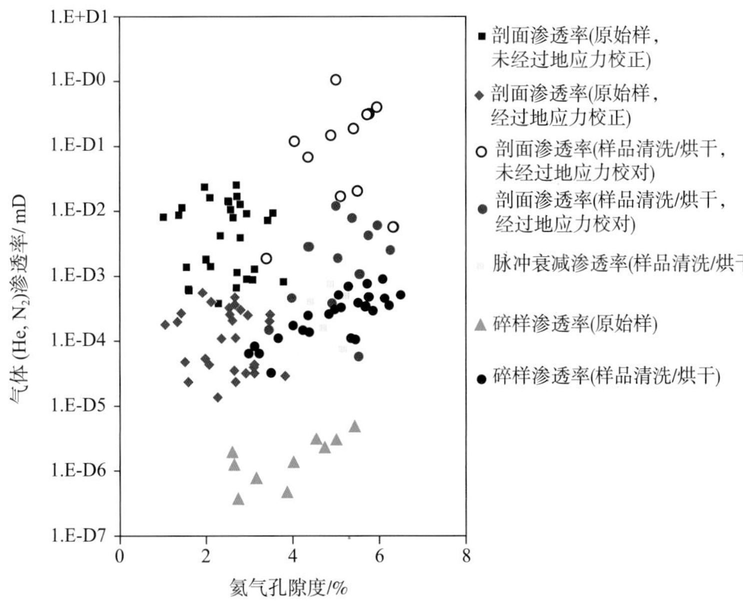


图 8-8 Duvernay 页岩气体吸附统计图

## 8.7 可压性特征

Duvernay 页岩主要由石英、方解石、钾长石、斜长石和黏土矿物组成（表 8–1），其中黏土矿物以伊利石 / 云母混层和伊 / 蒙混层为主。其中石英含量为 22.3%~47.9%，方解石为 7.7%~29.5%，钾长石为 1.7%~9.3%，斜长石为 0.6%~6.8%，伊利石 / 云母混层为 13.2%~26.3%，伊 / 蒙混层为 3.4%~9.3%。黏土矿物中，蒙脱石塑性最强，其次为高岭石和伊利石，但高岭石和蒙脱石的总含量小于 2%。由此可见，该套页岩脆性矿物含量高，具有较好的可压性。

表 8–1 Duvernay 页岩矿物成分及含量

单位：%

| 样品号 | 深度 /m | 石英 | 钾长石 | 斜长石 | 方解石 | 白云石 | 铁白云石 | 黄铁矿 | 伊 / 蒙混层 | 伊利石 / 云母 | 绿泥石 | 高岭石 | 重晶石 | 磷灰石 |
|---|---|---|---|---|---|---|---|---|---|---|---|---|---|---|
| MIN1 | 3095.36 | 43.2 | 1.7 | 2.7 | 13.8 | 1.5 | 3.5 | 4.0 | 7.2 | 18.4 | 3.6 | 0.0 | 0.4 | 0.0 |
| MIN2 | 3103.07 | 36.3 | 8.0 | 0.6 | 20.1 | 2.0 | 1.0 | 1.0 | 9.0 | 17.0 | 4.0 | 0.0 | 1.0 | 0.0 |
| WAH1 | 3308.65 | 47.3 | 2.5 | 3.5 | 7.7 | 1.1 | 3.2 | 2.0 | 8.0 | 21.7 | 1.8 | 0.7 | 0.5 | 0.0 |
| WAH2 | 3313.40 | 47.9 | 3.3 | 4.6 | 11.4 | 2.0 | 2.0 | 4.0 | 5.0 | 17.0 | 2.0 | 0.0 | 0.8 | 0.0 |
| FER1 | 3440.16 | 35.5 | 2.3 | 3.8 | 14.6 | 1.8 | 0.4 | 4.1 | 5.1 | 26.3 | 2.8 | 1.6 | 1.4 | 0.3 |
| FER2 | 3464.40 | 47.8 | 2.2 | 6.5 | 9.6 | 1.9 | 1.0 | 2.9 | 8.2 | 16.9 | 1.9 | 1.0 | 0.1 | 0.0 |
| SAX1 | 3795.73 | 36.7 | 6.5 | 4.0 | 15.3 | 0.5 | 3.5 | 3.6 | 9.3 | 18.5 | 1.8 | 0.2 | 0.1 | 0.0 |
| CEC1 | 3949.32 | 22.3 | 3.6 | 5.3 | 29.5 | 4.4 | 3.6 | 2.0 | 6.6 | 18.4 | 3.2 | 0.8 | 0.3 | 0.0 |
| CEC2 | 3663.00 | 30.9 | 9.3 | 6.8 | 22.2 | 6.1 | 2.3 | 4.4 | 3.4 | 13.2 | 1.2 | 0.0 | 0.2 | 0.0 |

## 8.8 潜力分析

Duvernay 页岩是西加拿大沉积盆地 Frasnian 期沉积的产物，是阿尔伯塔省许多大型油气藏的烃源岩层。Duvernay 页岩位于阿尔伯塔省中部，面积超过 $5\times10^4$mile$^2$，其中油气资源远景区面积为 $2.32\times10^4$mile$^2$，分别位于 Kaybob、Edson 和 Pembina 等地区（图 8–9）。远景区内 Duvernay 页岩埋深自东向西逐渐增加，页岩厚度在 30~200ft 之间，其中东部石油远景区面积 $1.3\times10^4$mile$^2$，页岩厚度 41ft；中部富气潜力区面积 $0.74\times10^4$mile$^2$，页岩厚度 54ft；西部干气远景区面积较小，为 $0.29\times10^4$mile$^2$，但页岩厚度可达 63ft。因此，Duvernay 页岩具有较好的勘探开发潜力。

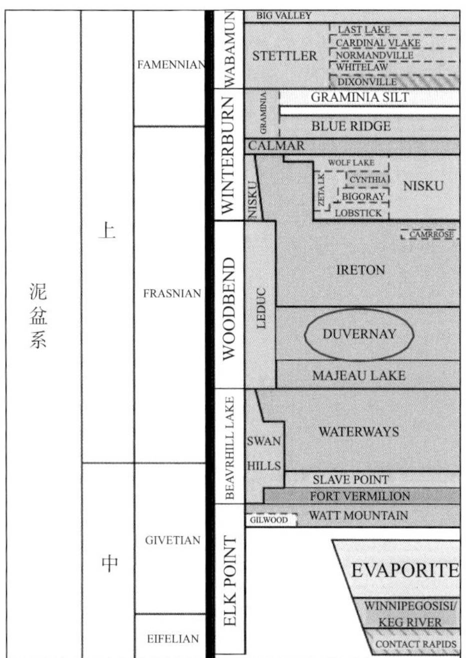


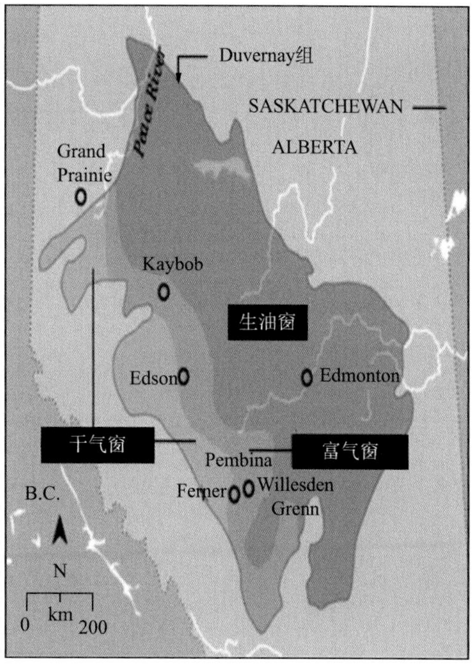


图 8-9 Duvernay 页岩勘探远景区预测图

## 参 考 文 献


[1] Ghanizadeh A. A comparison of shale permeability coefficients derived using multiple non-steady state measurement techniques: Examples from the Duvernay Formation, Alberta (Canada) [J]. Fuel, 2014.

[2] Knapp L J, Mcmillan J M, Harris N B. A depositional model for organic-rich Duvernay Formation mudstones[J]. Sedimentary Geology, 2017, 347: 160-182.

[3] Wang P, Chen Z, Pang X, et al. Revised models for determining TOC in shale play: Example from Devonian Duvernay Shale, Western Canada Sedimentary Basin[J]. Marine & Petroleum Geology, 2016, 70: 304-319.

[4] Rokosh C D, Anderson S D A, Beaton A P, et al. Geochemical and geological characterization of the Duvernay and Muskwa Formation in Alberta[C]. The society of petroleum engineers’ Canadian unconventional resources and international petroleum conference, SPE, 2010.

[5] Switzer S B, Holland W G, Christie D S, et al.Devonian woodbend – Winterburn strata of the Western Canada Sedimentary Basin[C]// Mossop G D, Shetsen I. Geological Atlas of the Western Canada Sedimentary Basin. Geological Survey of Canada, Chapter12.

[6] Yassin M R, Begum M, Dehghanpour H. Organic shale wettability and its relationship to other petrophysical properties: A Duvernay case study[J]. International Journal of Coal Geology, 2017, 169: 74-91.

# 9 Eagle Ford 页岩油气地质特征

## 9.1 勘探开发历程

Eagle Ford（鹰滩）页岩是一套位于美国得克萨斯州南部 Western Gulf 盆地的海相页岩，沉积时期为晚白垩世（图 9-1）。Eagle Ford 页岩埋深为 1200~4300m，由北西向南东方向埋深逐渐增加。与美国其他页岩油气藏相比，Eagle Ford 页岩开发时间较晚。2009 年开始生产，目前还处在开发早期阶段。

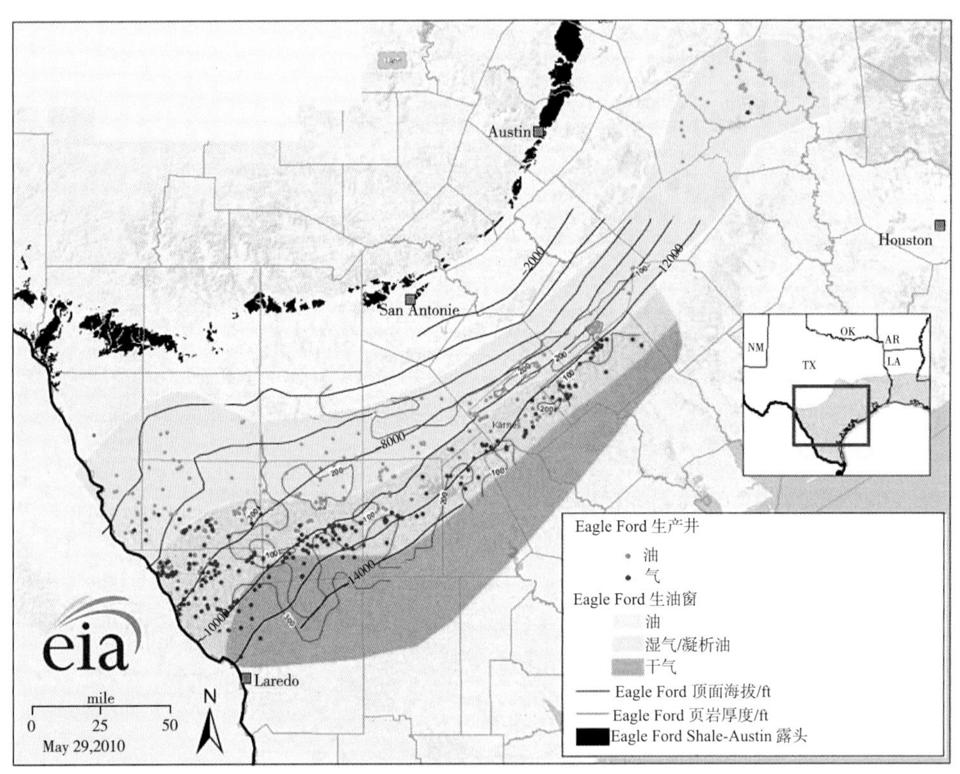


图 9-1 Eagle Ford 页岩分布图（据 EIA，2014）

2008 年，Petrohawk 公司在得克萨斯州 La Salle 郡的 Hawkvill 气田钻探了第一口 Eagle Ford 页岩气井，该井垂深 3396m，水平段长 975m，分 10 段压裂，初期日产量达到 $21.5\times10^4m^3/d$。在 Petrohawk 公司获得商业成功后，Anadarko、Apache、Atlas、EOG、Lewis Petro、Geo Southern、Pioneer、SM Energy 以及 XTO 等公司也纷纷加入到 Eagle Ford 页岩开发的行列。

Eagle Ford 页岩的产量增长速度很快。2010 年，得克萨斯 Texas 州 Eagle Ford 页岩的全年原油产量还只有 $4000 \times 10^4$bbl，而 2012 年仅上半年产量就已经达到 $5000 \times 10^4$bbl。钻遇该套页岩水平井的平均井深为 4300m，垂深为 2500m，水平段长度约为 1600m，平均钻井周期为 15 天，单井钻井成本约 250 万~300 万美元。

## 9.2 构造特征

Eagle Ford 页岩绝大部分分布在美国得克萨斯州东部和南部宽约 80km、长约 640km 的范围内。从地质构造上来看，该套页岩主要分布在 Maverick 盆地和 East Texas 盆地。受基底构造的控制，发育 Chittum 背斜、Ouachita 褶皱带及 San Marcos 穹隆等构造单元（图 9-2）。

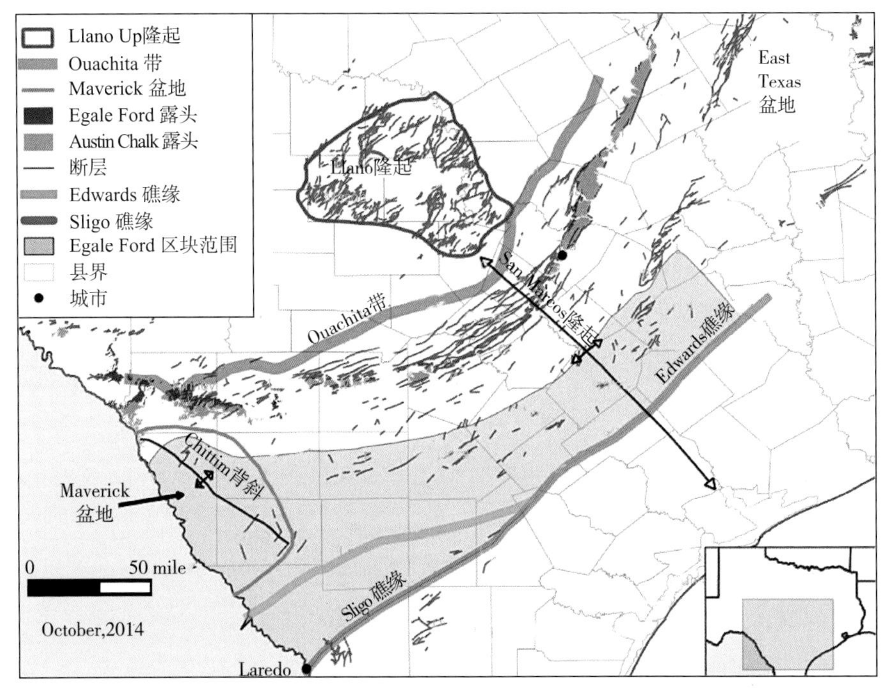


图 9-2 Eagle Ford 页岩构造图（据 Hentz 和 Ruppel，2011）

Eagle Ford 页岩分布区受到多期构造运动的影响。在三叠纪，墨西哥湾张开而 Yucatan 地块旋转，形成一个半地堑构造，也就是今天的 Maverick 郡（Ewing，2003；Scott，2004）。晚三叠世和侏罗纪为盐岩沉积，在得克萨斯州南部 Ouachita 基底上发育了 Stuart City 和 Sligo 礁缘相和碳酸盐台地相沉积。在白垩纪时期，Maverick 盆地中碎屑沉积物物源主要来自 Liano 隆起和 Coahuila 地块（Goldhammer 和 Johnson，2001）。北西—南东向的 San Marcos 穹隆作为 Liano 隆起的延伸部分，把 Maverick 盆地与东 Texas 盆地分隔开（Loucks，1976）。受 Laramide 挤压作用的影响，Maverick 盆地的西部形成了 Chittim 背斜，地层剥蚀厚度达 1000~2000m（Ewing，2003）。Eagle Ford 组顶面构造等高线如图 9-3 所示，其顶面深度介于 -13000~1000ft 之间，由北西往南东方向逐渐变深。

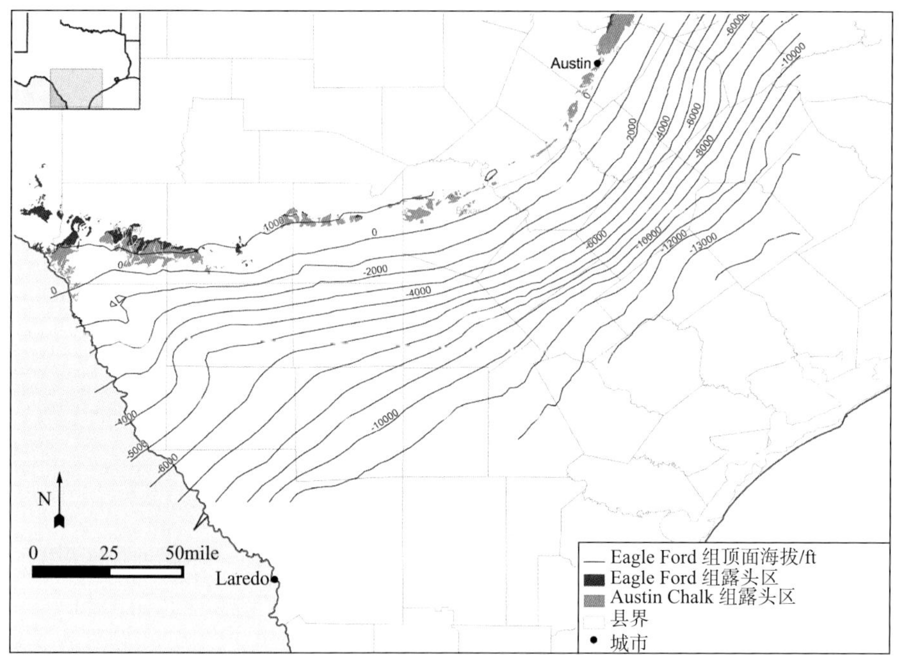


图 9-3 Eagle Ford 组构造等值线图（数据来源于钻井和地面露头）

## 9.3 地层特征

Eagle Ford 组地层为一套沉积于晚白垩世缓坡陆架环境的富含有机质的海相页岩。Eagle Ford 组上覆于 Buda 组、下伏于 Austinchalk 组，与上、下地层均呈不整合接触，可划分为上、下两段（图 9-4）。

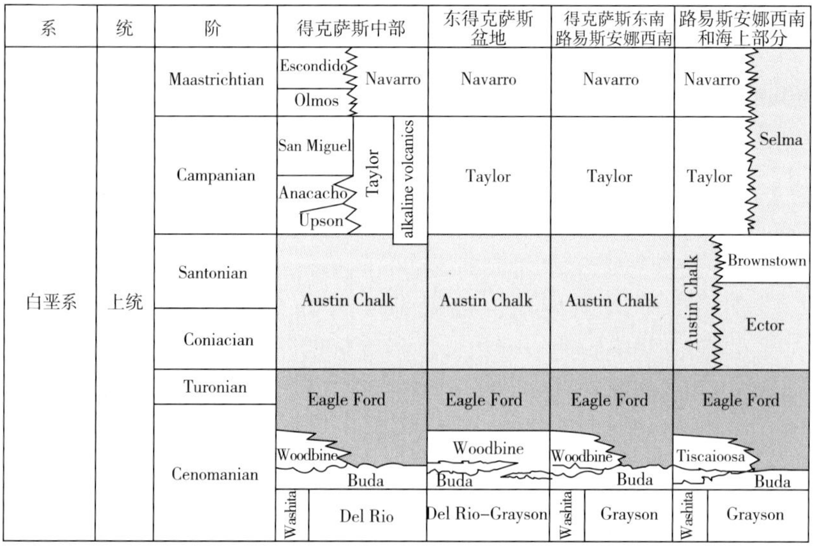

| 系 | 统 | 阶 | 得克萨斯中部 | 东得克萨斯盆地 | 得克萨斯东南路易斯安娜西南 | 路易斯安娜西南和海上部分 |
|---|---|---|---|---|---|---|
| 白垩系 | 上统 | Maastrichtian | Escondido、Olmos、Navarro | Navarro | Navarro | Navarro、Selma |
| | | Campanian | San Miguel、Anacacho、Upson、Taylor、alkaline volcanics | Taylor | Taylor | Taylor、Selma |
| | | Santonian | Austin Chalk | Austin Chalk | Austin Chalk | Austin Chalk、Brownstown |
| | | Coniacian | | | | Austin Chalk、Ector |
| | | Turonian | Eagle Ford | Eagle Ford | Eagle Ford | Eagle Ford |
| | | Cenomanian | Woodbine、Buda、Washita、Del Rio | Woodbine、Buda、Del Rio–Grayson | Woodbine、Buda、Washita、Grayson | Tiscaioosa、Buda、Washita、Grayson |

图 9-4 Eagle Ford 页岩地层柱状图

Eagle Ford 页岩的岩性主要为泥质灰岩，上段岩性主要为页岩，夹灰岩、白云岩和粉砂岩，Eagle Ford 下段主要由富含有机质、黄铁矿和浮游有孔虫化石的海相页岩组成，局部见少量壳类瓣鳃碎片、磷酸盐晶粒、球粒和分散状黄铁矿条带和结核。岩层单层厚度多为毫米级，多套连续的薄层共同形成一个韵律层，具有明显的顶底，厚度在 0.1~1m 之间。由于纹层和韵律层的存在，Eagle Ford 组页理非常发育。

受深部古构造控制，Eagle Ford组页岩厚度一般为30~120m，分布面积大，整体呈北东—南西向的条带状分布，自南西往北东方向逐渐减薄（图 9–5）。东北部地层呈中间厚、周缘薄的特征，西南部地层呈中间薄、周缘厚的特征。

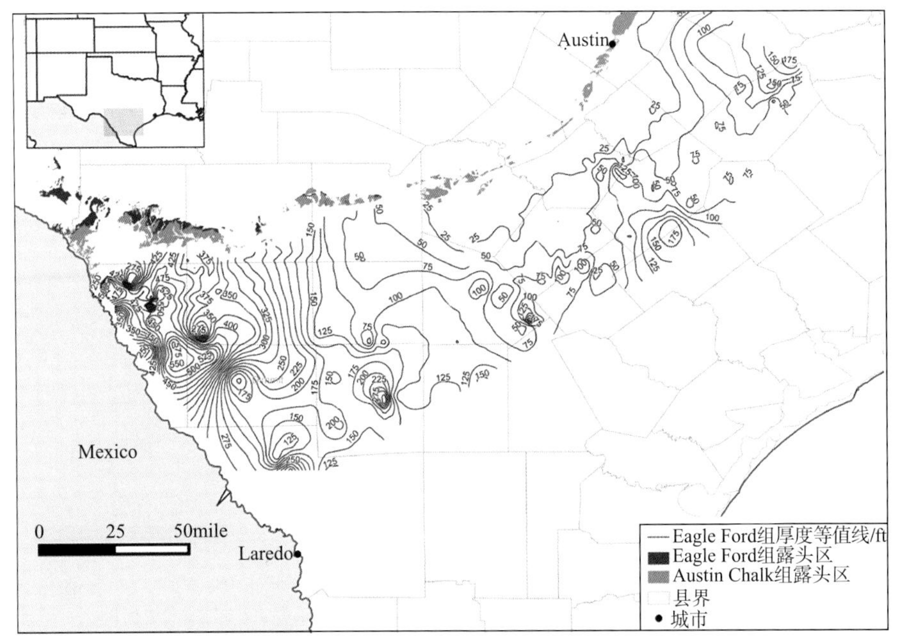


图 9–5 Eagle Ford 页岩厚度平面分布图

## 9.4 沉积特征

Eagle Ford 页岩的沉积环境主要受控于基底软弱带和下伏碳酸盐岩沉积控制的古地理构造格局。约 92Ma 前，Woodbine 组完全沉积之后，持续发生海进，在 88~92Ma 期间形成了 Eagle Ford 页岩，成为 Colorado 系的一部分。下部地层沉积于低能、贫氧的环境。在白垩系沉积时期，这种缺氧环境造成 $CO_2$ 含量的增加。

Eagle Ford 下段为一套海进体系域的沉积单元，由富含有机质、黄铁矿和浮游生物的海相页岩组成，是最大海泛期的典型沉积，反映 Eagle Ford 下段沉积时期水体最深。Eagle Ford 上段沉积环境为高位体系域，主要岩性为页岩，夹灰岩、白云岩和粉砂岩。在 Eagle Ford 下段和上段之间存在一个灰岩标志层（Kamp Ranch），代表了在沉积过程中形成的一个很短的高位域的海退期，水体能量较高，波状层理发育，夹少量钙质粉砂岩。由于水体深度变浅，含氧量增高，Eagle Ford 上段比下段有机质含量少。在白垩纪 Woodbine 和 Eagle Ford 组沉积之后，约 88Ma 时期 Sabine 隆起重新活跃并再次开始抬升，在 Sabine 地区约 150m 的隆升导致 Woodbine 和 Eagle Ford 组的东部露出地表，造成剥蚀。在该剥蚀发生后沉积了上覆的 Austin Chalk 组，该地层构成了东 Texas 油气藏的盖层，并形成了一个中白垩统不整合面。

## 9.5 地化特征

### 9.5.1 有机质丰度

Eagle Ford 页岩三口取心井共 353 个岩心样品测试结果显示，Eagle Ford 页岩总有机碳含量为 0.42%~6.32%，平均为 2.45%（图 9-6），表明其具有良好的生烃条件。

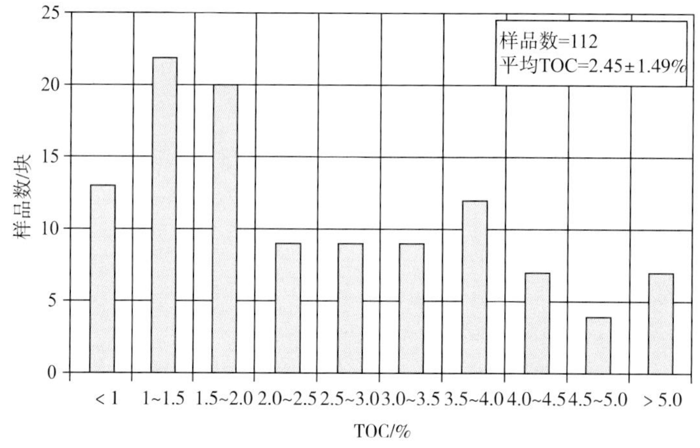


图 9-6　Eagle Ford 页岩 TOC 含量直方图

Austin（2012）分析认为 Eagle Ford 下段的有机碳含量明显高于上段，上段有机碳含量主要介于 0.5%~3%，下段有机碳含量主要介于 1%~6%，最高可达 14.7%（图 9-7、图 9-8）。

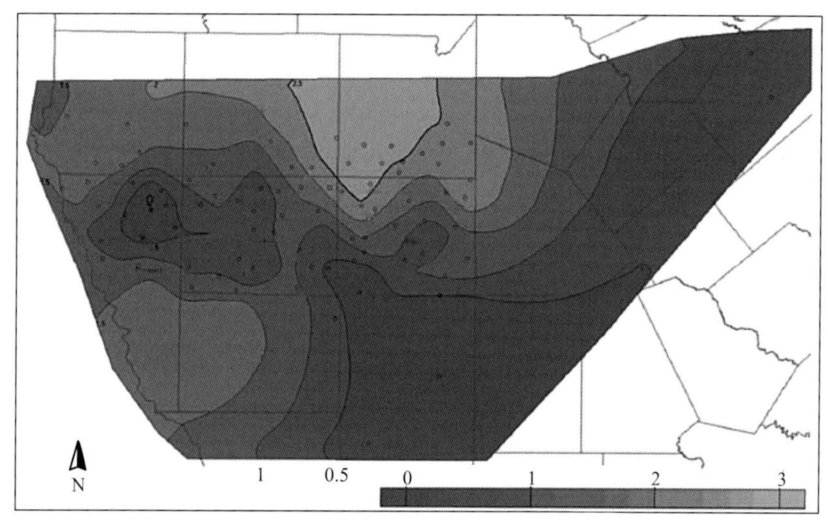


图 9-7　Eagle Ford 上段有机碳含量（TOC）等值线图（据 Cardneaux，2012）

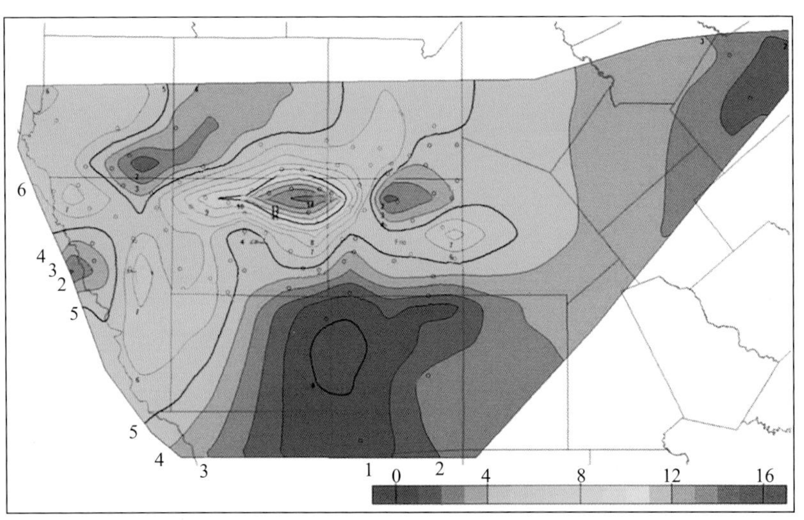


图 9-8 Eagle Ford 下段有机碳含量（TOC）等值线图（据 Cardneaux，2012）

### 9.5.2 有机质类型

Eagle Ford 页岩主要为Ⅱ型和Ⅲ型干酪根，既能生油又能生气（Robison，1997）。其中 Eagle Ford 上段有机质为易生气型，而 Eagle Ford 下段多为易生油型（Dawson 和 Almon，2010）。

### 9.5.3 有机质成熟度

根据 Harbor（2011）的研究，Eagle Ford 页岩 $R_o$ 在 0.56%~1.32% 之间（图 9-9、图 9-10）。通过烃类相态图（温度 - 压力），区域上认为该套页岩从油—湿气—干气是连续变化的。Eagle Ford 组页岩呈东西走向延伸，向南倾斜，自北而南烃源岩由逐渐生油进入生成湿气和干气阶段。

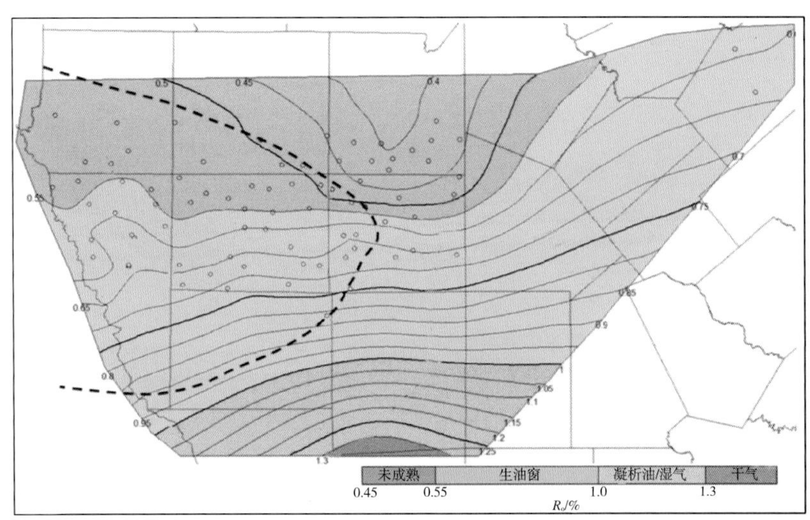


图 9-9 Eagle Ford 上段有机质成熟度 $R_o$ 等值线图（据 Cardneaux，2012）

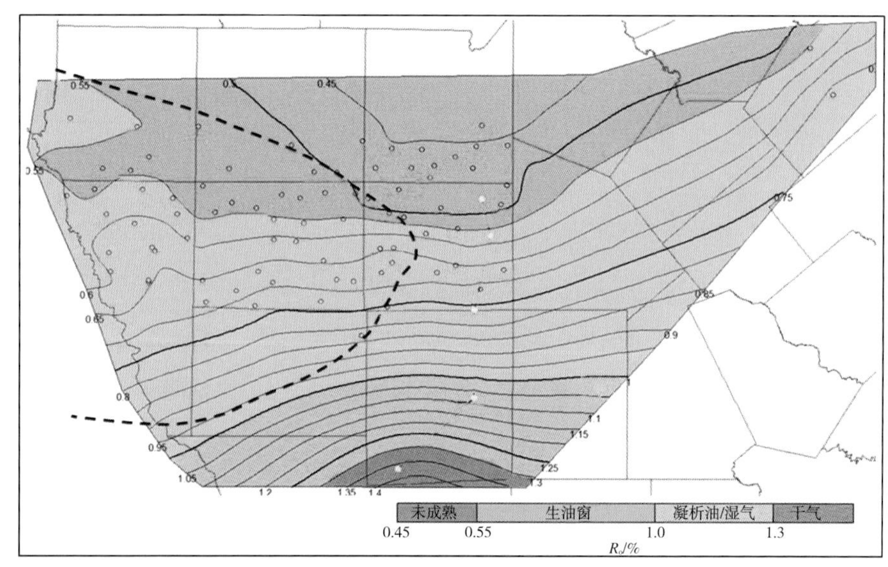


图 9–10 Eagle Ford 下段有机质成熟度 $R_o$ 等值线图（据 Cardneaux，2012）

该套页岩所产油气种类较多，包括油、湿气 / 凝析油和干气。从北至南、由浅入深，烃类逐渐由液态变为气态，在北部的最浅层以生油为主。Eagle Ford 页岩沿 Stuart City Edwards 礁缘的上倾方向形成常压油藏；沿礁缘的下倾方向形成超高压气藏（图 9–11）。礁缘的下倾储层侧向变化较快，原始渗透率受远源浊积岩控制。Stuart City 走向带重新活跃的断层沿上倾方向形成遮挡，从而聚集成藏。油的运移主要发生在重新活跃的断层之间的狭长地带，并导致上倾远景区内含油饱和度的显著变化。

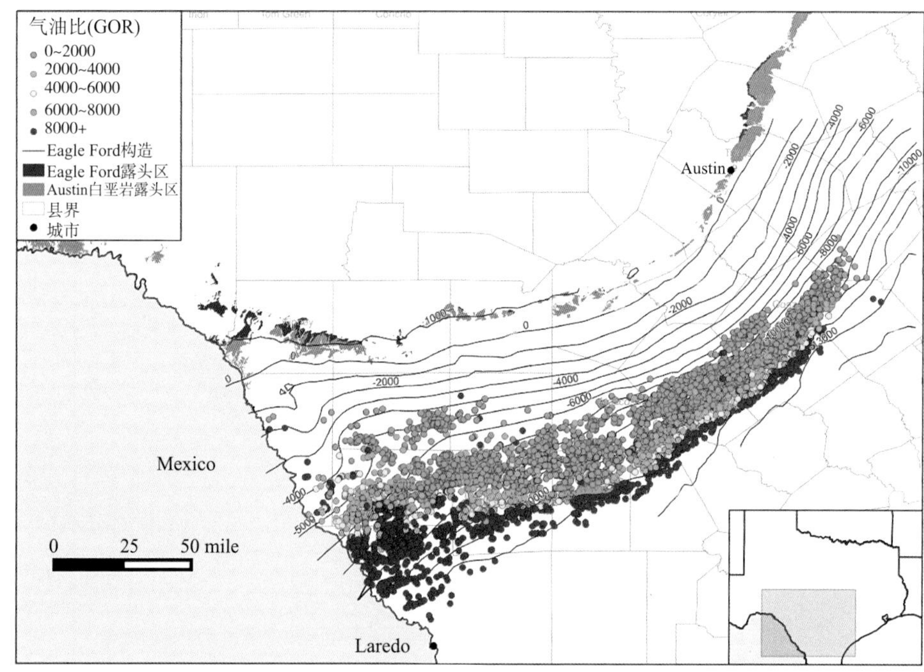


图 9–11 Eagle Ford 页岩气井原始气油比分布图（据 EIA 等，2000.1~2014.6）

## 9.6 储集特征

Eagle Ford 页岩属于致密储层，总孔隙度为 3.4%~14.6%，含气孔隙度为 2.1%~11.9%，渗透率极低。据统计，Eagle Ford 下段孔隙度为 7%~15%，Eagle Ford 上段的孔隙度为 7%~12%，基质渗透率在 40~1300nD 之间。Eagle Ford 页岩三口井共 353 个样品氦气孔隙度测试结果表明，该套页岩的孔隙度为 1.90%~20.25%，平均为 7.40%，约 63% 的样品孔隙度介于 6%~9%（图 9-12）。

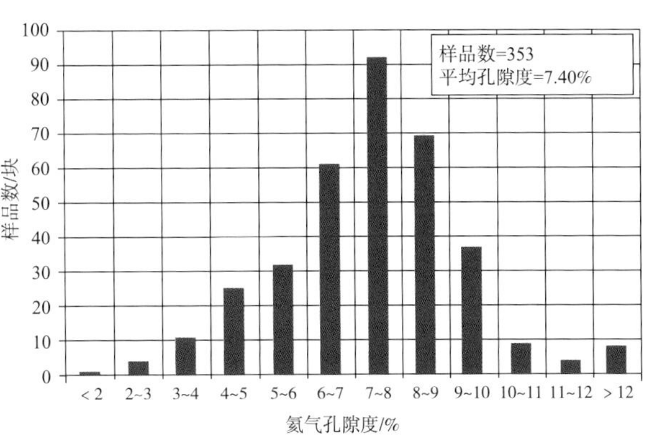


图 9-12　Eagle Ford 页岩氦气孔隙度直方图

## 9.7 可压性特征

### 9.7.1 岩矿特征

Eagle Ford 组页岩矿物组分如表 9-1 所示。Eagle Ford 页岩碳酸盐岩含量为 34%~85%，平均为 62.8%，黏土含量在 5%~35%，平均为 19%，石英和长石含量较低。其中，碳酸盐岩以方解石为主，平均含量为 61.60%。黏土矿物以伊利石为主，含少量高岭石和绿泥石。该套页岩的主要矿物含量变化非常大，即使在同一郡，也会发生含量的突然变化。总的来说，从南到北钙质含量增加，而石英含量和黏土含量减少，但整体来看 Eagle Ford 页岩黏土含量低，脆性矿物含量较高，有利于后期压裂改造。

表 9-1　Eagle Ford 页岩矿物组成统计表

| 矿物类型 | 矿物 | 组分 /% | 共计 /% |
|---|---|---|---|
| 非黏土矿物 | 方解石 | 61.60 | 81 |
| | 石英 | 10.90 | |
| | 斜长石 | 3.60 | |
| | 黄铁矿 | 1.50 | |
| | 有机质 | 1.40 | |
| | 白云石 | 1.20 | |
| | 磷灰石 | 0.70 | |
| | 长石 | 0.40 | |
| | 白铁矿 | 0.30 | |
| 黏土矿物 | 伊利石 + 蒙皂石 | 10.0 | 19 |
| | 伊利石 + 云母 | 6.90 | |
| | 高岭石 | 1.60 | |
| | 绿泥石 | 0.10 | |

### 9.7.2 岩石力学特征

Dandan 等（2014）针对 Eagle Ford 页岩开展不同围压条件下的岩石力学弹性参数的测量（表 9–2），结果显示该套页岩杨氏模量为 $3.01 \times 10^6$~$5.68 \times 10^6$psi，泊松比为 0.23~0.31。

表 9–2 Eagle Ford 页岩岩石力学参数统计表

| 样号 | 角度 /（°） | 围压 /psi | 应力差 /psi | 杨氏模量 /（$10^6$psi） | 泊松比 |
|---|---|---|---|---|---|
| 1 | 0 | 500 | 15193 | 4.91 | 0.23 |
| 2 | 0 | 1000 | 11880 | 3.12 | 0.30 |
| 3 | 0 | 2000 | 19334 | 5.68 | 0.24 |
| 4 | 90 | 500 | 13473 | 3.76 | 0.31 |
| 5 | 90 | 1000 | 13960 | 3.59 | 0.25 |
| 6 | 90 | 2000 | 14130 | 3.01 | 0.30 |

## 9.8 含油气性特征

从得克萨斯州 Eagle Ford 页岩分布区的东南往西北方向，埋深逐渐降低变浅，厚度也逐渐减薄，埋深从 14000ft 变为 4000ft，厚度也从 300ft 减少为 50ft，压力梯度为 0.55~0.85psi/ft，井底温度在 65.5~177℃之间。该套页岩富含液态烃，包括干气、湿气、凝析油、油，由北至南，深度逐渐加深，烃类物质由液态转为气态。上白垩统 Eagle Ford 页岩原始氢指数约为 414mg HC/g TOC（Grabowske，1995），仅得克萨斯州 Val Verde 县低熟段氢指数在 600mg HC/g TOC 以上，据 Grabowske（1995）估算，页岩含油量约为 0.0515t/t，最高达 0.1547t/t。

Eagle Ford 页岩主要以产油为主，从含油性的评判指标来看（图 9–13），除了中部的白垩层外（1–Mixon 井 13650~13700ft），$S_1$ 的含量明显高于 TOC 含量，含油饱和度指数（OSI）（$S_1$/TOC × 100）普遍大于（100mg HC/g TOC），证实具备较好的含油性。Eagle Ford 页岩油密度高，在 0.74~0.88g/cm$^3$ 之间。页岩气组分以甲烷为主，含量达 78%，并含有少量 $H_2S$ 和 $CO_2$。

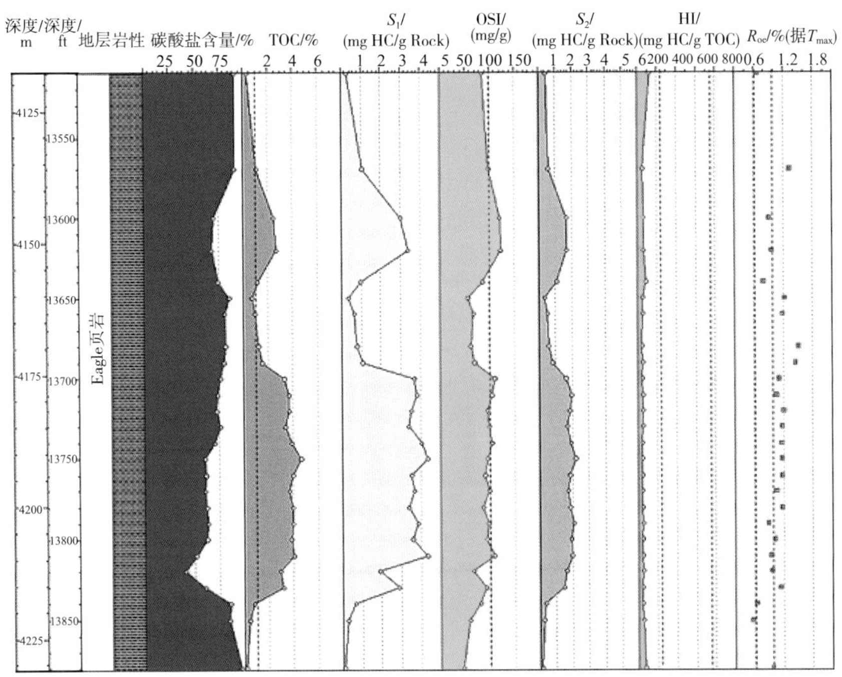


图 9-13 Champlin Petroleum 公司 1-Mixon 井地球化学特征曲线

目前关于 Eagle Ford 页岩含气性的研究较少。Xingru Wu 等（2016）对 Eagle Ford 页岩吸附气含量进行了研究，使用 OSLD-PR 算法建立了吸附气模型，吸附气含量 10~50scf/t（图 9-14）。

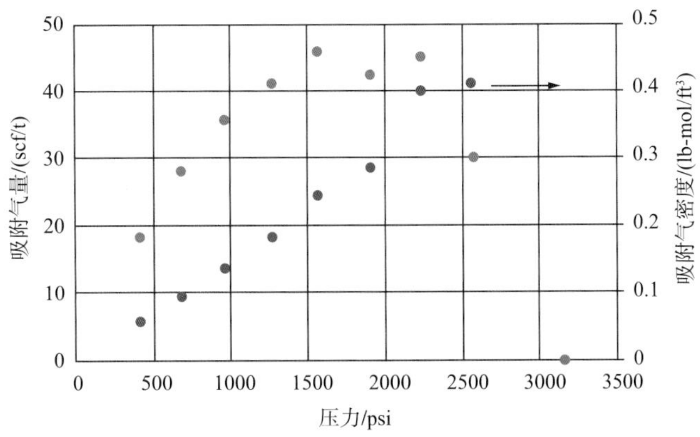


图 9-14 不同压力条件下吸附气含量变化情况（据 Wu，2016）

## 9.9 潜力分析

2011 年美国能源信息署（Energy Information Administration）评估 Eagle Ford 页岩石油可采资源量为 $4690\times10^4$t，页岩气可采资源量为 $5950\times10^8$m$^3$。Xinglai Gong（2013）对 Eagle Ford 页岩资源潜力开展了重新评估，认为 Eagle Ford 页岩油气资源丰富，石油原油总资源量为 $1.64\times10^8$t，天然气总资源量为 $3.44\times10^{12}$m$^3$（均为 $P_{50}$ 概率）。

从近十年的开发来看，Eagle Ford 页岩油日常量在 2008~2015 年呈逐年上升趋势，2015 年日产油气量达 4.8bcf/d。随后开始缓慢递减，2017 年日产量为 4.029bcf/d（图 9-15）。

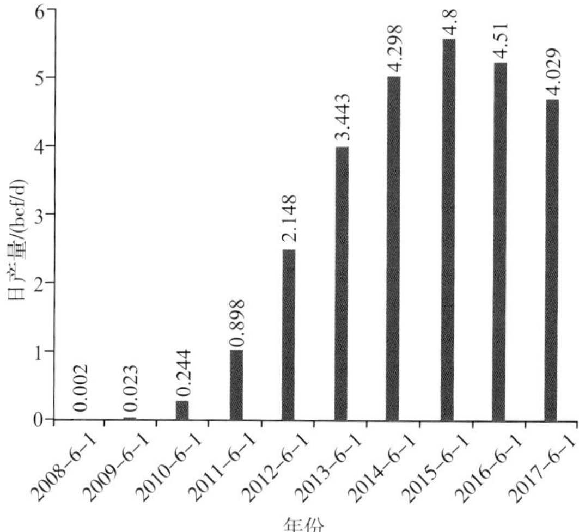

图 9-15　Eagle Ford（TX）页岩油 2008~2017 年平均日产量（据 EIA，2017）

## 参考文献

[1] Cardneaux A P. Mapping of the oil window in the Eagle Ford Shale play of southwest Texas using thermal modeling and log overlay analysis [D]. Oxford: University of Mississippi, 2012.

[2] Cardneaux A P. Mapping of the Oil Window in the Eagle Ford Shale Play of Southwest Texas Using Thermal Modeling and Log Overlay Analysis, M.S [D]. Louisiana State University, 2012.

[3] Condon S M, DymanT S. Geologic Assessment of Undiscovered Conventional Oil and Gas Resources in the Upper Cretaceous Navarro and Taylor Groups, Western Gulf Province, Texas, U.S. in Chapter 2 of Petroleum Systems and Geologic Assessment of Undiscovered Oil and Gas, Navarro and Taylor Groups, Western Gulf Province.Texas [R]. Geological Survey Digital Data Series DDS-69-H, 2006.

[4] Hentz T F, Ambrose W A,Smith D C. Eaglebine play of the southwestern East Texas Basin: Stratigraphic and depositional framework of the Upper Cretaceous (Cenomanian-Turonian) Woodbine and Eagle Ford Groups, (in press; preliminary version published online Ahead of Print 08 August 2014) [J]. AAPG Bulletin, 2014. doi: 10.1306/07071413232.

[5] Hu D, Matzar L, Martysevich V. Effect of natural fractures on Eagle Ford shale mechanical properties [J]. SPE 170651 MS, 2014.

[6] Gong X, Tian Y, Mcvay D A, et al. Assessment of Eagle Ford Shale Oil and Gas Resources[M]. Society of Petroleum Engineers, 2013.

[7] Grabowske G J. Organic-rich chalks and calcareous mudstones of the Upper Cretaceous Austin Chalk and Eagle ford formation, south-central Texas[M]// Kata B J. Petroleum source rocks. Berlin, Germany, Spring-Verlag, 1995: 209-234.

[8] Jia B, Li D, Tsau J S. Gas Permeability Evolution During Production in the Marcellus and Eagle Ford Shales:

Coupling Diffusion/Slip-flow, Geomechanics, and Adsorption/Desorption[C]. Unconventional Resources Technology Conference 2695702, 2017.

[9] Stegent N, Wagner A, Mullen J, et al. Engineering a Successful Fracture-Stimulation Treatment in the Eagle Ford Shale [J]. SPE 136183, 2010.

[10] Tunstall T. Iterative Bass Model forecasts for unconventional oil production in the Eagle Ford Shale[J]. Energy, 2015, 93 (1): 580-588.

[11] U.S. Energy Information Administration. Updates to the EIA Eagle Ford Play Maps[R]. Washington DC, December 2014.

[12] Valbuena R, Soler D F, Weimann M I,et al. Unconventional Reservoir Development in Mexico: Lessons Learned from the Frist Exploratory Wells, Society of Petroleum Engineers[C]. Unconventional Resources Conference-USA held in The Woodlands, Texas, USA, 10-12 April 2013.SPE 164545, 2013.

[13] Wu X, Zhou G, Najobaei B, et al. Integrated Reservoir Modeling Workflow that Couples PVT and Adsorption in Confined Nano-Pores, An Eagle Ford Application[C]. SPE Low Perm Symposium. 2016.

[14] Xu B, Haghighi M, Cooke D, et al. Production Data Analysis in Eagle Ford Shale Gas Reservoir[J]. SPE, 2012.

[15] 董大忠，黄金亮，王玉满，等 . 页岩油气藏——21 世纪的巨大资源 [M]. 北京：石油工业出版社，2015.

# 10 Fayetteville 页岩油气地质特征

## 10.1 勘探开发历程

Fayetteville（费耶特韦尔）页岩位于阿肯色州北部的 Arkoma 盆地（图 10-1）。近年来，随着钻井和水力压裂技术的不断完善，Fayetteville 页岩天然气资源潜力得到证实，2004~2007 年，全年钻井数量从 13 口增至 600 多口，2004~2013 年页岩气产量快速增长，直至 2013 年，日产量为 2.82bcf/d，2014 年开始逐年递减，2017 年日产量为 1.683bcf/d。

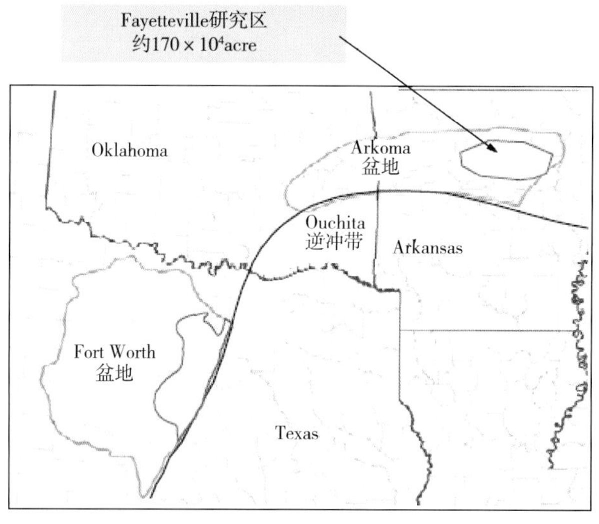


图 10-1 Fayetteville 页岩区块分布图

## 10.2 构造特征

Arkoma 盆地表现为一长弧形地堑，沿东西向延伸约 260mile，南北宽 20~50mile，南边以沃希托复杂逆冲带为界，北边靠近欧扎克隆起，由于构造应力作用，褶皱和断裂比较发育，在整个盆地形成一系列东西向背斜、向斜及以正断层为主的断裂。

## 10.3 地层特征

Fayetteville 页岩是一套黑色富有机质页岩，上覆地层为 Pitkin 鲕粒灰岩，下伏地层为 Batesville 砂岩，与上下地层呈整合接触关系（图 10-2）。

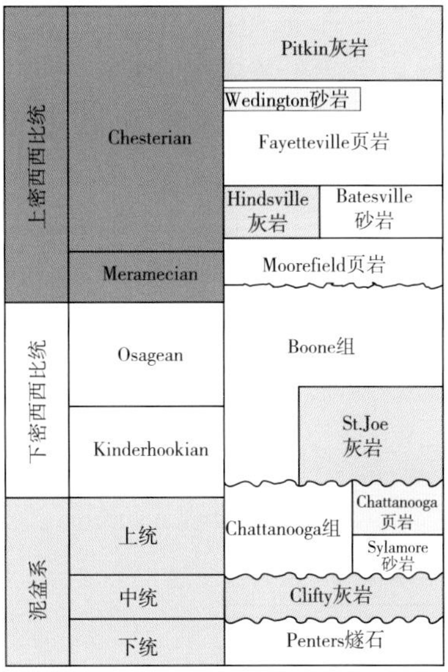

上密西西比统
Chesterian
Meramecian
下密西西比统
Osagean
Kinderhookian
泥盆系
上统
中统
下统
Pitkin灰岩
Wedington砂岩
Fayetteville页岩
Hindsville
灰岩
Batesville
砂岩
Moorefield页岩
Boone组
St.Joe
灰岩
Chattanooga组
Chattanooga
页岩
Sylamore
砂岩
Clifty灰岩
Penters燧石

图 10-2 阿肯色州阿科马盆地泥盆纪和密西西比纪地层柱状图（据 McFarland，2004，修改）

Fayetteville 页岩中下段富含有机质，为主要产气段，具有高自然伽马和高电阻率的测井响应特征。Fayetteville 页岩气层深度一般介于 1500~8500ft 之间，厚度介于 50~550ft 之间。

## 10.4 沉积特征

在 Mississippian 期，北阿肯色州为一个浅水陆棚沉积环境，南部紧临沃希托海槽。在北阿肯色州 Ozark 山区 Fayetteville-Pitkin 地层上倾尖灭，表明北美克拉通陆棚向北可能延伸更远且水体更浅（图 10-3、图 10-4）。

A
露头区/带
测量剖面
深水陆棚
D
A′
0
50km
94°
92°
36°
34°
OZARKS
ARK.VALLEY
OUACHITA
MTS.
COASTAL
PLAIN
块状Pitkin
鲕粒灰岩
上
Fayetteville
灰岩带
Ouachita
海槽

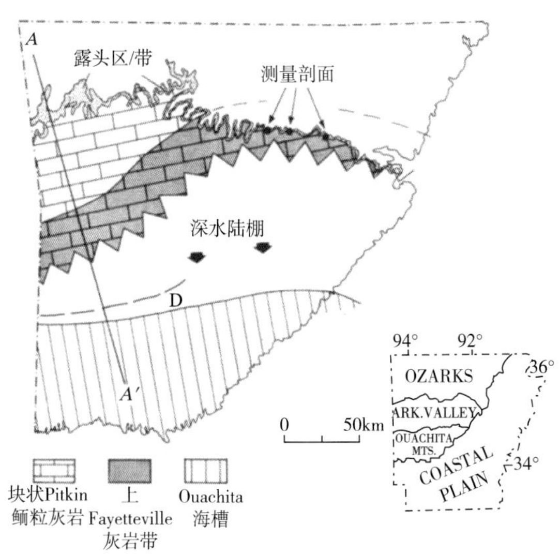

图 10-3 北阿肯色州晚密西西比时期岩相古地理图

A
A′
Fayetteville页岩
Pitkin
灰岩
Hindsville灰岩
剥蚀
0m
Boone岩层
Ruddell和
Moorefield
页岩
Fayetteville页岩
500m
Stanley
页岩
1000m
1500m
上ARK.NOVAC页岩

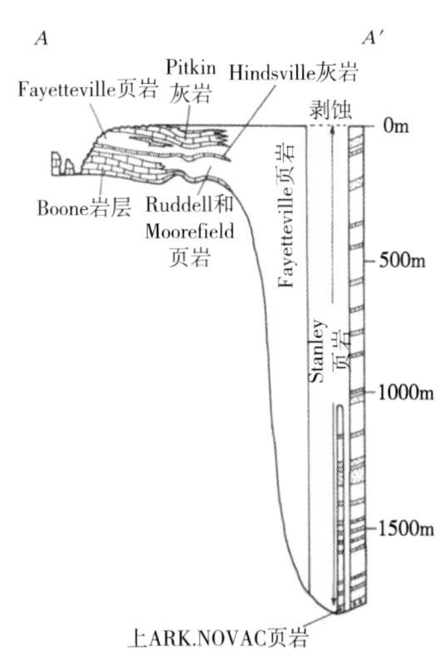

图 10-4 北阿肯色州—沃希托海槽密西西比地层 *A*-*A*’剖面（剖面位置见图 10-3）（据 Glick,1979）

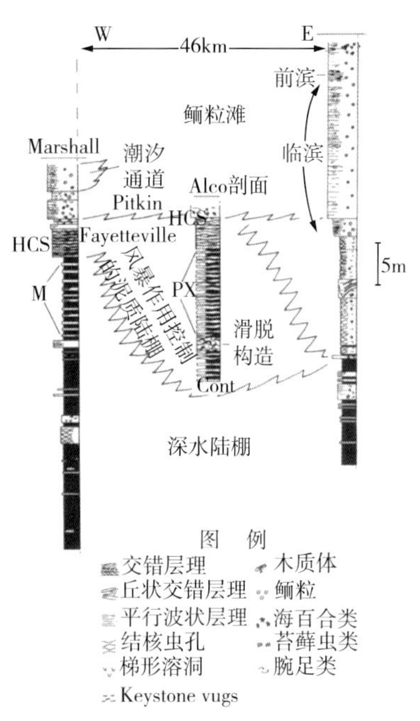


图 10-5 Fayetteville—下 Pitikin 地层古地理环境剖面对比图（东—西）

Fayetteville 页岩与上覆 Pitkin 鲕粒灰岩呈整合接触关系，二者共同组成了一个向上逐渐变浅的沉积序列。最底部为深水泥质陆棚，岩性以黑色页岩为主；向上演变为风暴流主控的泥质陆棚，岩性以层状灰岩和页岩为主，通过 Marshall、Alco 和 Monutain 三个露头剖面（图 10-5），证实了陆棚风暴流的沉积环境；在 Fayetteville-Pitkin 的顶部，水体变浅，变为鲕粒滩和临滨相，岩性以鲕粒灰岩和生屑灰岩为主。

北阿肯色州的 Fayetteville 页岩主要由富含黄铁矿和有机质的黑色页岩组成，其总有机碳含量介于 1%~4% 之间。在局部地区 Fayetteville 页岩富含钙质，化石丰度存在差异。该段地层中头足类生物化石常见，包括一些巨大的直鹦鹉螺（可达 3m 长）Rayonnoceras 及其粪球粒化石，由此推断，Fayetteville 页岩沉积期水体深度不超过 100m（Gordon，1964；Zangerl，1969）。

在北阿肯色州的薄—中层黑色灰泥岩岩性整体较均一 [ 图 10-6(a)]，沉积构造欠发育，但局部地区可见微层理构造。Marshall 露头剖面出露的韵律层灰泥岩，平均单层厚度 13cm，地层平缓，平面发育稳定。露头中的部分小层可连续追踪近 1km 且厚度稳定，反映出沉积期相对安静的沉积环境。

图 10-6 北阿肯色州 Fayetteville 页岩典型露头照片

（a）Marshall 黑色 Fayetteville 页岩和层间灰泥岩，灰岩层厚 10~20cm；（b）上 Fayetteville 丘状交错层理灰岩和页岩上覆 Pitikin 鲕粒灰岩，箭头所指为下切槽道；（c）Alco 上 Fayetteville 层上覆 Pitikin 灰岩（照片顶部），在地层底部包括平行层理向上过渡到上攀波纹交错层理，露头顶部的层段包括丘状交错层理，在该层段页岩向上减少，露头近 15m 高

针对于下 Fayetteville 页岩在局部地区出现具有微层理构造特征的层间灰岩，前人研

究认为其属于浊流沉积。由 Fayetteville 页岩向上过渡至 Pitikin 灰岩，不仅灰质含量逐渐增加，且灰质粒级也呈增加趋势，由下部的泥灰岩和粒泥灰岩向泥粒灰岩和颗粒灰岩转变。岩性变化特征反映了其水体逐渐变浅，水体能量逐渐增强的沉积旋回。

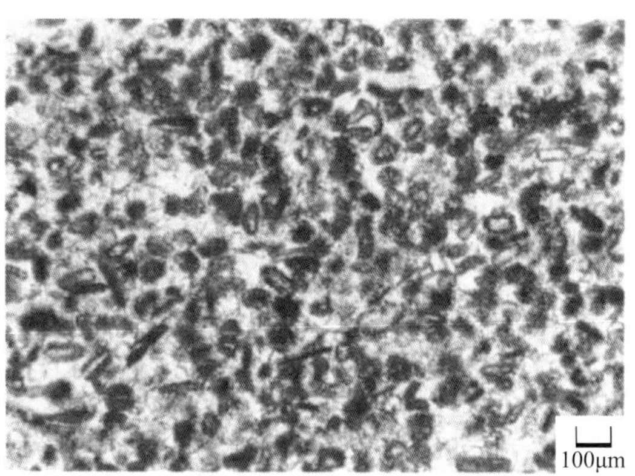

图 10–7　上 Fayetteville 灰岩薄片镜下照片

灰岩与页岩的交互出现构成了上 Faytteville 页岩并形成了 Fayetteville 黑色页岩同上部 Pitkin 灰岩之间的岩层序列（图 10–6）。上 Fayetteville 灰岩 / 页岩厚度可达 20m，自下而上页岩层逐渐减少而灰岩层逐渐增加。页岩薄夹层通常富含灰质，在部分地区沿页岩夹层富含腕足类化石（Chonetes）。在深灰色的灰岩层中宏体化石较为罕见，发育鳃足类、苔藓虫和海百合生物化石。岩层由分选性好的细砂粒级骨骼颗粒（极难识别的骨骼类生物碎屑残留物）和球粒组成（图 10–7）。极少的内碎屑与零星分布的石英颗粒占比不足 1%。尽管上 Fayetteville 灰岩主要岩性为细砂粒级的碳酸盐岩颗粒，但具有同陆棚沉积环境下硅质碎屑砂岩相似的微观结构特征。

Alco 剖面上 Fayetteville 灰岩 Alco 剖面具有韵律性特征，反映出风暴流等沉积特征，剖面顶部由 Pitikin 灰岩所覆盖，自下而上灰岩与页岩的比例不断增加 [ 图 10–5、图 10–6(c)]，地层厚度呈向上递增趋势（图 10–8）。

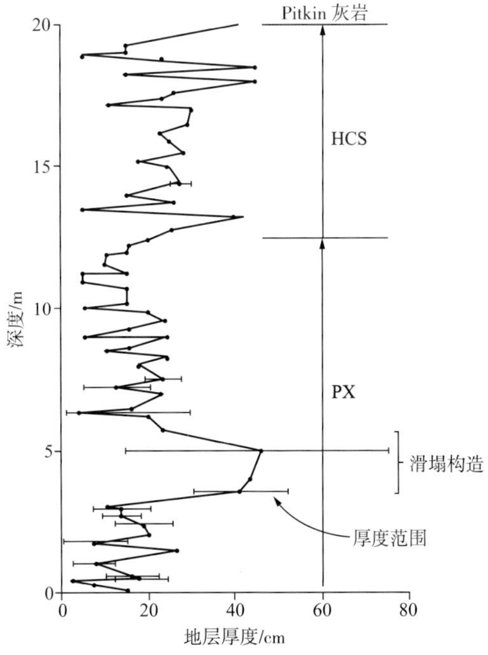

图 10–8　Alco 剖面上 Fayetteville 页岩段厚度纵向变化趋势图

地层底部增厚与准同期地层滑塌有关；PX= 平行纹层，之上为波纹层理；HCS= 丘状交错层理

Alco 剖面沉积构造发育，下部灰岩层段（属于上 Fayetteville）可识别出以下两种沉积

构造 [ 图 10-6(c)]：①平行层理或微倾波纹层，向上发育上攀波纹交错层理（图 10-9）；②丘状交错层理，薄层页岩（1cm）沉积在丘状层表面将灰岩层分隔开。

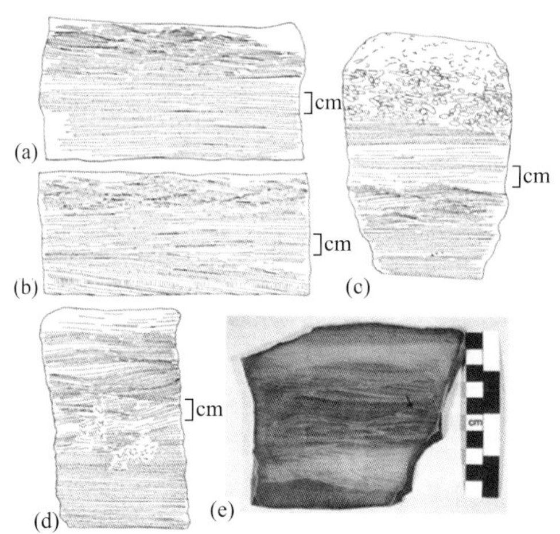

图 10-9　Alco 露头下部地层层序典型照片

底部地层由平行层理（a）、（c）、（d）、（e）和斜层理（b）组成，上覆地层为上攀波纹交错层理；（c）、（d）图中见平行层理中夹波纹层理；（c）、（e）顶部见潜穴（Planolites）破坏了部分层理

上 Fayetteville 灰岩中的平行层理厚度较薄但连续性好；层理倾角较小，约 8° [图 10-9（a）、（b）]。丘状交错层理较为常见，偶见波纹层理，在变形层间的波长小于 1.0m，波高达到 1~10cm。平行层理向上过渡到上攀波纹交错层理。波纹构造主要以对称波纹为主，波纹长度介于 6.5~16cm（平均 10cm），波纹高度介于 3~13cm。总体而言，该段底部由平行（或斜层理）层理组成，向上转变为向南发育的上攀波纹交错层理（波纹层段），再往上过渡为页岩段。由于绝大多数情况波纹层段发育于下伏水平层段之上，因此波状层理与水平层理是同时期沉积形成的，而非风暴流的后期改造作用。

此外，Alco 剖面中略厚的灰岩层发育有丘状交错层理（图 10-10），其下伏层段发育平行层理和丘状交错层理，上覆层段为鲕粒颗粒灰岩（Pitikin 灰岩）。Alco 剖面上 Fayetteville 灰岩丘状交错层理发育。部分丘状交错层理面波痕长达 1m，且厚度小于 1cm 的薄层页岩作为隔层将丘状岩层分隔开，但是在没有薄层页岩发育的地方，丘状层叠置发育（图 10-11）。

图 10-10　Alco 剖面上 Fayetteville 页岩段风暴交错层理灰岩露头照片（地质锤长 30cm，硬币直径 2.4cm）

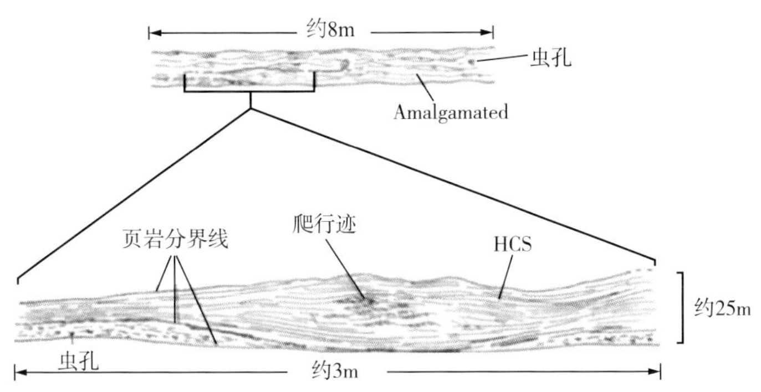


图 10-11 Alco 剖面层理发育模式图

丘状岩层内部层理均向上凹凸，倾角通常在 10° 左右。每个小层由一个或多个厚 10~25cm 的风暴岩组成。除了相对较大的风暴岩外，这些岩层其他显著特征为：沉积于丘状层表面定向排列的生物化石层，变形层中发育南北向的海百合茎和苔藓虫 *Archimedes* 茎。

综合分析表明：上 Fayetteville 灰岩沉积环境代表了一种碎屑与碳酸盐岩混合沉积的模式，在该模式中风暴流沉积扮演着重要的角色。风暴流沉积记录之所以能够被保留，可能是由于底部水体为缺氧或贫氧环境，致使底栖类动物的生存与活动受到了极大的限制。概括而言，上 Fayetteville 灰岩段沉积特征可概括为以下几点：

（1）上 Fayetteville 层属陆棚 – 风暴流沉积，沉积相带的宽度（30km）代表了风暴流从浅水物源向海输送碳酸盐岩沉积物的最大距离。

（2）上 Fayetteville 风暴层主要是由球粒、包壳颗粒和粉砂级粒屑组成，均由碳酸盐岩矿物组成，风暴层内部发育页岩薄夹层。粉砂级碳酸盐岩颗粒在碎屑泥质陆棚沉积环境中的出现表明其并非原地沉积，而是从浅水碳酸盐岩沉积环境搬运而来。上 Fayetteville 灰岩中的风暴流包壳颗粒灰岩可能是源自于鲕粒浅滩沉积体系向海一侧的浅滩。

（3）Alco 剖面中的上 Fayetteville 灰岩下部发育厚 20cm 的风暴层，该风暴层下部水平层理发育，上部发育上攀交错层理，指示向南古水流；顶部发育厚 26cm 的风暴层，这些风暴层丘状交错层理发育，部分风暴层相互接触形成粗生物碎屑透镜体。上述两种纵向地层序列，指示了沉积时期水体深度由浅变深的过程。

（4）Alco 剖面下部地层主要沉积构造类型的纵向序列（从水平层理到波纹层理）和岩相证实沉积期发育微弱的定向水流。

（5）Ptikin 灰岩下伏的风暴流沉积层段是由于混合作用导致的。Ozark 浅水陆棚的残留沉积物主要为整合于 Fayetteville 页岩之上的大量 Pitkin 鲕粒滩与生物碎屑滩灰岩，深水陆棚沉积环境的代表性沉积物为 Fayetteville 黑色页岩（图 10-4）。Fayetteville 页岩与 Pitkin 灰岩沉积序列的渐变接触关系与岩性特征反映了北阿肯色州沉积中心向上逐渐变浅。此外，地表露头未见陡峭沉积斜坡的证据，推测 Ozark 陆棚可能发育南倾缓斜坡。

## 10.5 地化特征

孢粉分析测试结果表明：Fayetteville 页岩样品的黑色不透明物含量很高，结构植物体和降解植物体百分含量较低（图 10-12）。仅观察到少量孢粉，且都为深色至深棕色，反映出 Fayetteville 页岩具有较高的成熟度。根据 Tyson 分类，有机质类型为Ⅳ型，并存在由最初的Ⅲ型干酪根（易生气）在热成熟过程中转化为Ⅳ型干酪根的可能。

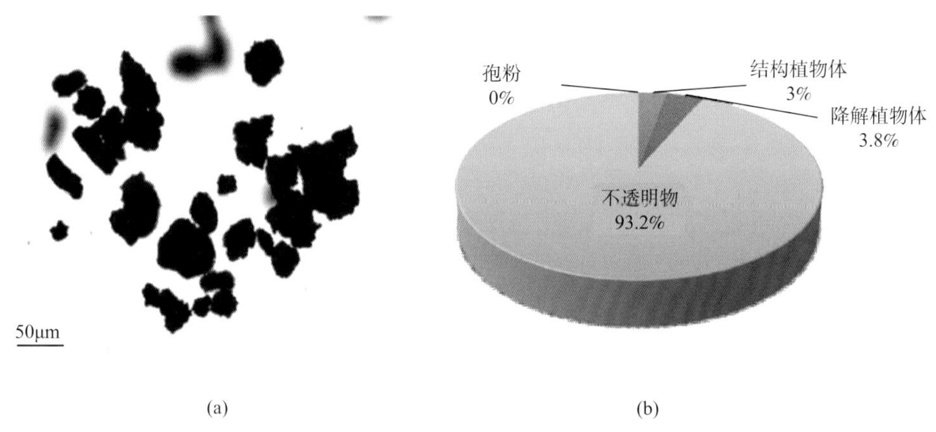


图 10-12　Fayetteville 页岩干酪根百分比分布和显微照片

Fayetteville 页岩 TOC 平均含量为 4.04%。高 TOC 含量使得 Fayetteville 页岩具有优质烃源潜力。但 TOC 含量不是反映烃源潜力的唯一指标，还应考虑岩性组成、沉降速率、干酪根类型、热成熟度等其他因素。前期研究揭示：尽管 Fayetteville 页岩 TOC 含量高，但较高的热演化程度大大降低了其生烃潜力。

## 10.6　储集特征

页岩储层描述的关键是对其微纳米孔结构的定量表征。Fayetteville 页岩孔隙结构具有以下三个方面的特征：① 2×8 μm 孔隙发育区为游离气提供了储集空间 [ 图 10-13(a)]；②干酪根颗粒中纳米级孔隙发育，孔径在 5~100nm 之间 [ 图 10-13(b)]；③天然裂缝宽度达 25~50nm[ 图 10-13(c)]。

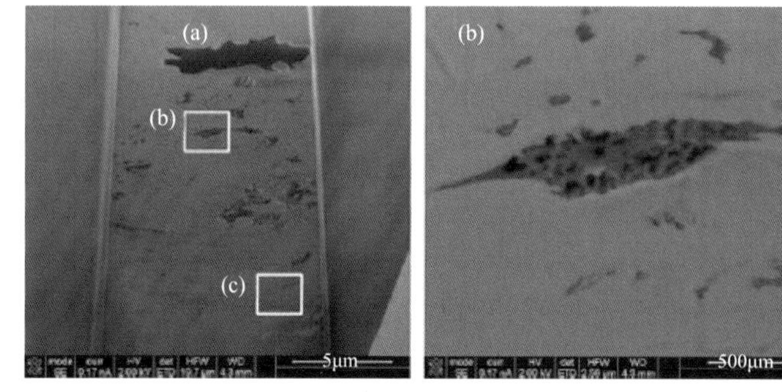

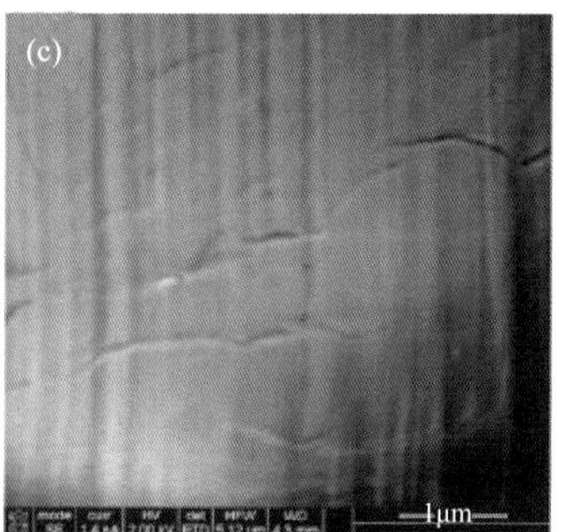


图 10-13　Fayetteville 页岩 SEM 图像

（a）微孔；（b）有机质，干酪根纳米孔隙度约占该区域的 40%~50%；（c）纳米级天然裂缝

从孔径分布直方图中可以看出（图 10-14），Fayetteville 页岩纳米级孔隙的孔径多为 30nm，介孔占主导。

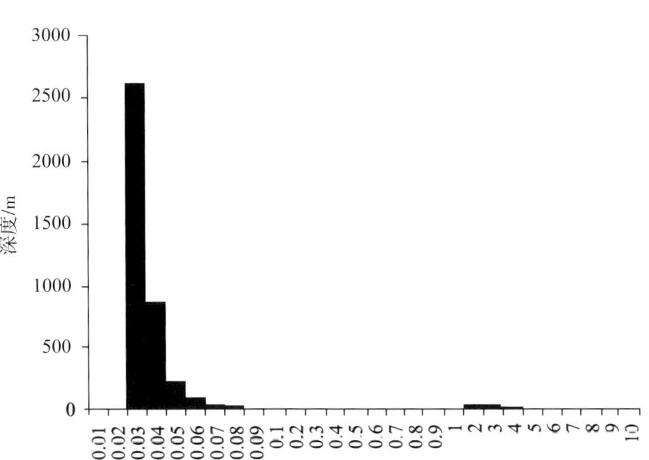


图 10-14 Fayetteville 页岩有效孔径分布直方图

## 10.7 可压性特征

Bai（2013）等人对 Fayetteville 页岩进行 X 射线衍射结果表明：Fayetteville 页岩石英含量高（图 10-15、表 10-1）。此外，Deville 等人测试结果显示石英平均含量 45%~50%，黏土矿物平均含量 <30%。测试样品的高石英含量与低黏土含量特征反映出 Fayetteville 页岩具有较高的杨氏模量和较低的泊松比，页岩具备高脆性特征，易产生天然裂缝，可压性较好。

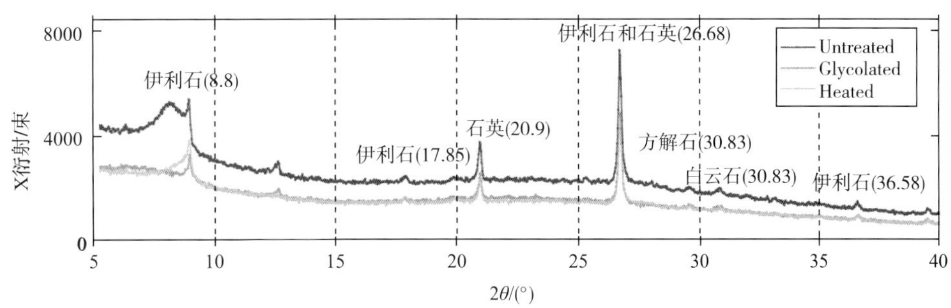


图 10-15 Fayetteville 页岩 X 射线衍射谱图

表 10-1 Fayetteville 页岩 XRD 分析结果统计表

| 矿物名称 | 成分 | 所占比例 /% |
|---|---|---|
| 黏土矿物 | 绿泥石 | <5 |
| | 伊利石 | 20~25 |
| 非黏土矿物 | 方解石 | 5~10 |
| | 白云石 | 5~10 |
| | 石英 | 45~50 |

## 10.8 潜力分析

Fayetteville 页岩气同位素测定结果显示，乙烷和丙烷出现反转，稳定碳同位素变得更轻，湿度值低于 5%。Barnett 页岩气异丁烷 - 正丁烷比率同期发生的反转意味着在相同体积内曾经发生了湿气裂解产生了更多的气体分子，从而导致了超压，间接证实 Fayetteville 页岩具备较好的含气性。

2005~2017 年，Fayetteville 页岩气的主产区产量呈先上升后下降的趋势。随着钻井和水力压裂技术的不断完善，由最初 2005 年日产量 0.006bcf/d，上升到 2013 年日产量 2.82bcf/d。2014 年开始逐年递减，2017 年日产量为 1.683bcf/d（图 10-16）。

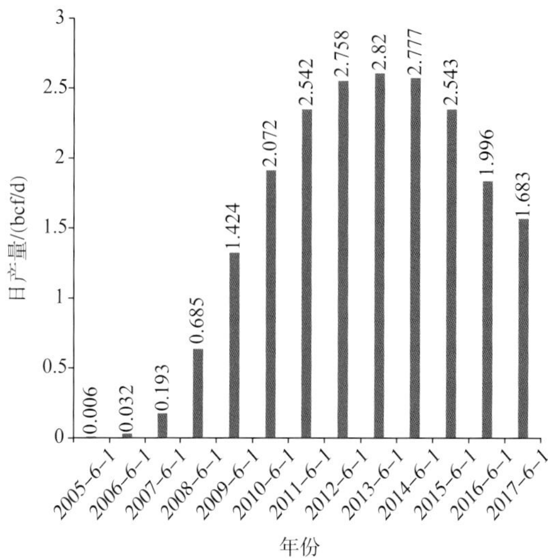


图 10-16 Fayetteville（AR）页岩气 2005~2017 年平均日产量（据 EIA，2017）

## 参 考 文 献

[1] Bai B, Malek E, et al. Rock Characterization of Fayetteville Shale Gas Plays[J]. FUEL, 2012, 105(2013): 645-652.

[2] Browing John, Scott W T, et al. Study Develops Fayetteville Shale Reserves, Production Forecast[J]. Oil & Gas, 2014.

[3] Chen S, Robbins R E. 阿科马盆地低渗透干气藏的特征 [J]. 国外油气勘探 , 1993, 5(2): 143-150.

[4] Handford C R. Facies and Bedding Sequences in Shelf-storm-deposited Carbonates-Fayetteville Shale and Pitikin Limestone(Mississippian), Arkansas[J]. Journal of Sedimentary Petrology, 1986, 56(1): 123-137.

[5] Xiao Y, Rainer V B. Evaluation in Data Rich Fayetteville Shale Gas Plays-Integrating Physics-based Reservoir Simulations with Data Driven Approaches for Uncertainty Reduction[C]. International Petroleum Technology Conference, 2012.

[6] Zumberge J, Ferworn K. Isotopic Reversal(Rollover) in Shale Gases Produced from the Mississipian Banett and Fayetteville Formation[J]. Marine and Petroleum Geology, 2012, 31(2): 43-52.

# 11 Floyd 页岩油气地质特征

## 11.1 勘探开发历程

Floyd（弗洛伊德）页岩分布在美国 Black Warrior 盆地，被认为是潜在的页岩气远景区，该套页岩是 Black Warrior 盆地宾夕法尼亚和密西西比三角洲砂岩常规油气的来源（Telle 等，1987; Carroll 等，1995），其厚度一般可达 60m，有机碳含量 2.0%~7.0%，成熟度可达到 1.30% 以上。

作为 Floyd 页岩中的富有机质层段，Neal 页岩在阿拉巴马州的厚度变化范围较大，从 7~106m 不等（图 11-1），可作为油气经济开发的一套较好地目的层（Pashin 等，2011），也是本章 Floyd 页岩主要研究层段。Anadarko 石油勘探公司针对 Neal 页岩开展了一系列勘探工作，直井钻探成功率不高，水平井钻探将会是经济可采的有效手段之一（Pashin，2008）。

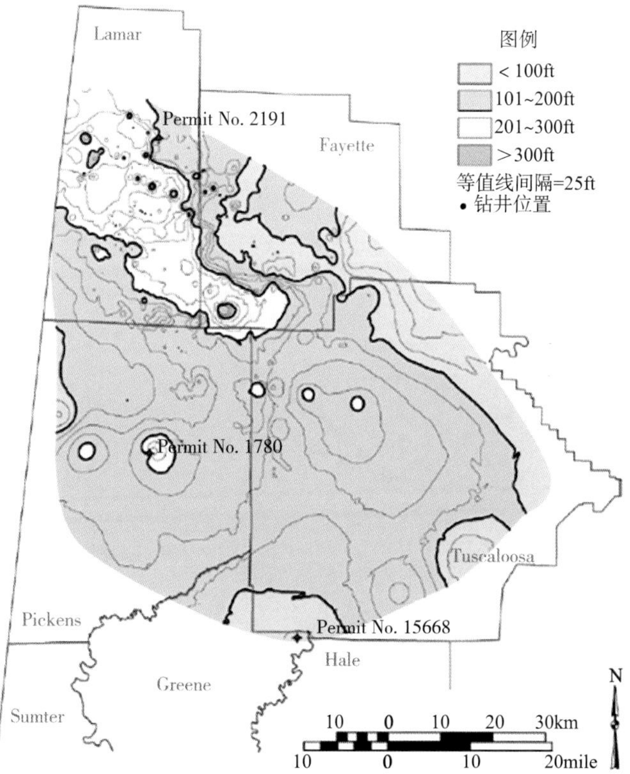


图 11-1 阿拉巴马州 Black Warrior 盆地 Neal 页岩等厚图（据 Pashin 等，2011，修改）

2005 年，Anadarko 石油公司针对 Floyd 页岩开展了钻前技术评估工作。2006~2007 年，对 Floyd（Neal）页岩开展了勘探评价工作，部署探井 Saxophone 22-1 井，针对该井四个位置的射孔压裂效果不理想。随后在 2007 年 1 月 23 日成功实施了重新压裂，但测试效果不好，仅获得 140m$^3$/d 的气量。另一口直井，即 Clay 县的 Trumpet 29-1 井，分别在 11080~11085ft 和 10955~10960ft 的 Neal 页岩层段射孔压裂，与 Saxophone 22-1 井相似，Trumpet 井产气量少，约 112m$^3$/d。

之后，Anadarko 公司在 Floyd 页岩远景区钻探了两口水平井，水平段长约 800m。其中，一口井使用二氧化碳辅助交联剂设计进行完井，测试未获气流，另一口井钻遇不适合水力压裂的岩层，被堵塞而废弃。之后 Anadarko 公司在 Floyd 页岩远景区中的钻探活动暂时中止。

## 11.2 构造特征

Black Warrior 盆地为晚古生代前陆盆地，平面上呈三角形，以 Ouachita 造山带为界，西达密西西比河地堑，东抵 Appalachian 造山带，北至 Nashville 隆起，总面积约 35000km$^2$（图 11-2）。北东走向 Appalachian 造山带与北西走向 Ouachita 造山带之间伴生了一系列断层。

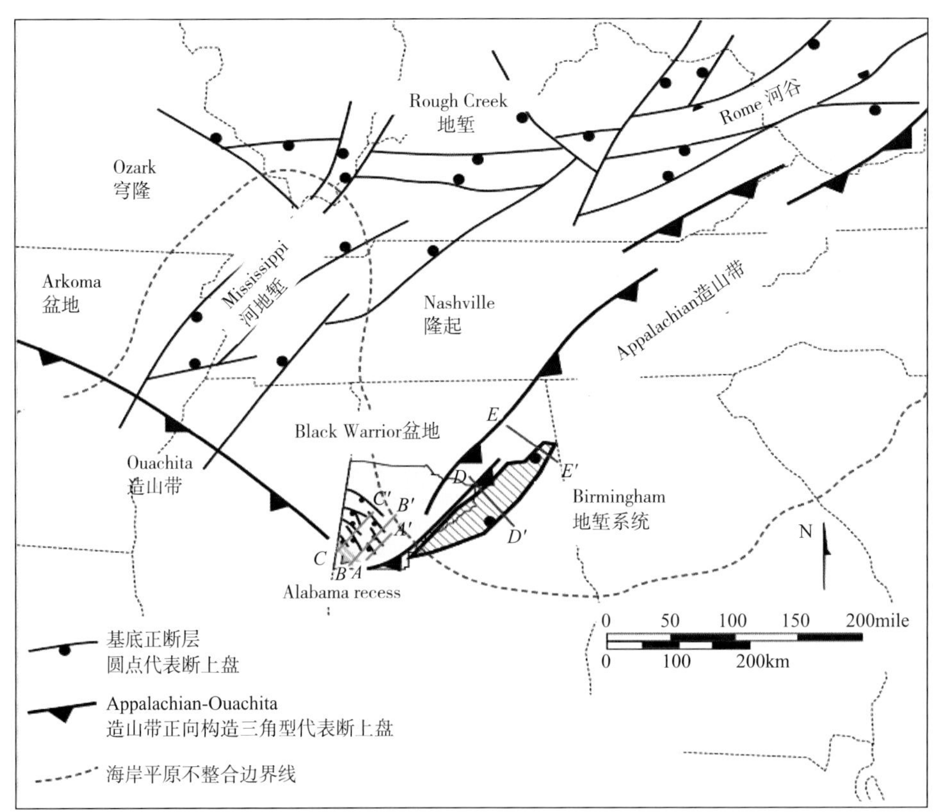


图 11-2　Black Warrior 盆地区域构造略图（Coleman，1988；Thomas，1988；Groshong 等，2009）

虚线指示边界，*A-A'* 到 *E-E'* 指示地震反射剖面的位置

### 11.2.1 Black Warrior 盆地构造

Black Warrior 盆地断层较发育，以北西向为主，形成了地垒、地堑和半地堑构造。绝大多数南倾向的断层断距向南西方向呈现递增趋势（图 11-3）。盆地东部断层向下终止于 Pennsylvanian Pottsville 地层下部的薄层滑脱层（Wang 等，1993；Pashion 等，1995；Cates 和 Groshong，1999；Groshong 等，2003；Cates 等，2004），盆地西部一些断层延伸至薄层滑脱层以深的部位（Hawkins 等，1999）。

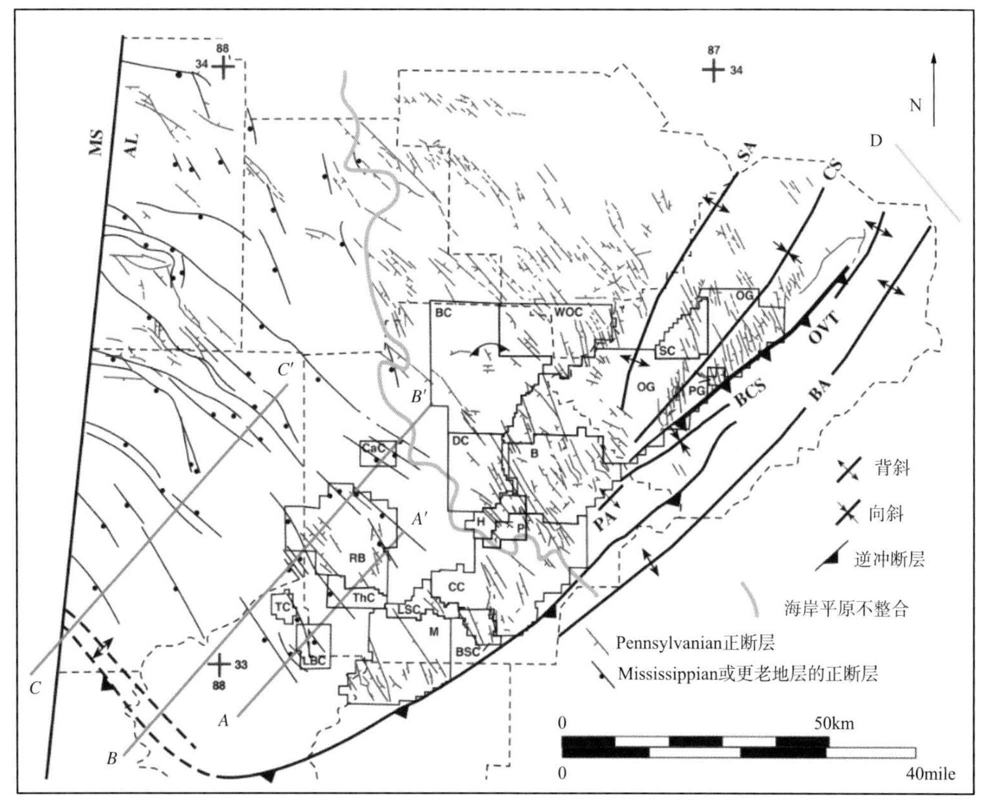


图 11-3　Alabam 州 Black Warrior 盆地构造图（据 Groshong 等，2009，修编）

Black Warrior 盆地几条大型正断层分别位于 Ketona 和 Knox 碳酸盐岩地层。这些断层为犁式断层。图 11-3 揭示，Little Black Creek 地区断上盘从地层中部翻卷延伸至主断层，斜向剪切模式可以很好地解释地层翻转的几何形态和断层形态的匹配关系。下部滑脱层位于 Ketona-Knox 下部，犁式断层断上盘的低角度正断层可以容纳这种延伸，并且这种低角度断层与主断层的延伸有直接的关系。

基底卷入式正断层在三条区域地震反射剖面上均清晰可见（图 11-4~ 图 11-6）。在三条地震剖面上可以看到有大量的断裂切入基底。Ketona-Knox 基底中一些规模较小的断裂在向上延伸的过程中最后消失在 Knox 上部地层中。切入基底的断裂在地震剖面上均表现的较为平缓。一些规模较大的南倾断层在下降盘一侧伴生一系列平行的反向断层（图 11-6），从而形成地堑。*B-B'* 测线中部上升盘的背斜形态是断裂披盖褶皱而非反转构造（图 11-5）。

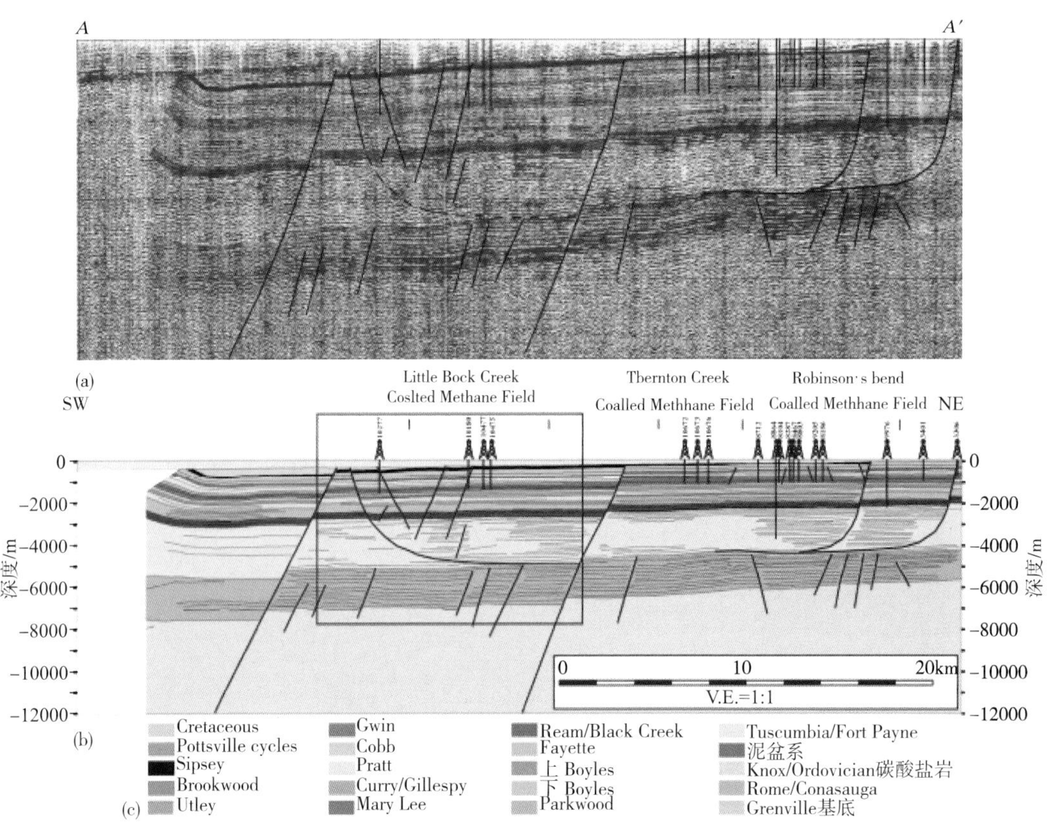


图 11-4　研究区地震剖面综合解释图（地震剖面 *A*-*A*'）

（a）解释的时间剖面；（b）地质剖面；（c）地层图例

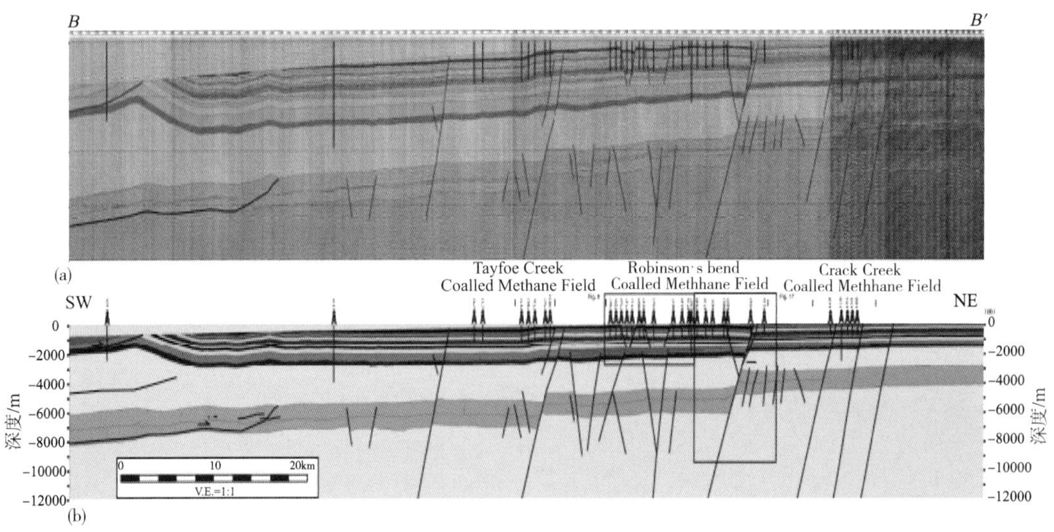


图 11-5　研究区地震剖面综合解释图（地震剖面 *B*-*B*'，地层图例同图 11-4）

（a）解释的时间剖面；（b）地质剖面

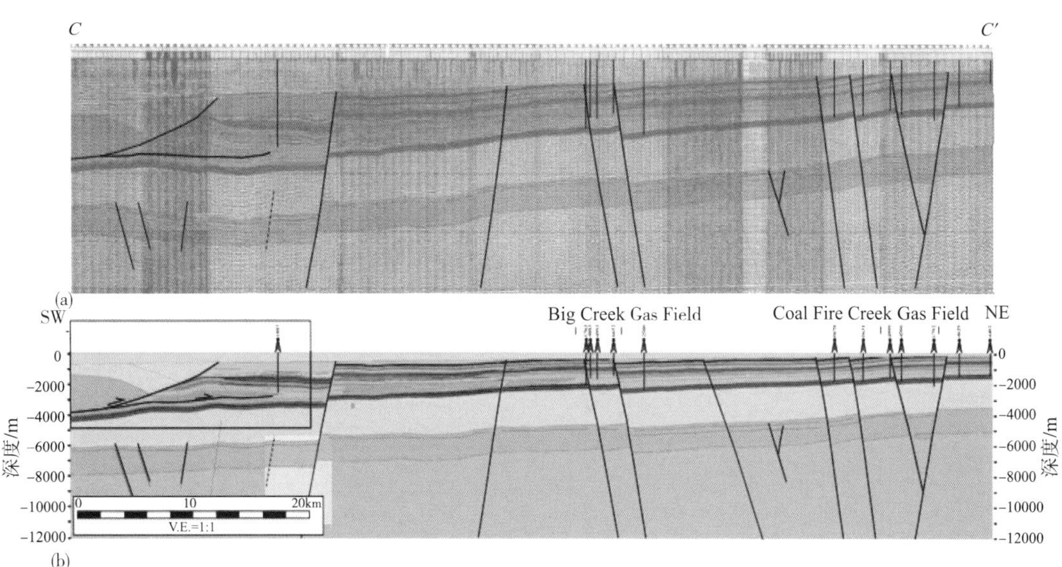


图 11-6　研究区地震剖面综合解释图（地震剖面 *C–C*'，地层图例同图 11-4）

（a）解释的时间剖面；（b）地质解释剖面

## 11.2.2　伯明翰地堑体系

伯明翰地堑体系呈北东—南西走向，位于 Appalachian 褶皱带之下。

*B–B*' 测线（图 11-5）位于位移传递区，在这个区域，位于 Cahaba 向斜北东端之下具挤压性质的 Gadsden 背斜向南西方向出露至地表，伯明翰背斜向北东向出露地表。伯明翰地堑体系的伸展构造样式是断裂控制的半地堑样式，在该地堑东南侧发育主断层。在地堑内部，Rome 和 Conasauga 地层较两侧地层厚。褶皱和滑脱带的滑脱作用主要发生于 Rome 地层内，在 Helena 逆冲岩席底部的露头上发现了相关证据。地震剖面（图 11-7）很好地解释了 Helena 滑脱带上升盘 Conasauga 地层较西北部变薄的原因（Osborne 等，2000），即由于地堑体系内增加的沉积物或者是由于地垒上规模较小的侵蚀作用所导致，或者是两者共同作用的结果。

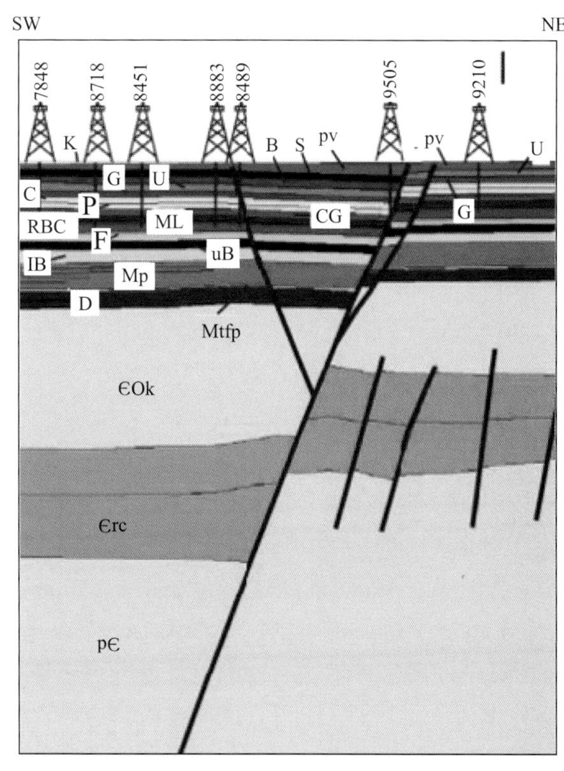


图 11-7　Robinson 煤层气田中部基底卷入式主控断层模式图（剖面为图 11-5 中的 *B–B*'）

### 11.2.3 构造演化

1. Iapetus 裂谷

从寒武纪时期到石炭世早期，沿 Alabama 隆起到 Ouachita 海槽发育伸展构造，控制了 Iapetus 海的沉积（图 11–8）。伯明翰地堑体系包含比早寒武 Rome 地层更古老的厚层地层，可能包含了代表主要裂谷事件的前寒武 Ocoee 群。地堑体系可能包含了后 Iapetus 裂谷，作为 Rome Conasauga 段代表的早寒武 Chilhowee 群。

| 系 | 年代/Ma | 统 | 段 | 地层单元 | 构造特征 | 位置 | 构造事件 |
|---|---|---|---|---|---|---|---|
| TP | 299 | 上 | Morrowan Atokan | 晚石炭纪末褶皱古地磁极 | 褶皱冲断期 | Southen Appalachians | Alleghanian聚集作用 |
| | | 中 | | | 伸展期 | Black Warrior Basin | |
| | 312 | 下 | | Pottsville | 冲断褶皱、生长褶皱、小幅扩张期 | Black Warrior Basin&Margins | |
| | 318 | | | SDM | | | |
| O | 444 | 上<br>中<br>下 | | Knox | | | |
| ∈ | 488 | 上<br>中<br>下 | | Knox<br>Conasauga<br>Rome<br>Chilhawee | 扩张期，正断层发育 | Both margins Alabama 隆起 | Rheic裂谷作用 |
| p∈ | 542 | | | pre-Rome | 扩张期，正断层发育 | Birmingham 地堑系统 | Iapetan裂谷作用 |

图 11–8　Black Warrior 盆地构造概要图

2. Rheic 裂谷

中寒武世早期的沉积主要受伯明翰地堑体系和 Black Warrior 盆地的一系列正断层控制（图 11–8）。活动于早寒武世时期的正断层一直延伸到克拉通内，这些正断层产生了 Mississippi Valley 地堑体系和初期的 Creek–Rome 海槽（图 11–2）。Rough Creek 断裂带正断层在 Knox 时期继续生长。

3. 前陆盆地地层

Rheic 海的关闭始于晚奥陶世到早志留世造山运动时期（Ettensohn，2004）。

Black Warrior 盆地由推覆岩席之下的前陆挠曲作用形成（Thomas，1988；Bradley 和 Kidd, 1991）。Alabama 隆起区域发育了 Mississippian 时期 Rheic 海关闭的构造证据。上 Mississippian Parkwood 地层向西南 Ouachita 海槽加厚。Mississippian 和 Pennsylvanian 地层呈整合接触关系，其界线位于 Pottsville 基底之下的 Parkwood 地层（Thomas，1974、1988；Pashin，1993）。在东部 Arkoma 盆地，基底正断层切入 Mississippian 地层，同时被 Mississippian 边界削截（Van Arsdale 和 Schweig，1990）。

下 Pottsville 沉积时期，Black Warrior 盆地向南部 Appalachian 地层加厚。根据 Jamieson 的弯曲堆积模型，南 Appalachian 的 Mississippian 代表了安静的、稳定的或者建设性的沉积相，该时期滑脱前冲带尚未启动，但是向东南部生长的增生楔内部明显的上升和水平运动已经开始发生，造成了前陆盆地的次级沉积。Pottsville 时期高频沉积旋回是由于海平面升降旋回变化的结果，而非构造运动引起的（Pashin, 2004；Greb 等，2008）。

在 Black Warrior 盆地绝大多数的伸展运动发生于 Pottsville 地层沉积之后。正断层揭示 Atokan 时期 Arkoma 盆地处于扩张阶段（Van Arsdale 和 Schweig, 1990；Robert，1994）。

4. Appalachian 挤压

Appalachian 造山运动标志着 Rheic 海最后的关闭（Nance 和 Linnemann，2008）。

Appalachian 部分事件由伴随着走滑和挤压作用导致。根据 Jamieson 和 Beaumont（1988）的弯曲堆积模型，Pennsylvanian 是一个碰撞的构造相，该时期冲断前缘伴随着微弱的抬升向前扩展约 125km。Jamieson 和 Beaumont 认为二叠纪应该是一个伴随着明显的水平和垂直构造运动的冲断前缘构造样式。

5. Appalachian 与 Ouachita 前陆构造

Black Warrior 盆地的 Pennsylvanian 沉积发育大量的正断层，Ouachita 褶皱冲断带的前陆盆地最东端的 Arkoma 盆地也具备同样的特征。这些断层通常归结于地壳挠曲作用所致。所有资料证实 Alabama 隆起和 Black Warrior 盆地存在多级次的伸展运动事件和 Pennsylvanian 褶皱和滑脱事件，综上所述，可以得出以下 6 点结论：

（1）伴随着 Iapetus 海张开，最早的伸展运动事件发生在前寒武世晚期到中石炭世。在伯明翰地堑体系的东北部，地堑充填地层较 Rome 地层（早寒武世）更老。

（2）Rome 和 Conasauga 地层的地堑充填沉积发育正断层，这些正断层沿着 Alabama 隆起东南和西南缘发育。

（3）Black Warrior 盆地，在 Ketona 和 Knox 碳酸盐岩地层沉积时期发育了一些基底卷入同沉积正断层（晚寒武系—早奥陶系）。

（4）Pottsville 地层沉积时期（早 Pennsylvanian Morrowan），Appalachian 造山带边缘发育一些小规模正断层和挤压褶皱。在接受 Pottsville 段沉积后，可能在 Atokan 沉积时期，Black Warrior 盆地发育了薄皮和基底卷入式正断层。薄皮伸展滑脱介于 Pottsville 地层底部和 Conasauga 地层顶部之间。在较浅的滑脱层上断层样式主要是坡—坪式断层，在较深的滑脱层上断层样式主要是犁式断层。

（5）Appalachian 造山带主要的构造挤压作用发生在正断层形成之后，大致时间可能在晚 Pennsylvanian 沉积时期。晚 Pennsylvanian 挤压运动与 Absaroka 区域不整合面、晚石炭世后折叠的古地磁磁极位置相一致。

（6）Black Warrior 盆地 Pennsylvanian 岩层发育的正断层样式、形成时间及走向与 Ouachita 造山带上的 Arkoma 前陆盆地相类似，与 Appalachian 造山带存在一定差异。

## 11.3 地层特征

Floyd 页岩是一套沉积于密西西比系的黑色海相页岩，下伏地层为密西西比系 Lewis 组页岩，上覆地层为密西西比系 Carter 组砂岩。Floyd 组是一个定义比较宽泛的地层组，主要由页岩和灰岩构成，从乔治亚州的阿巴拉契亚逆冲褶皱带一直延伸到了密西西比州的

Black Warrior 盆地。其中 Floyd 页岩的下段为一套富有机质的页岩段，这个地层段被非正式地称作 Neal 页岩（Cleaves，1980； Pashin, 1994），富有机质的 Neal 页岩，其间夹杂一些灰质和粉砂质薄层。值得一提的是，人们很久以前就认识到并非整个 Floyd 页岩都是潜在的页岩气储层，Floyd 页岩富含有机质且电阻率比较高的下段即所谓的 Neal 页岩，才是真正意义上页岩气最为有利的勘探目的层。

## 11.4 沉积特征

Neal 页岩是 Floyd 页岩的富有机质页岩段，在地层上与 Bangor 灰岩相对应，往西南方向减薄，形成一个斜坡，从 Pride Mountain-Bangor 段的滨岸相沉积过渡到富有机质的 Neal 页岩的深水相（Pashin，2008）。

Neal 页岩为一套富有机质的薄—厚层状钙质页岩，沉积在斜坡和陆缘环境（Pashin 等，2011）。Neal 页岩沉积于高能环境，各类沉积物和营养物质汇入以及风暴作用使得 Neal 页岩具有较强的非均质性。Neal 页岩含灰岩与粉砂岩波状或透镜状薄夹层。黄铁矿发育，大小在 3~10 μm 之间。

## 11.5 地化特征

密西西比州 Clay 县已钻探的 Saxophone 22-1 取心井 TOC 和 Rock-Eval 热解结果表明（图 11-9）：Neal 页岩有机质含量高，TOC 为 2.0%~7.0%。低 $S_2$ 值表明相应的 HI 值低于 100，反映已达到成熟阶段。此外，镜质体反射率表明：Floyd 页岩的顶部已达到成熟阶段（$R_o$=1.30%），而 Neal 页岩镜质体反射率约为 1.35% 或更高（图 11-10）。

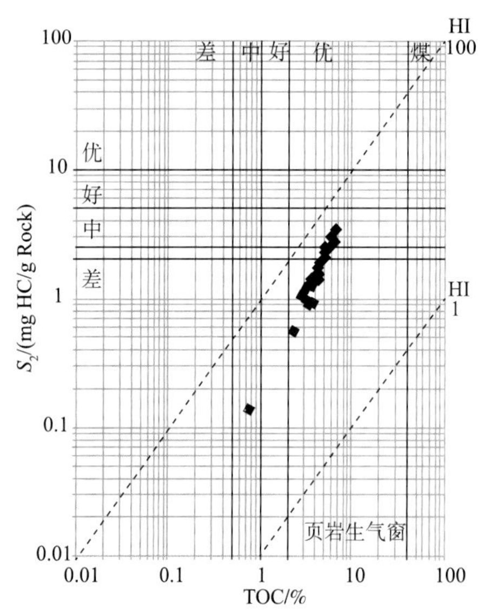


图 11-9 Saxophone 22-1 井 Neal 页岩 TOC 含量与 $S_2$ 交会图（据 Dembicki，2009，修改）

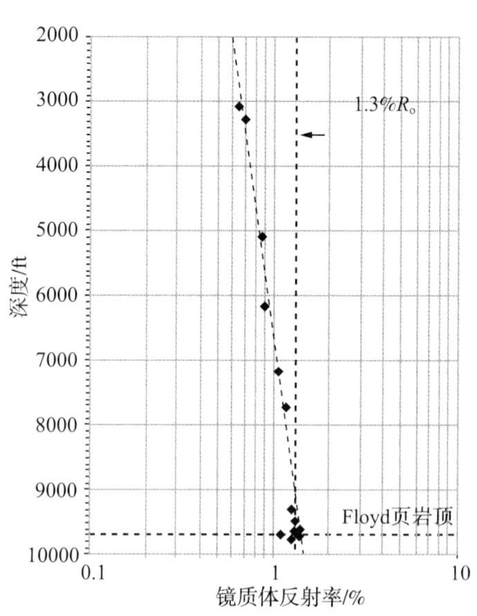


图 11-10 Saxophone 22-1 井 Neal 页岩镜质体反射率同深度变化对比图

Saxophone 22–1 井的埋藏史结果表明，Floyd 页岩经历了两个快速埋藏时期。第一次埋藏期距今约 3 亿年，达到最高埋藏深度使 Floyd 页岩进入生油窗。第二次距今约 3000 万年至 1 亿年。在大约 4000 万年之前 Floyd 页岩进入主要生气窗，达到最大埋藏深度（图 11–11），随后经历了较大幅度抬升。这与福特沃斯盆地的 Barnett 页岩埋藏史相似（Ewing，2006）。

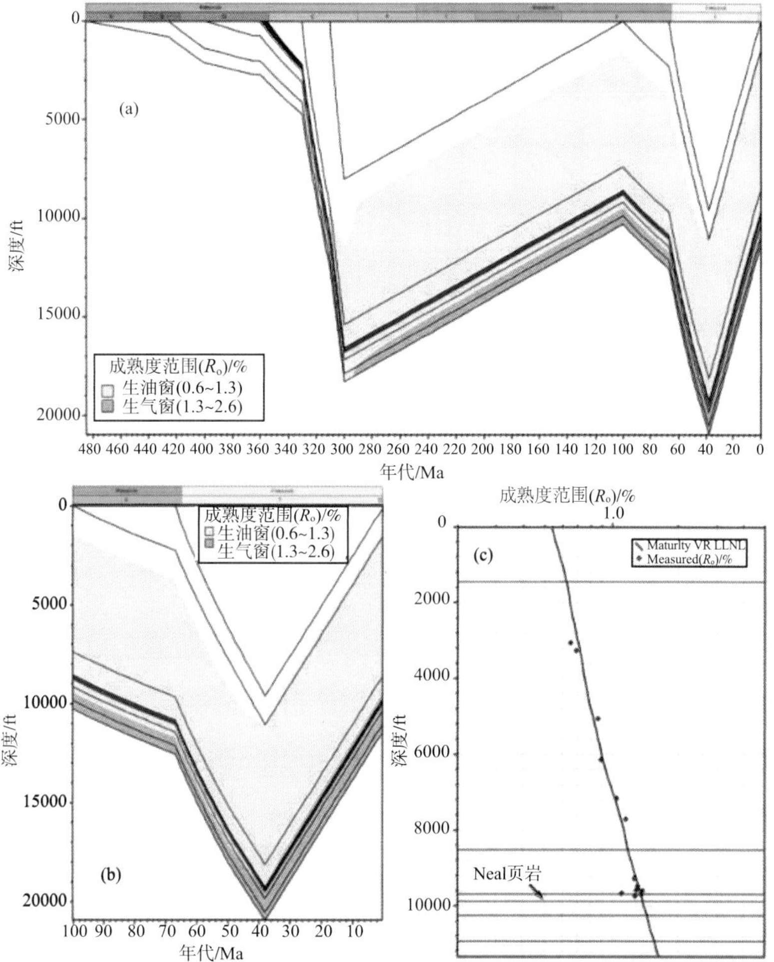


图 11–11　基于 Saxophone22–1 井分析的盆地埋藏史

如图 11–11 所示，Neal 页岩在（a）和（b）中以黑色填充的地层层段表示，（a）显示了整个地质历史的地层剖面完整的埋藏历史模型；（b）只显示了最近的 100 亿年，说明 Neal 页岩约在 40 亿年前进入生气窗，刚好在达到最大埋藏深度之前；（c）图显示了模拟的镜质体反射率趋势以线性表示和测得的镜质体反射率数据以菱形图形表示。

统计 Saxophone 22–1 井 Neal 页岩样品生气窗和 Drum7–1 井 Neal 页岩样品中晚期生油窗的数据，编制了 Van Krevelen 图。如图 11–12(a) 显示，所有的气窗样品图靠近起点，许多中晚期的生油窗样品沿着Ⅰ型或Ⅱ型线平行于氢指数坐标轴。中期至晚期的生油窗样品显示出了易生油的特性。通过 Drum7–1 样品热解气体色谱法，进一步证实了易生油的特性 [ 图 11–12(b)]。

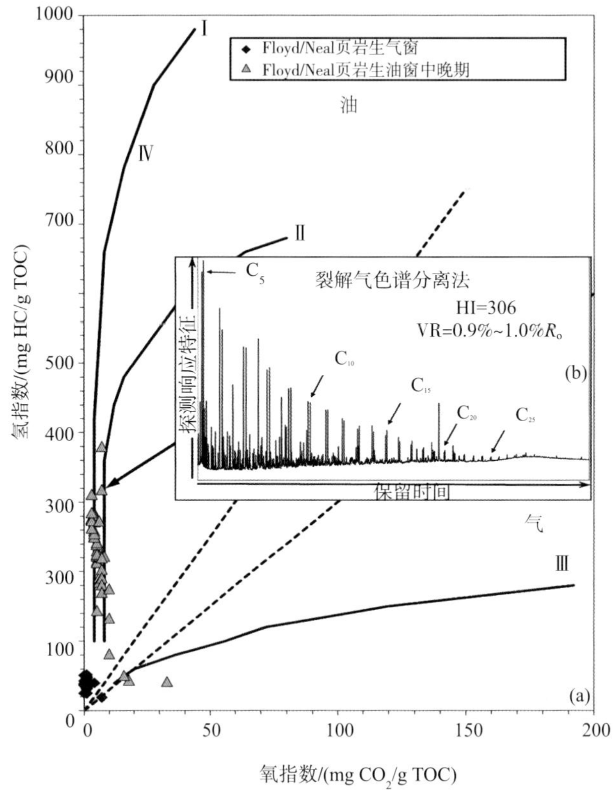


图 11-12 Saxophone 22-1 井生气窗中的 Neal 页岩样品和 Drum7-1 井 Rock-Eval 范氏图

（b）是根据 Drum 7-1 井样品的热解气相色谱图，可以看出在较低的成熟度环境下，Neal 页岩的干酪根具有易生油的性质

## 11.6 储集特征

5 个 Neal 页岩样品的 GRI 气体岩心分析结果表明（表 11-1）：气体孔隙度为 2.94%~4.09%，渗透率极低，均小于 0.00001mD。

表 11-1 Saxophone 22-1 井 Neal 页岩的三个有代表性样品 GRI 气体页岩岩心分析结果

| 深度 /ft | 体积密度 /（g/cm³） | 基质渗透率/ mD | 气体孔隙度 / % | 含气饱和度 / % | 颗粒密度 /（g/cm³） | 孔隙度 / % | 含油饱和度 / % | 含水饱和度 / % |
|---|---|---|---|---|---|---|---|---|
| 9679.9 | 2.54 | 0.000000194 | 3.23 | 51.5 | 2.677 | 6.26 | 0 | 48.5 |
| 9716.4 | 2.464 | 0.000000708 | 3.92 | 43.6 | 2.651 | 9.00 | 0 | 56.4 |
| 9727.7 | 2.458 | 0.0000011 | 4.09 | 47.2 | 2.640 | 8.67 | 0 | 52.8 |
| 9746.6 | 2.46 | 0.00000182 | 3.87 | 50.7 | 2.622 | 7.63 | 0 | 49.3 |
| 9769.1 | 2.505 | 0.00000754 | 2.94 | 36.6 | 2.668 | 8.04 | 0 | 63.4 |

图 11-13 显示 Neal 页岩有机质中存在两种孔隙类型：①裂缝型孔隙，可能是在生油过程中产生的，裂缝孔隙存在于有机质中，而在与有机质环形结合处消失；②有机质孔隙，是页岩生气过程中在有机质形成的，在有机质的不规则斑点附近存在。

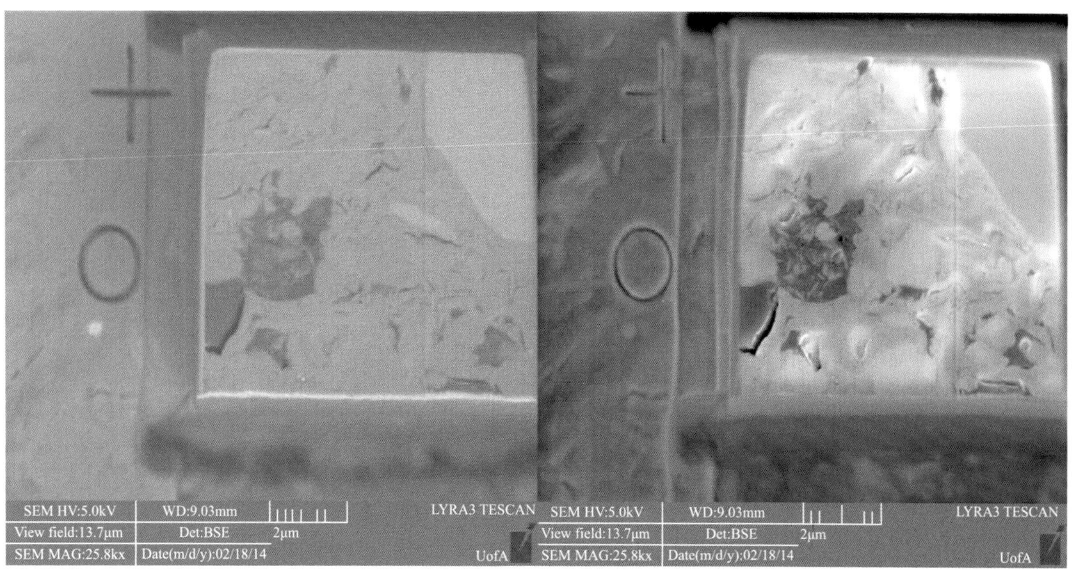


(a)采用BSE显微镜　　(b)采用SE显微镜

图 11-13　采用 BSE 显微镜和 SE 显微镜显示的 Neal 页岩样品图像

## 11.7　可压性特征

Saxophone 22-1 井单轴强度测试结果表明：Neal 页岩的抗压强度比下部的 Lewis 灰岩低，说明采用水平井压裂施工时，Lewis 灰岩可成为 Neal 页岩的有效阻挡层。此外，轴向测试结果表明：由于地层脆性大且层理发育，裂缝易沿已存在的脆弱面破裂。但在实际压裂过程中，Neal 页岩的人造裂缝可能不会沿脆弱面破裂，而是垂直切割脆弱面。对 Neal 页岩开展三轴抗压强度实验表明：9680.75ft 处岩心段应力的剧烈下降和清晰的裂缝产生，证实了 Neal 页岩可压性较好（表 11-2、表 11-3、图 11-14）。

表 11-2　Saxophone 22-1 井 Neal 页岩三个有代表性样品三轴抗压强度试验数据

| 深度 /ft | 围压 /psi | 体积密度 /(g/cm$^3$) | 抗压强度 /psi | 杨氏模量 /($10^6$psi) | 泊松比 |
|---|---|---|---|---|---|
| 9680.75 | 1500 | 2.58 | 17423 | 2.52 | 0.24 |
| 9715.65 | 1500 | 2.54 | 10155 | 1.79 | 0.23 |
| 9767.8 | 1500 | 2.5 | 14794 | 2.07 | 0.23 |

表 11-3 Saxophone 22-1 井 Neal 页岩三个有代表性样品三轴抗压强度试验期间声速测量得到的动态体积弹性模量、杨氏模量、剪切模量和泊松比

| 深度 /ft | 围压 /psi | 轴向压力 /psi | 体积弹性模量 /（$10^6$psi） | 动力弹性参数 | | |
|---|---|---|---|---|---|---|
| | | | | 杨氏模量 /（$10^6$psi） | 剪切模量 /（$10^6$psi） | 泊松比 |
| 9680.75 | 1500 | 1500 | 2.33 | 4.27 | 1.79 | 0.19 |
| | 1500 | 4000（泄压） | 2.87 | 4.62 | 1.88 | 0.23 |
| | 1500 | 4000（重新加压） | 2.79 | 4.58 | 1.87 | 0.23 |
| 9715.65 | 1500 | 1500 | 2.38 | 3.75 | 1.52 | 0.24 |
| | 1500 | 4000（泄压） | 2.7 | 4.17 | 1.68 | 0.24 |
| | 1500 | 4000（重新加压） | 2.7 | 4.17 | 1.68 | 0.24 |
| 9715.65 | 1500 | 1500 | 2.26 | 4.14 | 1.73 | 0.19 |
| | 1500 | 4000（泄压） | 2.78 | 4.49 | 1.82 | 0.23 |
| | 1500 | 4000（重新加压） | 2.71 | 4.44 | 1.81 | 0.23 |

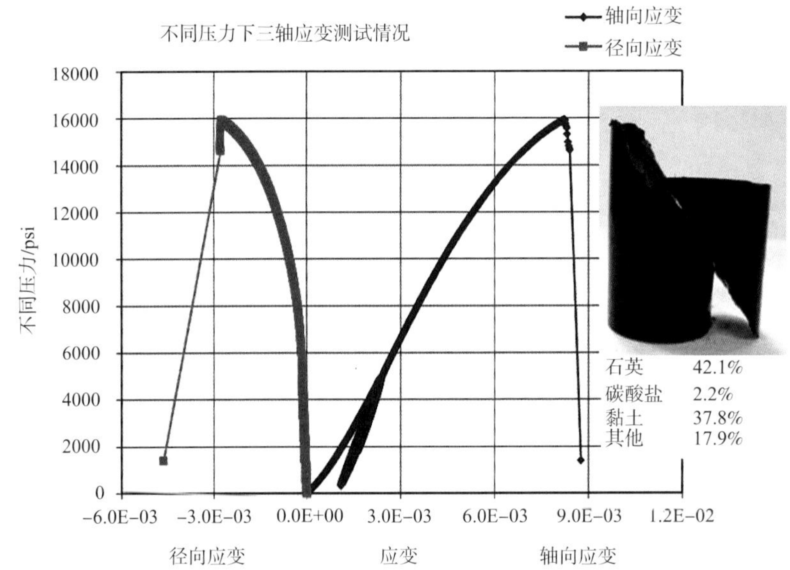


图 11-14 井深 9680.75ft 处岩心段塞三轴测试结果（插图照片显示了由于测试而形成的清晰裂缝）

## 11.8 含气性特征

区域资料显示，Neal 页岩孔隙度在 2.4%~7.7% 之间，含气饱和度在 29.9%~78.8% 之间，具有较好的含油气潜力。Neal 页岩在二叠纪时期快速沉降，随后快速隆起，并被上覆地层

剥蚀。在最大埋深时期，Neal 页岩经历了生油窗－湿气－干气窗，在该时期，油气大量生成，并排驱进入上覆储层，但仍有大量油气滞留在 Neal 页岩孔隙中。钻井揭示，该套页岩在低成熟度地区以产凝析气为主，而在高成熟地区主要为干气。在 2191 井中 Neal 页岩成熟度较低，含有凝析气，而在更成熟的井中主要为干气。采用玫瑰图风险分析及盆地模型可计算页岩游离气和吸附气量（表 11-4）。

表 11-4　根据风险分析和盆地模拟计算的游离气可采量和吸附气地质储量

| 游离气 | | | |
|---|---|---|---|
| 井名 | 面积 /km² | 油 /MMbbl | 气 /bcf |
| P90 | 6690 | 0.01 | 227.22 |
| P10 | 6690 | 12.89 | 4943.27 |
| 吸附气 | | | |
| 井名 | 面积 /km² | 丰度 /（mcf/km²） | 气 /bcf |
| 2191 | 2230 | 179915.10 | 401210673.00 |
| 1780 | 2230 | 19559.71 | 43618153.30 |
| 15668 | 2230 | 6902.39 | 15392329.70 |
| 合计 | 6690 | — | 460221156.00 |

阿拉巴马州的 Neal 页岩是一套具有巨大资源潜力的页岩。根据玫瑰图和关联风险分析，地层中的 P10 可采气量为 4.94tcf，P90 为 227.22bcf，P10 原油可采储量为 12.89MMbbl，P90 可采储量为 0.01MMbbl。Neal 页岩中的游离气预测可采量较小，比地层中的吸附气量少很多。Zhou 等（2000）的研究表明，随着地层温度降低，碳吸附甲烷的能力增加。地层中存在的油气成分的分子大小也对吸附亲和力以及因此吸附在有机质上的气体总量具有重要作用（Javie 等，2007）。

## 11.9　潜力分析

有机质丰度、干酪根类型、成熟度、厚度、岩石矿物学、孔隙度 / 渗透率和地质力学都是有利的潜在页岩远景区所具备的参数，Neal 页岩具备这些有利参数，可作为商业开发的一套页岩层系。但由于其上部存在砂岩层，可能导致页岩气逸散，并且该问题可能因钻井和完井液体的敏感性问题而加重。尽管流体敏感性问题可通过调整来解决，但缺少有效的顶板封闭层仍是地质上的重要问题。由此可知，页岩气潜力远景区不仅需要优质的烃源岩，同时需要完整、有效的油气系统。此外，保存条件在非常规远景区评价中是一个关键要素，页岩气藏顶板封闭性可成为页岩气藏压裂改造过程中人造裂缝延伸的有效阻挡层。此外，对于远景区有效油气地质评价参数的选区仍需已有勘探开发的成功实例及目标区典型地质特征的综合评价分析（表 11-5）。

表 11–5　页岩气远景区原始和修改后的筛选参数对比

| 早期筛选参数 | 修改后筛选参数 |
|---|---|
| TOC 含量 >2.0% | TOC 含量 >2.0% |
| Ⅰ型或Ⅱ型干酪根 | Ⅰ型或Ⅱ型干酪根 |
| 镜质体反射率 >1.3% | 镜质体反射率 >1.3% |
| HI 值 <100 | HI 值 <100 |
| 厚度 >75ft | 厚度 >75ft |
| 黏土矿物含量 <40% | 水敏性黏土矿物 < 约 5% |
| | 压力梯度 >0.6psi/ft |
| | 上下地层可有效保存烃类充注并抑制裂缝发育 |

## 参考文献

[1] Groshong R H, Hawkins W B, Pashin J C, et al. Extensional structures of the Alabama Promontory and Black Warrior foreland basin: Styles and relationship to the Appalachian fold–thrust belt[J]. Memoir of the Geological Society of America, 2010, 206(23): 579–605.

[2] Harry D J, Jonathan D M. Lessons learned from the Floyd shale play[J]. Journal of Unconventional Oil and Gas Resources, 2014, 7: 1–10.

[3] Jack C. Gas shale potential of Alabama[C]. International Coalbed & Shale Gas Symposilm, 2008: 1–13.

[4] Joel A L. Assessment of the Petroleum Generation Potential of the Neal Shale in the Black Warrior Basin, Alabama[J]. AAPG, 2014: 1–9.

[5] Matthew M C. Stratigraphic architecture of the Floyd(Neal)shale in the Black Warrior Basin of Alabama and Mississippi: Implications for regional exploration potential[R]. Mississippi State University, 2011.

# 12 Gothic 页岩油气地质特征

## 12.1 勘探开发历程

Gothic（哥特）页岩是一套发育于 Paradox 组上段 Ismay 层下部的富含有机质黑色页岩，在美国犹他州、科罗拉多州和新墨西哥州 Paradox（帕拉多斯）盆地广泛分布。

二十世纪八九十年代，美国能源部在 Paradox 盆地开展了钻探工作，在 Gibson 穹隆的东南倾伏端和 San Juan 穹隆西部各部署了一口取心井，分别为 GD-1 井和 ER-1 井，如图 12-1 所示。

进入二十一世纪以来，UMUR（Ute Mountain Ute Reservation）和 BBC（Bill Barrett Corporation）等公司先后在 Paradox 盆地开展了 Gothic 页岩气的勘探工作（图 12-2）。UMUR 公司主要在 Colorado 州（科罗拉多州）西南部以及 New Mexico 州（新墨西哥州）中北部，开展了 Gothic 页岩气勘探工作（图 12-2），在该区域北部 15mile 的区块为 BBC 公司的勘探区域。BBC 公司在 2010 年钻探了 4 口直井，开展了一系列的取心及评价工作。在水平井钻探前，针对井周边区域内部署实施了两次满覆盖三维地震勘探。BBC 公司对钻探的 9 口 Gothic 页岩气水平井，采取了多种方法跟踪气测显示值，包括泥浆录井、质谱分析、示踪剂监测等，均表明了水平井的气测显示良好。此外，还对其中的 5 口井开展了微地震监测。

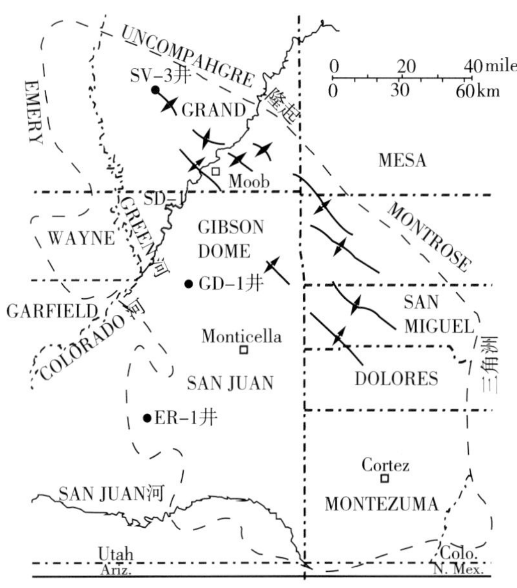


图 12-1　Paradox 盆地犹他州东南部的两口 Gothic 页岩取心井（GD-1 和 ER-1）位置图（据 Hite 等，1984）

Gothic 页岩的成功开发，压裂技术和完井工艺是关键。在开发早期，由于采用小型水力压裂，日产气量较少。后期采用大规模的压裂后，日产气量大幅增加。由于 Gothic 页岩内部及下伏地层存在盐层，在前期生产过程中曾出现卤水返排的复杂情况，导致油管堵塞、气体流动中断，井底流压增大，但通过技术改进和实践应用后以上问题都得到了较好解决。

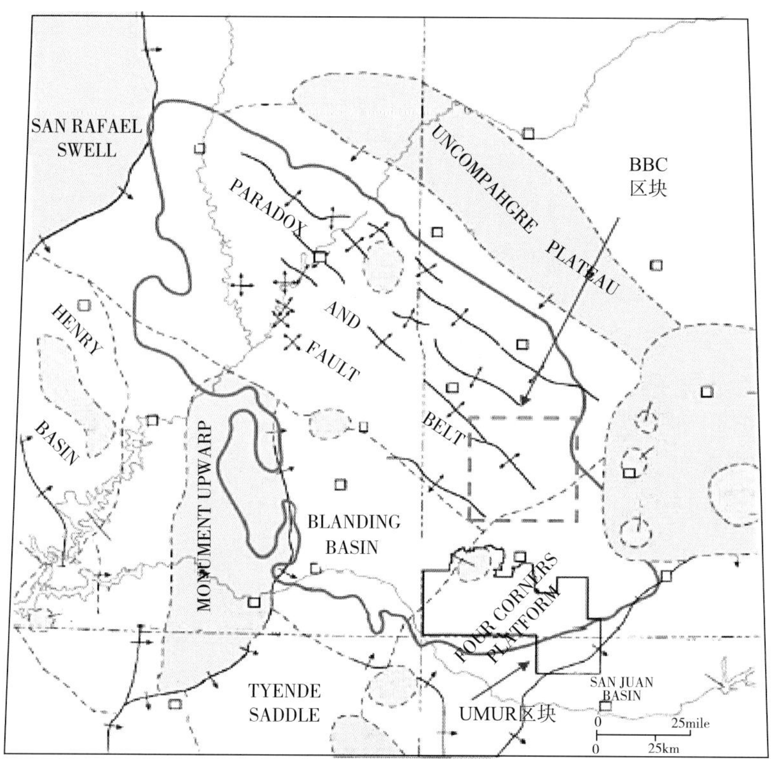


图 12-2　Paradox 盆地 UMUR 和 BBC 公司 Gothic 页岩勘探区块位置图（据 Kelley，1958，修改）

## 12.2　构造特征

Paradox 盆地平面上呈椭圆形，西北—东南向长约为 190mile，东北—西南向宽约为 95mile（Hite 等，1984）。盆地形成于宾夕法尼亚纪和二叠纪，沉积了碳酸盐岩、膏盐和碎屑岩厚层。

盆地东北边界先后经历坳陷期和构造隆升运动，之后整个盆地主要受拉腊米造山运动的影响，特别是后期由于受科罗拉多高原抬升以及科罗拉多河及其支流下切作用的影响，Paradox 盆地被分隔为多个不同形态的次级构造单元：盆地东北部以 Uncompahgre 高原为界，表现为一个由前寒武纪地层组成的广阔隆起；盆地东侧以 San Juan 穹隆为界，该穹隆被一套三叠纪火山岩地层覆盖，在 Needle 山脉，前寒武纪地层被剥蚀，这是 San Juan 穹隆南部的一个显著特征；盆地的东南端是呈北东走向的 Hogback 山脉，从科罗拉多杜兰戈地区向西南方向延伸至新墨西哥州的东北部；盆地的南部和西南部边界在地形和构造上很难进行区分，从 Four Corners 往 Henry 盆地及西北延伸，穿越 Monument 隆起。盆地西北侧以 San Rafael Swell 为界；盆地北端与 Uinta 盆地相连。

UMUR、BBC 区块及其周缘 Gothic 页岩埋深图显示，Gothic 页岩埋深范围为 500~2500ft，在 UMUR 区块东北部埋深最浅，一般小于 1000ft。

## 12.3 地层特征

### 12.3.1 区域地层特征

在 Gothic 页岩发育的宾夕法尼亚纪，Paradox 盆地主要沉积了碳酸盐岩和蒸发岩地层。Gothic 页岩隶属于 Hermosa 群 Paradox 组，该组上覆和下伏地层均以碳酸盐岩为主，而 Paradox 组岩性主要以蒸发岩为主。Paradox 组的底、顶部分别对应第一套岩盐层和最后一套岩盐层。在 Paradox 盆地较深处，Paradox 组由 34 个蒸发岩旋回构成（Hite，1960），其最大沉积厚度约为 7000ft。这些旋回以不整合面为界，自下而上完整的地层层序为：①硬石膏；②富含粉砂的细粒白云岩；③含粉砂钙质黑色页岩；④含粉砂细粒白云岩；⑤硬石膏；⑥含钾盐或不含钾盐的岩盐层。除黑色页岩外，其他所有沉积旋回的元素组成与盆地卤水的矿化度变化相一致。但是，在盆地最深处，岩盐比例最高，超过 80%，往陆架方向，岩盐含量逐渐降低，而白云岩和硬石膏的比例逐渐上升（图 12-3）。

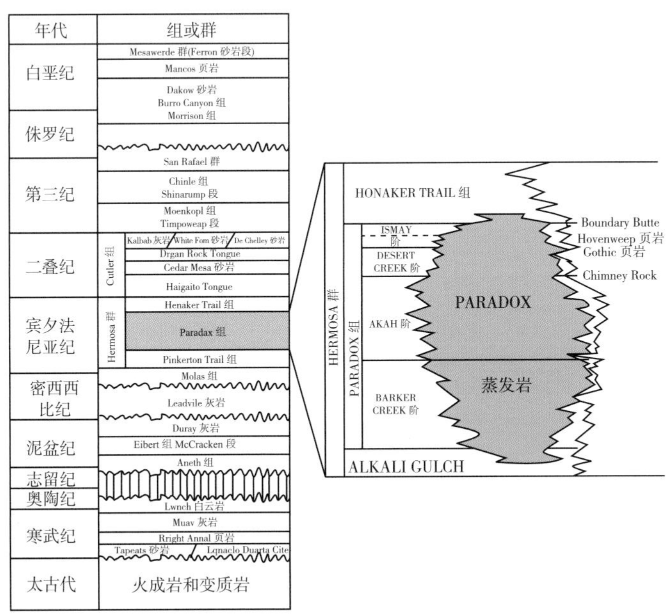


图 12-3　Paradox 盆地地层柱状图（据 Harr，1996，修改）

### 12.3.2 Gothic 页岩地层特征

Paradox 组的黑色页岩地层主要为来自盆地东北缘的碎屑岩沉积。大部分页岩、特别是靠近 Paradox 组顶部的页岩，往盆地一侧方向厚度明显增加。Gothic 页岩是这一地层增厚的典型实例。它在盆地西缘（犹他州东部）的厚度为 42ft，在盆地东北缘厚度则超过 160ft。

UMUR、BBC 区块及其周缘的 Gothic 页岩地层等厚图表明，Gothic 页岩沉积厚度较大，范围为 20~150ft。其在 UMUR 区块的沉积厚度为 20~110ft，BBC 区块沉积厚度为 80~150ft。在 UMUR 区块东缘和 BBC 区块东南部 Gothic 页岩沉积厚度最大（150ft）。

## 12.4 沉积特征

Paradox 盆地形成于约 330~310Ma 前的宾夕法尼亚时期（得梅因阶）。从沉积初期开始，盆地表现为明显的局限海环境。受东北边界高地的持续强烈隆升作用及西部半幅隆升作用的影响，盆地早期处于静海－蒸发环境，沉积了厚层的蒸发岩（石盐、钾盐）以及连续的盐相沉积。在宾夕法尼亚后期，盆地被蒸发岩沉积快速充填，盆内循环条件得到改善，静海环境演变为以开阔海环境为主。

在早期的静海－蒸发相时期，盆地沉积了一套黑色的富有机质页岩。这些页岩是 Paradox 盆地的主力烃源层，岩性为由暗色薄层状富有机质页岩、灰岩、白云岩和硬石膏组成的旋回层序，形成于盆地由西北往东南推进的快速沉降阶段。Paradox 盆地的烃源层沉积于蒸发相环境，该环境有利于有机质聚集，并成为盆地主要的油气源岩。

Hermosa 群 Paradox 组第三沉积旋回的高伽马页岩是 Gothic 页岩，代表了该沉积时期的最大海泛面，波及整个 Paradox 盆地（图 12-4、图 12-5），这个时期为前三角洲亚相沉积环境。

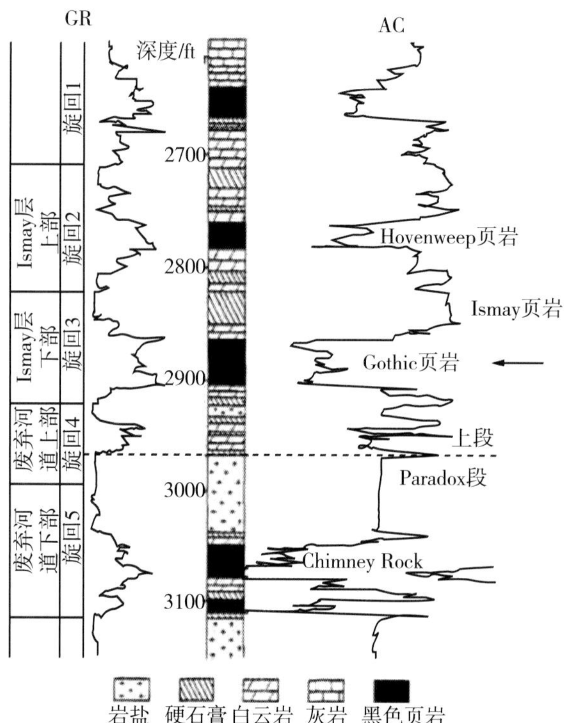


图 12-4 Paradox 组地层岩性纵向特征分布图
（据 Hite 等，1984，修改）

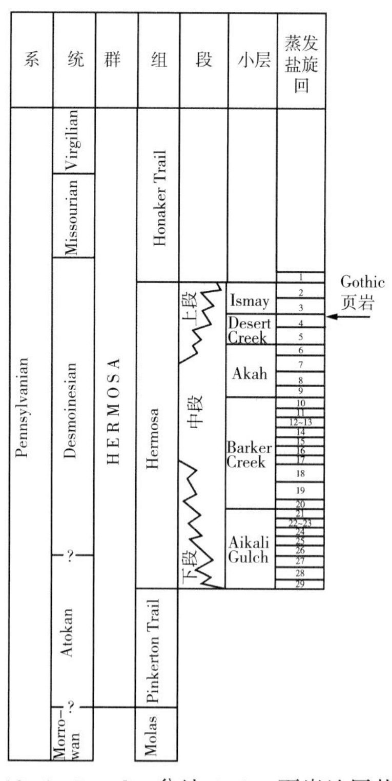


图 12-5 Paradox 盆地 Gothic 页岩地层状图
（Gothic 页岩以及 29 个蒸发岩旋回）
（据 Hite 等，1984）

岩心和薄片资料表明，Gothic 页岩为一套深色的富有机质海相页岩，页岩储层中纹层较发育，常见腕足动物和海百合等海相碎屑（图 12-6~ 图 12-9）。

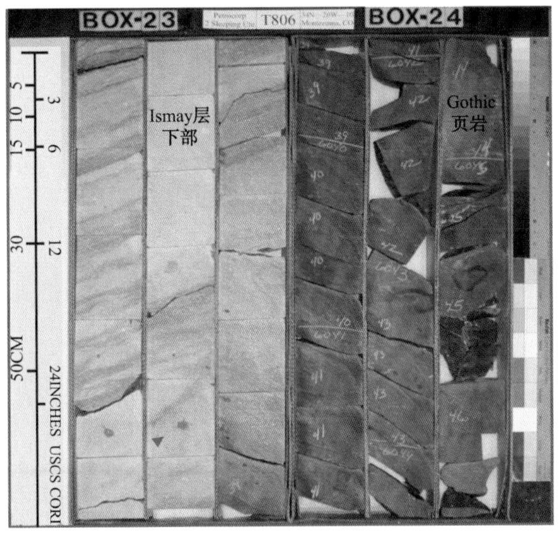


图 12-6 UMUR 区块西部 Sleeping Ute-2 井 Gothic 页岩岩心照片（生油窗）（据 Kenneth 等，2013）

浅色岩心为 Ismay 下部的灰岩层，深色岩心为 Gothic 页岩

图 12-7 Sleeping Ute-2 井 Gothic 页岩薄片（据 Kenneth 等，2013）

薄纹层，6046ft

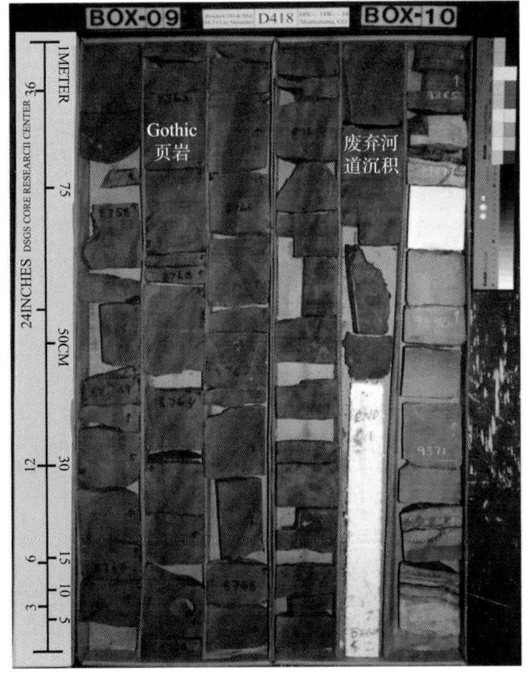


图 12-8 UMUR 区块东部 44-34 井 Gothic 页岩岩心照片（生气窗）（据 Kenneth 等，2013）

深色岩心为 Gothic 页岩，浅色岩心为 Desert Creek 灰岩

图 12-9 UMUR 区块 44-34 井 Gothic 页岩薄片（据 Kenneth 等，2013）

腕足动物和海百合在内的海相碎屑，8771ft

## 12.5 地化特征

### 12.5.1 有机质类型

前人研究表明，Paradox 盆地主要有机质来源为：①海洋浮游生物，这些浮游生物通过海水汇入盆地，如盆地宾夕法尼亚系烃源岩主要富含与蒸发相有关的腐泥有机质；②大量陆源有机质（Hite 等，1984）。盆地的生烃门限大约为 1400ft 以下。UMUR 和 BBC 区块 8 口井 8 块样品干酪根类型分析结果显示（图 12–10），Gothic 页岩有机质类型包括Ⅱ型、Ⅲ型和Ⅳ型（表 12–1）。

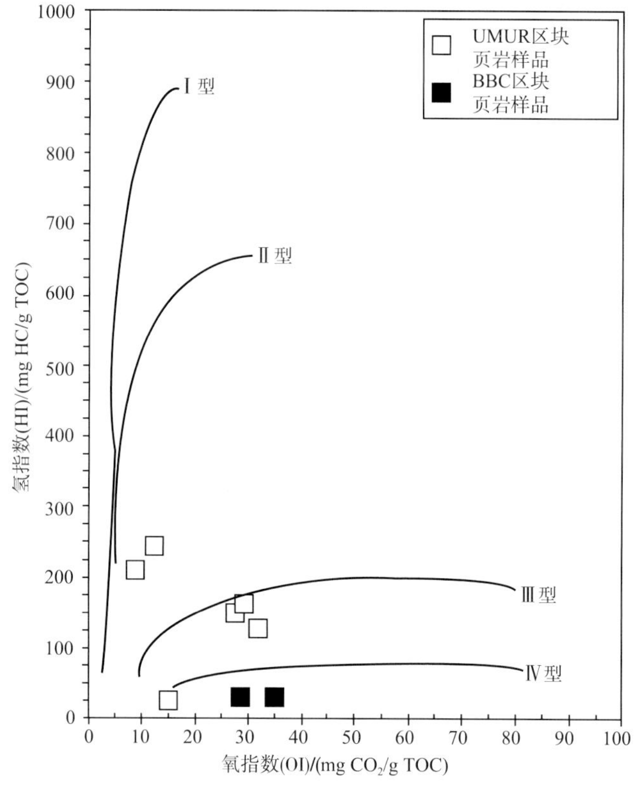


图 12–10 UMUR 和 BBC 区块 Gothic 页岩 Van Krevelen 图解（据 Kenneth 等，2013）

UMUR 和 BBC 区块 Gothic 页岩有机碳与生烃潜量、生烃指数与成熟度关系图表明（图 12–11、图 12–12）：UMUR 区块西部的 3 块地化样品中，2 块为Ⅱ–Ⅲ型干酪根（生油 – 生气混合型），1 块为贫有机质型；UMUR 区块东部的 3 块样品中，2 块为Ⅲ型干酪根（生气型），1 块为Ⅳ型干酪根（高成熟）；UMUR 区块东部的样品也位于生气窗。两个区块的干酪根显微组分以易生油的壳质组为主（65%~75%），其次为易生气型的镜质组和惰质组。在 UMUR 区块的较深井段（6141.3ft 和 8771.5ft），易生气型的镜质组（30%~36%）和惰质组（18%~22%）更为明显。

根据以上分析，Gothic 页岩的有机质类型经历了从生油型（Ⅱ型干酪根）向混合型（Ⅱ–Ⅲ型干酪根）以及易生气型（Ⅲ型干酪根）的转化。

表 12–1 Gothic 页岩有机地球化学表（包括 UMUR 和 BBC 远景区各井的岩石热解资料和镜质体反射率）（据 Weatherford 实验室，2012）

| 区块 | 地层 | 井名 | 深度 /ft | TOC/% | $S_1$/(mg HC/g Rock) | $S_2$/(mg HC/g Rock) | $S_3$/(mg HC/g Rock) | $T_{max}$/℃ | HI/(mg HC/g TOC) | OI/(mg $CO_2$/g TOC) | $S_2/S_3$ | $S_1$/TOC × 100 | PI | $R_o$ 平均值 /% | 干酪根类型 |
|---|---|---|---|---|---|---|---|---|---|---|---|---|---|---|---|
| UMUR | Gothic | Antelope 9–21 | 5988 | 2.05 | 1.49 | 3.26 | 0.6 | 445 | 159 | 29 | 5.4 | 73 | 0.31 | 1.17 | Ⅲ |
| UMUR | Gothic | Ute Mtn 44–34 | 8771 | 1.71 | 0.35 | 0.35 | 0.26 | 550 | 20 | 15 | 1.3 | 20 | 0.50 | 1.49 | Ⅳ |
| UMUR | Gothic | Grouse 34–13 | 6141 | 1.63 | 2.02 | 2.61 | 0.46 | 440 | 160 | 28 | 5.7 | 123 | 0.4 | 41.32 | Ⅲ |
| UMUR | Gothic | Sagehen 16–13 | 6097 | 2.00 | 0.81 | 4.18 | 0.20 | 453 | 209 | 10 | 41 | 41 | 0.16 | 0.73 | Ⅱ |
| UMUR | Gothic | Badger 6–11 | 6557 | 0.72 | 0.40 | 0.90 | 0.23 | 448 | 124 | 32 | 4.0 | 68 | 0.35 | 0.73 | Ⅲ |
| UMUR | Gothic | Sleeping Ute–2 | 6046 | 1.69 | 1.78 | 4.34 | 0.20 | 451 | 257 | 12 | 22 | 105 | 0.29 | 0.79 | Ⅱ |
| BBC | Gothic | Norton Federal 1–4 | 5925 | 1.65 | 0.76 | 0.61 | 0.46 | 481 | 37 | 28 | 1.3 | 46 | 0.55 | 1.57 | Ⅳ |
| BBC | Gothic | Kisdsinger Federal 1–4 | 5901 | 1.56 | 0.72 | 0.44 | 0.54 | 489 | 28 | 35 | 0.8 | 46 | 0.62 | 1.40 | Ⅳ |

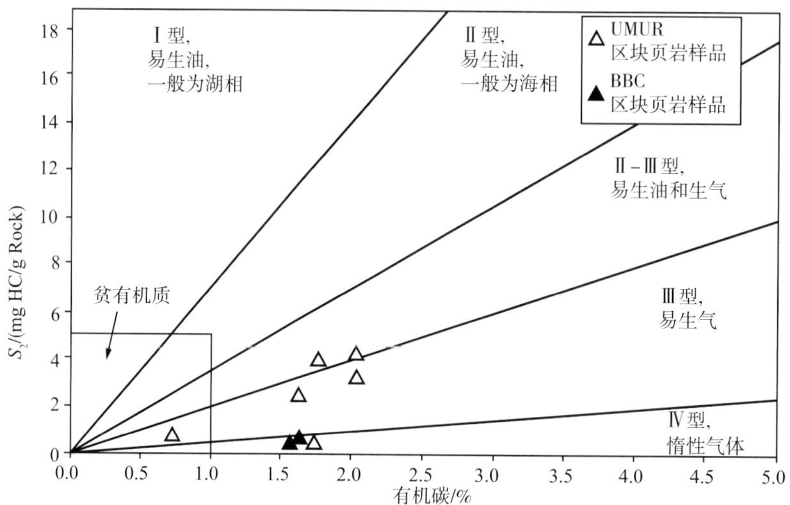


图 12-11　UMUR 和 BBC 区块 Gothic 页岩有机碳和残余生烃潜量关系图（据 Kenneth 等，2013）

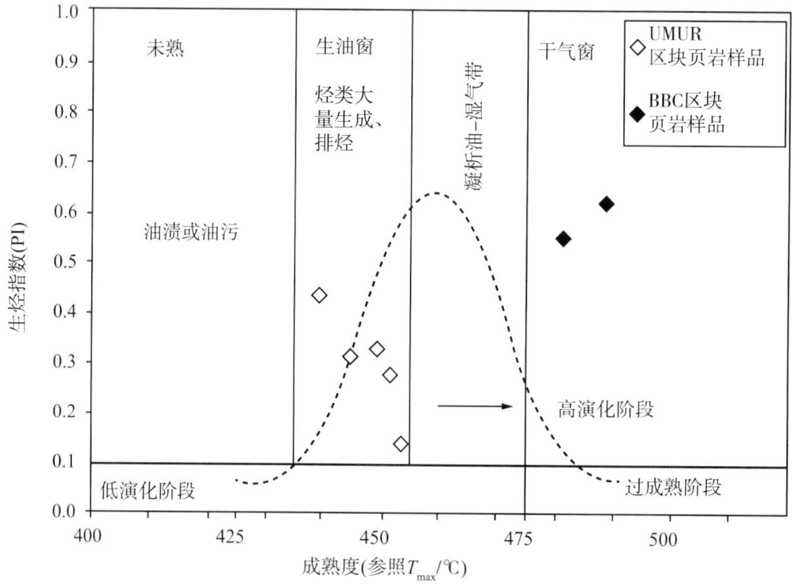


图 12-12　UMUR 和 BBC 区块 Gothic 页岩成熟度和生烃指数关系图（据 Kenneth 等，2013）

### 12.5.2　有机质丰度

Paradox 盆地西南部的 Gothic 页岩有机质丰度较高。区域上三口井 6 块地化样品 TOC 分析结果显示（Hite、Anders、Ging，1984），Gothic 页岩的 TOC 含量在 1.3%~8.5% 之间。TOC 最高值（8.5%）位于 GC-1 井 3837~3849ft 井段；TOC 最低值（1.3%）位于 KIS-1 井 5598.2~5899.2ft 井段。

UMUR 和 BBC 区块 8 块地化样品的有机碳含量（TOC）分析结果表明，Gothic 页岩的 TOC 含量相对较低，为 0.72%~2.05%。其中，UMUR 区块的 TOC 含量在 0.72%~2.05% 之间；BBC 区块页岩中的 TOC 含量为 1.56%~1.65%（表 12-1）。

### 12.5.3 有机质成熟度

区域资料表明，Gothic 页岩有机质成熟度从 Paradox 盆地西南部（生油窗）往盆地东北部呈上升趋势。盆地东北部的成熟度最高，且所有厚层的海相 Gothic 页岩干酪根都已处在生气窗。

地化分析结果表明，UMUR 和 BBC 区块 Gothic 页岩 $R_o$ 值为 0.73%~1.7%。UMUR 区块 5988ft 和 6141ft（Antelope 9-21 井和 Grouse 34-13 井）处的两块 Gothic 页岩样品 $R_o$ 值分别为 1.17% 和 1.32%，对应为凝析 - 湿气阶段；井深 8771ft 处的一块样品（Ute Mountain 44-34 井）$R_o$ 值增至 1.49%，为干气阶段（图 12-13）。位于 UMUR 区块西部，深度为 6046ft、6097ft 和 6557ft（Sleeping Ute-2 井、Sagehen 16-13 井和 Badger 井）的三块 Gothic 页岩样品 $R_o$ 值分别为 0.73%、0.73% 和 0.79%，表明其处于生油窗。

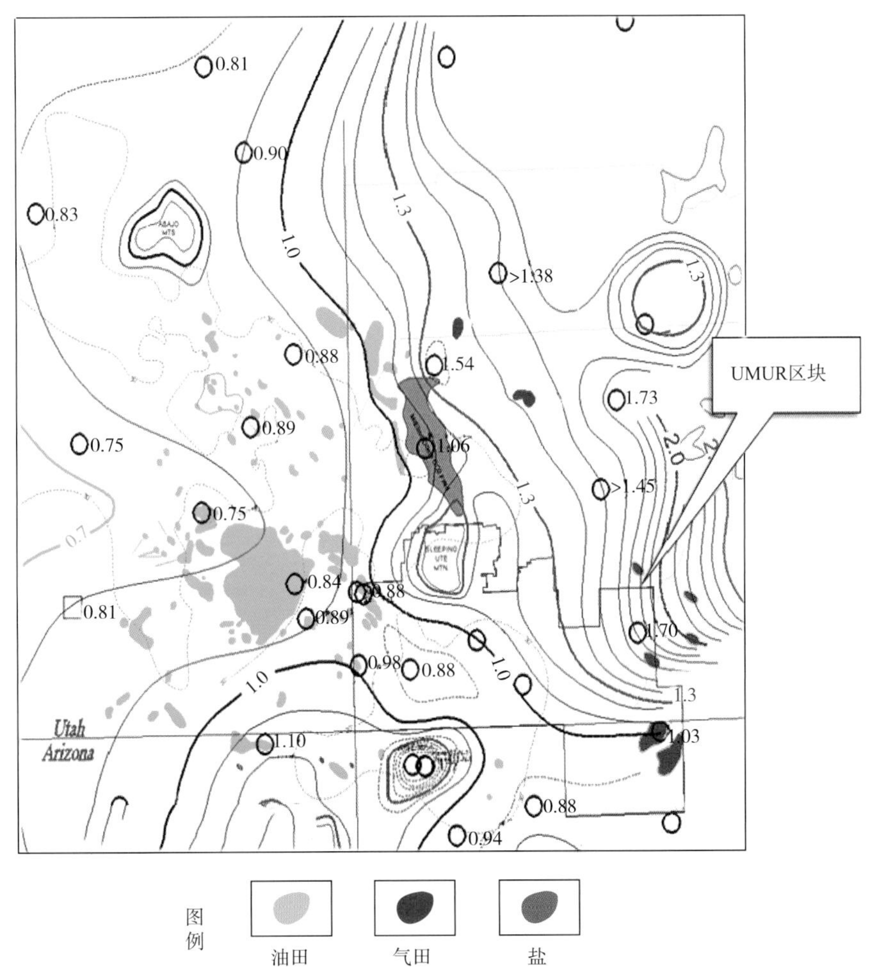


图 12-13 UMUR 区块及邻区 Gothic 页岩成熟度图（据 Kenneth 等，2013）

相同深度的地化样品对比，BBC 区块的 Gothic 页岩成熟度（1.57%）比 UMUR 区块（1.40%）的要高，这是由于前者 Gothic 页岩的埋深更大。氢指数（HI）低，表明有机质处在凝析/湿气窗晚期—干气窗早期。BBC 区块地化样品检测到大量的腐殖质，$T_{max}$ 值偏高，为 480℃，样品的 $S_2$ 峰轮廓不清，$R_o$ 值为 1.40% 和 1.57%，表明有机质处在湿气 / 凝析气晚期至干气早期。

UMUR 区块的 Gothic 页岩干酪根 TAI 值随深度增加从 3+ 变成 4+，同时伴随着壳质组荧光消失，证实为高成熟度，处在凝析气 / 湿气窗向干气窗的过渡范围；BBC 区块的 Gothic 页岩干酪根 TAI 值（4+）与 UMUR 区块相似深度页岩的成熟度相当，为高成熟阶段。

### 12.5.4 有机质演化史

根据成熟度模型模拟的 UMUR 区块 $R_o$ 等值线图和对应的埋深图（图 12-14~ 图 12-16），埋深 4000~6000ft 范围内的 Gothic 页岩 $R_o$=0.7%（主要的生油阶段）；埋深 6000~8000ft 范围内的 Gothic 页岩 $R_o$=1.0%（生油晚期）；埋深 6000~10000ft 范围内的 Gothic 页岩 $R_o$=1.3%（主要生气阶段）。分析认为，影响 UMUR 区块 $R_o$ 值的主要因素包括西部边缘的隆起以及东北部边缘的高热流 / 隆起。

UMUR 区块成熟度较低的 Gothic 页岩样品残余生烃潜量高，$S_2$（$S_1$）值为 2.61~4.34mg HC/g Rock，评价为较好—好烃源岩，在 UMUR 区块埋深较大的 Gothic 页岩样品 $S_2$（$S_1$）值降低，埋深小（5989~6141ft）的 Gothic 页岩样品具有较高的含油饱和度，$S_2$（$S_1$）值为 1.49~2.05mg HC/g Rock。这与它们的成熟度相吻合，表明位于凝析油 / 湿气阶段（也可能仍处在生油窗上部），具有良好的生烃能力。

根据原始和现今 HI 对油气生成过程和干酪根热解烃转化率进行评价的结果表明：UMUR 区块 5500~6000ft 处的 Gothic 页岩样品干酪根热解烃转化率为 65%，这意味着这些烃源岩具有较好的生烃潜力，结合成熟度分析最有可能生成轻质油 / 凝析气 – 湿气。UMUR 区块埋深最大的高成熟 Gothic 页岩的干酪根热解烃转化率高达 93%，表明是一套良好的产气源岩。

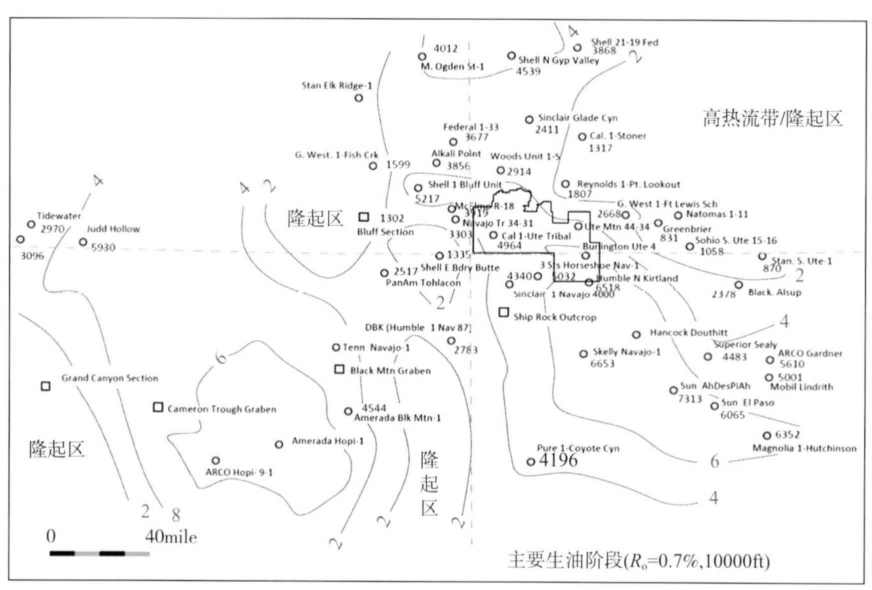


图 12-14　UMUR 区块及周缘埋深图（对应的 $R_o$ 值为 0.7%）（据 Kenneth 等，2013）

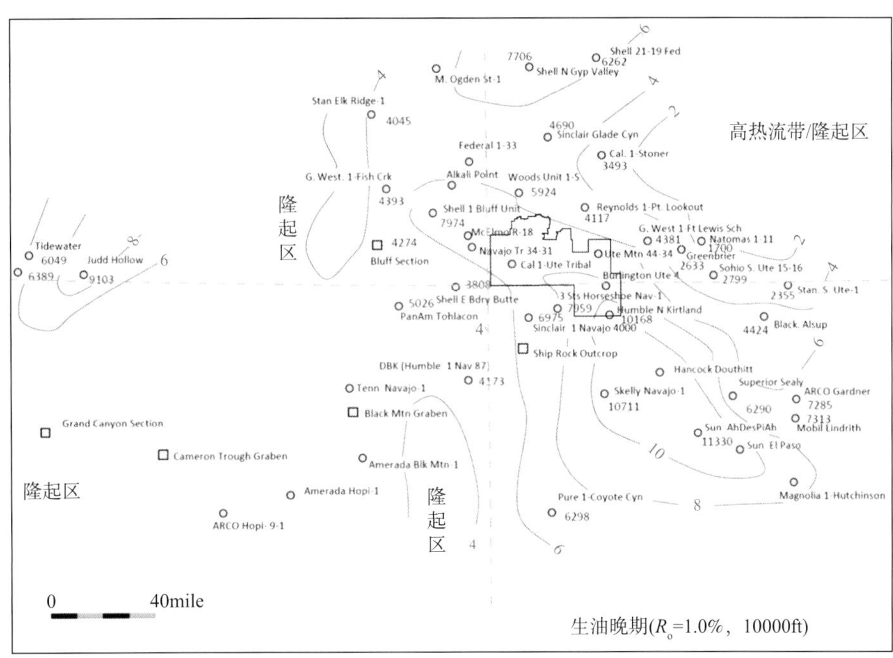


图 12-15 UMUR 区块及周缘埋深图（对应的 $R_o$ 值为 1.0%）（据 Kenneth 等，2013）

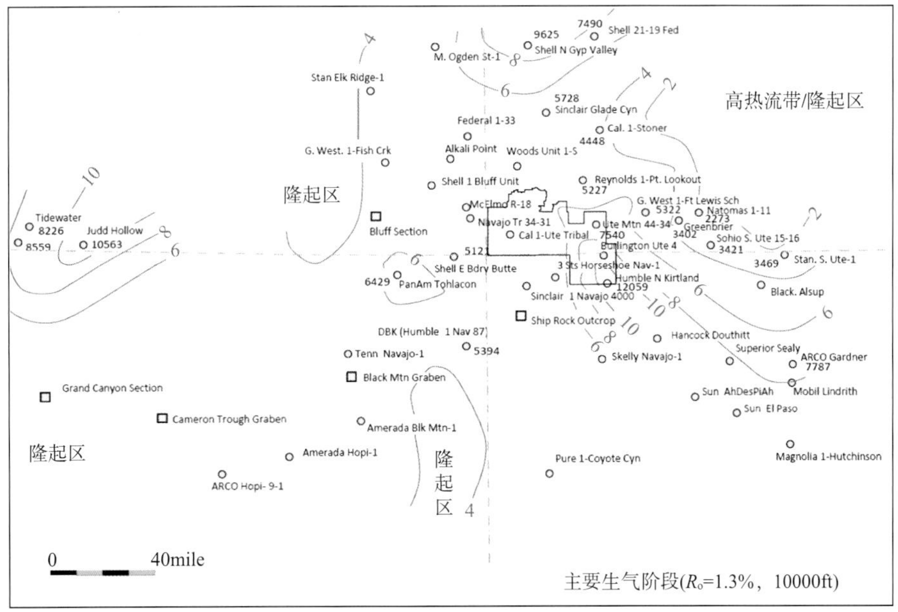


图 12-16 UMUR 区块及周缘埋深图（对应的 $R_o$ 值为 1.3%）（据 Kenneth 等，2013）

## 12.6 储集特征

Gothic 页岩储集特征相关资料较少。Dewers（2017）认为 Gothic 页岩储集物性较好，孔隙度约为 10.2%（图 12-17）。渗透率介于 3~30mD 之间，平均为 10mD。

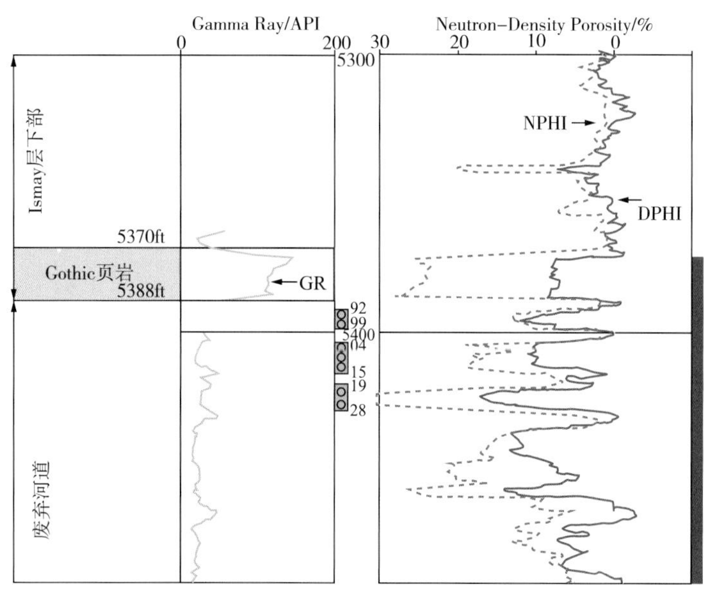


图 12-17　Gothic 页岩测井解释孔隙度

## 12.7　可压性特征

Panadox 盆地宾夕法尼亚系 Gothic 黑色页岩一般由碳酸盐、石英以及各种黏土矿物组成。碳酸盐矿物主要为白云石和方解石；黏土矿物包括大量分散状伊利石，少量海绿石、夹层绿泥石以及混层海绿石 - 蒙脱石。钻井揭示，Gothic 页岩岩石脆性好、储层表现为异常高压特征。

BBC 公司分析认为，裂缝的存在为压裂提供了弱面区，能够形成复杂的裂缝网络从而使表面积最大化，最终获得最高产气量（Moreland 和 Broacha, 2010）。Gothic 页岩天然裂缝发育，对页岩气的运移和生产起重要作用。

此外，Moreland（2010）指出 Gothic 页岩天然裂缝较发育，成像测井表明主要为闭合、部分闭合和开启状态的近垂直裂缝，12mile 间距范围内的裂缝密度较一致，平均缝间距为 6.4ft，存在大量的天然裂缝簇“甜点”。

## 12.8　含气性特征

前人研究表明，Gothic 页岩含水饱和度为 24%，目的层温度为 125℃。

UMUR 和 BBC 公司针对 Gothic 页岩专门开展了页岩气风险评价。图 12-18 展示了 Gothic 页岩气的风险评价：粉红色区域代表了最小门限范围。这些页岩的 TOC 值低于页岩气商业开采的下限（2%）和优质烃源岩的下限（2.5%）。位于门限区域以内的数据具有较低的地球化学风险，表明烃源岩地球化学参数有利于页岩气商业开采，换而言之，即具有较高的页岩气开采潜力（图 12-18、图 12-19）。位于门限区域以外的数据则表现为较低的页岩气商业开采潜力（地化风险较高）。

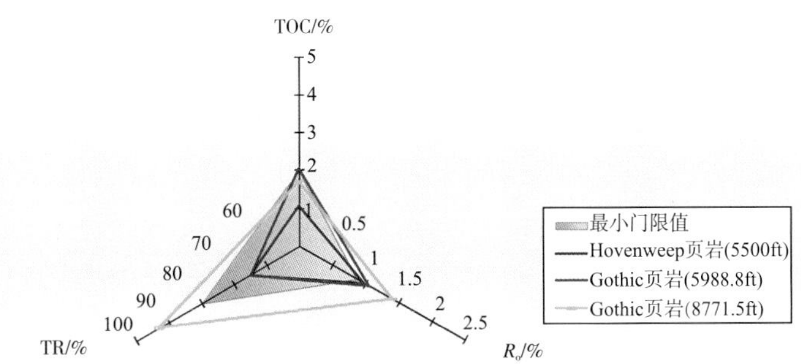


图 12-18 UMUR 区块 Gothic 和 Hovenweep 页岩气风险评价图（据 Kenneth 等，2013）

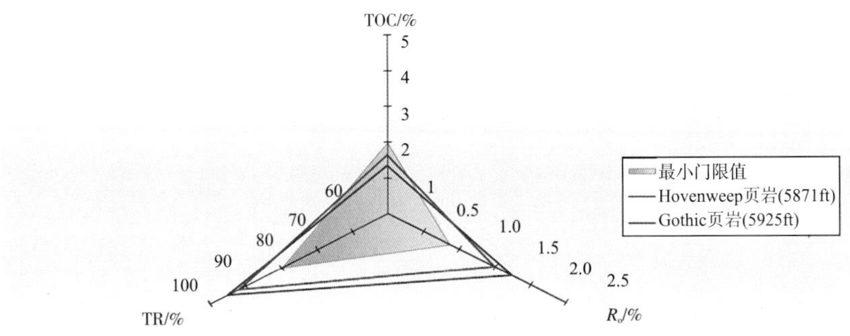


图 12-19 BBC 区块 Gothic 页岩气风险评价图（据 Kenneth 等，2013）

UMUR 和 BBC 区块样品的 $R_o$ 值高于页岩含气层的下限（1.0%）。这可能是由于液态烃裂解成气。干酪根热解烃转化率为 92%~95%，说明处于有机质转化为油的区域，也超过了 UMUR 区块最深的 Gothic 页岩（大于 8700ft）及 BBC 区块的 Gothic 页岩的干酪根热解烃转化率（80%）。TR 值直观反映了干酪根（有机质）热解烃转化率的变化。得到该比值需要计算现今的氢指数和原始氢指数。一般来说，生烃潜量越高，HI 值越接近 1；生烃潜量低，相应的 HI 值也低（Jarvie 等，2007）。

UMUR 和 BBC 区块富有机质层段的平均裂解气量介于 63~650mcf/（acre・ft）之间。研究表明，在局部地区，页岩的厚度可以抵消掉其低有机质含量的不足，一些有机质含量较低的厚层页岩也能够生成大量的页岩气。

## 12.9 潜力分析

Gothic 页岩产气量为 1.5~4.9MMcf/d，含一些伴生的凝析气，截止到 2010 年 6 月累计产气量为 1.16bcf。表 12-2 列出了 UMUR 和 BBC 区块 Gothic 页岩生烃潜力计算结果，以及成功开发的 Barnett 页岩和 Hovenweep 页岩指标。BBC 公司已经取得 Gothic 页岩气藏勘探和开发的成功，说明 Gothic 页岩含气性好，潜力较大。但需综合考虑 TOC、孔隙度、游离气、天然裂缝系统的渗透率、含气饱和度等多种因素的影响，才能客观评价 Gothic 页岩的商业开发潜力。

表 12-2 UMUR 区块和 BBC 区块的 Gothic 页岩、Barnett 页岩以及 Hovenweep 页岩油气当量估算数据表（据 Kenneth 等，2013）

| 地层 | 顶深/ft | TOC/% | HI/(mg HC/g TOC) | $S_1$/(mg HC/g Rock) | $S_2$/mg HC/g Rock | $R_o$/% | P1 | Ⅳ型/% | Ⅲ型/% | Ⅱ型/% | Ⅰ型/% | $T_{max}$/℃ | $f$ (TR) | TOC/% | $S_2$/(mg HC/g Rock) | 剩余储量/(bbl/ac·ft) | 原始储量(bbl/ac·ft) | 裂解油 | 游离油$S_1$/(bbl/ac·ft) | 预测油$S_1$/(bbl/ac·ft) | 裂解气$S_1$/(mcf/ac·ft) |
|---|---|---|---|---|---|---|---|---|---|---|---|---|---|---|---|---|---|---|---|---|---|
| UMUR区块 | | | | | | | | | | | | | | | | | | | | | |
| Hovenweep页岩 | 5500 | 1.06 | 152 | 0.57 | 1.61 | 1.1 | 0.26 | 15 | 13 | 72 | | 348 | 0.65 | 1.25 | 4.34 | 35 | 95 | 0 | 12 | 49 | 63 |
| Gothic页岩 | 5988.8 | 2.05 | 159 | 1.49 | 3.26 | 1.17 | 0.31 | 15 | 10 | 75 | | 358 | 0.65 | 2.43 | 8.70 | 71 | 191 | 0 | 33 | 88 | 185 |
| Gothic页岩 | 8771.5 | 1.71 | 20 | 0.35 | 0.35 | 1.49 | 0.5 | 22 | 36 | 42 | | 245 | 0.93 | 1.99 | 4.88 | 8 | 107 | 1 | 8 | 32 | 405 |
| BBC区块 | | | | | | | | | | | | | | | | | | | | | |
| Hovenweep页岩 | 5871 | 1.36 | 24 | 0.38 | 0.32 | 1.79 | 0.54 | 15 | 20 | 65 | | 325 | 0.95 | 1.67 | 5.43 | 7 | 119 | 0.97 | 8 | 3 | 651 |
| Gothic页岩 | 5925 | 1.65 | 37 | 0.76 | 0.61 | 1.57 | 0.55 | 14 | 20 | 66 | | 329 | 0.92 | 2.03 | 6.67 | 13 | 146 | 0.78 | 17 | 29 | 621 |
| Barnett页岩 | | 4.21 | 26 | 0.33 | 1.07 | 1.66 | 0.24 | 0 | 0 | 100 | 0 | 450 | 0.96 | 5.58 | 25.13 | 23 | 550 | 0.87 | 7 | 68 | 2751 |

注：表中斜体的 $R_o$、干酪根是估算值；$f$—转换分数（TR—转换系数）；原始储量－剩余储量＝估算当量＋裂解气；油气当量不等于实际可采量，为了对比的需要一般估算值都偏大；Barnett 页岩各估算参数来自福特沃斯盆地。

# 参考文献


[1] Bodell J M, Chapman D S. Heat Flow in the North-Central Colorado Plateau[J]. Journal of Geophysical Research, 1982，87(B4): 2869–2884.

[2] Chidsey T C, Wakefield S, Hill BG,et al. Oil and Gas Fields of Utah[J]. Utah Geological Survey Map 203DM, scale 1:700, 000.

[3] Dow W G. Kerogen studies and geological interpretations[J]. Journal of Geochemical Exploration, 1977, 7: 79–99.

[4] Hite R J. Stratigraphy of the Saline Facies of the Paradox Member of the Hermosa Formation of the Southwestern Utah and Southwestern Colorad[C]//Smith K G. Geology of the Paradox Fold and Fault Belt. Four Corners Geological Survey, Third Field Conference Guidebook, 1960: 86–89.

[5] Hite R J. Shelf Carbonate Sedimentation Controlled by Salinity in the Paradox Basin, Southeast Utah[J]// Rau J L, Deliwig L F. Symposium on Salt, 3rd, 1970, 1: 48–66.

[6] Hite R J, Anders D E, Ging T G. Organic-rich Source Rocks of Pennsylvanian Agein the Paradox Basin of Utah and Colorado[J]//Woodward J Meissner F F,Clayton J L.Hydrocarbon Source Rocks of the Greater Rocky Mountain Region.Rocky Mountain Association of Geologists Guidebook, 1984: 255–274.

[7] Jarvie D M, Hill R J, Ruble T E ,et al.Unconventional shale-gas systems: The Mississippian Barnett Shale of north-central Texas as one model for the rmogenic shale-gas assessment[J]. AAPG Bulletin, 2007, 91: 475–499.

[8] Kelley V C.Tectonics of the region of the Paradox Basin[J]// Sanborn A F. Guidebook to the geology of the Paradox Basin[J]. Intermountain Association of Petroleum Geologists, 1958: 31–38.

[9] Moreland P G, Broacha, E F The Pennsylvanian Gothic Shale Gas Resource Play of the Paradox Basin[J]. AAPG 90122, 2010.

[10] Nuccio V F, Condon S M. Burial and Thermal History of the Paradox Basin, Utahand Colorado, and Petroleum Potential of the Middle Pennsylvanian Paradox Formation[J]. USGS Survey Bulletin , 2000: 1–41.

[11] Passey Q R, Creaney S, Kulla J B, et al. A Practical Model for Organic Richness from Porosity and Resistivity Logs[J]. American Association of Petroleum Geologists, 1990, 14: 1777–1794.

[12] Peter G M, Earuch F B.The Pennsylvanian Gothic Shale Gas Resource Play of the Paradox Basin [C]. AAPG Hedberg Conference, Austin, Texas, December 5–10, 2010.

[13] Peterson J A, and Hite, R J. Pennsylvanian evaporate-carbonate cycles and their relation to Petroleum Occurrence, southern Rocky Mountains[C]. AAPG Bulletin, 1969, 53: 884–908.

[14] Kenneth W P. Petroleum potential for the gothic shale, paradox formation in the ute mountain ute reservation, Colorado and New Mexico [D]. Pro Quest LLC, 2013.

[15] Peter G M, Earuch F B. The Pennsylvanian Gothic Shale Gas Resource Play of the Paradox Basin[C]. AAPG Hedberg Conference, December 5–10, 2010, Austin, Texas.

# 13 Haynesville 页岩油气地质特征

## 13.1 勘探开发历程

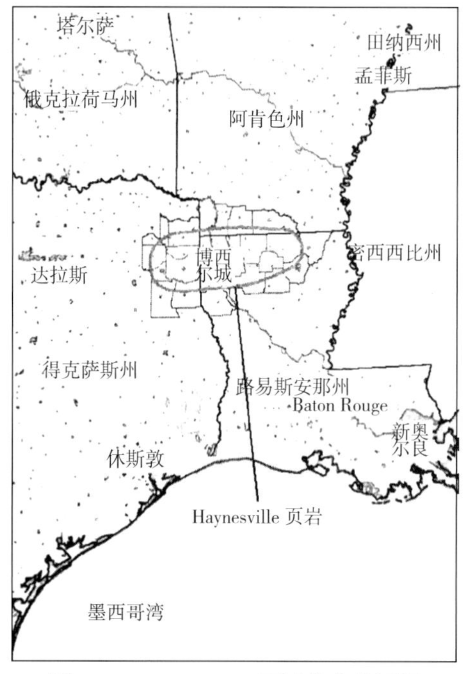


图 13-1　Haynesville 页岩分布范围图（据肖钢等，2012）

Haynesville（海因斯韦尔）页岩主要分布在美国路易斯安那州西北部、阿肯色州西南部、得克萨斯州东部以及 Caddo Bossier、Desoto 流域，在红河流域、赛滨河流域以及 Harrison 县、Panola 县也有少量分布（图 13-1），展布面积约为 $23310km^2$。

Haynesville 页岩的勘探开发工作始于 2004 年。2004 年 4 月通过钻探直井 Elm Grove Plantation-15，证实了 Haynesville 页岩为优质含气页岩。2005~2007 年前期，石油公司钻探了多口直井，并开展了取心及评价工作。2007 年 12 月石油公司在 Haynesville 页岩层实施钻探了水平井 SLRT #2 井，分段压裂后测试产量为 $7.4\times10^4m^3/d$。自 2007 年后，水平井数量大幅增加，到 2013 年 12 月，已完钻井 2508 口，其中生产井 2274 口，主要分布在路易斯安那州，产量合计达 $1.60\times10^8m^3/d$。

## 13.2 构造特征

Haynesville 页岩主要分布在 Sabine（萨宾）隆起和北路易斯安那盐盆西侧。萨宾隆起是一个大型正向和负向基底构造区的组成部分，这些构造沿墨西哥湾盆地东北缘一线分布。从得克萨斯州东部延伸到佛罗里达州西部的墨西哥湾东北缘，以较浅的前中生代基底和侏罗纪盐层为典型特征，自东南向西北可划分为萨拉索塔穹隆、中地穹隆、威金斯隆起和萨宾隆起（图 13-2、图 13-3）。在这些穹隆之间及其周缘分布着盐盆，厚盐层运动形成了起伏较大的盐枕和盐底辟：坦帕盐盆、迪索托盐盆、密西西比盐盆、北路易斯安那盐盆和东得克萨斯盐盆。墨西哥湾东北缘明显不同于西北缘（得克萨斯州部分），后者的特点是存在北东向的重力异常和磁异常、厚盐层大面积分布、基底埋深较大。受侏罗纪裂谷作用影响，浅基底穹隆之下为较厚的陆壳，而盐盆之下是较薄的陆壳，并最终形成墨西哥湾盆地。推测认为，较厚的地壳经历了较弱的拉伸和裂谷作用，而较薄的地壳则经历了强烈的拉伸、后期因岩浆侵入导致地层温度升高可能被改造。

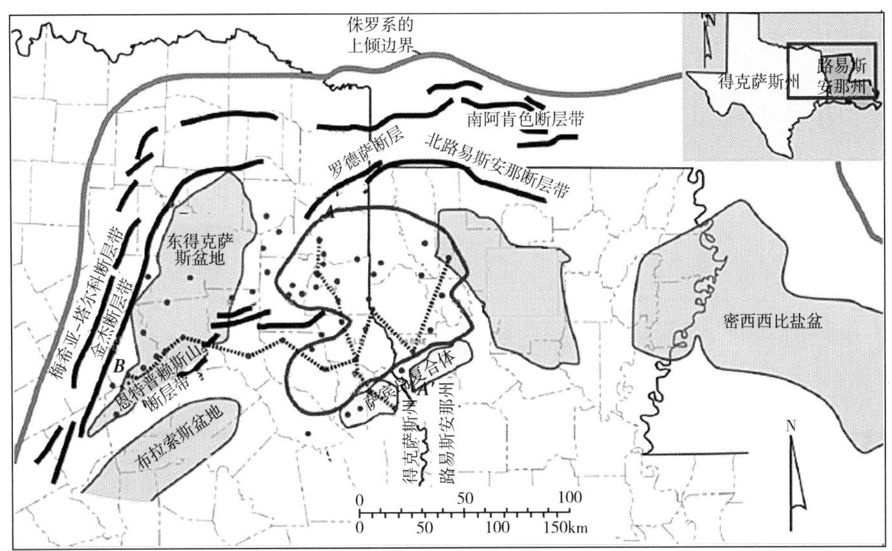


图 13-2 Haynesville 页岩构造位置图

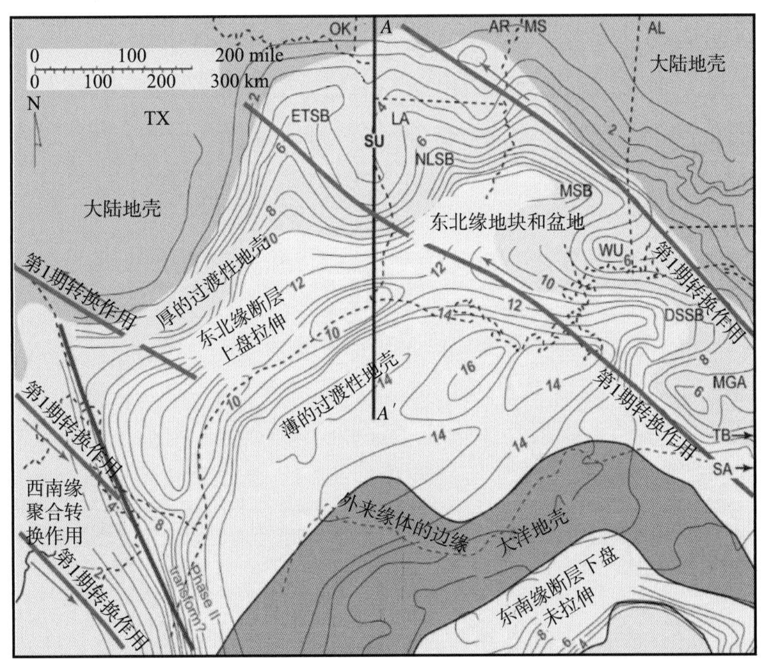


图 13-3 墨西哥湾北部构造单元划分图（据 Dobson 和 Buffler，1997，修改）

SU—萨宾隆起；WU—威金斯隆起；MGA—中地穹隆；SA—萨拉索塔穹隆；ETSB—东得克萨斯盐盆；NLSB—北路易斯安那盐盆；MSB—密西西比盐盆：DSSB—迪索托盐盆；TB—坦帕盆地；绿色线条—转换断层；深橙黄色—大陆地壳；浅橙黄色—厚的过渡性地壳；淡绿色—薄的过渡性地壳；紫色—大洋地壳

重力模拟研究表明，萨宾隆起之下是厚约35~40km的陆壳。Mickus和Keller（1992）认为该陆壳是一个“微陆块”，但其密度和厚度无法与北美前寒武纪地壳区分开来（图13-4）。一个似洋壳的狭窄条带把萨宾陆块与北美大陆分隔开来。该条带之下是未变形的宾夕法尼亚系、二叠系地层以及三叠系地堑充填沉积。整个地层被变形的厚20km的古生界沉积盖层所覆盖，构成了萨宾地块的北部边界。

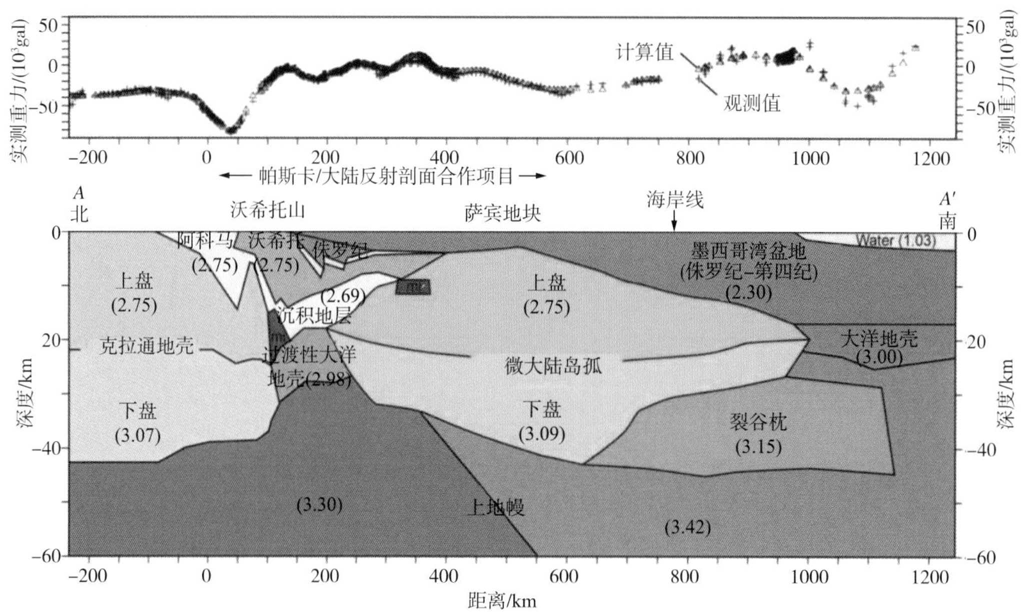


图13-4 根据穿过萨宾隆起和研究区中部的南北向测线的重力数据建立的地壳模型

（a）实测重力资料，单位：$10^3$gal；三角—实测重力数据，加号—计算得出的重力数据；（b）地壳解释；数字代表密度，单位：g/cm$^3$；Mi—镁铁质侵入体（3.05 g/cm$^3$）

在墨西哥湾开启早期发生的拉张作用，在隆起区可能形成了由相对高地块和相对低地块组成的镶嵌结构。在南部地区钻探的6口探井揭示了上侏罗统博西尔组下段页岩至古生界地层，但没有钻遇海因斯韦尔组碳酸盐岩或侏罗系盐层。Nicholas和Ewing（2001）根据钻井资料推断，在Louann盐体和Smackover组沉积期间，这个地区形成了一个群岛集合体（即萨宾群岛）。该岛（或群岛）代表了侏罗纪隆起的最高部分。在该岛屿以北地区，Smackover组和盐体广泛分布，但盐层厚度较小。

## 13.3 地层特征

Haynesville页岩沉积期属晚侏罗世启莫里支期，是一套在相对半封闭沉积环境下发育的富碳泥页岩，南西方向被碳酸盐岩台地包围，北东方向为大陆架。

Haynesville页岩下伏地层是以碳酸盐岩为主的Louark群，由Smackover、Buckner和Haynesville组（Gilmer组）灰岩组成。Haynesville页岩与下伏的Louark群呈不整合接触，与上覆的Bossier组局部呈整合接触（图13-5）。

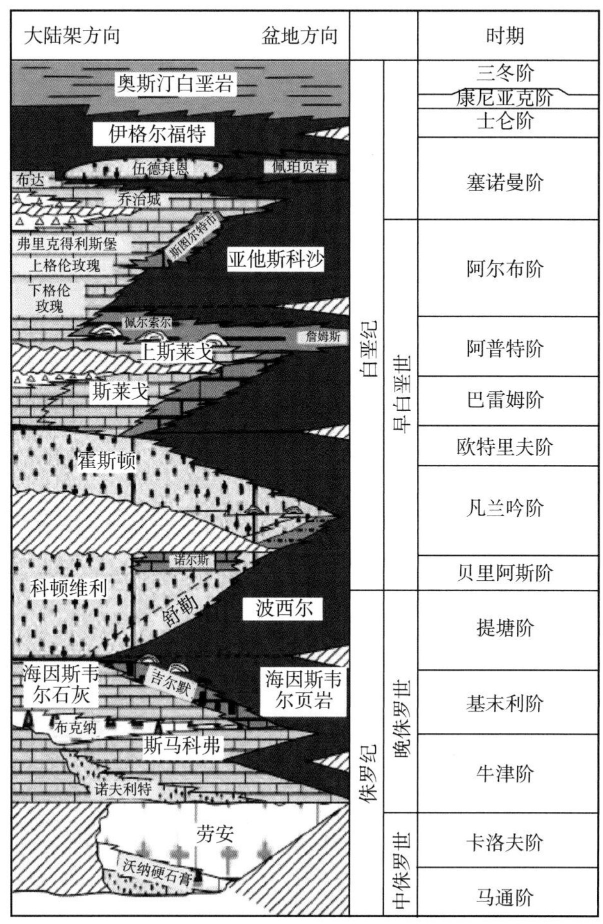

图 13-5 Haynesville 页岩地层层序图

Haynesville 组的岩性在不同地区差异较大，在得克萨斯州和路易斯安那州，其岩性主要为页岩，而沿墨西哥东北部、得克萨斯、路易斯安那州和阿肯色州一线，其岩性演变为硅质碎屑岩和蒸发岩。岩性的变化导致海因斯韦尔组命名很多，在 2008 年之前出版的文献中，海因斯韦尔的泥质部分被称为博西尔页岩和 Gilmer 页岩，2010 年，得克萨斯州铁路委员会正式把海因斯韦尔页岩发育区视为一个页岩产气区带。

Haynesville 页岩分布在得克萨斯州东部和路易斯安那州西北部的两个沉积中心，这两个沉积中心被盆间隆起分隔开来（图 13-6）。西部的沉积中心位于得克萨斯州东部盐盆内，而东部的沉积中心穿越萨宾隆起的一部分并进入北路易斯安那盐盆内。Haynesville 页岩向南延伸至墨西哥湾深水区，但这套页岩在该处的现今埋深超过 6000m，目前还没有井钻遇。在得克萨斯州哈里森县和路易斯安那州卡多区，东部沉积中心内 Haynesville 页岩厚度最大（120~130m）。虽然 Haynesville 页岩的厚度在西部沉积中心一般不足 30m，但沿 Freestone/Leon 两县交界向西南进入塔礁分布区，其厚度有增大的趋势（图 13-6）。塔礁分布区一带页岩厚度的突变，说明塔礁生长和 Haynesville 页岩沉积之间关系密切。Haynesville 页岩在东部沉积中心的北边埋深为 3300m，往南边增至 5000m。在西部沉积中心，沿得克萨斯州东部盐盆的轴线一带，Haynesville 页岩的埋深在 5300m 以上，而在得克萨斯州东部盐盆边缘，其埋深介于4300~5300m之间（图13-7）。Haynesville页岩埋深的局部变化可归因于和盐运动有关的后沉积隆起作用或者沉降作用。

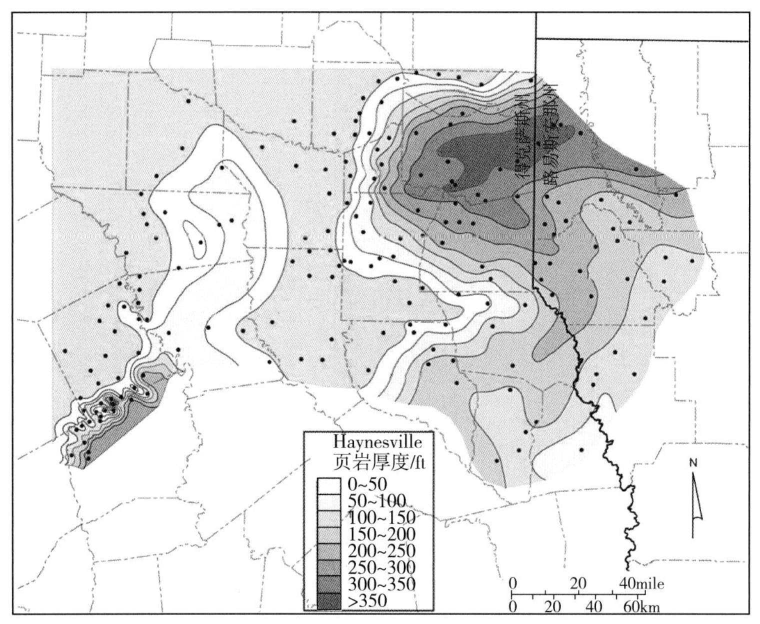


图13-6　Haynesville页岩等厚图

北部和东北部页岩厚度最大，向南部和西部减薄；黑点代表井位

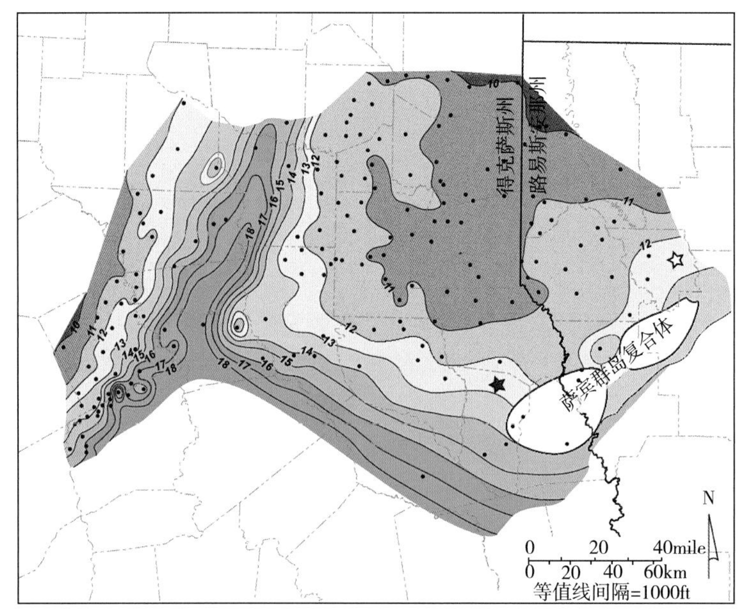


图13-7　Haynesville页岩顶面构造图

东北部该套页岩的埋深最浅，而向南部以及东得克萨斯盐盆其埋深逐渐加大；在得克萨斯州/路易斯安那州边界处，其埋深比较浅，这要归因于萨宾隆起的存在；黑点代表井位

## 13.4 沉积特征

在 Haynesville 沉积时期（启莫里支期），该区域存在多种沉积环境（图 13-8）。在得克萨斯州东部盐盆周边形成了一系列镶边的碳酸盐滩和浅滩，包括吉尔莫灰岩（又称卡顿瓦利群灰岩）盆地的镶边陆架、分隔得克萨斯州东部盐盆和海因斯韦尔页岩盆地的欧弗顿浅滩及局部岛屿，例如盆地南部的安杰利纳和盆地东南部的塔礁（图 13-8）。有证据表明，欧弗顿浅滩沉积上覆在前侏罗纪基底构造隆起之上（Jackson 和 Seni，1984）。东部地区以硅质碎屑沉积为主，从三角洲和滨岸平原沉积到密西西比州和路易斯安那州的深水沉积体系都有分布。富有机质的海因斯韦尔组页岩分布在萨宾隆起的东翼及其顶部。始于 Smackover 组沉积期的盐体变形作用，对路易斯安那州北部和得克萨斯州东部盐盆的沉积体系产生了复杂的改造作用（Jackson 和 Seni，1984；Jackson 和 Laubach，1991）。

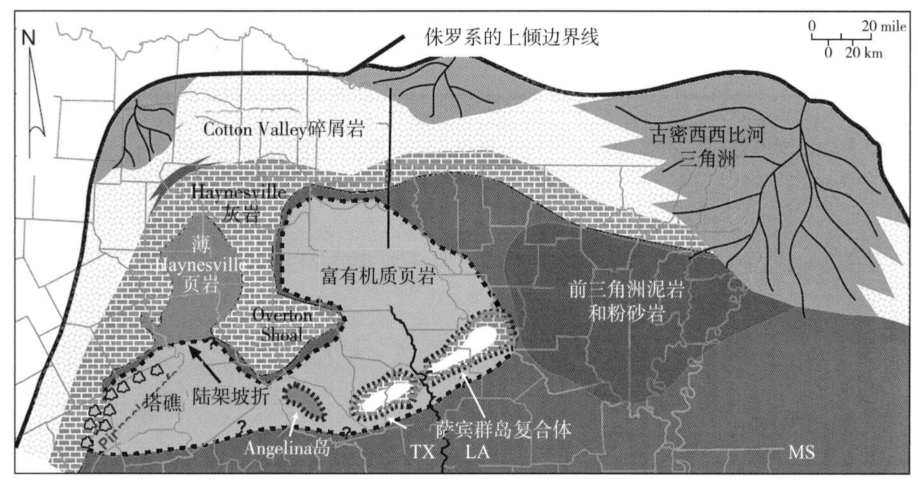


图 13-8 海因斯韦尔页岩沉积期古地理图

图中显示了岛屿、碳酸盐岩台地、海因斯韦尔泥岩盆地、蒸发岩、浅水碎屑岩沉积、河流沉积和前三角洲沉积环境

在 Haynesville 组沉积之后，整个盆地发育了卡顿瓦利组和博西尔组三角洲和障壁沙坝沉积体系，得克萨斯州东部和密西西比河流域的主要河流向其输入了大量沉积物（Presley 和 Reed，1984；Klein 和 Chaivre，2002）。这些沉积体系的硅质碎屑沉积覆盖在萨宾隆起及其周边的盆地之上（Ewing，2001）。

在森诺曼期和土仑期，萨宾地区经历了一次明显的隆升（Granata，1963；Jackson 和 Laubach，1991；Ewing，2009）。路易斯安那州在当时成为大规模南阿肯色隆起的一个组成部分（森诺曼期，塔斯卡卢萨组沉积之前）。这个地区的大部分隆升都发生在一次较小规模的土仑期地质事件中 [ 奥斯汀（Austin）群沉积之前 ]，后期遭受剥蚀，形成 Rusk 隆起（Ewing，2009）。在土仑期之后，隆升作用变得很微弱甚至停止。

根据 Goldhammer 和 Johnson（2001）划分的中生界层序地层边界来指导层序地层对比。在沉积中心边缘附近，Haynesville 页岩与 Haynesville 灰岩之间呈上超接触关系。在 Haynesville 页岩层序减薄并相对 Haynesville 灰岩中非泥质（低伽马值）颗粒灰岩尖灭的地方，这种上超接触关系最为明显（图 13-9）。

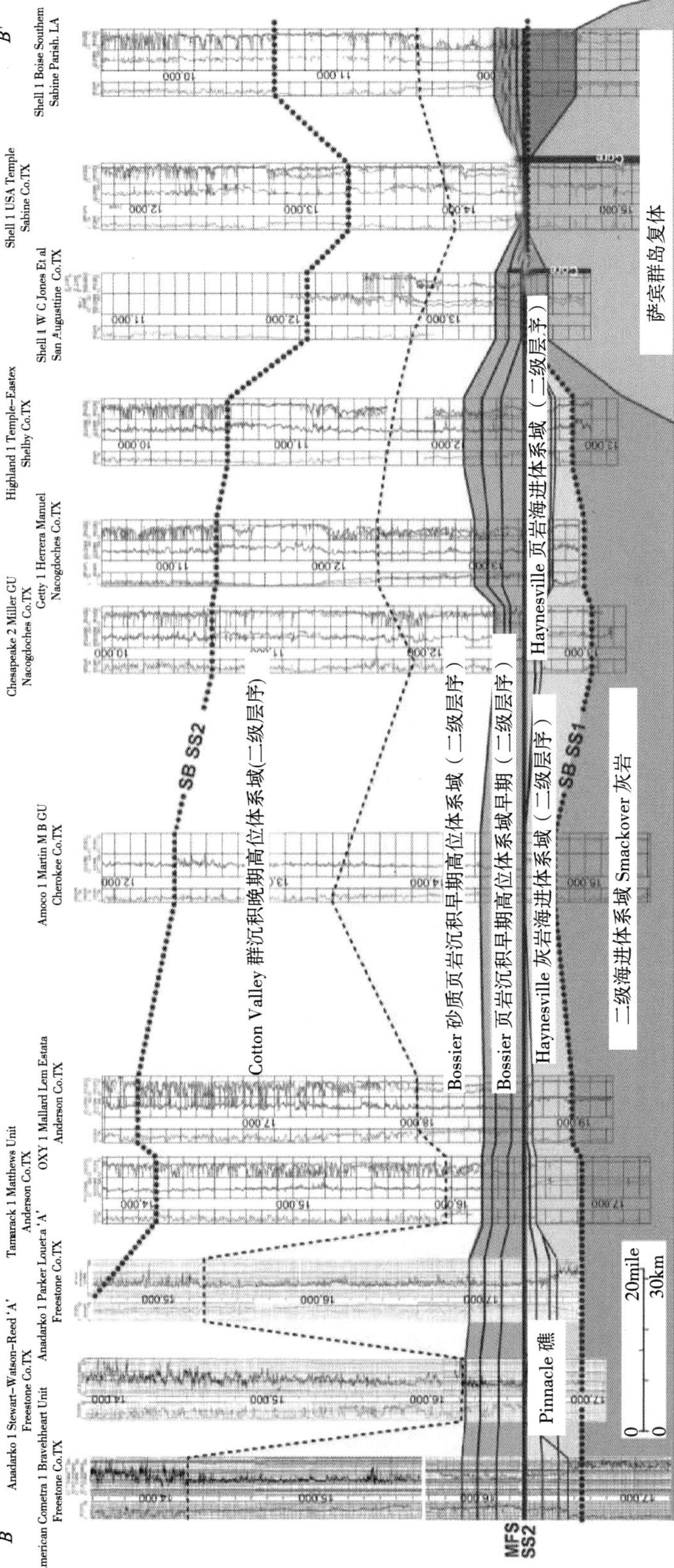


图 13-9 地层综合对比图（横剖面 B–B′）

图中显示了与总体的二级超层序 SS2 沉积有关的二级体系域；Haynesville 灰岩和页岩属于海进体系域（TST）的一部分，而博西尔页岩和砂质页岩代表着高位体系域（HST）沉积

Haynesville 三级海进层序的相带构成包括上倾方向的浅水碳酸盐岩到下倾方向的富有机质泥岩。因此，这些泥岩和灰岩至少部分是同时期的，而且在退积的 Haynesville 相带上超到其下 Smackover 组顶面的二级层序边界之上。在塔礁分布区，Haynesville 相带的渐变性质最为明显，这里 Haynesville 页岩层序的顶面可以追溯到碳酸盐岩建造之上。然而在各层序内部，泥岩相充填在较深部并上超到加积的碳酸盐岩建隆建造之上。到萨宾岛地区的东南部，在古生代隆起之上 Haynesville 页岩和灰岩缺失，而上超在隆起的两翼之上（图 13–9）。侏罗系 Smackover 组碳酸盐岩在这个岛屿的边缘有分布，但在其顶部缺失，说明萨宾岛部分地势很高，只有在博西尔页岩沉积期内才淹没于水下。

在萨宾岛的周边地区，博西尔组下段的岩相比较特殊，与 Haynesville 页岩类似。在这些地区，博西尔组下段以富有机质的钙质泥岩为主，而在其他地区则主要是泥质－硅质碎屑岩。沿上倾方向向上，博西尔组渐变为厚层河流三角洲相的卡顿瓦利群砂岩。博西尔组页岩和上覆卡顿瓦利群砂岩的厚度变化较大（图 13–9），说明在 Haynesville 组沉积之后，同沉积构造活动加强，沉积相带演变变为三角洲相。雷德和 Ouachita 河等水系汇入因伴随有盐体收缩和溶解的早期断层作用而形成的构造低地。盐底辟早期形成阶段始于卡顿瓦利群沉积过程中，沉积加载诱发的盐体收缩和伴随的沉降形成了规模较大的地堑，其中充填了卡顿瓦利群硅质碎屑沉积。

晚侏罗世墨西哥湾盆地受到了多种因素影响，包括由碳酸盐岩台地和古生代岛屿形成的盆间高地、海平面升降以及主导洋流和风向等。形成于 Smackover 期而在早 Haynesville 期仍继续活动的北部、西北部和南部的碳酸盐岩台地，对于 Haynesville 组页岩形成钙质的性质起到了很大作用。此外，萨宾县和圣奥古斯丁县的古生代岛屿的周边都沉积有周期性输入盆地的碳酸盐沉积物。然而，来自北面进积三角洲和东北部三角洲的硅质碎屑沉积物的输入，导致了 Haynesville 页岩沉积区北部硅质碎屑沉积物的减少。硅质碎屑沉积物的输入导致有机质数量减少，从而使沉积物的 TOC 含量比较低。在受限盆地的中心区沉积了富有机质的岩相。南部的隆起、西北部的台地以及在盐核隆起上发育的局部碳酸盐岩岛屿限制了盆地的范围。

Haynesvillle 页岩可划分为 3 种岩相：①未成层球粒状硅质页岩岩相，TOC 含量为 3%~6%，薄片下见含粉砂级大小的硅质颗粒、球状粒、钙质超微化石、菊石类以及丝鳃软体动物，基质由大小为 2~50μm 的球状粒构成，有机质随机分散在硅质碎屑与碳质颗粒间的基质中；②成层球粒状钙质或硅质页岩岩相，TOC 含量为 2%~5%，沉积物呈球粒状，小球粒为 10~50μm，大球粒为毫米级，由生物碎屑、有机体层、球状粒、黏土及方解石碎屑呈层状平行排列构成；③生物扰动钙质或硅质页岩岩相，TOC 含量为 2%~5%，指示为周期性氧化沉积环境，是潜穴生物大量发育的页岩岩相。

未成层的球粒状硅质页岩相是典型的有机质最为丰富的岩相，TOC 含量在 3% ~6%之间。在黏土含量偏多时，这种岩相易剥裂，而在碳酸盐含量偏多时，这种岩相更多地表现为块状。虽然岩心观察显示这种岩相似乎是均质的，但薄片分析发现，它含有粉砂级的硅质颗粒、球状粒、钙质超微化石、菊石类和丝鳃类软体动物化石。凝块组构可能是软球状粒因压实而重新定形的结果。球状粒的形状和大小各不相同。大部分基质都是由 2~50mm 的球状粒构成，这些球状粒都是无内部结构的黑色圆形黏土絮凝物，这些细小的球状粒可能是黏土颗粒絮凝后沉降到海底的产物，也可能类似于 Bennett 等（1991）观察到的“海下雪花”。Potter 等（2005）把在侏罗系页岩岩心薄片上观察到的部分絮凝结构解释为“海下雪花”。Macquaker 等（2010）认为，“海下雪花”是有机矿物质集聚的结果，使得有机碳能够在海底集聚并得以保存。在 Haynesville 页岩相中也可以观察到类似的聚集体。其黏土组成包括伊利石、云母、高岭石和绿泥石。硅质碎屑的组成主要包括石英、斜长石和钾长石。碳酸盐矿物主要是方解石和少量的白云石和铁白云石。有机质随机分散在基质内硅质碎屑和碳酸盐颗粒之间。在层边界处，这种岩相中可见叠锥状胶结物，即厚达 2cm 的方解石胶结层。在该岩相中黏土含量一般是最高的。在水体含氧量较高的环境中，丝鳃软体动物、腕足类和菊石类动物比较少见（表 13–1）。

表 13–1　Haynesville 页岩生物群落、颗粒类型、矿物组成统计表

| 生物群 | 颗粒 | 矿物 |
| --- | --- | --- |
| 有孔虫类 | 球状粒、粪球粒 | 方解石、白云石 |
| 放射虫类 | 有机质 | 铁白云石、菱铁矿 |
| 丝鳃软体动物 | 黏土凝絮物 | 重晶石 |
| 菊石类 | 碳酸盐结核 | 黄铁矿 |
| 双壳类 | 碎屑石英 | 长石（钠长石） |
| 海绵骨针 | 碎屑方解石、白云石 | 磷灰石 |
| 钙球石 | 方解石生物碎屑 | 绿泥石、高岭石 |

成层球粒状钙质或硅质页岩相有一定的变化，这取决于其距离物源区的远近以及物源区是以硅质碎屑颗粒为主还是以碳酸盐颗粒为主。这种岩相最为丰富，可见毫米级到厘米级的各种分层，通常由平行层面且排列成行的生物碎屑、有机质层、球状粒、黏土和碎屑方解石构成。有机质纹层、海绵骨针、破碎的双壳类动物壳体、棘皮类动物碎片、球状粒和球粒是层状页岩相的典型特征。这些壳层沿层面排列成行，并与黏土层和有机质层交替出现。解释认为，这些骨骼层是由碎屑流和（或）浊流从周边的碳酸盐岩台地输入盆地的。在以硅质碎屑沉积物为主的区域，碎屑石英和长石粉砂以及黏土的含量都比较高。原始的硅质碎屑沉积物似乎大都是球粒，小球粒的大小一般在 10~50mm 之间，而较大规模的毫米级球状粒具有内部结构和孔隙。碎屑方解石晶体散布在基质中，表现为簇状和（或）顺层面排列成行。该岩相的 TOC 含量为 2%~5%。

生物扰动钙质或硅质页岩相出现在顶部，说明水体含氧量曾发生过周期性增高的现象。在碳酸盐陆架和岛屿环抱的区域，这种岩相的骨架碳酸盐碎屑含量比较多，但在硅质碎屑主导的区域也可见掘穴的痕迹。生物碎屑包括软体动物壳、棘皮类动物及与黏土质球状粒基质和有机质混合的其他浅水动物碎屑。大多数球状粒的尺寸在 2~50mm 之间。TOC 含量为 2%~5%。在岩心中，这种岩相更偏块状。在这种钙质岩相中，由石英和长石组成的硅

质碎屑颗粒比较少见，但在以硅质碎屑为主的岩相中，它们的含量很高。黏土矿物主要以伊利石、云母和绿泥石为主。方解石是主要矿物，可见少量白云石、石膏和黄铁矿。

通过路易斯安那州和得克萨斯州的 Haynesville 组地层钻井岩心分析，富有机质页岩沉积于被碳酸盐岩台地和硅质碎屑陆架环绕的受限海盆。岩相、动物群和区域构造特征说明，沉积环境是受限盆地内的斜坡到盆地环境。在 Haynesville 组沉积期内，墨西哥湾盆地的南面和东面处于局部张开状态，并与大西洋连通。Haynesville 组碳酸盐岩和页岩是在一次全球性的海进事件过程中沉积的，在此次海进过程中，在很多盆地及相关的缺氧条件下沉积了黑色页岩。地层的缺失和不整合面的存在（例如萨宾岛）以及岩相从页岩向碳酸盐岩的转变都指示盆间隆起的存在。盆地水体存在从静海相到富氧相的分层现象，草莓状黄铁矿以及还原性微量元素（例如硫、钼、铁、铜和镍）的存在可以说明这一点（表 13–2）。沉积作用可能发生在风暴浪基面以下，主要包括悬浮沉降、碎屑流和浊流。Haynesville 组的基质大都是由球状粒和球粒组成。部分黏土颗粒大小的物质可能在水体中絮凝并沉降到海底。半深海泥羽状流可能也为黏土颗粒物到细粒颗粒物以及碎屑方解石向盆地的输送做出了贡献。

表 13–2　Haynesville 页岩 TOC、主量元素、微量元素谱图数据表（基于 X 射线衍射和生油岩评价仪）

单位：%

| 元素质量 | 硫 | 铁 | 钒 | 钼 | 铜 | 镍 | TOC |
|---|---|---|---|---|---|---|---|
| 最大值 | 24.4 | 35.0 | 1547.2 | 442.3 | 316.2 | 593.5 | 6.2 |
| 最小值 | 1.8 | 6.1 | 224.8 | 18.3 | 89.0 | 42.8 | 0.7 |
| 平均值 | 8.8 | 15.6 | 862.2 | 112.1 | 174.3 | 231.7 | 2.8 |
| 中值 | 8.1 | 15.8 | 870.8 | 97.1 | 171.1 | 224.2 | 2.8 |

岩相的变化说明，现存的古地貌由孤立的基底隆起和碳酸盐岩台地构成。在得克萨斯州圣奥古斯丁县和萨宾县以及路易斯安那州的萨宾堂区（即所谓的萨宾岛）就存在这样一个基底隆起。已有多口井钻遇该隆起，地层对比结果显示，Haynesville 泥岩和碳酸盐岩上超于台地之上。在碳酸盐岩台地和岛屿附近，碳酸盐生物碎屑及方解石的含量增多。而往盆地中心区域及东北方向，硅质碎屑的含量更多一些，碳酸盐生物碎屑几乎见不到，反映出古水深的变化。

综上所述，Haynesville 页岩是沉积于浪基面之下的静水环境，经历了周期性的缺氧到无氧期以及由小规模海平面升降引起的受限海盆期。盆地最深的部分位于东北部路易斯安那州边界附近以及接近碳酸盐岩台地陆架坡折带的西南部。在陆架坡折带和岛屿之外，盆地快速沉降进入墨西哥湾盆地。

## 13.5　地化特征

Haynesville 页岩 TOC 含量为 0.7%~6.2%，平均 2.8%，TOC 含量从盆地西北往东南方

向呈逐渐增加趋势；纵向上高 TOC 含量的页岩主要分布在 Haynesville 页岩底部。

Haynesville 页岩是一套富含有机质的黑色页岩，干酪根类型主要为Ⅱ型，有机质演化程度高，镜质体反射率为 2.2%~3.2%，处于高—过成熟阶段。

## 13.6 储集特征

Haynesville 页岩分布范围广，储集特征变化较大，储层深度在 3350~3960m，储层温度一般超过 150℃，储层的压力梯度大约在 0.84~0.88psi/ft 之间。Haynesville 页岩储集物性好，孔隙度在 8%~9%，以粒间纳米孔和微孔为主，发育少量有机质孔。基质渗透率为 5~800nD，低含水饱和度（25% ~35%）时渗透率在 6~12mD 之间变化。

## 13.7 可压性特征

Haynesville 页岩由黏土矿物、石英、长石、黄铁矿、方解石胶结物、碳酸盐生物碎屑等组成，其中石英含量在 50%~70% 之间，黏土矿物含量 30%~50%（图 13-10）。方解石和硅质碎屑含量变化较大，盆地东部和北部以硅质碎屑沉积体系为主，页岩中硅质含量较高；南部和西部以碳酸盐岩沉积为主，页岩中钙质含量高。黏土矿物主要由伊利石、云母构成，其次为绿泥石、高岭石；碳酸盐主要由方解石构成，含白云石、铁白云石和菱铁矿，在部分区域方解石白云石化导致白云石成为主要的碳酸盐矿物。硅质碎屑矿物主要为石英，其次为斜长石，以粉砂—砂粒级大小的石英晶体存在。此外，硅质和碳酸盐矿物的含量随其到物源的距离而变化，越接近碳酸盐岩台地的井，其岩心中方解石含量越高，而越接近硅质碎屑物源的井，其岩心中硅质矿物含量越高。因此，Haynesville 页岩的方解石和硅质碎屑含量横向变化较大。黄铁矿以结核、莓球状以及交代方解石胶结物形式存在，遍布于全部基质中。

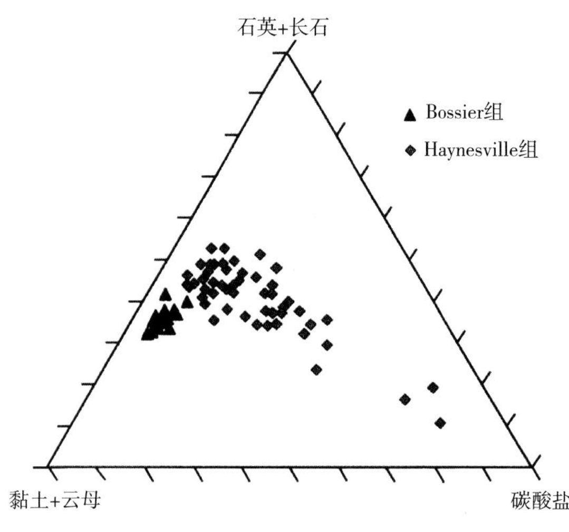


图 13-10 Bossier 组和 Haynesville 组页岩矿物组成三端元图

Brian 等（2009）利用动态法和静态法分别测定了 Haynesville 页岩上段和下段的岩石弹性参数。测试结果表明，动态法测定的弹性参数均比静态法高（图 13-11），其中动态杨氏模量约是静态法的两倍，动态杨氏模量与静态杨氏模量近似呈正相关关系，而泊松比在动态和静态之间没有明显的相关性。

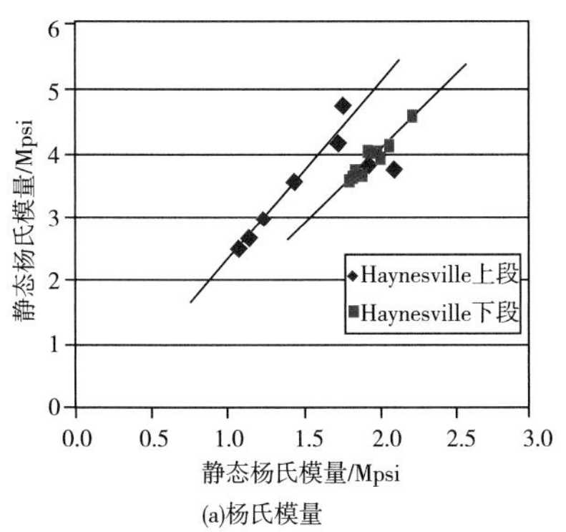


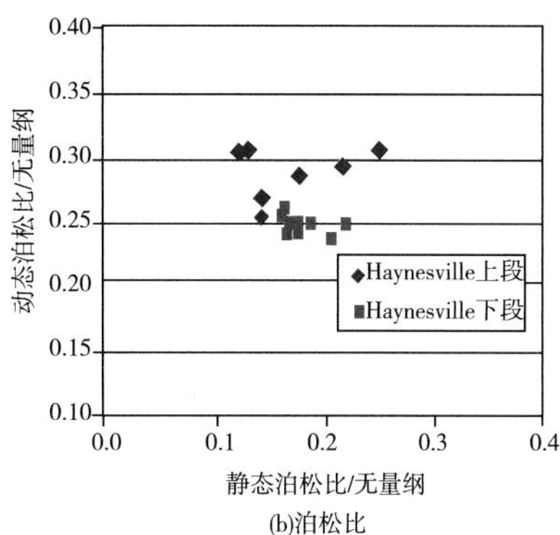


图 13-11 Haynesville 页岩动态法和静态法测量弹性参数关系图（据 Brian 等，2009）

Mehrnoosh 等（2013）利用测井曲线估算 Haynesville 页岩脆性指数、杨氏模量和泊松比，泊松比分布在 0.15~0.23，杨氏模量分布在 20~60GPa，而且随着脆性指数的增加，杨氏模量增加，泊松比降低（图 13-12）。

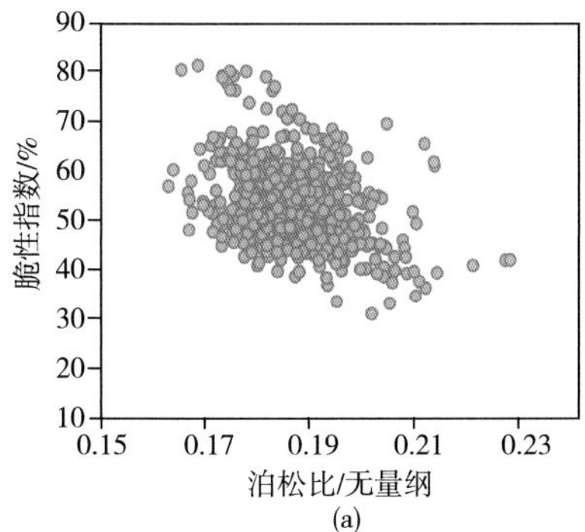


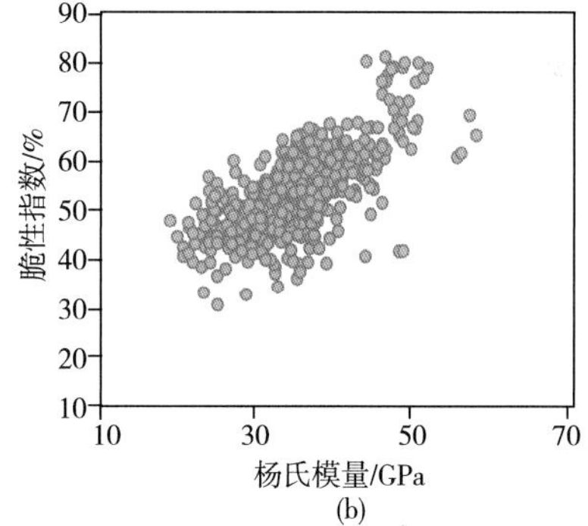


图 13-12 Haynesville 页岩脆性指数、杨氏模量和泊松比关系图（据 Mehrnoosh 等，2013）

## 13.8 含气性特征

Haynesville 页岩总含气量在 2.83~9.34m$^3$/t 之间，主要以游离气为主，占 80%。目前已成为北美页岩气产量最高的层系之一。据估计，80% 的 Haynesville 页岩储量以游离气的状态赋存，剩下 20% 吸附在有机质表面上。

## 13.9 潜力分析

Haynesville 页岩被认为是目前美国最有潜力的高产页岩气气藏。Haynesville 页岩气井深一般为 3200~4200m，最深超过 5639m，钻井方式普遍采用水平井，水平段一般长 914~1524m，水力压裂 10~15 段，Haynesville 单井预计储量为 $1.27\times10^8m^3$，初步估计单井的日产量为 $16.99\times10^4m^3$，推测地质储量约 $20.30\times10^{12}m^3$，技术可采储量约为 $7.11\times10^{12}m^3$（Navigant Consulting Inc，2008），预计未来十年，美国天然气产量的增长将大部分来自页岩，其中 30% 的产量将来自于 Haynesville 页岩。

Haynesville 页岩中裂缝比较发育，可能是导致 Haynesville 页岩气井产量递减速度比较快的原因之一，裂缝发育地层的开采特点是初始产量高但递减速度快，裂缝的发育和分布也是 Haynesville 页岩气开采面临的挑战。

此外，从近二十年的开发来看，Haynesville 页岩气的主产区日产量在 2000~2008 年较低，普遍低于 1bcf/d。2009 年以后，日产量大幅上升，2010~2017 年日产量平均为 4.777bcf/d，2012 年日产量最高，高达 7.16bcf/d，开发潜力巨大（图 13-13）。

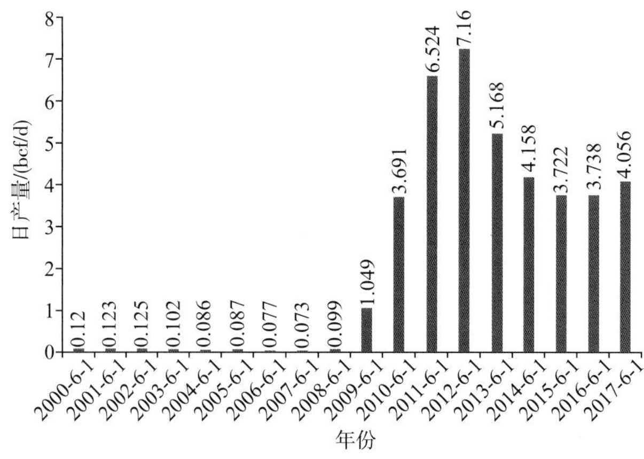


图 13-13　Haynesville（LA&TX）页岩气 2000~2017 年平均日产量（据 EIA，2017）

## 参考文献

[1] 董大忠，黄金亮，王玉满，等 . 页岩油气藏——21 世纪的巨大资源 [M]. 北京：石油工业出版社，2015.

[2] 范琳沛 , 李勇军 , 白生宝. 美国 Haynesville 页岩气藏地质特征分析 [J]. 长江大学学报 ( 自科版 ), 2014, 11(2): 81–83.

[3] 房大志 , 曾辉 , 王宁 , 等. 从 Haynesville 页岩气开发数据研究高压页岩气高产因素 [J]. 石油钻采工艺 , 2015(2): 58–62.

[4] Jeffrey A N, 宋建平 . 海因斯韦尔页岩埋藏史和热史 : 对超压、生气和天然水力裂缝形成的意义 [J]. 石油地质科技动态 , 2014(3): 28–46.

[5] Ursula, Hammes, Gregory, 等. 海因斯维尔和博西尔泥岩 : 美国东得克萨斯州和路易斯安那州岩相及层序地层研究 [J]. 石油地质科技动态 , 2014(3): 1–27.

[6] 佚名 . 得克萨斯州东部和西路易斯安那州上侏罗统海因斯韦尔组页岩地质研究 [J]. 石油地质科技动态 , 2012(1): 1–22.

[7] Abou-Sayed I S, Sorrell M A, Foster R A, et al. Haynesville Shale Development Program – From Vertical to Horizontal[J]. SPE144425, 2011.

[8] Chalmers G R, Bustin R M, Power I M. Characterization of gas shale pore systems by porosimetry, pycnometry, surface area, and field emission scanning electron microscopy/transmission electron microscopy image analyses: Examples from the Barnett, Woodford, Haynesville, Marcellus, and Doig units [J]. AAPG Bulletin, 2012, 96 (6): 1099–1119.

[9] Eburi S. Analysis and Interpretation of Haynesville Shale Subsurface Properties, Completion Variables, and Production Performance Using Ordination, a Multivariate Statistical Analysis Technique[J]. SPE–170834, 2014.

[10] Hammes U, Carr D. Sequence Stratigraphy, Depositional Environments, and Production Fairways of the Haynesville Shale–Gas Play in East Texas[C]. Oral presentation at AAPG Annual Convention, Denver, 2009.

[11] Hammes U, Hamlin H S, Ewing T E. Geologic analysis of the Upper Jurassic Haynesville Shale in east Texas and west Louisiana[J]. Journal of Biological Chemistry, 2011, 95 (10):1643–1666.

[12] Kapchinske J. Haynesville Shale overview[J]. CHK, 2008.

[13] Lecompte B, Franquet J A, Jacobi D. Evaluation of Haynesville Shale Vertical Well Completions with a Mineralogy Based Approach to Reservoir Geomechanics[J]. SPE 124227, 2009.

[14] Parker M, Buller D. Haynesville Shale–Petrophysical Evaluation[J]. SPE122937, 2009.

[15] Pope C. Haynesville shale–one operator's approach to well completions in this evolving play[J]. SPE125079, 2009.

[16] Saneifar M, Aranibar A, Heidari Z. Rock Classification in the Haynesville Shale Gas Formation Based on Petrophysical and Elastic Rock Properties Estimated From Well Logs[J]. SPE166328, 2013.

[17] Souza O. Integrated Unconventional Shale Gas Reservoir Modeling: A Worked Example from the Haynesville Shale, De Soto Parish, North Louisiana[J]. SPE154692, 2012.

[18] Thompson J W. An Overview of Horizontal Well Completions in the Haynesville Shale[J]. SPE136875, 2010.

# 14 Horn River 页岩油气地质特征

## 14.1 勘探开发历程

Horn River（霍恩河）页岩是一套主体发育在加拿大不列颠哥伦比亚省东北部中上泥盆统的深灰至黑色页岩，是 Horn River 盆地常规勘探的主力烃源层系，也是非常规勘探的主要目的层系。Horn River 盆地是目前加拿大最大的页岩气盆地，构造上隶属于西加拿大沉积盆地内的坳陷，面积为 $1.28 \times 10^4 km^2$（图 14–1）。

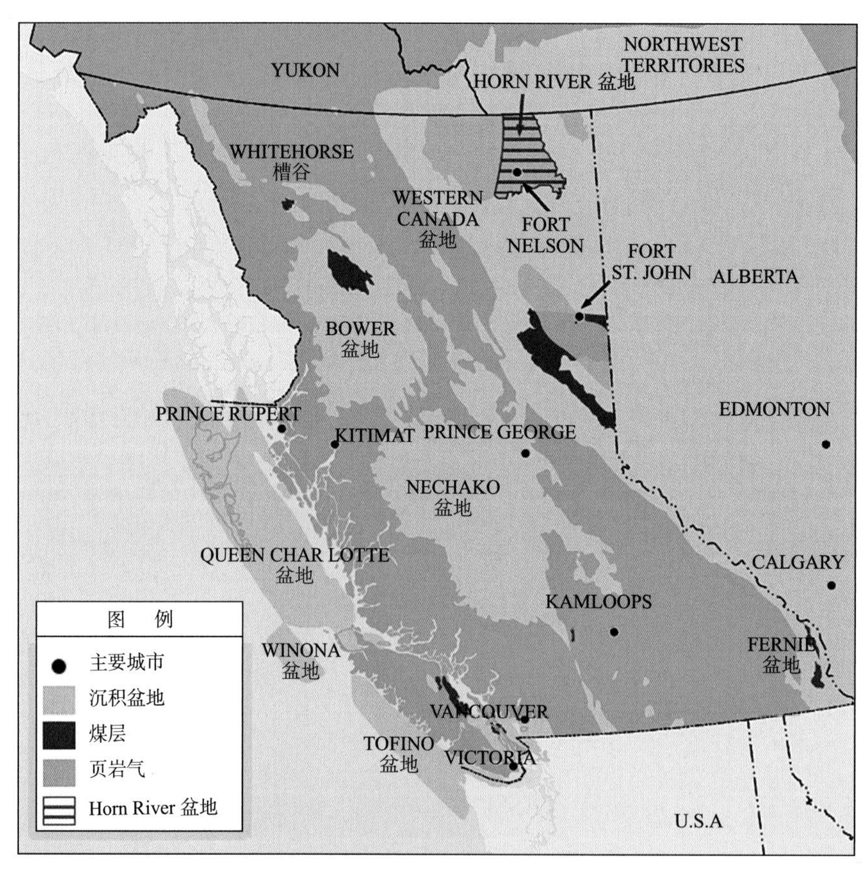


图 14–1 Horn River 盆地地理位置图

自 2007 年以来，通过采用水平钻井与多段水力压裂相结合的开采方式，Horn River 盆地页岩气产量稳步增长。前期受天然气价格低迷的影响，该盆地开发进程相对缓慢，页岩气探井和开发井较少，2008~2009 年，Horn River 盆地仅钻探页岩气井 55 口井，2009 年后，开发速度加快，2010~2011 年页岩气井达到 210 口。目前很多大型石油公司活跃于 Horn River 页岩气盆地，主要有 Apache 加拿大公司、加拿大能源公司（EnCana）、EOG 资源、尼克森（Nexen）等公司。中国海油控股的尼克森公司正在 Horn River 盆地页岩气甜点区开展钻井工程和基础设施建设。

## 14.2 构造特征

Horn River 盆地位于西加拿大沉积盆地北部，西加拿大盆地为一典型的非对称性前陆盆地，是发育在北美克拉通稳定内陆地台和落基山逆冲褶皱带之间的一长条状不对称地堑，主要位于阿尔伯塔省境内，毗邻落基山脉，向东延伸至萨斯喀彻温省和马尼托巴省（小部分进入美国北部），向西北延伸至哥伦比亚省。西加拿大盆地面积为 $140 \times 10^4 km^2$，中间大致以 Bow Island 背斜为界，又可分为阿尔伯塔盆地和威利斯顿盆地。西加拿大盆地构造演化贯穿于整个显生宙，与落基山脉构造演化密切相关，先后经历四次重要的构造（造山）运动：安特勒运动（泥盆纪—石炭纪）、桑托马运动（晚二叠世）、哥伦比亚运动（侏罗纪—早白垩纪）和拉腊米运动（中晚白垩世—第三纪），其中安特勒运动和拉腊米运动对西加拿大盆地的规模、埋深、构造格局、沉降和隆升起到了重要作用。

Horn River 盆地东部以 Slave Point 碳酸盐台地为界、被 Cordova 海湾分隔开，南部毗邻 Presqu'ile 障壁，西部为 Bovie 断裂，最大断距为 1200m，该断裂将 Horn River 盆地和 Liard 盆地分隔开来（Ross 和 Bustin，2008）（图 14–2）。

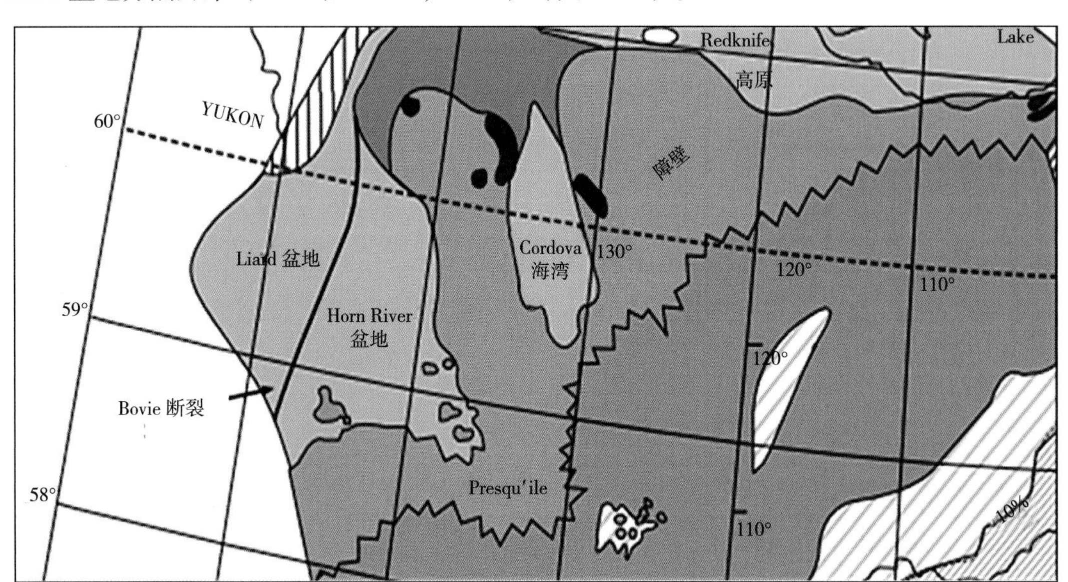


图 14–2 Horn River 盆地构造位置图

## 14.3 地层特征

广义上的 Horn River 页岩，包括上泥盆统 Horn River 组的 Evie 段页岩、Otter Park 段

页岩及其上覆的 Muskwa 组页岩（Ferri 等，2011）（表 14-1），地质年代为 Eifelian（约 393Ma）至 Frasnian 早期（约 383Ma）（Oldale 和 Munday，1994）。为了研究的方便，一般将 Horn River 页岩划分为两个页岩段（图 14-3）：上部 Muskwa/Otter Park 页岩段和下部 Evie/Klua 页岩段（Ferri 等，2012）。

Muskwa/Otter Park 页岩段：Muskwa 组页岩一般为深灰至黑色，富含有机质，富硅，不含钙，测井曲线上通常表现为高 GR 值（Mc Phail 等，2008；Zahrani，2011）。Muskwa 组页岩往西至 Bovie 断裂增厚，往东向 Alberta 减薄（B. C. 石油和天然气委员会，2014）。Otter Park 段页岩主要为灰—深灰色，富含黄铁矿的硅质页岩，其上部钙质含量降低，硅质含量增加。与 Evie 和 Muskwa 组页岩相比，该页岩有机质含量较低（Mc Phail 等，2008）。资料显示，Muskwa/Otter Park 页岩段在 Horn River 盆地中部厚度为 65m，往东部和南部减薄为 5m，上覆于 Presqu'ile 遮挡复合体。

Evie/Klua 页岩段：为深灰至黑色的钙质页岩，下伏为浅海相的下 Keg River 组碳酸盐岩（Mc Phail 等，2008）。在测井曲线上表现为中—高伽马和高电阻特征。该页岩在盆地东部最厚，往西至 Bovie 断裂逐渐变薄（B. C. 石油和天然气委员会，2014）。

钻井揭示，在 Horn River 盆地大部分区域，Muskwa/Otter Park 页岩段埋深为 6300~10200ft，平均为 8000ft，富有机质页岩厚 420ft；Evie/Klua 页岩段埋深为 6800~10700ft，平均为 8500ft，富有机质页岩厚 160ft。

**表 14-1　Horn River 盆地及周缘中上泥盆统地层划分方案（据 Ferri 等，2011，修改）**

<table>
<tr><td colspan="3"></td><td colspan="3">Liard 盆地</td><td colspan="2">Horn River 盆地</td><td>浅海碳酸盐岩台地</td></tr>
<tr><td rowspan="7">泥盆系</td><td rowspan="3">上统</td><td rowspan="3">Frasnian</td><td rowspan="6">Besa River 组</td><td colspan="2">Fort Simpson 组</td><td colspan="2">Fort Simpson 组</td><td>Fort Simpson 组</td></tr>
<tr><td rowspan="5">Horn River 组</td><td>Muskwa 组（段）</td><td rowspan="5">Horn River 组</td><td>Muskwa 组（段）</td><td>Muskwa 组</td></tr>
<tr><td rowspan="3">Otter Park 段</td><td rowspan="3">Otter Park 段</td><td>Slave Point 组</td></tr>
<tr><td rowspan="4">中统</td><td rowspan="4">Givetian</td><td>Watt Myn 组</td></tr>
<tr><td>Sulphur Point 组</td></tr>
<tr><td>Evie 段</td><td>Evie 段</td><td>上 Keg River 组</td></tr>
<tr><td colspan="3">Dunedin 组</td><td colspan="2">Keg River 组</td><td>下 Keg River 组</td></tr>
</table>

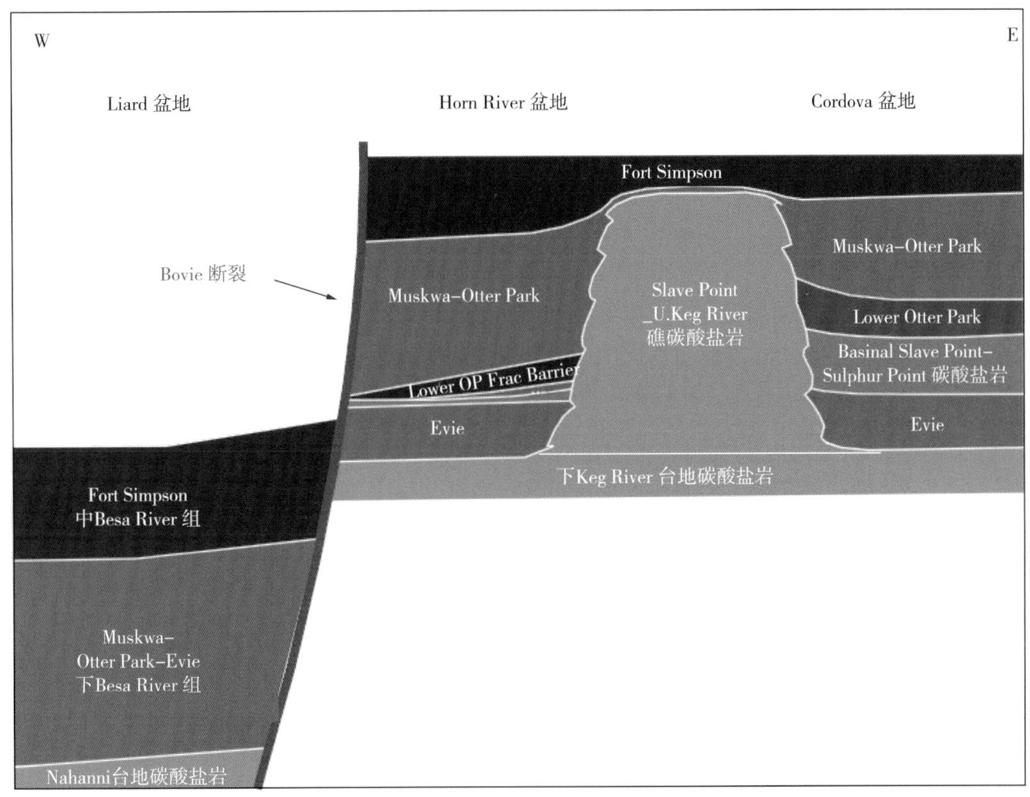


图 14–3　Horn River 盆地地层岩性横向剖面图

## 14.4　沉积特征

Horn River 页岩整体发育于以碳酸盐岩沉积为主的浅水陆棚环境和以页岩沉积为主的深水陆棚过渡环境（Mossop 等，2004）。

中泥盆世（距今约 375Ma）Presqu'ile 堡礁发育，分布范围广，从加拿大阿尔伯塔省，穿越哥伦比亚省，延伸至 Yukon（育空）区和西北地区（加拿大两大行政区）（图 14–2）。这套堡礁为水体循环良好的浅海相沉积，发育细粒钙质泥岩和生物礁，生物礁被埋藏以后转变为灰岩和白云岩。往西，Horn River 盆地水体变深，为缺氧沉积环境；往东，Horn River 页岩与区域碳酸盐岩台地相连。在局部地区，Horn River 页岩在碳酸盐岩遮挡层内形成一个舌状体。该舌状体称为 Klua 段，与 Otter Park 段相对应（图 14–3）。

通过对 Horn River 盆地四口取心井 Horn River 页岩的沉积学和遗迹化石学研究（EOG 公司 Maxhamish 井 D–012–L/094–O–15，Imperial Komie 井 D–069–K/094–O–02，Nexen 公司 Gote 井 A–27–I/094–O–8 和 Conoco Phillips 公司 McAdam 井 C–87–K/094–O–7），共识别出 5 种主要页岩相：块状页岩相、富含黄铁矿条带的块状页岩相、纹层状页岩相、生物扰动页岩相和碳酸盐岩相（图 14–4）。

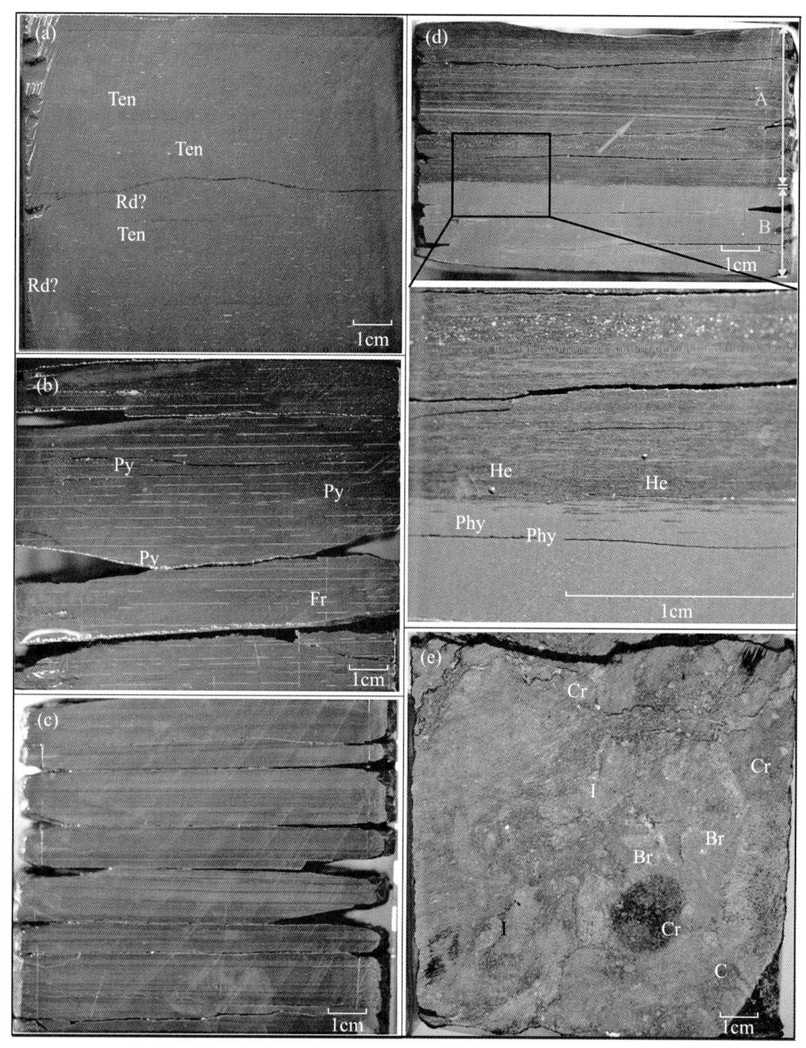


图 14-4 Horn River 页岩相代表性岩性照片（据 Tian Dong 等，2015）

(a) 为块状页岩相，发育钙质竹节石和放射虫。Ten — tentaculites（竹节虫）的缩写，Rd — radiolarian（放射虫）的缩写。(b) 为块状页岩相，发育富黄铁矿薄层和黄铁矿透镜体，见垂直或高角度缝。Py — pyrite（黄铁矿）的缩写，Fr—fracture（裂缝）的缩写。(c) 为浅色至深灰色页岩纹层。(d) 为强烈生物扰动页岩（A 段）和生物扰动不发育的块状页岩纹层（B 段），A 段一处可见水平层理（绿色箭头处），多处见强烈生物扰动；B 段仅顶部偶见生物扰动，遗迹化石个体小。(e) 为胶结作用强的碳酸盐页岩相，发育各种类型的异化颗粒，包括大量的珊瑚、腕足、海百合和内碎屑，C — coral（珊瑚）的缩写，Cr — crinoid（海百合）的缩写，Br—brachiopod（腕足动物）的缩写，I — intraclast（内碎屑）的缩写

1. 块状页岩相

块状页岩相是 Muskwa 组、Evie 段的主要岩相（图 14-5、图 14-6）。岩性表现为灰色至浅棕色块状页岩 [ 图 14-4(a)]，含硅质和钙质化石，如放射虫、竹节石类和海绵骨针。发育极少量沉积构造，包括水平层理，薄层的富碳酸盐条带和少量波纹。化石通常很分散，纹层不发育，特别是在 Evie 段。岩相界面处常见方解石胶结带。偶见生物扰动，以遗迹化石占主导，如 *Planolites*。

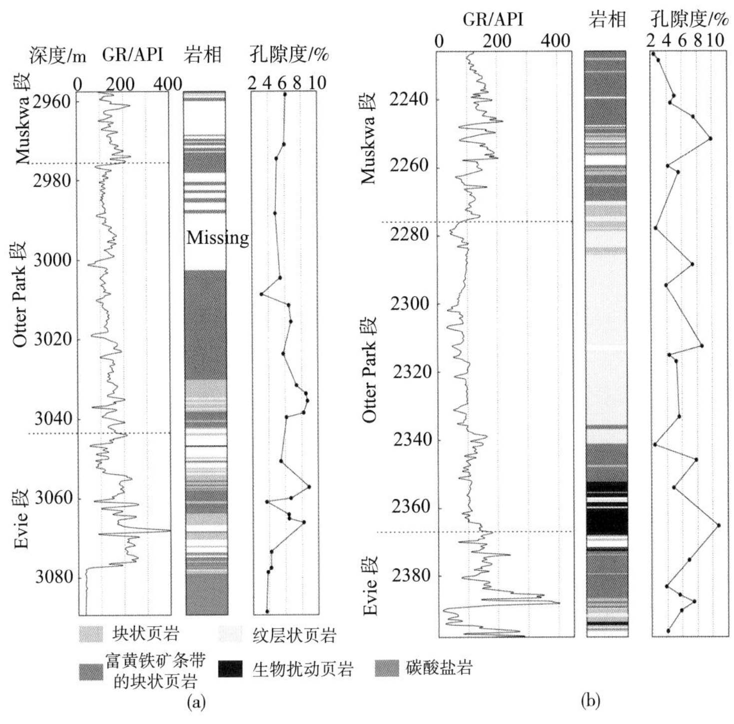


图 14-5 Maxhamish 井 (a) 和 Imperial Komie 井 (b) 的伽马曲线、岩性剖面和孔隙度测井曲线（据 Tian Dong 等，2015）

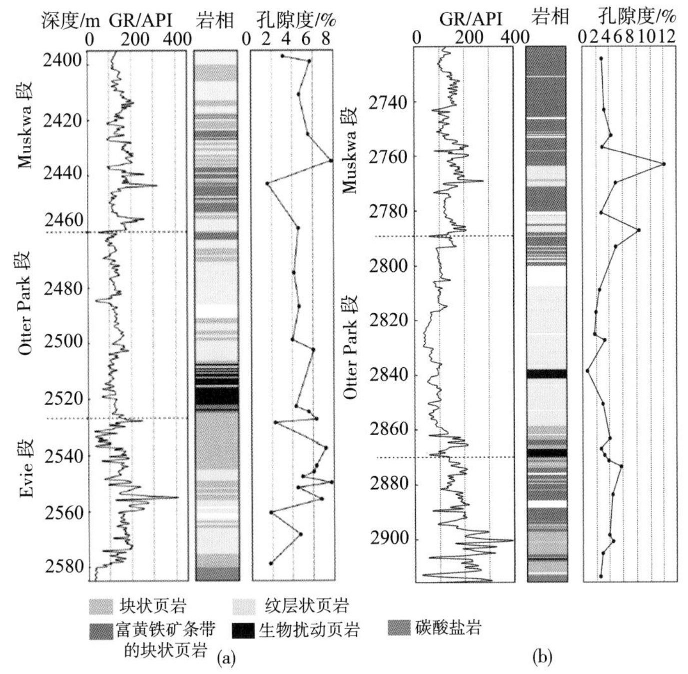


图 14-6 Nexen Gote 井 (a) 和 Mc Adam 井 (b) 的 GR 测井曲线、岩性剖面和孔隙度测井曲线（据 Tian Dong 等，2015）

2. 富含黄铁矿条带的块状页岩相

富含黄铁矿条带的块状页岩（黄铁矿页岩）是 Horn River 页岩中最丰富的一种岩相，主要存在于 Muskwa 组和 Evie 段，其次为 Otter Park 段（图 14–5、图 14–6）。岩性为富含黄铁矿纹层的灰色块状页岩 [ 图 14–4(b)]。发育极少量沉积构造，包括富含有机质的纹层，化石富集的硅质碎屑纹层和微型波纹。富含化石的纹层呈正粒序，见低—中等生物扰动。遗迹化石组合包括海藻类、*Planolites*、罕见的 *Teichichnus* 以及生物变形和包卷构造。

3. 纹层状页岩相

纹层状页岩常见于 Otter Park 段，在 Muskwa 组、Evie 段中相对少见（图 14–5、图 14–6）。由浅灰—深灰色页岩薄层、粉砂—黏土夹层组成 [ 图 14–4(c)]，发育波纹、正粒序层理，偶见异地搬运来的贝壳碎片，软沉积变形构造，双泥披覆层以及波状、水平和低角度水平层理。生物扰动程度低—中等，以 *Planolites*、*Cylindrichnus*、*Thalassinoides*、*Phycosiphon* 和扰动纹层为主。

4. 生物扰动页岩相

生物扰动页岩少见，仅在 Otter Park 段下部发育（图 14–5、图 14–6），由黑色至浅灰色页岩组成，见中等—强烈的生物扰动 [ 图 14–4(d)]。底部为非生物扰动不发育的浅灰色块状页岩，发育不规则的水平纹层 [ 图 14–4(d)]。在一些层段，由于生物扰动强烈，仅见机械沉积残余物 [ 图 14–4(d), 参见绿色箭头 ]。遗迹化石组合包括海藻类、*Planolites*、小型 *Helminthopsis* 和 *Phycosiphon*[ 图 14–4(d)]。

5. 碳酸盐岩相

碳酸盐岩相仅发育在 Evie 段的底部（图 14–5、图 14–6）。表现为块状—不规则的层状且胶结良好的泥粒灰岩—粒状灰岩相 [ 图 14–4(e)]。该岩相中，异化颗粒含量占 80%。该岩相各处生物扰动程度有明显差异。遗迹化石组合包括海藻类、*Planolites*、*Arenicolites*、*Asterosoma* 和生物变形构造。

## 14.5 地化特征

Horn River 海相页岩有机质类型主要为Ⅱ型，有机碳含量高，有机质演化程度高。上部 Muskwa/Otter Park 页岩段 TOC 平均值为 3.5%，$R_o$ 平均 3.5%；下部 Evie/Klua 页岩段 TOC 平均值为 4.5%，$R_o$ 平均 3.8%，处在生干气窗范围。

Horn River 盆地四口取心井 100 个地化样品分析结果表明，泥盆纪 Horn River 页岩 TOC 含量高，TOC 含量为 0.04%~8.25%，平均 3.12%，这与 Ross 和 Bustin（2008）发布的数据基本一致。其中，Muskwa 组页岩 TOC 含量为 0.82%~6.85%，平均 3.41%；Otter Park 段页岩 TOC 含量为 0.24%~7.09%，平均 2.35%；Evie 段页岩 TOC 含量为 0.04%~8.25%，平均 3.74%（图 14–7 和表 14–1）。不同页岩相的 TOC 含量差异较大：①块状页岩相的 TOC 含量最高，范围为 0.82%~8.25%，平均 4.23%；②富含黄铁矿条带的块状页岩相 TOC 含量相对较高，范围为 0.3%~6.81%，平均 3.44%；③纹层状页岩相 TOC 含量中等，范围为 0.24%~7.09%，平均 2.02%；④生物扰动页岩相的 TOC 含量相对较低，范围为 0.47%~1.7%，平均 1.09%；⑤碳酸盐岩相 TOC 含量最低，范围为 0.04%~0.56%，平均 0.31%。

以上页岩样品一般富含有机质，且成熟度相似，$R_o$ 为 1.6%~2.5%（Ross 和 Bustin，2008；Ross 和 Bustin，2009）。

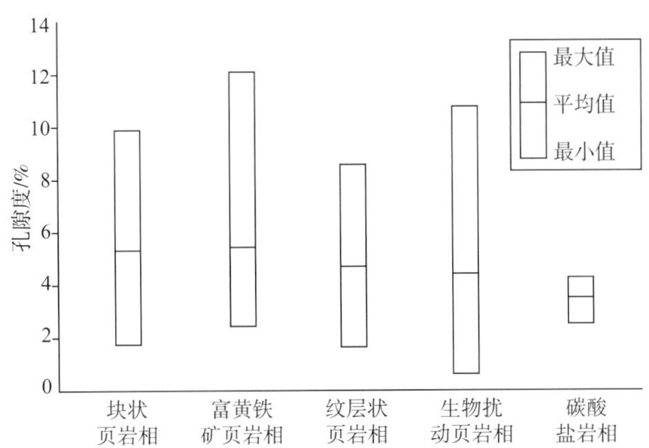


图 14-7　Horn River 页岩不同岩相孔隙度直方图（据 Tian Dong 等，2015）

## 14.6　储集特征

Horn River 页岩孔隙度一般为 1%~7%，渗透率 100~330nD。上部 Muskwa/Otter Park 页岩段平均孔隙度为 3.5%，渗透率为 300nD；下部 Evie/Klue 页岩段孔隙度为 3%~7%，渗透率为 180~330nD（哥伦比亚能源和矿业部，2005）。

通过对 Horn River 盆地四口井四组岩性 100 个样品的岩性描述、薄片分析、矿物组分、孔隙度、氮吸附、压汞法研究和扫描电子显微镜（SEM）、透射电子显微镜（TEM）图像观察得出以下结论：① Horn River 页岩孔隙度范围为 0.62%~12.04%，不同岩相的孔隙度差异较大：有机质含量高的块状页岩和黄铁矿页岩孔隙度最高；纹层状页岩孔隙度中等；有机质含量低的生物扰动页岩和碳酸盐岩孔隙度最低。② Horn River 页岩储层主要发育有机质孔、粒内孔和粒间孔三种孔隙类型。前者可能是通过干酪根裂解成烃，后两者分别由碳酸盐溶解作用和机械压实的层状硅酸盐重排作用而形成。有机质是孔隙发育的主要场所，而石英、碳酸盐、黏土和黄铁矿也有助于孔隙发育。③有机质孔孔径比粒间孔和粒内孔要小得多。微孔在频率上占主导地位，而介孔和大孔对总孔容贡献更大。④ Muskwa 组、Evie 段页岩主要由 TOC 含量较高的块状页岩和黄铁矿页岩组成，页岩气储集物性最好，孔隙发育；Otter Park 段页岩主要由 TOC 含量中等—低的纹层状页岩和生物扰动页岩构成，因此储集物性相对较差，孔隙度低。

1. 孔隙度

四组岩性样品的孔隙度测试结果显示（图 14-7、图 14-8）不同岩相的页岩孔隙度有差异：块状页岩和黄铁矿块状页岩的孔隙度相对较高，分布范围分别为 1.76%~9.81% 和 2.43%~12.04%，平均值分别为 5.37% 和 5.46%（表 14-2、图 14-7）。纹层状页岩孔隙度中等，为 1.63%~8.59%，平均 4.68%。生物扰动页岩和碳酸盐岩孔隙度相对较低，分布范围分别为 0.62%~10.76% 和 2.61%~4.26%，平均值分别为 4.43% 和 3.53%（图 14-7）。

通过对孔隙度主控因素进行研究发现，孔隙度和 TOC 含量、$SiO_2$ 含量呈正相关关系

[图 14–8(a)、(b)]。$Al_2O_3$ 与孔隙度之间无明显相关性 [图 14–8(c)]。碳酸盐含量（CaO+MgO）和孔隙度之间存在负相关关系 [图 14–8(d)]。

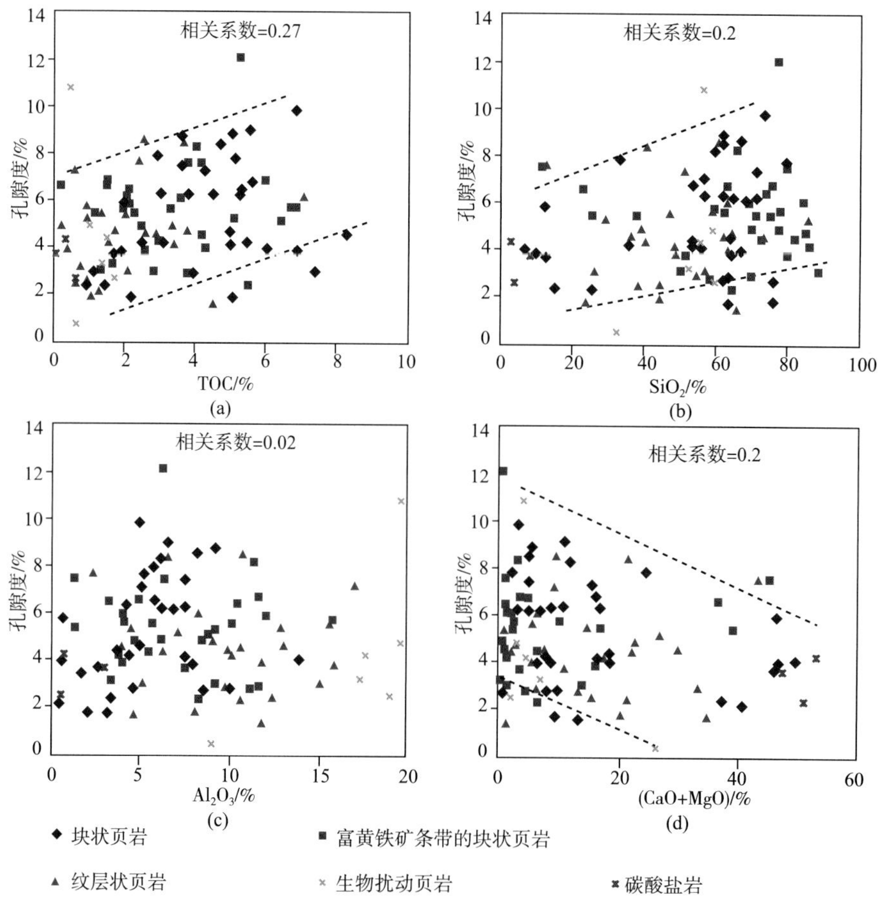


图 14–8 Horn River 页岩孔隙度与 TOC、$SiO_2$、$Al_2O_3$ 和（CaO+MgO）含量关系图（据 Tian Dong 等，2015）

**表 14–2 Horn River 页岩孔隙度、有机质含量和主要黏土矿物统计数据表（据 Tian Dong 等，2015）**

| 岩相 | 孔隙度 /% | TOC/% | $SiO_2$/% | $Al_2O_3$/% | （CaO+MgO）/% |
|---|---|---|---|---|---|
| 块状页岩相 | 1.76~9.81<br>5.37(34) | 0.82~8.25<br>4.23(34) | 7.58~80.05<br>54.4(34) | 0.46~13.97<br>5.41(34) | 0.87~49.39<br>15.63(34) |
| 富黄铁矿页岩相 | 2.43~12.04<br>5.46(30) | 0.3~6.81<br>3.44(30) | 12.29~89.38<br>66.5(30) | 1.24~15.92<br>7.19(30) | 0.43~45.08<br>7.53(30) |
| 纹层状页岩相 | 1.63~8.59<br>4.68(27) | 0.24~7.09<br>2.02(27) | 13.42~86.36<br>49(27) | 2.27~17.02<br>9.49(27) | 0.69~43.53<br>16.17(27) |
| 生物扰动页岩相 | 0.62~10.76<br>4.43(6) | 0.47~1.7<br>1.09(6) | 33.59~59.99<br>53.1(6) | 9.09~19.65<br>17.08(6) | 1.69~26.23<br>7.51(6) |
| 碳酸盐岩相 | 2.61~4.26<br>3.53(3) | 0.04~0.56<br>0.31(3) | 3.54~9.18<br>6(3) | 0.45~2.78<br>1.25(3) | 47.26~53.06<br>50.61(3) |

2. 孔隙微观结构

1）氮吸附法孔径分析

根据有机质和主要氧化物含量的不同，选取 33 个有代表性的样品进行氮吸附分析，样品数据如下：TOC 含量在 0.03% ~7.09%之间，$SiO_2$ 含量在 3.05% ~85.74%之间，$Al_2O_3$ 含量在 0.2% ~21.12%之间，（CaO+MgO）含量在 0.47% ~53.68%之间。图 14-9 给出了 TOC 含量为 6.44%、1.55%、3.01%和 0.03%的 4 个代表性样品的等温吸附—脱附曲线。TOC 含量最低的样品（样品 10，TOC=0.03%）吸附量也最低，约 2.7cm³/g；TOC 含量最高的样品（样品 3，TOC=6.44%）吸附量中等，为 6cm³/g（图 14-9）。

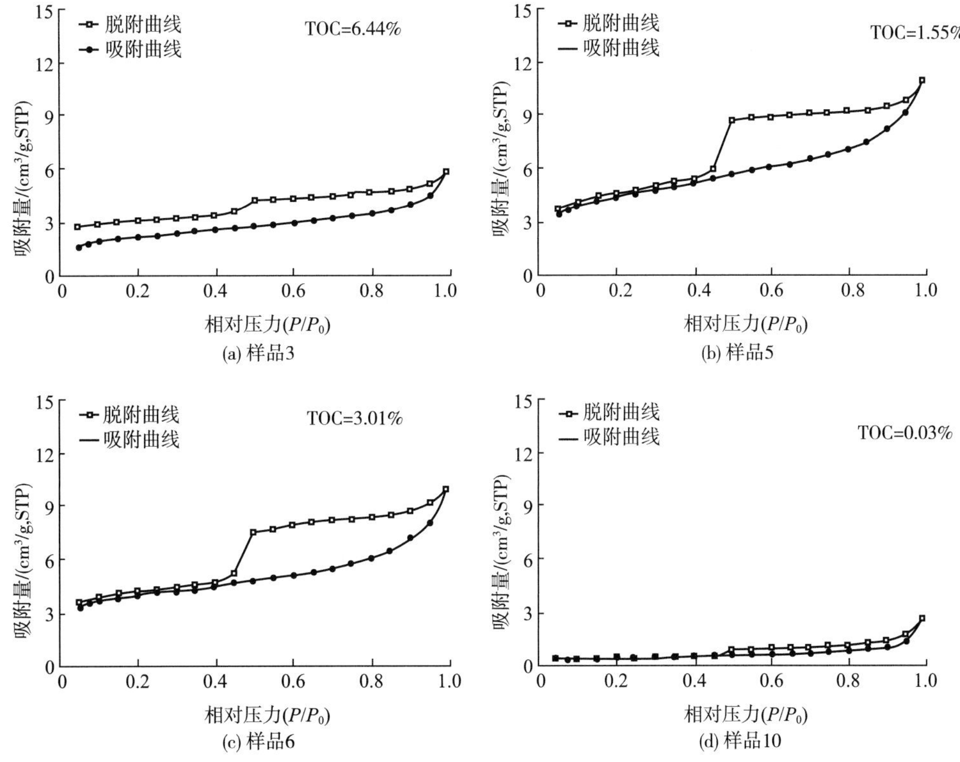


图 14-9　Horn River 页岩四种典型性氮吸附和解吸等温曲线（据 Tian Dong 等，2015）

根据孔径大小，可将 Horn River 页岩孔径分为三类：微孔（<2nm）、介孔（2~50nm）和大孔（>50nm）。该套页岩孔径分布特征如图 14-10 所示：大多数孔径都小于 10nm，甚至都小于 2nm（微孔）。TOC 含量高达 5.24%的样品 1 发育的微孔数量最多；TOC 含量最低，仅为 0.03%的样品 10 微孔数量最少。Horn River 页岩孔容与孔径关系直方图（图 14-11）表明虽然微孔数量远超过大孔，但大孔的孔容最大。在 TOC 含量最低的样品（样品 10）中，该情况最明显。液氮等温吸附曲线揭示了样品中的介孔和微孔混合的磁滞回线模式（Mastalerz 等，2013；Sing 等，1985；Tian 等，2013）。

为了研究页岩矿物组分对孔径分布的影响，定义了一个新的变量“$^1/_2$ 孔容下的孔径”作为氮吸附过程中氮充填孔隙容积一半时的孔径。$^1/_2$ 孔容下的孔径与页岩矿物组分交会图显示：$^1/_2$ 孔容下的孔径与 TOC 含量呈负相关，相关系数为 0.49[ 图 14-12(a)]。$^1/_2$ 孔容下的

孔径与 $SiO_2$ 含量也呈负相关 [ 图 14-12(b)]，与 $Al_2O_3$ 含量无关 [ 图 14-12(c)]，与 ( CaO+MgO ) 呈正相关 [ 图 14-12(d)]。

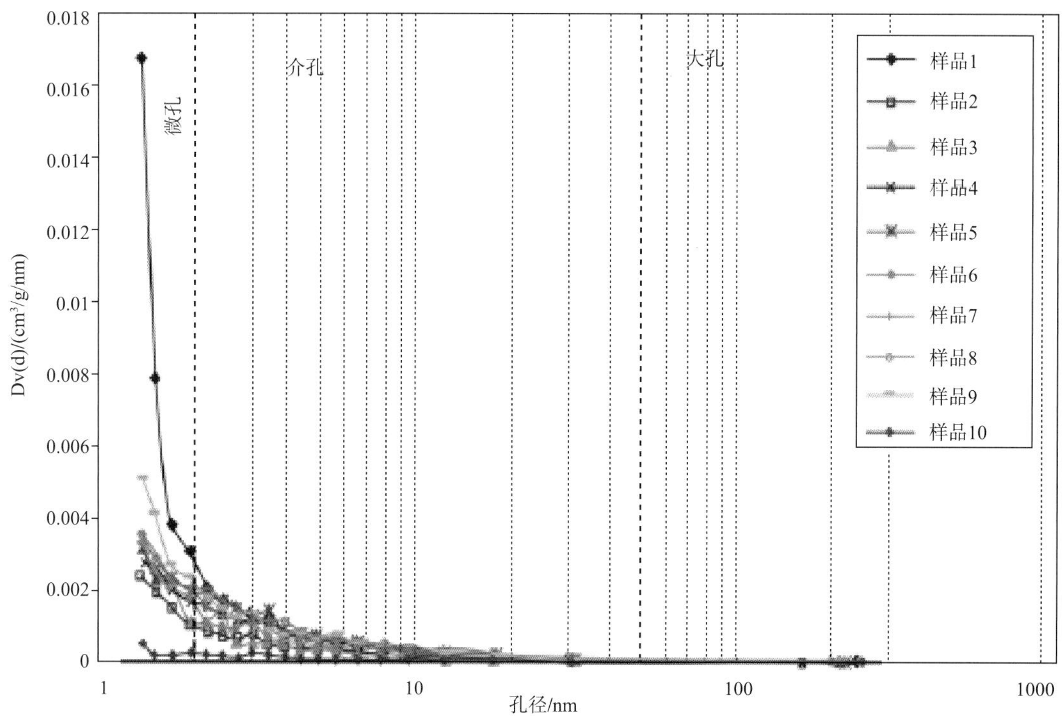


图 14-10　通过 BJH 模型氮吸附得出的 Horn River 页岩孔径分布图 ( 据 Tian Dong 等，2015 )

2 ) 扫描电镜 ( SEM ) 和透射电镜 ( TEM ) 分析

扫描电镜和透射电镜分析表明，孔隙的发育程度主要受以下几种因素影响：有机质类型、黄铁矿、黏土矿物、石英加大、碳酸盐颗粒和微裂缝。如上文所述，Horn River 页岩 TOC 含量和孔隙度一般呈正相关性，这表明大部分孔隙都产生于有机质中；而氮吸附分析结果显示，TOC 含量越高，孔径越小。因此，孔隙的发育是有机质、矿物成分和微裂缝三种因素综合作用的结果，其中，有机质对其影响最大。

对 Maxhamish 井两个样品 ( 图 14-13 ) 和 Imperial Komie 井两个样品 ( 图 14-14 ) 的场发射扫描电镜 ( FE-SEM ) 分析认为，Horn River 页岩发育多种类型孔径不一的孔隙，包括在碎屑颗粒、自生白云石或方解石晶体中发育的有机质孔，粒间孔和粒内孔。Maxhamish 井富含石英的样品孔隙数量有限，仅在石英胶结物中发育一些孤立孔 [ 图 14-13(a)]；沿白云石颗粒边缘发生微裂缝 [ 图 14-13(b)]，可能是由碳酸盐的溶解作用形成的；可见固结有机质 [ 图 14-13(c)]，也可见多孔的有机质，其孔径通常小于几微米；富有机质样品内部发育大量介孔和大孔 [ 图 14-13(e)]，这些孔为圆形—椭圆形，边界清晰；单个干酪根孔隙非均质性强 [ 图 14-13(f)]，在富有机质的样品中，有机质孔普遍存在。

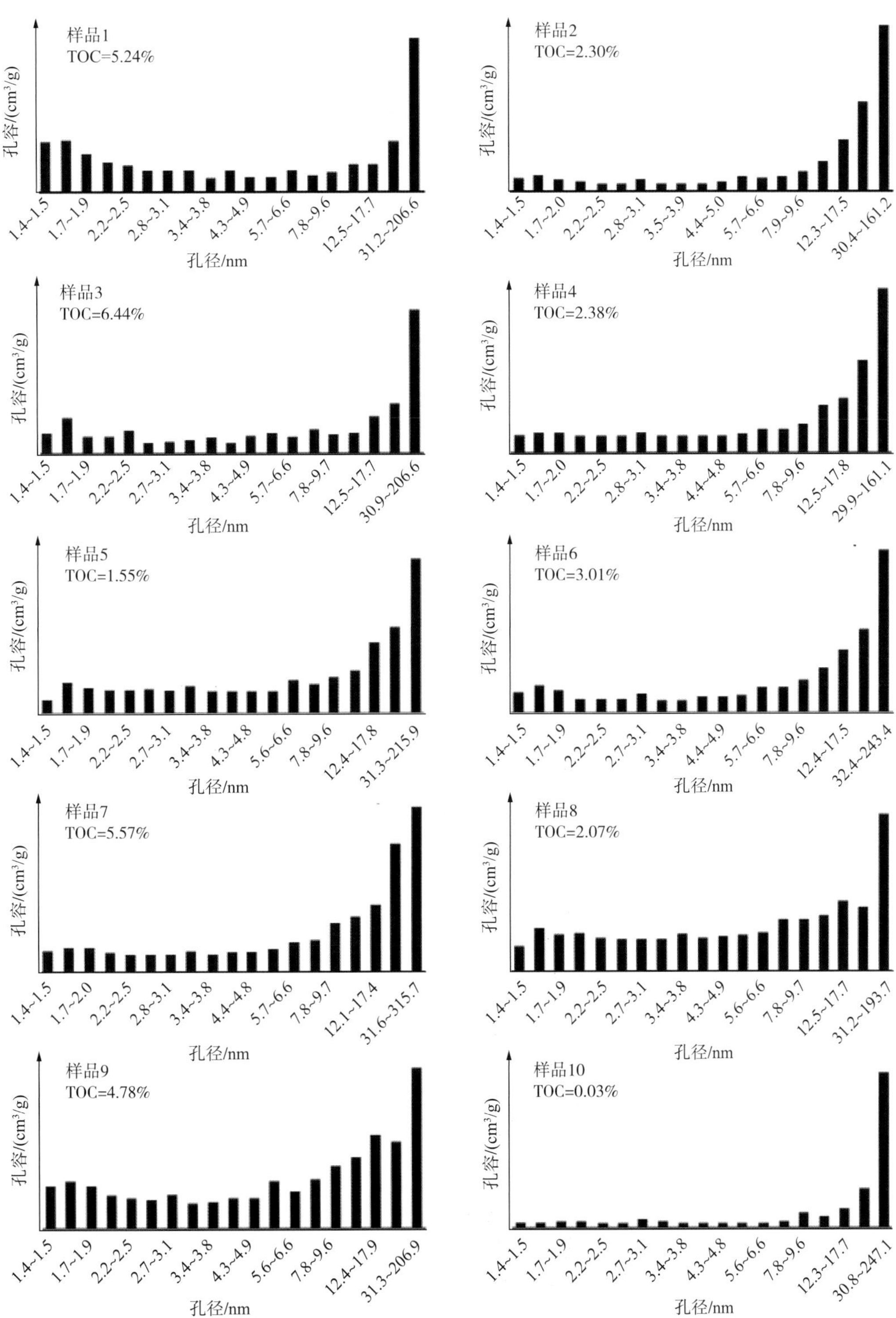


图 14-11　根据 Horn River 页岩等温吸附－脱附曲线得出的孔容－孔径直方图

（据 Tian Dong 等，2015）

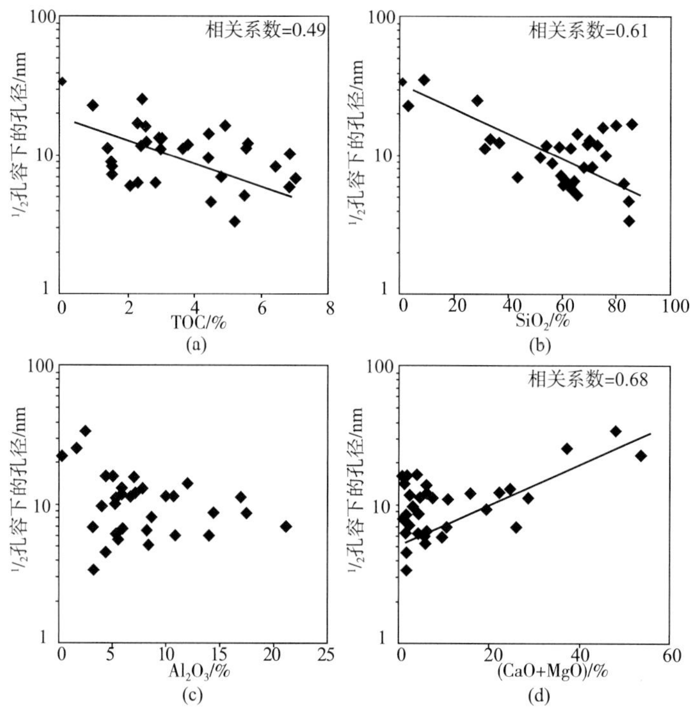


图 14-12　Horn River 页岩 1/2 孔容下的孔径与矿物组分交会图（据 Tian Dong 等，2015）

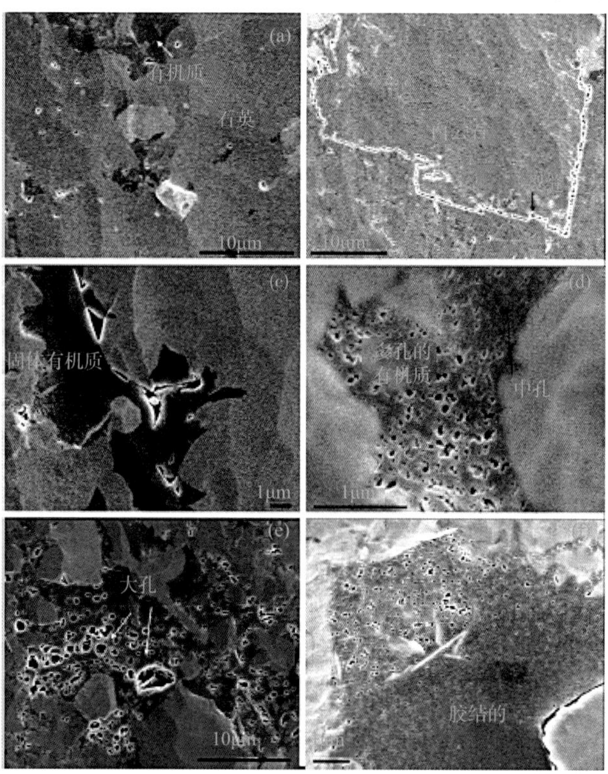


图 14-13　Maxhamish 井 Horn River 页岩场发射扫描电镜图像（FE-SEM）（据 Tian Dong 等，2015）

在富含黏土的样品中，黄铁矿 [ 图 14–14(a)]、矿物颗粒 [ 图 14–14(b)] 之间、黏土 [ 图 14–14(b)、(c)] 和有机质 [ 图 14–14(d)] 内部观察到粒内孔、粒间孔、有机质孔和裂隙。基质组分周围发育微裂隙 [ 图 14–14(a)]。黏土孔是最主要的孔隙类型，部分被有机质填充 [ 图 14–14(c)、(d)]。孔径较大，呈三角或线形 [ 图 14–14(c)]。该样品中，在方解石中间发育可能由碳酸盐溶解作用产生的孤立孔 [ 图 14–14(e)]，在白云石颗粒边缘和碳酸盐内部发育少量溶蚀孔 [ 图 14–14(f)]。

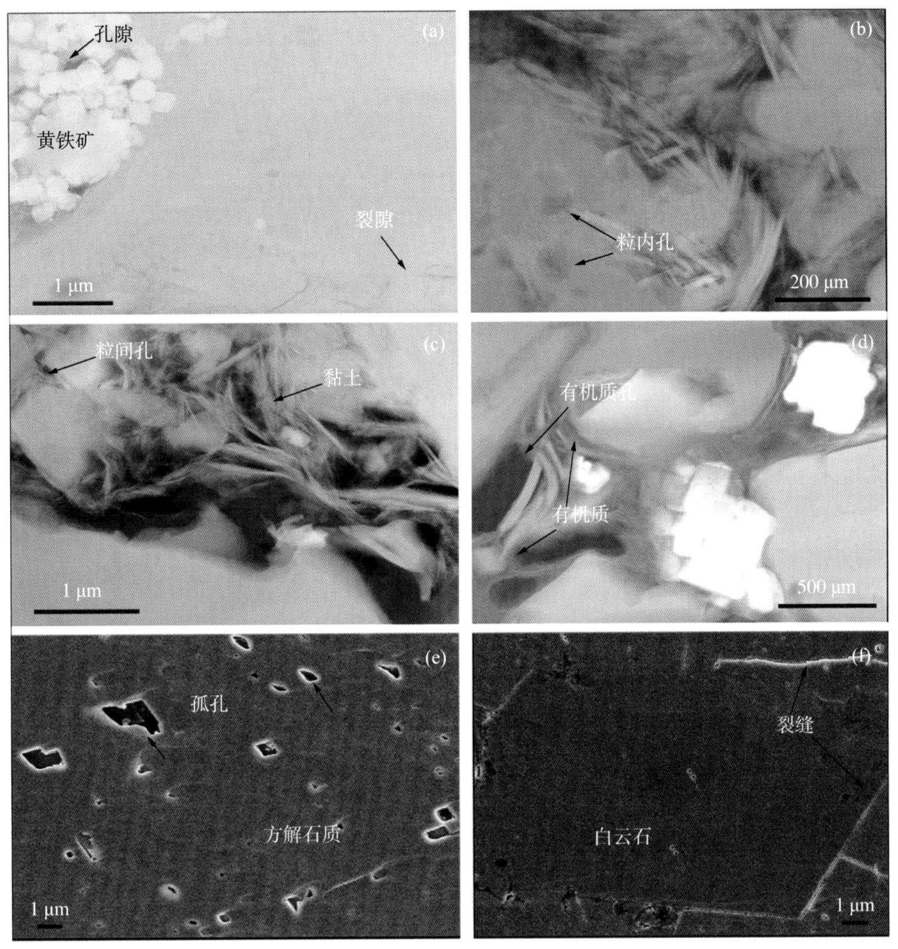


图 14–14 Imperial Komie 井页岩场发射显微镜图像（FE–SEM）（据 Tian Dong 等，2015）

(a) 黄铁矿颗粒间发育粒内孔；(b) 粒内孔；(c) 粒间孔和黏土孔；(d) 有机质孔

图 14–15 为 Imperial Komie 井 Muskwa 样品的黑色透射电镜图像，该样品富含有机质（TOC=6.85%）和石英。大孔主要发育在黏土中，一部分集中在石英颗粒周缘 [ 图 14–15(a)]，呈长条状，没有明显方向性。一些三角形的孔隙为固结颗粒压实后形成的 [ 图 14–15(b)]。黏土和石英颗粒之间的晶间孔局部含有干酪根和孔洞 [ 图 14–15(c)]。图 14–15(d) 显示高分辨率扫描电镜下有机质的内部结构，从图像中可以观察到许多孔径 <2nm 的纳米孔、亚纳米孔，这些孔的形状不规则，孔径大小不等，通常呈孤立状或被较小孔喉连接。

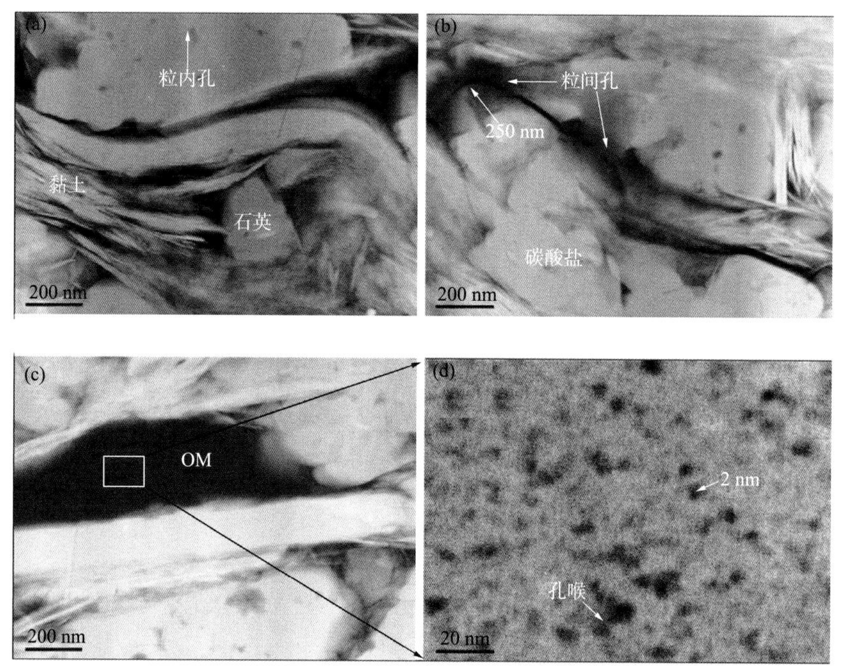


图 14-15　Imperial Komie 井 Muskwa 段页岩样品聚焦离子束透射电子显微镜（TEM）图像

(a)TEM 图像黑色区域为黏土；(b) 两矿物之间观察到两个微孔；(c)、(d) TEM 图像揭示出有机质（OM）的内部结构，箭头所指为 2nm 的纳米孔

3）孔隙度主控因素分析

在此次 Horn River 页岩研究中，所有的样品都具有相似的高演化程度，因此排除了成熟度差异对孔隙度发育的影响。研究结果表明，页岩岩相和矿物组分对页岩的物理性质有较大影响，TOC、石英含量与孔隙度呈正相关（图 14-7）。该结果与 Milliken 等（2013）的观察结果一致，其中 TOC 含量对有机质孔的发育起较强的控制作用。

关于 $SiO_2$ 和孔隙度之间呈正相关的原因有两种解释：一是自生石英作为主要的生物来源，$SiO_2$ 与 TOC 含量呈正相关，可能反映出沉积过程中水体的有机质生产率。另一个解释是，由于石英的胶结作用，原生孔隙得以更好的保存[图 14-15(a)]。孔隙度与（CaO+MgO）之间的负相关关系，表明存在碳酸盐矿物的分离，可能是由于碳酸盐矿物含量与石英之间的对立关系造成的 [ 图 14-8(d)]。

孔隙度也与碳酸盐矿物溶解有关 [ 图 14-14(e)]。如图 14-9(d) 所示，碳酸盐矿物的总孔容较低，其吸附量也较低。因此，碳酸盐含量无论增加还是溶解，都不利于 Horn River 页岩孔隙度的发育。

黏土含量（$Al_2O_3$）和孔隙度之间没有明显的关系 [ 图 14-8(c)]。然而，我们观察到黏土颗粒间也发育孔隙 [ 图 14-14(b)、(c) 和图 14-15(a)]。尽管样品的黄铁矿含量较低，但黄铁矿颗粒间发育粒内孔 [ 图 14-15(a)]，表明黄铁矿是孔隙度的另一贡献因素。此外，裂缝也可能是孔隙度贡献者 [ 图 14-13(b)、图 14-14(f)]。

3. 孔隙结构和孔隙系统

氮吸附法孔径分布结果表明，孔径小于 10nm，特别是孔径小于 2nm 的孔隙（微孔）

在频率方面占主导地位（图 14-10）。然而，介孔和大孔对总孔容的贡献更大（图 14-11）。另外，TOC 含量高的样品微孔和介孔比例要高于大孔。TOC 与 $^1/_2$ 孔容下的孔径之间的关系表明，在富含有机质的样品中，小孔对孔隙度有较大贡献。在 TOC>4% 的样品中，超过一半的孔容由孔径小于 10nm 的孔隙组成 [ 图 14-12(a)]。比表面积测试（BET）结果与扫描电镜（SEM）图像一致，有机质孔的孔径比粒内孔和粒间孔小得多（图 14-13）。以上结果表明，富有机质页岩的高孔隙度主要发育在有机质的介孔和微孔中。

粒内孔主要是由于碳酸盐部分溶解 [ 图 14-14(e)] 和硅酸盐颗粒或胶结物溶解形成的 [ 图 14-13(c)]。粒内孔的孔径一般大于有机质孔的孔径。$^1/_2$ 孔容下的孔径与（CaO+MgO）呈正相关 [ 图 14-12(e)]，孔容与孔径直方图（图 14-11）表明，贫有机质页岩（如富碳酸盐页岩）的孔径较大，一般发育在矿物基质中。

Horn River 页岩样品中，粒间孔以下列几种形式赋存在黄铁矿内部、黏土颗粒间、石英和碳酸盐等颗粒之间或周围。黄铁矿内部孔径很小，主要为介孔或微孔，一般都表现为孤孔 [ 图 14-14(a)]。粒间孔和黏土孔的孔径较大 [ 图 14-14(b)、(c)]。

Horn River 页岩孔隙度与页岩岩相之间的关系如下：块状页岩和黄铁矿页岩的孔隙度最高（表 14-3、图 14-7），可能是由于它们具有最高的 TOC 含量和石英含量。具有中等 TOC 含量的纹层状页岩表现出中等孔隙度。生物扰动页岩和碳酸盐页岩具有相对较低的孔隙度，因为它们具有最低的 TOC 含量以及最高的黏土含量和碳酸盐含量。以块状页岩和黄铁矿页岩相为主的 Muskwa 组和 Evie 段孔隙度高，而以含纹层状页岩和生物扰动页岩相为主的 Otter Park 段孔隙度较低。

## 14.7 可压性

Horn River 页岩上部的 Muskwa/Otter Park 页岩段在盆地中部为异常高压。Muskwa/Otter Park 页岩段石英含量高，黏土含量低，硅质含量为 62%，孔隙压力梯度为 0.75psi/ft。EOG 公司对 Muskwa 组页岩进行的 X 衍射（XRD）分析表明，其石英平均含量为 52%，钾长石含量为 2%，方解石含量为 2%，白云石含量为 2%，黄铁矿含量为 5%。

Horn River 页岩下部的 Evie 段页岩石英含量为 50%~70%，方解石含量在 10%~16% 之间，黏土含量在 6%~20% 之间，含少量的长石。Evie 段页岩仅在少数厚层碳酸盐岩地层中观察到裂缝，裂缝被方解石充填。

一般认为，石英或硅质含量越高，页岩脆性越大，越有利于裂缝形成和压裂改造。Horn River 页岩不同岩相地化样品的主量元素组成如图 14-16 所示。其中，富黄铁矿块状页岩 $SiO_2$ 含量最高，介于 12.29% ~89.38% 之间，平均为 66.5%（图 14-16、图 14-17）；生物扰动页岩 $Al_2O_3$ 含量最高，介于 9.09% ~19.65% 之间，平均为 17.08%；碳酸盐岩相 CaO 和 MgO 含量最高，介于 47.26% ~53.06% 之间，平均为 50.61%。图 14-17 显示有机碳含量与 $SiO_2$ 呈正相关，这表明 Horn River 页岩中的石英部分为生物来源。其他研究也表明（Calmers G R L 等，2012），Horn River 页岩样品的高硅质含量主要与生物石英有关，这与地层中观察到的硅质放射虫群相一致（图 14-4）。

Quicksilver 资源公司（QRCI）对加拿大不列颠哥伦比亚省东北部 Fortune 远景区的

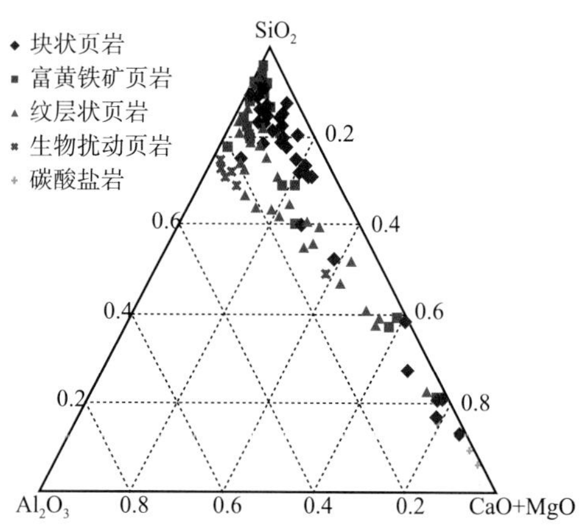


图 14-16 Horn River 页岩不同岩相中主要氧化物含量三端元图（据 Tian Dong 等，2015）

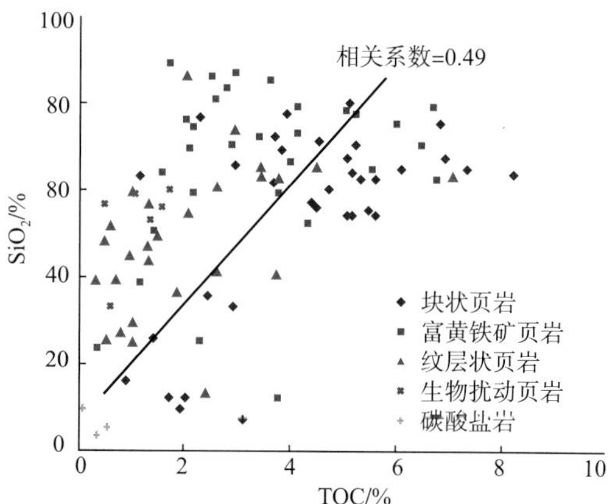


图 14-17 Horn River 页岩 TOC 和 $SiO_2$（石英含量）关系图（据 Tian Dong 等，2015）

Horn River 盆地页岩进行了钻探。该地区的这套页岩由 Muskwa 组和 Klua 段组成。该气田最初打了一口直井，在 2009 年钻探了一口水平井。水平段位于 Klua 段，使用桥塞射孔联作完井，多级水力压裂液为滑溜水，每段支撑剂用量在 60~220t，排量为 7.4~10.8$m^3$/min。尽管这口井完井作业很成功，但是在压裂增产上各段的效果差异很大。2011 年，对该气田实施了一次三维地震；2012 年，利用丛式布井方式钻探了多口分支井。桥塞压裂完井作业中，每段支撑剂用量为 225~400t，排量为 15~17$m^3$/min。经过压裂改造后，各段产量提高了 2.5 倍。

## 14.8 含气性特征

Horn River 盆地的 Horn River 可采页岩气都是不含硫化氢的干气，甲烷平均含量 89%，二氧化碳 10%，含少量乙烷和重烃类（B. C. 石油和天然气委员会，2014）。Horn River 页岩上部的 Muskwa/Otter Park 页岩含气饱和度为 75%，吸附气比例为 20%。

## 14.9 潜力分析

Horn River 页岩是现今加拿大西部沉积盆地一种重要的页岩气资源（Reynolds 和 Munn，2010；Ross 和 Bustin，2008）。研究认为，Horn River 盆地页岩气远景区位于该盆地的中西部，面积为 3320$km^2$，页岩品质好，勘探前景好。

据 EIA/AIR（2013）预测，Horn River 盆地 Horn River 页岩上部的 Muskwa/Otter Park 页岩气探明储量为 376tcf，技术可采储量为 94tcf；Horn River 页岩下部的 Evie/Klua 页岩气探明储量为 154tcf，技术可采储量为 39tcf。

## 参 考 文 献

[1] B.C. Ministry of Energy and Mines. Ultimate potential for unconventional natural gas in northeastern British

Columbia's Horn River Basin[R]. Oil and Gas Reports, May 2011.

[2] B.C. Oil and Gas Commission[C]. Horn River Basin Unconventional Shale Gas Play Atlas, 2014.

[3] B.C. Ministry of Energy and Mines. Ultimate potential for unconventional natural gas in northeastern British Columbia's Horn River Basin[R]. Oil and Gas Reports, 2011.

[4] Chalmers G R L, Ross D J K, Bustin R M. Geological controls on matrix permeability of Devonian gas shales in the Horn River and Liard basins, northeast British Columbia, Canada[J]. Int. J. Coal Geol, 2012 ,103: 120–131.

[5] Chalmers G R, Bustin R M, Power L M. Characterization of gas shale pore systems by porosimetry, pycnometry, surface area, and field emission scanning electron microscopy/transmission electron microscopy image analyses: examples from the Barnett, Woodford, Haynesville, Marcellus and Doig units[J]. AAPG Bull. 2012, 96: 1099–1119.

[6] Curtis M E, Ambrose R J, Sondergeld C H, et al. Structural characterization of gas shales on the micro–and nano–scales[C]. Canadian Unconventional Resources and International Petroleum Conference, October 19–21, 2010, Cagary, Alberta, Canada.

[7] Dong T, Harris N B. Pore size distribution andmorphology in the Horn River shale, Middle and Upper Devonian, northeastern British Columbia, Canada[J]//Camp W, Diaz E, Wawak B. Electron microscopy of shale hydrocarbon reservoirs. AAPG Memoir 102, 2013: 67–79.

[8] Ferri F, Hickin A S, Huntley D H. Besa River Formation, western Liard Basin, British Columbia (NTS 094N): geochemistry and regional correlations. Geoscience Reports 2011 [J]. British Columbia Ministry of Energy, Mines and Natural Gas, 2011: 1–18.

[9] McPhail S, Walsh W, Lee C, et al. Shale units of the Horn River formation, Horn River basin and Cordova Embayment, Northeastern British Columbia[C]. Canadian Society of Petroleum Geologists and Canadian Well Logging Society Convention , 2008.

[10] Milner M, Mclin R, Petriello J. Imaging texture and porosity in mudstones and shales: comparison of secondary and ion–milled backscatter SEM methods[C]. Canadian Unconventional Resources & International Petroleum Conference, Calgary, Alberta, June 19–21, 2010.

[11] Reynolds M M. Development Update for an Emerging Shale Gas Giant Field–Horn River Basin, British Columbia, Canada[J]. SPE–130103, 2010.

[12] Oldale H S, Munday R J. Devonian Beaver Hill Group of the Western Canada Sedimentary Basin[C]. Canadian Society of PetRoleum Geologists and Alberta Research Council, Special Report, 1994.

[13] Reynolds M M, Munn D L. Development update for an emerging shale gas giant field–Horn River Basin, British Columbia, Canada[C]. SPE Unconventional Gas Conference, Pittsburgh, USA, Feb 23–25, 2010. SPE Paper 130103.

[14] Ross D J K, Bustin R M. Characterizing the shale gas resource potential of Devonian–Mississippian strata in the western Canada sedimentary basin: application of an integrated formation evaluation[J]. AAPG Bull, 2008, 92: 87–125.

[15] Ross D J K, Bustin R M. The importance of shale composition and pore structure upon gas storage potential of shale gas reservoirs[J]. Mar. Pet. Geol, 2009, 26: 915–927.

[16] Queena C.Analysis of Geomechanical Data for Horn River Basin Gas Shales, North–East British Columbia,

Canada[J]. SPE-142498, 2011.

[17] Wright A M, Spain D, Ratcliffe K T. Application of inorganic whole rock geochemistry to shale resource plays[C]. Canadian Unconventional Resources & International Petroleum Conference, Calgary, Alberta, October 19–21, 2010. SPE Paper 137946.

[18] Zahrani A A. Interpretation of 3D multicomponent seismic data for investigating natural fractures in the Horn River Basin, northeast British Columbia[D]. University of Calgary, 2011.

[19] Hurd O,Zoback M D.Stimulated shale volume characterization:Multiwell case study from the Horn River Shale:Part1:Geochanics and Microseismicity[J]. 2012.

# 15 Lewis 页岩油气地质特征

## 15.1 勘探开发历程

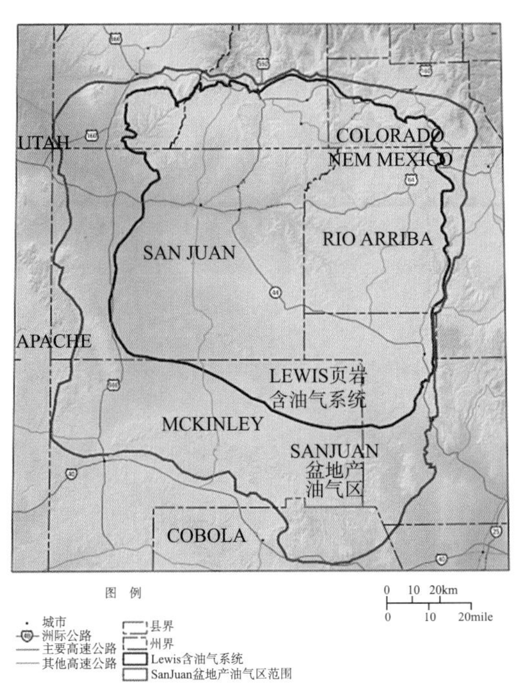


图 15-1 Lewis 页岩区域分布图
（据 Dubiel，2013）

Lewis（路易斯）页岩主要分布于美国中部新墨西哥州西北部和科罗拉多州西南部的圣胡安盆地（图 15-1），面积约为 2849km$^2$。Lewis 页岩的勘探开发始于二十世纪九十年代晚期，和美国其他页岩相比，起步较晚。1950~1990 年，圣胡安盆地内以 Lewis 页岩为目的层系的钻井极少，仅 16 口，并且多数是在钻探其下部的 Mesaverde 地层或更老的常规储层时中途钻遇 Lewis 页岩天然裂缝发育段并获得良好气测显示后投入开发的。1991 年开始，BR（Burlinton）公司对圣胡安盆地中 Mesaverde 地层已完钻的老井新增了对上覆 Lewis 页岩层的测试，到 1997 年，针对老井及新钻井共开展了 101 口井的测试工作。1998 年，BR 公司、斯伦贝谢 Holditch 公司、贝克 Atlas Geo Science 公司、Terra Tek 公司、Core Laboratories 公司和 Tesseract 公司等对圣胡安盆地 Lewis 页岩的勘探开发潜力开展了全面评价，涵盖了地质、岩石物理、储层改造措施及生产数据分析等，完成了储层表征、完井优化设计以及产量预测模型等工作。1998~2000 年的三年间，完成了 445 口井 Lewis 页岩的测试工作，以上工作奠定了该区页岩气勘探开发的基础。

## 15.2 构造特征

Lewis 页岩所处的圣胡安盆地是一个非对称的、近似圆形、轴线为北西向的陆缘坳陷（图 15-2）。盆地中部地层产状平缓，东翼和北翼窄陡，西翼呈平缓台阶状，南翼为 Chaco 斜坡。盆地内部构造简单，盆地较平缓，在南翼，地层倾角小于 1.5°。盆地西部和西北部为 Hogback 单斜，北部以 San Juan 隆起为界、东南部以 Nacimiento 隆起为界、南部和西南部分别以 Chaco 斜坡和 Zuni 隆起为界。

圣胡安盆地的形成是拉勒米运动（Laramide）的产物，拉勒米运动自晚白垩世开始持续至始新世。渐新世期间的区域拉张伴随火山活动，形成了火山岩，对盆地的油气生成模式产生重大影响（Laubach 等，1994；Scott 等，1994）。区域隆升作用始于中新世，一直延续到今。隆升导致地层剥蚀，并使倒转的 Pictured Cliffs 砂岩层和 Fruitland 组出露地表。

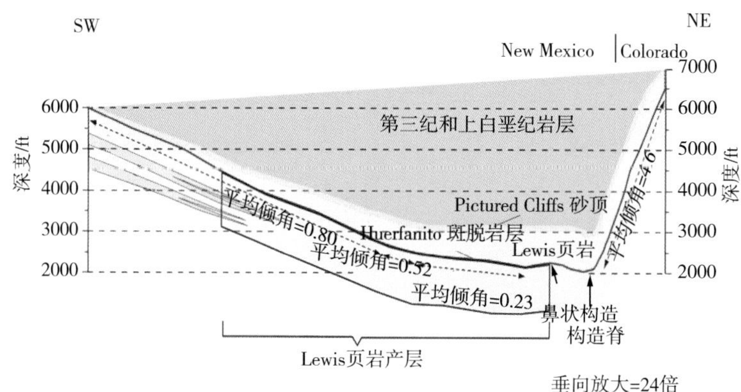


图 15-2　圣胡安盆地中部构造剖面图（南西—北东向）（据 Fassett，2000，修改）

## 15.3　地层特征

圣胡安盆地上白垩统地层自下而上依次为：Lewis 页岩、Pictured Cliffs 砂岩、Fruiland 煤系地层、Kirtland 页岩段（图 15-3）。Lewis 页岩主要分布在圣胡安盆地中心部位，页岩厚度大约 300~450m。

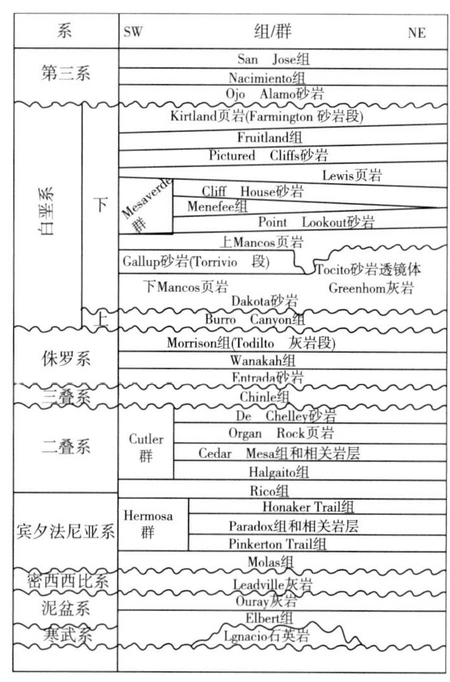


图 15-3　圣胡安盆地地层柱状图（据 Huffman）

Lewis 页岩主要由页岩、粉砂岩和砂岩组成，在测井曲线上可以识别出四个岩性段和一个斑脱岩层段，后者可作为区域地层标志层。

Lewis 页岩自下而上可划分为：Otero–Second Bench、Otero–First Bench、Navajo City 以及 Ute 段（图 15–4）。

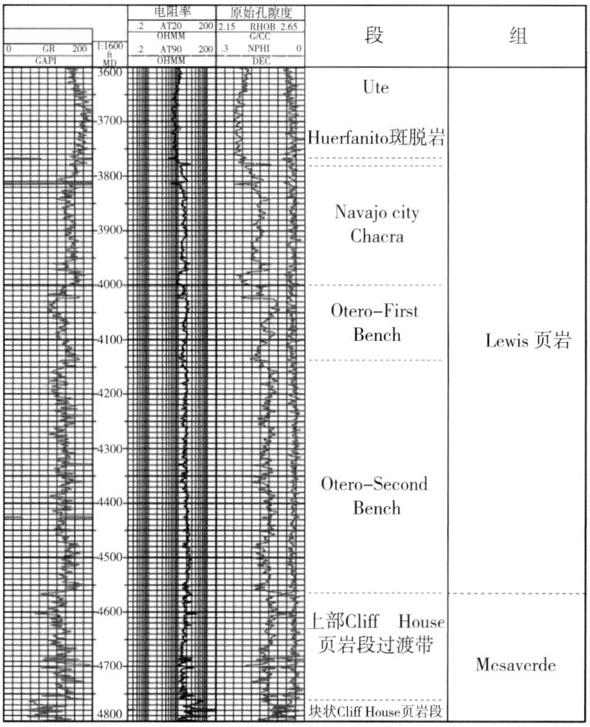

图 15–4 Lewis 页岩测井曲线层段划分柱状图

## 15.4 沉积特征

圣胡安盆地沉积了寒武系至第三系地层，其中晚白垩世是盆地发育的重要阶段。白垩纪晚期，圣胡安盆地位于西部陆内海西缘，该陆内海自墨西哥湾一直延伸至到加拿大的北冰洋，由于白垩纪海岸线向西北迁移，连续沉积了陆架（Lewis 页岩）、滨岸（Pictured Cliffs 砂岩）以及陆相（Fruitland 组）地层（Ayers 等，2002）。

圣胡安盆地中的 Lewis 页岩沉积在开阔的浅海陆架上，碎屑物质主要来自西南部的河流和三角洲，含数层膨润土标志层，最下部为滨浅海沉积和前三角洲沉积。在坎佩尼期，海水从东北向西南方向侵入，淹没 Mesaverde 组上覆的 Cliff House 段（图 15–4）。此次海侵之后，海平面相对稳定，沉积了 La Ventana 组。尽管在海平面稳定期，Lewis 组在西南方向形成了一个相对稳定的滨岸线，但仍发生了周期性的小型进积作用，将粗粒物质运送至陆架。随着海平面上升，向上变粗的进积层序被细粒沉积物覆盖。

Pictured Cliffs 砂岩上覆于 Lewis 页岩，属于滨海相–浪控三角洲或复合障壁海平原沉积，表现出海陆过渡相特征；Fruiland 煤系地层组为滨海线向陆一侧的陆相沉积，主要由砂岩、泥岩和煤的互层组成；Kirtland 页岩段由下泥岩段、Farmington 砂岩段和上部页岩段组成，基本不含煤层和碳质页岩（Fassett 和 Hinds，1971）；Ojo Alamo 砂岩与下伏的 Kirtland 页岩段或 Fruiland 煤系地层呈不整合接触（图 15-5）。

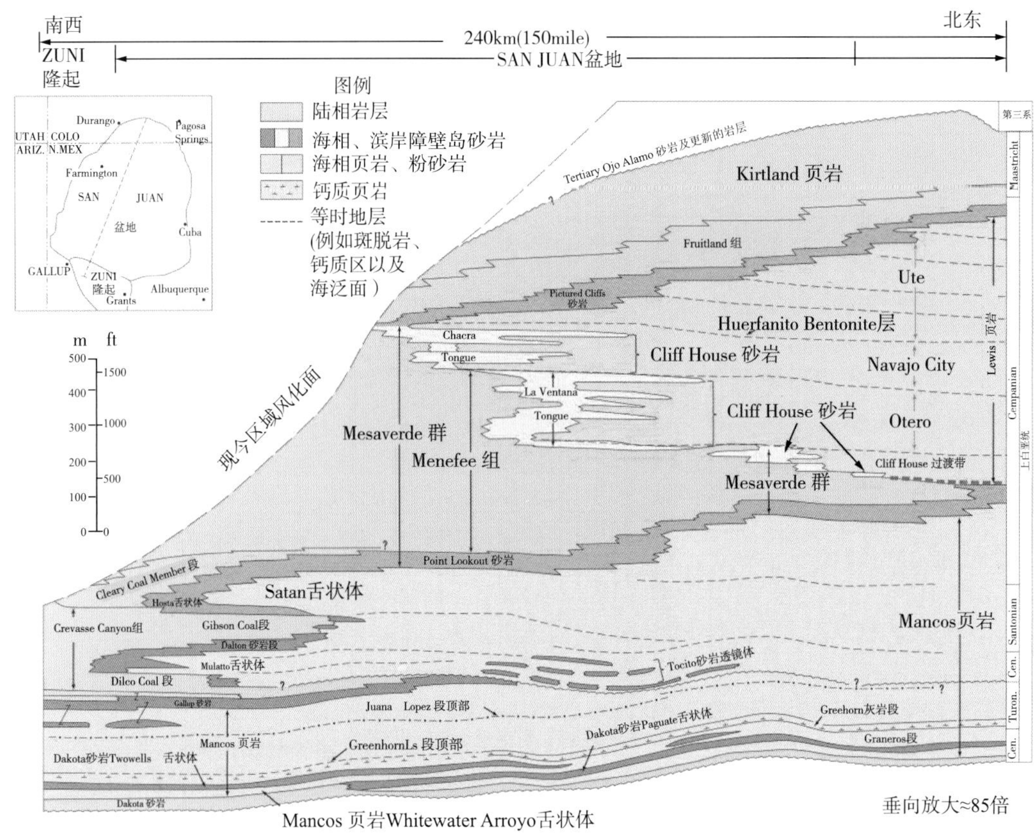


图 15-5　圣胡安盆地地层综合对比图（据 Molenaar，1977，修改）

Lewis 页岩中四个岩性段，每段上部都覆盖一套区域海泛面（图 15-6）。Lewis 组最下部的 Otero-First Bench 段和 Otero-Second Bench 段，均由向上变粗的层序构成，整体砂质含量较高。上覆 Navajo City 组仅在局部地区含有较多的砂岩。Ute 组整体为页岩，底部为粉砂岩，后者代表了 Lewis 页岩最大一次海进。过渡带的 Ute 组砂岩含量向上增加，至上部变成进积的 Pictured Cliffs 砂岩。

Lewis 页岩可划分出三种岩相，包括泥岩相、层状砂岩相和生物扰动相。尽管三种岩相的在各段占比不同，总体上泥岩和层状岩相占 Ute 和 Navajo City 层段的大部分，而生物扰动和层状岩相则占了 Otero 地层的大部分。

泥岩相由暗色细粒粉砂岩以及黏土组成，表现为相对较高的 TOC 含量和相对较低的基质孔隙度和渗透率。生物扰动相由粉砂岩和砂岩组成，仅含少量黏土，其基质孔隙度和渗透率最高，但 TOC 值通常较低，可能是由于沉积后短暂的生物活动消耗了有机质造成的。层状砂岩相表现为浅色砂岩和粉砂岩薄层同暗色泥岩互层。与其他两种岩相相比，该岩相的基质物性和 TOC 值一般为中等，天然裂缝较发育。

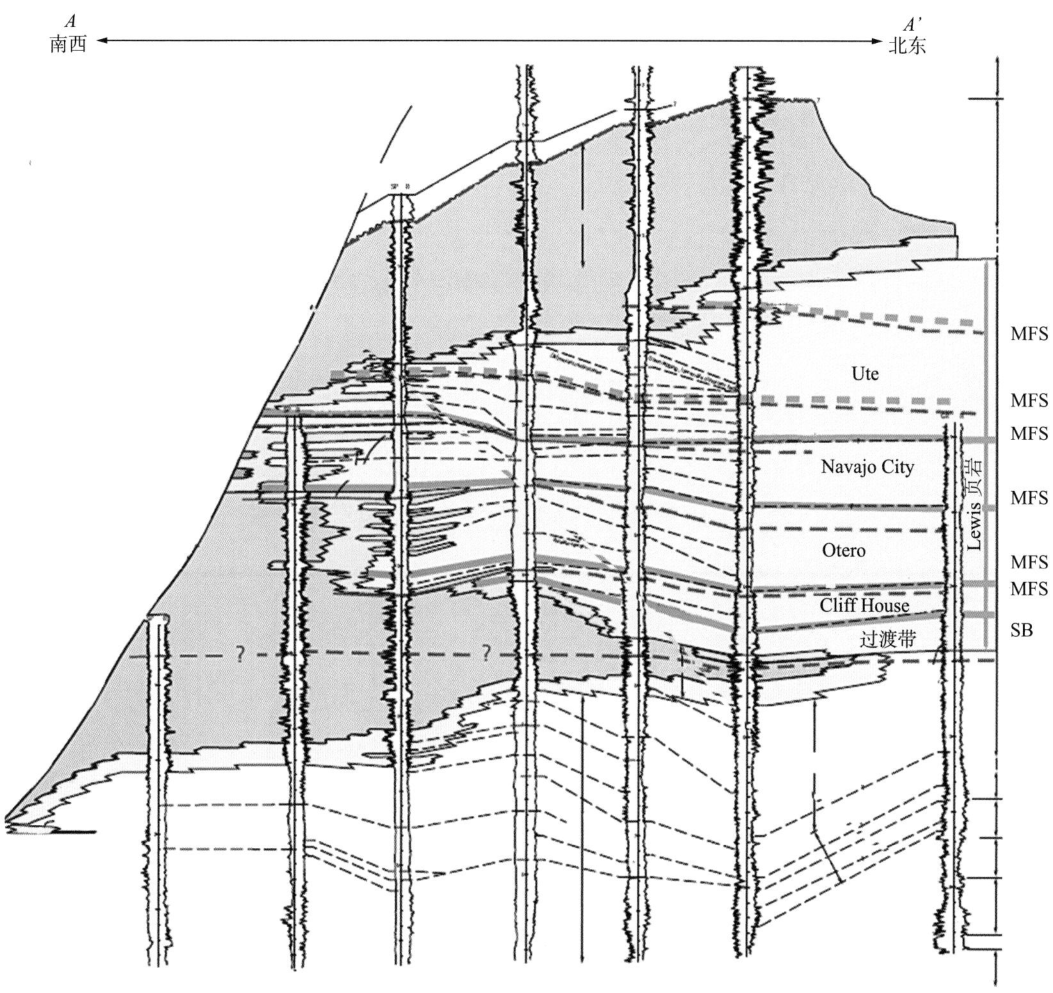


图 15-6 圣胡安盆地测井地层剖面综合对比图（据 Molenaar 等，2002，修改）

MFS—最大洪泛面；SB—层序边界

## 15.5 地化特征

### 15.5.1 有机质丰度

地化分析测试结果表明：Lewis 组页岩 TOC 范围在 0.45%~2.50%，平均值为 1.0%（BR，2000）。

### 15.5.2 有机质类型

分析认为，Lewis 页岩有机质类型为Ⅱ型和Ⅲ型干酪根。

盆地西南部的三角洲相沉积物为 Lewis 页岩提供了陆源有机质（Ⅲ型干酪根）；盆地西部白垩纪内陆海中的海洋生物为 Lewis 页岩提供了海相有机质来源（Ⅱ型干酪根）。沉积在 Huerfanito 斑脱岩层之下，位于整个海侵面下部的 Lewis 页岩以海相有机质为主（Ⅱ

型干酪根）。相比之下，Huerfanito 斑脱岩层之上的上部 Lewis 页岩由于沉积于海退时期，其有机质类型大部分为陆源有机质与海相有机质的混合物（Ⅱ－Ⅲ型干酪根）或相对较高的陆源有机质（Ⅲ型干酪根）。

### 15.5.3 有机质成熟度

Mavor 等（2003）的研究指出，Lewis 页岩的镜质体反射率为 1.79%~1.88%。在圣胡安盆地构造最深部，Lewis 页岩已达到热成熟生成湿气或干气阶段（图 15-7）。最新的研究表明，部分 Lewis 页岩可能含有生油母质。

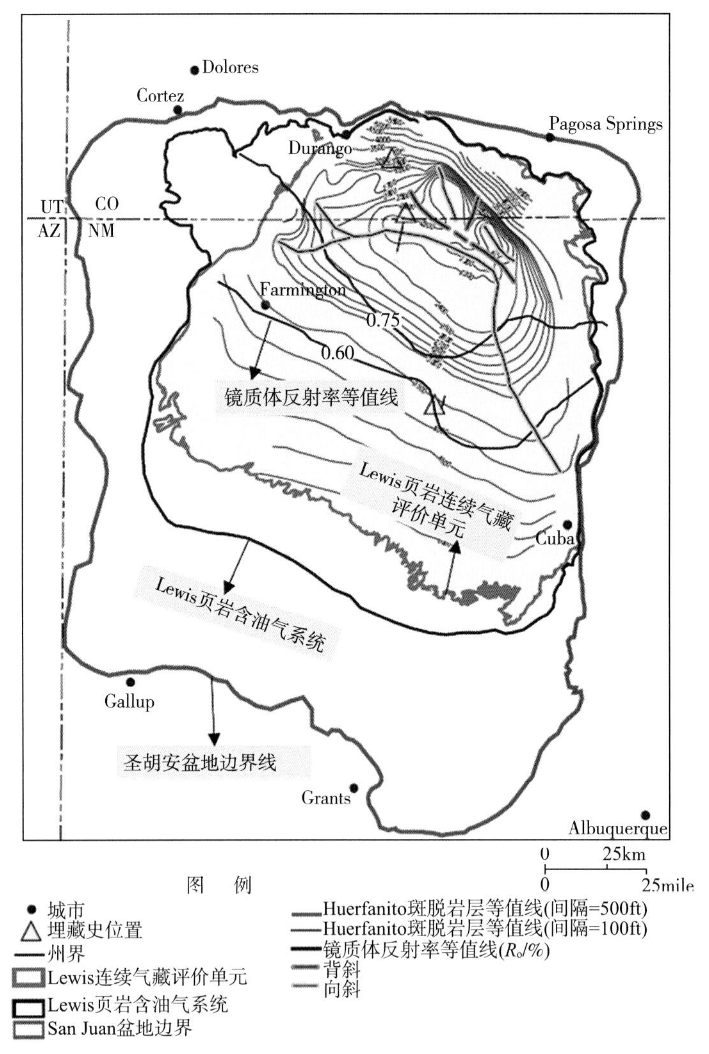


图 15-7 圣胡安盆地 Lewis 页岩镜质体反射率等值线图

据 Mavor 等（2003）的研究，Lewis 页岩的 $T_{max}$ 为 424~493℃。Lewis 页岩的成熟度和埋藏史表明，富含有机质的 Lewis 页岩在始新世中期进入生油高峰，渐新世末期进入生气高峰（图 15-8~ 图 15-11）。

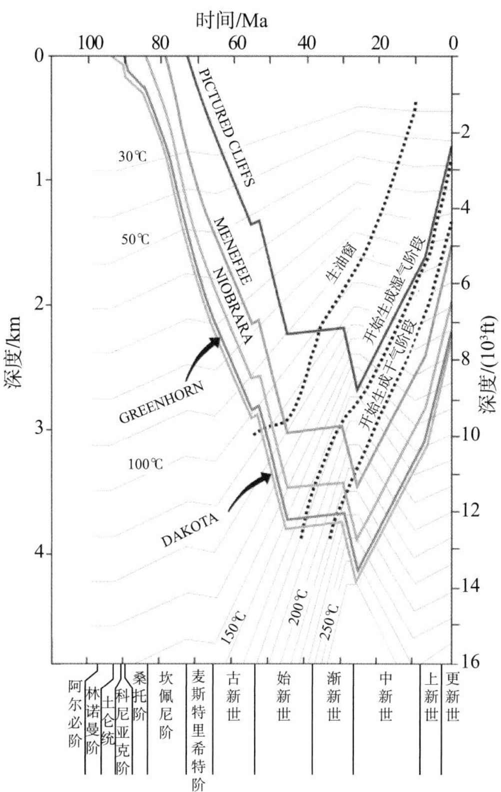


图 15-8 Natomas 1—Federal 11 井 Lewis 页岩埋藏史曲线图

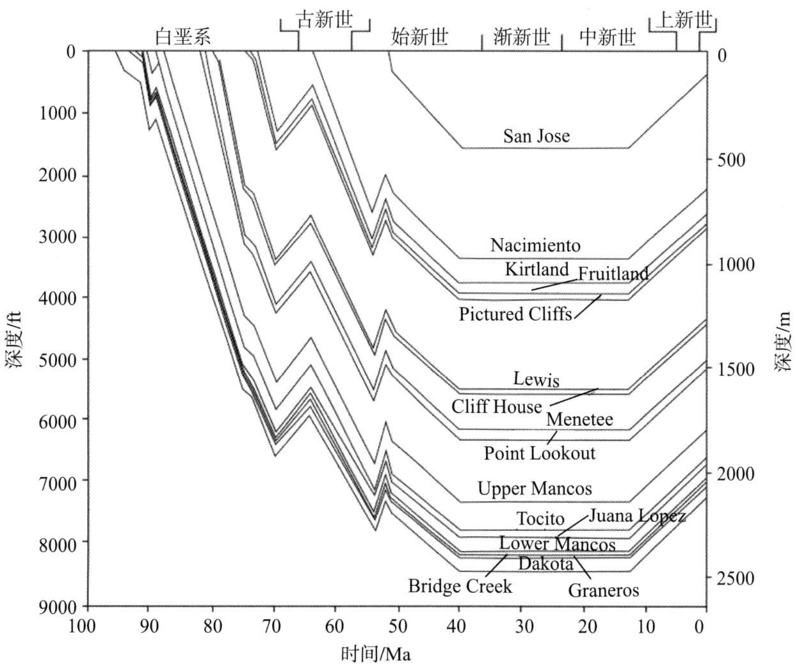


图 15-9 Superior Sealy 1-17 井 Lewis 页岩埋藏史曲线图

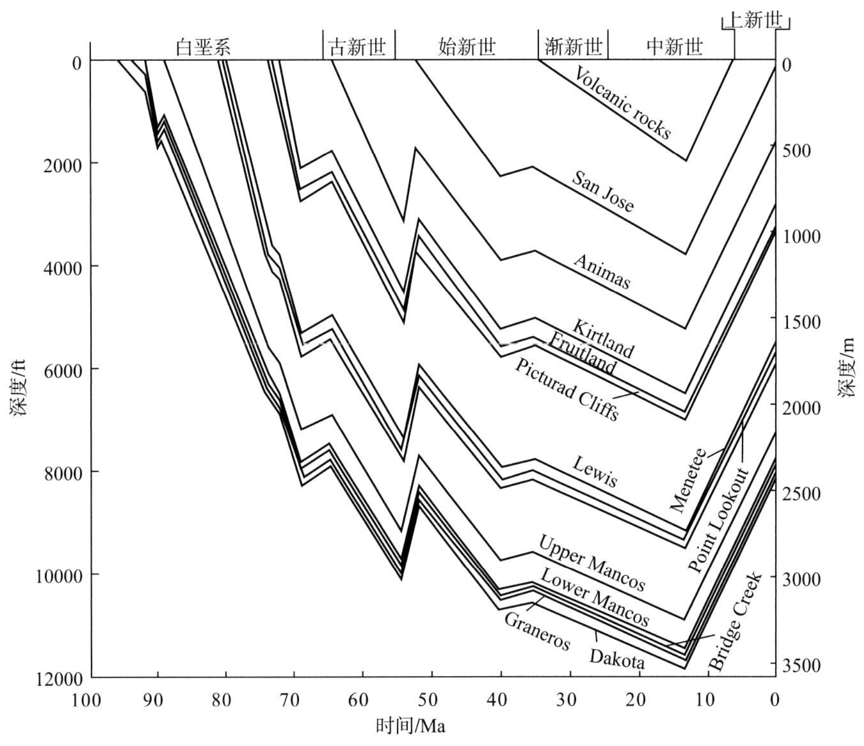


图 15-10　Sohio Southern Ute 15-16 井 Lewis 页岩埋藏史曲线图（据 Law，1992，修改）

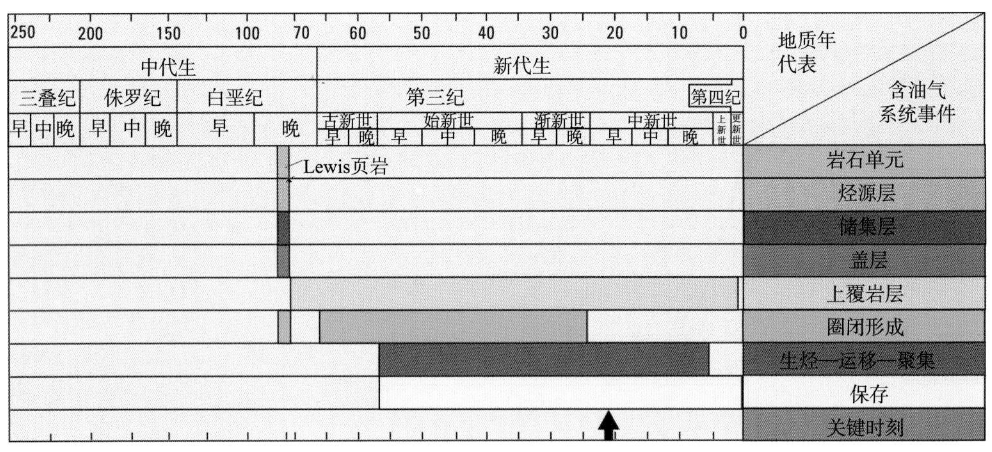


图 15-11　Lewis 页岩含油气系统事件图（据 Dubiel，2013）

## 15.6　储集特征

### 15.6.1　物性特征

Lewis 页岩的孔隙度为 2%~8%，平均为 6%；渗透率为 0.006~0.148mD，平均为 0.04mD，基质渗透率为 0.00001~0.1mD。

### 15.6.2 天然裂缝

通过 FMI 成像测井、岩心及钻井资料分析认为：Lewis 页岩为天然裂缝性气藏。Lewis 页岩的天然裂缝特征与下伏 Mesaverde 组非常相似，井间差异性较大。原生裂缝主要为高角度裂缝，倾角为 70°~90°，呈北北东—北东走向，方位角为 10°~45°。偶见次生裂缝伴生于主裂缝中。原生裂缝同次生裂缝为共轭关系，两者倾角方向相反、裂缝走向相似。原生裂缝与次生裂缝的比例大致为 1:1 到 100:1，平均约为 4:1。泄气范围多为椭圆形，沿原生裂缝方向变长。高产井的裂缝间距通常为几英尺，低产井则超过几百英尺。

## 15.7 可压性特征

6 口取心井的岩心 SEM 扫描电镜与 X 射线衍射分析结果表明（表 15–1、表 15–2）：Lewis 页岩矿物组分主要为石英、长石、黏土、碳酸盐、黄铁矿及菱铁矿，长英质平均含量为 62.6%；黏土（主要以伊 / 蒙混层 43% 和伊利石 21% 为主）平均含量为 25%，碳酸盐平均含量为 8.8%，脆性矿物含量平均可达 71.4%，具有较好的可压性（BR 公司，2000）。

表 15–1 Lewis 页岩全岩 X 射线衍射统计表

| 矿物类型 | 最少 | 最多 | 平均 | 众数 | 样品数 |
|---|---|---|---|---|---|
| 方解石 /% | 0 | 6 | 0.8 | 0.1 | 45 |
| 黏土 /% | 7 | 44 | 25 | 17 | 45 |
| 白云石 /% | 3 | 14 | 8 | 9 | 45 |
| 长石（碱性）/% | 1 | 18 | 6 | 3 | 45 |
| 长石（斜）/% | 0 | 3 | 0.6 | 1 | 45 |
| 黄铁矿 /% | 0.5 | 5 | 1.6 | 1 | 45 |
| 石英 /% | 29 | 80 | 56 | 49 | 45 |
| 菱铁矿 /% | 0 | 41 | 1.8 | 1 | 45 |

表 15–2 Lewis 页岩相对黏土含量统计表

| 黏土类型 | 最少 | 最多 | 平均 | 众数 | 样品数 |
|---|---|---|---|---|---|
| 海绿石 /% | 1.8 | 36 | 0.8 | 3 | 45 |
| 伊 / 蒙混层 /% | 3 | 88 | 43 | 53 | 45 |
| 伊利石 /% | 2 | 51 | 21 | 9 | 45 |
| 高岭石 /% | 0 | 45 | 6 | 7 | 45 |

## 15.8 含气性特征

Lewis 页岩层段含气量在 0.37~1.27$m^3$/t。为探索 Lewis 页岩层段含气性特征，BR 公司对收集到的岩心开展等温吸附实验，目前 Lewis 页岩模拟使用的平均等温吸附线，采用的

TOC 含量为 1.0%，储层温度为 140℉（60℃），实验测得兰氏体积为 42.98scf/t（1.2$m^3$/t），兰氏压力为 1833psi（12.6MPa）（图 15-12）。

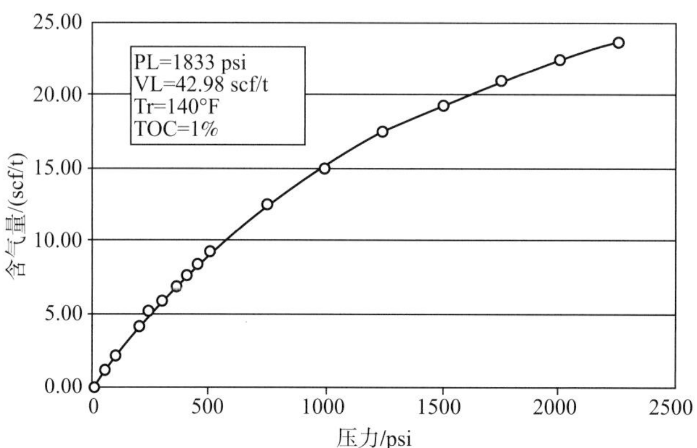


图 15-12　Lewis 页岩平均等温吸附曲线（据 Dube，2000）

## 15.9　潜力分析

圣胡安盆地 Lewis 页岩气地质资源量为 $1.53\times10^{12}$~$5.72\times10^{12}m^3$，可采储量为 $0.23\times10^{12}$~$0.86\times10^{12}m^3$。页岩气资源丰度（单储系数）为 $8757\times10^4$~$54731\times10^4m^3/km^2$。页岩气藏压力为 $70.3\times10^5$~$105.45\times10^5$Pa，压力梯度为 0.2~0.25psi/ft，地温梯度较高，井底温度为 72~94.4℃。页岩气井单井日产量相差较小，为 2832~5663$m^3$/d，单井储量为 $1699\times10^4$~$5663\times10^4m^3$。采收率为 5% ~15%，以此推算，单井生产周期为 8~20 年不等。

## 参考文献

[1] Ayers W B J. Coalbed gas systems, resources, and production and a review of contrasting cases from the San Juan and Powder River basins[J]. AAPG Bulletin, 2002, 86(11): 1853–1890.

[2] Bereskin B. Geological and production attributes of "shale" reservoirs, San Juan Basin, U.S.A[C]//Bereskin B, Mavor M. Shale gas geology and engineering — An overview.American Association of Petroleum Geologists Short Course Notes, Annual Meeting, Salt Lake City Utah, May 2003: 44.

[3] Campbell S M, Fairchild N R, Arnold D L. Liquid $CO_2$ and Sand Stimulations in the Lewis Shale, San Juan Basin, New Mexico: A Case Study[C]. SPE 60317 presented at the 2000 SPE Rocky Mountain Regional/Low Permeability Reservoirs Symposium, Denver, CO, March 2000.

[4] Dube H G, Christiansen G E, Jr J H, et al. The Lewis Shale, San Juan Basin—What we now know: Society of Petroleum Engineers[C]. The 2000 SPE Annual Technical Conference and Exhibition, October, 2000, Dallas, Tex. SPE paper 63091, 2000.

[5] Dubiel R F. Geology, Sequence Stratigraphy, and Oil and Gas Assessment of the Lewis Shale Total Petroleum System, San Juan Basin, New Mexico and Colorado[R]. Geological Survey Digital Data Series 69–F, 2013: 1 - 45.

[6] Frantz J H. Evaluating Reservoir Production Mechanisms and Hydraulic Fracture Geometry in the Lewis Shale,

San Juan Basin[C]. SPE 56552, 1999 .

[7] Gentzis T A. review of the thermal maturity and hydrocarbon potential of the Mancos and Lewis shales in parts of New Mexico, USA[J]. International Journal of Coal Geology, 2013, 113 : 64–75.

[8] Hill D. Reservoir Characterization of the Upper Cretaceous Lewis Shale: A New Unconventional Play in the San Juan Basin[C].The Four Corners Oil & Gas Conference & Exhibition, Farmington, NM, 2000.

[9] Sawyer W K, Zuber M D, Williamson J R.A Simulation–Based Spreadsheet Program for History Matching and Forecasting Shale Gas Production [C]. SPE 57439, 1999.

# 16 Mancos 页岩油气地质特征

## 16.1 勘探开发历程

Mancos（曼科斯）页岩分布广泛，主要分布于美国 Black Mesa（黑梅萨）盆地、Estanci（埃斯坦西亚）盆地、Big Great Green River（大绿河）盆地、Orogrande（奥罗格兰德）盆地、Paradox（帕拉多）盆地、Piceance（皮申斯）盆地、San Juan（圣胡安）盆地及 Uinta（尤因塔）盆地。2010 年在 Uinta 盆地 Mancos 页岩中钻探了第一口水平井，第一个月即生产了 196$m^3$ 石油和 $197.2\times10^4m^3$ 天然气，第一年累计产出 816.5$m^3$ 石油和 $1138.2\times10^4m^3$ 天然气。由此看来，Mancos 页岩确实具有丰富的油气资源。下面以 Uinta 盆地为例，来探讨 Mancos 页岩的油气地质特征。

## 16.2 构造特征

白垩纪时期，北美地区西部构造单元主要受 Sevier 和 Laramide 造山带运动影响。在犹他州中部，Sevier 造山带呈东西走向且发育南北向逆断层。由于冲断带前缘的弯曲载荷导致快速沉积，Sevier 造山带的超厚载荷形成了与之相邻的前陆盆地（图 16–1）。断裂作用使得沿前陆盆地造山带地壳增厚和高原隆起，在 Sevier 造山带活动期间，前缘隆起逐渐向东移动，形成了 Dakota 和 Mancos 组之间的不整合面。在白垩纪海平面高水位时期，南北走向的前陆盆地形成了连接墨西哥古湾和北冰洋的西部内陆海道。

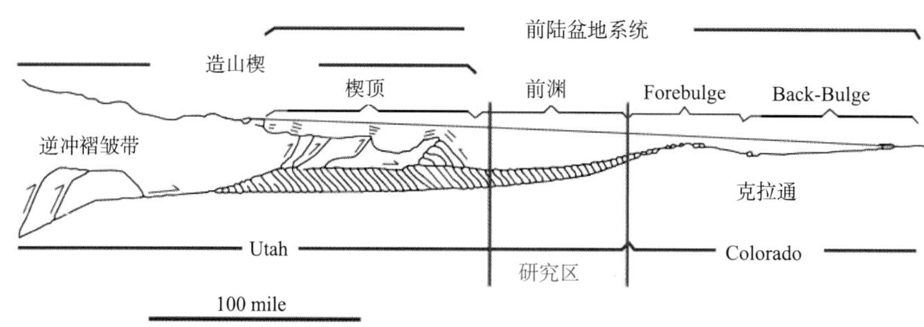


图 16–1　Uinta 盆地 Mancos 页岩前陆盆地成因机制图

西部内陆海道自北向南延伸超过 4800km，宽达 1600km，从犹他州的 Sevier 冲断带前缘延伸至现今俄亥俄州（图 16–2）。这种分布广泛的凹陷构造单元具有统一的构造特征，凹陷西侧发育构造沉降，东侧斜坡变浅（图 16–3）。Mancos 页岩和与之相对应的海相页岩单元沉积期跨越森诺曼期（Cenomanian，96Ma）至早坎佩尼期（Early Campanian，

80Ma）。海相沉积主要受控于凹陷西侧海岸线的碎屑物质供给（硅质、砂泥级/黏土级碎屑），并在局部地区出现沉积模式差异性特征，例如西侧三角洲沉积体系以及受构造作用控制的东侧斜坡带中钙质沉积速率的差异性变化（图 16-3）。

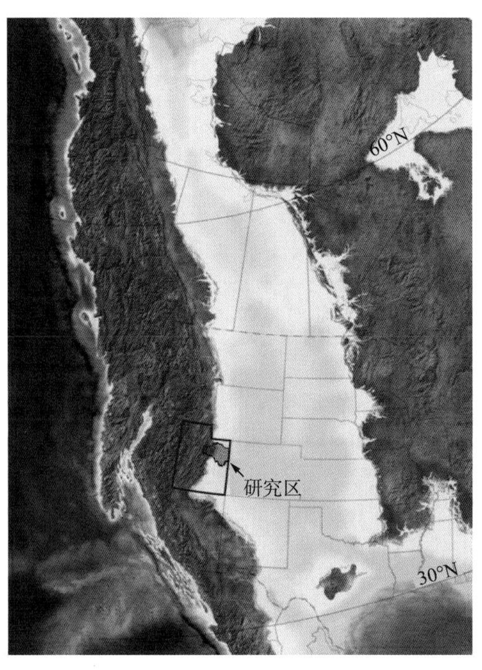


图 16-2 晚白垩世 Santonian 期北美西部和西部内陆海道古地理图（约 85 Ma）（据 Blakey，2013，修改）

现在的犹他州以黑色标示；图上指出研究区域在内陆海道西缘

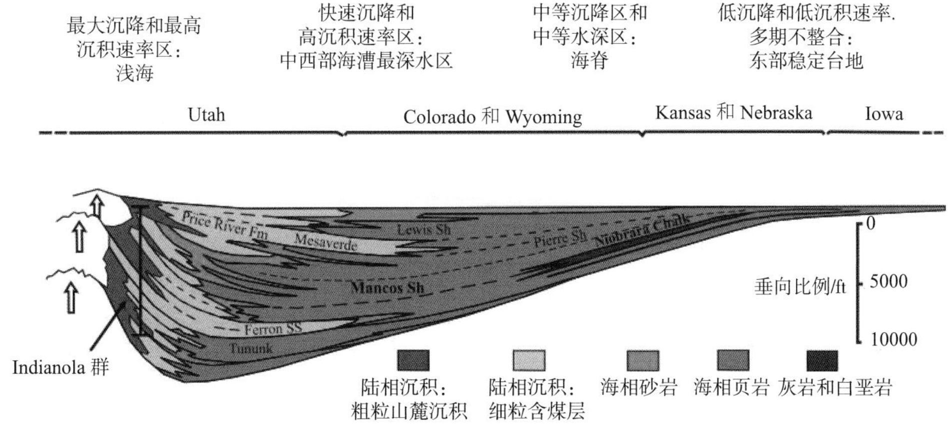


图 16-3 犹他州与大陆中部之间上白垩统西部内陆盆地广义区域地层模式图

## 16.3 地层特征

上白垩统 Mancos 页岩主要发育于 Sevier 造山带时期的北美西部内陆海道地区。Mancos 页岩主要由细粒碎屑石英和黏土矿物组成，并含少量的碳酸盐岩夹层。Uinta 盆地的 Mancos 页岩包括五个主要的岩性地层单元，自下而上依次为 Tununk 页岩段、Juana Lopez 层段、Blue Gate 页岩层段、Prairie Canyon/Mancos B 段和 Buck Tongue 段。海相地层同滨海沉积和沿岸平原沉积相互交错（图 16–4）。

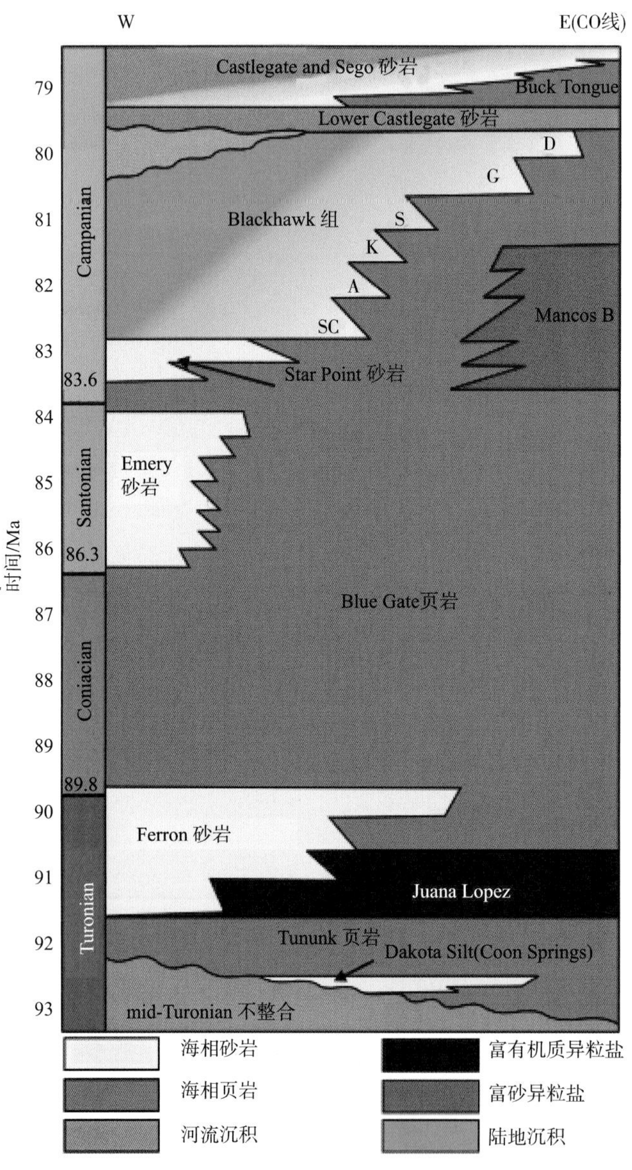


图 16–4　Uinta 盆地 Mancos 页岩段地层 – 年代综合柱状图

Uinta 盆地的进积 – 退积（T–R）旋回横向对比可采用 2 级、3 级和 4 级三个旋回级别。其中 4 级旋回单元是 Mancos 页岩区域对比的最小对比单元，其在盆地尺度上具有明显的横向差异性特征，而 2 级和 3 级旋回单元在区域内分布稳定（图 16–5）。综合岩心和 GR 测井资料可知，Mancos 页岩共发育有 29 套 4 级 T–R 旋回单元，其单层旋回厚度变化范围在 30~90m 之间，平面延伸可达 2600km。

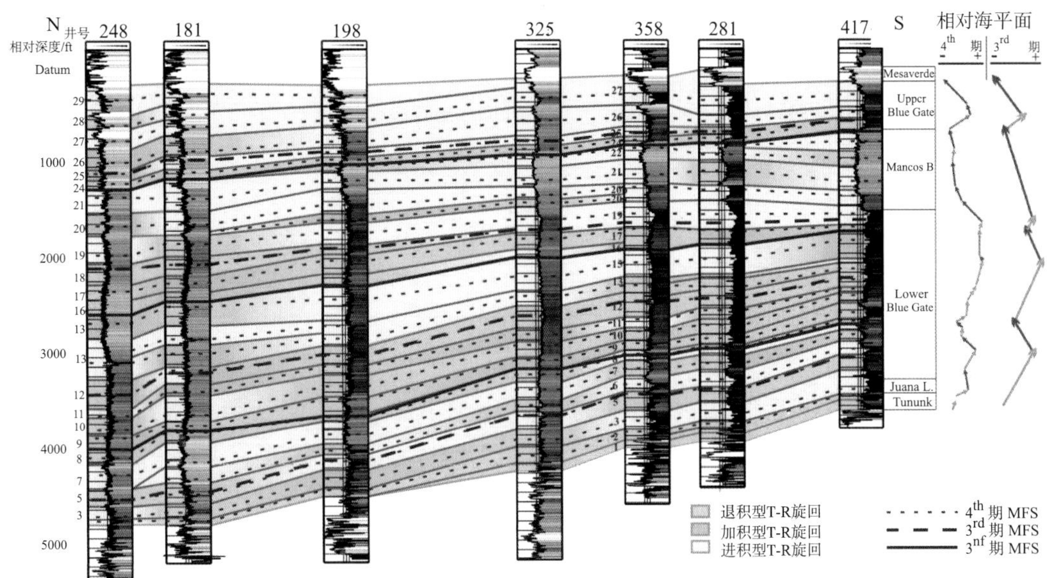

图 16-5 Uinta 盆地 Mancos 页岩连井对比图

## 16.4 沉积特征

Mancos 页岩沉积环境受构造引起的盆地结构变化和全球海平面变化共同影响。Mancos 页岩远端沉积是典型的沉积模式 1（Facies Association 1），即富有机质页岩同砂质纹层交互沉积。该沉积模式发育于河流三角洲主导的构造低部位斜坡，沉积大量陆源有机质。在 Coniacian-Santonian（科尼亚克阶 - 桑托阶）时期，由于海平面上升，沉积环境由三角洲向陆棚沉积环境过渡，在构造高部位的饥饿斜坡处沉积有黏土岩和粉砂岩，为沉积模式 2（Facies Association 2）。盆底扇沉积是 Mancos B 沉积模式下的主要沉积特征，其物质来源主要为 Mesaverde 群海岸线进积携带的碎屑物质。沉积相带变化反映出构造作用影响下的盆地结构变化：即 Early Turonian（下土仑统）时期的前陆盆地斜坡带在 Middle Turonian（中土仑统）和 Upper Santonian（上桑托阶）时期埋深逐渐加大，并在 Early Campanian（下坎佩尼阶）时期被浅海和陆地沉积物充填。沉积环境的变化导致 Mancos 页岩矿物组分、有机质富集和储层孔隙度 / 渗透率发生变化（图 16-6）。

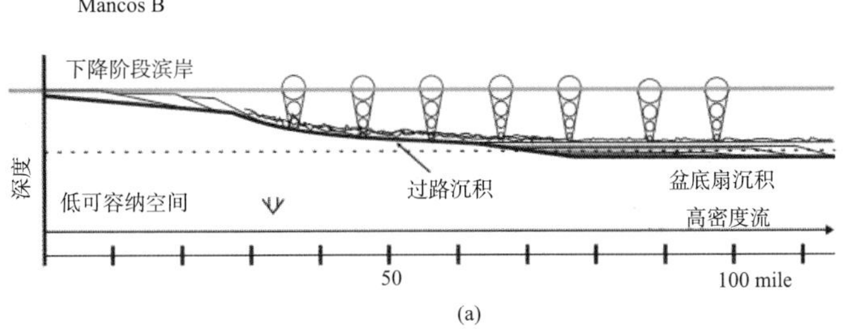


图 16-6 Mancos 页岩沉积模式图

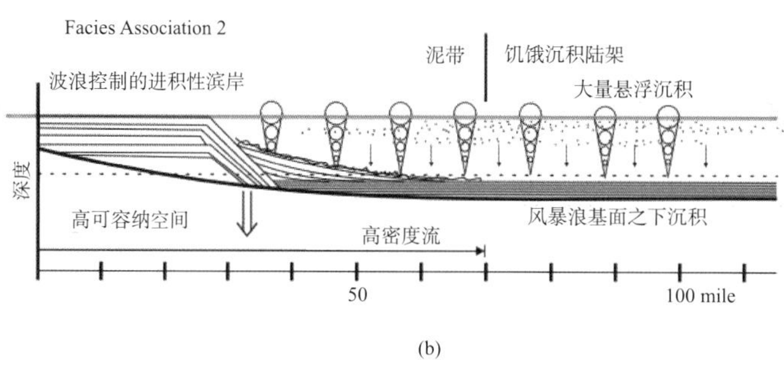


(b)

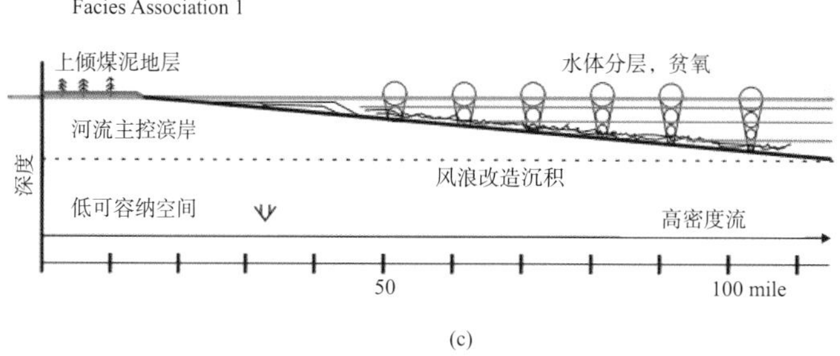


(c)

图 16-6　Mancos 页岩沉积模式图（续）

## 16.5　地化特征

通过使用 $\Delta \log R$ 技术对 Uinta 盆地东部 11 口钻井进行岩石物理评估结果表明：Mancos 页岩 TOC 含量约为 1%~3%，其中 FA1 和 FA2 发育段 TOC 含量高（图 16-7）。这两个层段分别对应于海进体系域和早期高位体系域，该时期有机硅稀释程度相对较低，有机质保存条件较好。

Laramide（拉勒米）构造运动在 Mancos 页岩快速埋藏过程中发挥了重要作用，使其在 Uinta 盆地的不同地区进入了油气窗。在 Uinta 盆地北部，Mancos 页岩普遍进入过成熟阶段，下部地层的镜质体反射率超过 2.0%，上部大于 1.35%。但在埋深相对较浅的 Uinta 盆地南部，Mancos 页岩整体处于生油窗阶段，下部地层的镜质体反射率在 0.8%~1.0% 之间，上部地层在 0.75%~1.1% 之间。Mancos 页岩是 Uinta 盆地重要的烃源层（图 16-8、图 16-9）。

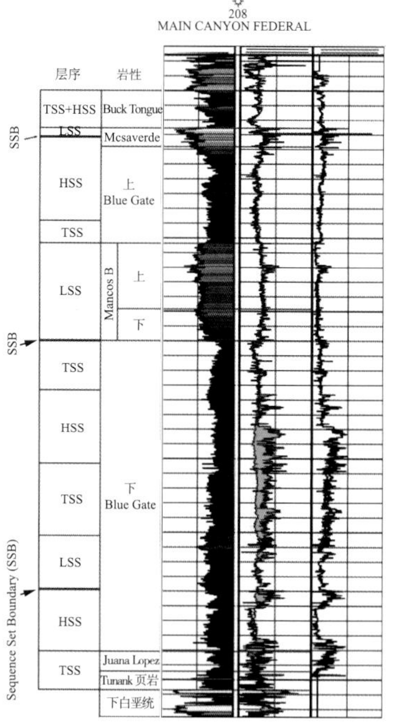


图 16-7　Mancos 页岩测井解释 TOC 综合柱状图

位于 Uinta 盆地东南部的一口 Mancos 页岩气井测井解释有机碳柱状图，图左侧为岩石地层单元及层序划分，第一道为 GR 曲线范围在 0~170API，第二道为电阻率曲线（黑色）和声波（蓝色）曲线，第三道为计算 TOC 值，范围为 0~10%

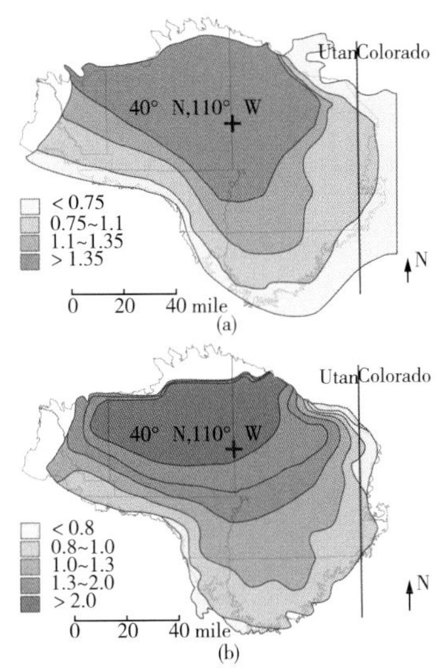


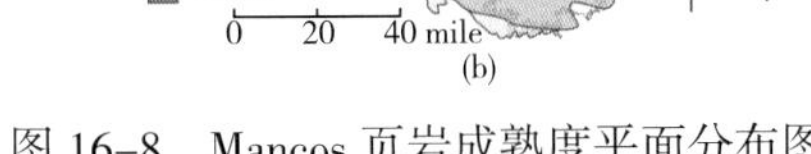

图 16-8 Mancos 页岩成熟度平面分布图

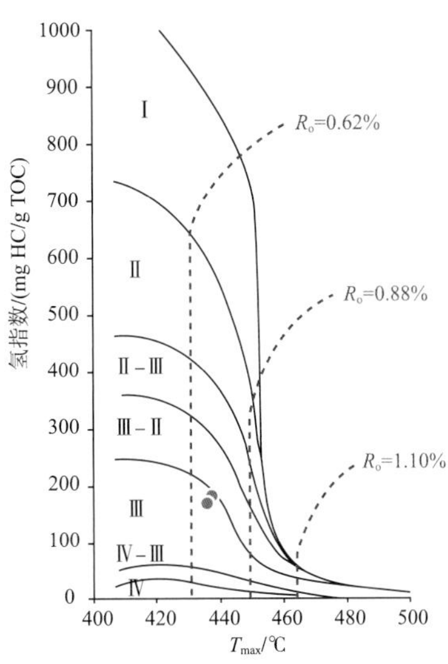


图 16-9 Mancos 页岩 HI-$T_{max}$ 统计图

## 16.6 储集特征

Mancos 页岩岩心样品分析结果表明，Mancos 页岩总孔隙度大小为 4%~9%，平均为 6%；实验测得有效孔隙度大小为 3.8%~6.5%，平均为 5%。渗透率大小为 0~0.0035mD，平均约为 0.0005mD。根据 Horton（2012）划分的 Mancos 页岩岩相，将孔隙度和渗透率按照不同岩相归类统计分析，发现远端的（6、8、11 号样品）孔隙度平均在 5.5%，渗透率为 0.00025mD；中间的（1、2、4 号样品）孔隙度平均为 6.5%，渗透率为 0.0005mD；近源的（7、3、5、9 号样品）孔隙度平均在 5%，渗透率为 0.0008mD（图 16-10）。

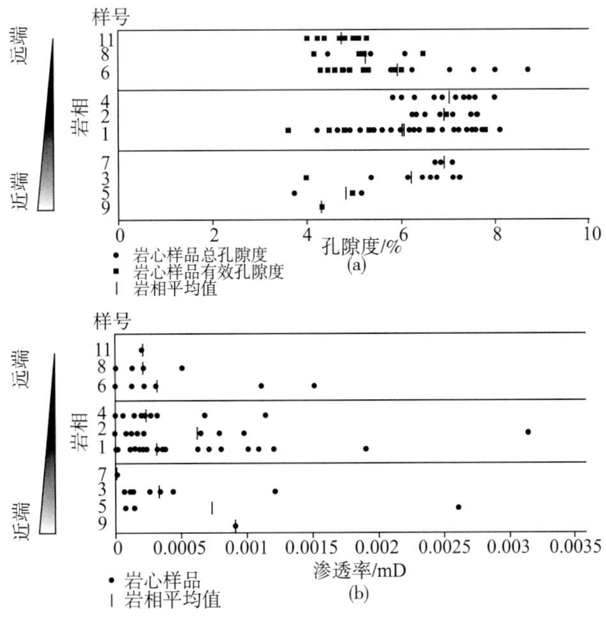


图 16-10 Mancos 页岩孔渗特征

对 Mancos 页岩开展 3D FIB-SEM 测试分析，测试样品位于 Mancos 页岩富有机质层段，其干酪根含量为 87%，黏土和硅质含量为 10%，孔隙含量为 2.2%（图 16-11）。从图 16-12 中可知，干酪根孔隙度很低，页岩孔隙主要分布于干酪根同黏土 / 硅质接触面位置，反映出两者之间的孔隙。图 16-12 进一步反映出有机质表面微裂隙的发育，反映 Mancos 页岩干酪根和黏土矿物孔隙度均较小。此外，在干酪根表面发育有大量孔洞，这可有效增加干酪根表面吸附能力。

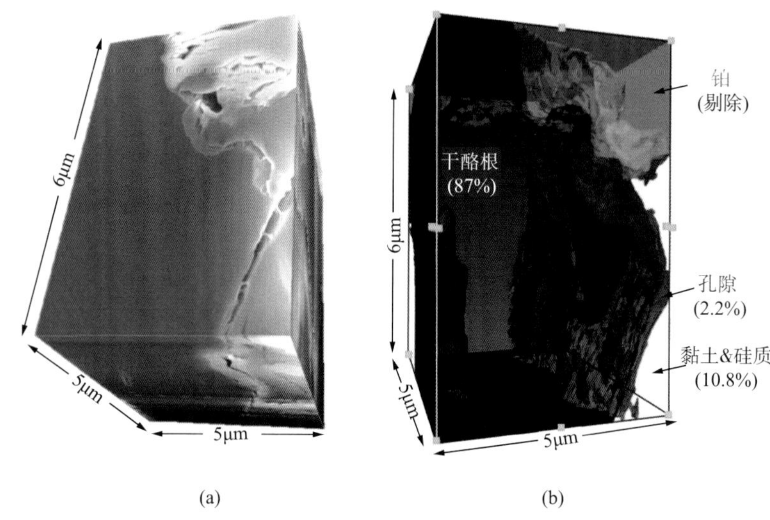


图 16-11　Mancos 页岩 3D FIB-SEM 测试分析图

（a）基于 524 样品扫描图像建立的三维体；（b）通过体积分割使其中一部分透明化，来呈现出不同的组成相，各部分的体积分数标注在每个相的下面

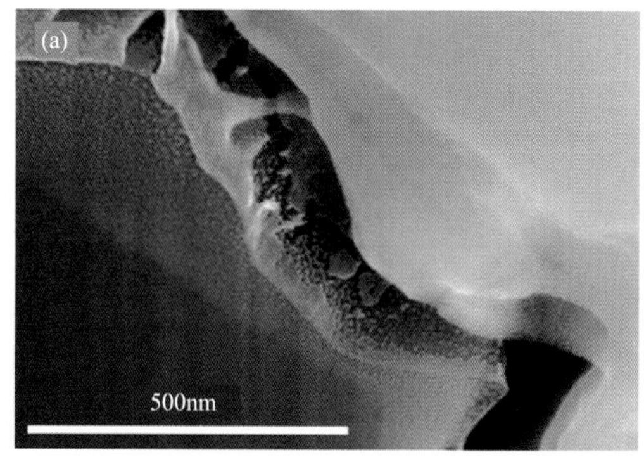


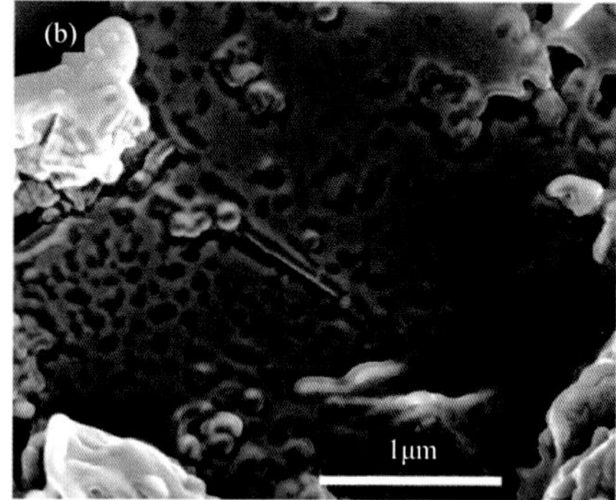


图 16-12　Mancos 页岩高分辨率 SEM 观测图

（a）在 FIB 切片中拍摄的高分辨扫描电镜图像，显示出裂缝 / 孔隙中从黏土（右）中分离的有机质（左），干酪根和黏土内部的孔隙度都很低；（b）样品表面分析过程中获得的扫描电镜图像显示出每个干酪根体表面都有微小的纳米气泡

## 16.7　可压性

全岩 X 衍射分析数据表明（表 16-1）：Mancos 页岩主要矿物成分为硅质矿物（54%）、

黏土矿物（24%）和碳酸盐岩矿物（20%）。同北美其他页岩相比，Mancos 页岩碳酸盐岩矿物含量较低，其黏土矿物含量较高（图 16–13）。岩石力学测试表明：Mancos 页岩体积密度为 2.58g/cm$^3$。此外，岩心观察可见 Mancos 页岩发育厘米—毫米级的纹层构造，镜下观察揭示其具有明显的各向异性特征和平行于层理的天然裂缝（图 16–14）。

表 16–1　Mancos 页岩全岩 X 衍射统计情况表（样品来源于 Mancos 野外露头）

| 矿物 | 石英 | 钾长石 | 斜长石 | 高岭石 | 云母 / 伊利石 | 伊 / 蒙混层 | 方解石 | 菱铁矿 | 白云石 | 铁白云石 | 黄铁矿 |
|---|---|---|---|---|---|---|---|---|---|---|---|
| 含量 /% | 43 | 7 | 4 | 4 | 11 | 9 | 0 | 9 | <1 | 11 | 2 |

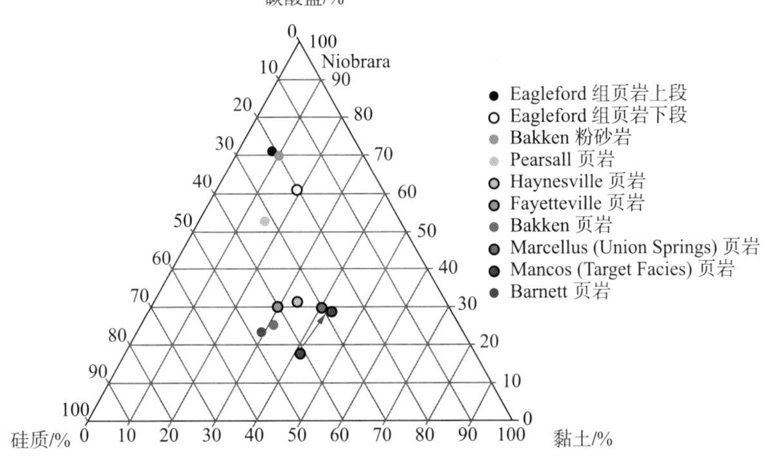


图 16–13　Mancos 页岩矿物组分三端元图

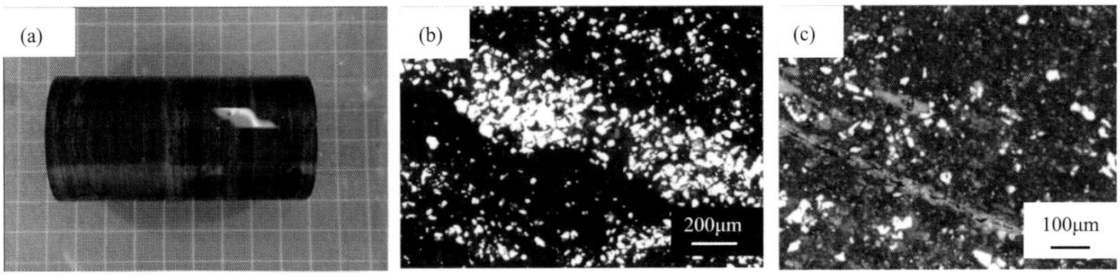

(a) (b) 200μm (c) 100μm

图 16–14　Mancos 页岩纹层发育图

## 16.8　潜力分析

虽然 Mancos 页岩有机质相对贫乏且富含黏土矿物，但这套页岩的开发潜力不应被忽视。Mancos 优势岩石相的矿物组分与目前已开发的其他页岩层系差别不大。评估认为，Uinta 盆地的 Mancos/Mowry 页岩具有 $878\times10^8\text{m}^3$ 天然气资源潜力。

北美地区非常规油气资源的高效开发有效减缓了对石油和天然气进口的依赖。犹他州东北部的 Uinta 盆地有着悠久的石油天然气开发历史。上白垩统 Mancos 海相页岩长期以来被认为是 Uinta 盆地主要的烃源岩，但由于早期开发技术的限制，尚未达到有效经济开采。

随着水平钻井技术和大规模压裂技术的不断完善，Mancos 页岩现已成为重要的非常规油气资源开发目标。

## 参考文献

[1] Decelles P G. Late Cretaceous - Paleocene synorogenic sedimentation and kinematic history of the Sevier thrust belt, northeast Utah and southwest Wyoming[J]. GSA Bulletin, 1994, 106: 32–56.

[2] Decelles P G, Coogan J C. Regional structure and kinematic history of the Sevier fold–and–thrust belt, central Utah[J]. GSA Bulletin, 2006, 118: 841–864. doi: 10.1130/B25759.1.

[3] DeCelles P G, Giles K A. Foreland basin systems[J]. Basin Research, 1996(8): 105–123.

[4] Johnson R C. Depositional framework of the Upper Cretaceous Mancos Shale and the lower part of the Upper Cretaceous Mesaverde group, Western Colorado and Eastern Utah: Petroleum Systems and Geological Assessment of Oil and Gas in the Uinta Piceance Province, Utah and Colorado: U.S. Geological Survey Digital Data Series DDS–69–B (1.0 ed, pp. 28). Denver, CO 80225 [J]. U.S. Geological Survey, Information Services, 2003.

[5] Kauffman E G. Geological and biological overview: Western Interior Cretaceous Basin[J]. The Mountain Geologist, 1977, 14: 75–99.

[6] Kirschbaum M A, Mercier T J. Controls on deposition and preservation of Cretaceous Mowry Shale and Frontier Formation equivalents, Rocky Mountain Region, Colorado, Utah, and Wyoming[J]. AAPG Bulletin, 2013, 97:899 - 921. doi: 10.1306/10011212090.

[7] McCauley A D. Sequence stratigraphy, depositional history, and hydrocarbon potential of the Mancos shale, Uinta Basin, Utah, 2013.

[8] Torsaeter M, Vullum P E, Nes O M,et al. Nanstructure vs macroscopic properties of Mancos shale[C]. SPE Canadian Unconventional Resources Conference, 2012.

# 17 Marcellus 页岩油气地质特征

## 17.1 勘探开发历程

Marcellus（马塞勒斯）页岩气田是目前世界上最大的非常规天然气田，位于美国 Appalachian（阿巴拉契亚）盆地东部，横跨纽约州、宾夕法尼亚州、西弗吉尼亚州及俄亥俄州东部（图 17–1），展布面积为 $24.61\times10^4km^2$。Marcellus 页岩是富含有机质的黑色沉积岩，其埋深在 1200~2600m 之间，最大厚度为 274.32m，平均厚度为 15~60m。

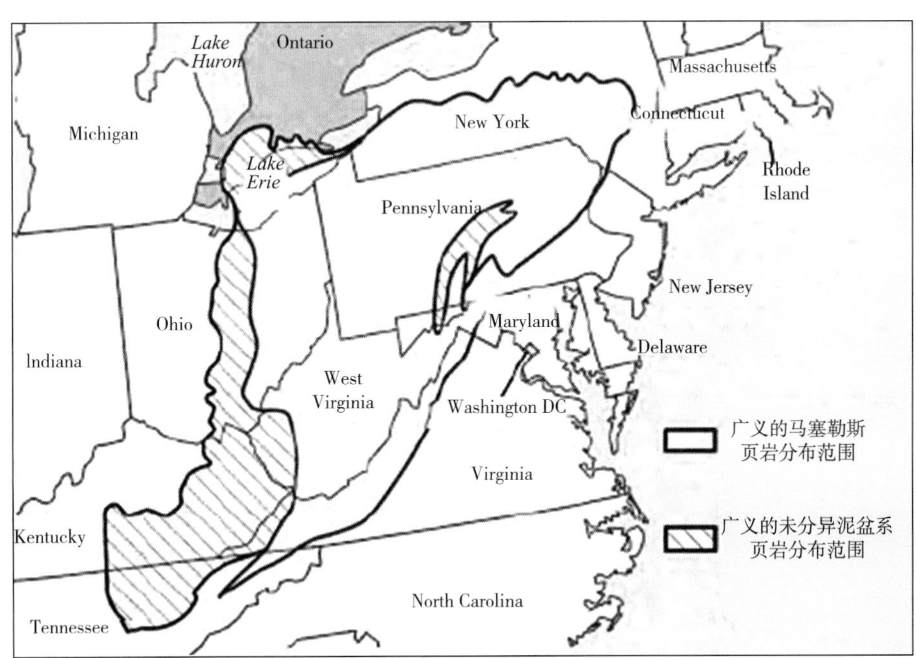


图 17–1　Marcellus 页岩分布图

阿巴拉契亚盆地位于美国的东北部，是美国最早发现页岩气的地方。1839 年通过地质勘察首次在纽约州的 Marcellus 地区发现了页岩露头，并将该页岩命名为 Marcellus 页岩。

Marcellus 页岩气田的第一口井钻探于 1880 年，该井位于纽约州 Ontario 县的 Naples 地区。20 世纪 70 年代末至 80 年代初，曾尝试对 Macelles 页岩进行商业开发，但未获得工业气流。初期测试产量未能达到商业预期的主要原因是受压裂施工技术限制。

Range 资源公司在宾夕法尼亚州华盛顿县部署钻探了 Renz Unit 1 井，该井于 2003 年完钻，钻井过程中在 Marcellus 页岩层见气测显示，研究表明 Marcellus 页岩与 Barnett 页岩和 Fayetteville 页岩相似，均为页岩气勘探开发的有利层段。2004 年 10 月 23 日，该井采用水力压裂，压后产量达 $1.13 \times 10^4 m^3/d$。

2006 年，Marcellus 页岩区的勘探开发工作逐渐推进，Range 资源公司、Cabot 石油天然气公司、Dominion 能源公司、Fortuna/Talisman、M&M 能源公司、Atlas 能源公司、宾夕法尼亚通用能源公司等多家公司对 Marcellus 页岩开展勘探工作，钻井数共计 28 口，其中由 Cabot 石油天然气公司在 2006 年完钻的 5Teel 井，最大测试产量达 $19.80 \times 10^4 m^3/d$，正式拉开了宾夕法尼亚州北部地区页岩气勘探开发的序幕。

2007 年 Macellus 页岩区的钻井数大大增加，完钻井数达 153 口。同年，Range 能源公司在宾夕法尼亚州华盛顿县钻探了第一口具有重要意义的水平井，该井的初期产量约为 $11.04 \times 10^4 m^3/d$。此外，在宾夕法尼亚州的 Butler、Elk、Greene、Clarion 及 Lycoming 县也钻探了一些探边井和勘探井。重大钻井项目是由 Atlas 资源公司、Chief 石油天然气公司、EOG 资源公司、美国东部能源公司、宾夕法尼亚通用能源公司、Range 资源公司、Rex 能源公司和得克萨斯 Keystone 公司等启动的。不过 2007 年的重点仍然是直井，只完钻了几口水平井。

2008 年是 Marcellus 页岩取得突破性进展的一年，当年完钻井数达 360 多口，并在一些重点直井和水平井中获得重大发现，其中包括 CNX 天然气公司和 EQT 公司在宾夕法尼亚州 Greene 县的发现以及 Epsilon 资源公司在宾夕法尼亚州 Susquehanna 县的发现。在开发出有效的直井二级压裂技术后，Atlas 能源公司完钻井平均测试产量约为 $5.67 \times 10^4 m^3/d$，Range 资源公司完钻的水平井初期产量在 $11.3 \times 10^4$~$73.6 \times 10^4 m^3/d$，甚至更高。

截至 2010 年底，宾夕法尼亚地区的 Marcellus 页岩区带共钻井 2418 口，其中已投产井 1237 口。目前开发生产活动主要集中在宾夕法尼亚州东北和西南部区域，其中，东北部面积为 $10.54 \times 10^4 km^2$，预测采收率为 25%，剩余资源量为 $8 \times 10^{12} m^3$；西南区面积为 $1.99 \times 10^4 km^2$，预测采收率为 40%，剩余资源量为 $1.33 \times 10^{12} m^3$，预计 2027 年可达到产量高峰，年产页岩气量可达 $9301.33 \times 10^8 m^3$，凝析油可达 $210 \times 10^4 t$。

## 17.2 构造特征

阿巴拉契亚盆地位于美国东北部，为晚古生代前陆盆地，是美国重要的油气产区之一。盆地面积为 $47.9 \times 10^4 km^2$，北东—南西向长 1730km，北西—南东向宽 32~499km，东南部以 Acadian 高原为界，西北部以 Findlay-Algoquin 隆起为界。

图 17-2 显示了阿巴拉契亚盆地的主要构造特征、重要页岩开采区以及阿巴拉契亚盆地的构造范围。自西而东，阿巴拉契亚盆地的构造单元包括：Cincinnati 穹隆、Waverfy 穹隆、Cambridge 穹隆及 Rome 地槽和背斜褶皱带等。

迄今为止，产能较高的 Marcellus 页岩井位于阿巴拉契亚高原地带，该区一般发育宽缓构造，西部无强烈断裂作用，东部靠近构造前缘带，复杂性增加，具有北东—南西走向的盐核背斜，该区域地层重复、倒转，逆冲断层发育。

图 17-3 描述了阿巴拉契亚盆地基底构造、主要断层、Rome 地槽的投影位置以及重要的泥盆系页岩和 Marcellus 页岩开采区。图中的基底断层可分为两类：①受 Rome 地槽

影响形成的平行于盆地走向的断层；②垂直盆地走向的转换断层或不连续面（Harper 和 Laughrey，1987）。这些基底断裂是弱构造带，在古生代又发生过多期次构造活动（Negus De Wyss，1979；Lee，1980；Shumaker，1993）。此外，在部分地区，断层重新活动导致了构造反转。上述断层活动很有可能一直持续到第四纪。

Rome 地槽是阿巴拉契亚盆地的一个重要构造单元，中寒武世形成了夭折裂谷系统。Shumaker（1993）指出了 Rome 地槽影响了部分区域中泥盆系主要富有机质页岩段的发育，同时受 Rome 地槽影响所形成的基底断层使西弗吉尼亚州 Cottageville 和 Midway Exlra 页岩气田产生有利的天然裂缝带。在距已发现的 Marcellus 页岩区更近的地方，Kulander 和 Ryder（2005）通过一系列区域地震剖面确定了宾夕法尼亚州西南部 Rome 地槽的边界。Rome 地槽不但界定了 Marcellus 页岩区重要富有机质页岩层的最大沉积范围，还界定了 Marcellus 页岩上覆地层（如 Tully 石灰岩）的范围。此外，Rome 地槽也是与 Marcellus 页岩的埋藏史和热演化史有关的一个重要构造单元。

与 Rome 地槽走向平行的基底断层可能是在寒武纪和奥陶纪断裂时期形成的转换断层（Harper 和 Laughrey，1987），后来又经历了多期构造活动。Wheeler（1908）将这些正断层的地表表现命名为垂直于构造走向的不连续面。其中最重要的是 Tyrone–Mt. Union 线性构造（Canich 和 Gold，1977；Rodgers 和 Anderson，1984）和 Pittsburgh–Washington 线性构造（Lavin 等，1982）。据 Rodgers 和 Anderson（1984）研究，沿 Tyrone–Mt. Union 线性构造带天然裂缝增加，运移的油气量也增多。在阿巴拉契亚盆地内，上述特征通常对页岩油气的产量不利。受影响的油气藏主要有下泥盆统 Oriskany 燧石岩层、上泥盆统砂岩层、志留系 Medina 储层以及奥陶系 Rose Run 砂岩储层。在垂直于盆地走向的不连续面附近未获得油气发现。

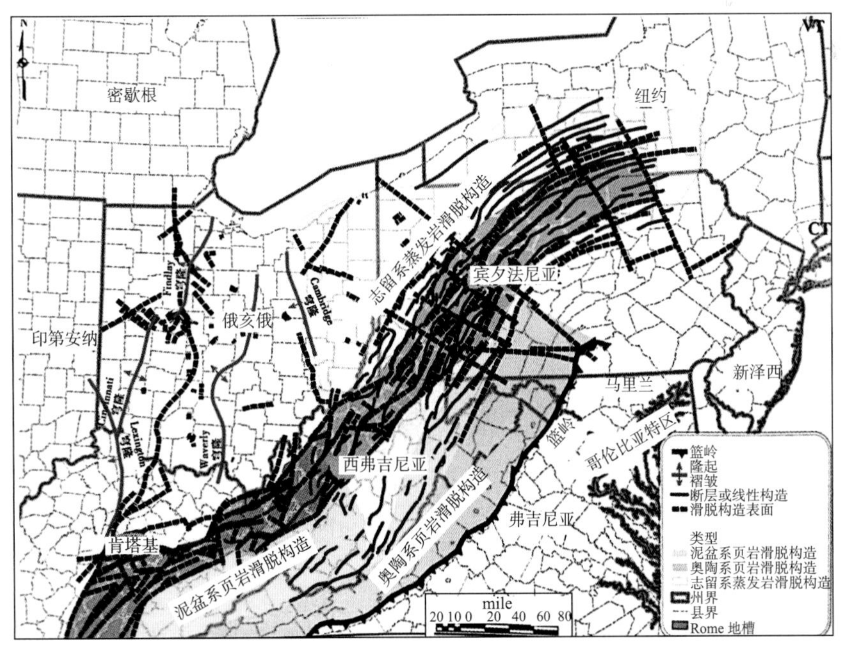


图 17-2 阿巴拉契亚盆地主要构造特征图（据 Shumark，1996，修改）

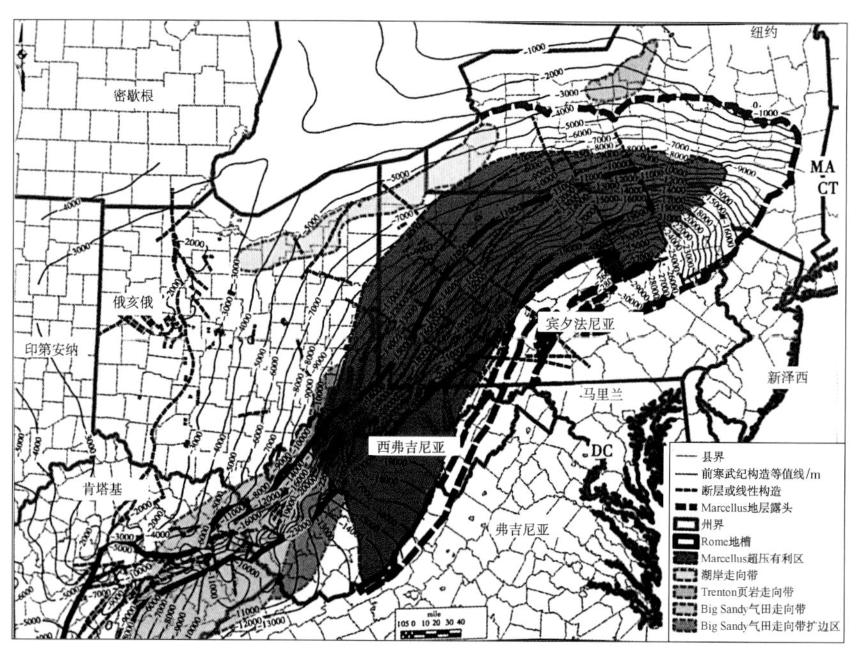


图 17-3　阿巴拉契亚页岩区与基底构造和 Rome 地槽位置关系图（据 Shumaker，1996，修改）

## 17.3　地层特征

阿巴拉契亚盆地以前寒武系结晶岩为基底，主要发育寒武系—二叠系地层，沉积厚度达 12000m，其中下寒武统—下泥盆统地层厚 1275~4470m，主要为碎屑岩；中上泥盆统厚 110~2800m，下部厚约 300m 的褐色页岩为盆内主要烃源岩，上部为厚层三角洲砂岩，是重要的油气产层。Marcellus 页岩发育于中泥盆统，厚度为 0~60m，平均为 24m，其中 TOC 含量 > 6.5% 的富有机质页岩厚 0~54m，平均为 10m。

中泥盆统 Marcellus 页岩位于 Hamilton 群下部，上覆地层为中泥盆统 Tully 灰岩，下伏地层为下泥盆统 Onondaga 灰岩（Onesquethaw 群）。Cherry Valley/Purcell 灰岩把 Marcellus 页岩分隔为上、下两段，即下部 Union Springs 页岩段和上部 Oatka Creek 页岩段（图 17-4）。

Lash（2008）在纽约州西部和宾夕法尼亚州西北部边缘地区的 Marcellus 页岩内确定了几个不整合面。这些不整合包括 Union Springs 页岩和 Oatka Creek 页岩的上部层序边界，整个 Union Springs 页岩被一些区域不整合剥蚀。Marcellus 页岩上、下不整合在东南部发育在盆地更深的部位（Hamilton Smith，1993；Milici 和 Swezey，2006；Boyce，2009）。Tully 石灰岩之上的大型中泥盆统不整合（Hamilton Smith，1993）由东向西逐渐剥蚀更老的地层单元，向西至 Cincinnati 穹隆，该不整合剥蚀掉整个 Tully 石灰岩、Hamilton 群以及更老的地层。

现有的钻井通常都部署在 Marcellus 页岩总厚度大于 15m 的区域。研究表明，在 Rome 地槽内部或靠近 Rome 地槽的区域，Marcellus 页岩厚度自西向东呈现增加的趋势，在俄亥俄州东部和西弗吉尼亚州西部厚度为零，在宾夕法尼亚州东部，厚度最大，超过 107m，厚度增加的方向通常与阿巴拉契亚构造前缘带平行（图 17–5）。Marcellus 页岩地层的沉积厚度与基底断层有关，受平行于盆地走向的基底断层的影响，在 Rome 地槽内该页岩地层厚度表现出沿平行盆地走向的方向增加的趋势，在垂直于走向的基底断层处或其附近可能存在地层尖灭。

Marcellus 页岩顶部埋藏深度为 914~2591m，平均埋深超过 1524m，自盆地西北部向东南部逐渐加深，在宾夕法尼亚州南部和西弗吉尼亚州东南部埋藏深度最大（图 17–6）。

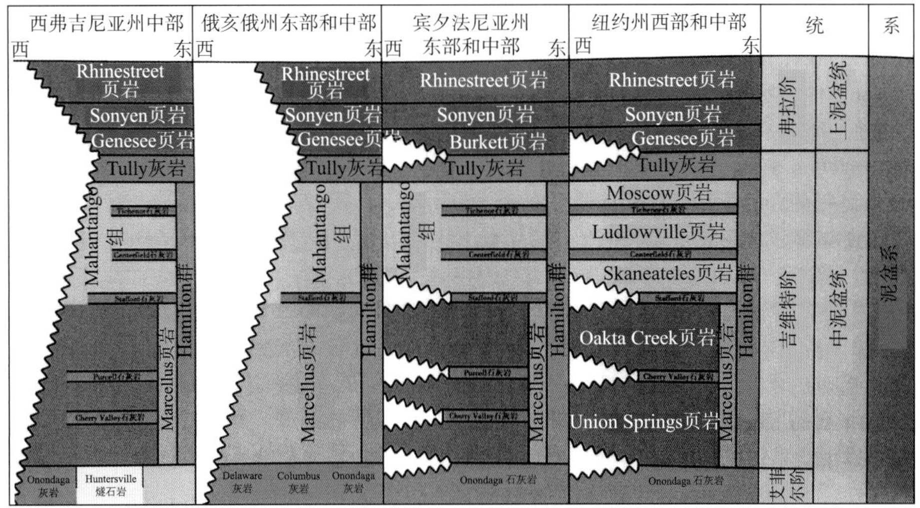

图 17–4　Marcellus 页岩段综合地层图（据 Patchen 等，1985，修改）

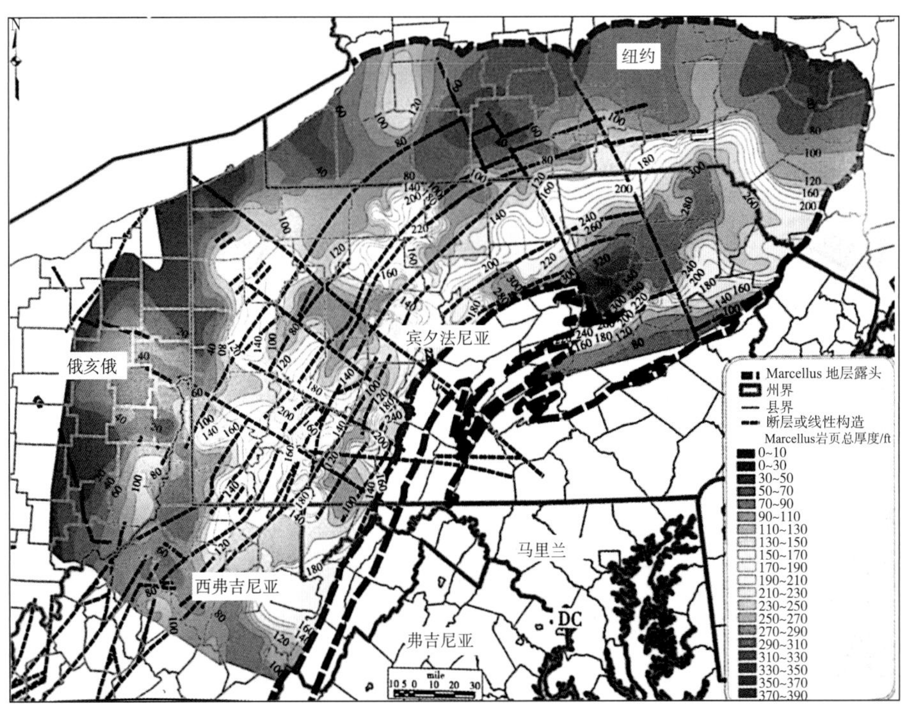

图 17–5　Marcellus 页岩段总厚度及主要基底断层图

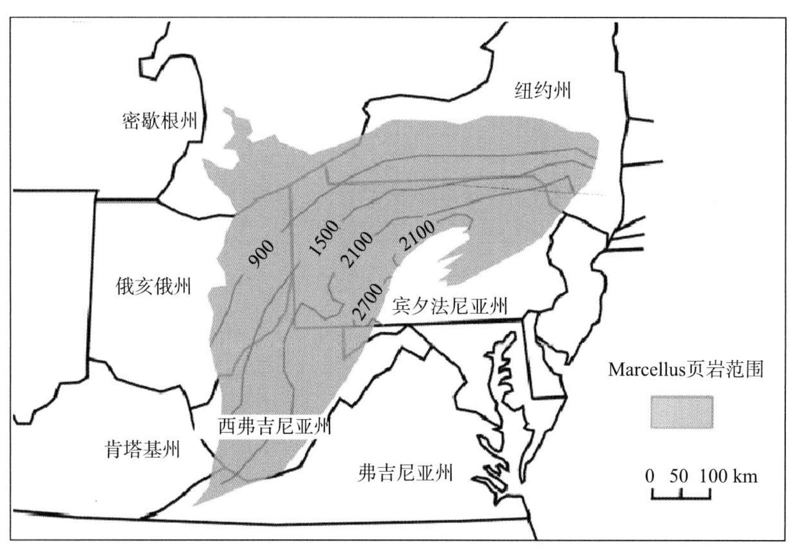


图 17-6 阿巴拉契亚盆地 Marcellus 页岩顶部等深线图（据 Robert 等，2006）

## 17.4 沉积特征

Macrellus 页岩形成于古生代中泥盆世，采用放射性元素定年法确定该套页岩形成于384Ma 之前，Macrellus 页岩属于 Cazenovia 阶的 Givetian 带（Anstey R L，1995）。中泥盆世 385Ma 时，劳伦亚大陆和冈瓦纳大陆发生碰撞，古大西洋北端闭合，Acadia 造山运动开始，阿巴拉契亚前陆盆地接受沉积（图 17-7）。Marcellus 页岩沉积于造山运动早期，前陆盆地呈饥饿状态，其处于赤道附近，温度较高，沉积环境极度缺氧，且生物扰动少，快速沉积的有机质得以良好保存，岩层厚度薄且侧向变化小。

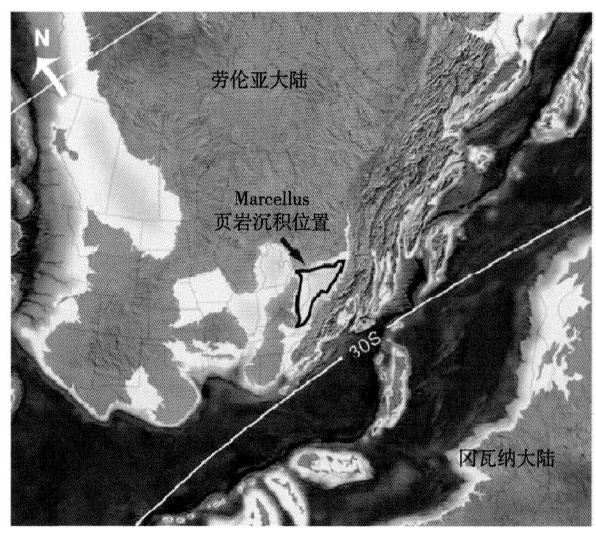


图 17-7 中泥盆世 Marcellus 页岩沉积古地理图（据 Ron Blakey 修改）

Macrellus 页岩的岩性以黑色页岩为主，含浅灰色页岩与灰岩夹层。目前，普遍认为 Macrellus 页岩形成于欠补偿的深水缺氧环境，其形成可能与生物繁盛以及海侵作用有关。

Acadian 造山运动是北美板块和 Avalonian 微型陆块之间发生碰撞的结果（Williams 和 Halcher，1982）。在泥盆纪 Acadian 造山运动等构造作用下，阿巴拉契亚盆地经历了四期沉积过程：①构造运动早期出现的快速下沉导致了黑色页岩堆积；②随后发生的碰撞和大规模海退导致灰色页岩和粉砂岩发育；③碰撞后引起地层的广泛抬升和区域不整合；④在构造不活跃的海退期沉积了大量的石灰岩。Ettensohn（2004）认为 Marcellus 页岩形成于上述的第二沉积时期。

在 Marcellus 页岩沉积期间，阿巴拉契亚盆地中部位于南纬 15°~30° 之间（Ettensohn，1992），为干燥热带或热带草原气候，具有季节性降雨、干燥的环境。另外，该区可能受强暴风活动影响（Woodrow 等，1973）。古地理重建将盆地置于东南信风带。干燥环境和盛行的信风将陆源的硅质碎屑带入 Marcellus 页岩沉积区。Weme 等（2002）认为碳酸盐和非风成硅质碎屑沉积物减少，直接导致了 Marcellus 地层中 Oatka Creek 富有机质页岩段存在风成粉砂级颗粒。此外，Sageman 等（2003）报道称 Marcellus 页岩中风成粉砂颗粒含量与总有机碳含量呈正相关性。

Sageman 等（2003）研究认为，Marcellus 富有机质的黑色泥岩中不含陆源物质，以短链烷烃为主，而贫有机质中则以长链烷烃为主（Murphy，2000）。这表明，在贫有机质的泥岩和碳酸盐岩沉积期间，以陆源碎屑物质沉积为主，而在富有机质的 Marcellus 黑色泥岩沉积期间，主要以海藻类海洋浮游植物沉积为主。

和其他有机质页岩一样，Marcellus 页岩有机质的产生、沉积和保存主要受以下三种因素影响：①原始光合作用；②细菌降解；③总沉积速率（Sageman 等，2003）。

Ettensohn（1985）、Woodrow 和 Sevon（1985）以及 Blakey（2005）的古地理重建模型表明，富有机质的沉积发生在大型的、几近封闭的三面湾内，该三面湾可能起到了提高海洋有机质生产能力的作用。富有机质页岩中非风成硅质碎屑沉积物的减少证实了在沉积过程中可能出现干旱的沉积环境，从而导致了沉积物匮乏，而非风成硅质碎屑物的减少避免了有机质被稀释。

Wrightstone（2010）提出，Marcellus 富有机质页岩沉积或堆积于有机质产量最高、非风成沉积物匮乏、保存能力最强的环境下。他认为，与周期性沙尘暴有关的藻华作用导致了有机质含量的增加以及盆地范围内发生的缺氧事件。

## 17.5 地化特征

### 17.5.1 有机质丰度

Marcellus 页岩有机质丰度较高（图 17-8），介于 3%~11% 之间，平均为 4.0%，TOC 含量自西向东逐渐增大，纽约州 TOC 平均含量为 4.3%，宾夕法尼亚州为 3%~6%，西弗吉尼亚州为 1.4%。

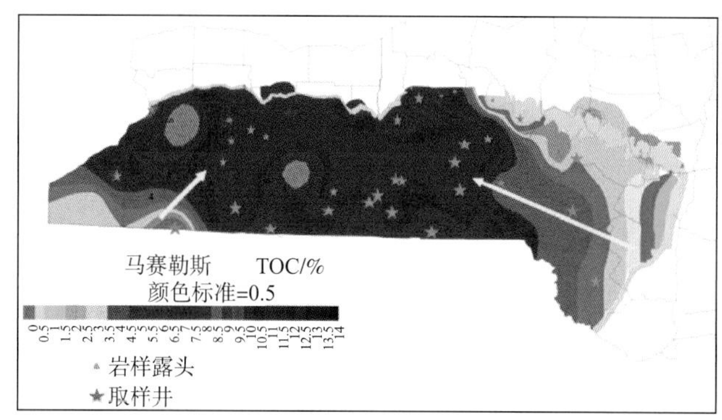


图 17-8 Marcellus 页岩 TOC 平面分布图

对 Range 资源公司在宾夕法尼亚州所钻探的 15 口井的岩心数据和井壁取心数据进行分析后发现，Marcellus 页岩的 TOC 含量范围在 1%~15%，奠定 Marcellus 页岩作为世界级烃源岩的地位。优质烃源岩和页岩气远景区 TOC 最低门限值一般是 2.0%（Jarvie 等，2005）。如此看来，Marcellus 页岩的一些 TOC 值在热成因型页岩气区属于最高的。Reed 和 Dunbar（2008）的研究表明，计算所得的 Marcellus 页岩原始 TOC 含量在 4%~20% 之间。

Marcellus 页岩的自然伽马值可间接反映有机碳含量的高低。Schmoker（1981）建立了阿巴拉契亚页岩有机碳含量与自然伽马之间的关系式。当 GR 值在 200API 以上时，可以判定 TOC 含量≥ 5%。在宾夕法尼亚州西南部和弗吉尼亚州西北部，GR 值通常大于 300API，甚至达到 400API，说明 Marcellus 页岩区西南部的有机碳含量通常比该区东北部的有机碳含量高。

### 17.5.2 有机质类型

Marcellus 页岩有机质类型以 II 型干酪根为主。

### 17.5.3 有机质成熟度

阿巴拉契亚盆地 Marcellus 页岩 $R_o$ 为 1.5%~3%，自西向东逐渐增大，成熟度最高地区位于宾夕法尼亚州东北部和纽约州东南部，有机质处于高过成熟阶段，为热成因气（图 17-9）。

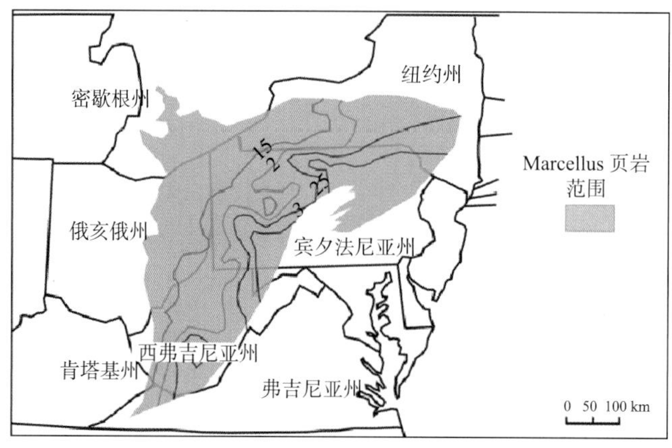


图 17-9 阿巴拉契亚盆地 Marcellus 页岩 $R_o$ 等值线图（据 Robert 等，2006）

图 17-10 显示，Marcellus 页岩的有机质成熟度沿东南方向呈增大趋势：在宾夕法尼亚州西北部和俄亥俄州东部 $R_o$ 为 0.5%，到宾夕法尼亚州东北部和纽约州东南部增大至 3.5% 以上。钻井及研究表明，油气储量和产量最高的区域位于宾夕法尼亚州西部、俄亥俄州东部及纽约州南部。当 $R_o$ 大于 3.5% 时，Marcellus 页岩的潜力可能很低。

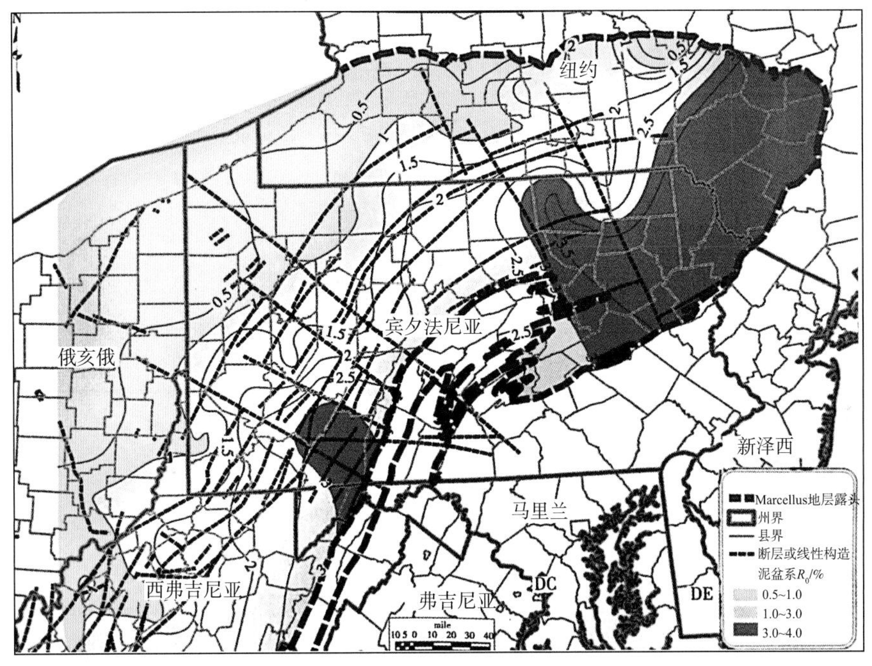


图 17-10 Marcellus 页岩有机质成熟度及大型基底断层分布图（据 Repetski 等，2008）

Marcellus 页岩有机质成熟度与主要基底断层样式以及 Rome 地槽有关（图 17-10）。Rome 地槽和与之有关的基底断层直接影响了 Marcellus 页岩的埋藏深度和压力，且在 Rome 地槽的西北部边界存在一个构造转换带，Marcellus 页岩在此迅速被埋藏，从而达到现今的有机质演化程度。

在 Marcellus 页岩区的两个新核心开发区具有略微不同的有机质成熟度特征。在其西南部开发区，目前开采的主要是镜质体反射率在 1.0%~2.8% 之间的区域：在东部发现了干气，而在西部则是干气和凝析气均有发现。

## 17.6 储集特征

### 17.6.1 物性特征

早期对于阿巴拉契亚盆地中页岩储层物性的研究工作主要集中在与 Big Sandy 气田有关的 Huron 和 Rhinestreet 页岩区。起初，大多数研究人员认为，阿巴拉契亚盆地中的富有机质页岩的孔隙度、渗透率低，且缺乏彼此连通的天然裂缝，因此，它们虽然是优质的烃源岩，却是很差的储层。Big Sandy 气田泥盆系地层的开采实践证实，这些页岩层段的孔隙度很低，平均小于 5%。不过，Seder 等（1986）的研究给出了截然不同的结果，他们认为 Marcellus 页岩的孔隙度和渗透率都比较高。Seder 等（1986）根据西弗吉尼亚州 Monongalia 县的 7WV 井对 Marcellus 页岩进行了评价，并称 Marcellus 页岩具有较高的孔隙度（10%~20%）和渗透率（5~50mD）。Van Tyne（1993）也给出了纽约州南部 Marcellus 页岩孔隙度和渗透率较高的一些类似的证据。他认为 Marcellus 页岩孔隙比浅层泥盆系页岩层段更发育。Van Tyne 指出，Marcellus 页岩的孔径达 0.001mm，并认为这些孔隙是 Marcellus 页岩具有较大生产潜力的重要因素。

如前所述，早期发现的这些高孔、高渗、高含气量的储层固然很重要，但并没有激起业界将 Marcellus 页岩视作有利储层开发的兴趣。最近的测井和岩心数据证实，在 Marcellus 页岩区的几个较大含气区域存在高孔隙度和高渗透率的优质页岩储层，其孔隙度值远远高于阿巴拉契亚盆地其他泥盆系页岩。据 Range 资源公司对宾夕法尼亚州境内的 Marcellus 页岩的研究结果表明，该套页岩的渗透率变化范围很大，区间值为 0.13~2mD，而具有商业开采价值的页岩气渗透率下限值为 0.1mD，渗透率超过 0.5mD 可评价为物性极好的气藏。因此，和北美其他页岩区相比（Haynesville 页岩除外），Marcellus 页岩区渗透率较特殊，和 Haynesville 页岩类似，均表现为高值。

### 17.6.2 储集空间类型

Marcellus 页岩储集空间类型可分为两类：粒间孔和微裂缝，其中粒间孔主要是指粉砂岩、黏土颗粒和有机质中的基质孔，孔隙度范围为 6%~10%。Marcellus 页岩中微裂缝发育，是主要的储集空间类型。同时，Marcellus 页岩中粉砂岩夹层发育，不仅增加了储集空间，而且提高了储层侧向渗透率。如图 17-11 所示，给出了从宾夕法尼亚州西南部 Marcellus 页岩岩心中观察到的孔隙结构示例。

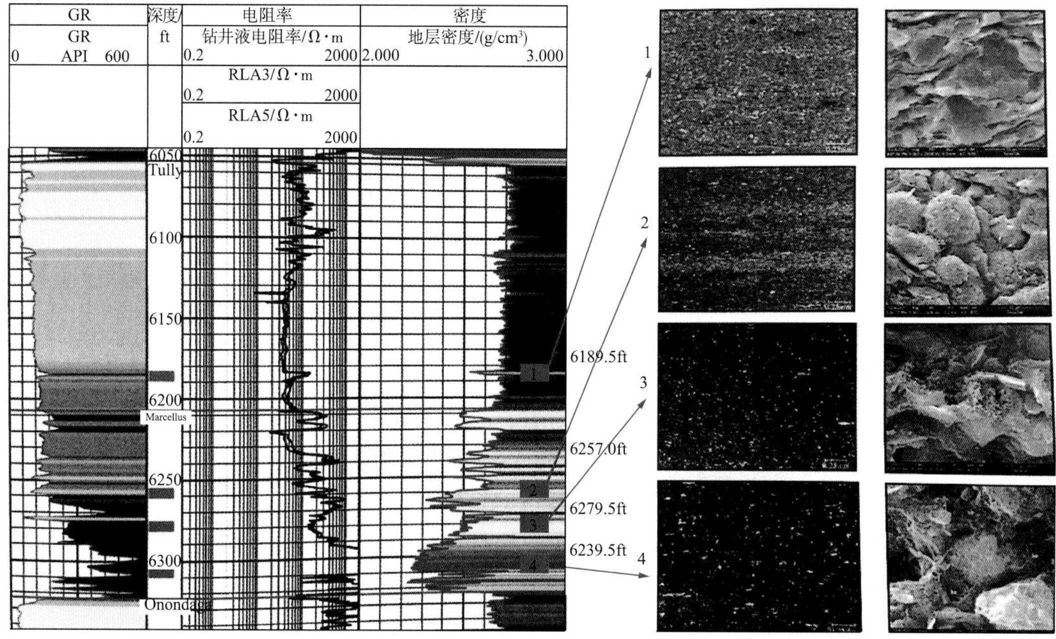


图 17-11　宾尼法尼亚州西南部 Marcellus 页岩典型层段测井曲线和孔隙结构特征

钻井和露头资料显示，Marcellus 页岩存在天然缝网。在 Marcellus 页岩发育区，天然缝网对页岩气开发起到重要作用。此外，根据现有数据分析认为 Marcellus 页岩的开发还受厚度、孔隙度、渗透率、地质储量丰度、压力梯度以及可压性等因素控制。经证实，直井和水平井中获得较高初始测试产量的井段一般与天然裂缝系统的存在有关。不过，一旦天然裂缝系统发育到一定程度，将不利于页岩气的保存。此外，裂缝相对不发育的 Marcellus 页岩层段也可能在局部有限的天然裂缝中获得较大的页岩气地质储量，在这种情况下，可以通过增产措施来获得商业产量。天然裂缝的存在对 Big Sandy 气田商业开发非常重要，甚至在实施人工压裂措施之前，该气田页岩气产量就达到了商业开发的规模。

然而，研究认为，天然裂缝不是影响 Marcellus 页岩区产能的主要因素，证据如下：

（1）Marcellus 页岩井史记录和自然产能测试表明，大部分产能都有快速下降的趋势。相比之下，在 Big Sandy 气田不实施增产措施情况下自然产量超过 8500$m^3$/d 的井很常见，而在 Marcellus 页岩区则没有见到类似情况。

（2）Marcellus 页岩井的录井资料表明，在钻井过程中见气测显示，但在钻遇下伏的 Onondaga 砂岩和 Huntersville 燧石岩时气测值快速下降。

（3）无论在 Marcellus 页岩岩心中还是 FMI 成像测井图像上，张开缝很少见，大多数裂缝均为钙质胶结的闭合缝。

（4）目前针对宾夕法尼亚州西南部和西弗吉尼亚州北部的 Marcellus 页岩开发的区域，均位于构造相对简单的部位。

（5）Marcellus 页岩区的超压区域大部分位于 Salina 盐床尖灭线北部，该区广泛存在埋藏较深的 Salina 组的韧性地层。而且，在 Alleghenian 冲断过程中，早期的 Salina 盐床变形形成了盆地可容纳空间，后期对上覆的泥盆系页岩也产生了一定的作用。在 Burning Springs 构造南部的无盐区域，特别是在西弗吉尼亚州南部和肯塔基州，泥盆系有机质页岩是最具韧性的地层，因此经历了更多变形，形成更多天然裂缝。认为这是使 Big Sandy 气田具有高产以及部分 Marcellus 页岩及其他上泥盆统页岩具有欠压实特征的原因之一。

（6）早期的“东部页岩气项目”研究表明，与阿巴拉契亚区域北部及 Marcellus 页岩区相比，Big Sandy 气田裂缝更加发育。

## 17.7 可压性特征

### 17.7.1 岩石矿物含量

根据西弗吉尼亚 Marecellus 页岩样品矿物组分分析，Marcellus 页岩中石英含量超过 40%。岩石薄片和 X 射线衍射资料表明在大部分的 Marcellus 页岩中主要为粉砂级的石英颗粒，黏土矿物含量小于 50%（表 17-1）。证实了 Marcellus 页岩具有脆性矿物含量高的特征，有利于后期的压裂改造。

表 17-1 Marcellus 页岩岩石矿物含量平均值统计表

| 矿物类型 | 石英 | 斜长石 | 方解石 | 铁白云石 | 伊利石 | 伊/蒙混层 | 绿泥石 | 黄铁矿 |
|---|---|---|---|---|---|---|---|---|
| 矿物含量/% | 37.2 | 2.98 | 12.1 | 1.17 | 25.03 | 0.61 | 7.14 | 3.88 |

### 17.7.2 地应力

Marcellus 页岩开发区以水平井为主。几乎所有的水平井都沿着北西—南东向布井。根据“东部页岩气项目”所做的大量研究、世界应力分布图、微地震研究、在 Marcellus 页岩岩心和 FMI 成像测井以及其他“东部页岩气项目”井中所观察到的钻井诱导裂缝方向等可以判断，目前阿巴拉契亚盆地的最大水平主应力方向（$SH_{max}$）是北东—南西向，由此可见，Marcellus 页岩开发区的水平井布井方向与最大水平主应力方向垂直，更有利于后期的压裂改造。

## 17.8 含气性特征

页岩含气量是衡量页岩气是否具有经济开采价值和进行资源潜力评价的重要指标。瑞吉资源公司研究认为 Marcellus 页岩平均含气量为 1.7~2.83$m^3$/t，远景资源量为 42.48×$10^{12}m^3$，技术可采资源量为 7.42×$10^{12}m^3$。

Marcellus 页岩的 TOC 含量较高，其中吸附气含量占页岩总含气量的 40%~60%。Marcellus 页岩含气饱和度范围在 55%~80%。气藏开发过程中地层不产水，表明页岩中没有自由水。

Marcellus 页岩气藏压力范围为 2.8~28MPa，地层具有轻微超压特征，在阿巴拉契亚盆地北部区域尤为明显。在 Marcellus 页岩气藏的核心区，压力梯度范围在 1.04~1.15MPa/100m。Marcellus 页岩在西弗吉尼亚州（West Virginia）西南区域的地层表现为欠压实特征，Wrighstone 给出了西弗吉尼亚州西南区域的 Marcellus 页岩压力梯度为 0.23~0.45MPa/100m，中心部位 Marcellus 页岩的压力梯度为 0.45~0.79 MPa/100m。

## 17.9 潜力分析

近几年随着北美页岩气勘探和开发的不断兴起，地质储量更大的页岩气区带不断涌现，其中最为引人注目的是阿巴拉契亚盆地 Marcellus 页岩气藏，其资源量为 14.61×$10^{12}$~69.24×$10^{12}m^3$，技术可采储量达 1.42×$10^{12}$~5.66×$10^{12}m^3$。

Marcellus 页岩气潜力巨大，自 2005 年开始投产，2010 年年产量为 50.97×$10^8m^3$，预计 2020 年年产量将达 413.43×$10^8m^3$。

### 17.9.1 主要产区

Marcellus 页岩区仍处于早期开发阶段，官方生产数据极少。有几家上市公司通过新闻发布会和季报的形式提供了一些生产数据。Marcellus 页岩直井和水平井生产曲线显示

（图 17–12）：直井初期产气量一般小于 $2.8\times10^4m^3/d$，水平井初期产气量在 $4\times10^4\sim25\times10^4m^3/d$。Engelder 给出了 Marcellus 页岩气藏在宾夕法尼亚州地区 50 口水平井的平均初始产气量为 $11.9\times10^4m^3/d$。直井的可采储量为 $495\times10^4m^3$，水平井的可采储量在 $0.17\times10^8\sim1.10\times10^8m^3$。图 17–14 为 Marcellus 页岩气藏水平井典型生产曲线，水平井初期产量为 $12.18\times10^4m^3/d$，第一个月的平均日产气量为 $10.48\times10^4m^3/d$，第一年累积产气量为 $0.19\times10^8m^3$，5 年累积产气量为 $0.44\times10^8m^3$，10 年累积产气量为 $0.60\times10^8m^3$，单井 EUR 为 $1.06\times10^8m^3$。生产 10 年，单井日产气量由初期的 $12.18\times10^4m^3/d$ 递减至 $0.7\times10^4m^3/d$，前三年产气量的年递减率分别为 78%、35% 和 23%，生产后期产气量年递减率稳定在 5% ~8% 之间。

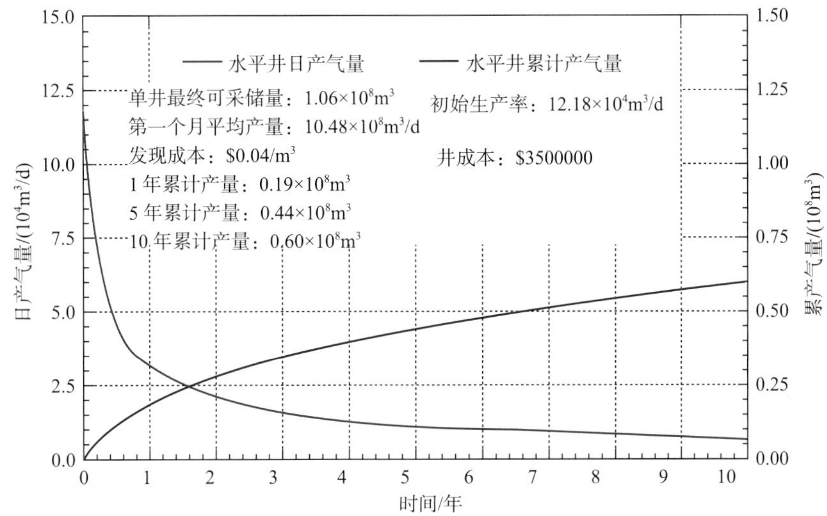


图 17–12 Marcellus 页岩气藏水平井典型生产曲线（据 Bruner 等，2011）

Marcellus 页岩区有两个主要核心开发区，其中一个是西南部开发区，处在西弗吉尼亚州北部和宾夕法尼亚州西南部，另一个核心开发区主要位于宾夕法尼亚州东北部。从图 17–13 可以看出，Marcellus 页岩西南部开发区直井测试产量在 $0.28\times10^4\sim14.15\times10^4m^3/d$，水平井测试产量在 $2.83\times10^4\sim73.62\times10^4m^3/d$（Range 资源公司，2010）。该区的 Marcellus 页岩位于阿巴拉契亚盆地主要褶皱带构造以西，总厚度在 18~45m 之间，具有高 TOC 含量、高孔隙度和高渗透率。

图 17–14 表明，Marcellus 页岩东北部开发区的直井测试产量在 0.1~7.0MMcf/d，水平井测试产量在 1.0~18.0MMcf/d。Marcellus 页岩在该区的总厚度介于 60~105m 之间，英热单位含量介于 1000~1050Btu 之间。

和西南部开发区相比，东北部开发区有机质成熟度高，在构造上也相对复杂。从前期所公布的产量和最终可采储量数据看，两个区域都具有超压特征，资源潜力和储量规模相似。

2009 年 7 月 27 日发布的 Gene Powell 新闻简报从 8266 口井的数据库中标出 868 口 Barnett 页岩高产井，这些高产井的 30 天实际生产测试的峰值产量平均为 3.0~10.0MMcf/d 及以上（Powell 和 Brackett，2009）。虽然与进入开发成熟期的 Barnett 页岩区相比，Marcellus 页岩区仍处于开发初期，但是所公布的 Marcellus 页岩的初期产能测试（一般为 30 天实际生产测试产量）为 1.0~26.0MMcf/d 以上。这表明，Marcellus 页岩甜点区范围远大于 Barnett 页岩甜点区，而且 Marcellus 页岩区内页岩气产量与 Barnett 页岩区的产量相当，甚至更高。

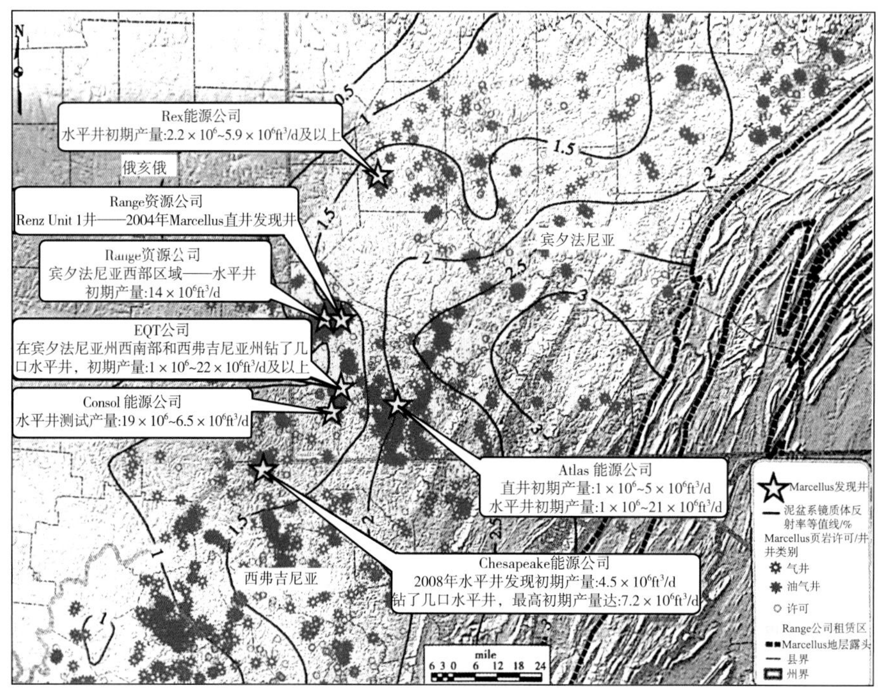


图 17-13 Marcellus 页岩西南部开发区勘探开发现状图

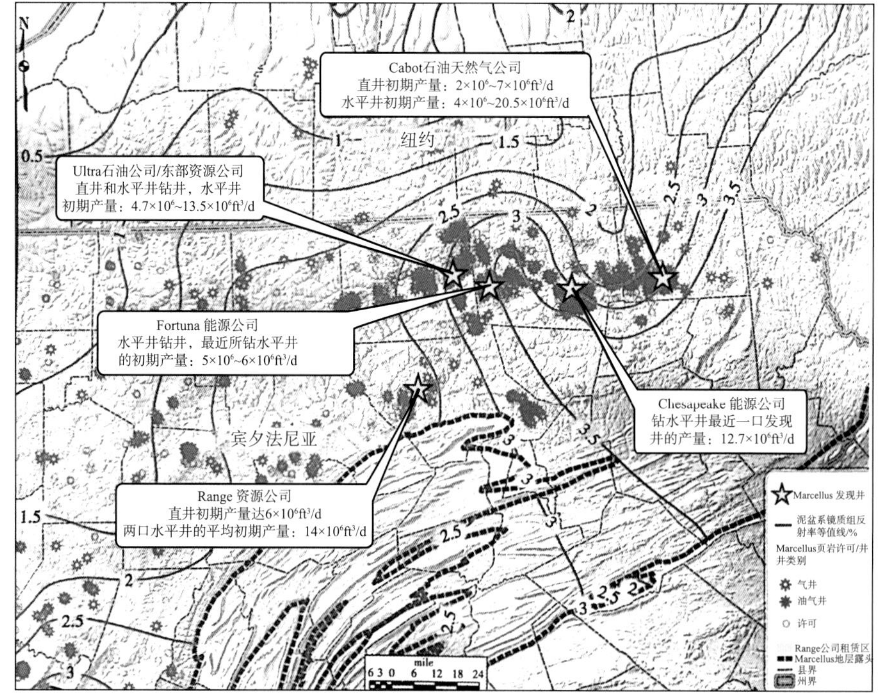


图 17-14 Marcellus 页岩东北部开发区勘探开发现状图

### 17.9.2 储量潜力

阿巴拉契亚盆地泥盆系黑色页岩的天然气储量巨大。现在认为前期对 Marcellus 页岩区的储量预测偏低，因为过去的预测是基于 Marcellus 页岩气产区的生产层厚度比 Big Sandy 气田的生产层薄，且裂缝发育程度也相对较差。最近预测的 Marcellus 页岩区的可采储量区间范围大，在 $590\times10^8$~$24.55\times10^{12}m^3$ 之间，但获得普遍认可的可采储量预测值为 $6.2\times10^{12}$~$13.8\times10^{12}m^3$（Engelder，2009）。Engelder 和 Lash（2008）根据上述预测的可采储量，最早提出 Marcellus 页岩区的资源潜力是世界级的。

宾夕法尼亚州立大学和纽约州立大学的两位教授提出，Marcellus 页岩气可采储量约为 $1.42\times10^{12}m^3$。Chesapeake（切萨皮克）等公司根据 Marcellus 页岩生产数据认为，该套页岩的可采储量约 $10.28\times10^{12}m^3$。瑞吉资源公司最新研究认为 Marcellus 页岩远景区资源量为 $42.48\times10^{12}m^3$，技术可采资源量为 $7.42\times10^{12}m^3$。

此外，从近二十年的开发来看（图 17-15），Marcellus 页岩气的主产区日产量整体呈上升趋势，由早期的 0.001bcf/d，上升至 2017 年的 17.4bcf/d。特别是近五年，日产量创历史新高，介于 10.06~17.40bcf/d，平均为 14.21bcf/d。预计今后日产量将逐年递增，2027 年可达产量高峰，展现出良好的开发前景。

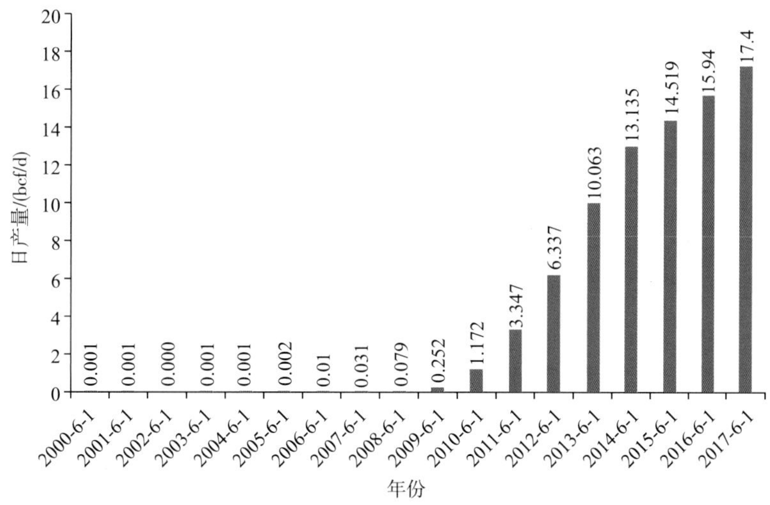


图 17-15 Marcellus（PA，WV，OH&NY）页岩气 2000~2017 年平均日产量（据 EIA，2017）

## 参考文献


[1] Engelder T.Marcellus 2008: Report card on breakout year for gas production in the Appalachian Basin[J]. Fort Worth Basin Oil and Gas Magazine, 2009: 18–22.

[2] Engelder T, Lash G G. Marcellus shale play's vast resource potential creating stir in Appalachia[J]. American Oil and Gas Reporter, 2008, 51(6): 76–87.

[3] Engelder T, Lash G G, Uzcategui R S. Joint sets that enhance production from Middle and Upper Devonian gas shales of the Appalachian Basin[J]. AAPG Bulletin, 2009, 93(7): 857–889.

[4] Ettensohn F R. Modeling the nature and development of major Paleozoic clastic wedges in the Appalachian Basin, U. S. A [J]. Journal of Geodynamics, 2004, 37: 657–681. doi : 10. 1016/j. jog. 2004. 02. 009.

[5] Kulander C S, Ryder R T. Regional seismic lines across the Rome Trough and Allegheny Plateau of northern West Virginia, western Maryland, and southwestern Pennsylvania[R]. U. S. Geological Survey Geologic Investigations Series Map I–2791, 2005.

[6] Lash G G. Stratigraphy and fracture history of the Middle and Upper Devonian succession, western New York: Significance to basin evolution and hydrocarbon exploration[J]. Pittsburgh Association of Petroleum Geologists spring field trip guidebook, 2008.

[7] Lash G G.The Middle Devonian Marcellus Shale : A record of eustasy and basin dynamics[J/OL]. AAPG Search and Discovery, 2009.Http://www.searchanddiscoveiy. coin/ab– stracts/html/2009/annual/abstracts/lash, htm.

[8] Nyahay R, Leone J, Smith A L B, et al. Update on Regional Assessment of Gas Potential in the Devonian Marcellus and Ordovician Utica Shales of New York[C]// International Conference on Sustainable Development & Planning, 2009: 3–12.

[9] Osholake T A, Wang J Y, Ertekin T. Factors Affecting Hydraulically Fractured Well Performance in the Marcellus Shale Gas Reservoirs[J]. Journal of Energy Resources Technology, 2013, 135(1): 529–529.

[10] Rickman R, Mullen M, Petre E, et al. A Practical Use of Shale Petrophysics for Stimulation Design Optimization: All Shale Plays Are Not Clones of the Barnett Shale[C]//SPE 115258 , 2008.

[11] Sandrea R. Global natural gas reserves: A heuristic viewpoint (part 1 of 2) [J]. Middle East Economic Survey, 2006, 49(11).

[12] Shumaker R C. Structural history of the Appalachian Basin [M]// Roen J B. Walker B J. The atlas of major Appalachian gas plays. Morgantown, West Virginia, West Virginia Geological and Economic Survey Publication, 1996, (25): 8–10.

[13] Werne J P，Sageman B B，Lyons T W, et al. An integrated assessment of a "type euxinic" deposit：Evidence for multiple controls on black shale deposits in the Middle Devonian Oatka Creek Formation[J]. American Journal of Science, 2002,302: 110–143.doi : 10. 2475/ajs. 302. 2. 110.

[14] Wrightstone G R. How paleogeography and algal blooms may have significantly impacted deposilion and preservalion of the Marcellus Shale [J]. Pittsburgh Association of Petroleum Geologists, 2010.

[15] Zagorski W A, Wrightsone G R, Bowman D C. The Appalachian Basin Marcellus gas play: Its history of development, geologic controls on production, and future potential as a world–class reservoir[J]. AAPG Memoir, 2012, 97: 172–200.

[16] Zielinski R E, Mclver R D. Resources arid exploration assessment of the oil and gas potential in the Devonian gas shales of the Appalachian Basin [J]. U. S. Deparlmerit of Energy, Morganiown Energy Technology Center, 1982: 326.

[17] 董大忠，黄金亮，王玉满，等 . 页岩油气藏——21 世纪的巨大资源 [M]. 北京：石油工业出版社，2015.

# 18 Monterey 页岩油气地质特征

## 18.1 勘探开发历程

Monterey（蒙特利）页岩主要分布在美国西南部的 San Joaquin（圣华金）盆地、Santa Maria（桑塔玛利亚）盆地、Ventura（文图拉）盆地及 Los Angeles（洛杉矶）盆地，在近海的后三个盆地中，Monterey 页岩分布范围均延伸至海域，但 Monterey 页岩的主体（近 70% 的面积）仍分布于北部内陆的圣华金盆地（图 18-1）。

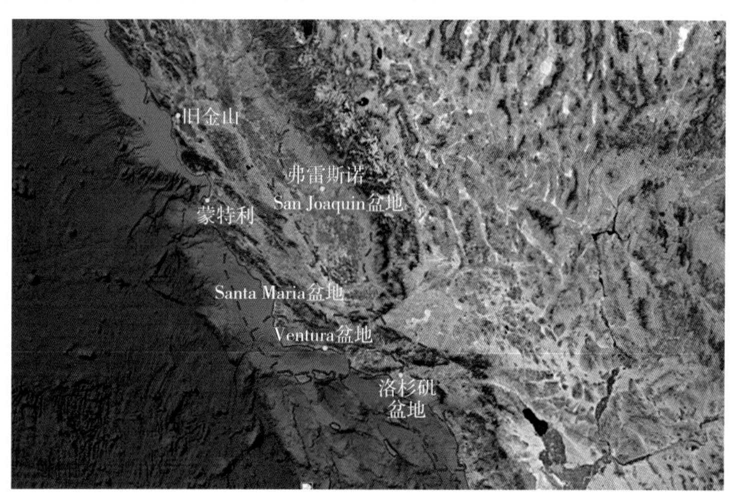


图 18-1　Monterey 页岩区域分布图

这套发育在中新世的 Monterey 页岩同大多数美国页岩油开发层系所采用的钻采方式一样，唯一的区别在于 Monterey 页岩沉积时期较晚。

Monterey 组页岩油的勘探可追溯到二十世纪初，最早的勘探发现是在 1901 年的桑塔玛利亚盆地圣塔芭芭拉县，随后在邻近的 Cat Canyon 油田和 Lompoc 油田中也都获得突破性发现，与此同时在圣塔芭芭拉海峡阿尔盖洛海上油田中的 Monterey 组也获得大量油气发现。Monterey 组页岩油早期的勘探思路主要是基于该组页岩中断裂及天然裂缝的发育特征，因此以寻找裂缝型油藏为主。

针对 Monterey 页岩油的早期开发均以直井为主，经济开采价值有限。直至后期，在玫瑰油田开始钻探水平井并采用单段射孔压裂作业后，开采效益得到一定提升，但采收率仍然较低。经研究认为早期对储层认知的缺乏及落后的开采方式是导致 Monterey 页岩采收率低的主要原因。

自 2011 年以来，许多研究人员开始把成像测井等新技术运用到 Monterey 组这套非均质性强、颗粒细、成层性好的页岩中，以便对其储层开展精细解剖；与此同时酸化改造、大规模水力压裂等开发方式也开始在Monterey页岩中得以运用，并在局部地区取得了成功。但从目前的开发情况来看，和美国其他几套主力页岩油产层（如Bakken页岩等）相比，Monterey页岩的开采效益和采收率仍处于较低水平。

## 18.2 构造特征

发育Monterey页岩的四个盆地中，北部的圣华金盆地相对独立，而南部的三个盆地（桑塔玛利亚盆地、文图拉盆地、洛杉矶盆地）彼此相连，边界部位主要被大的断裂系统所分割。

北部的圣华金盆地是一个位于San Andreas（圣安德烈斯）断裂系统东部基底抬升区（图18-2）的晚中生代—早新生代的弧前凹槽（弧前盆地）。由于板块边缘从活跃俯冲变为右旋转换，盆地在晚新生代经历了大的构造重塑。盆地内主要沉积了白垩世—更新世地层，厚度达9000m，主要岩性为泥页岩、砂岩和浊积岩（Bartow，1991；Nilsen，1996）。

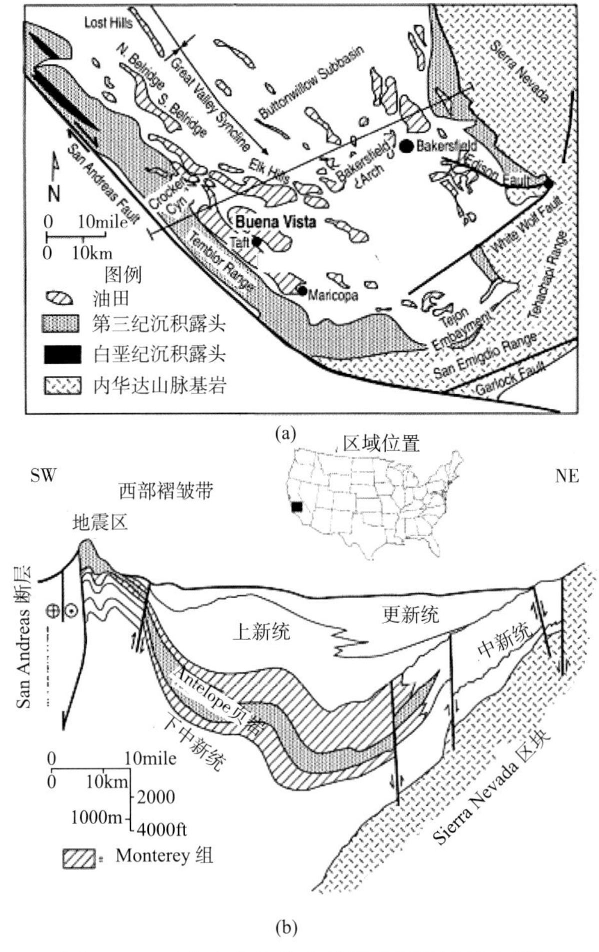


图18-2 圣华金盆地构造特征略图及区域大剖面

（a）据Campagna和Mamula，1999，修改；（b）据Miller和Mcpherson，1992，修改

圣华金盆地构造演化可分为三个阶段：①早期为具有开放海洋环流的弧前盆地阶段；②中期块体抬升导致西部环流受限，但南部仍为开放的盆地阶段；③晚期为冲断－褶皱发育、地层抬升和海水下降（Graham 和 Williams，1985；Brtow，1991；Nilsen，1996）的继承性盆地阶段。

桑塔玛利亚盆地、文图拉盆地、洛杉矶盆地位于圣华金盆地西南侧，西临太平洋（图 18-1）。红山断层以北为桑塔玛利亚盆地，橡树岭断层以南为洛杉矶盆地，红山断层与橡树岭断层间为文图拉盆地，上述三个盆地具有相似的构造变形及演化特征，在此以洛杉矶盆地为代表简述该区构造特征（图 18-3）。

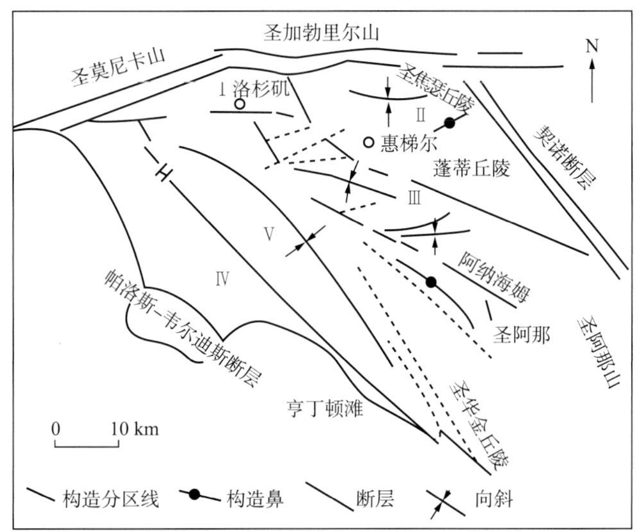


图 18-3 洛杉矶盆地及其邻区构造概图（据 Wright，1991；胡文海等，1995）

Ⅰ—北部斜坡；Ⅱ—东北小型凹陷；Ⅲ—中部凹陷；Ⅳ、Ⅴ—断块

依据不同的构造变形特征，洛杉矶盆地可细分为中部盆地、东北和西南部褶皱－隆起等几部分，盆内沉积了第三纪和第四纪的巨厚岩层（盆地中心最大沉积厚度可达 9km)。

洛杉矶盆地属于剪切－拉张应力机制形成的断陷盆地，盆地中断裂较为发育，主要受北西向转换断裂体系控制。其中盆地北部的圣莫尼卡和谢拉马德断层形成了近东西向断裂带，盆内绝大多数断裂均同纽波特－英格尔伍德断层（NIF）和惠蒂尔断层（WF）一样呈北西向展布（Ziony 和 Jones，1989）。洛杉矶盆地内部有北西向右旋剪切－拉张断裂，这两组断裂将洛杉矶盆地切割成五个次级构造单元，即北部斜坡、东北小型凹陷、中部凹陷以及两个断块。

## 18.3 地层特征

Monterey 组整体厚度较大，如在圣华金盆地的 Buena Vista Hills 油田，Monterey 组厚度可达 450m，由棕灰色至灰色硅质页岩和具有细纹层的浊积砂岩夹层以及半深海的细粒页岩薄夹层组成。

根据岩性、古生物等特征，可将 Monterey 组分为四段（图 18-4），自下而上依次为

Gould 段、Devilwater 段、McClure 段和 Reef Ridge 段，其中 McClure 段可细分为 McDonald 页岩层和 Antelope 页岩层；Reef Ridge 段可细分为 Brown 页岩层和 Belridge 硅藻层。Monterey 组的主要开发目的层为 Antelope 页岩层，其依据测井曲线特征可进一步细分为下 Antelope 页岩层和上 Antelope 页岩层（图 18–5）。

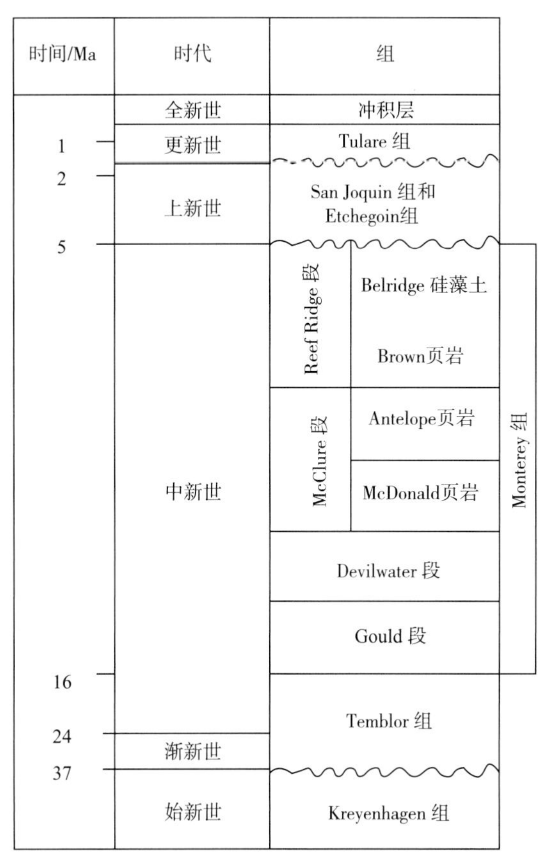


图 18–4　Buena Vista Hills 油田地层层序简图

（据 Miller 和 McPherson，1992）

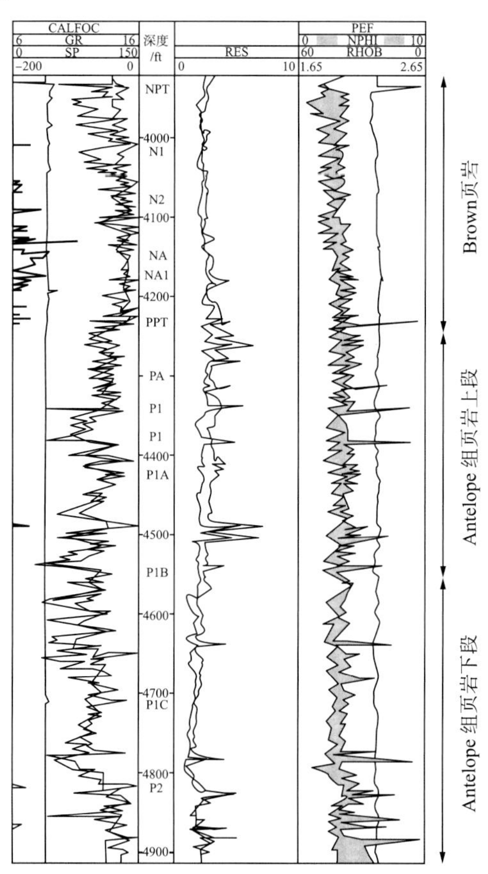


图 18–5　Monterey 组标准测井曲线特征图

（据 Morea，1998，修改）

## 18.4　沉积特征

由于露头和钻井资料丰富，圣华金盆地西南部的新生代区域性地层对比建立的非常完善（Graham 和 Williams，1985）。钻井揭示：仅新近系地层厚度就达 6360m，总沉积厚度可能为新近系地层厚度的两倍。此外，地层中岩性丰富，从生物成因的软泥层到红层均有出现。

相关研究揭示了受构造活动影响，圣华金盆地主要经历了三个沉积过程：①早期（始新世—早中新世）弧前沉积期，包括始新世 Kreyenhagen 组深海相富有机质页岩和渐新世—早中新世 Temblor 组斜坡 / 盆地相砂岩；②中期（早中新世—早上新世）局限深水沉积期，广泛分布大量硅藻，局部海底扇发育，进而形成了复杂的 Monterey 组主要生物序列；③晚期（早上新世—更新世晚期）快速海退期，形成了 Etchegoin 群浅海相、河口湾（Etchegoin 组、San Joaquin 组）以及 Tulare 组河流 / 湖相地层沉积。

### 18.4.1 岩性特征

Monterey 组中共存在 9 种岩性，具体包括：①硅藻岩和硅藻页岩；②页岩；③粉砂岩和砂岩；④硅质页岩；⑤纹层状硅质岩；⑥钙质硅质岩；⑦燧石岩；⑧白云岩；⑨燧石页岩。Monterey 页岩以其生物成因 / 成岩矿物组合而著称，特别是以硅藻岩、燧石页岩和燧石岩构成的硅质岩。其大部分生物成因的沉积表现为与陆源成分之间（主要是浊积岩粉砂岩和砂岩）程度不一的混合。

Buena Vista Hills 油田的岩心样品揭示出 Antelope 页岩储层主要由薄的硅质页岩（1~5cm）递变层和细粒纹层状硅质页岩组成。每个递变层的底部界面通常可见侵蚀不整合面，从底部的砂岩、粉砂岩或粉砂质页岩向上递变为顶部的燧石页岩。砂岩含量自上而下逐渐增多。Buena Vista Hills 油田 Brown 段到 Antelope 段各小层的横向连续性非常好，没有被河道浊积砂体沉积所中断。

### 18.4.2 沉积史

图 18-6 揭示了圣华金盆地南部的 Monterey 组的沉积模式（Webb，1981；Graham 和 Williams，1985；Schwartz，1988），其沉积演化特征如下：在中新世晚期，圣华金盆地南部形成了一个局限的相对安静的水体环境，该环境可有效避免潮汐和风暴流影响，且较低的温度、丰富的营养以及海水频繁的上涌（季节性）促使硅藻类广泛发育。盆地西部边缘为 Gabilan 山脊，由 Salinian 结晶地块相对低缓部分的抬升而形成。Gabilan 山脊为陆棚区提供了碎屑物质，碎屑物质随着水体进入低斜坡和盆底，在局部低洼区主要沉积砂岩，而相对未稀释的硅藻沉积物沿背斜和倾斜转折处堆积。海平面的下降、盆地西侧碎屑物质的输入以及活跃的构造运动共同导致了中新世—上新世末期海退现象的发生和盆地的充填。

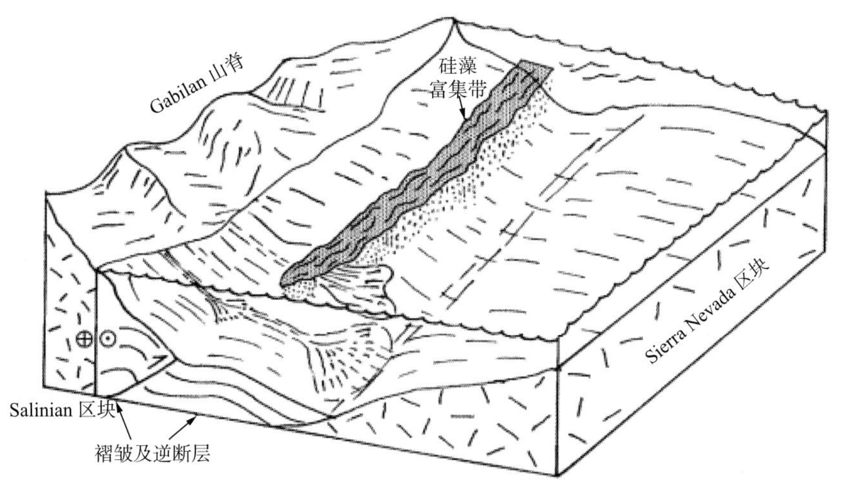


图 18-6　圣华金盆地 Monterey 组沉积模式图（据 Schwartz，1988）

### 18.4.3 岩相特征

Monterey 页岩主要发育三大岩相：硅质页岩相、磷酸盐岩相和钙质页岩相。其中，硅质页岩相在三大岩相中厚度最大、分布最广、经济价值最高。生物成因和成岩作用的硅和黏土是这些岩石的主要矿物组分（Pisciotto 和 Garrison，1981）。Bramlette（1946）提出的硅藻岩骨架包含了硅藻岩和硅藻质页岩特征，其中硅藻岩中所含硅质比硅藻质页岩更丰富。

## 18.5 地化特征

对从康赛普申海湾 OCS-Cal 78164 No.1 井选取的 11 块 Monterey 组岩屑样品开展了地化分析测试。11 块样品取自以下五个层段（表 18-1）：① 1768~2043m 泥质 / 硅质页岩段；②、③ 2073~2256m 上钙质 / 硅质页岩段和泥灰岩 / 硅质页岩过渡段；④ 2287~2439m 碳质泥灰岩段；⑤ 2439~2866m 下钙质 / 硅质页岩段。

表 18-1 Monterey 组地化特征分析表（据 Isaacs,1983）

| 段 | 深度 /m | TOC/% | 岩石热解参数 | | | | | | | |
|---|---|---|---|---|---|---|---|---|---|---|
| | | | $S_1$/(mg HC/g Rock) | $S_2$/(mg HC/g Rock) | $S_3$/(mg HC/g Rock) | PI | HI/(mg HC/g TOC) | OI/(mg $CO_2$/g TOC) | $T_{max}$/℃ | $P$ |
| 泥质 / 硅质页岩段 | 1997~2006 | 2.83 | 1.09 | 12.66 | 0.76 | 0.08 | 447 | 27 | 419 | 13.75 |
| | 2024~2034 | 3.05 | 0.86 | 13.45 | 0.76 | 0.06 | 441 | 25 | 417 | 14.31 |
| | 2052~2061 | 3.84 | 1.24 | 21.57 | 0.81 | 0.05 | 562 | 21 | 422 | 22.81 |
| 上钙质 / 硅质页岩段 | 2079~2088 | 3.52 | 1.46 | 20.87 | 0.61 | 0.07 | 593 | 17 | 417 | 22.33 |
| 泥灰岩 / 硅质页岩过渡段 | 2216~2226 | 5.94 | 3.05 | 41.97 | 0.45 | 0.07 | 707 | 8 | 427 | 45.02 |
| 碳质泥灰岩段 | 2326~2335 | 2.99 | 1.73 | 17.84 | 0.52 | 0.09 | 597 | 17 | 421 | 19.57 |
| | 2354~2363 | 2.43 | 1.09 | 13.94 | 0.45 | 0.07 | 574 | 19 | 424 | 15.03 |
| | 2409~2418 | 2.67 | 1.04 | 11.74 | 0.48 | 0.08 | 440 | 18 | 421 | 12.78 |
| 下钙质 / 硅质页岩段 | 2546~2555 | 1.8 | 0.99 | 7.71 | 0.51 | 0.11 | 428 | 28 | 427 | 8.7 |
| | 2738~2747 | 1.86 | 1.22 | 7.61 | 0.49 | 0.14 | 409 | 26 | 433 | 8.83 |
| | 2820~2829 | 1.58 | 1.4 | 5.34 | 0.59 | 0.21 | 338 | 37 | 437 | 6.74 |

### 18.5.1 有机质丰度

11 块样品的有机碳含量、热解分析测试结果表明：Monterey 组页岩有机碳含量为 1.58~5.94%，平均为 3%；$S_1$ 为 0.86~3.05mg HC/g Rock，平均为 1.38mg/g；$S_2$ 为 5.34~41.97mg HC/g Rock，平均为 15.88mg HC/g Rock；Monterey 组页岩生烃潜力较大，范围在 6.20~45.02mg HC/g Rock。

随岩性的不同，有机质丰度及生烃潜力也随之发生变化：① 1997~2061m 泥质硅质岩段有机碳含量为 2.83%~3.84%，平均为 3.24%；生烃潜力平均为 17mg HC/g Rock。② 2079~2088m 上钙质硅质岩段有机碳含量为 3.52%；生烃潜力为 22.33mg HC/g Rock。③ 2216~2226m 泥灰岩过渡段有机碳含量为 5.94%；生烃潜力为 45.02mg HC/g Rock。④ 2326~2418m 碳质泥灰岩段有机碳含量为 2.43%~2.99%，平均为 2.70%；生烃潜力平均为 15.8/mg HC/g Rock。⑤ 2546~2829m 下钙质硅质岩段机碳含量为 1.58%~1.86%，平均为 1.75%；生烃潜力平均为 8.09mg HC/g Rock。由此可见 2256m 之上的 3 个岩性层段有机质含量高，其中泥灰岩段有机质含量最高，底部的下钙质硅质岩段有机质丰度相对较低。整体来看，康赛普申海湾 OCS-Cal 78164 No.1 井 Monterey 组页岩具有较高的有机质丰度和较大的生烃潜力。

### 18.5.2 有机质类型

康赛普申海湾 OCS-Cal 78164 No.1 井 Monterey 组 11 块页岩样品的岩石热解分析结果表明：有机质类型主要以 $Ⅱ_1$ 和 $Ⅱ_2$ 型为主。其中井段 2079~2363m（即上钙质硅质岩段、泥灰岩过渡段、碳质泥灰岩段上部）的有机质类型为 $Ⅱ_1$ 型，其余为 $Ⅱ_2$ 型或 $Ⅱ_2$ 向 $Ⅱ_1$ 型的过渡。

### 18.5.3 有机质成熟度

Monterey 组页岩岩石热解结果显示：$T_{max}$ 值为 417~437℃，平均为 424℃，根据有机质热演化评价标准，$T_{max}$<435℃表明 Monterey 组烃源岩处于未成熟阶段。根据 Monterey 组页岩 $T_{max}$-HI 关系图（图 18-7），表明了 Monterey 组烃源岩对应的 $R_o$<0.5%，演化程度较低。

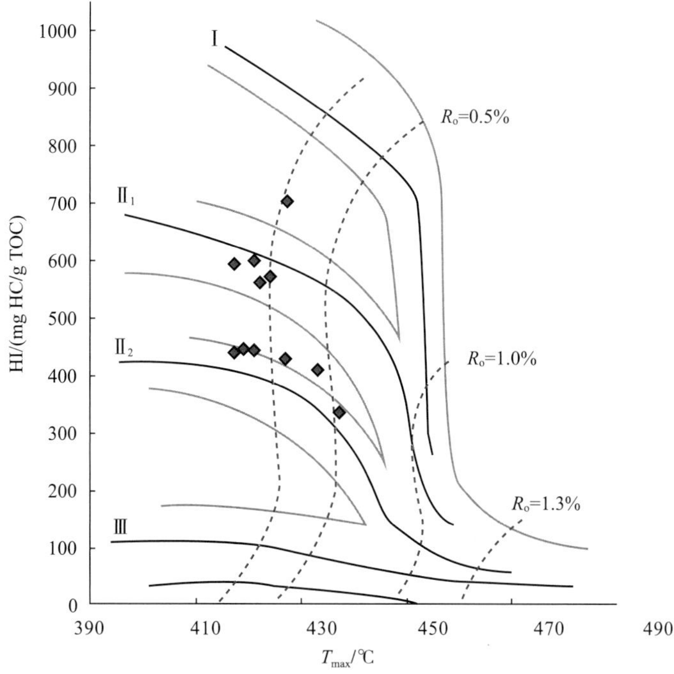


图 18-7 Monterey 组页岩 $T_{max}$-HI 关系图

## 18.6 储集特征

### 18.6.1 物性特征

针对 Buena Vista Hills 油田 653Z-26B 井 Monterey 组上部 Antelope 页岩层开展的常规岩心分析等一系列储层类相关实验，弥补了人们长期以来对于 Monterey 组页岩储层认识的缺陷。

Antelope 页岩（Monterey 组上段）可划分为四种岩性：①燧石页岩（含碎屑较少的蛋白石－方石英）；②燧石页岩 / 粉砂岩（含黏土和含粉砂的蛋白石－方石英）；③砂岩（含黏土较少）；④砂岩 / 粉砂岩（含大量的黏土 / 粉砂）。通过对 4 种不同岩石类型的常规物性分析结果表明：蛋白石－方石英和粉砂是 Monterey 组页岩储层的主要矿物组分，其特征是具有高孔隙度、低渗透率、低—中等的体密度和低含油饱和度（$S_o \leqslant 0.14$）（表 18-2）。

18-2 Monterey 组物性特征分析表

| 岩石类型 | 样品号 | $\phi$ 平均值 | $K_a$ 平均值 | $K_a$ 中值 | $S_a$ 平均值 | 岩石密度 / （$g/cm^3$） |
|---|---|---|---|---|---|---|
| 蛋白石－方石英 | 399 | 0.338 | 0.22 | 0.10 | 0.141 | 2.31 |
| 蛋白石－方石英 / 粉砂岩 | 451 | 0.257 | 0.69 | 0.07 | 0.132 | 2.36 |
| 砂岩 | 19 | 0.211 | 34 | 6.30 | 0.375 | 2.62 |
| 砂岩 / 粉砂岩 | 57 | 0.208 | 7 | 0.16 | 0.211 | 2.57 |

Buena Vista Hills 油田 Antelope 页岩层压汞实验结果绘制地孔隙度－渗透率交会图显示（图 18-8）：① Antelope 页岩层上部的蛋白石－方石英岩层渗透率平均值约为 0.05mD，孔隙度范围在 3%~4.5%，两者整体呈正相关关系；②下 Antelope 页岩中的蛋白石－方石英 / 粉砂岩层中孔渗数据点较分散，孔隙度为 1.4%~2.8%，渗透率为 0.03~2mD；③砂岩和砂岩 / 粉砂岩层中孔隙度 0.9%~3.3%，渗透率 0.09~400mD，渗透率随孔隙度增大而明显增加。砂岩渗透率比蛋白石－方石英岩储层高出 1~4 个数量级。

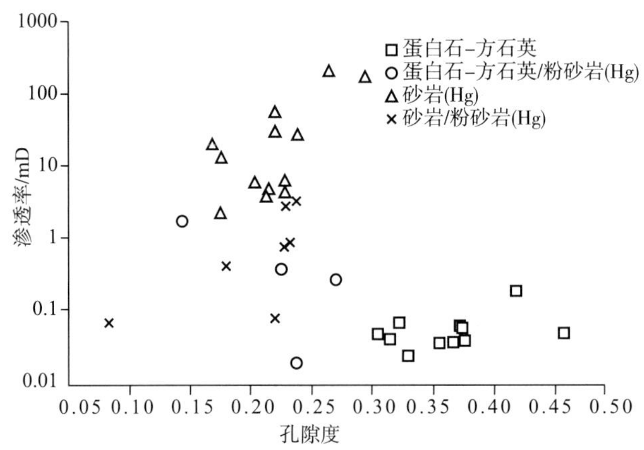


图 18-8 Monterey 组 Antelope 页岩孔隙度－渗透率交会图（据 Morea，1998）

### 18.6.2 孔隙类型

Antelope 页岩储层中存在多种储集空间类型，包含基质微孔隙、铸模孔和微裂缝。其中以基质微孔隙居多（包括直径 <10 μm 的孔隙空间），但通常这种类型的孔隙连通性较差。在平行微裂缝方向、靠近潜穴或其他沉积构造部位，铸模孔发育。

微裂缝在 1341m 以浅的层段中较为丰富，且裂缝未被充填，但在较深部位微裂缝会被完全充填或局部充填。多数裂缝似乎在成岩作用的早期就已形成，张开缝显示出微细的蛋白石划痕、硅质充填和明显的泄压孔 [ 图 18-9(a)]。如图所示，在靠近裂缝壁的基质中溶解现象比较普遍。张开缝的缝宽很窄，从不到 2mm 到 40mm。充填的裂缝中包含暗色有机质、黄铁矿和局部蛋白石或玉髓，这些矿物与裂缝交接处仍具有较高的孔隙度 [ 图 18-9(b)]。

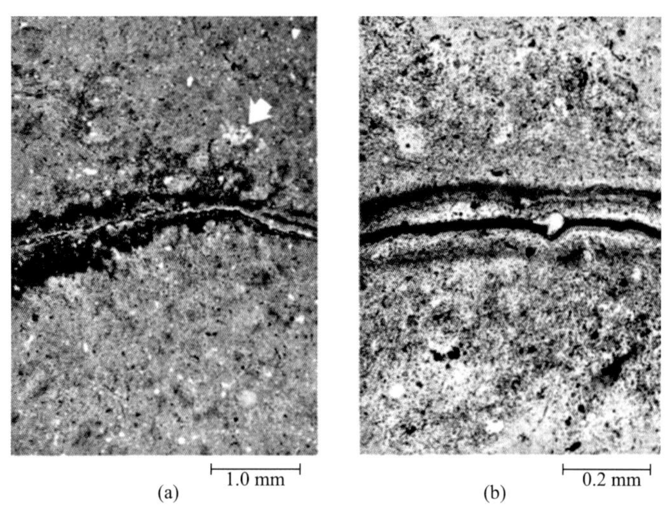


图 18-9　Monterey 组硅质页岩镜下显微照片

### 18.6.3 裂缝特征

通过利用 653Z-26B 井的岩心样品、薄片和成像测井资料，对 Monterey 组页岩开展裂缝特征识别和研究（Toronyi，1997；Aydin 和 Jacobs，1998；Marin，1998；Narr 和 Wu，1998）：① Brown 页岩段的平行纹层中发育被暗色富黏土物质充填的 S 形裂缝（拉张裂隙）；②垂直的节理状裂缝，最常见于岩心中部（1353~1383m）；③发育断距较小（最大为 17cm）的小型正断层、逆断层和走滑断层。

图 18-10 显示 Monterey 组页岩岩心中节理状裂缝发育具有不规则性，且裂缝发育程度较低。此外，岩性的细微差异可能对页岩的脆性断裂起到重要控制作用。成像测井资料中显示的高导裂缝（暗色）表明裂缝在地下极有可能是开启的。此类裂缝的垂向连续性及其开启程度表明它们在储层内充当了重要的流体通道作用。主要的裂缝倾角方位为 SE40°~45°，方位的差异以及小型走滑断层、正断层和逆断层的现象表明：Antelope 页岩层中裂缝和小型断层主要受 Buena Vista 岭背斜的影响。裂缝和断层与砂岩层一起，为原油提供了主要运移通道。

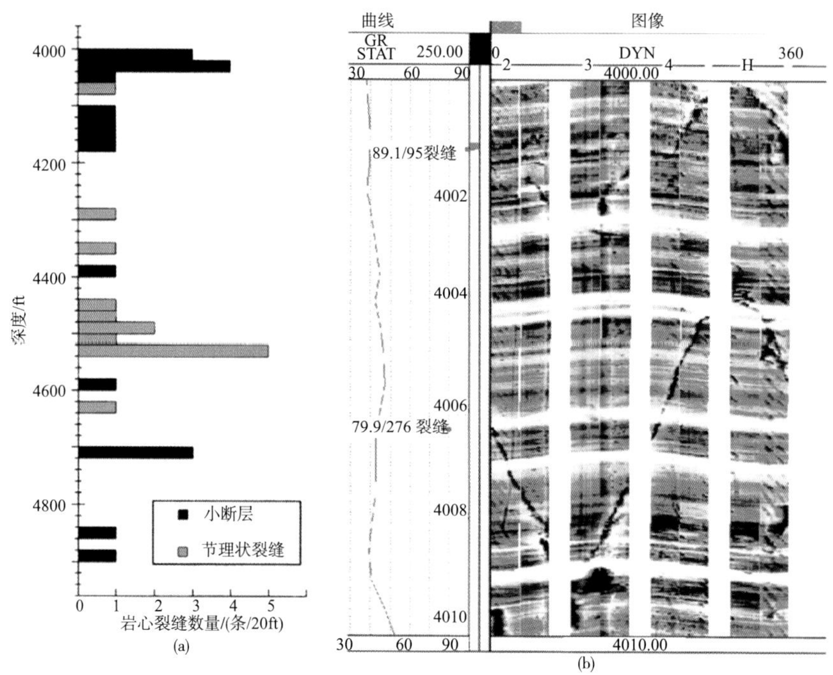


图 18-10 Buena Vista 岭 653Z-26B 钻井 Monterey 组裂缝发育频率及成像测井特征

## 18.7 可压性特征

通过对 653Z-26B 井 Monterey 组页岩的 X 射线衍射分析结果显示：Monterey 组页岩中石英含量为 26%~40%，蛋白石-方石英含量为 25%~55%，斜长石含量为 1%~17%，钾长石含量为 2%~14%，方解石含量为 1%~6%，黏土矿物含量为 5.5%~31%（以伊/蒙混层为主，其中高岭石 0.5%~6%，伊蒙混层 5%~25%）。整体来看脆性矿物含量高，有利于压裂。

## 18.8 潜力分析

据美国能源信息署（EIA）2012 年的报告，展布面积约 4500km$^2$ 的 Monterey 页岩预测页岩油可采储量约 $21.8\times10^8$m$^3$。但 2014 年美国能源信息署（EIA）大幅度下调了加利福尼亚 Monterey 页岩油技术可采储量，下调幅度高达 96%，预测储量仅为原来的 4%。

## 参 考 文 献

[1] Aydin A, Jacobs J. Fracture analysis of the Brown shale, Buena Vista Hills, 653Z-26B[R] // Morea M. Advanced reservoir characterization in the Antelope shale to establish the viability of $CO_2$ enhanced oil recovery in California's Monterey Formation siliceous shales. Annual Technical Progress Report, Project DE-FC22-95BC14938, 1998.

[2] Bramlette M N. The Monterey Formation of California and the origin of its siliceous rocks[J]. U.S. Geological

Survey, 1946 : 212–269.

[3] Graham S A, WilliamsL A. Tectonic, depositional and diagenetic history of Monterey Formation (Miocene), central San Joaquin basin, California[J]. AAPG Bulletin, 1985, 69(3): 385–411.

[4] Marin B. Petrographic and confocal analyses, 653Z–26B[R]// MoreaMF. Advanced reservoir characterization in the Antelope shale to establish the viability of $CO_2$ enhanced oil recovery in California's Monterey Formation siliceous shales.Annual Technical Progress Report, Project DE–FC22–95BC14938, 1998: 83–92.

[5] Milad S, Utpalendu K. Porosity and Pore Size Distribution in Mudrocks[J]. A Comparative Study for Haynesville, Niobrara, Monterey and Eastern European Silurian Formations , 2014.

[6] Morea M F. Advanced reservoir characterization in the Antelope shale to establish the viability of $CO_2$ enhanced oil recovery in California's Monterey Formation siliceous shales[R]. Annual Technical Progress Report, Project DE–FC22–95BC14938, 1999.

[7] Perri P R. Advanced Reservoir Characterization in the Antelope Shale to Establish the Viability of $CO_2$ Enhanced Oil Recovery in California's Monterey Formation Siliceous Shales, Class Ⅲ [J]. Office of Scientific & Technical Information Technical Reports, 2000, 153(298): B393–B393.

[8] Pisciotto K A, Garrison R E. Lithofacies and deposi– tional environments of the Monterey Formation, California[J]// Garrison R E, Douglas R G. Monterey Formation and related siliceous rocks of California. SEPM Pacific Section, 1981:78–95.

[9] Schwartz D E. Characterizing the lithology, petrophysical properties, and depositional setting of the Belridge Diatomite, South Belridge field, Kern County, California[J]// Graham S A. Studies of the geology of the San Joaquin basin. Pacific Section SEPM, 1988, 60: 281–301.

[10] Scott L M, Michael F M.Antelope shale (Monterey Formation), Buena Vista Hills field: Advanced reservoir characterization to evaluate $CO_2$ injection for enhanced oil recovery[J]. AAPG Bulletin, 2001, 85(4) : 561–585.

[11] Tang R, Zhou D. Flow simulation[R]// Morea.M Advanced reservoir characterization in the Antelope shale to establish the viability of $CO_2$ enhanced oil recovery in California's Monterey Formation siliceous shales.Annual Technical Progress Report, Project DE–FC22–95BC14938, 1999:119–125.

[12] Toronyi R M. Advanced reservoir characterization in the Antelope Shale to establish the viability of $CO_2$ enhanced oil recovery in California's Monterey Formation siliceous shales. Quarterly report, October 1, 1996—December 31, 1996[J]. Office of Scientific & Technical Information Technical Reports, 1996.

[13] Zhou D, Tang R.F luid characterization and laboratory displacements[R]// Morea M. Advanced reservoir characterization in the Antelope shale to establish the viability of $CO_2$ enhanced oil recovery in California's Monterey Formation siliceous shales.Annual Technical Progress Report, Project DE–FC22–95BC14938, 1999: 110–118.

# 19 Montney 页岩油气地质特征

## 19.1 勘探开发历程

加拿大页岩气资源丰富，主要分布在西加拿大沉积盆地的白垩系、侏罗系、三叠系和泥盆系地层中。据加拿大能源委员会研究认为：加拿大主要页岩气富集带位于白垩系 Colorado 页岩、三叠系 Montney（蒙特尼）页岩、石炭系 Horton Bluff 页岩、Horn River 盆地泥盆系页岩以及奥陶系 Utica 页岩所分布的区域。目前，位于阿尔伯塔省中西部的 Montney 页岩处于大规模开发阶段，同时阿尔伯塔省中东部 Wildmere 地区的 Colorado 页岩也已投入小规模开发，Horn River 盆地中的页岩气处于早期开发阶段，Utica 和 Horton Bluff 页岩处于勘探阶段。加拿大阿尔伯塔省页岩气产量呈现逐年递增趋势（图 19-1）。

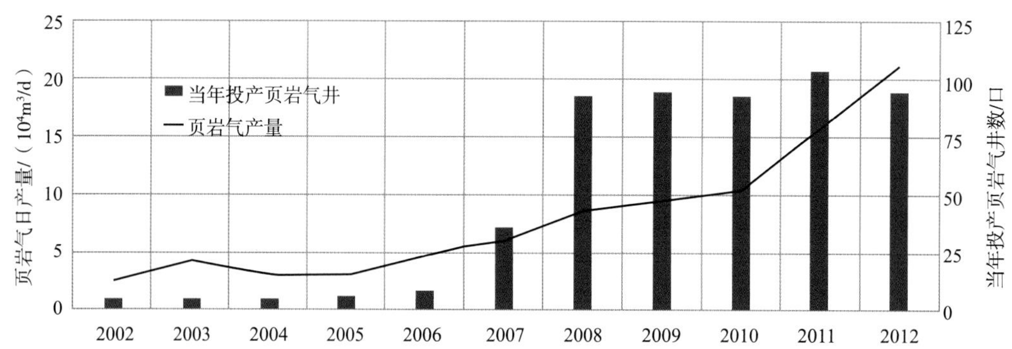

图 19-1 2002~2012 年加拿大阿尔伯塔省页岩气生产井数与产量直方图（据 ERCB，2013）

Montney 页岩气富集带分布于阿尔伯塔省中西部，向西延伸至不列颠哥伦比亚省。20 世纪 90 年代开始的勘探工作，主要集中在阿尔伯塔省 Montney 组上段的致密砂岩气中。阿尔伯塔省西部和不列颠哥伦比亚省 Montney 组上段虽然粉砂岩含量减少、泥质含量增加，但页岩中粉砂质含量较高，因此有学者认为其应该是致密气，而加拿大国家能源委员会认为其为混合型页岩气。

## 19.2 构造特征

Montney 页岩主要发育在加拿大不列颠哥伦比亚省东北部的 Peace River 地区，该地区由非对称拉张性质的地堑及 Laramide 冲断期发育的浅层断层系统、紧靠基底台地的深部断层系统组成（Berger 等，2008）。Berger 等（2009）通过对 Peace River 地区的钻井研究认为：Montney 页岩区发育了 Peace River 穹隆、Fort St John 地堑和 Groundbirch 断块复合体，构造特征对页岩气甜点区的分布具有一定的控制作用（图 19-2）。

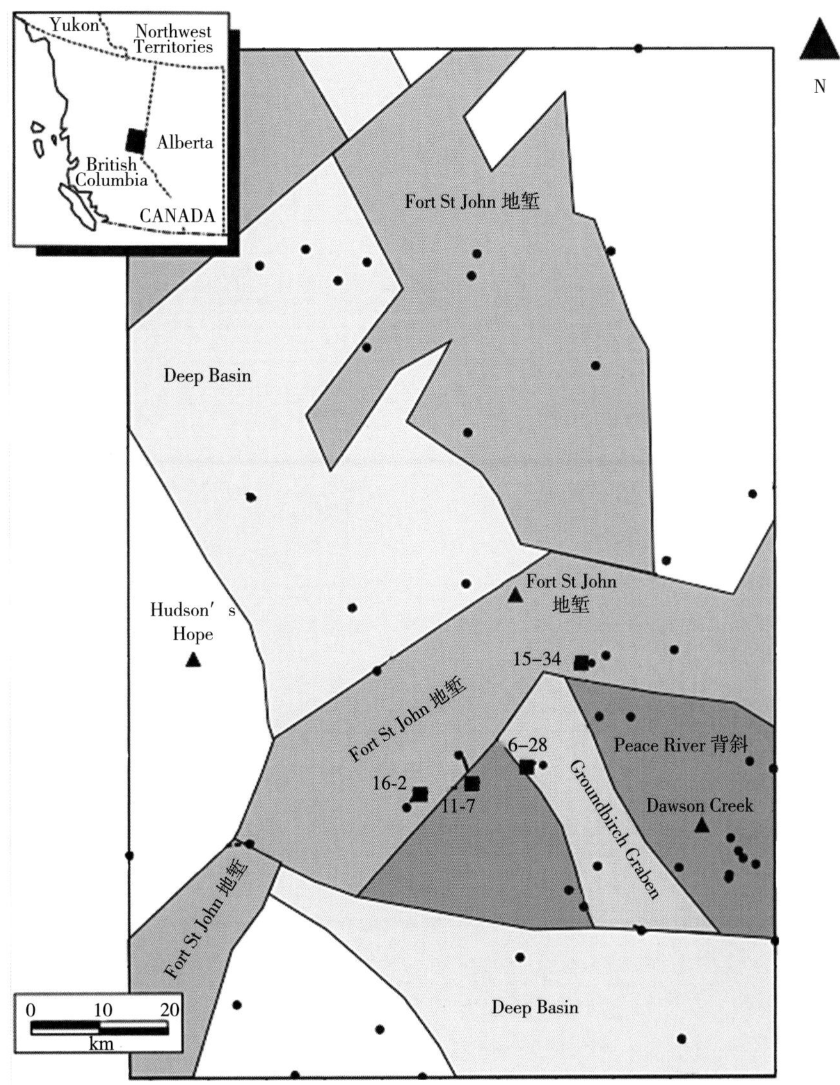


图 19-2 Peace River 地区 Montney 页岩分布区构造分区图

## 19.3 地层特征

下三叠统 Montney 组地层与下伏的二叠系地层呈整合接触，与上覆的中三叠统 Doig 组地层呈整合接触（图 19-3）。Dixon（2000）将不列颠哥伦比亚省的 Montney 组地层划分为上下两段，即上部页岩段和下部砂岩段，其中上部页岩段有机质富集程度明显高于下部砂岩段。Montney 组上部页岩段在阿尔伯塔省内缺失，向不列颠哥伦比亚省逐渐加厚，最大厚度可达 159m。

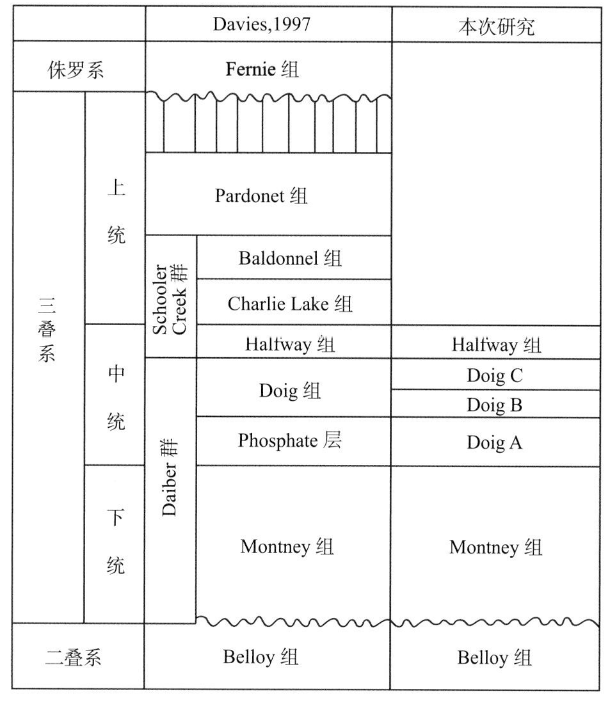


图 19-3　不列颠哥伦比亚省东北部 Peace River 地区三叠系地层简图（据 Davies，1997，修改）

## 19.4　沉积特征

西加拿大沉积盆地三叠系中下统地层主要沉积于被动大陆边缘。以不列颠哥伦比亚省东北部 Peace River 地区为例（Dixon，2009），三叠系中下统地层的硅质碎屑向西逐渐增厚，形成了一个进积体。其中，Montney 组地层沉积范围由大陆架延伸至深水陆棚（Moslow 等，1997），沉积物来源主要为陆源的风成沉积物和水体中的浮游物质。在风力作用下陆源碎屑自东向西输送，较粗的颗粒沉积在滨岸带，主要成分为碎屑长石、白云岩、云母等；细粒物质则陆续被输送至深水陆棚，主要成分为黏土和有机质。水体中浮游物质随水体加深，细粒的浮游物质会逐渐增多，碎屑物质相对减少。另外，水体加深后，可容纳空间增大，导致了部分地区 Montney 组页岩的沉积厚度达到数百米。

明确 Montney 页岩沉积物质来源对于识别 Montney 页岩岩相至关重要。Nieto 等（2009）基于薄片鉴定和测井曲线特征，将 Montney 组页岩划分为硅质碎屑页岩、富有机质页岩和磷酸盐页岩三类岩相（表 19-1）。

表 19-1　Montney 页岩岩相划分

| 岩相类型 | 自然伽马 /API | 电阻率 /Ω · m | 有机碳含量 /% |
|---|---|---|---|
| 硅质碎屑页岩 | ＜ 90 | ＜ 90 | ＜ 2 |
| 富有机制页岩 | ＜ 90 | ＞ 90 | ＞ 2 |
| 含磷酸盐页岩 | ＞ 90 | | |

## 19.5 地化特征

### 19.5.1 有机质丰度和类型

Montney 组 TOC 含量平均值在 2.8%~4.0%之间（图 19-4、图 19-5）。氢指数（HI）范围在 1~66mg HC/g TOC，平均为 29mg HC/g TOC。氧指数（OI）范围在 5~172 mg $CO_2$/g TOC，平均为 24 mg $CO_2$/g TOC（图 19-6）。Montney 页岩有机质类型以Ⅲ型干酪根为主（Chalmers 等，2012）。

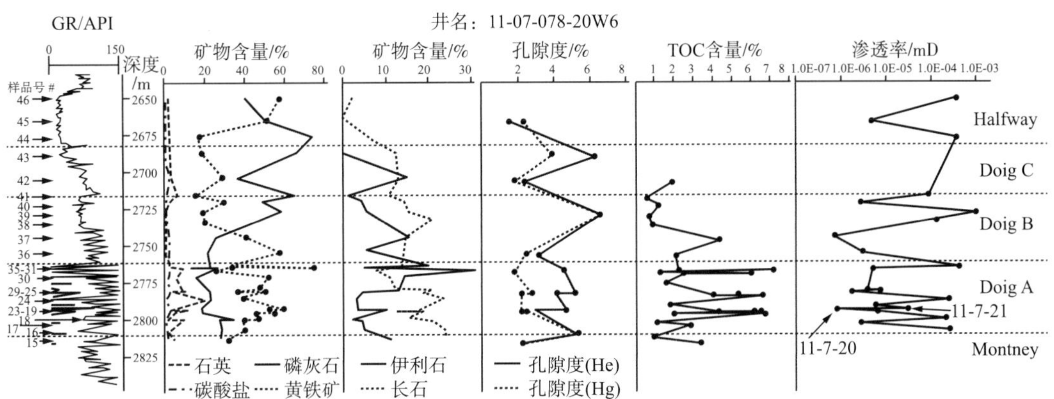


图 19-4　11-7-78-20W6 井地化指标综合柱状图

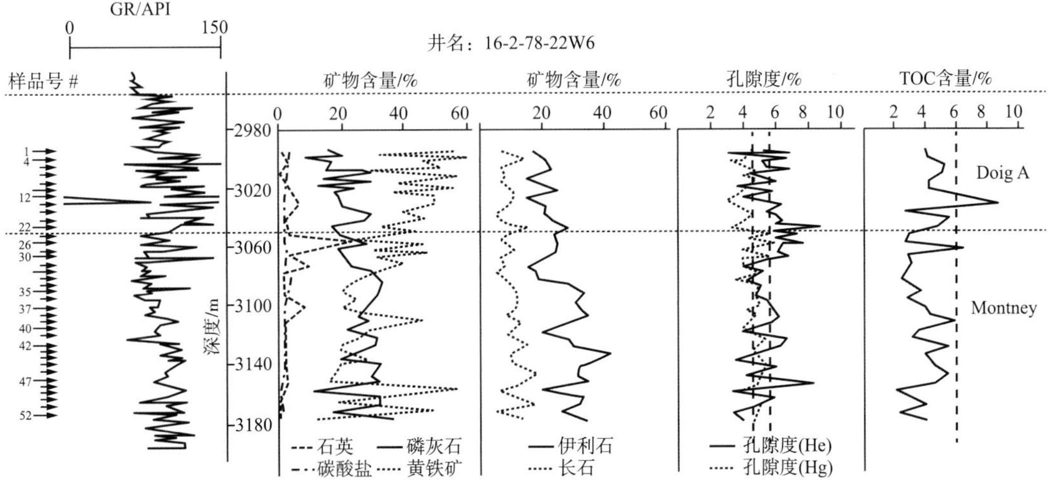


图 19-5　16-2-78-22W6 井地化指标综合柱状图（据 Chalmers 等，2012）

### 19.5.2 有机质成熟度

Chalmers 等（2012）对 11-7-78-20W6、16-2-78-22W6 和 6-28-78-19W6 三口井开展了有机质热成熟度测定，分析结果表明：Montney 组页岩 $R_o$ 平均为 2.06%，处于生气窗。

## 19.6 储集特征

### 19.6.1 物性特征

Chalmers 等（2012）通过氦气法和压汞法对 Montney 页岩开展孔隙度测试，以 16-2-78-22W6 井为例，氦气法测得的孔隙度范围介于 3%~8.5%之间，平均值为 5.5%；压汞法测定的孔隙度范围 3%~5.8%，平均值为 4.4%。氦气法和压汞法测得的孔隙度之间存在 0.26%~3% 范围的差异（即氦气法孔隙度 > 压汞法孔隙度）（图 19-5）。图 19-8 表明 Montney 页岩层基质渗透率约为 $1.8\times10^{-4}$mD。

通过对 Montney 页岩矿物组分与渗透率的相关性分析，结果显示：除石英和长石含量外，矿物组分同渗透率之间没有相关性。样品中石英和长石含量之和大于 65%时对应高渗透率，而含量之和小于 65%时则与渗透率无相关性。

### 19.6.2 孔隙类型及结构特征

Montney 页岩孔隙类型主要为微米—纳米级粒间孔。从图 19-6 可以看出 Montney 页岩孔径差异较大。

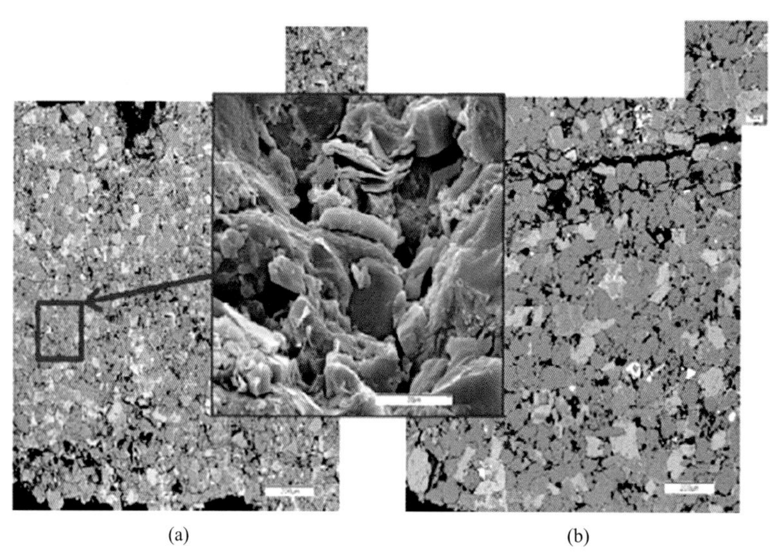

(a) (b)

图 19-6 Montney 上部页岩段不同孔径大小的背散射扫描电镜和扫描电镜照片（两个样品总孔隙度 > 11%）（据 Nieto，2009）

（a）盆地西 3-14-82-21W6 井，1875m，细粒沉积物，总孔占 11%，大孔和介孔占 43%，微孔占 6.7%；

（b）盆地东 d-25-H/93-P-9 井，2360m，粗粒沉积物，总孔占 11.5%，大孔和介孔占 7.4%，微孔占 4.1%

压汞实验结果显示：Montney 组页岩孔径分布具有双峰特征，含有 10~100μm 的大孔和 2~50nm 的介孔（图 19-7）。其中介孔占比较大的样品具有更高的比表面积。而大孔对比表面积没有明显影响。气体吸附测试结果表明：页岩中微孔占比为 15%~58%，大孔占比为 20%~56%。TOC 含量和黏土矿物含量高、微孔占比高的页岩样品比表面积大（图 19-8）。

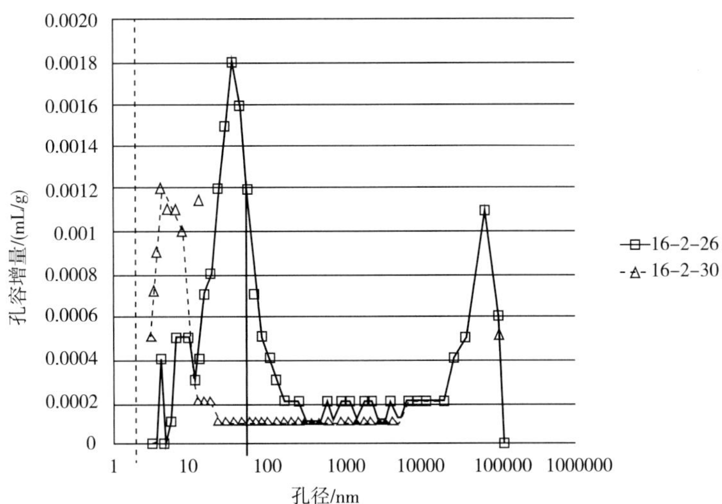


图 19-7　Montney 页岩孔容增量孔径分布交会图（据 Chalmers 等，2012）

虚线表示 2nm 的介孔 / 微孔边界，实线表明在 50nm 处的介孔 / 大孔边界

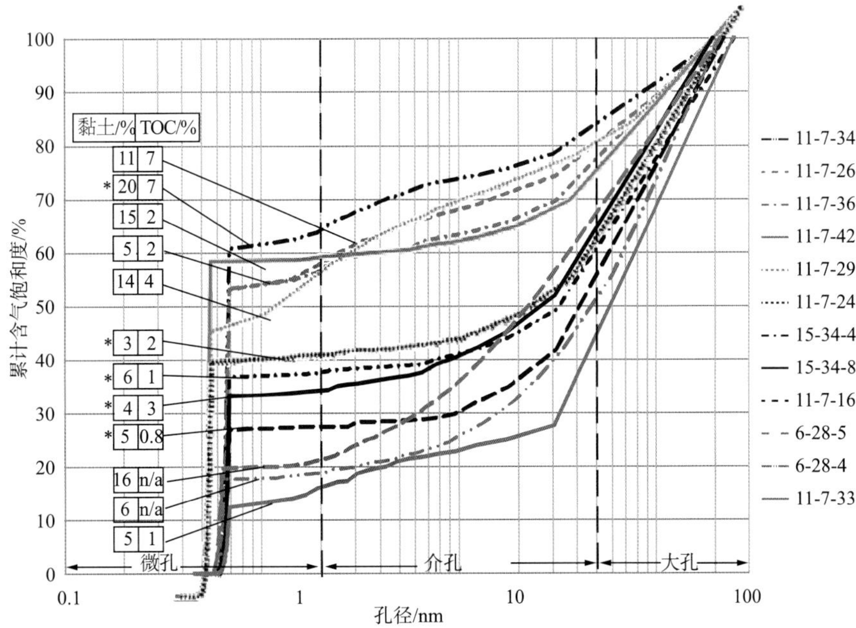


图 19-8　累计气体饱和度同孔径分布综合交会图（据 Chalmers 等，2012）

来自 11-7-78-20W6 和 15-34-80-18W6 井的样品的累积 $N_2$ 和 $CO_2$ 气体饱和度；每个曲线显示 TOC 和黏土含量；高渗透率样品用 * 突出显示，曲线为黑色

## 19.7　可压性特征

Chalmers 等（2012）研究表明，Montney 组的石英含量介于 20%~45% 之间，平均为 28%，碳酸盐含量介于 20%~60%，平均约为 42%，Montney 组自下而上碳酸盐矿物含量呈

增加趋势，且在 3118m 和 3075m 处可见若干峰值（图 19–5），碳酸盐主要由胶结物和自生白云石组成；黏土矿物含量介于 15%~35%，平均为 18%。由此可见，Montney 页岩中脆性矿物含量高，有利于后期压裂改造。

## 19.8 含气性特征

Montney 页岩以游离气为主，而吸附气含量较低。Nieto 采用基于油基泥浆体系的 Dean–Stark 含水饱和度测定方法对 Montney 页岩开展了含水饱和度分析，结果表明，含水饱和度与孔隙度之间存在较强的相关性，即随着孔隙度增大，含水饱和度呈降低趋势，根据前文所述该套页岩的平均孔隙度约为 5%，当孔隙度为 5% 时，对应的含气饱和度为 75%，反映出该套页岩整体具有较好的含气性（图 19–9）。

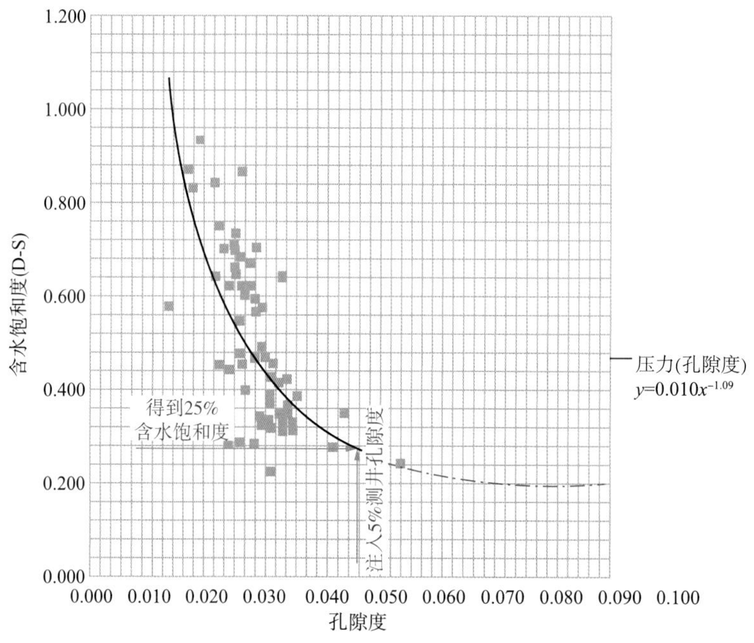


图 19–9 基于 Dean–Stark 装置测定的 Montney 组富有机质页岩含水饱和度（据 Nieto，2009）

## 19.9 潜力分析

Walsh 等（2006）的研究结果表明，不列颠哥伦比亚省东北部三叠系地层中，Montney 上段页岩非常规天然气资源量为 30~200tcf。

Montney 页岩气富集带内的储层埋深为 1700~4000m，厚度约 300m，含气孔隙度 1.0%~6.0%，吸附气含量低，资源量达 80~700tcf。Montney 致密气早期采用直井开发，自 2008 年采用水平井和多级体积压裂技术之后，带动了 Montney 页岩气的开发。Montney 页岩气水平井压裂后测试产量达 7~11MMcf/d，单井预测可采储量为 3~4bcf。Montney 致密气和页岩气均以干气为主，Montney 页岩气产量呈现逐年递增的趋势，从 2006 年初的 0.03bcf/d

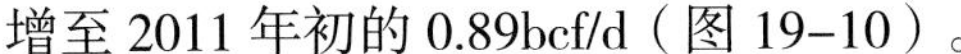

增至 2011 年初的 0.89bcf/d（图 19-10）。

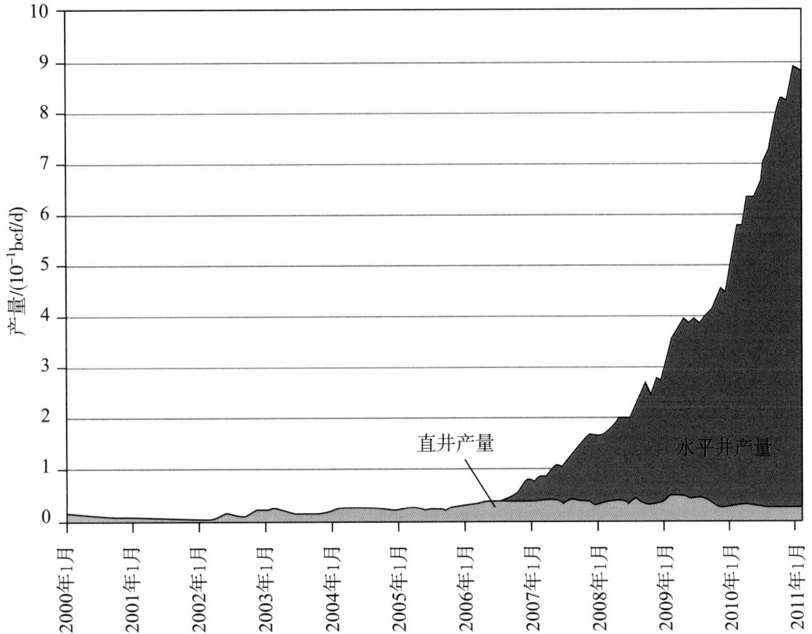


图 19-10　2000~2011 年加拿大 Montney 组致密气和页岩气产量分布图（据 Gatens，2011）

## 参 考 文 献

[1] Barclay J E, Krause F F, Campbell R I, et al. Dynamic casting and growth faulting: Dawson Creek Graben Complex, CarbonifeRous-Permian Peace River Embayment, western Canada[J]. Bulletin of Canadian Petroleum Geology, 1990, 38(12): 115–145.

[2] Berger Z, Boast M, Mushayandebvu M. The contribution of integrated HRAM studies to exploration and exploitation of unconventional plays in North America[J]. 2008, 36 (2): 40–45.

[3] Chalmers G R L, Bustin R M. Light volatile liquid and gas shale reservoir potential of the Cretaceous Shaftesbury Formation in northeastern British Columbia, Canada[J]. AAPG Bulletin, 2012, 96(7): 1333–1367.

[4] Davies G R. The Triassic of theWestern Canada Sedimentary Basin: Tectonic and stratigraphic framework, paleogeography, paleoclimate and biota[J]. Bulletin of Canadian Petroleum Geology, 1997, 45(4): 434–460.

[5] Davies G R. Aeolian sedimentation and bypass, Triassic of western Canada[J]. Bulletin of Canadian Petroleum Geology, 1997, 45(4): 624–642.

[6] Dixon B, Flint D. Canadian Tight Gas: Developing and Applying a Workable Definition[C]. CSUG tight gas definition, November, 2007: 1–10.

[7] Dixon J. The Lower Triassic Shale Member of the Montney Formation in the Subsurface of Northeast British Columbia[J]. Canada Geological Survey, 2009: 9.

[8] Dixon J. Triassic strata in the subsurface of the plains area of Dawson Creek and Charlie Lake map-areas, northeast British Columbia[J]. Bulletin of the Geological Survey of Canada, 2009, 595(595): E48.

[9] Edwards D E, Barclay J, Gibson D, et al. Triassic strata of the Western Canada Sedimentary Basin. Special Report 4[C] //Mossop G D,Shetsen I. Geological Atlas of the Western Canada Sedimentary Basin. Canadian Society of Petroleum Geologists and Alberta Research Council ,1994.

[10] Moslow T F, Davies G R. Turbidite reservoir facies in the Lower Triassic Montney Formation, west-central Alberta[J]. Bulletin of Canadian Petroleum geology, 1997, 45: 507-536.

[11] Nieto J A, Yale D P. Core Compaction Correction, A Different Approach[C]. European Core Analysis Symposium. London. EUROCAS I, Gordon and Breach, 1990.

[12] Nieto J A. Facies-Based Petrophysics[R]. CWLS President's Award for best Technical talk, Calgary, 2002.

[13] Nieto J A, McLean R M, James D. Log-Core Integration Short Course[C]. CSPG/CWLS/CSEG joint convention short course program, 2004, 2006, 2008.

[14] Nieto J A, Bujor S. Increasing Net Pay using High Resolution Logs[C]. SPWLA Fall Topical Conference, Taos, 2005.

[15] Posamentier H W.Triassic Montney Turbidite System[C]. CSPG Annual Symposium, 2004.

[16] Walsh W, Adams C, Kerr B, et al. Regional "Shale Gas" Potential of the Triassic Doig and Montney Formations, Northeastern British Columbia[J]. Petroleum Geology Open File, 2006.

# 20 New Albany 页岩油气地质特征

## 20.1 勘探开发历程

New Albany（新奥尔巴尼）页岩是美国伊利诺斯（Illinois）盆地中泥盆统至下密西西比统的一套富有机质黑色页岩，分布区域广泛，涵盖伊利诺斯州、印第安纳州南部以及肯塔基州西北部，面积约 $26.5\times10^4km^2$（图 20–1）。

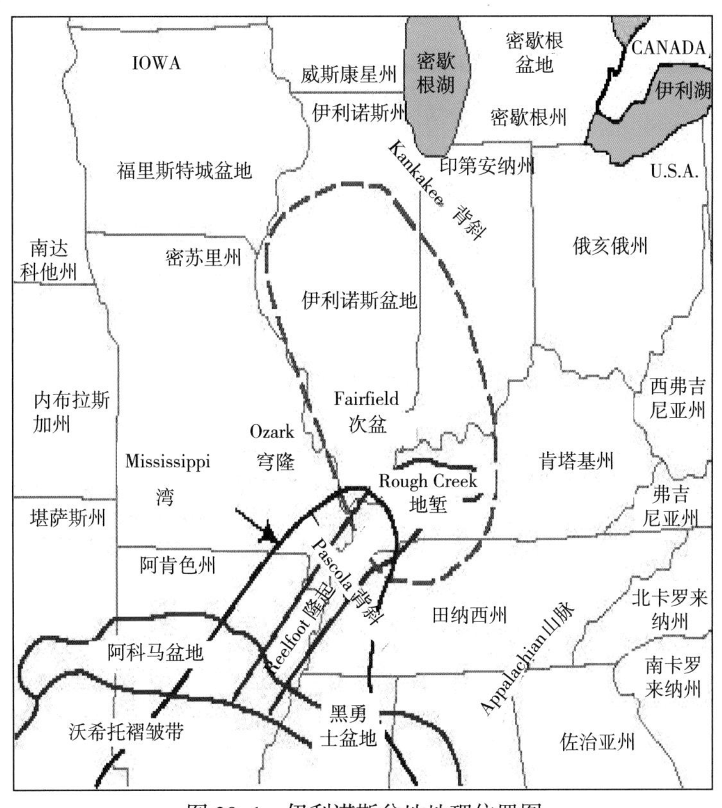

图 20–1　伊利诺斯盆地地理位置图

New Albany 页岩气的勘探开发最早始于 1858 年，1885 年在印第安纳州哈里森县 Tobacco Landing 附近对 New Albany 页岩层实施开发，获得初始测试产量为 567~11327$m^3$/d，戴维斯县北部和沙利文县南部的局部地区测试产量超过了 28316$m^3$/d（Songenfrei，1952；Hamilton Smith 等，1994；Sumvan，1995；Partin，2004）。

20 世纪 90 年代，随着新技术的广泛应用，New Albany 页岩气进入大规模开发阶段，共钻探页岩气井 400 多口（主要位于 Harrison 郡），井深为 150~335m，页岩气产量为 20~450mcf/d。至 1994 年，伊利诺斯盆地 New Albany 组商业开发页岩气井已经超过 600 口，且以水平井为主。近年来，Daviess 郡及其周缘地区成为 New Albany 页岩气勘探开发的新热点。

## 20.2 构造特征

伊利诺斯盆地东部和南部分别以 Cincinnati 隆起和 Pascola 隆起为界，西部和西北部分别以 Ozark 穹隆和密西西比河隆起为界，东北部以 Kankakee 隆起为界（图 20–1）。

## 20.3 地层特征

伊利诺斯盆地沉积的古生界地层厚度约 4800m，主要由白云岩组成，其次为灰岩、页岩、砂岩、砾岩、硬石膏和煤层。盆地南部古生界地层与上覆地层呈不整合接触。

伊利诺斯盆地 New Albany 页岩分布范围遍及印第安纳州、伊利诺斯州和肯塔基州西部，页岩厚度在 6~140m 之间（图 20–2），露头区页岩海拔为 228m，而在盆地中心处最深厚度可达 1370m（图 20–3）。

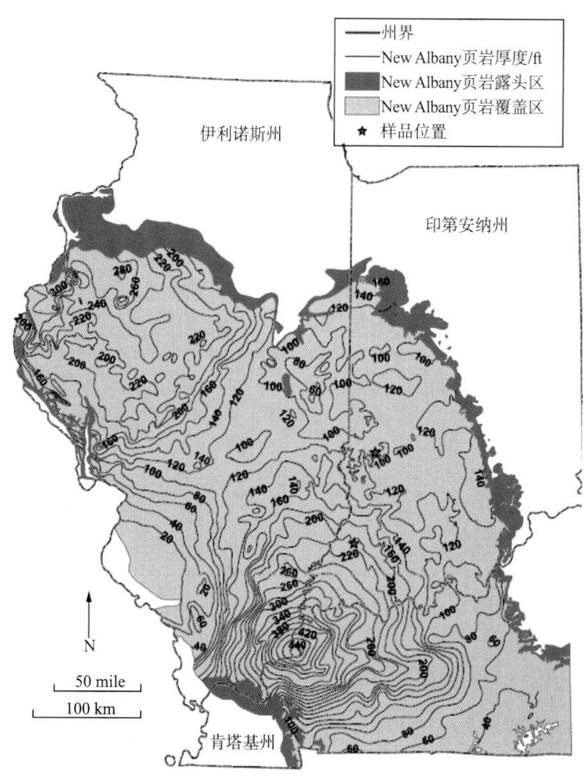


图 20–2 伊利诺斯盆地 New Albany 页岩厚度等值线图（据 Hasenmueller 和 Comer，2000）

在印第安纳州，New Albany 页岩与下伏的中泥盆统 North Vernon（北弗农）组灰岩呈不整合接触，上覆地层为 Rockford（罗克福德）灰岩。New Albany 页岩可划分为六个页岩层段，自下而上分别发育了 Blocher（布洛切尔）段、Selmier（萨尔米尔）段、Morgan' Frail（莫甘特雷尔）段、Camp Run（坎普伦）段、Clegg Creek（克莱格克里克）段及 Ellsworth（埃尔斯沃思）段（图 20–4）（据 Lineback，1970）。其中，最底部的 Blocher 段以富含有机质的褐黑色页岩为主，含钙质页岩和云质页岩。Selmier 段上覆于 Blocher 段，岩性为含生物扰动的灰绿色泥灰岩，褐黑色页岩。Morgan' Frail 段为褐黑色的硅质页岩，含 1~30mm 厚的薄层黄铁矿。Camp Run 段由灰绿色泥页岩组成，夹褐黑色黄铁矿。Clegg Creek 段为褐黑色含黄铁矿粉砂质块状页岩，上部可见磷酸盐结核，该段粉砂质含量比下部层段高。Ellsworth 段由富有机质黑色页岩组成，向上渐变为灰绿色页岩。

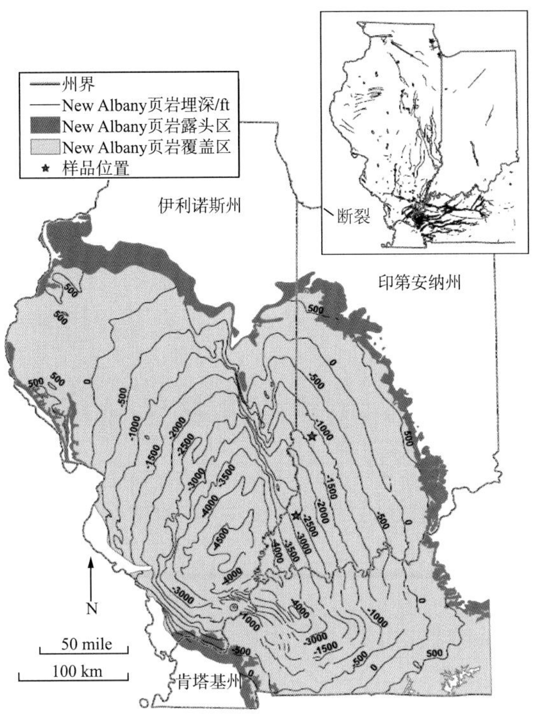


图 20-3　伊利诺斯盆地 New Albany 页岩埋深图（据 Hasenmueller 和 Comer，2000）

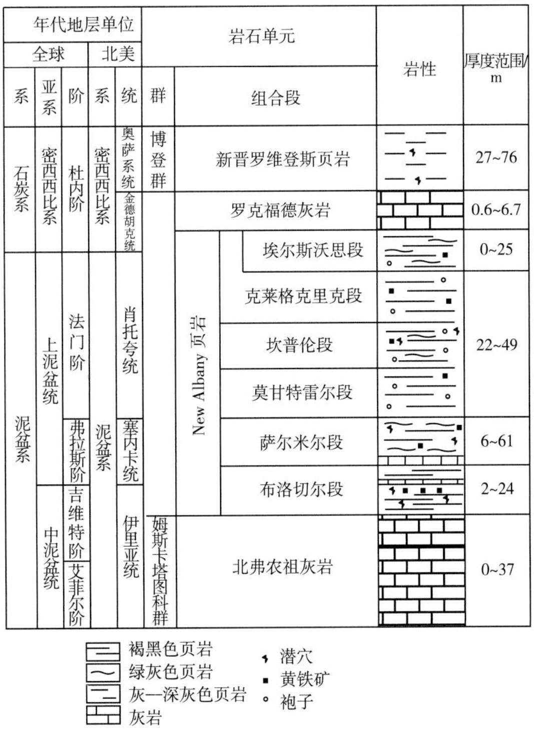

| 年代地层单位 |  |  |  |  | 岩石单元 |  | 岩性 | 厚度范围/m |
|---|---|---|---|---|---|---|---|---|
| 全球 |  |  | 北美 |  |  |  |  |  |
| 系 | 亚系 | 阶 | 系 | 统 | 群 | 组合段 |  |  |
| 石炭系 | 密西西比系 | 杜内阶 | 密西西比系 | 奥萨系统 | 博登群 | 新晋罗维登斯页岩 |  | 27~76 |
| 石炭系 | 密西西比系 | 杜内阶 | 密西西比系 | 金德胡克统 |  | 罗克福德灰岩 |  | 0.6~6.7 |
| 泥盆系 | 上泥盆统 | 法门阶 | 泥盆系 | 肖托夸统 | New Albany 页岩 | 埃尔斯沃思段 |  | 0~25 |
| 泥盆系 | 上泥盆统 | 法门阶 | 泥盆系 | 肖托夸统 | New Albany 页岩 | 克莱格克里克段 |  | 22~49 |
| 泥盆系 | 上泥盆统 | 法门阶 | 泥盆系 | 肖托夸统 | New Albany 页岩 | 坎普伦段 |  | 22~49 |
| 泥盆系 | 上泥盆统 | 法门阶 | 泥盆系 | 肖托夸统 | New Albany 页岩 | 莫甘特雷尔段 |  | 22~49 |
| 泥盆系 | 上泥盆统 | 弗拉斯阶 | 泥盆系 | 塞内卡统 | New Albany 页岩 | 萨尔米尔段 |  | 6~61 |
| 泥盆系 | 上泥盆统 | 弗拉斯阶 | 泥盆系 | 塞内卡统 | New Albany 页岩 | 布洛切尔段 |  | 2~24 |
| 泥盆系 | 中泥盆统 | 吉维特阶<br>艾菲尔阶 | 泥盆系 | 伊里亚统 | 姆斯卡塔图科群 | 北弗农祖灰岩 |  | 0~37 |

褐黑色页岩　绿灰色页岩　灰—深灰色页岩　灰岩　潜穴　黄铁矿　袍子

图 20-4　印第安纳州 New Albany 页岩地层柱状图

（据 Lineback,1970；Hamilton Smith，1994；Hasenmueller，1994）

## 20.4 沉积特征

伊利诺斯盆地古生界地层沉积于海相浅水环境，中泥盆统至下密西西比统的 New Albany 页岩形成于浅水陆棚环境，物源主要来自于盆地西部、北部和东部隆起。从 New Albany 页岩中的 Selmier 段上部到 Morgan′ Frail 段下部，水体的沉积环境发生变化，即从有氧环境过渡至厌氧的静水环境。此外，沉积学和层序地层学的相关研究揭示了 New Albany 页岩沉积环境从浅水到深水的演变过程（Schieber，2004）。

## 20.5 地化特征

### 20.5.1 有机质丰度

根据 Stevenson 等（1969）测试分析结果，New Albany 页岩平均有机碳含量为 4%，且从盆地中部到盆地西部的密西西比河边缘一带，有机碳含量从 9%降到 1%，平面上差异较大。

伊利诺斯州 New Albany 页岩层系上部页岩以及印第安纳州东南部的 Selmier 段页岩有机碳含量相对较低，介于 1.0%~2.0%之间（Frost, 1980）。下部页岩在伊利诺斯盆地西北部有机碳含量为 2%~5%，但在其他地区有机碳含量为 5%~9%。印第安纳州西南部 10 口钻井岩心分析显示，Clegg Creek 段页岩有机碳含量为 10.4%~13.7%（Hasenmuelle 等，1987）。

根据 Zuber 等（2002）的研究成果，New Albany 页岩 TOC 含量与密度存在较好的负相关性，可用如下关系式表示（图 20-5）：TOC(%)=−29.172× 体积密度（g/cm$^3$）+77.23。

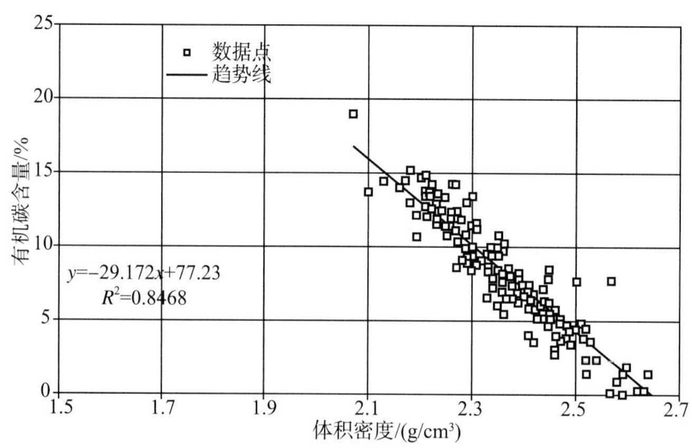


图 20-5 New Albany 页岩有机碳 – 密度交会图（据 Zuber，2002）

### 20.5.2 有机质类型

Barrows 等（1980）对 New Albany 页岩有机岩石学的的研究表明，其干酪根镜下显微组分中 90%~95% 为无定形有机质，镜质组、壳质组和惰质组仅占 5%~10%。Chou 等（1991）对 159 个样品的岩石热解分析结果表明，New Albany 页岩有机质类型以典型的混合型（Ⅱ型）干酪根为主（图 20-6），易生油也易生气。油源对比研究表明，New Albany 页岩是伊利诺斯盆地宾夕法尼亚系、密西西比系、泥盆系和志留系油层的主要烃源岩（Chou 等，1991；Hatch 等，1991）。

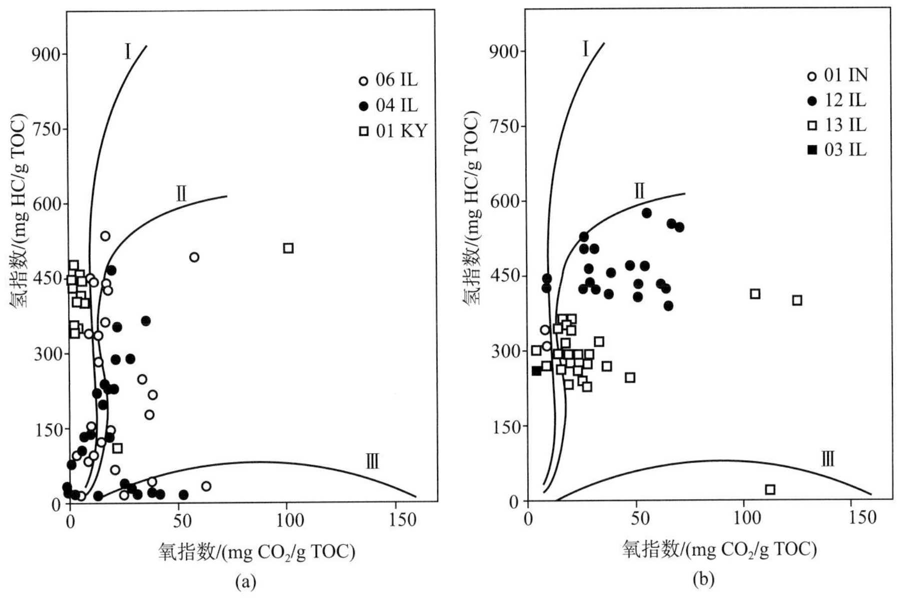


图 20-6　伊利诺斯盆地 New Albany 页岩范氏图解（据 Chou 等，1991）

### 20.5.3　有机质成熟度

New Albany 页岩的有机质成熟度较低，伊利诺斯盆地 200 多口井 New Albany 页岩样品的测试结果表明，$R_o$ 介于 0.44%~1.50% 之间（图 20-7）。$R_o$ 平面分布特征表现为：伊利诺斯州东南部 Hardin 郡 Hicks 穹隆热演化程度最高；伊利诺斯州中部 Logan 郡和 Sangamon 郡以及印第安纳州 Harrison 郡热演化程度最低；$R_o$<0.5% 的区域主要集中在盆地西部及北部的隐伏露头区。根据构造断裂特征及成熟度将盆地划分为两个区域，这两个区域的页岩埋藏深度与 $R_o$ 值存在较大差异，其中阴影部分 $R_o$<0.80%，与盆地北部大部分区域 $R_o$ 特征类似，变化趋势线右边的数据代表了位于伊利诺斯盆地东南部的样品，反映了区域性热液作用引起的源岩热演化程度的异常变化（图 20-8）。

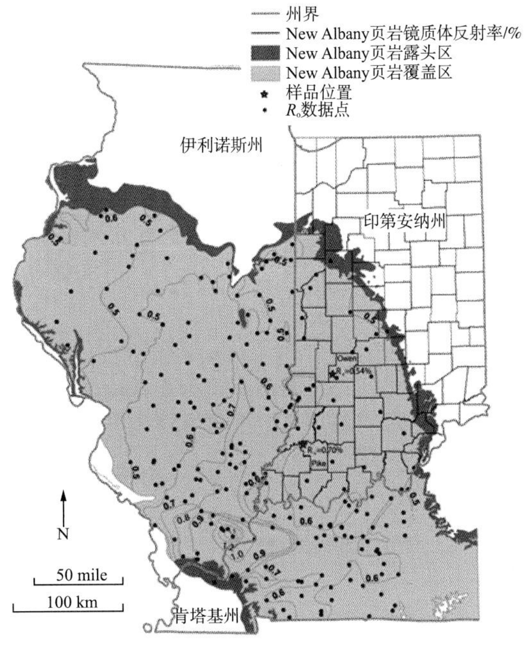


图 20-7　伊利诺斯盆地 New Albany 页岩镜质体反射率平面分布图（据 Hasenmueller 等，2000）

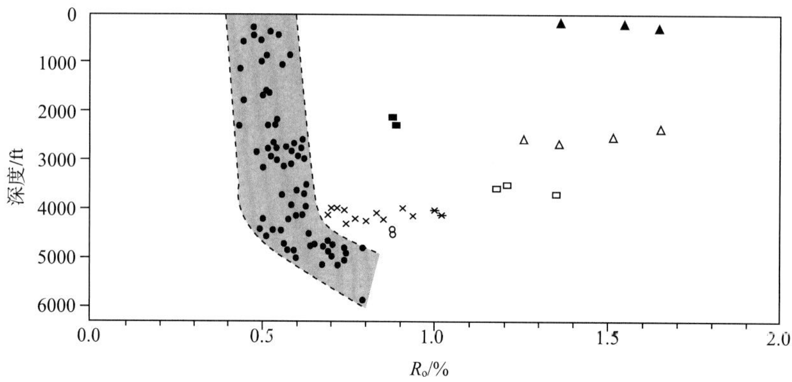


图例

- ● 俄亥俄州和印第安纳州Cottage Grove和Rou gh Creek断裂系统北部井样品
- ▲ Rector & Stone No.1 MO Portland Cement, Hardin 县
- ■ Texas Pacific No.1 Farley, Johnson 县
- △ Texota Oil No.1 King, Saline 县
- ✱ Texas Pacific No.1 Wells, Saline 县
- □ Texas Pacific No.1 Streich Comm, Pope 县
- ○ Brehm No.1 Harris, Williamson 县
- × Texaco No.1 Walters, Gallatin 县

图 20–8　伊利诺斯盆地 New Albany 页岩平均镜质体反射率 – 埋深交会图

## 20.6　储集特征

### 20.6.1　物性特征

前人研究认为，肯塔基州 Christian 郡 New Albany 页岩孔隙度介于 0.5%~3.1% 之间，平均为 1.8%；印第安纳州 Sullivan 郡 New Albany 页岩孔隙度为 0.6%~9.3%；印第安纳州 Clark 郡 New Albany 页岩岩心渗透率介于 $2.5\times10^{-6}$~1.9mD 之间，平均为 $1.4\times10^{-3}$mD。

Mastalerz 等（2013）通过对比分析氦气法和压汞法测定的孔隙度值（表 20–1），发现两种方法测得的 New Albany 页岩颗粒密度和体积密度基本相当，但是与压汞法相比，氦气法测定的孔隙度数值偏大。其中，氦气法孔隙度范围在 1.5%~9.1%；压汞法孔隙度范围在 0.8%~5.6%。分析认为，由于汞无法有效地进入孔径 < 3nm 的孔隙，压汞法测得的孔隙度值会偏小，因此在评价该页岩物性时，建议使用氦气法孔隙度值。

表 20–1　New Albany 页岩氦气法和压汞法孔隙度数据表

| | 氦气法孔隙度 | | | | 压汞法孔隙度 | | | |
|---|---|---|---|---|---|---|---|---|
| 样品 | 颗粒密度 /（g/cm³） | 体积密度 /（g/cm³） | 总孔隙体积 /（cm³/g） | 总孔隙度 /% | 颗粒密度 /（g/cm³） | 体积密度 /（g/cm³） | 总孔容 /（cm³/g） | 总孔隙度 /% |
| 472–1 | 2.74 | 2.49 | 0.0365 | 9.1 | 2.79 | 2.63 | 0.0213 | 5.6 |
| MM4 | 2.30 | 2.21 | 0.0186 | 4.1 | 2.26 | 2.2 | 0.0122 | 2.7 |
| NA2 | 2.56 | 2.43 | 0.0210 | 5.1 | 2.53 | 2.43 | 0.0168 | 4.1 |
| IL–5 | 2.58 | 2.55 | 0.0059 | 1.5 | 2.58 | 2.56 | 0.0032 | 0.8 |
| IL–1 | 2.58 | 2.49 | 0.0141 | 3.5 | 2.53 | 2.5 | 0.0055 | 1.4 |

### 20.6.2 孔隙结构特征

Mastalerz 等（2013）主要通过气体（$N_2$ 和 $CO_2$）吸附法和压汞法针对不同孔径大小的孔隙进行测试分析，分别对微孔（<2nm）、介孔（2~50nm）、大孔（>50nm）三种孔径的样品进行了定量表征，如图 20-9 所示，气体吸附法测试的各个页岩分析样品均具有较强的吸附性。压汞法测试的结果显示（表 20-2），其与气体吸附法的趋势和变化范围相似。

表 20-2 New Albany 页岩气体吸附法和压汞法微孔、介孔和大孔体积数据表

| | $N_2$ 和 $CO_2$ 吸附法 | | | 压汞法 | | |
|---|---|---|---|---|---|---|
| 样品 | D-A 微孔体积 /（$cm^3/g$） | BJH 介孔体积 /（$cm^3/g$） | 计算的大孔体积 /（$cm^3/g$） | 微孔体积 /（$cm^3/g$） | 介孔体积 /（$cm^3/g$） | 大孔体积 /（$cm^3/g$） |
| 472-1 | 0.0098 | 0.0243 | 0.0025 | 0.0151 | 0.0199 | 0.0014 |
| MM4 | 0.0167 | 0.0008 | 0.0011 | 0.0064 | 0.0117 | 0.0005 |
| NA2 | 0.0138 | 0.0052 | 0.0199 | 0.0042 | 0.01696 | 0 |
| IL-5 | 0.0055（0.0177） | 0.0004（0.0004） | 0.0000 | 0.0026 | 0.0033 | 0 |
| IL-1 | 0.0062（0.0074） | 0.0036（0.0062） | 0.0042 | 0.0085 | 0.0056 | 0 |

注：对于样品 IL-5 和 IL-1，括号内的数值为同一块样品，但是经过二氯甲烷萃取；D-A=Dubin in Astakhov；BJH=Barrett-Joyner-Halenda。

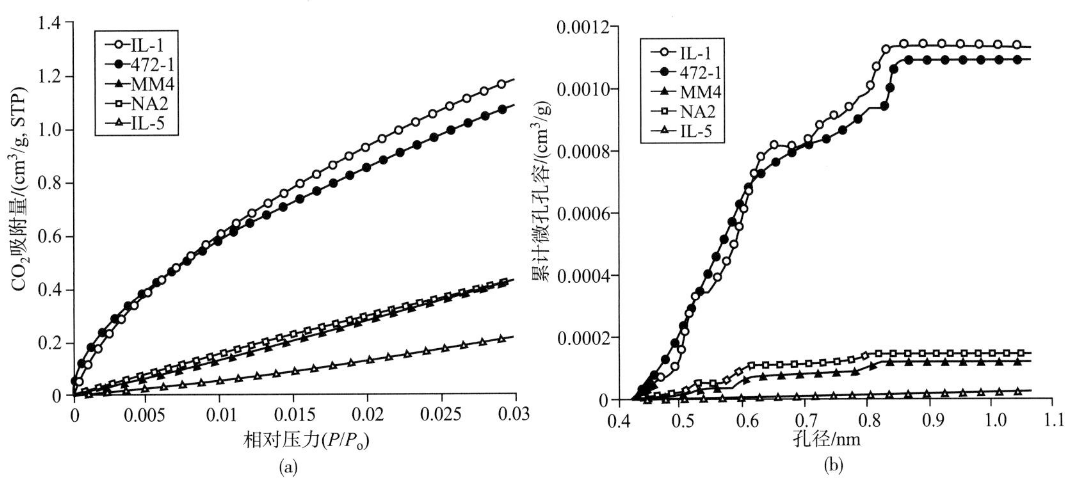


图 20-9 New Albany 页岩气体吸附法测试结果

（a）New Albany 页岩低压 $CO_2$ 等温吸附线；（b）New Albany 页岩累计微孔体积（$CO_2$ 等温吸附法）；

$P$—实际气体压力；$P_0$—吸附气的蒸汽压力

Mastalerz 等（2013）通过对比气体吸附法和压汞法测得的比表面积和孔喉大小，得出如下结论：①除未成熟的 472-1 样品外，$CO_2$ 吸附法测得的比表面积比 $N_2$ 吸附法测得的大，前者的比表面积为 5.0~16.3$m^2/g$，后者的比表面积为 0.1~14.7$m^2/g$，这说明微孔（$N_2$ 无法进入，但 $CO_2$ 可以进入）对页岩的总孔隙度贡献很大（472-1 样品除外）。②成熟度最低的 472-1 样品，$N_2$ 和 $CO_2$ 吸附法孔径最小，分别为 7.4nm 和 1.35nm；成熟度最高的样品 IL-1，N2 吸附法孔径为 16.1nm，$CO_2$ 吸附法孔径为 7.4nm。③压汞法测试结果显示，

处在过成熟阶段的样品 IL-5 总孔隙比表面积和孔喉直径中值最小，样品 472-1 和 IL-1 总孔隙比表面积和孔喉直径中值最大。④压汞法测定了每一块样品最大孔喉范围，未成熟样品 472-1 最大孔喉直径为 200~500nm，处在早成熟阶段的样品 MM4 最大孔喉直径为 50~100nm，其他样品的最大孔喉均低于 50nm（表 20-3、图 20-10）。

表 20-3　$N_2$ 和 $CO_2$ 吸附法孔隙度、压汞法孔隙度数据统计表

| 样品 | $N_2$ 和 $CO_2$ 吸附法 | | | | 压汞法 | | |
|---|---|---|---|---|---|---|---|
| | BET $N_2$ $S_a$/（$m^2/g$） | 介孔均值 / nm | BET $CO_2$ $S_2$/（$cm^3/g$） | 微孔均值 / nm | 总孔隙面积 /（$m^2/g$） | 孔喉直径中值 / nm | 最大孔喉直径 / nm |
| 472-1 | 14.7 | 7.4 | 5.9 | 1.35 | 4.36 | 23.4 | >200, <500 |
| MM4 | 0.2 | 16.0 | 16.3 | 0.19 | 4.30 | 7.5 | >50, <100 |
| NA2 | 0.6 | 14.9 | 5.9 | 0.53 | 3.85 | 5.8 | >20, <50 |
| IL-5 | 0.1 | 13.6 | 5.0 | 0.25 | 0.03 | 5.2 | >20, <50 |
| IL-1 | 0.9 | 16.1 | 7.4 | 0.17 | 2.10 | 11.4 | >20, <50 |

注：BET=Brunauer-Emmett-Teller; $S_a$= 表面积。

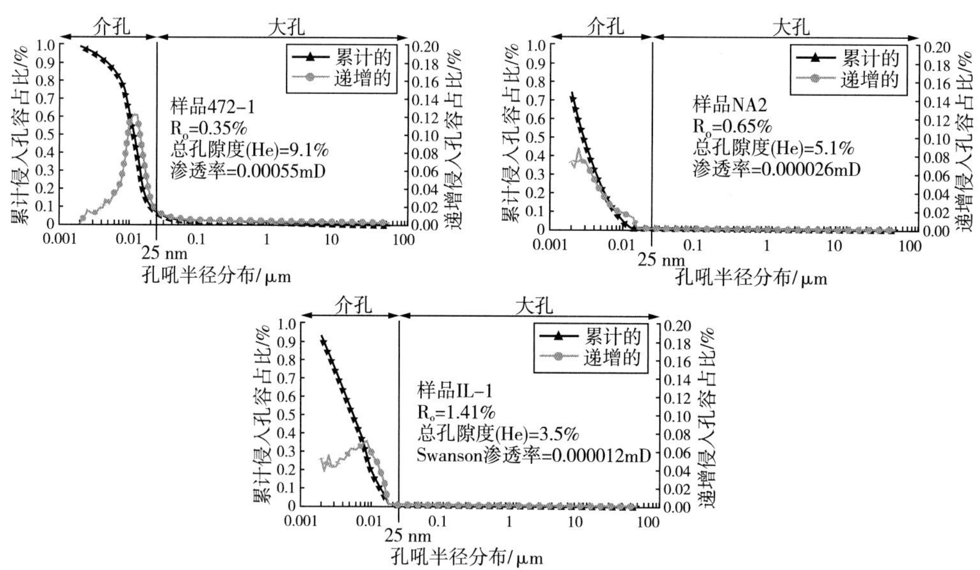


图 20-10　New Albany 页岩压汞法孔喉半径分布图（据 Mastalerz，2013）

Swanson 渗透率 = 采用 Swanson 对比法（1981）根据毛细管压力数据计算的渗透率；其中，472-1 样品成熟度最低，IL-1 样品成熟度最高

## 20.7　可压性特征

New Albany 页岩的主要矿物组分为：石英、黏土矿物、白云石、方解石以及少量的黄铁矿和白铁矿，此外还含有少量的钾长石、斜长石、白云母以及微量的磷灰石等其他重矿物（图 20-11）。黏土矿物以伊利石为主，绿泥石分布也较普遍，含量一般在

10%~20%，伊蒙混层一般小于 3%。其中，石英含量为 19%~36%，长石含量为 9%~44%，碳酸盐含量为 1%~50%，黄铁矿含量为 1%~9%，黏土矿物含量为 5%~42%（表 20-4、图 20-11）。由此可见，该套页岩中脆性矿物含量高，有利于后期压裂改造。

表 20-4 New Albany 页岩矿物组分统计表

单位：%

| 组分 | 472-1 | MM4 | NA2 | IL-5 | IL-1 |
|---|---|---|---|---|---|
| 石英 | 19 | 35 | 36 | 31 | 25 |
| 方解石 | 27 | 0 | 0 | 11 | 0 |
| 白云石 | 13 | 0 | 1 | 15 | 10 |
| 铁白云石 | 10 | 0 | 0 | 0 | 0 |
| 钠长石 | 8 | 9 | 13 | 6 | 27 |
| 正长石 | 2 | 0 | 1 | 4 | 17 |
| 黄铁矿 | 2 | 1 | 3 | 2 | 9 |
| 伊利石 / 白云母 | 12 | 34 | 36 | 26 | 3 |
| 海绿石 | 1 | 3 | 3 | 0 | 1 |
| 高岭石 | 3 | 4 | 3 | 0 | 1 |

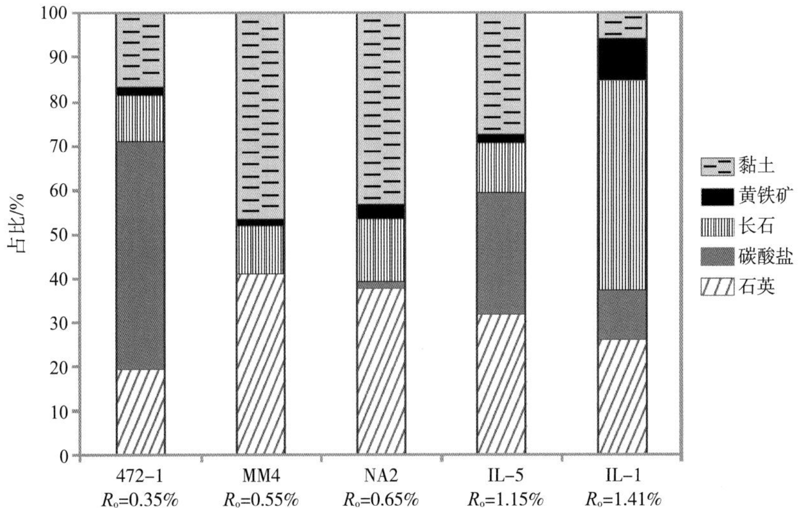


图 20-11 New Albany 页岩不同镜质体反射率下的矿物组分直方图（据 Mastalerz，2013）

## 20.8 含气性特征

通过 Dariusz Strapoc 等（2010）的研究，在欧文县研究区内的 New Albany 页岩岩心的总含气量为 0.4~2.1m$^3$/t，在派克县为 0.1~2.0m$^3$/t，Don Luffel 等（2009）对印第安纳州的钻井开展现场含气量测试结果表明（图 20-12），解吸气量为 10~30scf/t，损失气量为 0~5scf/t；残余气量为 10~50scf/t。研究表明，总含气量与 TOC、压力之间均表现出良好的正相关性（表 20-5、图 20-13、图 20-14）。

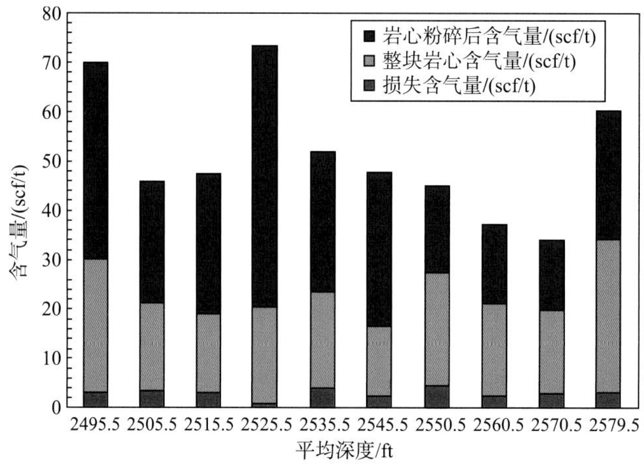


图 20-12 印第安纳州 Sullivan-1 井 New Albany 页岩不同埋深下的含气量直方图

**表 20-5 New Albany 页岩 TOC 含量、BET 比表面积、孔隙特征及含气量数据统计表**

| 样品 | TOC/% | BET 比表面积 / ( $m^2/g$ ) | BJH 介孔比表面积 / ( $cm^3/g$ ) | D-R 介孔比表面积 / ( $m^2/g$ ) | D-R 单层吸附量 / ( $cm^3/g$ ) | D-A 微孔容积 / ( $cm^3/g$ ) | 残余气 / ( scf/t ) | 总含气量 / ( scf/t ) |
|---|---|---|---|---|---|---|---|---|
| New Albany Shale, Owen County | | | | | | | | |
| NS-1 | 6.95 | 11.6 | 0.025755 | 14.6 | 3.2 | 0.014141 | 10.3(<0.1) | 19.0 |
| NS-2 | 8.25 | 10.5 | 0.024404 | 15.9 | 3.5 | 0.014223 | 17.3(<0.1) | 24.7 |
| NS-3 | 9.05 | 9.9 | 0.022969 | 15.1 | 3.3 | 0.012913 | 17.4(0.1) | 32.9 |
| NS-4 | 13.06 | 4.9 | 0.014429 | 19.2 | 4.2 | 0.016695 | 42.1(<0.1) | 65.8 |
| NS-5 | 12.67 | 8.0 | 0.018620 | 18.4 | 4.0 | 0.016903 | 44.4(0.3) | 57.1 |
| NS-6 | 5.44 | 8.0 | 0.025240 | 8.3 | 1.8 | 0.009572 | 13.4(<0.1) | 13.9 |
| NS-7 | 5.48 | 9.9 | 0.028988 | 10.1 | 2.2 | 0.008777 | 10.8(0.1) | 13.2 |
| New Albany Shale, Pike County | | | | | | | | |
| NA-8 | 0.53 | 20.0 | 0.031359 | 11.8 | 2.6 | 0.008279 | 0(0.6) | 3.2 |
| NA-7 | 0.82 | 18.9 | 0.026989 | 11.5 | 2.5 | 0.008144 | 0(0.6) | 4.7 |
| NA-6 | 12.03 | 10.6 | 0.030010 | 21.6 | 4.7 | 0.017675 | 23.0(1.7) | 58.3 |
| NA-5 | 6.13 | 5.9 | 0.017332 | 12.3 | 2.7 | 0.013291 | 13.8(2.1) | 47.6 |
| NA-4 | 10.16 | 4.9 | 0.016582 | 14.5 | 3.2 | 0.014603 | 18.7(3.2) | 63.9 |
| NA-3 | 8.10 | 4.4 | 0.011681 | 14.6 | 3.2 | 0.012988 | 15.1(0.7) | 46.1 |
| NA-2 | 5.32 | 4.2 | 0.012962 | 7.1 | 1.5 | 0.011691 | 5.6(0.5) | 20.0 |
| NA-1 | 6.57 | 4.0 | 0.012631 | 8.6 | 1.9 | 0.010088 | 8.1(3.7) | 29.9 |

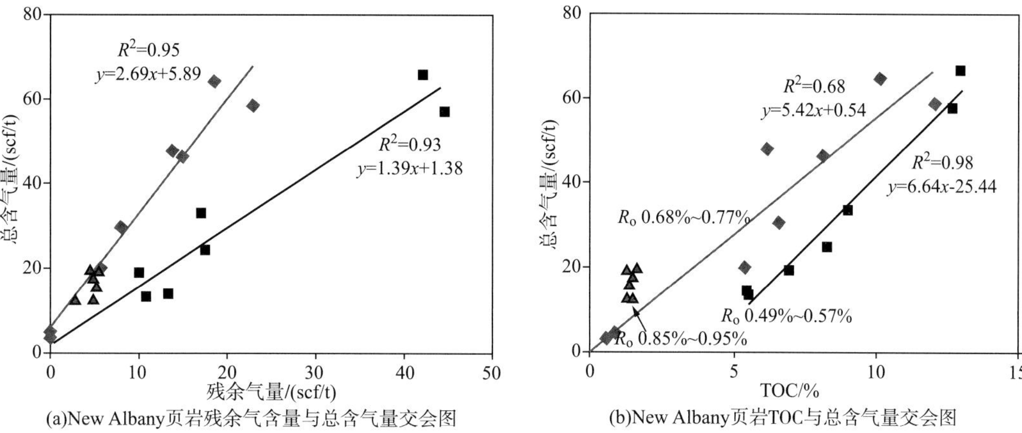


图 20-13 New Albany 页岩 TOC 含量、残余气与总含气量的关系

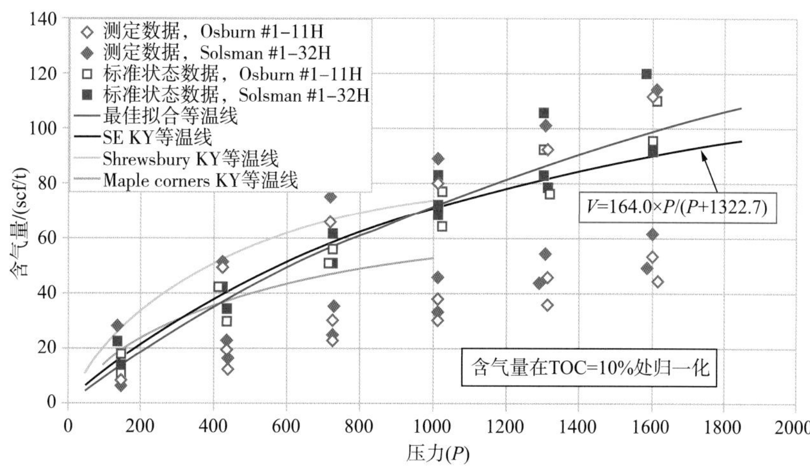


图 20-14 New Albany 页岩等温吸附法含气量 - 压力交会图

## 20.9 潜力分析

伊利诺斯盆地 New Albany 页岩气估算地质储量为 86~160tcf（Hill 和 Nelson，2000），其中技术可采资源量在 1.3~8.1tcf 之间，平均为 3.8tcf（Swezey 等，2007）。该盆地 New Albany 页岩气开发潜力巨大。

## 参考文献


[1] Chalmers G R L, Bustin R M. The organic matter distribution and methane capacity of the Lower Cretaceous strata of Northeastern British Columbia, Canada[J]. International Journal of Coal Geology, 2007, 70(1–3): 223–239.

[2] Chalmers G R L, Bustin R M. Geological evaluation of Halfway - Doig - Montney hybrid gas shale–tight gas reservoir, northeastern British Columbia[J]. Marine & Petroleum Geology, 2012, 38(1): 53–72.

[3] Cluff R M, Reinbold M L, Lineback J A. The New Albany Shale Group of Illinois[J]. Illinois State Geological Survey Department of Natural Resources, 1981: 518.

[4] Culver E L, Makuch M, Vermeulen E, et al. Geochemical constraints on the origin and volume of gas in the New Albany Shale (Devonian - Mississippian), eastern Illinois Basin[J]. Bookbird World of Childrens Books, 2010, 94(11): 32–34.

[5] Lewan M D. Feasibility study of material–balance assessment of petroleum from the New Albany Shale in the Illinois Basin[J]. 1995.

[6] Liu F, Ellett K, Xiao Y, et al. Assessing the feasibility of $CO_2$, storage in the New Albany Shale (Devonian - Mississippian) with potential enhanced gas recovery using reservoir simulation[J]. International Journal of Greenhouse Gas ContRol, 2013, 17(17): 111–126.

[7] Mastalerz M, Drobniak A, Strapo D, et al. Variations in pore characteristics in high volatile bituminous coals: Implications for coal bed gas content[J]. International Journal of Coal Geology, 2008, 76(3): 205–216.

# 21 Niobrara 页岩油气地质特征

## 21.1 勘探开发历程

Niobrara（奈厄布拉勒）组发育于晚白垩世，广泛分布于美国西部落基山脉附近的多个盆地，包括 Denver/Denver–Julesberg 盆地、Poweder River 盆地、Greater Green River 盆地、Park 盆地及 Uinta 盆地等，是美国西部页岩油气及致密油气最重要的产层之一（图 21–1）。考虑到 EIA 等多家美国机构在解剖页岩油时，通常也将泥灰岩纳入，因此，本书也一并对其油气地质特征加以讨论。

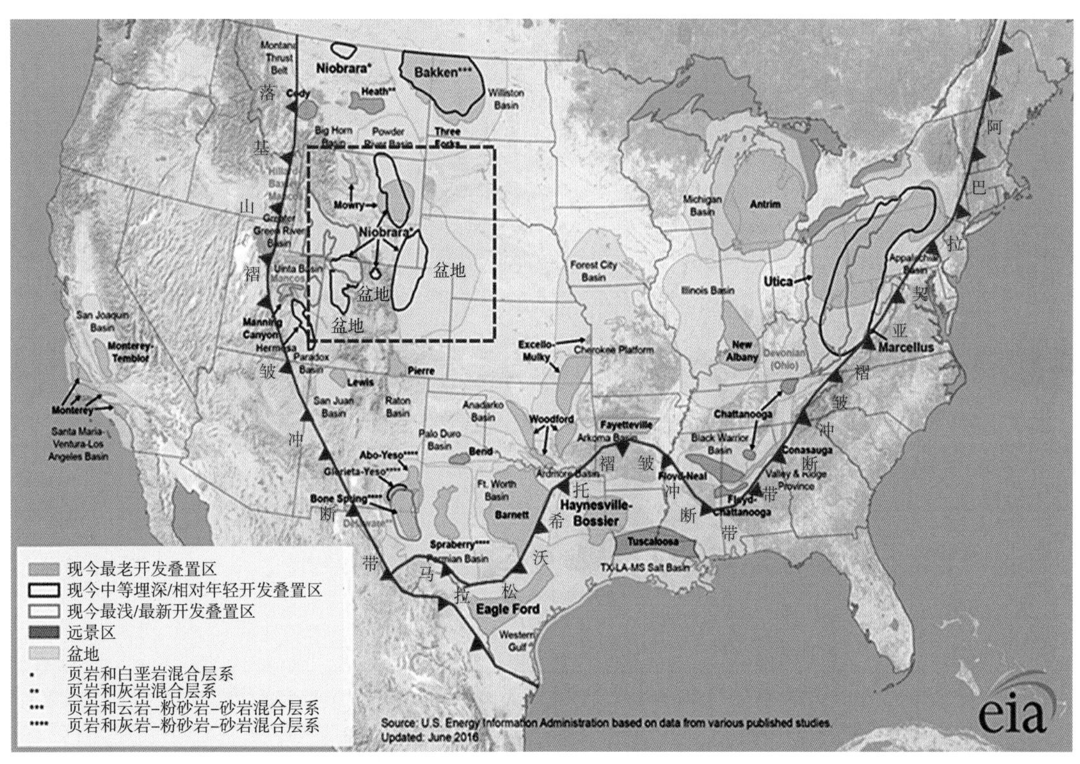


图 21–1 Niobrara 页岩分布范围示意图

Niobrara 页岩的油气勘探开发已经历了上百年的历史。1881 年，随着 Colorado 州 Florence 气田第一口气井的完钻，宣告 Denver 盆地 Niobrara 组油气勘探开发正式拉开序幕，目前，Florence 气田是美国所有气田中开发时间最早且持续时间比较长的气田之一。据 2007 年的报道，Denver 盆地，包括了大约 1500 个油气田，所有油气田累计产油 $10.5\times10^8$bbl、累计产气 3.67tcf（Higley 和 Cox，2007）。

2009年，EOG资源公司在Colorado州Hereford油气田的Jake2-01H井是Denver盆地的一口关键井，完钻时间为2009年9月，初期原油产量（IP）为254m³/d。截至2010年8月31日，该井已经产油10122t，产气$1.34\times10^6m^3$，产水2731t，11个月生产期间的平均GOR为116.8m³/m³（IHS Energy News On Demand，2010）。

随着Jake 2-01H井的成功钻探，多家石油公司在Denver盆地掀起了针对Niobrara组油气勘探开发的热潮，特别是Wattenberg气田成为Niobrara页岩层勘探开发最活跃的地区。Wattenberg气田位于Denver盆地的中心位置，1970年通过钻井揭示，在致密的Niobrara组见良好的油气显示，随后，该气田发展迅速，2006年已成为美国第七大气田。目前Wattenberg气田已完钻气井20000多口，主要目的层系为包括Niobrara组在内的多套白垩系储层。据报道，至2008年，Wattenberg气田日产量已达到1.2bcf/d（Encana，2008）。

## 21.2 构造特征

Niobrara组在Denver、Poweder River、Greater Green River、Park及Uinta等多个盆地均有发育，其中尤以Denver（丹佛）盆地分布范围广，其面积超过70000mile²，横跨科罗拉多州东部、怀俄明州东南部和内布拉斯加州西南部，多个盆地的构造特征及其演化历史相近，因此，本次选择Denver盆地为代表开展该区域构造特征分析（图21-2）。

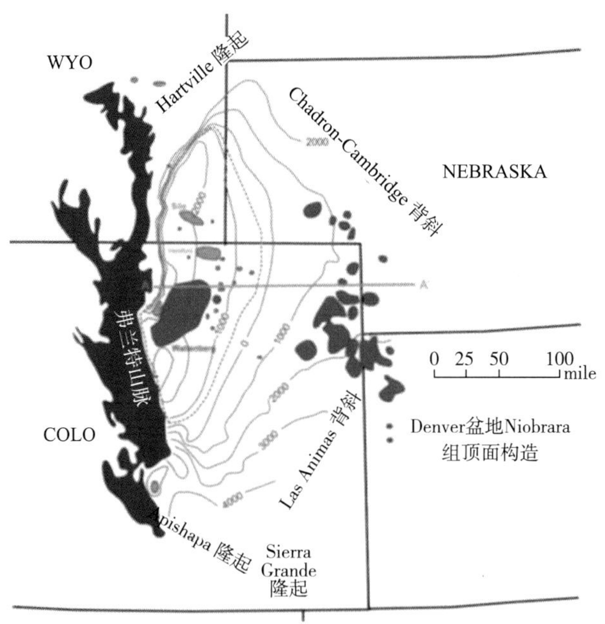


图21-2　Denver盆地构造单元略图（据Eighonimy，2015）

红色区域为主要产气区，绿色区为主要产油区

从构造形态来看，Denver盆地和其他盆地一样为非对称的前陆盆地，为近SN走向或是SSE-NNW走向。盆地轴线与落基山脉前缘近似平行。盆地周缘由一系列的隆升构造所组成，西北部为Hartville隆起、北部为Black山脉、东北部为Chadron-Cambridge穹隆、南部为Las Animas穹隆、Sierra Grande隆起及Apishipa隆起。Denver盆地东翼较缓，向西

倾斜，倾角约 0.5° 左右，而西翼较陡（图 21–3）。盆地最深处埋深超过 13000ft（Higley 等，2007）。在晚白垩世以前，丹佛盆地和附近的落基山脉及平原等组成了一个平坦、稳定的地台。在白垩世期间，该地台发生了构造沉降，沉积了 Dakota 群和 Benton 群、Niobrara 组、Pierre 组、Fox Hills 组和 Laramie 组地层（图 21–3）。Sevier 冲断带的活动导致了北美克拉通盆地发生挠曲，从而影响了上述地层的时空展布特征[图 21–4(a)]。在 Sevier 造山运动之后，由于 Farallon 板块的移动和浅层低角度俯冲，在约 67.5~50Ma 之间发生了 Laramide 造山运动[图 21–4(b)]。这期间，区域发生了明显褶皱变形，形成了丹佛盆地现今构造格架和西边的落基山脉。伴随这些复杂的构造事件，在丹佛盆地内部发育了一系列 NE 走向的平移断层和正断层。

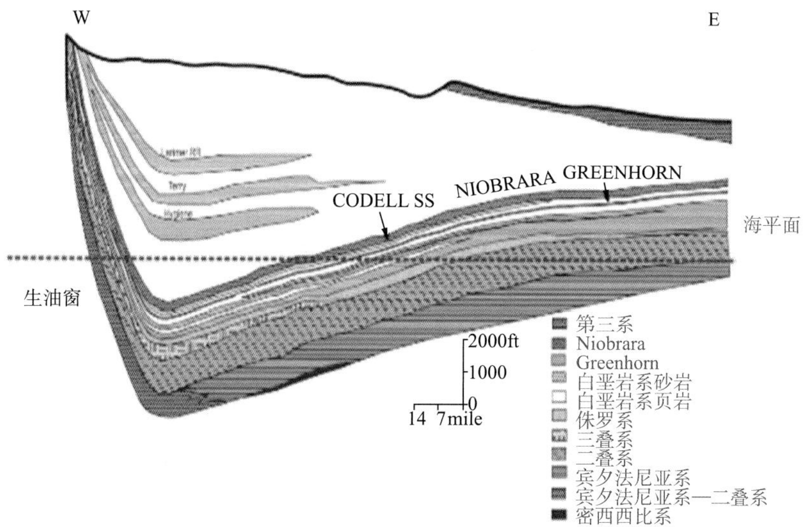


图 21–3 丹佛盆地 W—E 向盆地充填横剖面（据 Sonnenberg，2012）

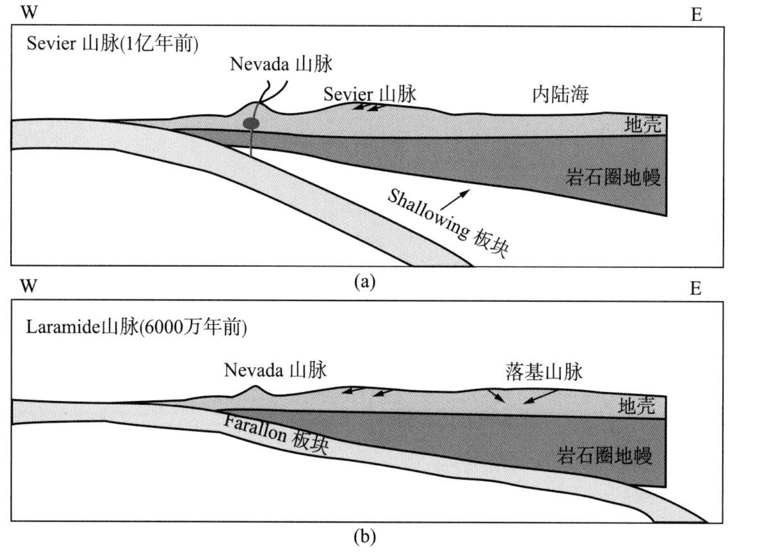


图 21–4 Farallon 板块的浅层低角度俯冲（据 Longman 等，1998）

## 21.3 地层特征

Niobrara 组发育于晚白垩世，下伏地层为 Carlile 砂岩，上覆地层为 Pierre 页岩，这套地层自下而上可细分为两段：Fort Hays 灰岩段和 Smoky Hill 白垩与泥灰岩互层段。其中，下部的 Fort Hays 灰岩段是一个较均质的灰岩层段，向盆地东南方向增厚（Weimer 等，1986）；（图 21–5）。从测井曲线上看，白垩段和泥灰岩段相比，GR 值较低，而声波时差和密度值较高（图 21–6）。这套 Smoky Hill 白垩与泥灰岩互层段可进一步细分为七个层段，自下而上依次为：白垩—泥灰岩 D 层段、泥灰岩 C 层段、白垩 C 层段、泥灰岩 B 层段、白垩 B 层段、泥灰岩 A 层段和白垩 A 层段（图 21–5）。

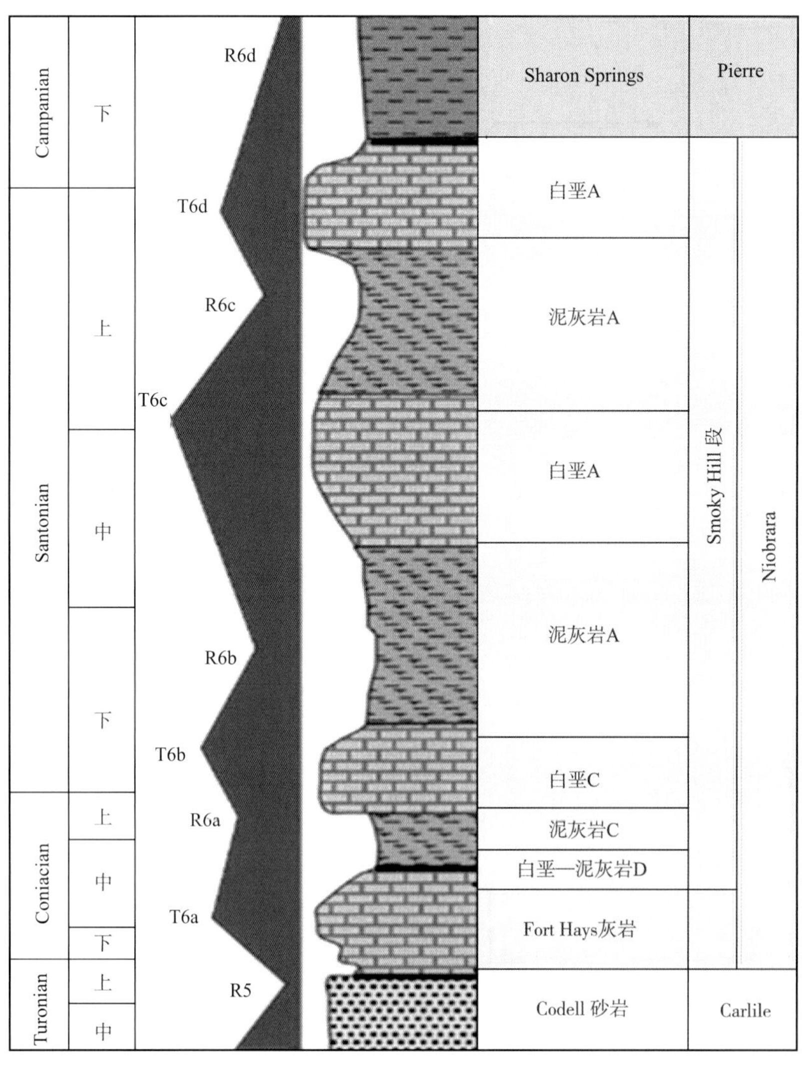


图 21–5 Niobrara 组韵律旋回示意图

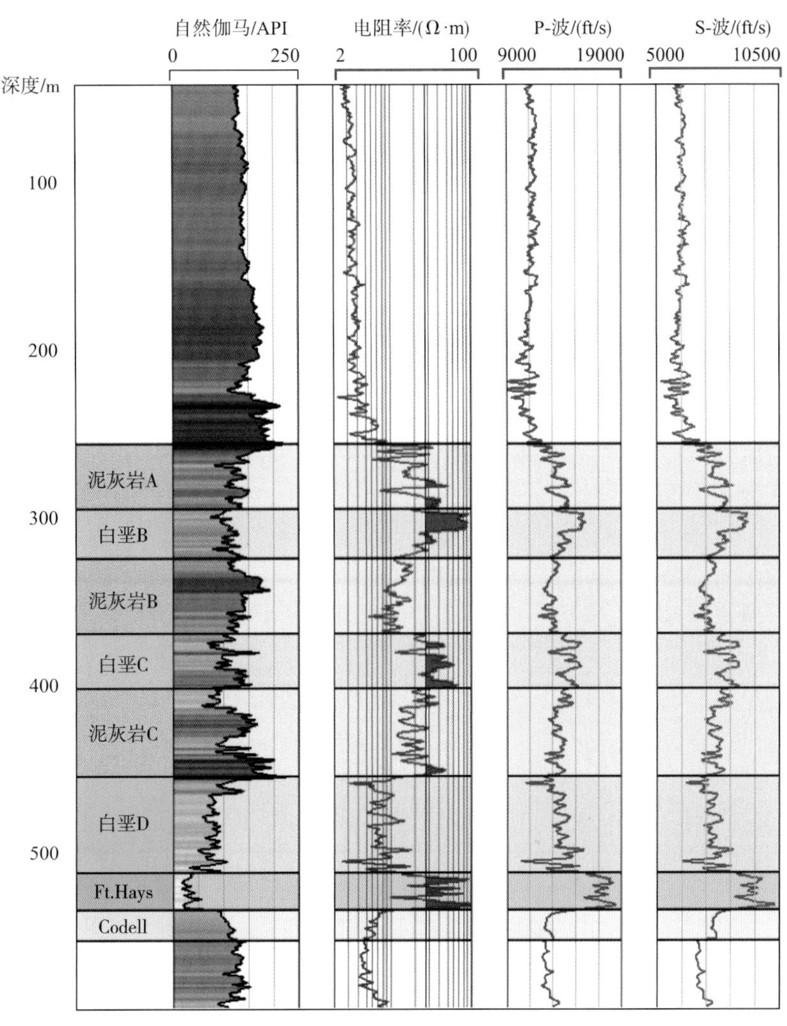

图 21-6 Niobrara 组地层柱状图

白垩—泥灰岩 D 层段与下伏的 Fort Hays 灰岩呈整合接触。白垩—泥灰岩 D 层段是一个生物扰动作用比较强烈的层段，属于 Fort Hays 灰岩段向 C 泥灰岩段的过渡沉积。

泥灰岩 C 层段是丹佛盆地含有机质最富集的层段，TOC 含量高达 7%，泥灰岩中白垩含量在 35%~65% 之间，整个层段以薄互层出现（Longman 等，1998）。C 泥灰岩段渐变为上覆的白垩 C 层段，该岩相白垩含量在 65%~85% 左右，且含有少量孔洞。

在白垩 C 层段之上是 Niobrara 组中部的泥灰岩 B 层段。该层段呈深橄榄灰色，发育少量平行层理，含丰富的壳屑，TOC 含量达到 2.7%。泥灰岩 B 层段之上为中白垩层段，夹杂有数层的泥晶灰岩。白垩层段的白垩含量约为 65%~85%，夹层的泥晶灰岩中迭瓦蛤属、有孔虫类等较发育，该层段含少量的孔洞及平行层理（Longman 等，1998）。

在白垩 B 层段之上是泥灰岩 A 层段。泥灰岩 A 层段中泥灰岩与斑脱岩交替出现，后者的硅质含量达 25%，常见黄铁矿，TOC 含量为 6%。

Niobrara 组的这三套白垩层段，通常被称为 Niobrara A、Niobrara B 和 Niobrara C 层，其中 Niobrara 白垩 B 层段为该组油气的主要产层。

## 21.4 沉积特征

Niobrara 组发育于前陆盆地背景下的北美白垩纪西内陆海槽（海道）环境，沉积时期为晚白垩世康尼亚克阶、圣通阶和坎帕阶，由含钙质的白垩层和富含有机质的泥灰岩组成。

在西内陆盆地，Niobrara 组沉积主要受来自北极区的热流及海平面升降的影响（图 21-7）。来自海沟的热水带来大量富含钙质的生物，导致了碳酸盐岩的大量产出。而来自西部和北极的寒流带来的硅质碎屑物抑制和减弱了北部和西部的碳酸盐岩的形成。本组层状泥灰岩的成因存在多种解释，如可能与淡水流动、气候间歇性变暖或海平面下降使得更多的碎屑物质从东西两侧注入有关。

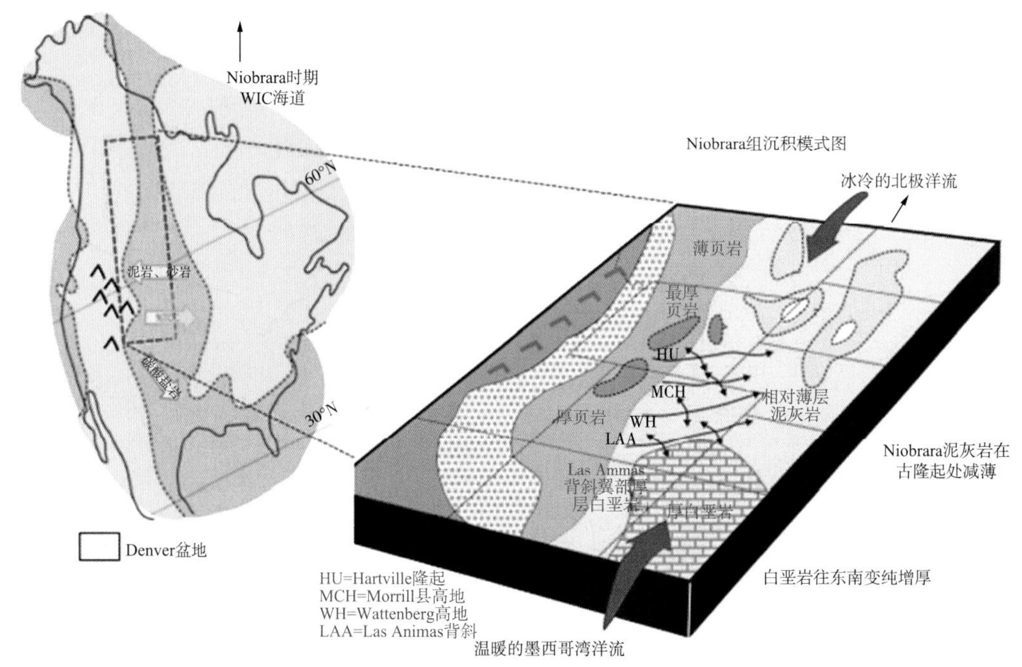


图 21-7　Niobrara 时期的西内陆沉积体系（据 Longman 等，1998）

在 Niobrara 组沉积期间，共发生了四次大规模的海进现象，导致了 Fort Hays 灰岩段、白垩 C 层段、白垩 B 层段和白垩 A 层段的发育。在海进期，相对较高的海平面使得来自南部富含碳酸盐的海水侵入到 CWIS（白垩纪西内海道）。而 Niobrara 组沉积期间发生的三次大规模海退，导致了 D 白垩—泥灰岩段、C 泥灰岩段、B 泥灰岩段和 A 泥灰岩段的沉积（Longman 等，1998；Kauffman，1977）。在海退期，来自南部的海水减少，向南的北极洋流抑制了碳酸盐岩的沉积（Longman 等，1998；Kauffman，1997）。此外，除海平面旋回性升降及水流波动外，逐渐变深的 CWIS 导致西内海道的底水形成贫氧环境，同样有利于有机质的保存。

Niobrara 组的碎屑物源区主要在西部，该组 TOC 含量向东和东南方向增多，碳酸盐岩含量通常在西内陆白垩纪海道的东侧高，西侧低（修改自 Longman 等，1998）。

## 21.5 地化特征

Niobrara 组白垩段和泥灰岩层段的 TOC 含量平均在 2%~6%（图 21–8）。纵向上泥灰岩 C 层段是有机质含量最高的层段。Niobrara 组内的原始 TOC 值较高，$S_2$ 值在 1~4mg HC/g Rock 之间，表明 Niobrara 组具有很好的生烃潜力。$S_2/S_3$ 是 Clementz 等（1979）提出的比值，是在 TOC 数据缺乏的情况下对干酪根类型进行表征，该比值反映了氢氧比，类似于 HI 和 OI 比。该组 $S_2/S_3$ 值多大于 5，NOC 值在 50~100mg HC/g Rock 之间，表明该组有机质以Ⅱ型干酪根为主。

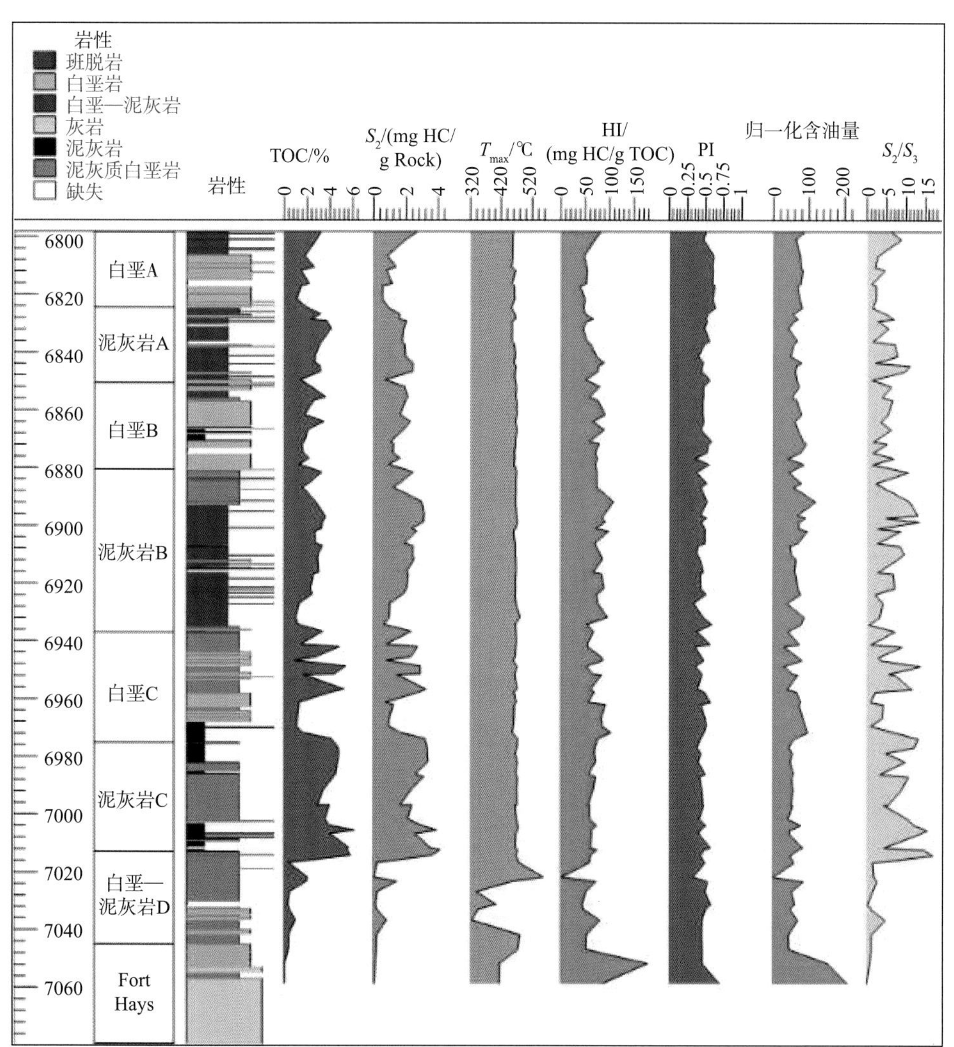


图 21–8 Aristocrat PC H11–07 井 Niobrara 组岩心地化测井解释曲线

另外，Smagala 等（2011）对丹佛盆地 Weld 县 Niobrara 组 23 口井 $R_o$ 的特征进行了研究。从编制的 $R_o$ 等值线图（图 21–9）来看，该区块 $R_o$ 主要分布在 0.7%~1.2% 之间，表明大部分 Niobrara 组还处于生油阶段，少部分已进入了生湿气阶段。

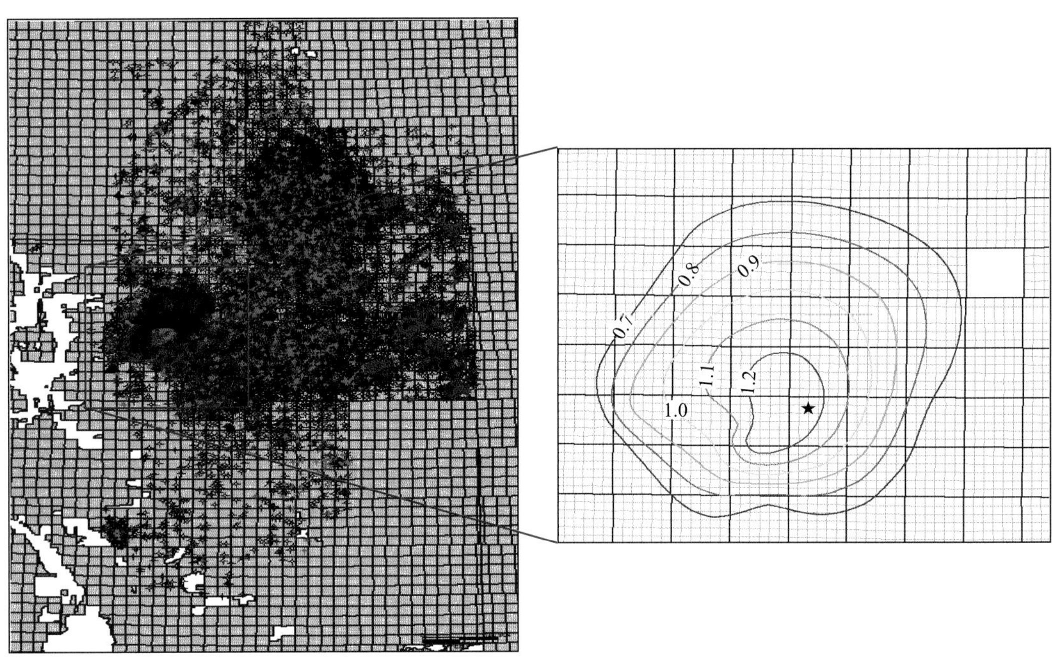


图 21-9　丹佛盆地 Wattenberg 油田 Niobrara 组 $R_o$ 等值线图

## 21.6　储集特征

### 21.6.1　物性特征

丹佛盆地 Niobrara 组 Smoky Hill 段内的基质孔隙度为 8%~16%，渗透率通常低于 0.01mD。Wattenberg 气田的平均孔隙度为 4%~12%。对 Aristocrat PC H11-07 井 17 个有代表性的 Niobrara 组白垩样品进行 WIP 分析表明：其体密度在 2.4~2.6g/cm³，均值为 2.5g/cm³，颗粒密度在 2.46~2.75g/cm³，均值为 2.6g/cm³，所计算的 WIP 总孔隙度为 3.0%~13%。WIP 实验是可重复的，三次实验中所计算的干体密度和颗粒密度绝对值差异较小，体密度只相差 0.03g/cm³、颗粒密度只相差 0.02g/cm³。但 WIP 测得的孔隙度相差较大，绝对值超过了 2%（图 21-10）。

WIP 孔隙度测量结果显示白垩 A、B、C、D 层段的孔隙度普遍高于相邻的泥灰岩段。对于白垩段，尤其是 D 白垩段孔隙度偏高的特征，El Ghonimy（2015）认为主要与该段富含伊利石和蒙脱石有关。当富含黏土矿物的样品浸于水中饱和时，蒙脱石等黏土矿物极易膨胀，从而导致 WIP 测得的孔隙度偏大。

8 个 Niobrara 组白垩样品氮气吸附测试表明，孔径范围在 1.7~200nm 之间，其中 50~100nm 的大孔最为发育，介孔次之。尽管 TOC 和黏土矿物含量不同，孔径的主峰值都是分布在 50~100nm 之间，两个次峰区间值分别为 1.7~2nm 和 3nm 左右（图 21-11）。但有机质含量和黏土含量对孔径的分布有直接影响（图 21-12、图 21-13），1.7~2nm 之间的孔径主要同有机质有关，而 3nm 和其他孔径主要与黏土薄层中的粒间孔有关。

50~100nm 的孔径主要与黏土集合体之间的粒间孔有关，且 TOC 含量高的样品孔容明显高于低 TOC 样品。另外，从 Niobrara 组白垩层段样品的氮气吸附曲线来看，呈现出典型的 $Ⅱ_B$ 类型（图 21-14），表明 Niobrara 组白垩层段的孔径以介孔为主。

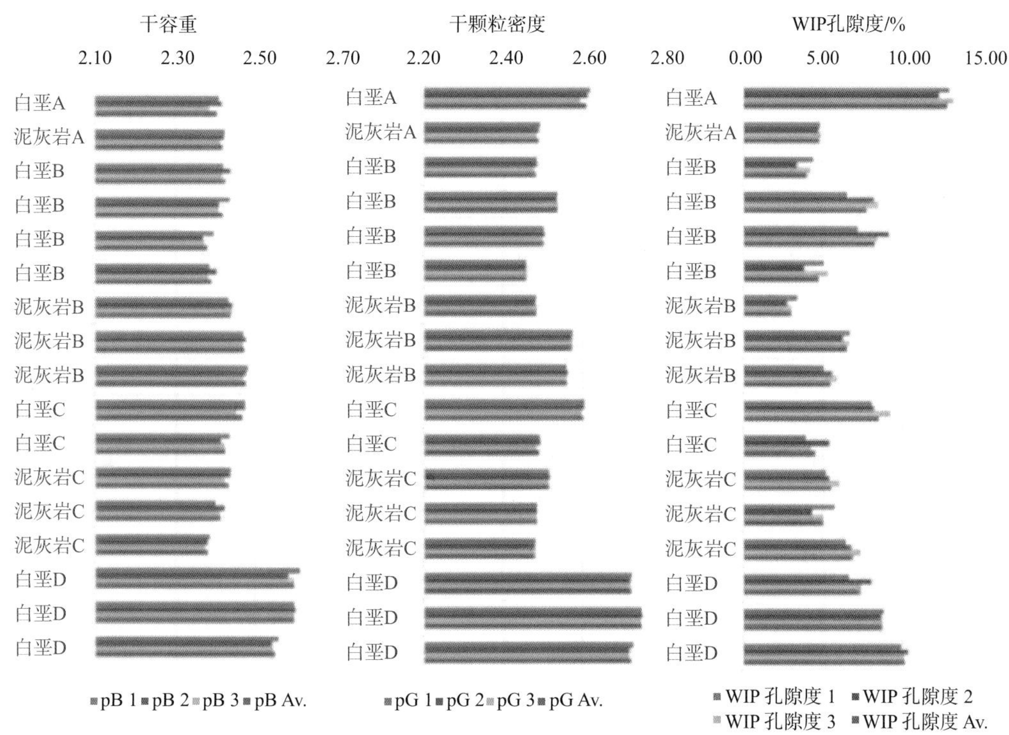


图 21-10 Aristocrat PC H11-07 井 Niobrara 组 WIP 测试结果

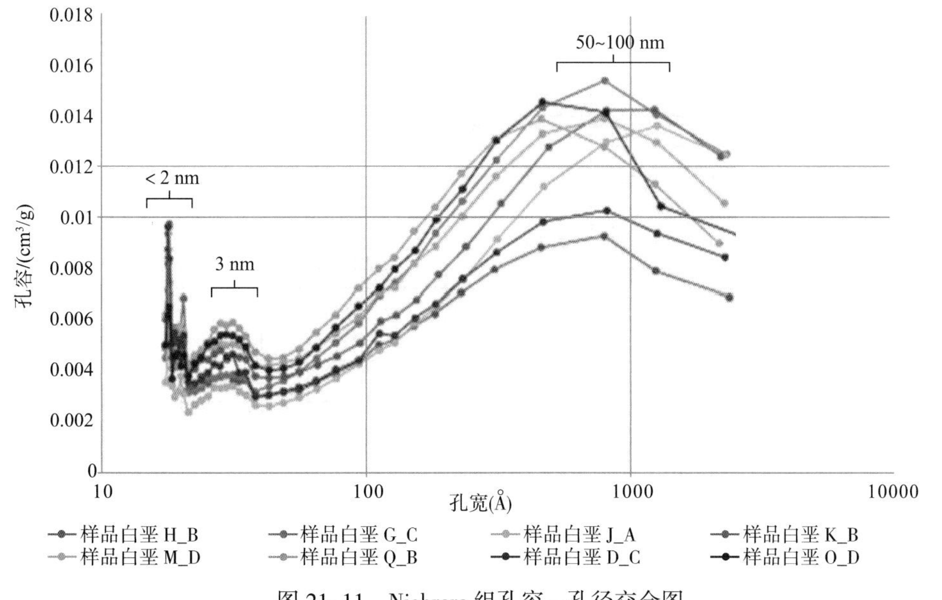


图 21-11 Niobrara 组孔容—孔径交会图

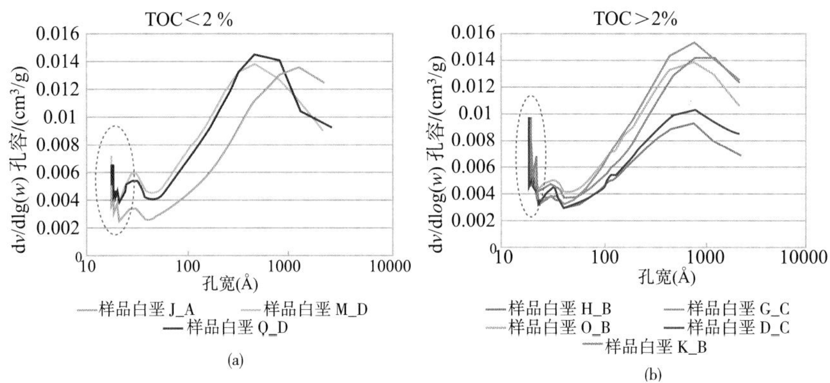


图 21-12 Niobrara 组不同 TOC 含量孔径与孔容关系分布图

（a）低 TOC 含量的白垩样品的孔径分布（低于 2nm 的微孔用红圈表示）（b）高 TOC 含量的白垩样品的孔径分布（高于 2nm 的微孔用红圈表示）

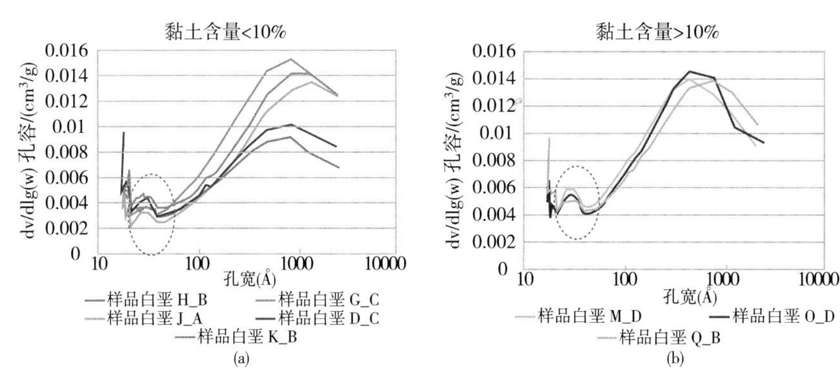


图 21-13 Niobrara 组不同黏土矿物含量孔径与孔容关系分布图

（a）高黏土含量白垩样品的孔径分布；（b）低黏土含量白垩样品的孔径分布

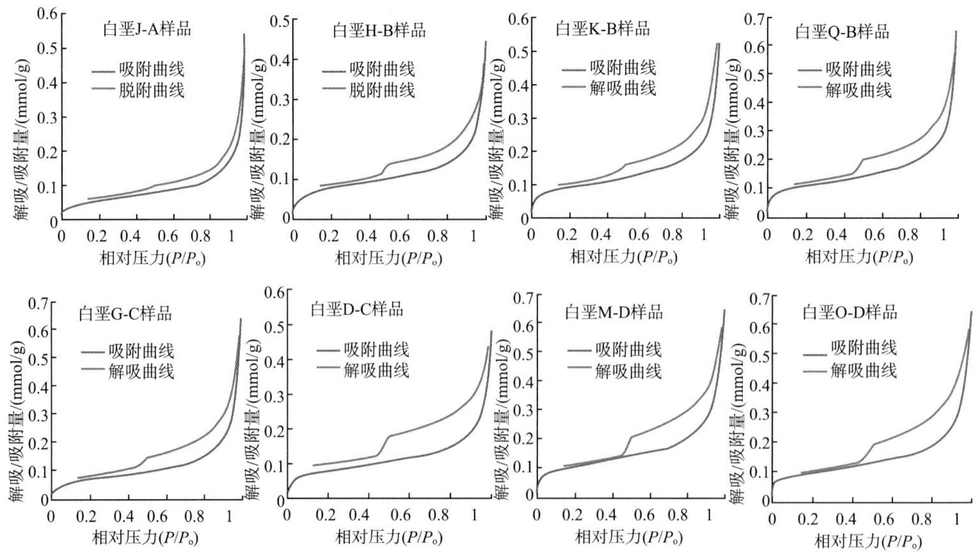


图 21-14 Niobrara 组白垩层段样品的等温吸附—脱附曲线

### 21.6.2 孔隙比表面积

Niobrara 组白垩段样品测得的比表面积（SSA）如表 21-1 所示，主要分布在 4.6~8.8$m^2/g$ 之间，但不同孔径大小的样品，比表面积明显不同，低于 2nm 的最小孔径显示出最高的孔隙比表面积，图 21-15 显示白垩 D 样品和白垩 B 样品的 SSA 都很高，分别为 8.3~8.5$m^2/g$ 和 8.8$m^2/g$ 左右，比表面积要明显高于其他样品，主要是因为 D 白垩样品富含黏土，比表面积的增大主要与黏土具有较多的微孔有关（图 21-16）。图 21-17 显示了高 TOC 或高黏土含量的样品具有最高的比表面积，计算的比表面积越大，表明气体吸附比表面积越大。

表 21-1 Niobrara 白垩段样品的氮气吸附比表面积

| 岩心深度 /ft | 样品号 | 氮气吸附比表面积 /（$m^2/g$） |
|---|---|---|
| 6822.85 | 白垩 J-A | 4.6791 |
| 6857.3 | 白垩 Q-B | 8.7988 |
| 6869.9 | 白垩 K-B | 7.2936 |
| 6875.6 | 白垩 H-B | 6.2928 |
| 6947.3 | 白垩 D-C | 6.3194 |
| 6975.3 | 白垩 G-C | 5.9975 |
| 7032.4 | 白垩 M-D | 8.5096 |
| 7055.7 | 白垩 O-D | 8.2783 |

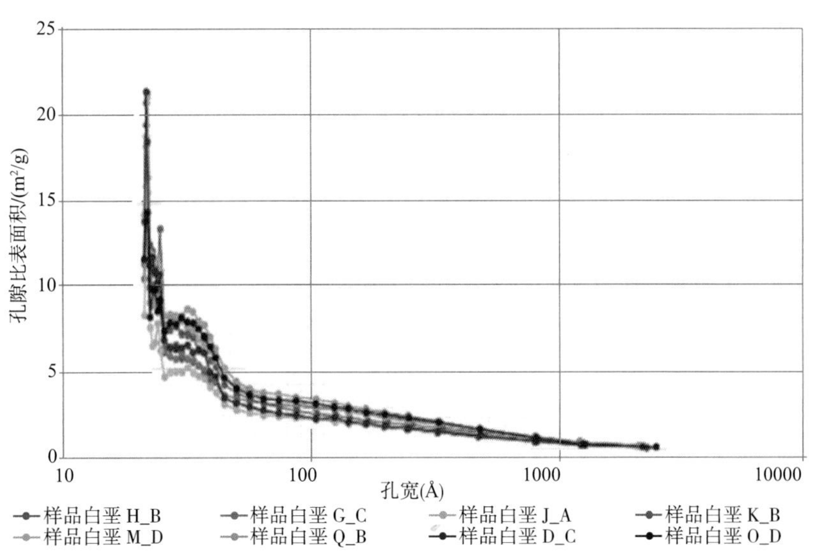


图 21-15 Niobrara 组白垩层段孔径与孔隙表面积关系图

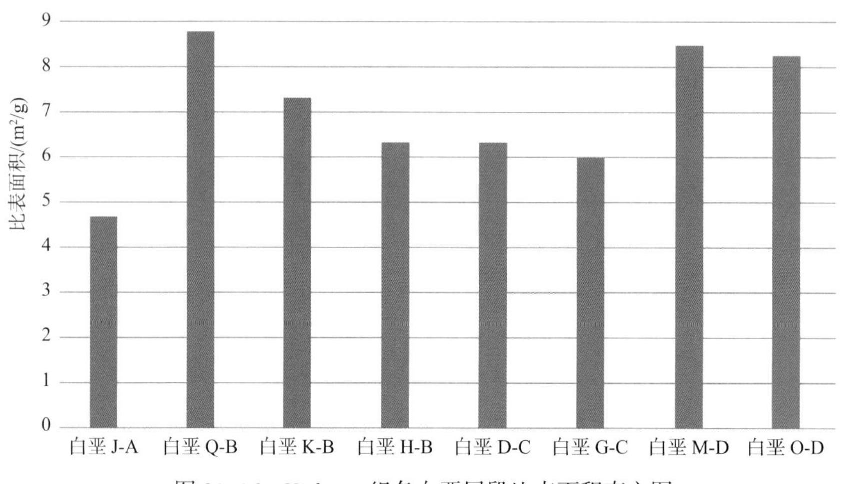


图 21-16 Niobrara 组各白垩层段比表面积直方图

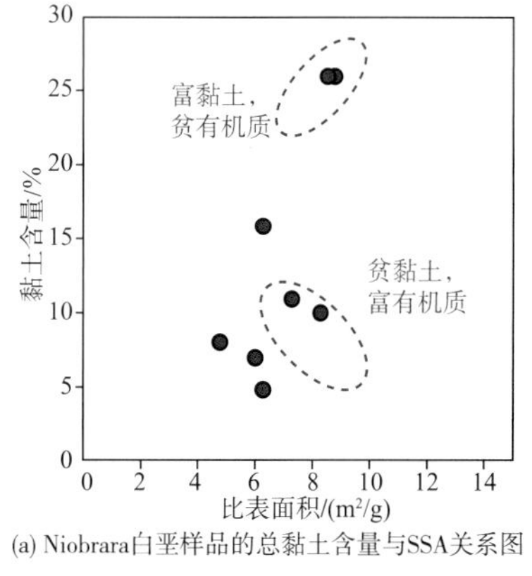


(a) Niobrara白垩样品的总黏土含量与SSA关系图

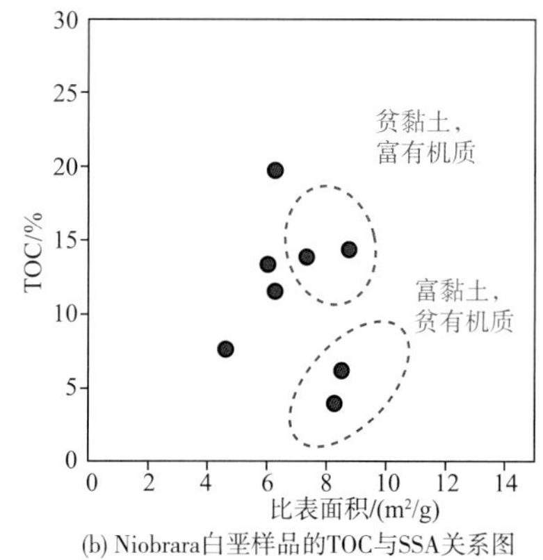


(b) Niobrara白垩样品的TOC与SSA关系图

图 21-17 Niobrara 组白垩层段不同 TOC 和黏土矿物含量与比表面积关系图

### 21.6.3 孔隙形态及类型

氮气吸附法测试所能分辨的最大孔隙尺寸为 200nm，对于 200nm 之上至微米级的孔径则难以准确表征，但场发射扫描电镜（FESEM）可以用来定性评价岩石结构、孔隙形态和孔径大小，并且对于大孔径的样品可以给出定性分析，因而是一种对氮气吸附法表征孔径特征的补充方法。

从 FESEM 显微图像可以看到（图 21-18），Niobrara 组白垩段孔径主要分布在 5nm~3μm 之间。通过综合使用 FESEM、WIP 和氮吸附结果得知，Niobrara 组微孔、介孔、大孔均有发育，但不同矿物特征和 TOC 含量孔径相差较大，泥灰岩中微孔和介孔比大孔要多，而在白垩层段中大孔和介孔要比微孔丰富。根据 Louck（2012）的分类法，还可将这些孔隙分为粒间孔、粒内孔和有机孔。但是，在 FESEM 所观察到的 Niobrara 样品中，微裂缝较少，对应的裂缝也极小。粒间孔主要存在于重结晶的方解石晶体之间（即微晶灰岩）和黏土层（即伊 / 蒙混层）间。但是，原始的粒间因为压实作用而大大降低，在颗粒边界可发现次生粒间孔的存在。并且，在少数较完整的颗石藻及其管状壳体和伊 / 蒙黏土集合体中发现了粒内孔（图 21–18）。

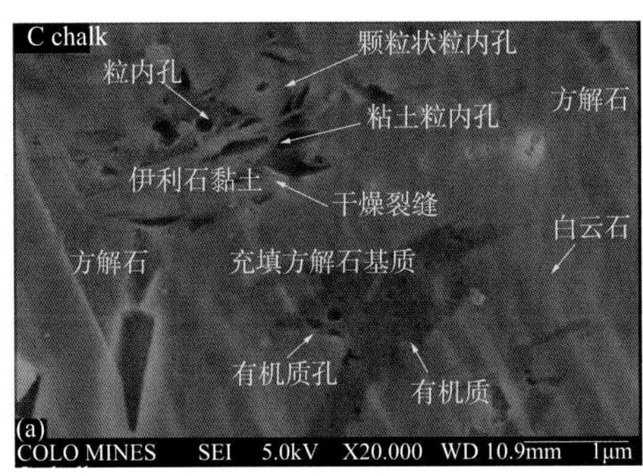


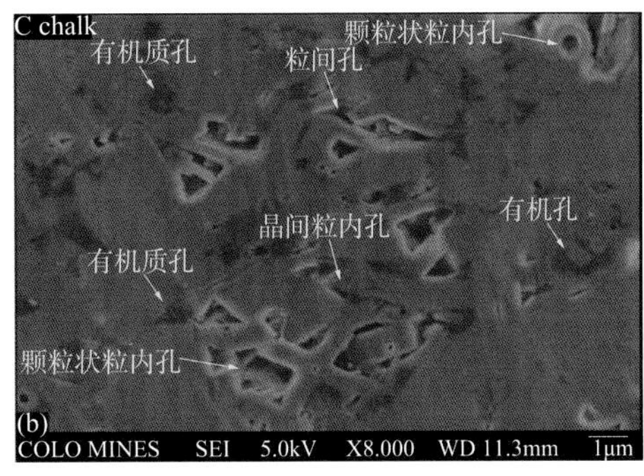


图 21–18 Niobrara 白垩 FESEM–SEI 显微照片

孔隙形态与孔隙类型密切相关（图 21–19）。黏土颗粒中的孔隙为狭长形和槽沟状，而颗石藻屑中的有机质孔和粒内孔多呈圆形。按照 Curtis 等（2010）的分析，当气体被排出孔隙时，孔隙承受的有效压力增大，孔隙封闭性会变差，孔隙易于垮塌变形。

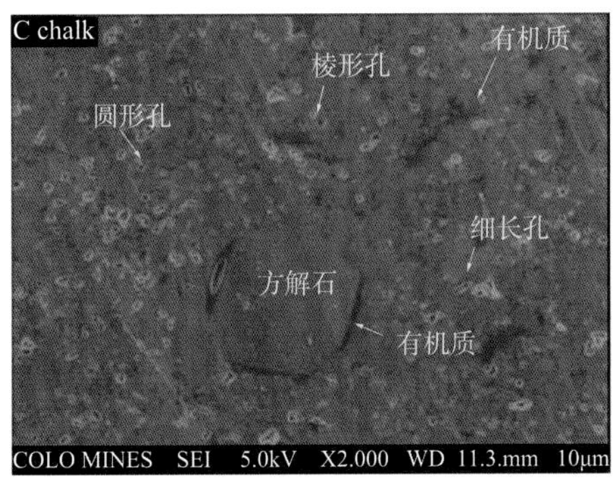


图 21–19 Niobrara 白垩段不同形状和尺寸的孔隙的 FESEM–SEI 照片

为了更好地了解 Niobrara 组孔隙类型的分布，对 C 白垩段 FESEM 图像中不同孔隙类型进行了点计数。结果表明，Niobrara 组孔隙为混合孔隙系统，其中有机质孔、粒内孔（即主要在颗粒和黏土集合体中的孔隙）和粒间孔（即晶间孔）的数量占比分别为 20%、30% 和 50%（图 21–20）。

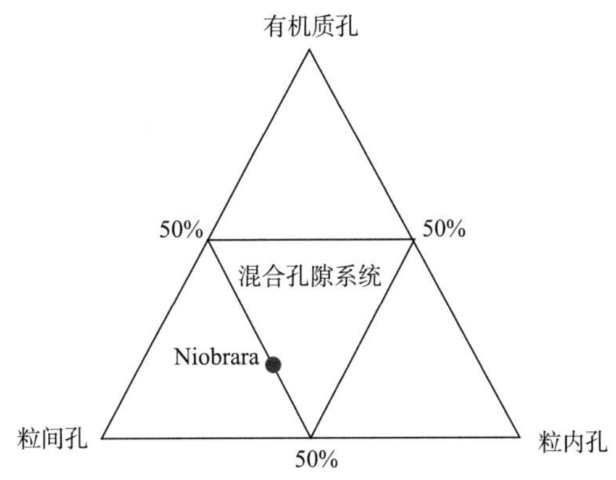


图 21–20 Niobrara 组孔隙类型分布图（据 Loucks，2012）

## 21.7 可压性特征

Niobrara 组白垩层段内，黏土含量相对较低，脆性矿物含量较高。

X 射线衍射分析表明（图 21–21），Niobrara 组可分为两大类：脆性矿物类（石英、长石、碳酸盐）、黏土类（伊利石、蒙脱石和绿泥石）。根据 Niobrara 组的 X 射线衍射矿物特征划分岩相，Niobrara 组主要岩相类型为富含黏土—碳酸盐岩泥岩混合岩相，以碳酸盐岩为主的岩相（图 21–22）。

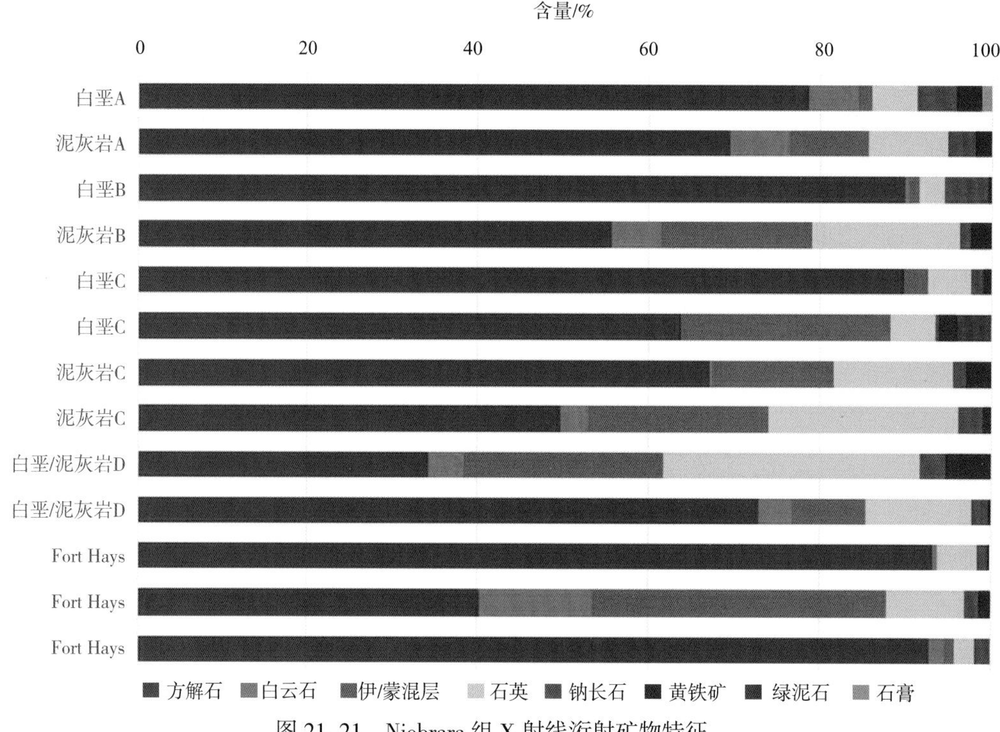


图 21–21 Niobrara 组 X 射线洐射矿物特征

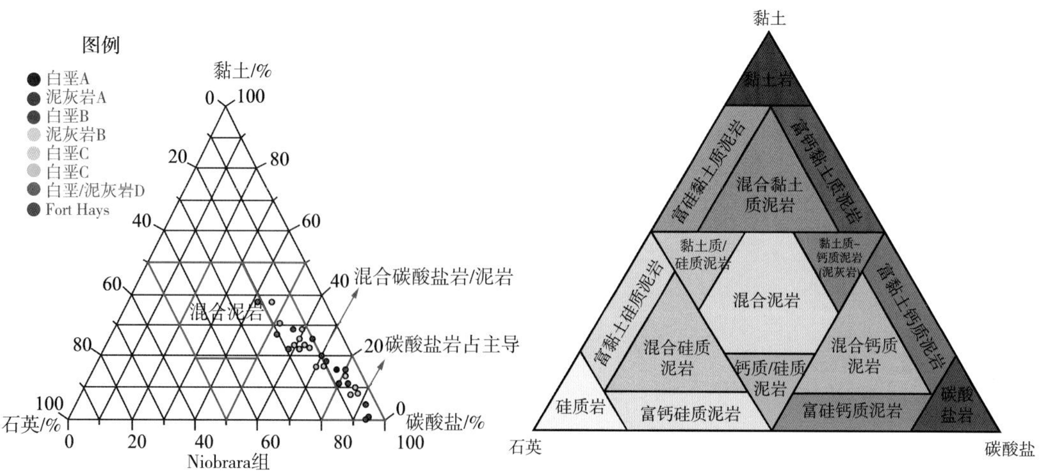


图 21–22 Niobrara 组岩相划分方案（据 Gamero 等，2012）

## 21.8 含油气性特征

烃饱和度是表征地层含油气性的一个重要指标。目前，针对饱和度的计算，主要采用了阿尔奇公式模型、双水模型和 Waxman Smith 模型来建立含水饱和度的测井计算方法，然后将所建立的含水饱和度测井曲线与岩心分析的 $S_w$（含水饱和度）值进行对比，以评价出被研究井含水饱和度计算的最佳方法。ElGhonimy（2015）通过对多种模型的对比分析，认为双含水饱和度模型和 Waxman Smith 的模型更能准确地预测 Niobrara 组地层的含水饱和度。

双含水饱和度模型假设富含黏土的地层中存在两种不同的水。一种是紧靠黏土表面存在的不可动的水层（即黏土边水）；另一种是可以被烃类取代的可动水（即游离水）。Waxman Smith 的模型需要用黏土离子交换能力（CEC）计算含水饱和度。双含水饱和度模型的难点是无法直接根据测井曲线测量 CEC，并且岩心没有 CEC 的测量结果。相反，它使用了页岩的体积（$V_{sh}$）计算边水饱和度。由于缺乏 CEC 数据，所以用双含水饱和度模型计算所研究层段的 $S_w$（图 21-23）。$V_{sh}$ 是根据 GRKT 测井曲线计算的（即减去钍的 GR 曲线），且通过与岩心的 X 射线衍射总黏土含量的数据进行对比验证。

$$\frac{a}{R_t \times \phi_t^{\ m}}=\frac{1}{R_w}\times S_w^n+[(\phi_{sh}\times V_{sh})/\phi_t)]\times(\frac{1}{\phi_{sh}^2}\times R_{sh}-\frac{1}{R_w})S_w^{(n-1)}$$

式中，$R_w$ 为间隙水的电阻率；$R_t$ 为地层电阻率；$a$ 为挠度；$V_{sh}$ 为页岩体积；$\phi_t$ 为总孔隙度的分数；$\phi_{sh}$ 为 100% 页岩中孔隙度的读数；$R_{sh}$ 为 100% 页岩中的电阻率值；$m$ 为胶结指数；$n$ 为饱和度指数。$R_w$ 恒定，为 0.03。$m$ 和 $n$ 取常数 2。假设 $\phi_{sh}$ 恒定，为 0.05；$R_{sh}$ 恒定为 5Ω·m。Asquith 等（2004）推荐在落基山地区的岩石物理分析中采用的挠曲系数 $a$=0.35。

结果显示与其他饱和度模型相比，使用双含水饱和度模型计算的含水饱和度最准确。此外，使用挠曲系数 $a$=0.35 是一个有效的假设，用阿尔奇模型和 $a$=0.35 比用双含水饱和度模型和 $a$=1 得出的含水饱和度较为准确。图 21-23 显示用阿尔奇模型 $a$=0.35（$S_w$_AR_035a）重新计算的 $S_w$。在所研究的井中，泥灰岩和 D 白垩—泥灰岩中所计算的含水饱和度值最高，这主要是因为存

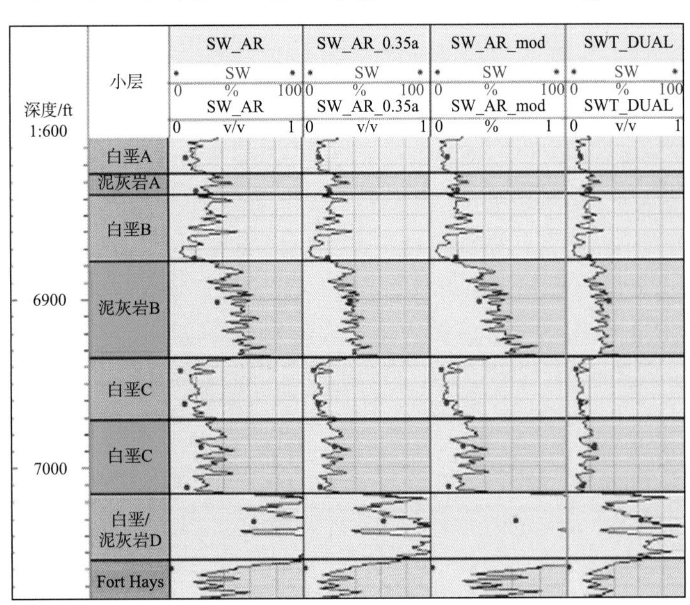


图 21-23 用三个不同的饱和度模型计算 Niobrara 组含水饱和度 $S_w$ 的测井曲线

在黏土边水的缘故。总含烃饱和度是一个有价值的量，且等于 $1-S_w$。图 21-24 显示出根据 $S_w$_DUAL 的计算值，Niobrara 组上部的白垩 A、B、C 层段的泥灰岩段均较高，平均在 80%，含烃饱和度最高的为 C 白垩段。

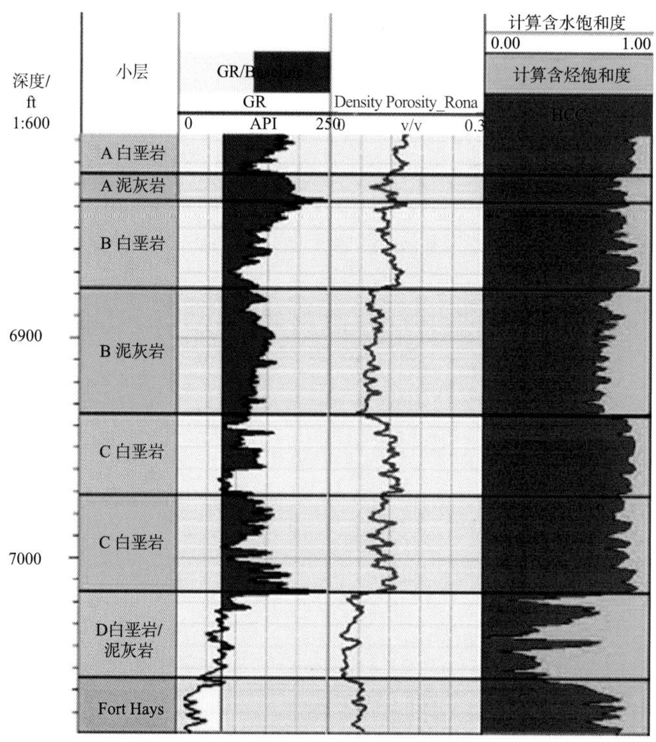


图 21-24　Niobrara 组 A 井测井解释的含水饱和度和含烃饱和度图

## 21.9　潜力分析

科罗拉多石油和天然气协会（COGA，2012）预测 Niobrara 石油地质储量近 $200\times10^4$bbl。另外，据 EIA（2017）研究，Niobrara 组油气潜在有利区面积较大，页岩油技术可采储量为 $40\times10^4$bbl，页岩气技术可采储量为 2.7tcf，预测的单井页岩油最终可采储量（EUR）为 $1.2\times10^4$bbl，预测单井页岩气最终可采储量为 0.139bcf。此外，根据 Kuuskraa（2013）的研究，Niobrara 组多个井区页岩油（致密油）采收率还不到 5%，因而整体来看，Niobrara 组的油气资源规模及剩余可采储量均较大（表 21-2）。

表 21-2　多个井区 Niobrara 页岩油（致密油）采收率统计表

| 井区 | 页岩油资源丰度 /（$MMbbl/mile^2$） | 页岩油采收率 /% |
|---|---|---|
| D–J Niobrara Core | 33061 | 2.1 |
| D–J Niobrara East Ext | 30676 | 1.2 |
| D–J Niobrara North Ext. #1 | 28722 | 4.6 |
| D–J Niobrara North Ext. #2 | 16469 | 0.9 |

# 参考文献

[1] Clementz D M. Effect of oil and bitumen saturation on source–rock pyrolysis[J]. AAPG Bulletin, 1979, 63: 2227–2232.

[2] ElGhonimy R S. Petrophysics, Geochemistry, Mineralogy, and Storage Capacity of the Niobrara Formation in the Aristocrat PC H11–07 Core, Wattenberg Field, Denver Basin, Colorado[D]. Colorado School of Mines, 2015.

[3] Encana Corporations. Wattenberg Gas Field. Town of Erie website: Document Centre. Accessed on 5 August 2015. 2008, https://www.erieco.gov/DocumentCenter/Home/View/384.

[4] Harnett R A. Niobrara oil potential: Wyoming [J]. Geological Association Earth Science Bulletin, 1968, 1:37 – 48.

[5] Haskett G I. Niobrara Formation of Northwest Colorado,[C]// Haun J D, Weimer R J. Symposium on Cretaceous Rocks of Colorado and adjacent areas:RMAG, 1959, 46–49.

[6] Kauffman E G. Geological and biological overview: Western Interior Cretaceous basin [J]// Kauffman E G. Cretaceous facies, faunas, and paleoenvironments across the Western Interior Basin. The Mountain Geologist, 1977, 14: 75–99.

[7] Kuuskraa V, Stevens S, Moodhe K. EIA/ARI World Shale Gas and Shale Oil Resource Assessment. Technically Recoverable Shale Oil and Shale Gas Resources: An Assessment[J]. Mendeley, 137: 1–3.

[8] Longman M W, Luneau B A. Landon S M. Nature and Distribution of Niobrara Lithologies in the Cretaceous Western Interior of the Rocky Mountain Region[J]. The Mountain Geologist, 1998, 35: 137–170.

[9] Loucks R G, Reed R M, Ruppel S C,et al. Spectrum of pore types and networks in mudrocks and a descriptive classification for matrix–related mudrock pores[J]. AAPG Bulletin, 2012, 96: 1071–1098.

[10] Smagala T M, Brown C A, Nydegger G L . Log–derived indicator of thermal maturity, Niobrara Formation, Denver Basin, Colorado, Nebraska, Wyoming [J]//Woodward J, Meissner F F, Clayton J L.Hydrocarbon source rocks of the greater rocky Mountain Region.Rocky Mountain Association of Geologists, 1984: 355–363.

[11] U.S. Energy Information Admimistation. Assumptions to the Annual Energy Outlook 2017 [R]. 2017, https://www.eia.gov/outlooks/aeo/assumptions/pdf/0554(2017). pdf.

# 22 Utica 页岩油气地质特征

## 22.1 勘探开发历程

早至 1842 年 Ebenezer Emmons 在美国纽约州中部的 Mohank 山谷中勘探发现了一套沉积于奥陶世中期的富有机质钙质页岩——Utica 页岩。后期研究发现，这套富有机质的钙质页岩在美国东部及加拿大东南部均有分布。具体涵盖了美国的肯塔基州、马里兰州、纽约州、俄亥俄州、宾夕法尼亚州、田纳西州、西弗吉尼亚州、弗吉尼亚州等及加拿大魁北克省（Bai 等，2016），构造上该套页岩主要分布在 Appalachian 盆地及其周缘。

在美国 Utica 页岩发育的诸多州中，俄亥俄州针对该套页岩的油气资源开发进展最快，钻井数最多。尤其是自 2011 年起，针对 Utica 组页岩地层钻井数开始逐年呈大幅度增加趋势（表 22-1）。

表 22-1 Utica 页岩油气和常规油气产量

| | Utica 页岩油气产量 | | | 常规油气产量 | | |
|---|---|---|---|---|---|---|
| 年份 | 井数 / 口 | 油产量 /bbl | 气产量 /MMcf | 井数 / 口 | 油产量 /bbl | 气产量 /MMcf |
| 2011 | 9 | 46326 | 2561524 | 50192 | 4809451 | 70728314 |
| 2012 | 87 | 635896 | 12836662 | 51407 | 4665167 | 65777332 |
| 2013 | 359 | 3677742 | 100119054 | 48828 | 8088599 | 171658608 |

目前，在俄亥俄州针对 Utica 和 Point Pleasant 组投入钻井工作的公司有十多家，主要包括了 Chesapeake 能源公司、Gulfport 公司、Antero 公司、Hess 公司、Rex 能源公司、Shell Appalachian 公司、Magnum Hunter 公司、Enervest 公司、CNX 公司、PDC 能源公司。其中，Chesapeake 能源公司针对这两套地层在俄亥俄州，总共部署了 683 口井，其中 246 口井已完钻或已投产。其他公司总共部署了 791 口井，其中 220 口井已完钻或已投产（图 22-1）。

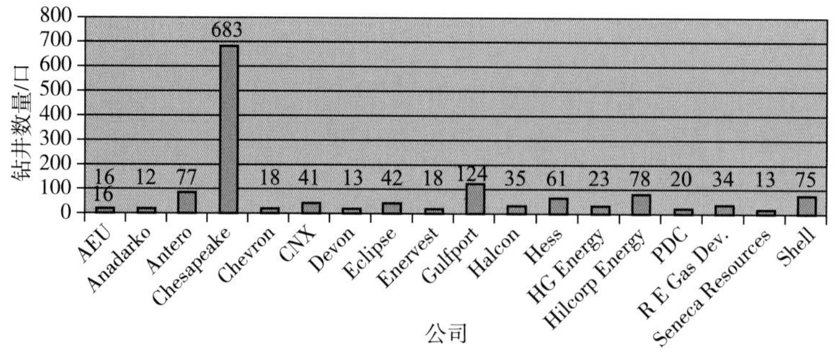


图 22-1 Utica 和 Point Pleasant 组不同企业钻井量统计

针对加拿大魁北克省 Utica 页岩气的勘探开发始于 2006 年，主要作业区位于蒙特利尔和魁北克市之间的圣劳伦斯河以南地区。自森林石油公司（Forest Oil Corp）完成了 Utica 页岩两口直井测试并获得工业气流后，正式拉开该区商业开发的序幕。

## 22.2 构造特征

Utica 页岩与 Marcellus 页岩均发育于 Appalachian 盆地，该盆地构造特征在第 17 章中已详述，本章不再重复论述。

## 22.3 地层特征

晚奥陶世早期，Appalachian 盆地不同区域沉积地层命名不同，以 Utica 页岩推进最快的俄亥俄州为例，上奥陶统地层自上而下依次为 Kope 组、Utica 组、Point Pleasant 组、Lexington/Trenton 组（图 22–2）。通常所说的 Utica 页岩实际包含了 Utica 组和下伏的 Point Pleasant 组两套富有机质页岩层。

1. Kope 组

Kope 组位于 Utica 组上部，主要岩性为贫有机质的页岩，该组地层对应肯塔基州 Calloway Creek 灰岩下部、纽约州 Lorraine 群以及宾夕法尼亚州和西弗吉尼亚州 Reedsville 页岩（图 22–2）。Kope 组中页岩含量为 60%~80%、灰岩含量为 20%~40%，还含少量的粉砂岩。该组总厚度约为 40~1600ft，其中单层页岩层厚 2~5ft，不含化石。灰岩层厚 2~6ft，含化石。灰岩层与页岩层间通常发育明显的突变面（McDowell，1986）。

2. Utica 组

Utica 组位于 Kope 组与 Point Pleasant 组之间（图 22–2）。在肯塔基州，这个层段对应上 Clays Ferry 组，而在纽约州则称为上 Indian Castle 页岩。Utica 组由黑色页岩和灰质页岩（10%~60%方解石）夹层组成。该组页岩中生物扰动常见，部分层段含化石（Smith，2013）。Utica 页岩地层在俄亥俄州南部和西弗吉尼亚州尖灭，Utica 页岩地层由西南向东北方向逐渐变厚，东北部的纽约州东部厚达 400ft，中部的宾夕法尼亚州西北角厚度为 200~300ft，在俄亥俄州南部和肯塔基州北部减薄至 50ft 或更薄。

3. Point Pleasant 组

Point Pleasant 组位于 Utica 组和上 Lexington/Trenton 组之间，该组对应于肯塔基州的下 Clays Ferry 组和纽约州 Indian Castle 页岩下部，由含化石的灰岩、页岩和少量粉砂岩互层 / 夹层构成，其中的灰岩层和页岩层数量大致相等，还含有少量的粉砂岩夹层。Point Pleasant 组地层厚度变化也较大，从几英尺至 200 多英尺不等，变化趋势与上覆的 Utica 组类似，由西南向东北方向逐渐增厚，西部的宾夕法尼亚州中部超过 200ft，东部的肯塔基州变薄不到 20ft（Luft，1972；McDowell，1986）。

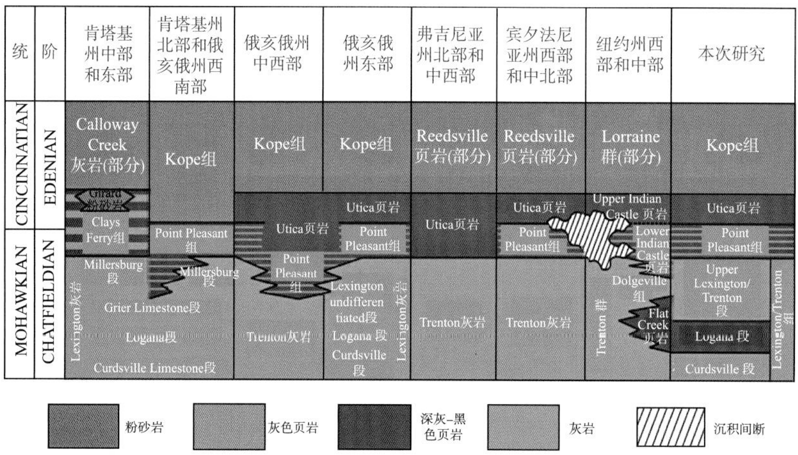


图 22–2　通过 Utica 页岩远景区研究评价晚奥陶世早期地层的对比表

在俄亥俄州、西维吉尼亚州和肯塔基州 Utica/Point Pleasant 组的地层总厚度薄至 100ft 或更低，在宾夕法尼亚州西北部和中部以及俄亥俄州东北部及中部其总厚度超过了 300ft（图 22–3）。

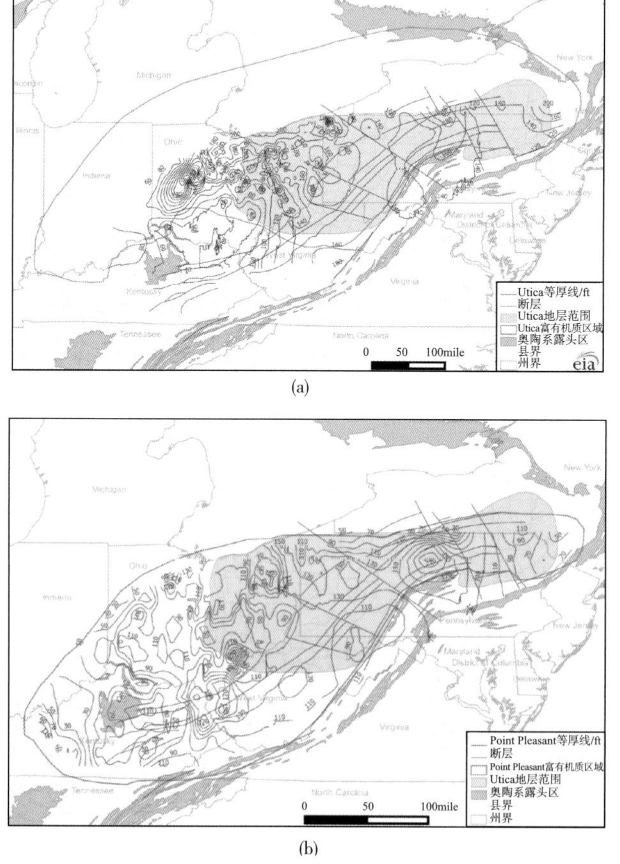


图 22–3　Utica 和 Point Pleasant 组地层等厚图

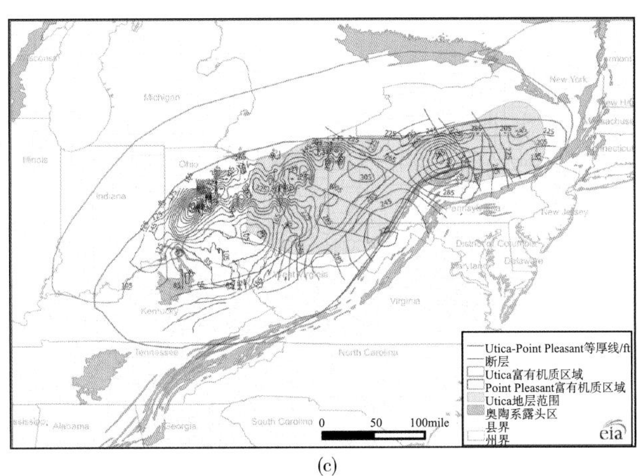


(c)

图 22–3 Utica 和 Point Pleasant 组地层等厚图（续）

（a）Utica 组等厚图；（b）Point Pleasant 组等厚图；（c）Utica 和 Point Pleasant 组累计厚度等值线图

4. Lexington/Trenton 组

Lexington/Trenton 组位于 Point Pleasant 组之下，对应于肯塔基州 Lexington 灰岩的 Millersburg 段和 Grier 灰岩段以及纽约州 Dolgeville 组地层（图 22–2），自上而下可划分为三段，即上 Lexington/Trenton 段、Logana 段、Curdsville 段。其中上 Lexington/Trenton 段由结核状和不规则层状的含生物灰岩和页岩组成，灰岩中富含苔藓虫、腕足类动物、软体动物和三叶虫化石碎片，有些地区灰岩中还存在有孔虫和群体珊瑚化石，该套地层中常见生物扰动迹象（McDowell，1986）。Logana 段对应于纽约州的 Flat Creek 页岩，主要由互层状的砂屑灰岩、页岩及介壳灰岩组成，其中，砂屑灰岩通常呈 0.2~0.3ft 层状或透镜状，化石含量较少。Curdsville 段位于 Lexington/Trenton 组最下部，由厚 20~450ft 的生物碎屑灰岩组成，部分含砂质和燧石，该段中可见断续分布的斑脱岩，底部与中奥陶统 Black River 组呈整合接触。

## 22.4 沉积特征

### 22.4.1 沉积环境

晚奥陶世（445Ma），在阿巴拉契亚山脉前缘的前陆盆地形成的同时，沉积了 Utica 和 Point Pleasant 组地层（Harper，1999；Patchen 等，1985）。晚奥陶世（445Ma）的古地理恢复图（图 22–4）显示了现在西弗吉尼亚州、宾夕法尼亚州、纽约州部分地区、弗吉尼亚州、马里兰州、肯塔基州和俄亥俄州当时处于半封闭的陆表海环境（Blakey，2011）。Point Pleasant 组和上 Trenton 组地层主要沉积于浅水陆棚，

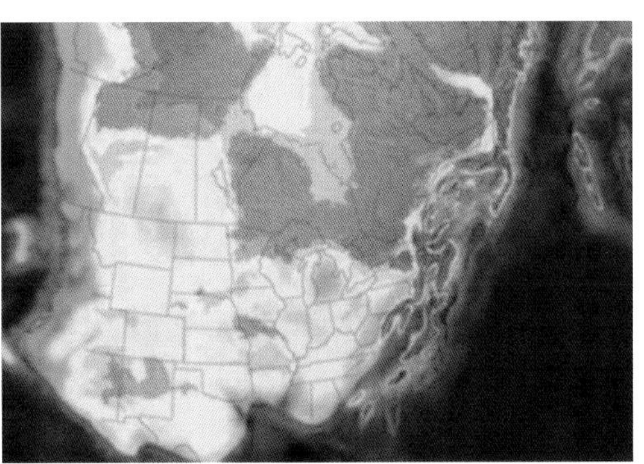

图 22–4 北美晚奥陶世（445Ma）古地理恢复图（据 Blakey，2011，修改）

该相带藻类较多，灰岩中夹杂丰富的化石（Hickman 等，2015）。

Utica 和 Point Pleasant 组地层主要沉积于大型海侵期，水体较深，沉积大量有机质。由于 Taconic 造山运动的挤压作用，Appalachian 盆地的形状和盆地内的水体发生了变化，从而使 Utica 和 Point Pleasant 组地层在 Trenton 组碳酸盐岩地层的基础上沉积而成。

### 22.4.2 沉积相标志

Appalachian 盆地 Utica 和 Point Pleasant 组地层中发育一些典型的沉积相标志，比如纹层、冲刷面、潜穴和一些明显的不整合面等，这些标志有助于识别 Utica 和 Point Pleasant 组地层的沉积环境。

1. 纹层

在 Utica 和 Point Pleasant 组富有机质页岩层中均较发育。Schieber 等（2007）通过水槽实验后提出，沉积速率的差异导致了页岩层发育纹层，沉积物未固结之前含有大量水，因此在后期成岩过程中岩石体积会被大幅压缩，同时倾斜交错的纹层在压缩后呈扁平状平行纹层，图 22-5 显示的页岩纹层图片清晰地展示了交错纹层。

2. 冲刷面

通常出现在细粒页岩上部和粗粒碎屑页岩下部，从 Clays Ferry 组到 Curdsville 段的整个地层均发现有这种沉积现象，反映出 Clays Ferry 组到 Curdsville 段的地层沉积于风暴浪控制的大陆架高能环境。图 22-6 中可见粒屑层底部的冲刷面。图 22-7 中可见 Point Pleasant 组底部至上 Lexington/Trenton 组顶部富有机质地层中发育几十至数百个冲刷面和风暴层。

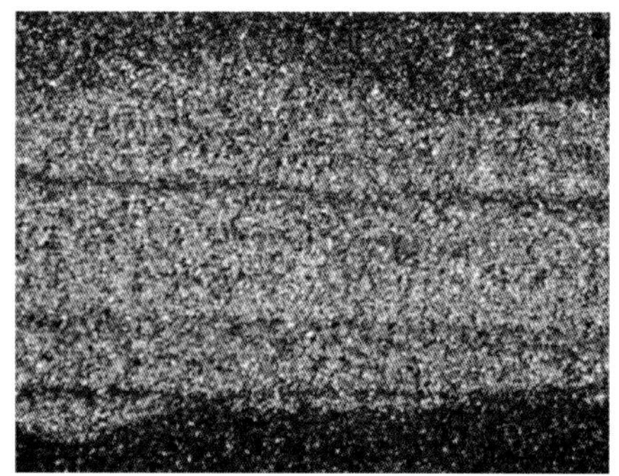

图 22-5 Richman Farms 井页岩层薄片照片（波状纹层）

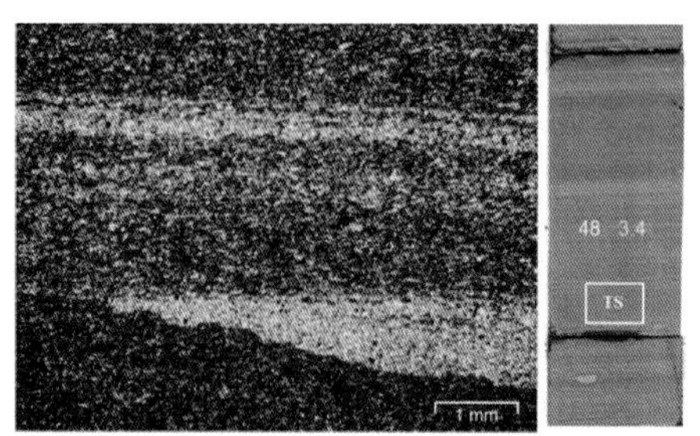


图 22-6 Richman Farms 页岩层薄片照片（较粗粒屑层底部冲刷面）

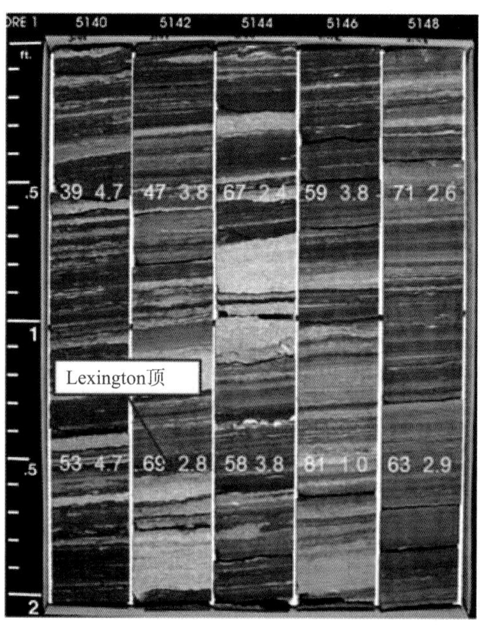


图 22-7 Point Pleasant 组和上 Lexington/Trenton 段的冲刷面和风暴层特征

白色数字是碳酸盐岩含量，黄色数字是 TOC 值

3. 潜穴

在该套页岩岩心切片中可见，孔径为 1cm 左右的生物潜穴，可能是 *Planolites* 或 *Thallasinoides* 等一些生物遗迹化石。同时在 Trenton 组还有一些 *Chondrites* 藻迹孔的发育。

4. 不整合面

通过 Eichelberger-1 井、Harstine Trust 井岩心及测井资料，可识别出两个不整合面：其中一个位于富含有机质层段中部，另一个位于 Point Pleasant 组顶部。

## 22.5 地化特征

### 22.5.1 有机质含量和类型

Patchen（2015）通过对岩心和岩屑测得的 TOC 最高值来识别每个层段总有机质含量最高的区域，分析了 Appalachian 盆地上奥陶统生烃潜力差异性特征。

图 22-8~ 图 22-13 分别为 Appalachian 盆地上奥陶统不同地层已钻井单层最大 TOC 值平面分布图，图中每口钻井的 TOC 最高值由彩色圆圈表示，其中 TOC 值小于 1%的井以白色圆圈显示，1%~2%为黄色，2% ~4%为浅橙色，超过 4%为深橙色，厚度超过 25ft 且 TOC 值大于 1%的井用较小的红色圆圈，由浅至深的灰色充填代表地层厚度的增加。由图可知，TOC 值较高且厚度较大的区域主要分布在俄亥俄州、宾夕法尼亚州和纽约州等呈北东向延伸的区域内，对于 Utica 页岩（Utica 和 Point Pleasant 组）而言，上部 Utica 组 TOC 为 1% ~3.5%，Point Pleasant 组 TOC 呈两分性，上部层段为贫有机质的灰质页岩，TOC 含量普遍较低（大多数样品小于 1%），该层段生烃潜力有限，而下部层段为一套富含有机质的钙质页岩，TOC 为 3% ~8%（平均 4% ~5%）。

另外，从有机质显微组分来看，Utica 和 Point Pleasant 组均以无定形体为主，有机质的母质来源主要为藻类，对应有机质类型为 I 型。

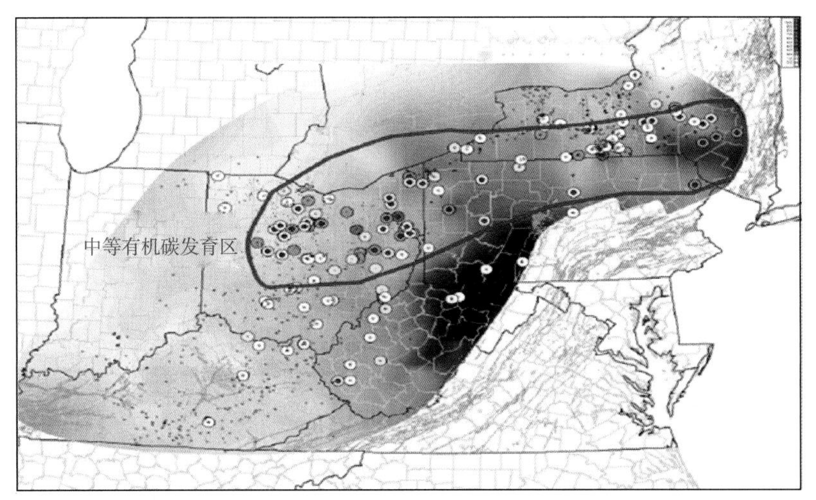


图 22-8 Kope 组 TOC 最大值分布图

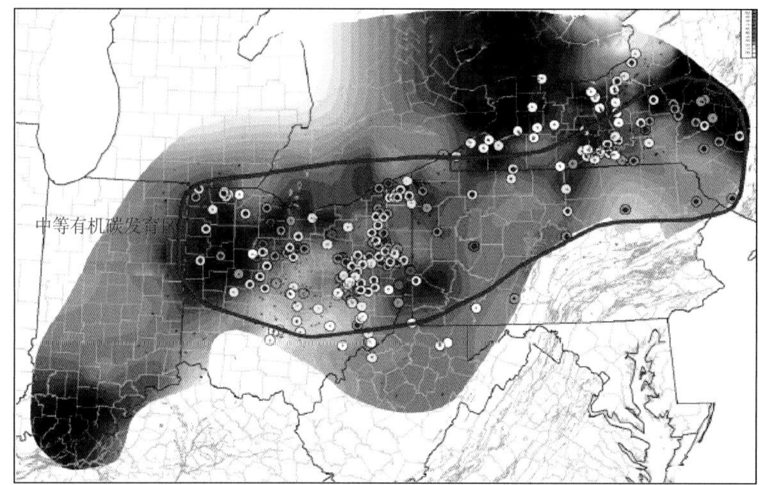


图 22-9　Utica 组 TOC 最大值分布图

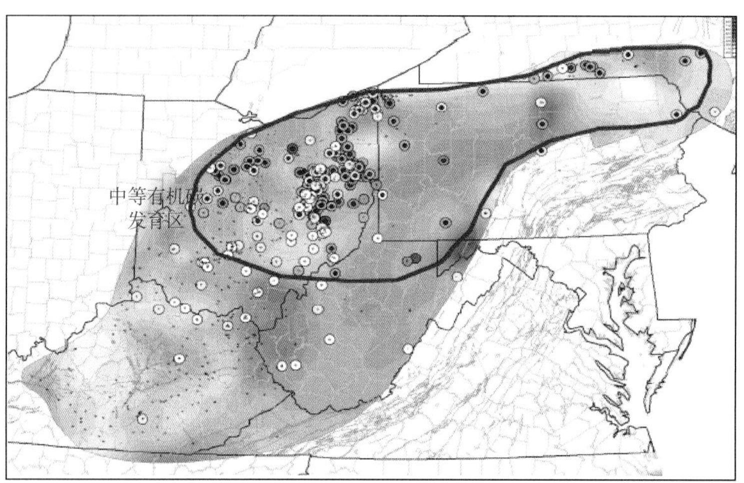


图 22-10　Point Pleasant 组 TOC 最大值分布图

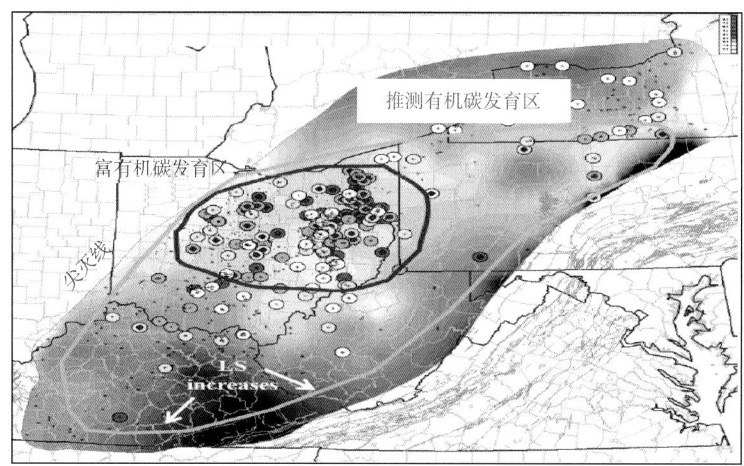


图 22-11　Lexington/Trenton 组上部 TOC 最大值分布图

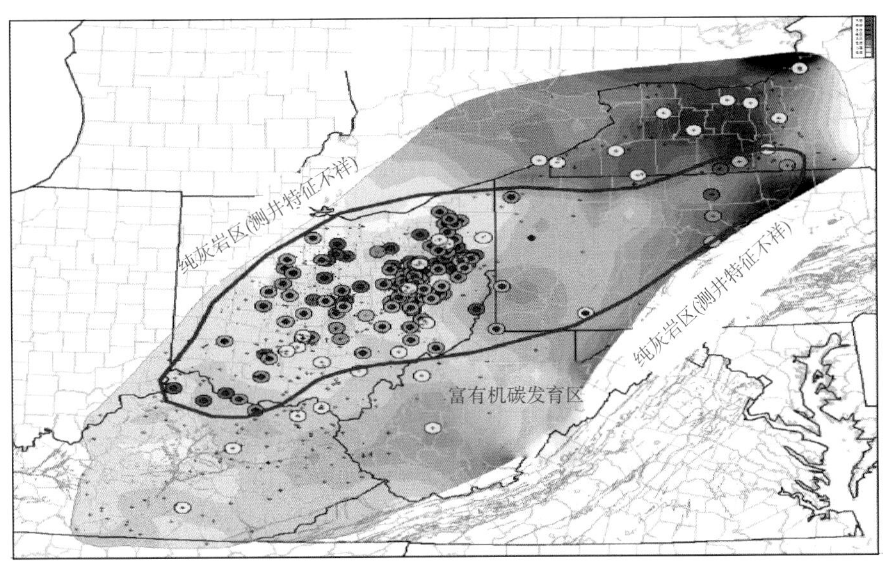


图 22-12 Lexington/Trenton 组 Logana 段的 TOC 最大值分布图

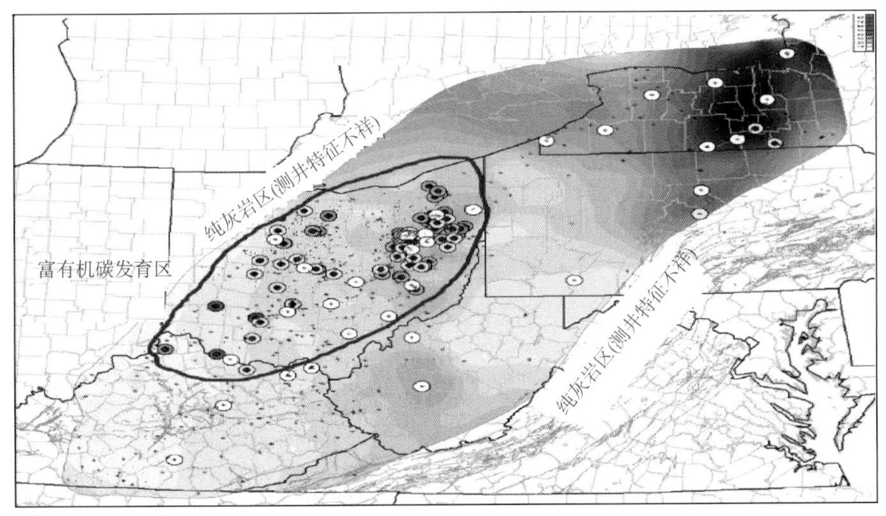


图 22-13 Lexington/Trenton 组 Curdsville 段的 TOC 最大值分布图

### 22.5.2 有机质热成熟度和原始气油比

镜质体反射率（$R_o$）是表征有机质热成熟度最为常用的指标，当早期生物缺少镜质组时，也可用沥青（$R_b$）反射率等来换算，本次就是根据牙形石和沥青反射率来计算镜质体反射率数值。从 Utica 页岩 $R_o$ 的分布图来看（图 22-14），整个 Appalachian 盆地 $R_o$ 范围从 0.6% ~4.5%。自西向东 $R_o$ 呈逐渐增高的趋势，西部的 $R_o$ 多小于 1.1%，还处于生油阶段；中部的俄亥俄一带 $R_o$ 逐渐增高至 1.1%~1.4%，处于生湿气阶段，而东部的宾夕法尼亚及纽约州一带 $R_o$ 逐渐增高至 4% 以上，最高 $R_o$ 值可达 4.93%。

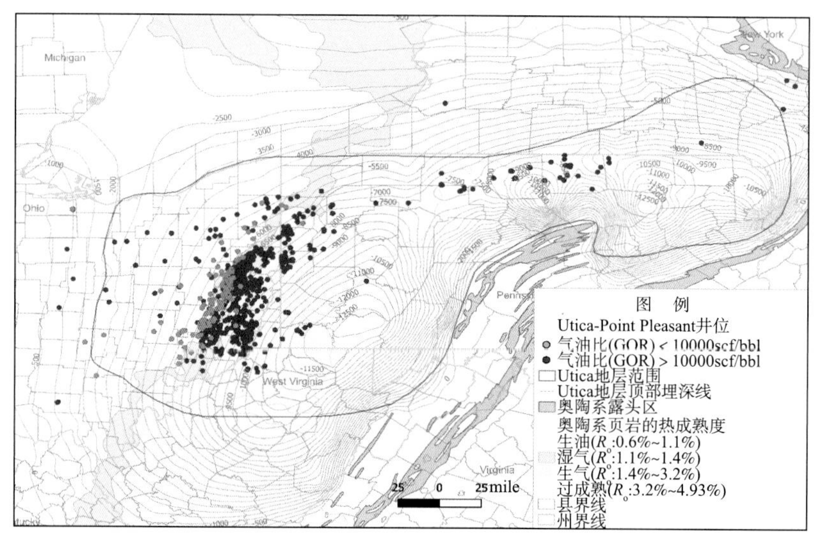


图 22-14 Appalachian 盆地 Utica 页岩潜力区井的 $R_o$ 分布及原始气油比

另外，根据 Appalachian 盆地 Utica 页岩远景区钻井的气 / 油比（GOR）可知，Utica 页岩所钻探高气 / 油比的井大部分位于东部地区，而低气 / 油比的井通常位于西部地区，反映了热成熟度对地层中石油和天然气的占比起到控制作用。事实上，西部低气 / 油比（小于 10000scf）钻井的目的层埋深较浅，埋深范围为 4500~7000ft 左右；而东部高气 / 油比（大于 10000scf）钻井的目的层埋深较深，埋深范围多在 7000~9500ft 之间。目前 Appalachian 盆地东北部页岩气主产区，$R_o$ 值达 3.2%，部分区域甚至可达 3.5%以上，目的层埋深多在 8000~10500ft 之间。

## 22.6 储集特征

### 22.6.1 物性特征

早期利用 Barth 岩心对 Utica 和 Point Pleasant 组页岩的孔隙度和渗透率进行了测试，孔隙度范围约为 2% ~8%，平均值为 5.6%；渗透率范围在 $1\times10^{-7}$~$1.93\times10^{-3}$mD，平均值为 $1\times10^{-6}$mD（表 22-2）。

表 22-2 Barth 井岩心测得的孔隙度和渗透率数据表

| API 编号 | 井名 | 样品数 | He $\phi$/% | Hg $\phi$/% | Hg $K$/mD |
|---|---|---|---|---|---|
| 34101201960000 | Prudential 1A | 7 |  | 0.03~1.31 | 1.0E-7~1.0E-6 |
| 34157253340000 | OGS CO2-1 | 2 |  | 0.64~1.25 | 1.2E-7~5.1E-6 |
| 34139206780000 | Copper Shellby | 3 |  | 0.85~3.34 | 2.3E-6~1.93E-3 |
| 34133208670000 | K Vasbinder | 4 |  | 0.11~0.89 | 1.0E-7~2.9E-6 |
| 34151254750000 | PSR1 | 3 |  | 0.29~1.01 | 4.0E-7~3.1E-6 |
| 34167286660000 | Strass1 | 2 |  | 0.37~0.55 | 1.0E-7~6.0E-7 |
| 34169248500000 | Davis View1 | 2 |  | 0.26~1.08 | 3.0E-7~3.5E-6 |
| 34005241600000 | Eichelberger | 25 | 2.2~2.8 | 0.03~1.31 | 1.0E-7~1.0E-6 |

### 22.6.2 孔隙结构特征

Patchen（2012）利用扫描电子显微镜（SEM）和 CTX 射线成像技术来描述 Utica 和 Point Pleasant 组页岩的孔隙特征。

俄亥俄州 Coshocton 县 Fred Barth 3 井 Point Pleasant 组页岩中有机质孔较发育（图 22-15），另外，黏土和方解石之间及黄铁矿内部还发育了多种黏土矿物孔和晶间孔（图 22-16）。

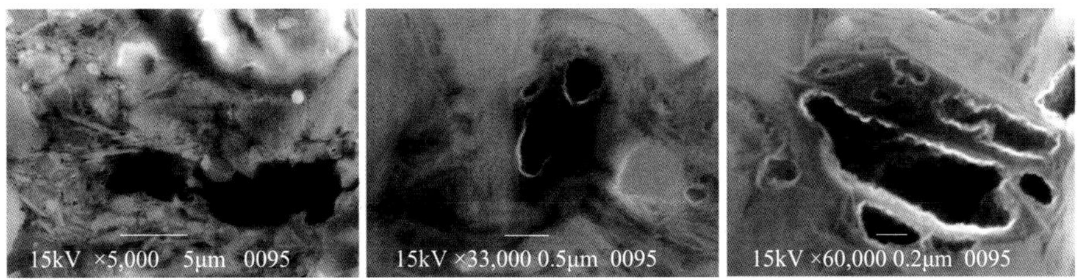


图 22-15 俄亥俄州 Coshocton 县 Fred Barth 3 井 Point Pleasant 组有机质孔 SEM 显微照片

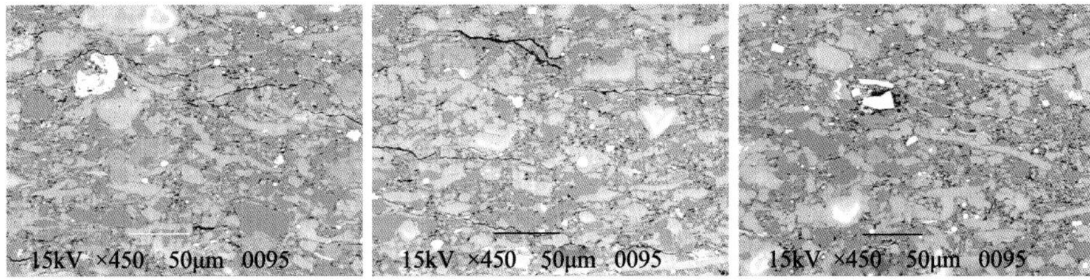


图 22-16 俄亥俄州 Coshocton 县 Fred Barth 3 井 Point Pleasant 组黏土矿物孔和晶间孔 SEM 显微照片

图 22-17、图 22-18 表明位于宾夕法尼亚州及纽约州的 Utica 和 Point Pleasant 组地层中的孔隙类型主要为有机质孔，除此之外还包含层状硅酸盐矿物骨架孔和溶蚀孔等。但不同的区域，孔径大小差异明显，孔径大小通常从几十到几百纳米之间，部分可达 1 μm 以上。

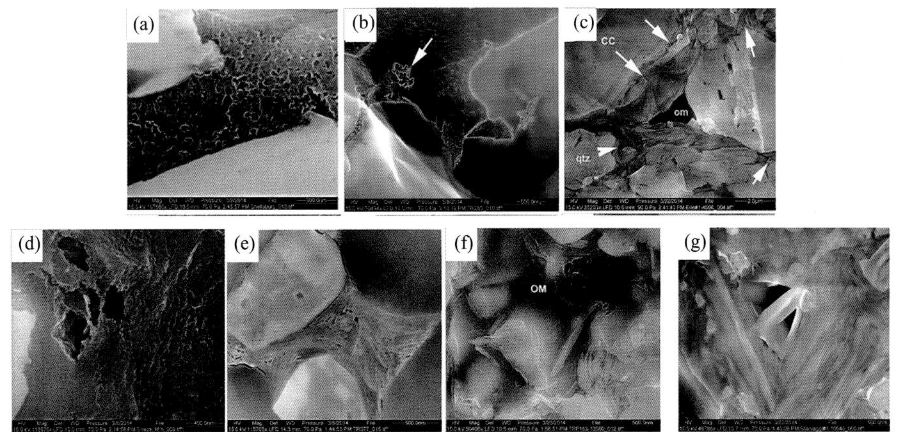


图 22-17 宾夕法尼亚州多口井 Utica 和 Point Pleasant 组 SEM 显微照片

（a）Bedford 县的 Schellsburg Unit 1 井（API # 3700920034）；（b）Clinton 县 PA Tr. 2851 号井（API # 3703520276）；（c）Erie 县 PA Dept.of Forests& Waters Block 21 井（API # 3704920049）；（d）Juniata 县 Shade Mt.1 号井（API # 3706720001）；（e）Mifflin 郡 Commonwealth of PA Tr.377.1 井（API # 3708720002）；（f）Pike 郡 PA Tr.163 No.C–1 井（API # 3710320003）；（g）Washington 郡 Starvaggi.1 井（API # 3712522278）

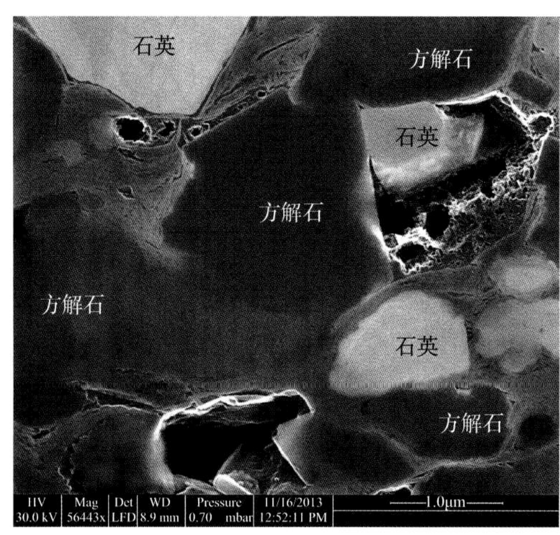


图 22-18　纽约州 Herkimer 县 74NY5 钻井 Utica 和 Point Pleasant 组 SEM 显微照片（据 Pathcen，2012）

## 22.7　可压性特征

Utica 页岩由 Utica 组及其下伏的 Point Pleasant 组两套富有机质页岩地层组成。在 Utica 远景区中多数钻井的目的层段为 Point Pleasant 组，其有机质含量和碳酸盐岩矿物含量均较高，黏土矿物平均含量为 50% 左右。该套页岩中脆性矿物含量高，塑性矿物含量低，有利于后期压裂改造。

## 22.8　含气性特征

从前文 Utica 页岩 $R_o$ 的平面分布可知，其变化范围在 0.6%~5.5% 之间，热演化范围覆盖了从生油窗到生气窗的多个阶段，位于阿巴拉契亚盆地西部地区演化程度和 GOR 相对于盆地斜坡地区较低，主要以产油为主，早期在俄亥俄西部 Barth 岩心测得的含油饱和度约为 20%~60%，平均为 40.6%。而东部地区的热演化程度和 GOR 均较高，以生气为主。Patchen（2012）以西弗吉尼亚州和俄亥俄州的井数据为例，分析了储层的压力梯度情况（表 22-3），给出了甲烷气体的等温线变化曲线图（图 22-19、图 22-20），其中纽约的 Utica 页岩的吸附气含量最大值可达到 70~75scf/t，俄亥俄州的吸附气含量最大值可达到 35scf/t。

表 22-3　西弗吉尼亚州和俄亥俄州 Utica 页岩地层压力梯度

| 州名 | 压力梯度 /（psi/ft） | | 备注 |
|---|---|---|---|
| | 低 | 高 | |
| 纽约州 | 0.433 | 0.5 | 纽约州大部分地区为 0.433psi/ft，仅在南部很少部分地区为 0.5psi/ft |
| 俄亥俄州 | 0.6 | 0.9 | 俄亥俄州大部分地区为 0.6psi/ft，仅在中东部的狭窄地区为 0.7~0.9psi/ft |
| 宾夕法尼亚州 | 0.6 | 0.9 | 宾夕法尼亚州大部分地区为 0.6psi/ft，中部少部分为 0.7psi/ft，南部为 0.7~0.9psi/ft |
| 西弗吉尼亚州 | 0.6 | 0.9 | 西弗吉尼亚州大部分地区为 0.6psi/ft，西弗吉尼亚州的狭长地带北部为 0.7~0.9psi/ft |

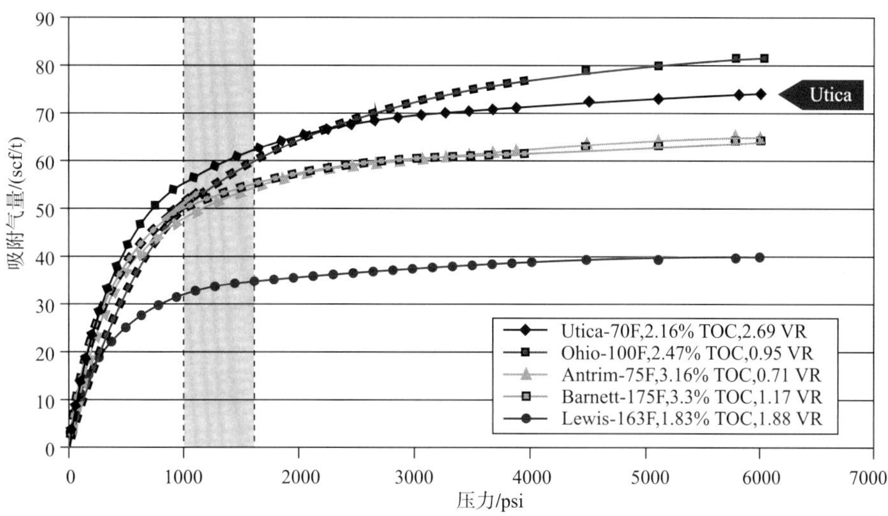


图 22-19 纽约州 Utica 页岩甲烷等温吸附曲线（据 Advanced Resources International，Inc.，2008）

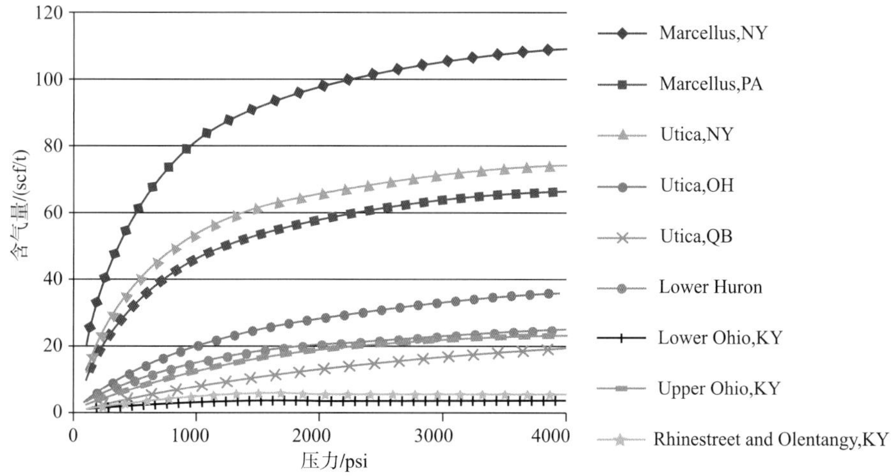


图 22-20 Utica 页岩与北美其他页岩等温曲线图（据 Advanced Resources International，Inc.，2012）

## 22.9 潜力分析

Utica 页岩的两套层系 Utica 和 Point Pleasant 组分布范围广，分别约 115000mile$^2$ 和 108000mile$^2$，有利区面积约为 85000mile$^2$。2013 年，钻探 Utica 页岩层段的 352 口井共计生产了 3.60MMbbl 石油和 10bcf 天然气，展现出 Utica 页岩油气开发的巨大潜力。

Patchen（2012）使用体积法，计算了 Utica 页岩油气原始资源量，其中页岩油约为 82903 MMbbl，页岩气约为 3192.4tcf；使用概率法（USGS），计算了 Utica 页岩的油气平均技术可采资源量，其中页岩油约 1960MMbbl，页岩气约 782.2tcf。根据这两种评估方法的结果，预计现有技术在“甜点”区域中原油采收率约为 3%，天然气采收率约为 28%（图 22-21）。

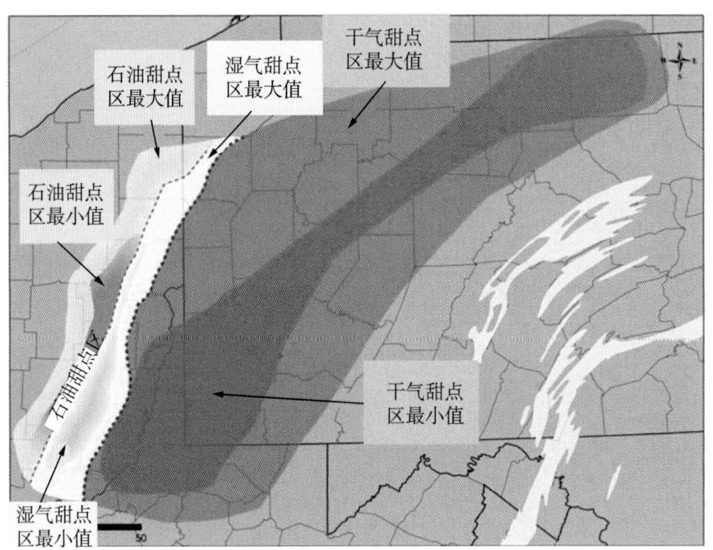


图 22-21 Utica 页岩评估的最小和最大甜点范围图

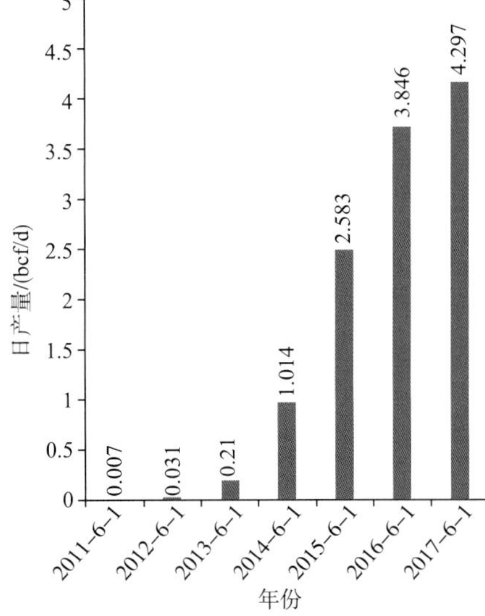


图 22-22 Utica（OH，PA&WV）页岩油气 2011~2017 年平均日产量（据 EIA，2017）

据加拿大国家能源委员会（2009 年）公布的数据，魁北克省 Utica 页岩原始天然气地质储量（OGIP）为 9.6~81bcf/km$^2$，有利富集区的地质储量为 120tcf。

从最近几年的开发来看，Utica 页岩油气的主产区产量呈逐年上升趋势，由 2011 年 0.007bcf/d，上升到 2017 年的 4.297bcf/d，开发前景良好（图 22-22）。

## 参考文献

[1] Bai B J, Sun Y P, Liu L B. Petrophysical properties characterization of Ordovician Utica gas shale in Quebec, Canada[J]. Petroleum exploration and development, 2016, 43(1): 74-81.

[2] Charpentier R R, CookT A.Improved USGS methodology for assessing continuous petroleum resources, version 2: U.S [J]. Geological Survey Data, 2010, Series 547: 22.

[3] Cluff R, Michael H.Petrophysics of unconventional resources [course handbook]: PTTC Technology Connections,

Rocky Mountain Region [workshop] [C].Colorado School of Mines, 2013.

[4] Cooney M L. The Utica Shale in Pennsylvania: A characterization of the Reedsville, Antes, Utica and Point Pleasant formations[D]. Undergraduate Thesis, Allegheny College, Meadville , 2013.

[5] Emmons E. Geology of New York. Part Ⅱ, Survey of the Second Geological District[M]. New York State Museum , 1842: 437.

[6] National Energy Board. A primer for understanding Canadian shale gas[R/OL]. 2009, http://www.neb.gc.ca/clfnsi/rnrgynfmtn/nrgyrprt/ntrlgs/prmrndrstndngshlgs2009/prmrndrstndngshlgs2009–eng.pdf.

[7] Patchen C.A geologic play book for utica shale appalachian basin exploration[R]. Utica shale appalachian basin exploration consortium, 2014.

# 23 Woodford 页岩油气地质特征

## 23.1 勘探开发历程

Woodford(伍德福德)页岩是一套重要的位于美国 Oklahoma（俄克拉荷马）州泥盆系海相黑色—暗灰色油气源岩，覆盖范围从（Anadarko）阿纳达科盆地、阿德莫盆地（Ardmore）、Arkoma（阿卡马）盆地延伸至 Cherokee（切罗基）台地。Woodford 页岩气富集区主要位于俄克拉荷马州东南部的 Hughes Pittsburg 和 Coal 等县，展布面积约 28489km$^2$（图 23–1）。

Woodford 页岩气的开发始于 2003 年，自 2004 年年底以来，随着水平井的大量部署，页岩油气产量增长快速，2008 年成功实现页岩气的商业开采，使得 Woodford 页岩成为美国俄克拉荷马州重要的页岩油气产层。

2000~2008 期间，在俄克拉荷马州东南部的阿卡马盆地 Woodford 页岩地层中共钻探了 800 多口井，其中绝大多数为水平井。累计产油气量为：天然气 $99.10 \times 10^8 m^3$、石油 $15.96 \times 10^4 t$（Andrews，2009）。

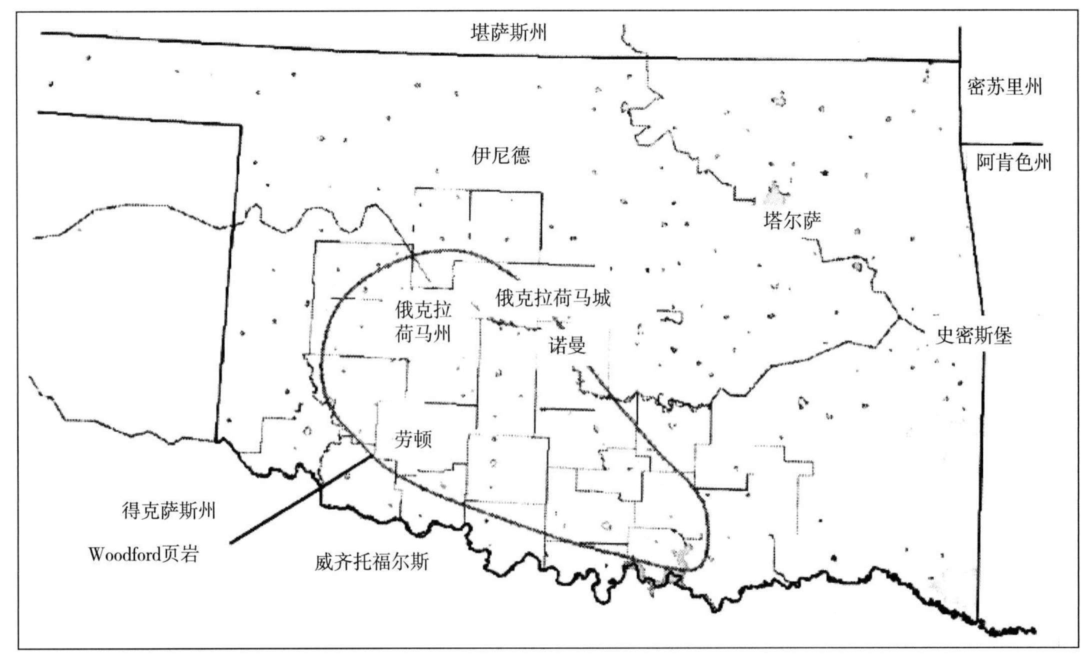


图 23–1　Woodford 页岩地理位置图

## 23.2 构造特征

Woodford 页岩所在的 Anadarko（阿纳达科）盆地是北美克拉通盆地中沉积厚度最大的盆地，古生代沉积厚度超过 11000m（Rowland, 1974；Brewer 等, 1983）。密西西比系至二叠系沉积厚度超过 8500m。盆地西北部的海槽宽约 75km，长约 250km。在海槽的北部，半圆形的陆架从俄克拉荷马州中西部延伸到 Kansas（堪萨斯）州的大部分地区，向北延伸了 400 多千米。由于在盆地南部被逆断层分隔，该盆地不具有轴对称特征（图 23-2、图 23-3）。

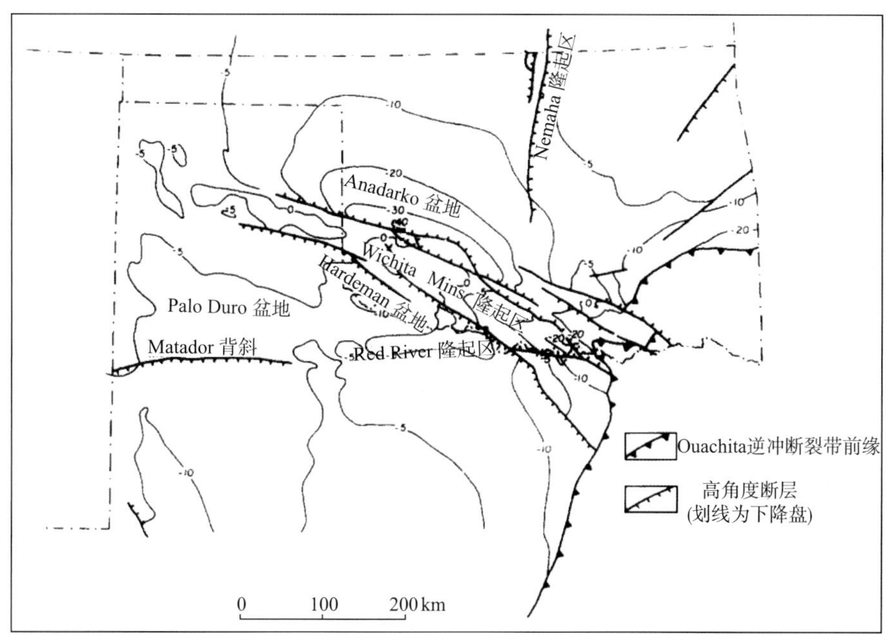


图 23-2 俄克拉荷马—得克萨斯北部地区构造图（单位：$10^3$ft；据 David 等，1984）

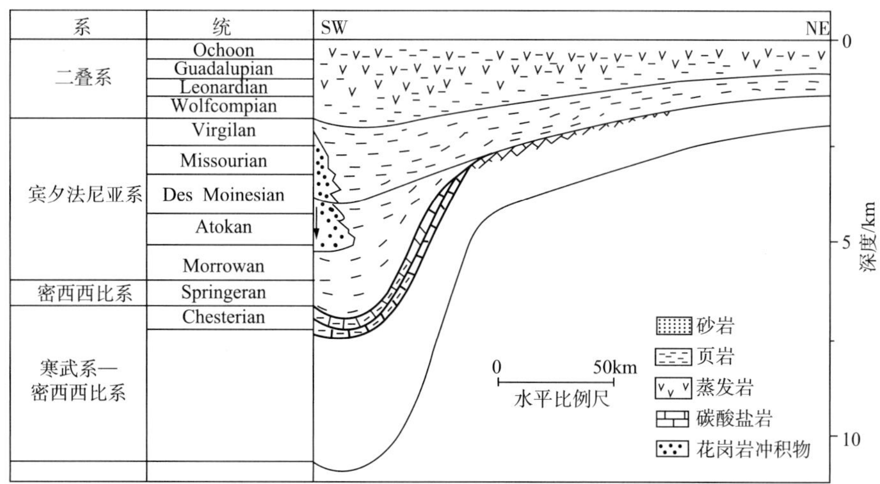


图 23-3 垂直阿纳达科盆地轴向的剖面图（据 David 等，1984）

Anadarko 盆地复杂的几何形态是一系列造山运动的结果。前寒武世晚期，南俄克拉荷马地区断陷形成南俄克拉荷马拗拉槽（Hoffman，1974）。中寒武世，威奇托山地区发生了火成岩侵入，寒武纪之后岩浆活动停止，裂陷槽由大陆边缘向东南方向发生热沉降。奥陶纪末，裂陷槽达到热平衡。在晚泥盆世，早期凹槽的西北部相较于周缘地区，沉积速度最快。广泛分布的上泥盆统—密西西比系沉积物由黑色页岩和碳酸盐岩组成，从克拉通到现今的盆地位置逐渐增厚。由于陆架地区 Chester 灰岩被剥蚀，且 Chester 灰岩仅延伸到俄克拉荷马州的堪萨斯州边境地区，因此上密西西比统地层在部分地区缺失。

## 23.3 地层特征

Woodford 页岩沉积于泥盆统—下密西西比统时期，是一套富含有机质的黑色—暗灰色页岩，该套页岩中含有燧石、粉砂岩、砂岩、白云岩以及少量灰绿色页岩、磷酸盐结核和黄铁矿。此外，其间还可见红褐色黏土和有机质薄层及硅质球粒、透镜体以及不透明矿物夹层。

Woodford 页岩在阿纳达科、阿德莫和阿卡马盆地中心沉积厚度较大，平均厚度超过 60m，向切罗基台地逐渐减薄。在切罗基台地西南部，穿过 Nemaha（尼马哈）隆起，延伸至阿纳达科陆架，发育一个厚度较大呈东南—西北向展布的 Woodford 页岩条带，Woodford 页岩平均厚度超过 30m。古水流方向主要是北西—南东方向：从古地理位置较高处的堪萨斯隆起，流向古地理位置较低处的阿纳达科陆架和切罗基台地，直至更深的古地理洋盆（Amsden，1975）。

在阿卡马盆地，Woodford 页岩与上覆的 Caney 页岩呈整合接触，与下伏的 Hunton（亨顿）灰岩呈不整合接触（图 23-4），下伏地层自上而下分别发育了 Hunton 灰岩、西尔万 Sylvan（西尔万）页岩和 Viola（维奥拉）灰岩，而其间的 Hunton 灰岩基本被剥蚀，平均厚度不到 5m，而下伏 Sylvan 页岩为 Woodford 页岩与下部主要含水层 Viola 灰岩、Simpson（辛普森）砂岩、Arbuckle（阿巴克尔）灰岩之间的隔层。

Woodford 页岩自下而上划分为三段：下段以黑色、灰黑色、浅灰色纹层状页岩为主；中段以灰黑色、浅灰色、黑色页岩为主，其间发育一些硅质纹层状粉砂岩；上段常见结核状灰黑色、浅灰色纹层状页岩及硅质纹层状粉砂岩。

Slatt 等（2011）通过对 Woodford 页岩岩相的研究，明确了 Woodford 页岩层中上段与中段、中段与下段的分界标志。Woodford 页岩上、中、下三段之间的层序界面以及 Woodford 页岩与下伏 Hunton 灰岩间的不整合面在测井曲线上易识别，特别是自然伽马曲线（图 23-5、图 23-6）。成像测井曲线中，由于 Woodford 页岩上段电阻率高于中、下段，说明了 Woodford 页岩上段相较于中、下段石英含量更高（图 23-6、图 23-7）。

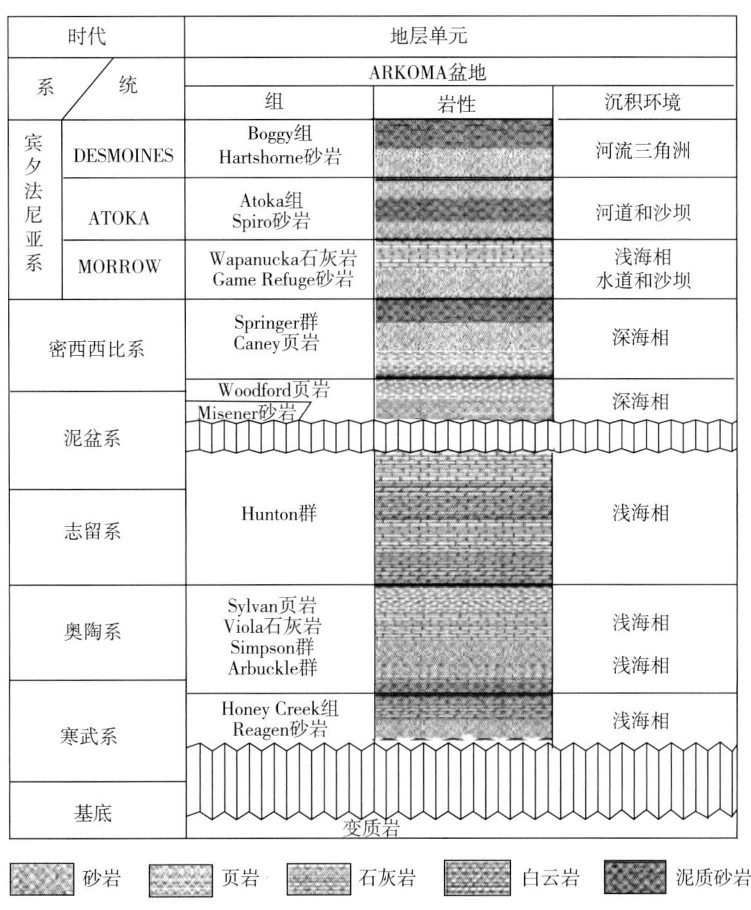


图 23-4 俄克拉荷马州东南部阿卡马盆地地层层序表

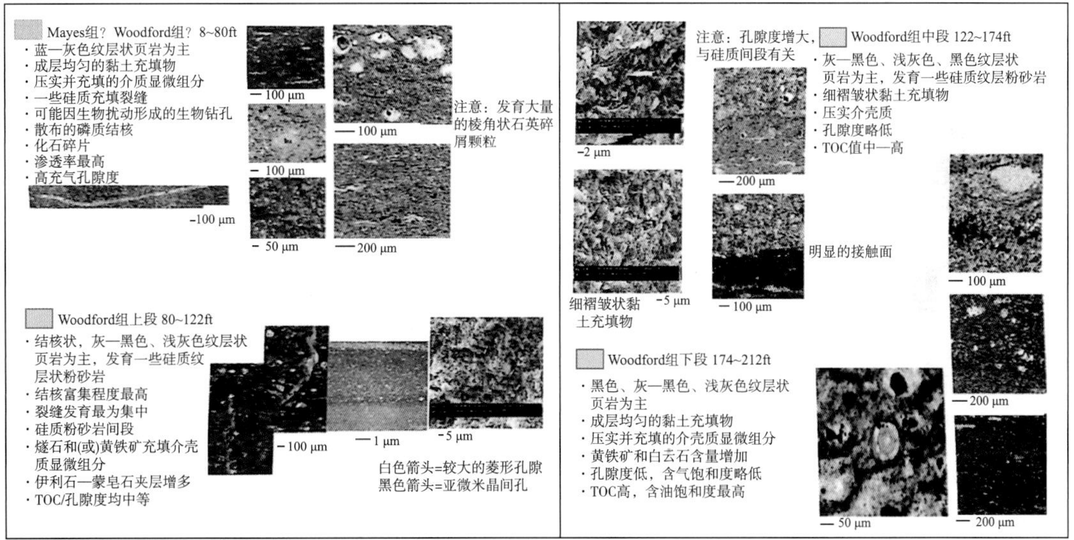


图 23-5 Woodford 组各段薄片及岩心描述（据 Roger 等，2012）

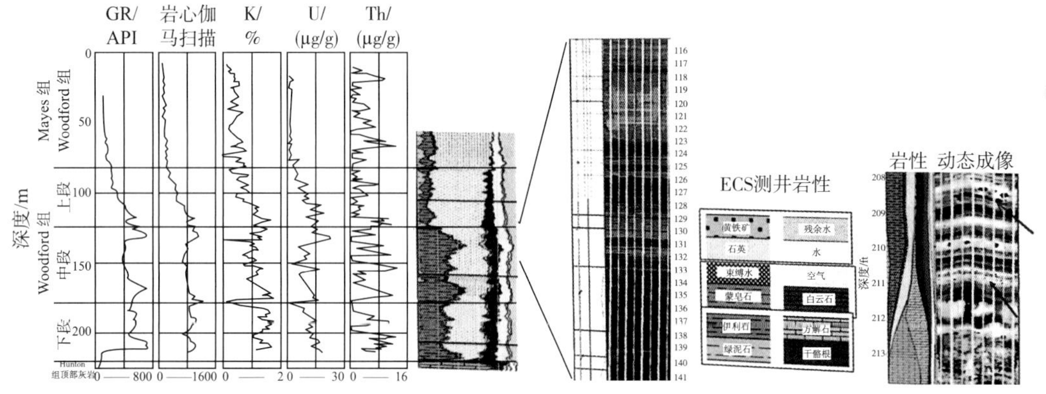


图 23-6 Woodford 页岩自然伽马测井曲线、取心井段岩心伽马扫描及其伽马射线成分分解（据 Roger 等，2012）

U 和伽马之间的相关性比 K 或 T 与伽马的相关性强，表明 U 是驱动信号；还给出了 Schlumberger 公司的元素俘获能谱（ECS）测井曲线以及全井眼地层微电扫描成像（FMI）测井曲线，成像测井中很容易识别 Hunton 不整合面，因其具有不规则性且发育基底碳酸盐岩碎屑；检测到了黄铁矿，成像测井中呈浅色（电阻性）晕圈的黑色（导电性）团块，可能以黑色的细微环形沿层理面富集（蓝色箭头所示）；GR—伽马射线

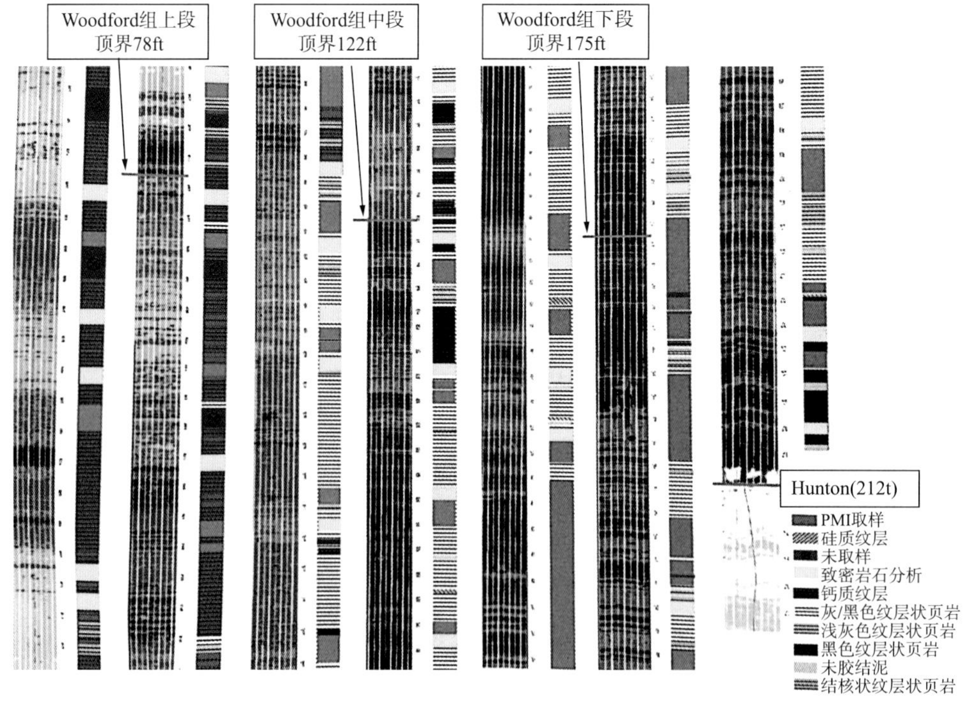


图 23-7 Woodford 页岩成像测井与岩心描述（据 Roger 等，2012）

俄克拉荷马州大学多孔介质力学研究所（PMI）为进行地球化学分析而选取的岩相及层段，进行了色标标记

## 23.4 沉积特征

Woodford 页岩沉积厚度受古地理沉积环境影响，后期又受到构造运动影响。在晚泥盆世（360Ma），整个俄克拉荷马州处于开阔的海洋沉积环境，富有机质页岩沉积在 Hunton 灰岩之上，还原环境则有利于有机质的保存。在 Hunton 灰岩顶部的下切谷位置，即 Hunton 灰岩厚度较小处，Woodford 页岩沉积厚度较大。由于尼马哈断裂晚泥盆世的活动，使得 Woodford 页岩在尼马哈隆起厚度较小。在早宾夕法尼亚纪（约 315Ma 之前），由于北美陆块和南美陆块的碰撞，发生强烈造山运动，形成阿纳达科、阿德莫和阿卡马前陆盆地，位于盆地中的 Woodford 页岩地层增厚。在晚宾夕法尼亚纪（约 300Ma 之前），造山运动剧烈，地层变形强烈，盆地快速沉降并接受沉积，主要的宾夕法尼亚系砂岩沉积于 Woodford 页岩之上，在盆地内 Woodford 页岩进一步增厚。

Cardott（2005）根据岩性、孢粉学、地球化学以及测井曲线特征，认为 Woodford 页岩沉积特征如下：Woodford 页岩地层下段为海进期近岸沉积；中段颗粒更细，TOC 含量最高，发育Ⅰ型和Ⅱ型干酪根，且在这三个层段中分布范围最广，为持续海进期远端沉积；上段 TOC 含量最低，发育Ⅱ型干酪根，为海平面下降期近岸的沉积（图 23-8）。

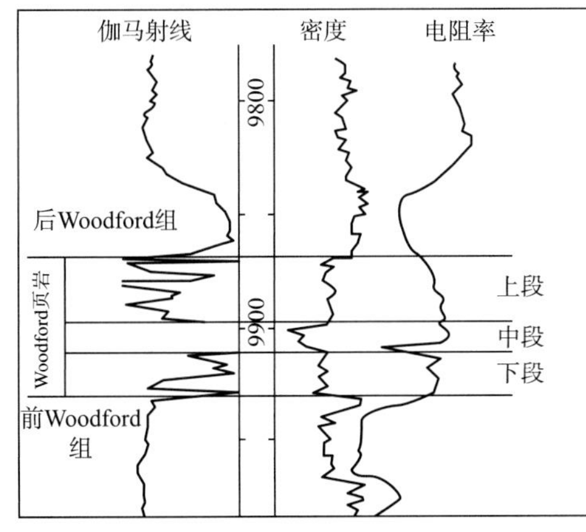


Woodford页岩上段

- TOC值最低
- 黑色，发育Ⅱ型干酪根，发育磷酸盐结核
- 海平面下降期离海岸较近处沉积

Woodford页岩中段

- TOC值最高
- 展布范围最广
- 黑色，有放射性，发育Ⅰ型和Ⅱ型干酪根
- 海平面上升期离海岸较远处沉积

Woodford页岩下段

- 展布范围最小
- 黑色，由石英、粉砂、黏土组成
- 海进期近海岸沉积

图 23-8 通过测井曲线特征识别出的 Woodford 页岩层段（据 Cardott，2007 修改）

基于岩心薄片观察，在 Woodford 页岩识别出 8 种主要岩相：①蓝灰色纹层状页岩；②结核状纹层状页岩；③钙质纹层状页岩；④灰黑色纹层状页岩；⑤浅灰色纹层状页岩；⑥黑色纹层状页岩；⑦硅质纹层状页岩；⑧粒级递变硅质纹层状页岩（图 23-8）。此外，还识别出了两个厚 0.01m 的沥青层和一个厚 0.1m 油斑泥岩层。

另外，Andrea 等（2012）利用生物标志物对 Pontotoc 县 Wyche 页岩矿区的 Wyche-1 井开展 Woodford 页岩沉积环境分析。通过生物标志物鉴定、气相色谱法（GC）和气相色谱-质谱联合法测定了下述烃类的色谱图 / 碎片谱图：正构烷烃 [ 重构离子色谱（RIC）]、姥鲛烷 / 植烷（Pr/Ph）、正甾烷 [$m/z$（质荷比）=217、218]、三环萜烷（$m/z$=191）、藿烷（$m/z$=191）、倍半萜烯（$m/z$=123、193）以及芳基类异戊二烯（$m/z$=133、134）。Woodford 页岩 Wyche-1 井样品的饱和烃气相色谱图显示的正构烷烃呈单峰分布，在 $nC_{25}$ 左右达最大值（图 23-9）。此分布特征反映出海相有机质是烃类的主要来源。正构烷烃分布中不存在奇偶优势，从成熟度角度看，这些样品均临近生油窗。

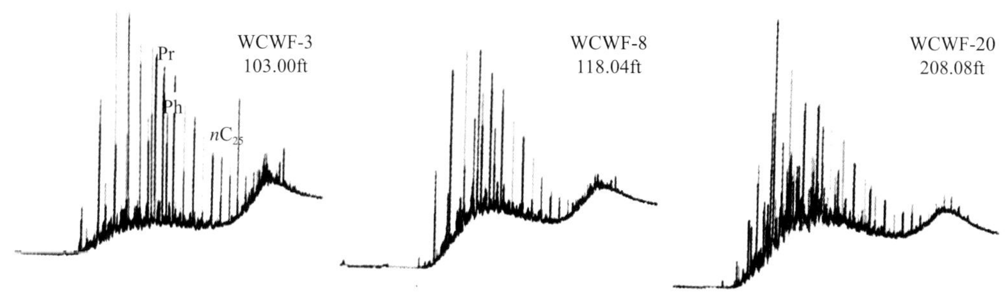


图 23-9　Wyche-1 井沥青的饱和烃气相色谱图（据 Roger 等，2012）

Pr—姥鲛烷；Ph—植烷；$nC_{25}$—$C_{25}$ 正构烷烃

岩心的生物标志物深度图显示出 Woodford 页岩各层段的差异性，从本质上反映了 Woodford 页岩层段的沉积环境特征（图 23-10）。从 $C_{30}$ 甾院 /$C_{29}$ 甾烷比值、藿烷 / 甾烷比值，以及 $C_{23}$ 三环萜烷 /$C_{30}$ 藿烷比值看，Woodford 页岩所有层段的有机质均表现为海陆相混合特征，其中海相有机质供给最多的为中段。基于 Pr/Ph 及 AIR（图 23-10），下段和上段表现出富氧—低氧环境，相比之下，Woodford 页岩中段则以静海相—还原环境占主导。

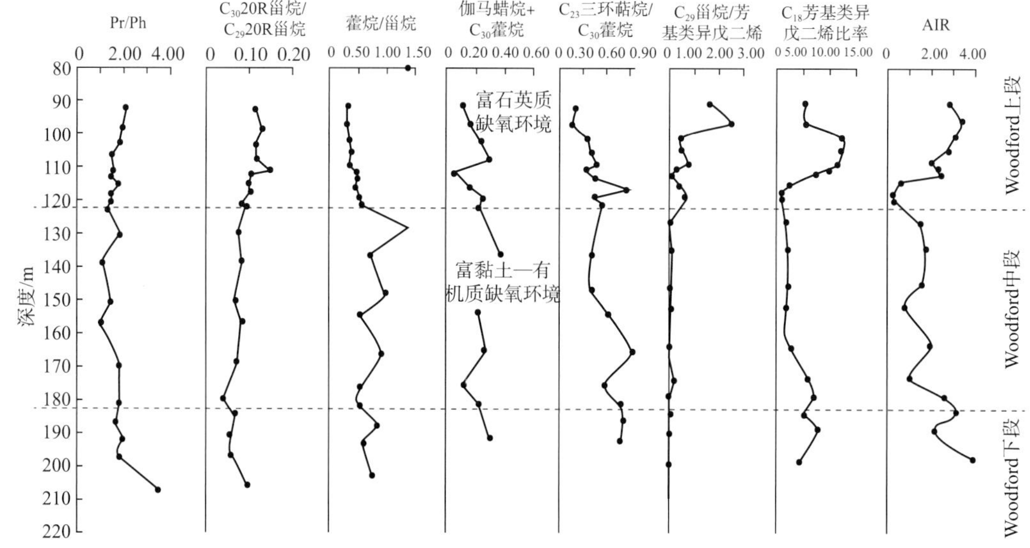


图 23-10　地球化学测井曲线指示岩心中生物标志物的比例（据 Roger 等，2012）

AIR=（$C_{13}$–$C_{17}$）/（$C_{18}$–$C_{22}$）2，3，6- 三甲基代芳基类异戊二烯

从伽马蜡烷值随深度变化的曲线上来看，Woodford 页岩沉积过程中地层水矿化度高、水密度分层现象普遍，尤其是中段，对应的伽马蜡烷指标值更高。

生物标志物分布特征表明，中段沉积物具有更高的有机生产能力并得到了更好的保存，其化变层位于透光带，水体较浅处。相比之下，在下段和上段的沉积过程中，海平面的升降引起了化变层深度的间歇性变化，形成了幕式沉积静海环境，沉积的部分有机质在氧化期遭到破坏。

综合对比Pr/Ph、AIR、RHP表明，Woodford下段沉积于大规模海进—海退—海进旋回期，主要为贫氧至低氧的沉积环境；Woodford 中段沉积于大规模海进时期，为持续缺氧的还原环境；Woodford 上段沉积于海退期，为贫氧至低氧环境。这些解释结果与以前针对该研究区 Woodford 页岩提出的层序地层框架一致。

生物标志物可以确定 Woodford 页岩岩心的沉积环境。岩心上部的石英中含有较多的真核生物标志物，主要是 $C_{29}$ 甾烷，反映还原环境（图 23–11）。岩心下部含有较多的黏土，而真核生物标志物含量较低，反映有氧环境。

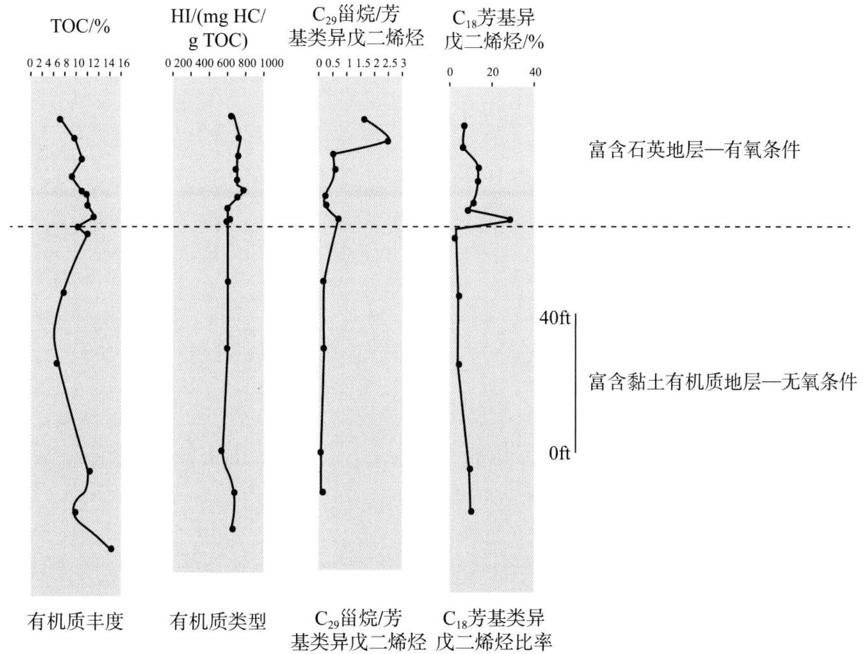


图 23–11 Wood ford 页岩岩心中地球化学生物标志物的垂直分布（据 Roger 等，2012）

真核生物标志物—$C_{29}$ 甾烷含量较高，表明为有氧环境；较高的绿硫细菌含量表明为无氧环境（富含 $H_2S$），可能为层状水体；水平虚线下方为富含黏土的页岩，上方为富含石英的页岩

## 23.5 地化特征

### 23.5.1 有机碳含量

对 Pontotoc 县 Wyche 页岩矿区的 Wyche–1 井岩心样品进行地球化学分析，分析项目包括烃源岩高温裂解、总有机碳（TOC）以及镜质体反射率（$R_o$）测试结果如下（Andrea 等，2012）：总有机碳含量介于 5.01%~14.81% 之间（表 23–1）。为了说明 Woodford 页岩的 TOC 随深度的变化，建立了 Wyche–1 井地球化学综合柱状图（图 23–12）。在大约 118ft 和 185ft 两处存在高有机碳含量，这可能是地层的岩性或者矿物学特性的改变所致。

表 23-1　本项研究中岩心、岩屑和露头样品的总有机碳和生油岩评价数据

| Woodford 页岩 | 样品号 | TOC/% | $S_1$(mg HC/g Rock) | $S_2$(mg HC/g Rock) | $S_3$(mg HC/g Rock) | $T_{max}$/℃ | HI/(mg HC/g TOC) | OI/(mg $CO_2$/g TOC) | $S_2/S_3$（mg HC/mg $CO_2$） | $S_1$/TOC | PI |
|---|---|---|---|---|---|---|---|---|---|---|---|
| 上段 | WCWF-1 | 5.16 | 1.05 | 33.34 | 0.55 | 433 | 646 | 11 | 60.62 | 20.00 | 0.03 |
| | WCWF-2 | 7.09 | 1.38 | 50.50 | 0.56 | 432 | 712 | 8 | 90.18 | 19.00 | 0.03 |
| | WCWF-3 | 8.72 | 2.26 | 61.77 | 0.53 | 431 | 708 | 6 | 116.55 | 26.00 | 0.04 |
| | WCWF-4 | 7.44 | 3.03 | 51.51 | 0.50 | 425 | 692 | 7 | 103.02 | 41.00 | 0.06 |
| | WCWF-5 | 8.44 | 2.19 | 59.44 | 0.54 | 424 | 704 | 6 | 110.07 | 26.00 | 0.04 |
| | WCWF-6 | 9.82 | 2.14 | 76.60 | 0.49 | 436 | 780 | 5 | 156.33 | 22.00 | 0.03 |
| | WCWF-7 | 9.95 | 2.43 | 69.94 | 0.50 | 427 | 703 | 5 | 139.88 | 24.00 | 0.03 |
| 中段 | WCWF-8 | 10.97 | 2.75 | 66.67 | 0.53 | 423 | 608 | 5 | 125.79 | 25.00 | 0.04 |
| | WCWF-9 | 8.66 | 1.95 | 52.25 | 0.59 | 427 | 603 | 7 | 88.56 | 23.00 | 0.04 |
| | WCWF-10 | 9.77 | 2.06 | 56.28 | 0.58 | 424 | 576 | 6 | 97.03 | 21.00 | 0.04 |
| | WCWF-11 | 13.50 | 3.35 | 53.55 | 1.30 | 415 | 397 | 10 | 41.19 | 24.79 | 0.06 |
| | WCWF-12 | 5.74 | 1.60 | 33.78 | 0.58 | 425 | 589 | 10 | 58.24 | 28.00 | 0.05 |
| | WCWF-13 | 8.40 | 2.68 | 45.95 | 1.00 | 419 | 547 | 12 | 45.95 | 31.84 | 0.06 |
| | WCWF-14 | 5.01 | 1.32 | 29.00 | 0.55 | 421 | 579 | 11 | 52.73 | 26.00 | 0.04 |
| | WCWF-15 | 7.95 | 1.88 | 33.72 | 1.07 | 412 | 424 | 13 | 31.51 | 23.63 | 0.05 |
| | WCWF-16 | 9.42 | 2.68 | 47.68 | 1.18 | 418 | 506 | 13 | 40.41 | 28.43 | 0.05 |
| 下段 | WCWF-17 | 10.61 | 2.59 | 58.91 | 0.93 | 425 | 555 | 9 | 63.34 | 24.00 | 0.04 |
| | WCWF-18 | 8.34 | 2.43 | 37.94 | 1.20 | 416 | 455 | 14 | 31.62 | 29.15 | 0.06 |
| | WCWF-19 | 8.23 | 2.69 | 55.90 | 0.75 | 414 | 679 | 9 | 74.53 | 33.00 | 0.05 |
| | WCWF-20 | 14.81 | 4.03 | 95.33 | 1.01 | 421 | 645 | 7 | 94.58 | 27.00 | 0.04 |

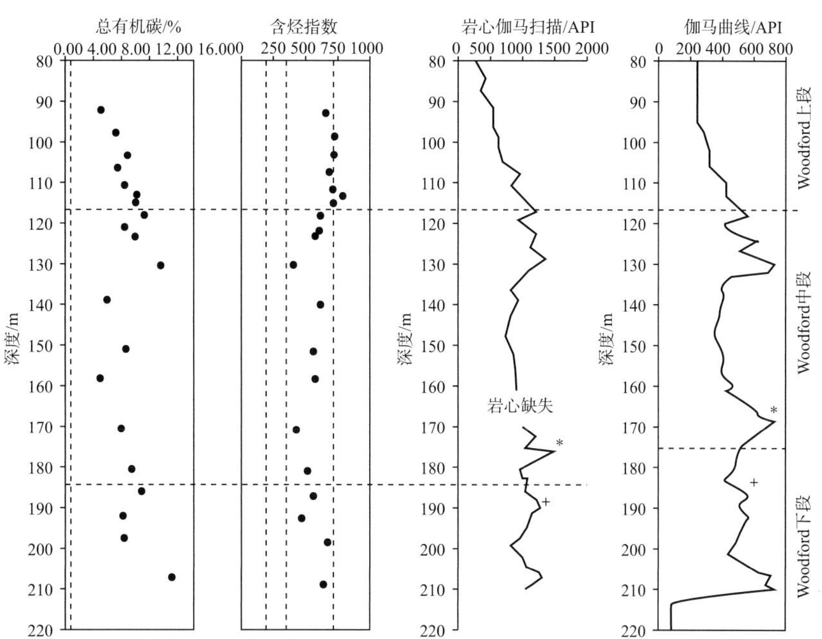


图 23-12 总有机碳（TOC）和含氢指数的地球化学录井及 Wyche-1 井的伽马曲线（GR）测井和岩心扫描曲线

星号和叉号表示相似的录井曲线图型，它证实岩心偏移大约 10ft

## 23.5.2 有机质类型

Woodford 页岩主要有机质类型为Ⅱ型（Comer，1992）。Woodford 页岩含有少量的结构藻类体、层状藻类体、镜质组、惰性煤素质和固体沥青（Cardott 等，1993）。

Andrea 等 2012 年绘制的 Van Krevelen 图（图 23-13）反映了 Pontotoc 县 Wyche 页岩矿区的 Wyche-1 井岩心样品分析结果。该组样品内参数的变化可能是有机岩相的差异所致。Woodford 页岩上段和中段的样点聚集在一起，可能表示它们的有机岩相相似，而 Woodford 页岩下段的样点比较分散。Wyche-1 井 Woodford 样品的氢指数（HI）值较高（>300），而且以Ⅱ型干酪根居多。Woodford 页岩的海相成因是无可置疑的，由于其地质年代的原因，高等植物体的输入较少。因此，由这些样品的有机质所获得的高 HI 值很可能是由占主导地位的海藻所引起的，海藻富含氢，与湖泊藻

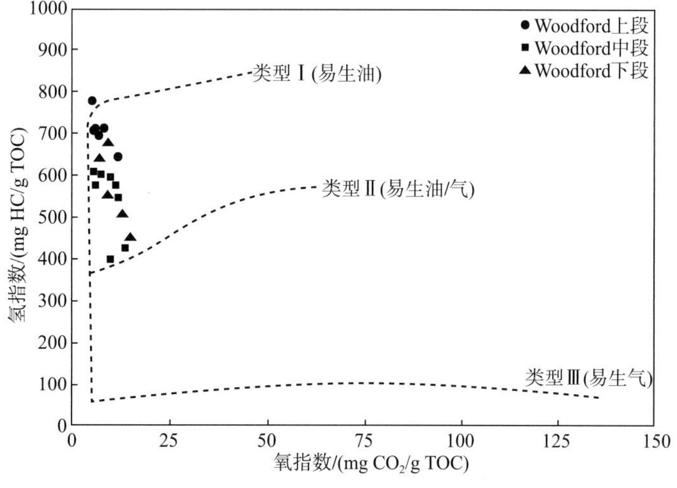


图 23-13 Woodford 页岩范氏图

Woodford 页岩样品烃源岩以Ⅱ型干酪根占优势

类相似。根据 Peters（1986）、Peters 和 Cassa（1994）等人的研究，高 HI 值和高 $S_2/S_3$ 值说明 Woodford 页岩样品主要为Ⅰ型。

### 23.5.3 有机质成熟度

近年来，Cardott 等测量了阿纳达科盆地、阿德莫盆地、阿卡马盆地、切罗基台地共 233 个 Woodford 页岩样品的镜质体反射率。根据对德克萨斯州 Fort Worth（福特沃斯）盆地富Ⅱ型干酪根 Barnett 页岩的研究，Woodford 页岩热成熟度窗被分为油窗（$R_o$=0.55%~1.15%）、凝析 / 湿气窗（$R_o$=1.15%~1.40%）和干气窗（$R_o$>1.40%）。根据对富Ⅱ型干酪根在怀俄明州 Powder River（粉河）盆地 Mowry 页岩的研究，进一步将 Woodford 页岩油窗划分为早期生油窗（$R_o$=0.55%~0.75%）、峰值油窗（$R_o$=0.75%~0.90%）和晚期生油窗（$R_o$=0.9%~1.15%）。据图 23-14，Woodford 页岩镜质体反射率在阿纳达科、阿德莫、阿卡马盆地都超过 1.40%，处于干气窗。在这 3 个盆地向切罗基台地过渡的陆架上，镜质体反射率从 1.4% 逐渐减小为 0.70%，从凝析 / 湿气窗转移至生油窗。阿纳达科盆地对 Woodford 页岩的开发都集中在凝析 / 湿气窗向峰值油窗的过渡带上。在靠近干气窗且 Woodford 页岩埋深低于海平面以下 3000m 位置的生产井都为气井（气油比大于 10000scf）；而在晚期生油窗和峰值油窗，且 Woodford 页岩埋深在海平面以下 3000~2000m 位置的生产井为油井（气油比小于 10000scf）。阿德莫盆地对 Woodford 页岩的开发也集中在凝析 / 湿气窗向峰值油窗的过渡带上，主要气井的井底位置位于海平面以下约 3000~1500m，而油井的井底位置位于海平面以下 2500~1000m。阿卡马盆地 Woodford 页岩中的有机质主要处于干气窗，因此 90% 以上的井都以产气为主，但是此处 Woodford 页岩埋深较小，处于海平面以下 2500~1500m，甚至更浅。切罗基台地开发的是处于早期生油窗的 Woodford 页岩，钻井井底位置都在海平面以下 1500~500m，且 90% 以上都以产油为主。

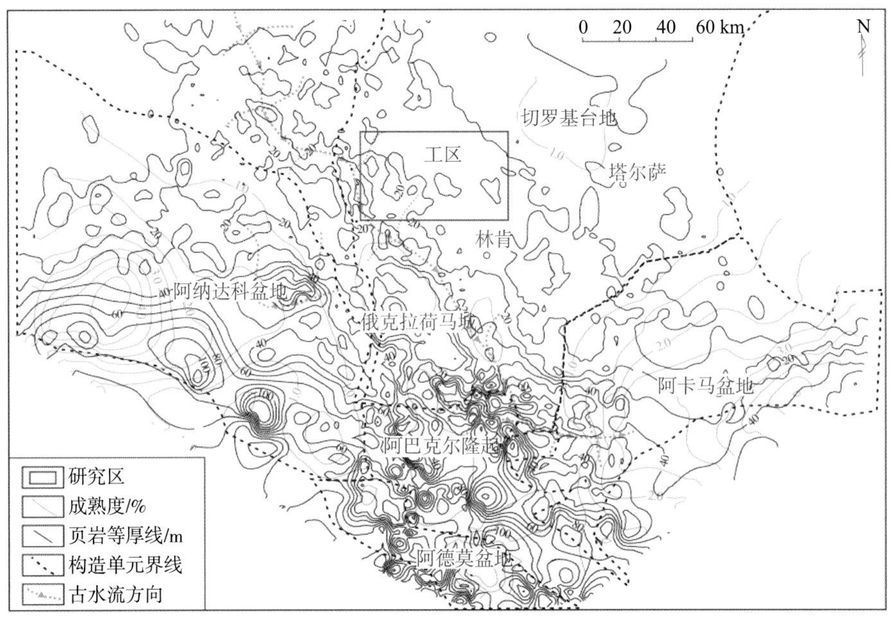


图 23-14 美国俄克拉荷马东部 Woodford 页岩镜质体反射率和沉积厚度分布图（据 Modica 等，2005）

根据 Cardott 等的研究，阿纳达科盆地 Woodford 页岩 $R_o$ 范围介于 0.49%~4.89%，热成因气可在 $R_o$ 范围介于 1.1%~1.6% 时生成，而凝析气主要在 $R_o$=1.5% 左右生成。在阿德莫盆地北，Woodford 页岩 $R_o$ 范围介于 0.49%~2.45%，当 $R_o$<1.2% 时，Woodford 页岩处于生油窗。阿卡马盆地 Woodford 页岩 $R_o$ 范围介于 0.49%~6.36%，热成因气在 $R_o$=1%~3% 时生成，而凝析气主要在 $R_o$=1.67% 左右生成。切罗基台地 Woodford 页岩埋深高于海平面以下 600m，热成因气在 $R_o$=0.9%~1.2% 范围内生成，但同时也含有生物成因气。

Andrea 等 2012 年实测和计算得到的 $R_o$ 值表明（表 23–2），Ponototoc 地区 Woodford 页岩样品的热成熟度较低，说明还没有进入生油窗。

表 23–2　Woodford 页岩 Wyche–1 井岩心样品 $R_o$ 实测值和计算值（据 Andrea 等，2012）

| Woodford 页岩段 | 样品号 | 深度 /ft | 实测值 $R_o$ /% | 计算值 $R_o$/% |
|---|---|---|---|---|
| 上段 | WCWF–1 | 92.21 | 0.53~0.72 | 0.63 |
| | WCWF–2 | 97.92 | | 0.62 |
| | WCWF–3 | 103.00 | | 0.60 |
| | WCWF–4 | 107.08 | | 0.49 |
| | WCWF–5 | 111.00 | 0.50~0.79 | 0.47 |
| | WCWF–6 | 113.08 | | 0.69 |
| | WCWF–7 | 115.13 | | 0.53 |
| 中段 | WCWF–8 | 118.04 | | 0.45 |
| | WCWF–9 | 121.17 | | 0.53 |
| | WCWF–10 | 123.13 | | 0.47 |
| | WCWF–11 | 130.41 | | 0.31 |
| | WCWF–12 | 139.15 | | 0.49 |
| | WCWF–13 | 151.08 | | 0.38 |
| | WCWF–14 | 157.83 | | 0.42 |
| | WCWF–15 | 170.45 | | 0.26 |
| | WCWF–16 | 181.04 | | 0.36 |
| 下段 | WCWF–17 | 186.90 | | 0.49 |
| | WCWF–18 | 192.35 | | 0.33 |
| | WCWF–19 | 198.21 | | 0.29 |
| | WCWF–20 | 208.08 | 0.55 | 0.42 |

注：WCWF–1—基于 6 个 $R_o$ 实测值；WCWF–5—基于 18 个 $R_o$ 实测值；WCWF–20—基于一个 $R_o$ 实测值，基于 25 个实测值，平均 $R_o$ 是 0.62%，标准偏差为 0.08。

## 23.6 储集特征

据魏秀丽等2013年统计，Woodford页岩储层中的总孔隙度范围在3.0%~9.0%（表23-3）。

表23-3 北美主要页岩气产区孔隙度（据魏秀丽等，2013）

| 岩层层系 | Woodford | Marcellus | Barnett | Fayetteville | Haynesville | Antrim | New Albany | Lewis | Ohio |
|---|---|---|---|---|---|---|---|---|---|
| 总孔隙度 | 3.0%~9.0% | 10% | 4.0%~5.0% | 2.0%~8.0% | 8.0%~9.0% | 9.0% | 10.0%~14.0% | 3.0%~5.5% | 4.7% |
| 测井孔隙度 | 3.0%~9.0% | 5.5%~7.5% | 6.5%~8.5% | 4.0%~12.0% | 8.0%~10.0% | | | | |

### 23.6.1 孔隙特征

前人研究认为，Woodford页岩主要孔隙类型包括：粒间孔（孔隙性絮凝物）、有机质孔、粪球粒内孔隙、化石碎屑孔、粒内孔、微通道和微裂缝（图23-15）。其中，粒间孔、有机质孔、微裂缝和微通道对渗透率起贡献作用。分散于页岩基质中的颗粒和晶体，如黄铁矿中的粒内孔可能不会对渗透率有太大贡献。

| 孔隙类型 | 图　像 | 特　征 |
|---|---|---|
| 孔隙性絮凝物 | | 排列在边—面或边—边纸房状态结构中的静电荷黏土碎片。直径达数十微米。孔隙可能是连通的 |
| 有机质孔隙 | | 在有机质碎片或干酪根光滑面的孔隙。孔隙直径为纳米级。孔隙通常是孤立的。孔隙性有机包层也可能被吸附于黏土上 |
| 粪球粒 | | 具有随机方位内部颗粒的球体和椭球体，产生了粪球粒内孔隙。粪球粒为砂级大小，排列成纹层 |
| 化石碎屑 | | 孔隙性化石颗粒，包括海绵针状体、放射虫和孢子。内部腔室可能是空的，也可能被碎屑或自生矿物充填 |
| 粒内颗粒/孔隙 | | 孔隙性颗粒，如黄铁矿微球粒，其微晶体间具有内部孔隙。颗粒也是次生的，并且通常散布于页岩基质中 |
| 微通道微裂缝 | | 线性纳米级—微米级空隙，时常横切层理面。大小在纳米级以上 |

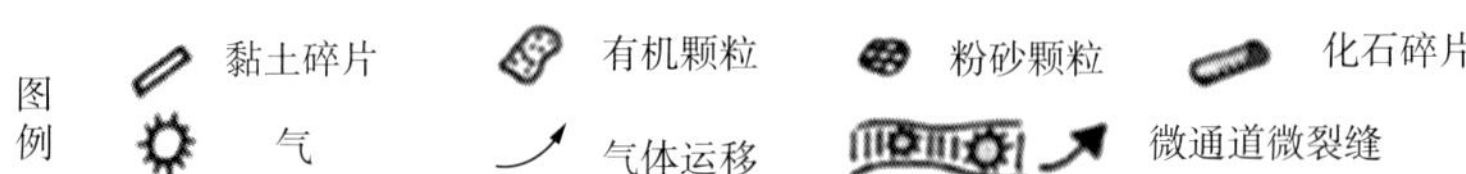


图23-15 Woodford页岩中孔隙类型的分类（据Roger等，2011）

1. 由絮凝作用产生的粒间孔

絮凝物是沉入海底富含离子的块状静电荷黏土碎屑，絮凝物可形成边—面或边—边方位的碎片的单个纸房状结构和（或）面—面方位成团的网络状结构。虽然絮凝物结构的保存机理还不清楚，但絮凝物保存了下来的事实常见于许多深埋的古页岩的内部结构中，而且与在 Woodford 页岩中所见的孔隙一样（图 23-16）。这一观察结果的意义在于这种开启的网络或纸房状结构提供了絮凝物之间大于甲烷分子直径 0.38nm 的孔隙。这些孔隙可以连通起来形成渗流通道。

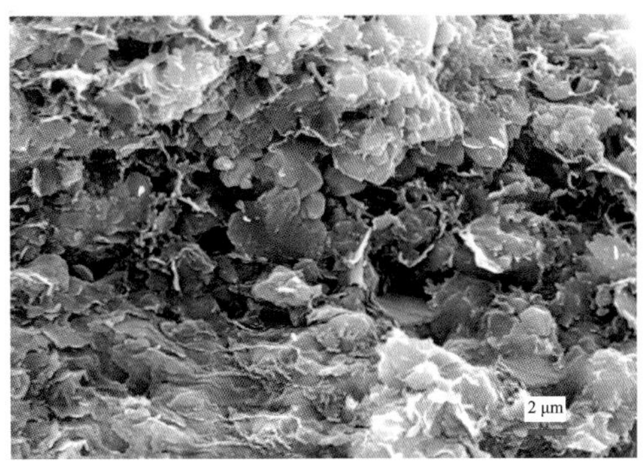


图 23-16　Woodford 页岩典型的絮凝状黏土显微结构

2. 在埋藏和成熟期间形成的有机质孔

在 Woodford 页岩中，有机质孔存在于页岩裂隙面（顶面）上的黏土碎屑之间的空间（图 23-17）。通过能量光谱分析（EDX）分析表明了黏土碎屑上覆盖着有机质包层 [ 图 23-17(d)，$x$、$y$ 点 ]。在孔隙中，$x$ 点板片上的碳含量为 46.16%（重量百分比），而在 $y$ 点，碳整个缺乏。能量光谱分析表明，在 $x$、$y$ 两点上存在 Mg、Al、Si 和 K 元素，这些元素是典型的黏土矿物中的成分。这些资料证实了黏土碎屑上吸附着碳质包层（胶态碳）。剩下的有机残余物（黏液）普遍存在于黄铁矿微球粒周围（O'Brien，1995）。

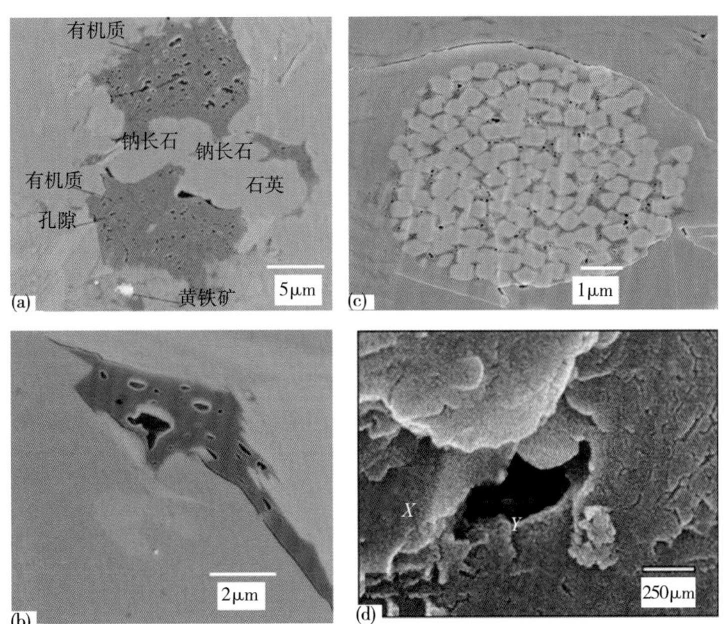


图 23-17　Wooford 页岩中的有机质孔隙

（a）、（b）显示有机质孔隙（黑色区）的 FESEM 图像四川盆地下志留统龙马溪页岩 $R_o$=2.5%；（c）黄铁矿显微组构，各黄铁矿晶体之间存在多孔（黑色区）有机质龙马溪页岩；（d）Woodford 页岩的 FESEM 图像，显示了沿裂隙面的包裹有机质的黏土碎屑之间的孔隙（黑色区）；$x$ 和 $y$ 表示进行 EDX 分析的位置，$R_o$=0.57%

3. 化石碎屑

在 Woodford 页岩的一些岩相内存在丰富的化石，包括完整的和破碎的腕足动物化石、腹足动物化石、砂质有孔虫亚纲化石和结核体内的整个腹足动物化石。有些化石碎屑孔隙较发育，也存在被压缩的藻类残余物，它们含有微米级和纳米级孔隙。

4. 矿物颗粒中的粒内孔隙

黄铁矿微球粒在 Woodford 页岩中普遍存在（图 23–18）。其内部由许多小的黄铁矿组成 [ 图 23–18(b)]，其微晶体间存在内部孔隙 [ 图 23–18(d)]。剩余有机残余物（黏液）通常存在于黄铁矿微球粒周围 [ 图 23–18(c)]（O'Brien，1995）。

图 23–18 Woodford 页岩中的黄铁矿微球粒

（a）黄铁矿微球粒 f，有机黏液在微球粒的右上角；（b）破裂的微球粒的内视图，小的黄铁矿晶体几乎完全充填了微球粒，并且孔隙存在于晶体之间，有机层被包裹在微球粒下部周围；（c）来自电子显微探针抛光面黄铁矿颗粒周围的有机黏液（黑色），一些石英存在于黄铁矿内部；（d）具有粒间微孔隙的黄铁矿晶体

5. 页岩基质中的微通道

页岩基质中存在各种大小和形状的微通道（图 23–19）。微通道的集中发育能提供有利的渗流通道和微孔隙。它们通常呈波状、不连续，并且近平行于层理面。在 SEM 下观察时，它们通常不会整体延伸到页岩样品的观察区以外，通常延伸小于 0.5cm。这些裂缝表明微通道不是在岩心从井中取出时由于压力释放而人为产生的，也不是在处理和制备样品期间压裂样品产生的，而代表了保存在未扰动的页岩基质中的原始呈开启状态的微通道。微通道通常宽度小于 0.3mm，可以为气体分子提供渗流通道。

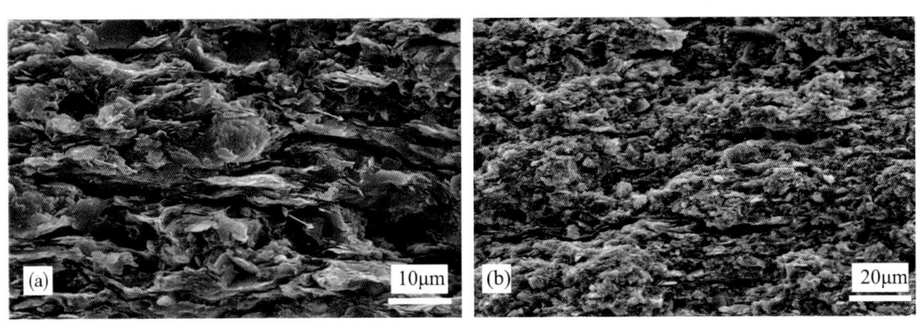


图 23-19 Woodford 页岩微通道的 SEM 图像

6. 微裂缝

在 Woodford 页岩中，小的天然裂缝可能被沥青充填 [ 图 23-20(a)] 或部分开启 [ 图 23-20(b)]。在微米尺度，张应力对样品的作用产生的人为微裂缝排列在矿物颗粒中 [ 图 23-20(c)、(d)]，这表明结晶作用对微裂缝有一定的控制作用（Slatt 和 Abousleiman，2011）。

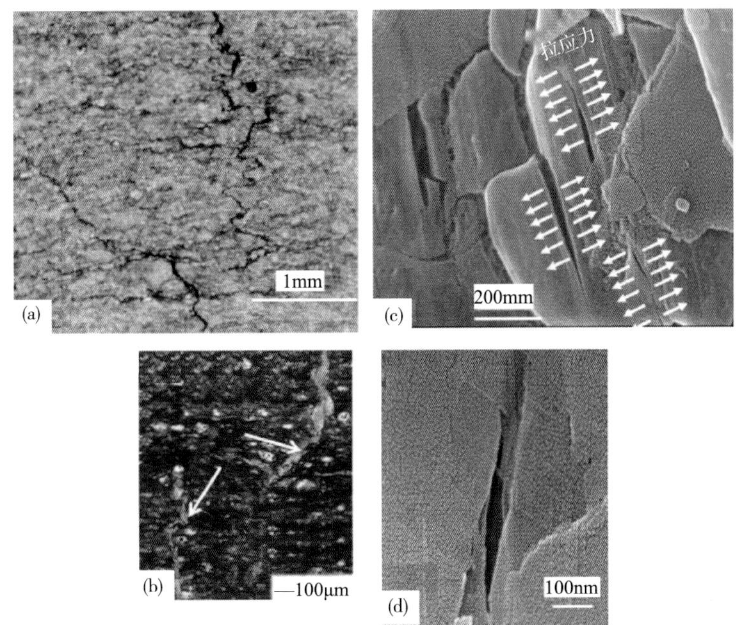


图 23-20 Woodford 页岩中的微裂缝

（a）显示沥青充填裂缝的锯齿形轨迹；（b）显示部分开启裂缝横切页岩基质的薄片照片；（c）纳米级孔隙在施加张应力（箭头）后明显沿晶轴排列；（d）为（c）中裂缝端部的放大

## 23.6.2 裂缝发育特征

裂缝的发育程度对 Woodford 页岩的开发极其重要。高占京等 2016 年研究了切罗基台地 Woodford 页岩的裂缝发育特征与产能的关系（图 23-21）。图 23-21(a) 是通过地震振幅随方位角变化（Amplitude Variation Via Azimuth，即 AVAZ）反演得到的 Woodford 页岩层各向异性强度分布图，图中各向异性强度大的地方，裂缝比较发育。可以发现，图 23-21(a) 右中东部裂缝发育处 3 口水平井的平均产能约是西南部裂缝不发育处 5 口水平井平均产能的 2 倍。但是东南部的 2 口处于裂缝发育区域的井的产量较低，原因是这 2 口井的水平段轨迹穿过了断层，导致含水率较高，产量减少；最西边的井产量低，也是由于穿过了断层。图 23-21(a) 中还有一个长水平段的井，即使水平段位于裂缝不发育的区域，产量也较常规水平段的井要高。图 23-21(b) 是 Woodford 页岩层曲率图，曲率一般代表了岩层的构造变形强弱程度，曲率图上的正曲率的线性条带一般代表正向构造，负曲率的线性条带代表负向构造。可以从图 23-21(b) 中看出，这一区域地质构造走向近似南北方向，因此，水平井的走向也基本是南北方向，因为平行岩层走向的地层起伏较小，有利于水平井持续在目标岩层内穿行。由于正向构造上一般裂缝较为发育，井位部署于正向构造上。曲率变化较大的线性条带是断层，布井过程中应考虑和断层避开一定的距离。

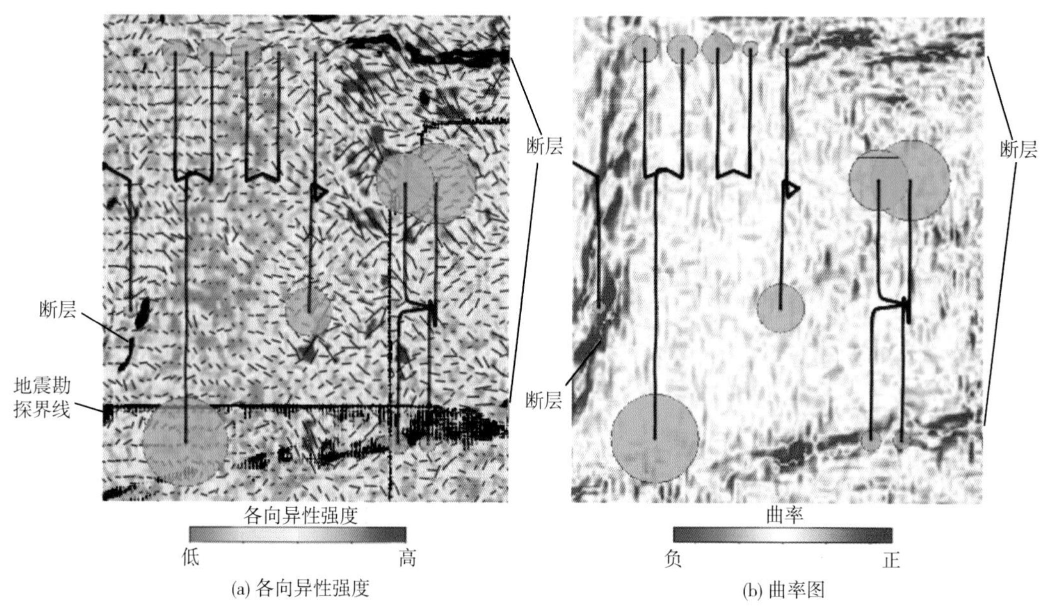


图 23-21　美国切罗基台地 Woodford 页岩层各向异性强度和曲率图（据 Chopra 等，2007）

图 23-21 中气泡表示试油 30 天产量，气泡越大，产量越高，最大气泡表示超过 500bbl/d。(a) 中红色代表各向异性强，裂缝较为发育；蓝色表示各向异性弱，裂缝不发育。叠加在各向异性图上的小黑棒指示各向异性的一些特征，黑棒长短指示各向异性强度大小，黑棒越长，各向异性强度越大；其走向平行于各向同性平面，代表裂缝走向。在各向异性较大处，即黑棒较长处，裂缝走向主要呈北西—南东方向。在 (a) 上还叠加了 Woodford 页岩地震相干属性，地震相干属性值较大则透明，反之则呈黑色，地震相干值较小的区域，即黑色区域，指示了断层。在 (a) 下方有一东西向黑色条带，是不同的地震勘探的界线，由拼合不同地震资料所产生，不是由断层的存在引起的。

通过对 Woodford 页岩的扫描电镜（SEM）分析认为，其同时具有天然气储集和运移能力。尽管扫描电镜无法识别气体分子，但却可识别出微小的流体包裹体，这就意味着 Woodford 页岩露头样品中存在着油气沿微通道或裂缝的运移 [ 图 23-22(a)]（Slatt 等，2012）。天然气分子比石油分子小，因而在页岩内运移也将更容易。图 23-22(b)、(c)、(d) 展示了 SEM 尺度下典型的微通道和微裂缝，其中一个微裂缝显示出了孢子的垂向驱替。0~24m 岩心段中的黏土矿物呈随机定向分布，这很可能是近地表风化（岩心中有所识别）的结果。但是，该段中发育粪球粒残留物，这是天然气生成及初次运移的重要证据（Slatt 等，2012）。未风化的较深层段，黏土颗粒呈定向展布 [ 图 23-22(b)、(d)]。

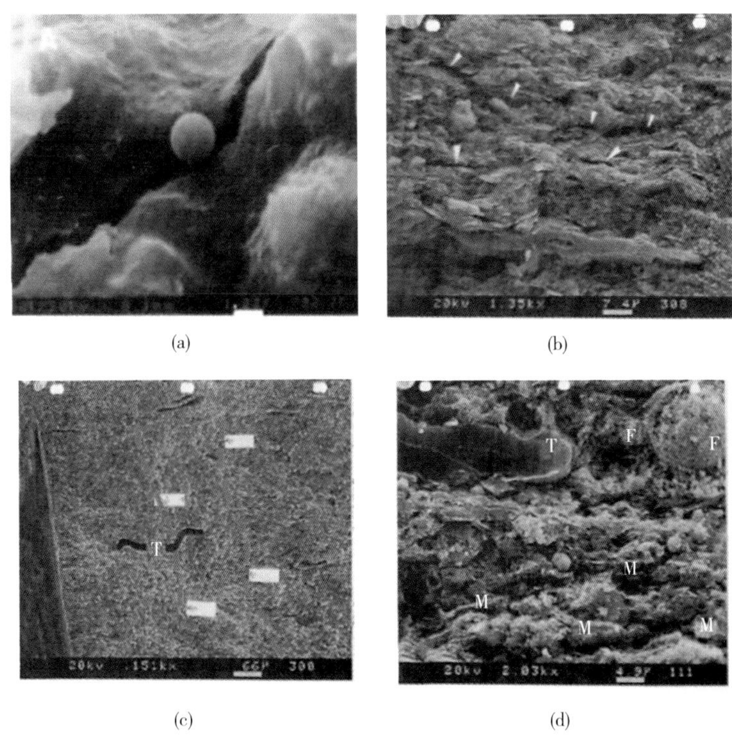

(a) (b) (c) (d)

图 23-22　Woodford 页岩扫描电镜分析（据 Roger 等，2012）

（a）加水热解增温至 350℃（662° F）过程中生成的油珠，油珠从微裂缝中溢出，岩样采自 Woodford 露头；（b）平行定向显微组构的页岩中，通道内可能的水平运移路径（箭头），底部可观测到破碎的孢子；181.0ft（55.2m）SEM308；（c）页岩中的垂直微裂缝带（红色虚线范围）举例（箭头），T—孢子；注意，孢子与裂缝接触处发生变形；108.5ft（33.1m）SEM300；（d）黏土充填物中破碎的孢子（T）和微球粒（F）；M 指示了通道中可能的运移路径；131.5ft（40.1m）SEM111

## 23.7　可压性特征

### 23.7.1　岩石矿物特征

O′Brien 和 Slatt（1990）研究认为，Woodford 页岩岩石矿物组份为：石英 63%，斜长石 3%，方解石 10%，白云石 6%，黄铁矿 5%，层状硅酸盐 14%。Kirkland 等（1992）年认为，Woodford 页岩矿物组份为：石英含量 55%~87%，钾长石 0~7%，白云石 0~3%，磷灰石 0~1%，黄铁矿 0~1%，伊利石 8%~34%，高岭石 3%~7%。

研究认为 Woodford 页岩石英含量高，其中的燧石在俄克拉荷马州各个地区的 Woodford 页岩中广泛分布（Kvale，2014；Comer，2008）。燧石由硅质微体化石成岩交代作用形成，特别是放射虫化石对燧石的形成贡献很大。除了放射虫，燧石中的硅质也来源于塔斯马尼亚孢属（*Tasmanites*）和陆源碎屑。Woodford 页岩中的放射虫化石含量由俄克拉荷马州南部向切罗基台地减少，由尼马哈隆起东部向西部减少。在俄克拉荷马州南部，放射虫在硅质 Woodford 页岩中大量存在，而在阿纳达科盆地北部，Woodford 页岩中的硅质主要来源于塔斯马尼亚孢属和碎屑石英。在晚泥盆世，深海上涌流由俄克拉荷马州东南部流向西北部，由于切罗基台地海水较浅，深海上涌流对其影响较小，而尼马哈隆起则阻止了深海上涌流侵入阿纳达科盆地中部和北部；由于尼马哈隆起没有延伸到俄克拉荷马州南部，阿纳达科盆地南部则受到较强的深海上涌流的影响。基于以上原因，深海上涌流使得放射虫在尼马哈断裂东部的阿卡马盆地和阿纳达科盆地南部大量富集，而在切罗基台地和尼马哈隆起西部的阿纳达科盆地中部和北部较少见，因此燧石层在尼马哈东部阿卡马盆地和阿纳达科盆地南部地区主要由放射虫化石组成，而在切罗基台地和阿纳达科盆地中部和北部则为不同成因所形成。

由于阿纳达科盆地中部和北部受深海上涌流影响较小，生物扰动现象在 Woodford 页岩底部广泛存在。表现出生物扰动迹象的岩层一般孔隙度和渗透率较低，且有机碳含量较低而泥质含量较高，属于韧性层，不利于压裂提高产能。因此，水平井地质导向应避免位于 Woodford 页岩下段。

高燧石含量的 Woodford 页岩层呈脆性，有利于生成天然裂缝，因此裂缝孔隙度较大、渗透率较高，且燧石层易于压裂，裂缝不易闭合，因而具有较高的采收率。燧石含量的高低对水平井的地质导向和经济效益影响很大，Slatt 提出，Woodford 页岩的优质层位是有机质含量高且又具有燧石夹层的层位，称为脆韧性耦合层（brittle-ductile couplet）。高的有机质含量保证了资源量，但是高有机质含量的页岩一般是韧性的，大量燧石夹层的存在使得整个层位趋于脆性，且具有高孔隙度和高渗透率特征，有利于压裂改造。

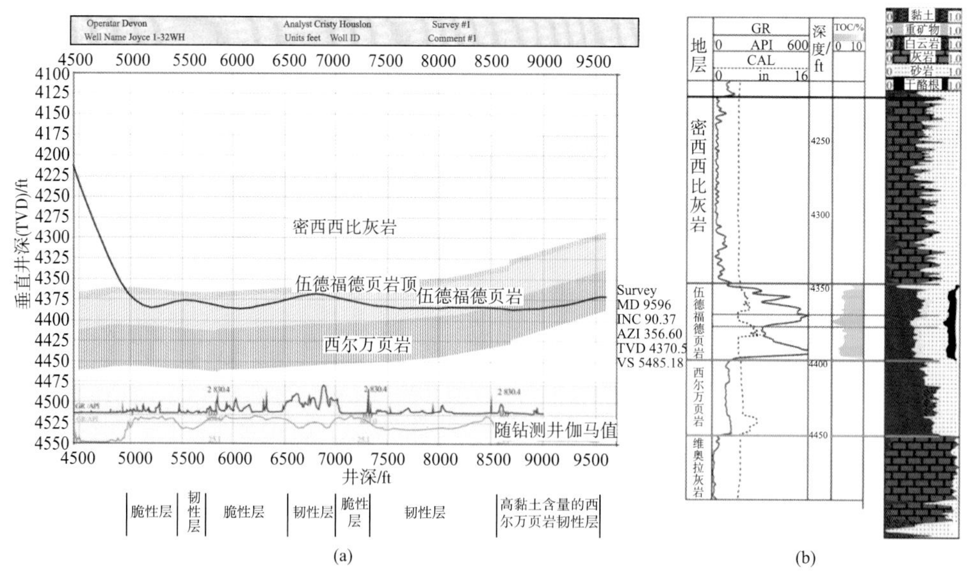


图 23-23　美国切罗基台地一 Woodford 页岩井地质导向轨迹图及岩石物理性质（据 Slatt 等，2012）

图 23-23 是位于切罗基台地 Payne（佩恩）郡的一口 Woodford 页岩水平井的地质导向图和附近一口直井的裸眼测井图。该水平井累产 30 天的产量约为 500bbl/d，且含水较少，

是经济效益较高的 Woodford 页岩生产井。从油层产出水裸眼测井图 [ 图 23–23(b)] 可以发现，Woodford 页岩的上部总有机碳含量高，平均为 5%，泥质含量高，石英含量低，为韧性层；中部（图中红线所夹层）总有机碳含量很低，平均为 2%，泥质含量低，石英含量高，是脆性层，而且这层干酪根含量高，说明有较多的油气富集；下部总有机碳含量高，平均为 4%，泥质含量较中段高，石英含量较中段低，相对中段而言也是韧性层。这里的 Woodford 页岩上段和中段、中段和下段分别组成 2 层脆韧性耦合层。从 Woodford 页岩水平井的地质导向图 [ 图 23–23(a)] 可以发现，主要目标层位是 Woodford 页岩的中段脆性层，且此水平井水平轨迹保持在了目标层内，因此产量较高。含水率低的原因是下伏岩层厚度大，阻挡了人工压裂产生的裂缝延伸至其下部维奥拉灰岩含水层。

### 23.7.2 岩石力学特征

影响井筒稳定性和水力压裂的两个关键岩石力学参数为杨氏模量（$E$）和泊松比（$V$）。岩石机械试验和技术可以用来测量杨氏模量和泊松比相关属性。

我们将 Woodford 页岩样品保存在不发生反应的癸烷和矿物油 PGI 中，从而防止在分析前出现干化或者颗粒重组情况。在该技术中，使用了一个纳米级的压锥（图 23–24），可以测量 200nm~10μm 之间的位移，施加在钻屑（尺寸小于 1cm 的页岩样品）上的作用力最大值为 1000μN（Ulm 和 Abousleiman，2006；Abousleiman 等，2009）。页岩样品具有基于实验室的超声脉冲速度值和矿物学（X 射线衍射）测量值。图 23–24 为纳米级压锥的示意图、纳米压锥测试中的力 – 位移曲线以及纳米压锥的分子力显微图。

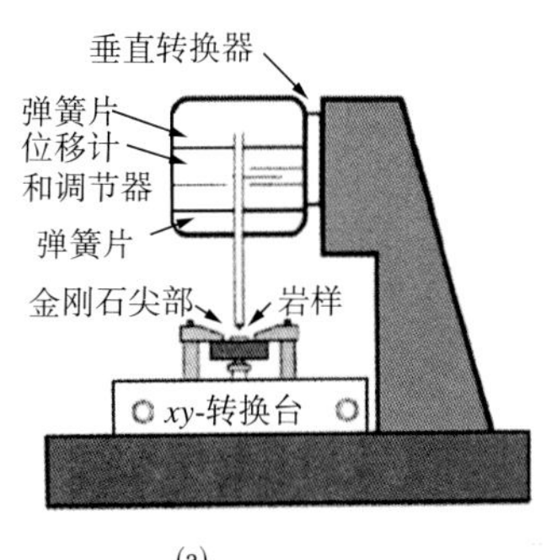

(a)

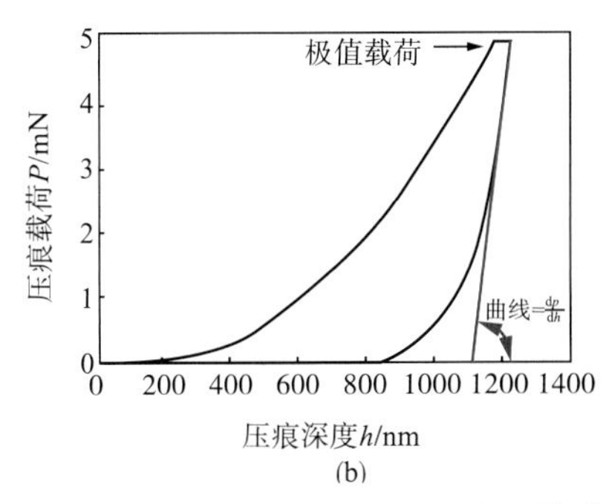

(b)

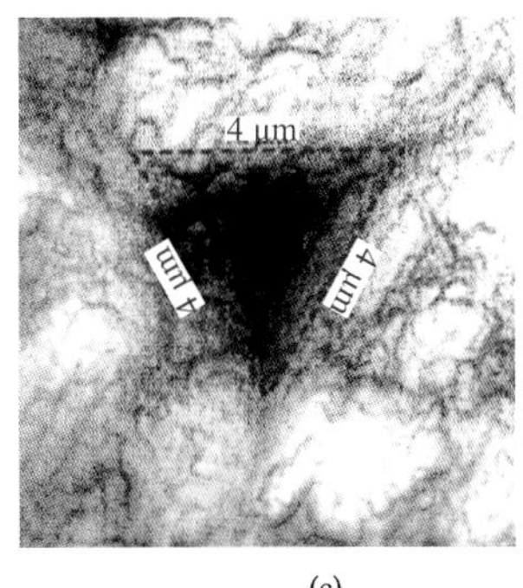

(c)

图 23–24 纳米级压锥的示意图、Woodford 页岩的压痕以及力—位移曲线（据 Roger 等，2012）

根据极值载荷和回弹曲线斜率，通过如下公式可以得出材料硬度（或强度）和弹性模量（或刚度）：

$$G=P/A_c;\quad M=\frac{1}{2}\sqrt{\frac{\pi}{A_c}}\frac{dP}{dh}$$

式中，$G$ 为材料硬度，$M$ 为压痕模量，$P$ 为负载曲线的极值负载，$h$ 为压痕深度，$A_c$ 为压锥和被压材料之间的接触面积。压痕模量直接与材料的工程弹性属性有关（Delafargue 和 Ulm，2004）。例如，对于均质材料，压痕模量可以用弹性模量和泊松比表示。

图 23–24 为 Woodford 页岩岩样的纳米级压痕试验结果。压痕深度增至 1000nm，压痕载荷增至 5mN，然后去掉载荷。压痕深度为岩石（毫米级和纳米级）强度的函数，经分析

认为矿物组分、岩相差异、矿物晶体结构、微孔和喉道、岩石组构对岩石的力学性质起到一定影响作用，具体如下。

（1）矿物成分：根据孔隙度、密度和矿物成分，对弹性和孔隙弹性模量进行了估计。Woodford 页岩岩心的裂缝频率至少与总矿物成分有关（Abousleiman 等，2007、2009；N R Buckner，2010），相比于富含黏土的 Woodford 页岩中段，富含石英的 Woodford 页岩上段发育更多的裂缝（图 23-25）（Portas，2009；N R Buckne，2010）。

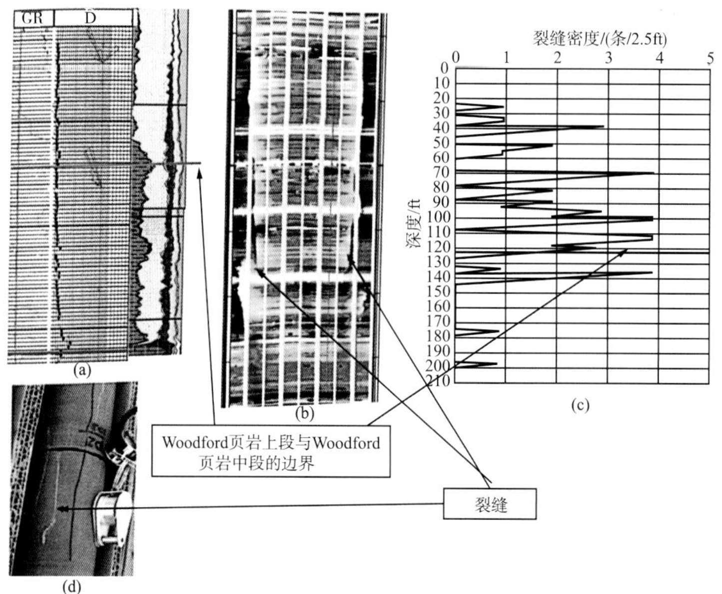


图 23-25　Woodford 页岩裂缝综合图（据 Roger 等，2012）

（a）钻于矿坑壁后侧的井的元素捕获光谱（ECS）矿物曲线图，Woodford 页岩上部石英含量较高（黄色），中部黏土含量较高（灰色）；（b）成像测井（FMI）图像，显示穿过薄层的裂缝；（c）裂缝的密度（条 /2.5ft）；（d）岩心中被充填的裂缝

图 23-26　Woodford 页岩岩心内近垂直的填充裂缝（据 Roger 等，2012）

裂缝被磷酸岩层错断和分割，相比于邻近的页岩层，磷酸岩层的孔隙较多，可能吸收了较多的破裂压力

（2）岩相：被充填的裂缝通常在岩相边界处终止。图 23-26 中的实例表明，在硅质页岩中的一条裂缝终止于磷酸盐层，随后重新出现在磷酸盐层的下伏地层。该观察结果表明，多孔的磷酸盐层可以吸收更多的应力（相比于硅质层），因此生成裂缝的可能性就越低。

（3）矿物晶体构造：场发射扫描电镜显微结果表明，排列成行的微裂缝与矿物结构相类似（即晶体结构）（图 23-27），说明矿物的结晶面有助于生成微裂缝。

（4）微孔和吼道：如上所述，微孔和吼道在页岩中较为常见。其重要性在于：①它们可能是潜在的运移通道；②有可能影响页岩的地质力学性质。

（5）岩石组构（线理/纹层/纹理）：Sierra等（2010）的研究结果表明，如果施加的应力与层面相平行（而非垂直），Woodford页岩更为脆弱。该性质可能是岩石组构的走向趋势（微米级和岩心级）。

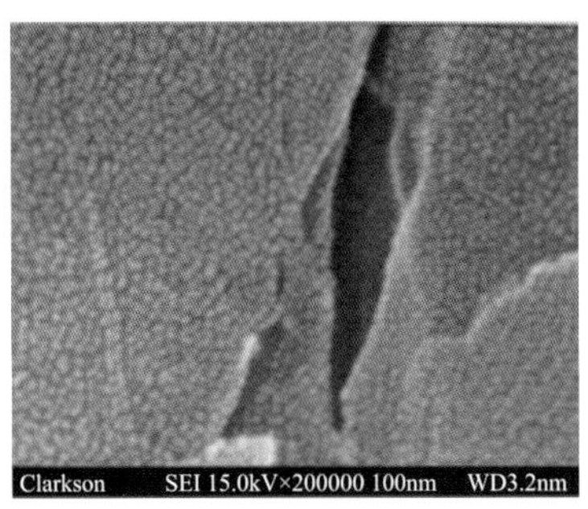


(a) 20万倍的裂缝端部

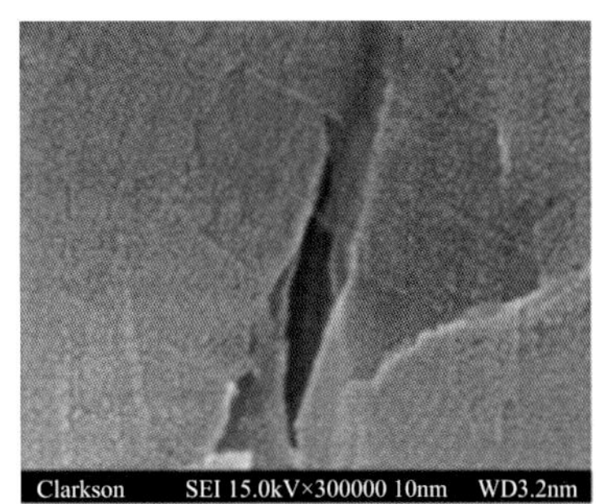


(b) 30万倍的裂缝端部

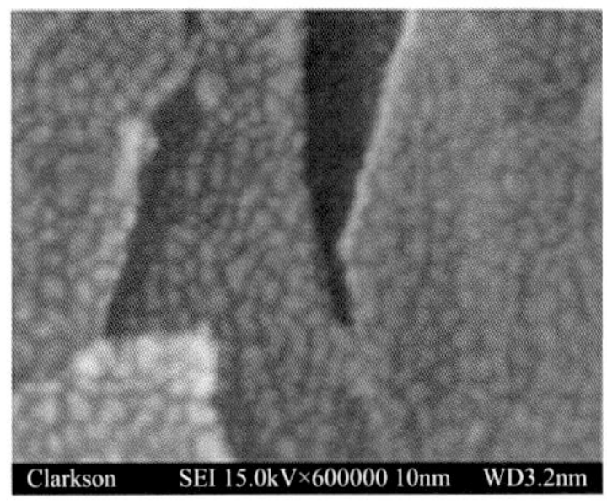


(c) 60万倍的裂缝端部

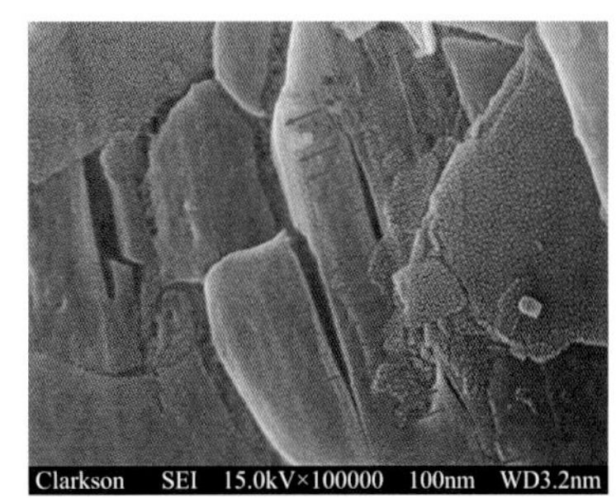


(d) 10万倍放大，显示为线性拉伸分离，可能同晶体构造平行

图23-27 Woodford页岩电场发射-扫描显微图像（据Roger等，2012）

## 23.8 含气性特征

北美主要含气页岩含气量统计数据表显示（张琳晔等，2014），阿卡马盆地Woodford页岩总含气量为5.60~8.50m$^3$/t，其中吸附气含量为2.46~3.74m$^3$/t，约占44%（表23-4）。

表23-4 北美主要含气页岩含气量数据表

| 盆地 | 页岩名称 | 含气量/（m$^3$/t） | 吸附气占比/% |
|---|---|---|---|
| Michigan | Antrim（泥盆系） | 1.13~2.83 | 70 |
| Appalachian | Ohio（泥盆系） | 1.69~2.83 | 50 |
| Illinois | New Allbany（泥盆系） | 1.13~2.26 | 40~60 |
| Appalachain | Marcellus（泥盆系） | 1.70~2.80 | 50 |
| Fort Worth | Barnett（密西西比系） | 8.49~9.91 | 20，45，35，47~61 |
| Arkoma | Fayetteville（密西西比系） | 1.70~6.20 | 50~70 |
| Arkoma | Woodford（密西西比系） | 5.60~8.50 | 44 |
| ETNL Salt | Haynesville（上侏罗统） | 2.80~13.20 | 20~26 |
| San Juan | lewis（白垩系） | 0.42~1.27 | 60~85 |

## 23.9 潜力分析

Comer（2005）估算的 Woodford 页岩气储量为 $17\times10^{12}m^3$，石油储量为 $182\times10^8t$。法维翰咨询公司（Navigant Consulting Inc.，2008）估算的 Woodford 页岩地质储量约为 $6512\times10^8m^3$，技术可采储量约为 $3228\times10^8m^3$。

从近二十年的开发来看，Woodford 页岩气的主产区产量呈逐年上升趋势，2000 年日产量仅 0.008bcf/d，2017 年日产量高达 2.51bcf/d（图 23-28），主要是自 2004 年年底以来，水平井的大量应用与压裂技术的日趋成熟所导致的。

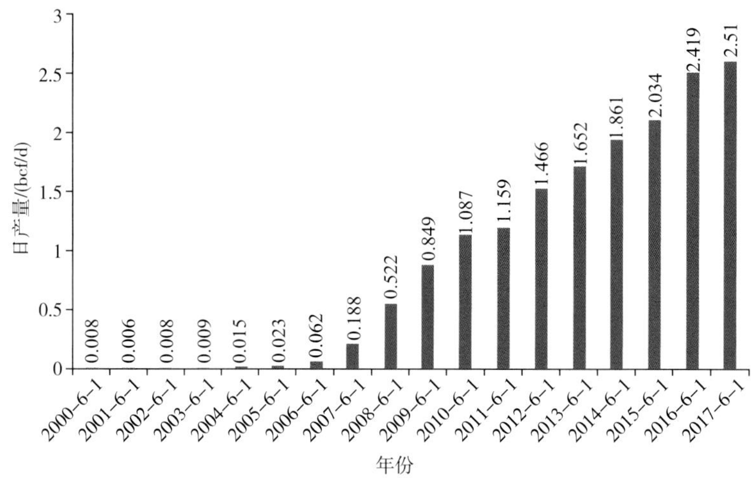


图 23-28 Woodford（OK）页岩气 2000~2017 年平均日产量（据 EIA，2017）

## 参考文献

[1] Amsden T W. Hunton Group (Late Ordovician, Silurian and Early Devonian) in the Anadarko Basin of Oklahoma [J]. OGS Bulletin, 1975: 121.

[2] Cardott B J, Chaplin J R. Guidebook for selected stops in the Western Arbuckle Mountains, Southern Oklahoma [R]. Norman, Oklahoma: Oklahoma Geological Survey Special Publication, 1993.

[3] Cardott B J. Thermal maturity of Woodford shale gas and shale plays, Oklahoma, LSA[J]. International Journal of Coal Geology, 2012 (103): 109–119.

[4] Carter K M, Harper J A, Schmid K W, et al. Lnconventional natural gas resources in Pennsylvania: Marcellus Shale Play [J]. AAPG Bulletin, 2011, 18(4): 217–257.

[5] Comer B J. Organic Geochemistry and paleogeography of Lpper Devonian Formations in Oklahoma and Western Arkansas [M]//Johnson K S, Cardott B J. Source Rocks in the southern Midcontinent, 1990 Symposium. Norman, Oklahoma: Oklahoma Geological Survey, 1992: 70–93.

[6] Comer J B. Woodford shale in southern Midcontinent, LSA: Transgressive system tract marine source rocks on an

arid passive continental margin with persistent oceanic upwelling [C] // AAPG Annual Meeting, AAPG Search and Discovery, Article #90078. [S.l.]: AAPG, 2008.

[7] Curtis J B. Fractured shale-gas systems[J]. AAPG Bulletin, 2002, 86(11): 1921–1938.

[8] Engelder T, Lash G G, Lzcdtegui R S. Joint sets that enhance production from Middle and Lpper Devonian gas shales of the Appalachian Basin[J]. AAPG Bulletin, 2009, 93(7): 857–889.

[9] Fishman N, Ellis G, Paxton S T, et al. From radiolarian ooze to reservoir rocks: Microporosity in chert beds in the Lpper Devonian–Lower Mississippian Woodford shale, Oklahoma [C]//AAPG Annual Meeting, AAPG Search and Discovery, Article #10268. [S.l.]: AAPG, 2010.

[10] Jarvie D M, Hill R J, Pollastro R M. Assessment of the gas potential and yields from shales: The Barnett shale model [M] // Cardott B J. Lnconventional energy resources in the southern Midcontinent, 2004 Symposium. Norman, Oklahoma: Oklahoma Geological Survey, 2005: 37–50.

[11] Jarvie D M. Shale resource systems for oil and gas: Part 1, Shale–gas resource systems [M] //Breyer J A. Shale reseiToirs: Giant resources for the 21st century. Tulsa: AAl, 2012: 69–87.

[12] Jarvie D M. Shale resource systems for oil and gas: Part 2, Shale–oil resource systems[M]//Breyer J A. Shale reservoirs: Giant resources for the 21st century. Tulsa: AAl, 2012: 89–119.

[13] Kvale E P, Bynum J. Regional upwelling during Late Devonian Woodford deposition in Oklahoma and its influence on hydrocarbon production and well completion [C]//AAPG Annual Meeting, AAPG Search and Discovery, Article # 80410.[S.l.]: AAPG, 2014.

[14] McCullough B J, Slatt R M.Stratigraphic variability of the Woodford shale across Oklahoma[C]//AAPG Annual Meeting, AAPG Search and Discovery, Article #80417.[S.l.]: AAPG, 2014.

[15] Modica C J, Lapierre S.Estimation of kerogen porosity in source rock as a function of thermal transformation: Example from the Mowry shale in the Powder River Basin of yoming[J] .AAPG Bulletin, 2005, 96(1): 87–108.

[16] Pitman J K, Price L C, LeFever J A.Diagenesis and fracture development in the Bakken Formation, Williston Basin: Implications for reservoir quality in the Middle Member: Professional Paper 1653.[R]. [S.l.]: LS Geological Survey, 2001.

[17] 董大忠，黄金亮，王玉满，等 . 页岩油气藏——21 世纪的巨大资源 [M]. 北京：石油工业出版社，2015.

[18] 高占京 , 郑和荣 , 黄韬 . 美国俄克拉荷马州 Woodford 页岩甜点控制因素研究 [J]. 石油实验地质 , 2016, 38(2): 340–353.

[19] 魏秀丽 , 冯志鹏 , 贺定长 , 等 . 北美地区页岩储层特征分析 [J]. 四川地质学报 , 2013, 12(33): 435–439.

[20] 张琳晔 , 李钜源 , 李政 , 等 . 北美页岩油气研究进展及对中国陆相页岩油气勘探的思考 [J], 地球科学进展 , 2014, 29(6): 700–711.

[21] 朱彤 , 曹艳 , 张快 . 美国典型页岩气藏类型及勘探开发启示 [J]. 石油实验地质 , 2014, 36(6): 718–724.

# 附录　本书涉及的单位换算

| 1bbl（桶） | 159L（升） |
|---|---|
| 1MMbbl（百万桶） | $1.59 \times 10^8$L（升） |
| 1ft（英尺） | 0.3048m（米） |
| $1ft^3$（立方英尺） | $0.028m^3$（立方米） |
| 1mile（英里） | 1609.344m（米） |
| $1mile^2$（平方英里） | $2.59m^2$（平方千米） |
| 1acre（英亩） | $4047m^2$（平方米） |
| 1mD（毫达西） | $1 \times 10^{-3} \mu m^2$（平方微米） |
| 1nD（纳达西） | $1 \times 10^{-9} \mu m^2$（平方微米） |
| 1psi（磅力 / 平方英寸） | $6.895 \times 10^3$Pa（帕斯卡） |
| 1Btu（英热单位） | 1055J（焦耳） |
| 1lb/gal（磅 / 加仑） | $119.826kg/m^3$（千克 / 立方米） |
| 1scf（标准立方英尺） | $0.028317m^3$（立方米） |
| 1mcf（1000 立方英尺） | $28.317m^3$（立方米） |
| 1MMcf（100 万立方英尺） | $2.8317 \times 10^4 m^3$（立方米） |
| 1bcf（10 亿立方英尺） | $2.8317 \times 10^7 m^3$（立方米） |
| 1tcf（1 万亿立方英尺） | $2.8317 \times 10^{10} m^3$（立方米） |

# 后　记

美国著名石油地质学家 Edward Beaumount 在《石油勘探中的创造性》中写道："作为一个勘探家，提高勘探效率的最佳途径是增强创造性思维能力，……在科学进步的前提下，勘探方程式中留下的最大单一因子是创造性思维"。本书表面上是阐述北美主要页岩层系的地质特征，但更深层的是想通过对这些页岩层系的解剖，激发学者们的创造性思维，以期推动国内页岩油气产业发展。具体表现在以下两个方面。

一、多成因、多类型的北美页岩层系均取得了勘探重大突破，预示着我国类似页岩层系也可能具备良好的勘探前景

同北美一样，目前我国页岩油气规模建产的领域多集中在构造相对稳定的海相页岩油气领域。除此之外，我国还发育了诸如复杂构造区、深层、古老、低演化、陆相、海陆过渡相等一系列未取得商业突破的页岩油气勘探开发新层系和新领域，这些新层系和新领域并未取得真正意义上的商业突破，而在北美地区，这些类似的层系和领域却已经取得了商业发现。

1. 复杂构造区页岩油气领域

我国地处太平洋板块、印度板块和西伯利亚板块的交汇部位，动力学机制极为复杂，地质构造具多块体拼合、多期次、多旋回的复杂特征，形成了多期构造叠加改造的沉积盆地，特别是中下扬子地区的海相页岩层系，沉积后所在的区块经强烈构造改造，生成的油气多出现了不同程度的逸散。放眼北美，尽管整体为一个相对稳定的地台背景，内部构造变形较弱，但在地台边缘，特别是由落基山褶皱冲断带—马拉松—沃希托褶皱冲断带 – 阿巴拉契亚褶皱冲断带所包围的 U 型褶冲带周缘，多套页岩层系后期也经历了相对复杂的构造改造，比如阿巴拉契亚褶皱冲断带附近的 Marcellus 页岩，马拉松—沃希托褶皱冲断带附近的 Haynesville、Bossier、Fayetteville 等页岩分布区，局部断裂也较为发育，构造变形也较为强烈，但均获得了商业发现，这些页岩层系的成功勘探可以为我国复杂构造区页岩油气勘探提供重要的参考价值。

2. 深层页岩油气领域

目前我国针对 3500m 以浅的页岩气勘探开发技术已经基本成熟，作为国内首个大型页岩气田——涪陵页岩气田百亿方产能的优质高效建成正是对这一技术的客观反映，随着勘探开发工作的持续推进，特别是埋深大于 4000m 甚至 4500m 以上的深层时，尽管也有少许探井测试时获得一些产量，但效果并不理想。如何突破深层，从早先盆缘埋深较浅区域转为保存条件更好的深层盆内区域，未来将成为我国页岩油气勘探开发的重要方向。而在北美地区，多套页岩层系已在深层获得较为理想的效果，比如 Haynesville 页岩，该层系页岩气井井深一般为 3200~4200m，最深达 5639m，单井初始产量高达 $85\times10^4m^3/d$ 以上，是目前北美最有潜力的高产页岩气层之一。此外，在 Woodford、Bossier 等页岩分布的局部地区埋深也已超过 4000m，均取得了商业突破，这些层系可为我国深层页岩油气的研究工

作提供指导意义。

3. 古老页岩层领域

古老页岩层系多表现出两个典型特征；一是其形成的年代久远，自生烃开始，经历了漫长的油气赋存状态和赋存空间的变化；另一个是热演化程度较高，页岩沉积之后又承受了巨厚新地层的负载使构造深埋，多进入到高—过成熟阶段，如我国华南广泛发育的震旦系陡山沱组，下寒武统的筇竹寺组及与之相当的牛蹄塘组、水井沱组、荷塘组、冷泉王组等，这些层系热演化程度普遍较高，$R_o$ 多在 2% 以上，高者甚至可达 5%，并且在印支期之前就开始大量生烃。而这些形成时代老、演化程度高的层系在北美也能找到相似的例证，如 Conasaug 页岩发育于寒武纪，其演化程度较高，$R_o$ 上限多突破 2%；另一套 Fayetteville 页岩发育于密西西比纪（石炭纪早期），$R_o$ 多分布在 2%~4.5% 之间，整体处于高—过成熟阶段，这两套页岩目前也均已实现商业突破，为我国类似古老页岩层系的勘探提供了一定的参考价值。

4. 低演化的凝析页岩油气领域

基于经典的 Tissot 理论，随着热成熟度的增加干酪根呈现规律性变化，即成熟度较低时以生油为主，随着成熟度的增加，逐渐过渡为生油和生湿气阶段，并进一步进入以热裂解生气为主的阶段。我国四川盆地东缘广泛分布的侏罗纪地层中，自流井组大安寨段和东岳庙段页岩油气就是很好的例证，在石柱—梁平地区自东北向西南随着 $R_o$ 由 0.7% 升高至 1.2% 以上，油气赋存状态也由凝析油气过渡到以产气为主。本书描述的北美页岩层系也有多套出现如此的变化规律，如福特沃斯盆地的 Barnett 页岩，自西向东 $R_o$ 由 0.5% 逐渐升高至 1.7%，从油气生产特征来看，西部演化程度低的地区以产油为主，中部演化程度中等的地区以生产凝析油气为主，而演化程度较高的东部则主要产气。这也为我国类似的中低演化程度以凝析油气为主的区块开展勘探评价工作提供了重要参考。

5. 陆相页岩油气领域

我国陆相页岩油气分布极广，松辽盆地白垩系、渤海湾盆地古近系、鄂尔多斯盆地三叠系、准噶尔盆地—吐哈盆地侏罗系、塔里木盆地三叠系—侏罗系、四川盆地三叠系—侏罗系、江汉盆地的古近系等均有陆相页岩的发育。目前，我国海相页岩气先后在涪陵、长宁—威远、昭通等地建立国家页岩气勘探开发示范区，并已初具规模。而陆相页岩油气方面，尽管已有发现，如柳评 177 井针对长 7 段页岩压裂试气，点火成功，成为中国陆相页岩气第一口出气井；济阳坳陷沙三段页岩中有 30 余口井获工业油气流；潜江凹陷 100 多口井钻遇古近系潜江组泥页岩时井口有油气显示，这些均表现出了良好的勘探开发潜力，特别是延安国家级陆相页岩气示范区已获批，但从实际生产情况来看，效果并不十分理想。而在北美地区，形成于陆相淡水湖盆的 Green River（绿河）页岩已取得了勘探突破，并已经进入商业开发阶段，这可以为我国的陆相页岩油气勘探工作提供一定的指导。

6. 海陆过渡相页岩油气领域

海陆过渡相页岩以煤系地层为主，我国晚古生代克拉通海陆过渡相富有机质的煤系页岩在华北、华南和准噶尔地区广泛分布，中新生代鄂尔多斯和准噶尔盆地侏罗系、四川盆地的上三叠统等也有发育。近年来，在华南地区二叠系的龙潭组、大隆组部署的少量钻井，如鹤页 1 井、湘页 1 井等钻遇良好的气体显示，但是这仅仅处于起步阶段，并未获得真正意义的勘探突破。北美地区丹佛盆地的Niobrara组，洛杉矶盆地及周缘的Monterey组均为海陆过渡相的页岩，均已取得重大突破，尤其是Niobrara组，初步预测地质储量达27MMbbl显示出良好的勘探前景。这些北美页岩勘探的成功，同样可以为国内的海陆过渡相页岩油气的评价工作提供参考。

综上所述，国内发育的多种类型页岩油气层系似乎均能在北美找到与之对应的类比层系，尽管地质特征不能完全一一对应，意味着不能简单地照搬北美相应层系的勘探评价思路和改造工艺，但至少可为我国类似页岩油气勘探开拓一些新的思路。

## 二、新技术、新理念助推了北美页岩油气的高效开发，也提升了我国页岩油气商业开发的信心

### 1. 新技术在北美页岩油气开发上的推广应用确保了页岩非均质性得以精细刻画

自2012年底焦页1井获得$20.3\times10^4m^3/d$的工业气流并投入试采开始，正式拉开了我国页岩气商业开发的序幕，截至目前，已走过5个春秋，笔者有幸参与了我国首个大型页岩气田——涪陵页岩气田的百亿方产建工作，清楚地意识到地质条件的些许差异就会导致产能的极大差异，相同施工工艺，同一平台不同方位的水平井，经常会因为某一个或是几个因素，如裂缝发育程度、水平段穿行层段等的微小差异而导致日产量相差几万或几十万立方米。但若能在工程改造前就能洞悉未来水平段穿行部位地质条件的细微差异，做到“一井一策”或是“一段一策”“一簇一策”的话，开发效果可能还会更上一层楼。

在北美地区页岩油气的开发实践中，一些针对目的层系的非均质性的精细表征技术已经表现得淋漓尽致，比如，在甜点段的评价体系中，除了常用的有机碳含量、孔隙度、脆性矿物、含气量等指标外，还特别注重米级岩石相差异的精细刻画。在储层表征技术研究中，积极引进一些材料科学、生物科学等领域的先进分析测试仪器开展页岩内部结构的精细刻画工作，比如AFM（原子力显微镜）、聚焦离子束扫描电镜（FIB-SEM）等，分辨率很高，页岩纳米级孔隙结构差异一览无余。此外，还特别注重水平井测井资料在地质精细分段分簇上的研究，在明确不同段、簇之间地质特征差异的基础上，针对性的制定压裂改造工艺。

### 2. 新理念在页岩油气开发中的应用，确保了低油价下页岩油气高效开发得以稳步推进

近年来，国际油价持续低迷，与常规油气相比，页岩油气单井常无自然产能，需要大规模地压裂改造后方能实现效益开发，为此，北美多个页岩油气田在低油价下，一直秉持“优中选优”“甜点区中选最甜”的思路投入到页岩油气的开发选区评价中去。另外，低油价下还极力奉行降本增效的策略。以美国页岩气主产层Barnett页岩为例，2012年之前的十年时间，依靠大量的钻井工作，页岩气产量迅速攀升，并在2012年达到产量高峰，日产气量为$1.44\times10^8m^3/d$，但随着之后油气价格的大幅下降，从2013年开始产量缓慢递减，此时，Barnett页岩气的经营者选择了减少钻井工作而加大了对老井的重复压裂，从而使得开发成本得以大幅下降，但产量还可以维持在一个较高水平，确保了Barnett页岩气开发的持续稳步进行。

前文已对北美22套主要页岩油气勘探开发层系的地质特征进行了系统解剖，近年来，一些过去不被重视的新层系、新领域，随着页岩油气勘探开发的快速推进，迅速脱颖而出，如北美二叠盆地的Wolfcamp（沃夫坎普）页岩，由于其较高的资源丰度、良好的改造条件、极高的投资回报率，在近年油气行业持续低迷的背景下，逆势而上，一举成为北美地区最

为活跃的页岩油气勘探开发层系。根据美国地质调查局公布的结果，在得克萨斯州西部的二叠盆地 Wolfcamp 页岩发现了储量规模达到 $200 \times 10^8$bbl 的大型油气田。但是受该层系已公开发表的资料较少的影响，且笔者资料收集渠道有限，未能针对类似层系开展较为系统地描述，实为憾事。但这也从另一侧面反映出油气勘探的不确定性及油气未探明领域的潜力之巨大，似若对业界诉说，一些沉睡已久的油气藏一经唤醒，将会书写一个又一个油气领域的神话。

我国已故的著名石油地质学家朱夏先生曾指出："找油工作，贵在开拓。……要通过发散的思维活动，实现所谓的智力想象，融未知于已知，化意外为意中，以形成脑海中的油田，为发现井做准备"。本书也正欲发挥这样一种作用，让读者通过对北美主要页岩油气层系的解读，对比、吸收、创新出一些新的思路和理念，为推进我国页岩油气勘探开发事业贡献绵薄之力。